无 机 材 料 化 学
（第 2 版）

林建华　荆西平　王颖霞　李　彦　等编著

北京大学出版社

PEKING UNIVERSITY PRESS

图书在版编目 (CIP) 数据

无机材料化学 / 林建华等编著 . —2 版 . —北京 : 北京大学出版社，2018. 6
ISBN 978-7-301-29329-4

Ⅰ. ①无… Ⅱ. ①林… Ⅲ. ①无机材料 — 应用化学 Ⅳ. ① TB321

中国版本图书馆 CIP 数据核字 (2018) 第 037314 号

书　　　名	无机材料化学（第 2 版）
	WUJI CAILIAO HUAXUE
著作责任者	林建华　荆西平　王颖霞　李彦　等编著
责任编辑	郑月娥
标准书号	ISBN 978-7-301-29329-4
出版发行	北京大学出版社
地　　　址	北京市海淀区成府路 205 号　100871
网　　　址	http://www. pup. cn　新浪微博：@ 北京大学出版社
电　　　话	邮购部 62752015　发行部 62750672　编辑部 62767347
电 子 信 箱	zye@pup. cn
印 刷 者	北京市科星印刷有限责任公司
经 销 者	新华书店
	787 毫米 × 1092 毫米　16 开本　29 印张　720 千字
	2006 年 2 月第 1 版
	2018 年 6 月第 2 版　2020 年 10 月第 2 次印刷
印　　　数	15501 ~ 18500 册
定　　　价	65.00 元

内 容 简 介

　　材料科学是当今最活跃的前沿和交叉学科,无机材料化学是材料科学的重要分支之一.本书主要从化学的角度讨论无机材料化学中一些重要的基础问题.全书约 70 万字,共分 16 章,内容包括无机材料的化学制备与性能表征的方法、材料的结构与性质的关系,并分类介绍了一些重要的材料类型及其相关性能。第 2 章和第 3 章,简要介绍无机材料的主要合成和制备方法、常用的结构和性质表征方法等;第 4～8 章重点介绍与材料结构和性质有关的基本概念和理论;其余章节则着重介绍各种不同类型的材料,其中一部分以材料的性质(如电学、磁学和光学等)来划分,一部分则以材料的形态(如玻璃材料、多孔材料和纳米材料等)来划分,书中以这些重要材料作为实例,比较系统地阐述了这些领域的化学问题以及材料物理性质的微观机制.全书尽量采用比较简洁易懂、为化学工作者容易接受的语言来阐述无机材料化学的基本原理.例如,材料的组成、结构与物理性质之间的关系是材料化学的核心和基础,电子结构则是认识这些关系的桥梁.在阐述材料的电子结构时,尽可能从化学键的概念出发.本书注重结合无机材料化学领域的最新进展,使读者在学习材料化学基本知识的同时,了解相关领域的进展状况.

　　本书可以作为综合性大学化学和材料化学专业高年级学生和研究生的专业基础课教材,也可以作为其他专业相关课程的参考书.

前　言

从 1994 年起,北京大学化学与分子工程学院开始开设材料化学课程,这是一门材料化学专业本科生的必修课,也供无机化学专业研究生选修.2006 年作者将课程讲授中使用的讲义进行修改和扩充,出版了本书的第 1 版.最近,根据近 10 年教学的积累,作者对第 1 版教材作了进一步的补充和修改,使本书的第 2 版得以与读者见面.

材料科学是一门交叉学科,涉及物理、化学、工程等众多领域.显然,要掌握材料科学宽广的知识不可能在一门课程的学习中完成,因此,在课程内容的选择上必须有所考虑.近些年,国内外陆续出版了一些材料化学方面的教科书,有的比较注重材料的化学制备,有的比较注重材料的应用和工艺过程,都各有特色.无机材料化学这门课程的主要对象是材料化学专业的高年级学生和研究生,他们已系统学习了主要的基础化学课程,这门课是作为他们步入材料科学的入门课程.我们希望通过学习这门课程,学生能够理解材料科学的基本思想和研究方法,并初步了解材料化学的进展状况和发展前景,为今后开展材料化学领域的教学和科研打下基础.

从内容安排上,全书可以分为材料的制备与研究方法、结构与性质和各类功能材料三部分:第 2 章和第 3 章简要介绍无机材料的主要合成和制备方法、常用的结构和性质表征方法;第 4～8 章重点介绍材料结构和性质的基本概念和理论;在后面的章节中,着重介绍各种不同类型的材料,其中一部分是以材料的性质(如电学、磁学和光学等)划分的,一部分是以材料的形态划分的(如玻璃材料、多孔材料和纳米材料等),这样做并非基于材料分类,而是希望以一些重要材料为实例,比较系统地阐述这些领域的化学问题.另外,我们还试图用比较简洁易懂的语言来阐述材料化学的基本原理.材料的组成、结构与物理性质之间的关系是材料化学的核心和基础,电子结构则是认识这些关系的桥梁.在阐述材料电子结构时,我们尽量使用化学工作者容易接受的化学语言,如从化学键扩展的角度介绍固体的能带结构.在各个章节论述中,我们还尽可能地结合材料化学领域的最新进展,使学生在学习基本知识的同时,了解相关领域的进展状况.应当指出的是,本书内容仅限于功能材料,并以无机材料为主,简要地介绍了几种分子基功能材料,并没有涉及结构材料和高分子材料等内容.

书中列出了一些文献供参考,同时安排了少量的习题供学生预习和复习用.在课程的讲授和本书的编写过程中,作者得到了很多前辈、同事和学生的帮助,在此一并表示谢意.本书的第 1,4～6,8～11 章由林建华编写,第 7 和 12 章由林建华和荆西平共同编写,第 2,3,13 和 14 章由荆西平编写,第 15 和 16 章分别由王颖霞和李彦编写,孙俊良编写了第 4 章中"非公度结构简介"一节,全书由荆西平统稿.北京大学出版社赵学范编审为本书第 1 版的出版付出了辛勤的劳动,没有她的督促和鼓励,读者可能无法看到这本书;郑月娥副编审为本书第 2 版的出版也做了大量的工作,她的督促和鼓励也是第 2 版得以与读者见面必不可少的.由于水平有限,书中的错误和缺点在所难免,望读者予以批评指正.

林建华　荆西平　王颖霞　李彦

2018 年 6 月于北京大学

目　　录

第1章　绪　　论

在几千年人类文明发展的历史中,材料一直是人类一切生活和生产活动的物质基础.在历史教科书中,人类社会的发展阶段常常以工具的进步来划分,如旧石器时代、新石器时代、青铜器时代、铁器时代、钢铁时代(工业革命时代)等.这种划分也可以说是以人类所使用材料的进步来划分的.人类早期关于材料的知识主要来自于经验的积累,因而在漫长的历史长河中这种知识的增加是很缓慢的.欧洲文艺复兴和工业革命以后,人类社会进入了科学时代,人们可以对客观事物进行深入、系统的研究,从而建立起物理学、化学等学科,这样,人类关于材料方面的知识和成果迅速增加,这促进了社会生产力的发展和社会财富的大幅度增长.

在当今的工业化和信息化社会中,材料,特别是功能材料变得越来越重要.这是一个科学技术突飞猛进的时代,各种新材料新工艺不断涌现,一种新材料的发现和实际应用往往会改变一个产业甚至人们的观念和行为.例如,高分子材料是20世纪30年代发现的,目前高分子材料已成为社会生活和生产活动中不可缺少的基础性材料,如果按体积计算已大大超过所有金属材料的总和.半导体材料的应用开始于50年代,半导体材料科学和技术的进步推动了信息科学技术的发展,不仅影响着人们的生产和生活,还正在改变着人们的思维和社会行为.中国是一个发展中国家,要使我们国家社会和经济赶上和超过发达国家,除了需要学习发达国家的先进技术之外,还需要在一些关键科学技术领域有我们自己的知识产权,而新型材料的发现和应用是具有基础性和根本性的知识产权,对于国家的长远发展具有重要意义.

材料科学是当今最活跃的前沿和交叉学科,世界各国都投入了大量的人力和物力致力于材料科学研究,新材料的研究和开发能力已成为一个国家科学技术水平和生产力发展水平的重要标志.这有两方面的含义:(i)新材料和材料新形态的发现和研究会大大促进相关科学领域的发展.一个典型的例子是纳米材料——它的发展改变了人们对纳米尺度物理、化学乃至生命现象的认识和观念,拓展了人类对自然界认识的深度.(ii)新材料的应用往往产生和带动一系列高新技术产业,同时,知识产权的排他性也可以限制其他国家的相关产业发展.我们国家的稀土资源非常丰富,但由于很多重要的稀土材料的知识产权被一些发达国家控制着,很多稀土材料的生产和使用都受到限制.例如,我国是 Nd-Fe-B 稀土永磁材料和稀土节能灯用荧光材料的生产大国,也掌握了生产技术,但由于知识产权问题,生产和销售都受到了很大的限制.因此,增强材料科学的原始性创新能力是我们国家和民族面临的重大课题.

所谓材料,是指可以用来加工成有用物件的物质.材料的品种繁多,1980年在一些发达国家注册的材料已经达到36万种,这个数字每年都在快速增长.对如此巨大数量的材料可以进行分类,分类可以从不同的角度.(i)按材料的功能性质可以将材料分为结构材料、功能材料等.结构材料主要利用材料的机械力学性能,功能材料主要利用材料的光、声、电、磁等物理性能和各种化学效应.(ii)根据材料的物理性能可以将材料分为高强材料、超硬材料、超塑性材料、高温材料、低温材料、导电材料、半导体材料、绝缘材料、超导材料、透光材料、绝热材料、散热材料等.(iii)根据材料的化学属性可以把材料分为金属材料、无机非金属材料和有机高分子材料.金属材料又分为黑色金属材料和有色金属材料.黑色金属主要是指钢铁、锰、铬及其合金,主要用作结构材料;有色金属材料是指黑色金属以外的其他金属和合金,很多功能性的金属材料都属于有色金属材料.无机非金属材料是由金属与非金属元素形成的化合物所构成的材料,无机非金属材料的种类繁多,化学和物理性质丰富.高分子材料是由碳-碳共价键为基础的有机大分子材料.近年来出现了由金属材料、无机非金属材料和有机高分子材料构成的复合材料,这类材料兼具无机和有机材料的特点.除此之外,分子型无机材料在最近几年迅速地发展,这类材料的尺度小,有可能成为新一代信息存储、传输和处理的关键性材料.目前人们感兴趣的分子型材料主要有分子导体和超导体、分子磁性材料、非线性光学材料和光电转换材料等.本教材中的无机材料主要是指无机(包括金属和无机非金属)功能材料.

当我们说到材料的性质,特别是材料的物理性质时,包含了两方面的意义:(i) 材料的内禀性质(intrinsic properties),(ii) 材料的外赋性质(extrinsic properties).材料的内禀性质只取决于材料的组成和晶体结构,而与材料的制备过程无关,也是我们常说的化合物的物理性质.磁性材料的 Curie(居里)温度、Néel(奈尔)温度、饱和磁化强度等属于材料的内禀磁性质,超导材料的超导转变温度也属于材料的内禀性质.当我们试图在实际中使用材料时,仅仅了解材料的内禀性质是远远不够的,甚至是完全不够的,因为良好的内禀性质仅仅提供了实现优良应用特性的可能性.例如,当实际应用永磁材料时,我们最关心的物理性质是它们的矫顽力、剩磁和磁能积.永磁材料的这些性质不仅取决于材料的组成和晶体结构,而且与材料的晶粒尺寸,材料中的缺陷、杂质和共生相,以及材料的合成方法和加热过程等有关,这些性质属于材料的外赋性质.材料的外赋性质不属于固体物理和固体化学研究范围,但却是材料科学和材料化学的重要研究对象之一.我们可以这样理解材料化学与其他化学学科之间的联系与差别:当我们认识了一种化合物的组成和结构,并得到有关化合物的内禀物理性质之后,我们可以说化学和物理学对这一问题的认识已基本完成.但对于材料化学和材料科学来讲,才刚刚开始.材料科学是一门交叉学科,它是以物理学和化学为基础、以工程应用为目标的一门科学.材料科学的最终目的是研究和开发出具有实际应用价值的新型材料,因此材料科学既包括新型化合物、新型材料、新的物理和化学性质的探索性研究,也包含提高材料的应用性能、建立和改进生产工艺的研究.材料化学的任务是将材料的应用价值充分开发出来,使其能够在实际中得到应用.当然,材料科学的研究同样包含对新材料、新性质的基础性研究,但这种研究具有更明确的应用目的性.

有关 BaFCl 材料的发展和认识过程可以很好地说明材料科学的特点.1824 年 Berzelius(贝采里乌斯)在研究 BaF_2 的溶解性时发现在氯离子存在的情况下,BaF_2 可以转化成 BaFCl;1932 年人们利用 X 射线衍射方法确定了这个化合物的晶体结构.BaFCl 属于四方晶系,空间群 $P4/nmm$,是一种简单的层状化合物.化合物的基本物理和化学性质也很清楚,它是一种无色透明的片状晶体,电和热的不良导体,其化学性质非常稳定,不溶于水和稀酸.从化学和物理学意义上讲,对这个化合物认识已经比较完善了.在很多年以后,人们又重新对这个化合物产生了兴趣,这一次是从材料科学的角度.1965 年 Kiss(基斯)等人研究了 BaFCl:Sm 的荧光性质;1975 年 Philips(飞利浦)公司的研究人员发现 BaFCl:Eu 在 X 射线激发下具有非常好的发光效率;随后,这种材料被制成 X 射线荧光增感屏,广泛地应用到医用 X 射线诊断系统中.1983 年日本富士公司的研究人员发现这类材料具有存储 X 射线图像的功能,而且,经 X 射线照射过的晶体在可见光的激励下可以发出 Eu^{2+} 的特征发射.利用材料的这种特性,人们开发出了 X 射线数字图像仪.这种图像仪不使用胶片,直接利用图像屏存储和读取图像,目前这种图像仪已经产业化,并已经逐步替代现有医用 X 射线成像系统.

另外,材料化学的出现和发展也是化学本身发展的必然结果.材料化学以新型功能和结构材料的研究和开发为目的,充分地利用化学家的合成技巧和对材料结构与性能关系的深刻理解,根据工程学对材料的要求,设计和合成出具有优良性能的新型材料,并利用化学方法设计出合理的工艺过程,使材料产业化.材料化学涉及了新材料的设计与合成、性能和结构的表征,以及材料的生产和应用的全部过程.

材料化学的内容十分广泛,鉴于教材篇幅、教学课时和编者知识结构的限制,本教材仅能涉及无机材料化学中的一些主要内容.第 2 章和第 3 章是无机材料的主要制备方法和研究方法;第 4~8 章介绍材料化学的基本知识,包括晶体结构、电子结构、相平衡、缺陷及晶体对称性与材料性质的关系;后面的章节介绍各种不同的材料,有些以材料的性能划分,主要涉及一些光、电、磁方面的功能材料,有些以材料的形态划分,如玻璃材料、纳米材料和多孔材料等.通过这些内容的学习,希望读者能很好地掌握材料化学的基本理论和基本知识.材料化学与其他化学分支一样仍然是一门实验性很强的学科.我们在介绍基本原理的时候常常选取一些典型的材料实例对原理进行说明.在学习过程中,希望读者对这些典型实例有足够的重视,很好地理解这些实例中包含的一般原理.这也是学好材料化学的一个重要学习方法.

材料化学涉及众多学科,一个熟练的材料科学家需要广博的知识、宽阔的科学视野和勇敢的探索精神;与此同时,出色的材料科学家还应当在某个科学领域具有扎实的基础和熟练的实验技能.因此,我们希望学生在本科学习阶段打好化学和物理基础,在此基础上学习和涉猎材料科学领域的基本思想和研究方法,这也是北京大学二十多年来材料化学专业本科教育的基本做法.我们真心希望有更多的青年同仁加入到材料化学的教育和科学研究队伍中来,为我国的材料科学发展作出贡献.

第 2 章　无机材料的合成与制备

　　无机材料的合成与制备实际含有两层意思：一方面是要合成某种物相的物质，如立方 $BaTiO_3$、$\gamma\text{-}Fe_2O_3$ 等；另一方面是要将各种物质制备成特定形态的材料，如微米粉末、纳米粉末、单晶、陶瓷、薄膜及玻璃等，只有这些被制备成特定形态的物质才是工程上可以使用的材料.从某种意义上讲，合成具有化学的意义，而制备才具有材料的意义.在实际研究中合成和制备有时是在一个过程中完成的.本章介绍一些无机材料常用的合成和制备方法的原理及特点.在科学研究中读者可以以这些知识为基础，再参考相关文献，通过实验确定自己研究课题中材料合成和制备的具体条件.

2.1　高温固相反应法

　　高温固相反应法是将固体原料混合，并在高温下通过扩散进行反应.这一方法是无机固体材料合成和制备的传统方法，也是最常用的方法.该方法操作简便，成本低，被广泛地用于无机固态化合物的合成、粉体材料和陶瓷材料的制备.这里通过固相反应原理和实验方法的介绍使读者对无机材料研究的一般程序有所了解.

2.1.1 一般原理

化学专业背景的读者对溶液中的反应比较熟悉.在溶液反应中反应物分子或离子之间可以直接接触,反应的活化能主要涉及键的断裂和形成,因而反应可以在较低的温度(室温或 $100\sim200\ ℃$)下进行.而在固相反应中,反应物一般以粉末形式混合.粉末的粒度大多在微米量级,一个维度上相当于上千个晶胞,说明反应物接触是很不充分的.实际上固体反应是反应物通过颗粒接触面在晶格中扩散进行的,因而要使固相反应发生,必须将它们加热到很高的温度,通常是 $1000\sim1500\ ℃$.而把固体原料混合物在室温下放置,一般情况下它们之间并不发生反应.我们可以通过讨论 MgO 和 Al_2O_3 反应生成尖晶石 $MgAl_2O_4$ 为例,来理解固相反应的机理及影响反应的因素.

当我们把 MgO 和 Al_2O_3 以摩尔比 $1:1$ 混合,在室温下观察不到它们之间的反应.但将反应物加热超过 $1200\ ℃$ 时,可以观察到有明显的反应,然而只有把反应物在 $1500\ ℃$ 下加热数天,反应才能完成.

尖晶石 $MgAl_2O_4$ 与反应物 MgO 和 Al_2O_3 的晶体结构有其相似性和相异性.在 MgO 和 $MgAl_2O_4$ 中,氧离子均为立方密堆积排列;而在 Al_2O_3 中,氧离子为畸变的六方密堆积排列. Al^{3+} 在 Al_2O_3 和 $MgAl_2O_4$ 中,均占据八面体格位;而 Mg^{2+} 在 MgO 中占据八面体格位,在 $MgAl_2O_4$ 中却占据四面体格位.

以 MgO 和 Al_2O_3 接触面来考查反应的过程和机理,见图 2.1.反应的第一步是生成 $MgAl_2O_4$ 晶核.晶核的生成是比较困难的,因为反应物和产物的结构是不同的,生成产物时涉及大量结构重排:化学键的断裂和重新组合,原子也需要作相当距离(原子尺度)的迁移.通常认为,MgO 中的 Mg^{2+} 和 Al_2O_3 中的 Al^{3+} 是束缚在它们固有的格点位置上,欲使它们跳入邻近的空位是困难的.然而在很高的温度下,这些离子具有足够的动能,使之能从正常格位跳出并通过晶格扩散. $MgAl_2O_4$ 的成核可能包括这样一些过程:氧离子在将要生成晶核的位置上进行重排,与此同时, Al^{3+} 和 Mg^{2+} 通过 Al_2O_3 和MgO 晶体的接触面互相交换.

虽然成核过程是困难的,但随后进行的反应(即产物层的增长)更为困难.为了使反应进一步进行,即产物 $MgAl_2O_4$ 层的厚度增加, Mg^{2+} 和 Al^{3+} 离子必须通过已存在的 $MgAl_2O_4$ 产物层,扩散到达新的反应界面.在此阶段有两个反应界面:$MgO/MgAl_2O_4$ 以及 $MgAl_2O_4/Al_2O_3$.我们可以假定 Mg^{2+} 和 Al^{3+} 的扩散速率是反应速率的决定步骤.因为扩散速率很慢,所以反应即使在高温下进行也很慢,而且反应速率随尖晶石产物层厚度增加而降低.

离子在晶格中的扩散速率符合下列形式的抛物线定律

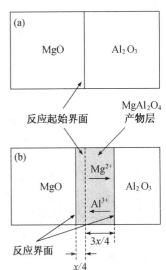

图 2.1 MgO 和 Al_2O_3 反应时相互紧密接触状态(a)和 MgO 与 Al_2O_3 中阳离子互扩散反应(b)示意图

$$\frac{\mathrm{d}x}{\mathrm{d}t}=\frac{k}{x} \quad \text{或} \quad x=(2kt)^{1/2} \tag{2.1}$$

式中：x 为反应量(此处是尖晶石层的生长厚度)，k 是速率常数，t 是反应时间.人们对 $NiAl_2O_4$ 尖晶石的反应过程进行了仔细的考查,证明 $NiAl_2O_4$ 的生成速率符合上述公式,见图 2.2.

上述 MgO 和 Al_2O_3 的反应机理,涉及 Mg^{2+} 和 Al^{3+} 通过产物层的相对扩散,以及在两个反应物/产物界面上继续反应.这个机理称为 Wagner(华格纳)机理.为了使电荷平衡,每 3 个 Mg^{2+} 扩散到右边界面,就有 2 个 Al^{3+} 扩散到左边界面.在理想情况下,在两个界面上进行的反应可以写成如下形式：

界面 $MgO/MgAl_2O_4$

$$2\ Al^{3+} - 3\ Mg^{2+} + 4\ MgO =\!\!= MgAl_2O_4 \tag{2.2a}$$

界面 $MgAl_2O_4/Al_2O_3$

$$3\ Mg^{2+} - 2\ Al^{3+} + 4\ Al_2O_3 =\!\!= 3\ MgAl_2O_4 \tag{2.2b}$$

总反应 $\qquad 4\ MgO + 4\ Al_2O_3 =\!\!= 4\ MgAl_2O_4 \tag{2.2c}$

从上面的反应方程可以看出,反应(b)中尖晶石产物的量相当于反应(a)中的 3 倍.因而,右边的界面的增长速率应该是左边界面速率的 3 倍.在 MgO 和 Fe_2O_3 反应生成 $MgFe_2O_4$ 尖晶石的反应中,发现两个界面移动速率比为 1:2.7,与理论值 1:3 很接近.

通过以上的讨论可以推知影响反应速率的 3 个重要因素：(i) 反应固体原料的表面积及各种原料颗粒之间的接触面积；(ii) 产物相的成核速率；(iii) 离子通过各种物相特别是产物物相的扩散速率.显然,要使固体反应速率加快,必须把这些因素扩大到最大程度.

在研究尖晶石的反应机理时,人们考查了两种氧化物原料的多晶粉末压制块体的反应情况.反应细节的数据来自于考查 $NiAl_2O_4$ 和 $MgFe_2O_4$ 的合成反应,可能的原因是原料之一和产物都有颜色,界面移动在光学显微镜下容易观察.大家可以从这里体会一下科学研究的方法.

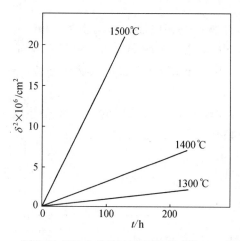

图 2.2　NiO 与 Al_2O_3 反应中,产物 $NiAl_2O_4$ 层厚度 δ 与温度和时间 t 的关系

2.1.2　实验方法

我们仍以 $MgAl_2O_4$ 为例,较详细地描述材料合成及产物初步鉴定的实验程序.

1. 试剂

合成原料用 MgO 和 Al_2O_3.两种原料应按摩尔比 1:1 准确称量.在称量前一定要把原料在 $200 \sim 800\ ℃$ 下加热数小时以便彻底烘干.应选用细颗粒原料以增加反应面积、提高反应速率.一般方法制备的固体粉末颗粒在几个微米到十几个微米之间,高速球磨机可使粒径降到 $1\ \mu m$ 左右.小于 $1\ \mu m$ 的粉末要用一些特殊方法制备,这是目前热门的纳米材料领域研究的问题之一.用 $MgCO_3$ 或镁的其他容易热分解的含氧酸盐作为原料更好,因为与 MgO 相比,$MgCO_3$ 不易吸水,而且在高温($600 \sim 900\ ℃$)下分解得到的 MgO 颗粒小,比表面积大,反应活性高.$MgCO_3$ 不必专门预先分解,可以和 Al_2O_3 直接混合进行反应.Al_2O_3 可用 $Al(OH)_3$ 或各种晶型的 Al_2O_3,但不宜用 α-Al_2O_3.

2. 混合

原料按比例准确称量后,要使其混合均匀,因为只有不同反应原料的颗粒相接触,反应才能进行.对于少量样品(<20 g),可以在玛瑙研钵中用手工混合.玛瑙质地坚硬,表面平滑,不易污染原料,也易于清洗,故优于瓷研钵.研磨混合时可在样品中加入少量可挥发的有机液体(丙酮或乙醇较为适宜),使其成为糊状有助于混合均匀.研磨过程中有机液体逐渐挥发,经过约 5~10 min 研磨,液体挥发完全,研磨完成.

对于比 20 g 量大得多的样品,用球磨机机械混合数小时,效果较好.

3. 容器材料

固体反应一般要在高温下进行数小时甚至数周,因而选择适当的反应容器材料是至关重要的.所选材料在加热时对反应物应该是化学惰性的.有时我们选择热稳定性好的金属,如铂、金或镍等,其中铂最为常用,虽然它价格昂贵.使用铂时要注意钡元素对其有腐蚀作用.另外,铂可以用各种酸来洗涤,但绝不能用王水浸泡.各种惰性、耐熔的无机材料也可以用作反应容器,如 α-Al_2O_3、SiO_2 和稳定化的 ZrO_2,其中 α-Al_2O_3 是最为常用的容器材料.使用中要注意,**碱金属氧化物对这类无机材料有腐蚀作用,特别是 SiO_2**.容器可做成坩埚,也可以制成舟型.

4. 加热反应

加热温度一般为反应物熔点的 70%~80%.反应进行数小时甚至数周,才能得到最终产物.MgO 和 Al_2O_3 均为惰性、耐熔材料,低于 1300 ℃ 观察不到明显的反应,要在 1400~1600 ℃ 下反应方可进行.如果有一种或几种反应物是含氧酸盐(常常是碳酸盐、草酸盐或硝酸盐),如 $MgCO_3$,在进行高温反应以前,样品应在适当温度下预加热数小时,使含氧酸盐在有控制的情况下分解.否则,把反应物直接加热到高温,分解反应会很剧烈,以致样品会从容器中溢出.对反应缓慢而需长时间加热的样品,常常定时将试样冷却下来并加以研磨.因为在加热期间,除了发生我们希望的反应外,反应物和产物还会发生烧结和颗粒长大而使反应混合物比表面积降低.研磨可以保持一个大的比表面积,并产生新的表面互相接触.为了使反应速率加快,高温加热前,反应物应尽量压紧,以增加颗粒之间接触面积.有时需将样品在高压下压成小片.

一般来说,提高温度有利于提高反应速率,但要注意,有些产物温度过高会分解,有些组分(如碱金属氧化物和卤化物)在高温下易挥发.有些组分有各种氧化态,而我们希望产物相是某一种确定的氧化态,这时需要控制反应的气氛.如我们要保持 Fe 或 Eu 为二价,就要在高温反应时在反应体系中通入惰性(如 N_2 或 Ar)或还原性气氛(如 CO,95% N_2+5% H_2 混合气).助熔剂的加入对提高反应速率很有效.助熔剂一般是一些低熔点的物质,常用的有 LiF、NaF 和 B_2O_3 等.当百分之几的助熔剂加入样品中,在加热反应时,助熔剂熔化而在反应物颗粒表面形成一层液膜,这层膜可以帮助反应物离子的传递,从而加快反应速率.

5. 产物分析

用以上方法制备的样品一般为粉末或烧结体,因而分析产物的主要方法是 X 射线粉末衍射.这种方法可以告诉我们,反应是否进行完全(是否观察到原料的衍射峰);是否有副产物或中间产物生成;是否有新物相生成.各种物相的化学组成可以用电子探针微区分析来确定.样品的微观形貌(如粒度大小、晶粒完整性、分散状况或烧结体密度等)用扫描或透射电子显微镜观察.

一旦得到了所需要的材料样品,即可进行各种物理性能的测试和表征,如密度、熔点、导电性、磁性和发光性能等,这些测试需要使用各种专门的方法和仪器设备.一些常见表征技术的原理和特点将在第 3 章中介绍.

2.2　共沉淀法制备固体反应前驱体

直接的固相反应虽然有操作简便等优点,但也有明显的缺点.在该方法中,反应物颗粒较大,为了使扩散反应能够进行,就得使反应温度提高;另外,用研磨等机械方法混合原料,也很难达到十分均匀的程度,因而得到纯物相产物样品较为困难.如果能使反应原料在高温反应前就已达到原子水平的混合,将会大大加速反应的进行.利用共沉淀方法获得反应前驱体是实现这一目的的重要途径之一.以合成 $ZnFe_2O_4$ 为例,把草酸锌(ZnC_2O_4)和草酸铁[$Fe_2(C_2O_4)_3$]按摩尔比 1∶1 加入水中使其混匀,然后加热蒸发,即可获得 Fe^{3+} 和 Zn^{2+} 离子的草酸盐固溶体 $ZnFe_2(C_2O_4)_4$ 沉淀,该固溶体中 Fe^{3+} 和 Zn^{2+} 是在离子水平上均匀的.将得到的沉淀过滤,烘干,得到干燥的粉末.将粉末在高温下加热反应,使草酸盐分解,即得到目标材料 $ZnFe_2O_4$.由于阳离子混合的均匀程度高,反应温度可以降低很多,如可使 $ZnFe_2O_4$ 在 1000 ℃ 左右生成,反应式可写成

$$ZnC_2O_4 + Fe_2(C_2O_4)_3 \Longrightarrow ZnFe_2(C_2O_4)_4 \tag{2.3a}$$

$$ZnFe_2(C_2O_4)_4 \Longrightarrow ZnFe_2O_4 + 4\,CO\uparrow + 4\,CO_2\uparrow \tag{2.3b}$$

在制备稀土荧光材料时,我们常用共沉淀法使基质离子与激活剂离子均匀地混合,如在 Y^{3+} 和 Eu^{3+} 离子的硝酸盐溶液中加入草酸,使 Y^{3+} 和 Eu^{3+} 离子形成草酸盐共沉淀 $(Y,Eu)_2(C_2O_4)_3$,进一步高温反应生成 Y_2O_3:Eu^{3+} 荧光材料.

理想的共沉淀法是希望制备原料离子的共晶(固溶)共沉淀,如上述的 $(Y,Eu)_2(C_2O_4)_3$.然而,实际中很多离子之间不能形成共晶共沉淀,而只能形成混合共沉淀.即使这样,如果条件控制得合适,利用共沉淀法也可以大大改善原料离子混合的均匀性.

2.3　溶胶-凝胶法

采取共沉淀方法制备反应前驱体,可以使固相反应法有明显的改善.但在制备很多材料时,它们的组分之间不能形成固溶的共沉淀体系,甚至不能同时形成沉淀,使共沉淀法的使用受到限制.有些物相在高温下不稳定,低温下固相反应的速率又很慢,因而用固体反应方法不能制备出这些物相.

为了克服传统固相反应的不足,溶胶-凝胶法得到了发展.该方法可使反应物在原子水平上达到均匀的混合,并且很多种材料的原料组分都可以制成溶胶-凝胶体系.制备溶胶-凝胶体系的方法有很多,常用的方法之一是采用金属醇盐的水解.例如要制备金属离子 M_1 和 M_2 的混合凝胶,我们选用它们的醇盐混合,然后加水调整适当的 pH,让醇盐缓慢水解并逐渐缩聚.随着时间的延长,聚合度增加,黏度提高,体系由溶液变为溶胶,再变为凝胶,最后成为透明固体.反应过程可以表示为

水解过程

$$M_1—(OR)_m + m\,H_2O \longrightarrow M_1—(OH)_m + m\,ROH \tag{2.4a}$$

$$M_2—(OR)_n + n\,H_2O \longrightarrow M_2—(OH)_n + n\,ROH \tag{2.4b}$$

缩聚过程

$$M_1—(OH)_m + M_2—(OH)_n \longrightarrow (OH)_{m-1}—M_1—O—M_2—(OH)_{n-1} + H_2O \tag{2.4c}$$

随着缩聚过程的加剧,反应物逐渐连成三维网状结构.

把溶胶-凝胶产物在一定条件下加热干燥脱去溶剂,可以得到数十到数百纳米的粉体.由

于组分离子是在原子水平上均匀混合的,用这种粉体制备所需物相,可以大大降低反应温度,缩短反应时间.用这种粉体烧结陶瓷,由于粒径小,比表面积大,反应活性大,可以在较低的温度下烧结并得到高密度陶瓷体.

利用四乙氧基硅水解制备的溶胶-凝胶体系,在控制的条件下进行干燥,并在较低的温度下烧结,可以得到高质量的光学石英玻璃.由于使用了高纯度醇盐为原料,得到的玻璃材料纯度高,且烧结温度较低,一般在 1400 ℃以下.而在传统的熔融法制备石英的工艺中,由于熔融时容器的污染,得到高纯度的产品较为困难,同时熔融温度很高,一般要在 2000 ℃.

一些用固体反应不能得到的低温物相可以用这种方法合成.例如 Y_2SiO_5 具有高温物相(X2 相)和低温相(X1 相),相变温度大约在 1100 ℃.高温 X2 相可以通过 Y_2O_3 和 SiO_2 的高温固相反应(1200~1500 ℃)获得;而低温 X1 相却很难通过该方法获得纯相样品.反应温度高于 1200 ℃,虽然固相反应可以进行,但产物的物相为高温 X2 相;若反应温度低于 1100 ℃,固相反应的速率很慢,难以得到 X1 相的纯相样品.以乙氧基硅和硝酸钇为原料,经水解制成凝胶,在低于 1000 ℃下反应,可以获得相纯度很高的 X1 相材料.在这个实例中 Y 源没有选用其醇盐,而是选用了可溶易得的 $Y(NO_3)_3$.该原料对溶胶-凝胶的形成可能没有贡献,但乙氧基硅的水解和缩合形成的三维 Si—O 网络结构可以把 Y^{3+} 离子包裹其中,从而使 Si 和 Y 得到均匀的混合.

采用溶胶-凝胶法可以制备纳米尺度的粉体材料,但这些纳米颗粒之间很容易发生硬团聚现象.我们将颗粒之间以 van der Waals(范德华)力连接形成的团聚现象称为软团聚,这种团聚的颗粒分散较为容易;颗粒之间以共价键形式连接形成的团聚称为硬团聚,这种颗粒的分散是十分困难的.若要利用溶胶-凝胶法制备粒度分布窄、分散性好的纳米粉体材料,需要做仔细的研究工作,从而掌握合适的制备条件.

2.4 电化学法

热能是推动化学反应的最常用的能量形式.实际上,其他形式的能量也可以用来推动化学反应的进行.电化学方法就是利用电能控制和推动化学反应的方法.很多电池的电极材料是插层化合物,导电离子在层间可以较自由地移动.这类化合物结构刚性差,高温下分解,故不能用高温固相法合成.但可以采用电化学法使反应在接近室温下进行.利用电化学法合成插层化合物 Li_xTiS_2 是一个很好的例子.将 TiS_2 粉末与金属 Li 混合,由于 Li 的还原性太强,不能将 TiS_2 还原为含有 Ti^{3+} 的 Li_xTiS_2,而是还原到更低的价态,甚至析出金属 Ti.如果把这一反应安排成一个电池,在外电路加一约 2.5 V 的反向电压[图 2.3(a)]使反应速率减缓,便可获得 Li_xTiS_2.TiS_2 和 Li_xTiS_2 的层状结构如图 2.3(b)所示.

把 TiS_2 用聚四氟乙烯黏接在金属网上构成阴极,将它浸入含 Li^+ 的电解液中.Li^+ 电解液可以是溶有 $LiClO_4$ 的二氧戊烷.将金属 Li 片插入电解液中作为负极.通过外电路 TiS_2 中 Ti^{4+} 被还原为 Ti^{3+},金属 Li 被氧化为 Li^+,并通过电解质进入 TiS_2 层间晶格中,电极反应如下:

负极 $$Li \longrightarrow Li^+ + e \tag{2.5a}$$

正极 $$TiS_2 + xLi^+ + xe \longrightarrow Li_xTiS_2 \tag{2.5b}$$

La_2CuO_4 是超导体的基质材料,该基质材料不具有超导性能,只有在晶格中引入填隙氧(O_i''),同时产生 Cu^{3+}($Cu_{Cu}^{\cdot}$)或空穴(h)材料才具有超导性能.填隙氧可以通过将材料在高温和高

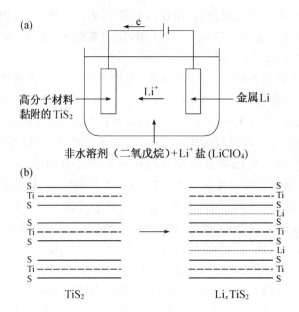

图 2.3　Li 与 TiS$_2$ 的电化学反应示意图(a)及 TiS$_2$ 和 Li$_x$TiS$_2$ 插层结构示意图(b)

氧分压下处理的方法引入,也可以通过电化学法利用电势推动来引入.电池以 La$_2$CuO$_4$ 为负极,NaOH 水溶液($\approx$1 mol·dm^{-3})为电解质,贵金属(如 Pt)为阴极,电极反应如下:

$$负极 \qquad 2\,Cu^{2+}(Cu_{Cu}^{\times}) + 2\,OH^{-} \longrightarrow 2\,Cu^{3+}(Cu_{Cu}^{\cdot}) + O_i'' + 2e + H_2O \qquad (2.6a)$$

$$正极 \qquad O_2 + 2\,H_2O + 4\,e \longrightarrow 4\,OH^{-} \qquad\qquad\qquad (2.6b)$$

上式中:$Cu_{Cu}^{\times}$、$Cu_{Cu}^{\cdot}$ 和 O_i'' 等均为晶格中缺陷的表示符号,其含义及表示规则将在第 6 章中介绍.反应在室温下进行,加载电压在几百毫伏的量级,反应时间约为 10 h.

2.5　高　压　法

化学合成和制备的过程是在原子水平控制材料的组成和结构.然而,在这些过程中我们并不能对每一个原子进行单独操作,而是通过控制宏观条件,使原子按照能量和熵的要求进行反应和堆积,获得最终的物相.通常我们能够控制的宏观条件主要是温度和压力.大多数无机材料是在常压下合成的,我们所调整的宏观条件是温度,如前面介绍的高温反应.如果我们将温度和压力同时作为调整的条件,这样可以获得一些常压高温反应得不到的物相.近年来,在无机材料研究中水热合成法和干燥高温高压法得到了越来越广泛的应用.

2.5.1　水热合成和溶剂热合成

水热反应在密闭的水热反应釜中进行.这种反应釜由不锈钢材料制成,釜内根据需要可以放入聚四氟乙烯内衬,如图 2.4.在水热合成中,水处在高压的状态下,且温度高于它的正常沸点.这种高温高压下的水有两个作用:首先,液态或气态水是传递压力的介质;其次,在高压下绝大多数反应物均能部分地溶解于水中,这样可使反应在液相或气相中进行.这使原来在无水情况下必须在很高温度下进行的反应得以在较低的温度下进行.因此,这种方法特别适合于合成一些高温下不稳定的物相,同时它也是一种有效的生长单晶的方法.

图 2.4　水热合成使用的反应釜

　　由于水热反应是在密闭的容器中进行的,有必要知道定容下水的温度-压力关系,如图 2.5 所示.水的临界温度是 374 ℃,在该温度以下,有气液两相共存;374 ℃以上,则只有超临界水单相存在.曲线 AB 是饱和蒸气压曲线,在 AB 曲线以下的压力范围不存在液态水,气相中水蒸气也没有达到饱和;在 AB 线上,气相是饱和水蒸气,且与液态水保持平衡;在 AB 线以上的区域,不存在气相水,液态水实际上是压缩水.图 2.5 中的虚线用来计算装了一部分水的密闭容器在加热到一定温度时容器内产生的压力.例如 BC 线相应于一个起初装了 30% 水的密闭容器内的温度与压力关系,当温度 600 ℃时,密闭容器内的压力为 800 bar[①].图 2.5 中的压力-温度关系曲线是由纯水得到的,但如果反应物在水中的溶解度很小,图中的曲线关系变化不大.

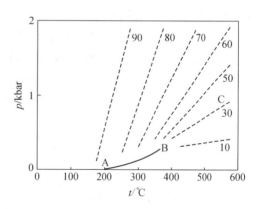

图 2.5　定容下水的压力-温度关系
（虚线表示在密闭容器内的压力变化,数字
表示常温常压时水充填容器的百分数）

　　以铌和锂的乙氧基（酯）化合物为原料,将其溶于乙醇中首先形成 $LiNb(OEt)_6$.然后,将其在水热条件下处理,可以得到 $LiNbO_3$.利用类似的方法还可以制备钛酸盐、钼酸盐及钨酸盐等无机材料.北京大学林建华教授的研究组在以硼酸为介质的水热条件下制备了多种稀土多硼酸盐,如 GdB_5O_9 等,这些材料都是在常压高温的合成条件下不易获得的.介稳态多孔材料的合成也主要是采用水热法,其内容将在 2.6 节中讨论.

　　将水热反应中的介质水换成非水溶剂,如有机溶剂等,这样的合成方法称为溶剂热法.由于有机溶剂的性质,如沸点、介电常数、离子积等与水都有很大的不同,因而在溶剂热条件下可以合成和制备很多水热条件下不能得到的材料.中国科技大学钱逸泰院士的研究组在溶剂热

---

　　① 　bar(巴)是压强的非 SI 单位,1 bar＝10^5 Pa.

合成研究方面取得了一些重要的研究成果,他们在有机溶剂介质中合成出了氮化镓、金刚石以及系列硫属化合物纳米晶.

水热法制备单晶是一种很有效的方法,也是商业上实际使用的方法之一.用水热法生长单晶常需加一种矿化剂,很多种化合物都可以作为矿化剂.矿化剂的作用是与单晶生长原料反应生成某种可溶性物质,以增加原料的溶解度.在用水热法生长石英单晶时,将粉末石英原料放在反应釜的热端,温度为 400 ℃;石英籽晶放在冷端,温度为 360 ℃(图 2.6).矿化剂为 1.0 mol·dm^{-3} 的 NaOH,反应体系的压力为 1.7 kbar.在高压和矿化剂作用下,高温端的石英粉末部分溶解.而在冷端溶液已达饱和,并在石英籽晶上缓慢结晶.在温度梯度的作用下,体系中还会产生一个浓度梯度.这样,粉末石英会在热端不断溶解,在浓度梯度的推动下向冷端扩散,并在冷端不断生长,成为大块单晶.技术上石英单晶被用于雷达或声呐等设备中,也用在压电传感器和 X 射线衍射的单色器中.用水热法还可以制备出其他高质量的单晶材料,如刚玉(Al_2O_3)和红宝石(掺 Cr^{3+} 的 Al_2O_3)等.

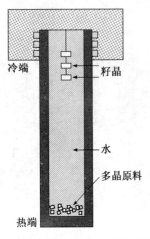

图 2.6　水热法生长单晶示意图

2.5.2　高温高压合成

如以上所说,大多数无机材料的合成都是在常压下进行的,因而我们对常压高温下无机物的反应认识较多,而对高温高压下无机物的反应认识较少.水热法虽然不是常压,但压力一般也都在几个千巴以下,温度也在 500 ℃ 以下(大多数在 300 ℃,几十个巴以下).地质工作者在研究地质及岩石变化过程中发展了高温高压技术.这类技术可使体系在近千度、数千巴的条件下工作.在这种条件下,元素的价态和材料的晶体结构都会表现出一些特殊性来.

实现高压的方法有几种:(i)用机械的方法,即使用"反向砧板"装置;(ii)向体系中加注高压水;(iii)利用爆炸法实现瞬时高压.

高压下合成的物相比大气压下合成的物相有更大的密度,有时会产生独特的高配位数.如通常情况下硅酸盐中硅均处于 SiO_4 四面体中,而在 100～120 kbar 下形成的斯石英中,硅具有八面体配位.表 2.1 比较了一些材料常压相和高压相的结构特性.

表 2.1　一些材料常压相和高压相的比较

材料的分子式	常压结构和阳、阴离子配位数	转变条件		高压结构和阳、阴离子配位数
		p/kbar	t/℃	
C	石墨 3	130	3000	金刚石 4
CdS	纤锌矿 4:4	30	20	岩盐 6:6
KCl	岩盐 6:6	20	20	CsCl 8:8
SiO_2	石英 4:2	120	1200	金红石 6:3
Li_2MoO_4	硅铍石 4:4:3	10	400	尖晶石 6:4:4
$NaAlO_2$	有序纤锌矿 4:4:4	40	400	有序岩盐 6:6:6

高压情况下,一些异常的氧化态的离子变得稳定,如 Cr^{4+}、Cr^{5+}、Cu^{3+}、Ni^{3+} 和 Fe^{4+} 等.Cr 通常只表现为 +3 价和 +6 价,即 Cr^{3+} 和 Cr^{6+},在氧化物或含氧酸盐中,它们分别与氧形成八面体配位和四面体配位.在高压下可以得到四价铬 Cr^{4+} 的八面体配位的钙钛矿物相,如 $PbCrO_3$、$CaCrO_3$、$SrCrO_3$ 和 $BaCrO_3$.高压法目前最主要的工业应用是从石墨制备金刚石.

实际上,在无机材料研究领域高压高温合成方面的研究工作开展得还很不够.如果我们把地质工作者发展的高温高压技术移植到无机材料领域,大力开展这一方面的研究,很有可能发现组成和结构新异、性能独特的新型无机材料.

2.6 拓扑合成

拓扑学(topology)是数学的一个分支学科,研究几何形体在连续形变时保持不变的性质.拓扑合成（topotactic synthesis）借用这个数学名词,指的是这样一类反应:相对于前驱体,反应产物的组成和结构都可能发生了变化,但前驱体的结构骨架特征在产物中得到了保留.利用拓扑合成可以获得一些特殊结构的物相.

在传统的高温固相反应中,我们是让体系在高温下达到热力学平衡,产物的组成和结构是热力学平衡的结果.而在拓扑合成中,我们先制备一种前驱体,然后在缓和的条件下（较低的温度下）调整前驱体的组成,从而获得能够保持前驱体结构特征的新结构.

利用固体还原剂 CaH_2 在缓和条件下将具有钙钛矿结构的 $SrFeO_{3-y}$($y \approx 0.125$) 还原为层状结构的 $SrFeO_2$,是一个很好的拓扑还原的实例.一般条件下制备的 Fe 的氧化物中,Fe 都处于 FeO_6 八面体或 FeO_4 四面体配位环境;而在 $SrFeO_2$ 中,Fe 处于 FeO_4 平面四边形配位环境.制备 $SrFeO_2$ 的过程如下:先将 $SrCO_3$ 和 Fe_2O_3 研磨均匀,然后在 1000~1200 ℃下反应两天,得到 $SrFeO_{3-y}$.该物相具有立方钙钛矿结构,Fe 处于八面体配位环境,具有 +3 和 +4 的混合价态. 将 $SrFeO_{3-y}$ 与 3 倍摩尔量的 CaH_2 在充 Ar 气的手套箱中研磨混合,封于抽真空的 Pyrex(派热克司)玻璃管中,在 280 ℃下反应两天,得到 $SrFeO_2$ 产物,其中 Fe 为 +2 价.用 0.1 $mol \cdot dm^{-3}$ 的 NH_4Cl 甲醇溶液洗涤样品,除去残余的 CaH_2 和副产物 CaO.图 2.7 表示了拓扑还原前后材料的结构转变.由于存在大量的氧缺陷,$SrFeO_2$ 具有氧离子导电性,同时 Fe^{2+} 的 d^6

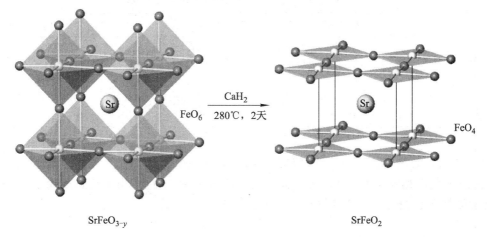

图 2.7　在拓扑还原条件下 SrFeO₂₋ᵧ 到 SrFeO₂ 的结构转变

电子处于高自旋状态,在 FeO_4 平面内存在反铁磁相互作用.

2.7　小颗粒粉体制备法

纳米材料是目前材料科学的热点研究领域.颗粒粒径在 $1\sim100$ nm 之间的粉末材料被称为纳米粉末,它是介于原子(或分子)簇与宏观大块物体之间的一类物质.纳米颗粒由于粒径尺寸小,比表面积大,因而具有一系列新异的物理和化学性质,如高的表面活性和量子限域效应等.人们已发展了多种制备纳米材料的方法,这里选取两种作一介绍,使读者了解纳米粉体制备的一般原理.

2.7.1　微乳液法

将两种不混溶的液体混合并充分搅拌,可以得一种不透明或半透明的液体,这种液体被称为乳浊液或乳液.乳浊液实际是由微米量级的小液滴构成的.乳浊液是热力学不稳定体系,常常需要加入某种表面活性剂以增加其稳定性.加入表面活性剂的乳浊液稳定性有可能大大增加,成为亚稳体系.

在有些乳液体系中除表面活性剂外再加入助表面活性剂,这样可以形成分散更均匀的微乳液体系.微乳液体系中体积比例大的液体为连续相,比例小的液体为分散相,表面活性剂和助表面活性剂处于两种液相的界面上.微乳液中分散相液滴的尺寸一般小于 $0.1~\mu m$(100 nm),为透明液体.微乳液为热力学稳定体系,长期放置的微乳液不会发生分层现象.

如果以油相(有机相)为连续相,水相为分散相,我们可以将水相液滴作为微型反应器进行沉淀反应.由于水相液滴的尺寸在纳米量级,这样得到的沉淀颗粒也应在纳米量级.以制备纳米 $BaFe_{12}O_{19}$ 粉体为例,表 2.2 列出了微乳液的组成.微乳液 I 的水相为金属离子盐溶液,微乳液 II 为沉淀剂 $(NH_4)_2CO_3$ 溶液.当两种微乳液混合,沉淀反应就会在水相中发生(见图 2.8),从而生成纳米尺寸的碳酸盐颗粒,经离心分离,先用 $1:1$ 的 CH_3OH 和 CCl_4 洗涤,再用 99.9% 的 CH_3OH 洗涤,然后干燥、煅烧,最后可以获得粒径小于 100 nm 的 $BaFe_{12}O_{19}$ 粉体.

表 2.2　制备 $BaFe_{12}O_{19}$ 纳米粉体的微乳液组成表

	水　相	油　相	表面活性剂	助表面活性剂
微乳液 I	0.01 mol $\cdot$ dm^{-3} Ba(NO$_3$)$_2$ $+0.12$ mol $\cdot$ dm^{-3} Fe(NO$_3$)$_3$	n-octane	CTAB	1-butanol
微乳液 II	0.19 mol $\cdot$ dm^{-3} (NH$_4$)$_2$CO$_3$	n-octane	CTAB	1-butanol
质量分数	0.34	0.44	0.12	0.10

使用微乳液这种方法时要注意寻找合适的微乳液体系和盐的浓度,因为有些体系在纯水中是稳定的,而水相中溶入金属离子后微乳液会被破坏.另一方面,由于产物粒径小,比表面积大,团聚现象严重.防止颗粒的团聚是至关重要的.

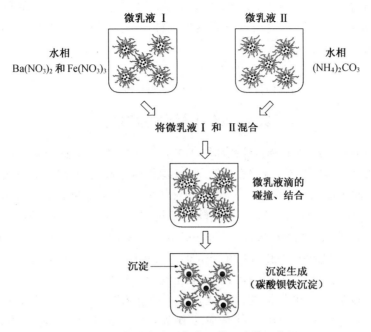

图 2.8 微乳液法制备小颗粒沉淀的示意图

2.7.2 气相水解法

气相水解法是制备纳米粉体的另一种有效方法.我们以 $TiCl_4$ 制备纳米 TiO_2 粉体为例.在图 2.9 所示的实验装置中采用氮气或空气做载气,使其通过 $TiCl_4$ 和水蒸气发生器,携带 $TiCl_4$ 蒸气和水蒸气经预热器加热后,在反应器中混合并发生水解反应,经氮气或空气稀释降

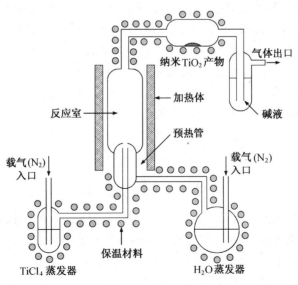

图 2.9 气相法制备纳米 TiO_2 粉体的装置示意图

温后在收集器内得到产物,尾气经过碱洗除去盐酸.反应过程若控制适当的载气流速、蒸发温度、预热温度和反应温度等,可以获得球形纳米颗粒,并且粒径尺寸可调,粒径分布窄.反应过程可以用以下化学反应方程表示

$$\mathrm{TiCl_4 + 4H_2O \longrightarrow Ti(OH)_4 + 4HCl} \tag{2.7a}$$

$$\mathrm{Ti(OH)_4 \longrightarrow TiO_2 + 2H_2O} \tag{2.7b}$$

2.8　多孔材料的制备

人们常说的沸石类或分子筛类材料都属于多孔无机固体材料.这类材料可以是结晶的,也可以是无定形的,它们被广泛地应用在吸附剂、非均相催化剂、各类载体和离子交换等领域,空旷的结构和巨大的表面积(内表面和外表面)增强了它们的催化和吸附能力.按照国际纯粹和应用化学联合会(IUPAC)的定义,多孔材料可以按它们的孔径分为三类:(i) 微孔(micropore),<2 nm;(ii) 介孔(mesopore),$2 \sim 50$ nm;(iii) 大孔(macropore),>50 nm.有时也将小于0.7 nm的微孔称为超微孔.多孔材料在组成上主要有硅铝酸盐和磷酸盐等,近年来也合成出了一些其他组成的多孔材料,如硼酸盐、金属氧化物及硫化物等.

多孔材料可以通过简单的沉淀法合成,如 A 型沸石的合成.A 型沸石的化学式一般为 $\mathrm{Na_{12}[(AlO_2)_{12}(SiO_2)_{12}] \cdot 27H_2O}$,其合成步骤为:13.5 g 铝酸钠固体(约含 $\mathrm{Al_2O_3}$ 40%,$\mathrm{Na_2O}$ 33% 和 $\mathrm{H_2O}$ 27%)和 25 g NaOH 在电磁搅拌下溶解在 300 mL 水中,适当加热可以加速溶解.在激烈搅拌下,将铝酸钠溶液加入到热的硅酸钠溶液(14.2 g $\mathrm{Na_2SiO_3} \cdot 9H_2O$ 溶解在 200 mL 水中)中,将整个溶液加热至约 90 ℃,并在此温度下继续搅拌至反应完成(约需搅拌 2 $\sim$5 h),如果停止搅拌固体立即沉降下来,则表明反应完成.然后过滤、水洗和干燥,得到 A 型沸石白色粉末,晶粒尺寸为 $1 \sim 2$ μm.

多孔物质也可以通过水热法合成,如 ZSM-5 沸石的合成.将铝酸钠溶液(0.9 g 铝酸钠固体和 5.9 g NaOH 溶解在 50 g 水中)、模板剂溶液(8.0 g 四丙基溴化铵 TPABr 和 6.2 g 96% 硫酸溶液溶在 100 g 水中)同时加到盛有 60 g 硅溶胶(含 30% $\mathrm{SiO_2}$)的聚丙烯塑料瓶中,之后立即盖上瓶盖,激烈摇动使得凝胶均匀.至此,反应混合物物质的量之间具有如下摩尔比:$\mathrm{SiO_2/Al_2O_3 = 85}$,$\mathrm{H_2O/SiO_2 = 45}$,$\mathrm{Na^+/SiO_2 = 0.5}$,$\mathrm{TPA^+/SiO_2 = 0.1}$.在 95 ℃下晶化 10 $\sim$14 天.经过滤、水洗和干燥,得到 ZSM-5 沸石原粉.如果该反应在不锈钢反应釜中进行(温度保持在 140 $\sim$180 ℃之间),则反应时间可以缩短为 1 天左右.在这一合成实例中使用了有机模板剂.有机模板剂在多孔材料的制备中十分重要,它对多孔结构的形成起着模板和导向的作用.有机模板剂主要是一些有机胺类化合物,特别是季铵盐类正离子.选择合适的模板剂对获得期望结构的材料至关重要.图 2.10 示意地表示了 ZSM-5 的生成机理.

2.9　烧　结　过　程

在工程使用中多晶无机材料呈现各种形态,有些是粉末,如荧光材料、塑料添加剂等;有些要在特定的衬底上制成薄膜,如一些光学和电学材料;还有一些材料以单晶形式用在器件中,如激光晶体.另外,很多材料是以陶瓷烧结体的形态被使用.制备陶瓷材料的一个重要环节是烧结(sintering).烧结过程就是在高温下加热经压制获得的陶瓷粉末成型体,使其成为具有一定机械强度和几何外形的整体.在高温下伴随陶瓷烧结发生的主要变化是颗粒间接触界面扩大并逐渐形成晶界.气孔从连通逐渐变成孤立,并进一步缩小,最后大部分甚至全部从坯体中

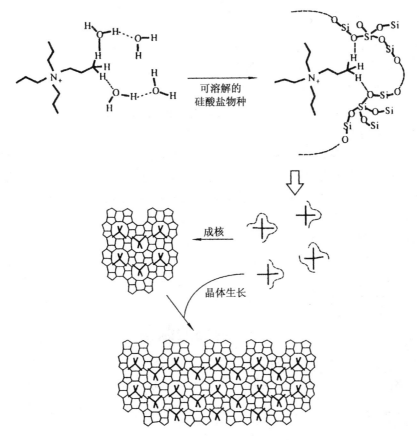

图 2.10 ZSM-5 生成机理示意图

排除,使成型体的致密度不断增加.烧结一般在材料熔点 70%～80%的温度下进行.在该温度下,烧结体系颗粒长大,表面能降低,物质自发地填充晶粒间隙使材料致密化.表面能下降是推动烧结进行的基本动力.

高温下,粉体颗粒的硬度与室温相比会有所下降.在烧结初期,当颗粒之间靠近,接触部分会发生微小形变,这时固体颗粒的表面积减少了 ΔS(图 2.11),系统表面能降低了 $\gamma \Delta S$(γ 为材料的表面能或表面张力),从而在颗粒之间产生一个黏附力.这个黏附力将导致接触面积进一步增大.这样在颗粒之间形成了一个曲率半径为 r_1 的凹透镜状接触区.

假设粉体为球形颗粒.我们知道,球形颗粒内外压力差与表面张力有如下的关系

$$\Delta p = 2\gamma/r \qquad (2.8)$$

式中:r 为颗粒的半径.这样,在图 2.11 中所示的 r_1 处,Δp_1 的方向向外;而在 r_2 处,Δp_2 的方向向内.这一压力差推动着材料的烧结过程.另外,Kelvin(开尔文)公式给出球形粉体表面蒸气压 p 和大块平面材料表面蒸气压 p_0 与材料的表面张力及颗粒半径的关系

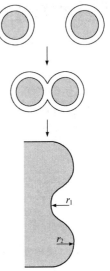

图 2.11 陶瓷材料烧结过程示意图

$$\ln(p/p_0) = \frac{2M_r \gamma}{\rho RT} \tag{2.9}$$

式中：M_r 为材料的相对分子质量，ρ 为其密度，R 是摩尔气体常数，T 为热力学温度.由于颗粒的表面是凸表面，曲率半径 r_2 为正值，颗粒表面的蒸气压 p_2 大于 p_0；而颗粒接触处是凹表面，曲率半径 r_1 为负值，这里的蒸气压 p_1 小于 p_0.这样在进一步的烧结中，物质将自发地由凸表面处向凹表面处传递，达到缩小气孔使材料致密化的目的.由式(2.8)和(2.9)也容易理解，在烧结过程中，当一小颗粒与大颗粒接触时，小颗粒会被大颗粒吸收，而使大颗粒增大.

在材料烧结过程中，晶粒会不断长大，并推动气孔沿晶粒间界移动，直至排出体系，使材料的致密度提高.如果体系中有少量颗粒的粒径明显大于其他颗粒，这些颗粒比普通颗粒更容易长大(请思考，为什么?).当这样的大颗粒快速长大，会绕过气孔，将其包裹起来，这一过程称为二次再结晶过程.一旦二次再结晶过程发生，气孔就不能被排出体系，延长烧结时间将不会使材料的致密度进一步提高.另外，材料中出现大颗粒还会降低材料的强度.因而，在烧结过程中要尽量防止二次再结晶过程的发生.防止该过程发生的方法包括：(i)原料粉体的粒径要小，且粒径分布集中；(ii)不能将烧结时间无限延长；(iii)加入少量其他与母相不发生反应也不互溶的物相作为添加剂，阻止母体材料晶粒过分长大.

2.10　薄膜的制备

薄膜材料在现代科学技术中十分重要，特别是对于电子元器件的微型化起着关键的作用.成膜技术有多种，一般可分为物理方法和化学方法.这里我们选择几种加以介绍.

2.10.1　物理方法

1. 阴极溅射法

利用该方法实现薄膜生长需借助专门的阴极溅射仪设备(图 2.12).该设备主要由一个钟罩构成，钟罩内通有 $10\sim1\,Pa(10^{-1}\sim10^{-2}\,Torr)$ 的低压惰性气体——氩气或氦气，气体处于数千伏的电势差中，发生辉光放电.气体被离子化，正离子被加速飞向阴极(靶子)，阴极材料被这些高能离子所解离，并逐渐沉积在衬底上形成薄膜.在薄膜的生长过程中，衬底放在与阴极相对应的适当的位置上.阴极材料的解离与飞向阴极正离子的动量有关.阴极材料中原子或离子正是被飞向阴极的正离子溅射出来的.

为了提高溅射效率，磁控溅射的方法得到了发展.在通常的溅射过程中，辉光放电产生的电子很容易从辉光区逸出并在容器壁上复合而被消耗.磁控溅射中，在靶材的后面安放上磁体，从而在靶材的表面附近产生一个磁场.磁体的安放位置和靶材附近的磁场分布示意地表示在图 2.13 中.这样电子在 Lorentz(洛伦兹)力的作用下轨迹发生了改变，从而延长了其

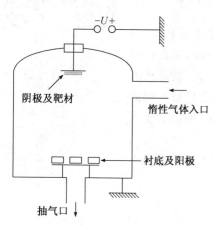

图 2.12　阴极溅射法制备薄膜设备示意图

在辉光区内的运行路程，减少了电子的散失和消耗，增加了电子与气体分子(如氩气)碰撞的概率和离化效率，从而大大提高了溅射的效率.溅射时所用的磁场强度大约为 0.01 T，这样的

磁场强度足以改变电子的运动轨迹,而对于质量较重的离化气体(如 Ar^+)基本上无影响.磁控溅射方法有直流和射频两种工作方式:在直流溅射方式中靶材(阴极)和衬底(阳极)之间加载一个直流电场,该方式适合于制备具有导电性的金属薄膜;在射频方式中加载的电场为射频电场(≈ 10 MHz),该方式适合于制备氧化物等绝缘材料的薄膜.

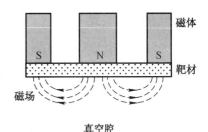

图 2.13 磁控溅射中磁体的安放
位置及靶材附近的磁场分布

2. 真空蒸发法

真空蒸发法在薄膜制备中得到了广泛的应用.真空蒸发法使用的设备示意图如图 2.14 所示.该设备真空腔的真空度在 10^{-4} Pa(10^{-6} Torr)或更高,在这样高的真空度下用加热法或电子轰击法使材料从蒸发源逸出,转变成气相,再沉积到衬底上形成薄膜.有很多种衬底材料,这需根据薄膜材料的用途来选择.如应用于电子材料上,衬底既要具有适当的机械强度,又要具有很好的绝缘性或适当的导电性等.典型的衬底材料有 Al_2O_3 陶瓷和晶片、石英玻璃片和晶片、单晶硅片等.作为蒸发源的材料也有很多,包括金属、合金、半导体、绝缘体及无机盐等.盛放源材料的容器由高熔点金属制成,如金属钽、钨和钼等,这些材料能耐极高的温度,并且不与源材料发生化学反应.

为了得到质量满意的薄膜,前期彻底清洁衬底表面是很重要的.比如,将衬底片放入洗涤液中进行超声清洗,再用酒精清洗油渍,真空中除去气体,最后用离子轰击除去衬底的表层.只有经过清洁的衬底表面,才能使薄膜很好地黏附在衬底上.

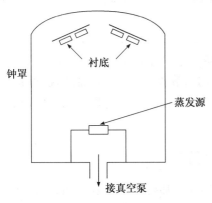

图 2.14 真空蒸发法制备薄膜设备示意图

2.10.2 化学方法

1. 溶胶-凝胶法

溶胶-凝胶法制备薄膜材料的优点是材料适应性高,很多无机薄膜材料都可以用该方法制备.另外,该方法对设备没有特殊要求.我们以 Sc 掺杂的 ZrO_2 离子导体薄膜的制备为例,介绍这种方法的基本操作过程.

将 $Sc(NO_3)_3$、$ZrOCl_2$ 和聚乙二醇(PEG,相对分子质量 $\approx 20\,000$)溶于 H_2O 和乙醇组成的混合溶剂中制成溶胶.为了避免沉淀的生成,溶胶的 pH 应保持在 $1\sim2$.用旋转涂膜法(spincoating)将溶胶涂敷在单晶硅衬底使其成膜.将溶胶膜在 110 ℃烘干,然后在 400 ℃下加热,并通入适量的氧气使有机成分分解,从而使溶胶膜转换成非晶膜.上述步骤应反复数次,方能使膜的厚度达到要求.最后在高温(600~900 ℃)下退火烧结,生成致密的纳米晶粒膜,晶粒尺寸在 50 nm 左右.

2. 喷雾热分解法

将金属离子配合物溶解在有机溶剂中,将溶液以喷雾的形式喷涂在加热的衬底上.在高温作用下有机溶剂挥发,配合物分解转化成金属氧化物并沉积在衬底上.控制尽量小的喷雾液珠、合适的喷雾速率和衬底加热温度,可以获得致密透明的氧化物薄膜.图 2.15 示意地表示了该方法的实验装置.

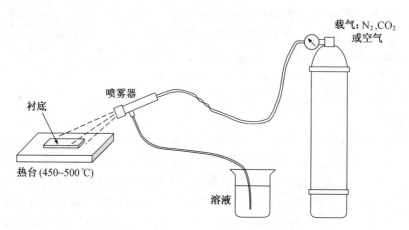

图 2.15　喷雾热分解法制备无机薄膜材料实验装置示意图

利用该方法可以制备 Y_2O_3：Eu^{3+} 红色荧光材料薄膜.将乙酰丙酮钇(Y-acac)和乙酰丙酮铕(Eu-acac)按一定的比例溶解在乙酰丙酮和异丙醇的混合溶液中,将溶液喷涂在加热的宝石晶片上,晶片的温度保持在 $450\sim500$ ℃ 之间.得到的透明薄膜在 1300 ℃ 下加热,便可得到透明致密的 Y_2O_3：Eu^{3+} 荧光材料薄膜.利用这种方法还可以制备其他氧化物荧光材料薄膜,如发绿光的 $Y_3(GaAl)_5O_{12}$：Tb^{3+} 和 ZnO：Zn 荧光薄膜等.

2.11　单晶的制备

单晶在材料科学中有其独特的重要性.很多光电子器件中都要使用无机单晶材料,如激光晶体、非线性光学晶体和单晶硅等.在对固体材料进行基础理论研究时,需要测定其结构或各种性能.利用单晶样品进行结构测定比用粉末更加容易,且结果可靠性高.测量材料物性时使用单晶样品可以排除晶界和表面的影响,使测量精度更高.特别在研究一些物理性能的微观机理时,单晶样品可以使问题纯化.生长单晶的方法大致可以分为四类:（i）由纯物质制备;（ii）由溶液中制备;（iii）由熔体中制备;（iv）由气相制备.这些方法的基本原理是控制材料以缓慢的速率结晶,以使离子或分子有足够的时间通过自由能的推动在已生成的晶面上整齐地堆积并长大.以上四类方法中,每一类又包含多种技术.研究中根据材料的组成和对单晶质量（尺寸大小,晶体完整程度等）的要求选择制备方法,并根据实验确定具体生长条件.这里介绍几种典型的方法,使读者对生长单晶的一般原理有所了解.

2.11.1　由纯物质生长单晶

采取这种方法要求材料具有明显的熔点,即具有固液同组成的性质.在高温下分解的材料,即固液异组成的材料不能采用这种方法生长单晶.生长单晶时可以先合成材料的多晶样品,然后将多晶样品熔融,再利用固液平衡从熔体中生长晶体.在这类方法中常见的技术有提拉法、坩埚下降法、无坩埚区熔法和焰熔法等,这些方法一般都需要专门的设备.在这类方法中,我们主要介绍提拉法.

提拉法也称为 Czochralski(捷克劳斯基)法,该方法的示意图如图 2.16 所示.1950 年这一方法在单晶锗的生长中取得成功,之后,该方法得到了普遍的使用.该方法的操作过程是将材料的多晶原料放在坩埚中加热熔融,熔体保持在稍高于熔点的温度上.将一颗固定在拉杆上的籽晶与熔体表面接触,然后拉杆在不停地旋转中缓慢地向上提升.提拉杆还起着散热的作用,这样在晶体上产生温度梯度,使熔体在晶体下端不断地缓慢析出并使籽晶不断地长大.在使用这种方法生长单晶的过程中,拉杆提升的速率为 $0.1\sim$ $2.0\ \mathrm{mm \cdot h^{-1}}$,旋转速率为 $5\sim100\ \mathrm{r \cdot min^{-1}}$,熔体的温度控制要精确在 $\pm(1\sim5)$℃.

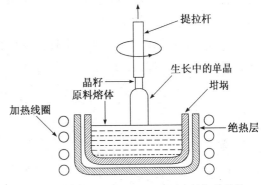

图 2.16　提拉法(Czochralski 法)制备单晶的实验装置示意图

钇铝石榴石 $Y_3Al_5O_{12}$：Nd(YAG：Nd)单晶是一种重要的激光晶体.利用提拉法生长这种单晶的一个例子是将 Y_2O_3、Nd_2O_3 和 Al_2O_3 粉末按计量比称量,总量为 $340\sim400\ \mathrm{g}$,放在铱坩埚中,用一个 $200\ \mathrm{kHz}$、$10\ \mathrm{kW}$ 的高频电炉加热,熔体温度为 (1970 ± 3)℃.拉杆提速为 $1.2\sim1.6\ \mathrm{mm \cdot h^{-1}}$,转速为 $40\sim50\ \mathrm{r \cdot min^{-1}}$.在这种条件下,可以得到直径大于 $16\ \mathrm{mm}$、长度大于 $110\ \mathrm{mm}$ 的单晶.

2.11.2　由溶液中生长单晶

常温下从溶液中生长晶体是常用的制备单晶的方法.在这种方法中,首先将原料溶解在水中或其他溶剂中,采取适当措施造成溶液的过饱和状态,使晶体缓慢地在溶液中形成并长大.采用这种方法可以使晶体在远低于其熔点的温度下生长,因而,可以制备那些在高温下容易分解、气化或发生转晶的材料.用这种方法制得的单晶尺寸较大,均匀性良好.

在该方法中,液体应能很好地溶解固体,但不与其反应.若我们称固体为 A,液体为 B,则 A 与 B 之间可以形成如图 2.17 中表示的二元相图.与晶体 A 在溶剂 B 中生长单晶相关的相平衡区只是图中线段 $\alpha\beta$ 及附近的区域.为了讨论问题的方便,我们将这一部分相图以溶解度的形式表示,见图 2.18.在溶解度图中,曲线 $\alpha\beta$ 表示在各种温度下 A 溶解在 B 中所

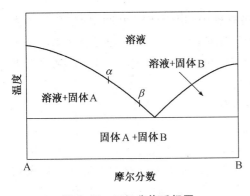

图 2.17　二组分体系相图

生成的饱和溶液的浓度.$\alpha\beta$ 曲线下面是不饱和溶液区;$\alpha\beta$ 曲线是固相 A 与溶液共存平衡的区域边界;$\alpha\beta$ 曲线的上面是固相 A 与溶液共存的区域.对于平衡体系,在这个区域内溶液应该被固相 A 所饱和,然而,这样的饱和溶液中常常含有超过饱和量的溶质,溶液处于过饱和状态.从热力学观点看,过饱和状态是不稳定的,溶液状态距离过饱和状态越远,就越不稳定.实际上,在平衡溶解度曲线 $\alpha\beta$ 上方存在一条过溶解度曲线 $\alpha'\beta'$,该曲线把过饱和溶液区划分为不稳区和亚稳区,见图 2.19.过溶解度曲线不是热力学曲线,它的位置是不确定的,外界因素的变化(如搅拌程度等)会影响该曲线的位置.

在稳定溶液区(不饱和溶液区),当溶液的温度或浓度不变或有较小变动时,不会有结晶作

21

用发生.在过饱和的不稳定区,结晶作用会自发地发生,产生很多结晶中心,不利于单晶的生长.在亚稳过饱和区一般不会发生自发的结晶作用,但如果将籽晶放入这个区域的溶液中,在籽晶的表面就会发生结晶作用,从而使晶体逐渐长大.生长单晶应使溶液的状态处于这一区域.当一个溶液处于图 2.19 中 B 点的状态,该状态的过饱和程度可以用 $\Delta c = c - c^{*}$ 或 $\Delta t = t^{*} - t$ 来表示,而 Δc 和 Δt 正是晶体生长的推动力.

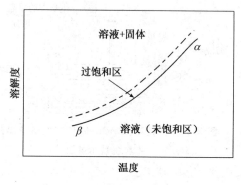

图 2.18　溶解度曲线图

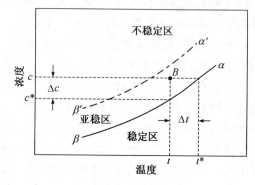

图 2.19　溶液状态图

从溶液中生长晶体的过程中,最关键的问题是控制和保持溶液有一定的过饱和度,从而使晶体有一个基本恒定的生长速率,这样才能培养出高质量的单晶体.控制溶液过饱和度的措施主要有降温法和蒸发法.前者适合于溶解度随温度变化大的溶质,而后者适合于溶解度随温度变化较小的溶质.

α-LiIO₃ 是一种实用的非线性光学晶体,常用作倍频材料,可以将 YAG∶Nd³⁺ 激光器发射的波长为 $1.06\,\mu m$ 的近红外光转变为 530 nm 的绿色光.该晶体可以通过蒸发法从水溶液中生长,蒸发温度保持在 70～80 ℃之间,长出的单晶直径为 70 mm,质量达 1.2 kg.控制蒸发温度在 70～80 ℃之间的目的是避免 β-LiIO₃ 的结晶.

2.11.3　助熔剂法制备单晶

利用助熔剂法制备单晶就是从助熔剂熔体中生长单晶.这种方法生长单晶与从水溶液中生长单晶的原理相似,但这一方法是在高温下进行的.将希望制成单晶的材料溶解在一种低熔点的助熔剂中,使其形成过饱和溶液.要保证材料完全溶解,获得均匀的熔体,须将体系保持在液相线以上的温度数小时.然后可以采取缓慢冷却或等温蒸发的方法使材料得以结晶并长大.助熔剂法适应性强,对于许多材料都能找到适当的助熔剂.与纯物质生长单晶的方法相比,助熔剂法操作温度低,该方法特别适合于生长那些难熔化合物以及那些在熔融时易挥发或易分解的材料的单晶.选择助熔剂时要考虑单晶材料和助熔剂之间不能发生化学反应,两者之间也应有类似于图 2.17 的相图.

通过缓慢冷却的方式生长单晶,其降温速率在每小时 $0.5～10$ ℃.若降温速率太快,容易产生自发结晶.钇铁石榴石 $Y_3Fe_5O_{12}$(YIG)单晶是人工合成的一种亚铁磁材料.该材料在 1555 ℃下分解为 $YFeO_3$ 和 Fe_2O_3,因而不能利用该材料的纯熔体生长单晶,但可以利用助熔剂缓慢冷却方法制备这种单晶.制备 YIG 单晶的条件为:以 Y_2O_3、Fe_2O_3、PbO、PbF_2、B_2O_3 和 CaO

为原料,其摩尔分数分别为 10%,20.5%,37%,27%,5.5% 和 0.1%.原料放入 500 cm³ 的坩埚中,加盖密封,置于电阻炉中.升温加热,将材料熔融,并在 1300 ℃下保温 4 h,使体系均匀.然后以 0.5 ℃·h⁻¹ 的速率缓慢降温到 950 ℃,将坩埚移出炉外,继续冷却至室温.用热的稀硝酸溶液或热的稀硝酸与醋酸的混合液洗去助熔剂.在该方法中,少量加入的 CaO 对单晶的形成十分重要.在优化的条件下通过该方法得到的 YIG 单晶可达 106 g.

等温蒸发法是将体系加热到熔点以上、沸点以下的温度,这时使易挥发的助熔剂缓慢挥发,从而使溶质逐渐达到饱和而结晶析出.这种方法适合于制备那些只在很窄的温度区间内稳定存在的化合物.但这种方法的缺点在于蒸发出来的助熔剂带有腐蚀性,会破坏炉体内部,污染环境.

用等温蒸发法生长铝镁尖晶石 $MgAl_2O_4$ 单晶的条件为:将 80.6 g MgO(摩尔分数为 15.7%)和 204.0 g Al_2O_3(15.7%)作为原料,与助熔剂 2100.0 g PbF_2(67.4%)和 10.0 g B_2O_3(1.0%)混合,放入一个 500 cm³ 的铂坩埚中,用铂盖紧密盖住坩埚.坩埚上留一个小孔,以控制助熔剂的蒸发速率.将坩埚放在电炉中,加热 8 h 将炉温升到 1250 ℃,让助熔剂在 10~15 天内慢慢蒸发.冷却后,用稀硝酸溶去残余的助熔剂,可以得到 1 cm 大小完美的铝镁尖晶石单晶.

2.11.4 在气相中生长单晶

利用气相生长单晶也包含多种方法,如升华法、化学气相输运法、气相分解法以及气-液-固法等.这类方法适用于制备材料本身或中间产物能够气化的物质的单晶.气相生长单晶的过程可以在远低于晶体熔点的温度下进行.下面对化学气相输运法作较为详细的讨论.

用一种气态反应物作用于一种固相反应物时,生成的气态产物被输运到反应器的另一端,在那里发生反向的分解反应,使原来的固相反应物沉积出来.这种经过一个化学反应把一种固态物质从反应器的一端转移到另一端并沉积出来的过程称为化学气相输运过程.反应过程可以用以下方程式表示

$$A(s) + B(g) \rightleftharpoons AB(g) \rightleftharpoons A(s) + B(g) \tag{2.10}$$

化学气相输运反应在材料领域是一个广泛应用的技术,主要被用在材料的合成、物质的提纯、单晶的生长以及集成电路外延膜的制备等方面.这里仅讨论使用该方法制备单晶的问题.

为了制备一种单晶体要选择一个合适的化学输运反应,并确定合适的反应温度、浓度等条件.设固体原料与输运气体存在以下平衡

$$A(s) + B(g) \rightleftharpoons AB(g) \tag{2.11}$$

平衡常数 K_p 与气相分压 p_B 和 p_{AB} 的关系为

$$K_p = p_{AB}/p_B \tag{2.12}$$

如果输运过程能够发生,我们希望在固体源区上述反应由左向右进行,在沉积区反应由右向左进行.这也就是说,选择的输运反应在固体源区和沉淀区温度相差不太大的情况下,反应的方向可以随温度而改变,这要求反应的自由能改变量 $\Delta G^{\ominus}$[①]应该比较小.因为 $\Delta G(T) = -RT\ln K_p$,如果 $\ln K_p$ 接近于零,K_p 就接近于 1,这样可以通过控制固体源区和沉淀区的温度差来改变上述反应的方向.van't Hoff(范霍夫)方程表示反应平衡常数 K_p 随反应温度变化的关系

---

① 本书中 G 指 Gibbs(吉布斯)自由能.

$$\frac{d \ln K_p}{dT} = \frac{\Delta H^{\ominus}}{RT^2} \tag{2.13}$$

对上式积分,得

$$\ln K_p(T_2) - \ln K_p(T_1) = -\frac{\Delta H^{\ominus}}{R}\left(\frac{1}{T_2} - \frac{1}{T_1}\right) \tag{2.14}$$

如果反应为吸热反应,ΔH 为正,当 $T_2 > T_1$,(2.13)式的右边为正值,则 $K_p(T_2) > K_p(T_1)$,即当温度升高时,由左向右的反应平衡常数增大,反应容易进行;降低温度时,由左向右的反应平衡常数变小,也就是由右向左的反应容易进行.因此,控制固体源区温度高于沉积区,可以将固体由高温区输运至低温区,并在低温区沉积.反之,如果反应为放热反应,则应该控制固体源区温度低于沉积区,这样可以将固体物质由低温区向高温区输运.

用化学气相输运法生长 ZnSe 单晶,其装置的示意图如图 2.20 所示.预先将原料 ZnSe 多

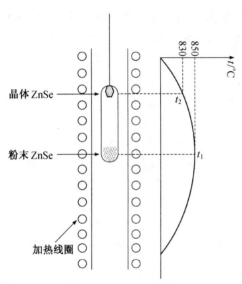

图 2.20　用气相输运法生长 ZnSe 单晶的
装置示意图

晶粉末在真空中于 850 ℃烘干.将烘干的原料与碘混匀放在石英安瓿中,然后抽真空并熔封.将安瓿垂直地悬挂在管式电炉中.精密地测量并控制炉内温度的分布,使安瓿下端(固体源区)的温度 $t_1 =$ 850 ℃,安瓿的上端(沉积区或单晶结晶区)温度 $t_2 = $ 830 ℃.安瓿内物质发生下列可逆反应

$$ZnSe(s) + I_2(g) \Longleftrightarrow ZnI_2(g) + \frac{1}{2}Se_2(g)$$

$$\tag{2.15}$$

固体源区发生的是由左向右的反应.安瓿的上端为锥形,并焊接有一根散热的石英棒,使得锥尖处的温度稍低,该处物质的蒸气压首先达到饱和,发生上述由右向左的反应,并有单晶形成.在该条件下,晶体的平均生长速率约为每天 0.5 g 左右,单晶的尺寸在几个毫米到几十个毫米之间.

这种生长单晶方法的特点是:在远低于材料熔点的温度下,利用微量的输运剂循环不断地将大量的原料从"热"端稳定地输运到"冷"端,生成单晶.由于单晶是在低温下缓慢长大的,单晶的完整性很好.

单晶的水热生长法已在 2.5.1 中作了介绍.

2.12　关于无机材料的"软化学"合成

无机材料化学,也称为无机固体化学,不是化学学科研究的传统领域,该学科的很多内容一直是陶瓷材料学、硅酸盐学以及半导体材料学等与材料科学相关的学科的研究对象.无机固体化学可以说产生于 20 世纪 20~30 年代,在 60~70 年代,随着材料科学的形成和发展而成为科学研究的重要领域.在化学、固体物理学以及材料工程相结合的基础上,固体化学得到了很大的发展.传统的无机固体材料很多都是在常压高温或高压高温的条件下通过固体粉末的扩散反应制备的.随着科学技术的发展,人们对材料的要求越来越高,如希望陶瓷材料的烧结密度更高、粉体材料颗粒均匀、形貌规整等,另外薄膜材料和纳米材料的制备也成为目前材料

科学的热门研究课题.这样,传统的高温反应法很难满足这些新的要求.为此,化学家和材料学家发展了一系列新颖的制备方法,如溶胶-凝胶法、水热合成法、溶剂热合成法、微乳液法等,这些方法制备的材料有些在性能或微观形貌上比传统方法有很大的改进,有些是传统方法不能获得的物相.与传统方法相比,这些方法的反应条件较为缓和,因而被称为"软化学"方法;与此相比,传统的无机材料的制备方法被称为"硬化学"方法.实际上,大多数一般意义上的化学合成都是在较为缓和的条件下进行的,也就是说,一般的化学合成就是"软化学"的.利用"软化学"方法制备无机材料常常要涉及金属有机配合物或金属有机化合物等作为原料,同时要涉及有机溶剂的使用.因此可以预见,随着材料科学的发展,有机化学在无机材料制备中的应用会越来越广泛.所以,无机材料专业的学生打好有机化学的基础绝不是多余的.

参考书目和文献

1. A. R. West. Solid Sate Chemistry and Its Applications. John Wiley and Sons Ltd.,1984

2. 苏勉曾.固体化学导论.北京:北京大学出版社,1987

3. 浙江大学,武汉工业大学,上海化工学院,华南工学院.硅酸盐物理化学.北京:中国建筑工业出版社,1980

4. 徐如人,庞文琴.无机合成与制备化学.北京:高等教育出版社,2001

5. 张克从,张乐潓.晶体生长.北京:科学出版社,1981

6. 张克从,张乐潓.晶体生长科学与技术.第二版.北京:科学出版社,1997

7. 黄剑锋.溶胶-凝胶原理与技术.北京:化学工业出版社,2005

8. 钱振型.等离子体技术.北京:电子工业出版社,1987

9. P. G. Radiaelli,J. D. Jorgensen,A. J. Schults,B. A. Hunter,J. L. Wagner,P. C. Chou and D. C. Johnson. Structure of the Superconducting $La_2CuO_{4-\delta}$ Phases($\delta=0.08,0.12$) Prepared by Electrochemical Oxidation. Phys. Rev. B,1993,48(1):499~510

10. J. C. Grenier,N. Lagueyte,A. Wattiaux,J. P. Doumerc,P. Dordor,J. Etourneau,M. Pouchard,J. B. Goodenough and J. S. Zhou.Transport and Magnetic Properties of the Superconducting $La_2CuO_{4-\delta}$ Phase ($0<\delta<0.09$) Prepared by Electrochemical Oxidation. Physica C,1992,202:209~218

11. V. Pillai,P. Kumar and D. O. Shah. Magnetic Properties of Barium Ferrite Synthesized Using a Microemulsion Mediated Process. J. Magn. Mater.,1992,116:L299~L304

12. 黎维彬.氧化物超微粒子的制备及其应用.北京大学博士论文,94 届,化学系物理化学专业,1993

13. P. Lu,Y. Wang,J. Lin and L. You. A Novel Synthesis Route to Rare Earth Polyborates. Chem. Commun.,2001,1178~1179

14. Y. W. Zhang,Y. Yang,S. Lin,S. J. Tian,G. B. Li,J. T. Jia,C. S. Liao and X. H. Yan. Sol-gel Fabrication and Electrical Property of Nanocrystalline$(RE_2O_3)_{0.08}(ZrO_2)_{0.92}$(RE=Sc, Y) Thin Film. Chem. Mater.,2001,13(2):372~378

15. J. G. Wang,S. J. Tian,G. B. Li,F. H. Liao and X. P. Jing. Preparation and X-ray Characterization of Low-temperature Phase of R_2SiO_5(R = Rare Earth Elements). Mater. Res. Bull.,2001,36:1855 ~ 1861

16. Y. Tsujimoto,C. Tassel,N. Hayashi,T. Watanabe,H. Kageyama,K. Yoshimura,M. Taka-

no,M. Ceretti,C. Ritter and W. Paulus. Infinite-layer Iron Oxide with a Square-planar Coordination. Nature,2007,450:1062 ～ 1065

习　题

2.1　扩散常常是固相反应的决速步骤,请说明:

(1) 在用 MgO 和 Al_2O_3 为反应物制备尖晶石 $MgAl_2O_4$ 时,应该采用哪些办法加快固相反应进行?

(2) 在利用固相反应制备氧化物陶瓷材料时,人们常常先利用溶胶-凝胶或共沉淀等方法得到前驱体,再于高温下反应制备所需产物,请说明原因.

(3) "软化学合成"是近些年在固体化学和材料化学制备中广泛使用的方法,请说明"软化学"合成的主要含义,及其在固体化学和材料化学中所起的作用和意义.

2.2　请解释,为何在大多数情况下固体间的反应都很慢,怎样才能加快反应速率?

2.3　怎样通过固态反应来制备下列化合物?（可随意选择试剂）

(1) Na_3PO_4(mp>1500 ℃);

(2) $NaAlO_2$(mp>1500 ℃);

(3) $Y_3Fe_5O_{12}$(YIG,铁磁性石榴石);

(4) Ca_3SiO_5;

(5) $Pb(Zr_{0.5}Ti_{0.5})O_3$(PZT,铁电体).

2.4　任意选用实验室常用试剂和设备,怎样制备下列物质?

(1) 大块石英单晶;

(2) 具有金红石结构的 SiO_2 多形体斯石英(stishovite).

2.5　用助熔剂法生长单晶有哪两种途径?

2.6　简要描述两种由纯物质生长单晶的方法.

2.7　简要描述一种制备薄膜材料的方法.

第3章 无机材料的研究方法

3.1 衍射技术
  3.1.1 X射线衍射;3.1.2 电子衍射;3.1.3 中子衍射
3.2 扫描电子显微镜和电子探针
3.3 透射电子显微镜
3.4 扫描隧道显微镜
3.5 电子顺磁共振谱
3.6 X射线吸收谱
  3.6.1 X射线吸收边精细结构;3.6.2 扩展的X射线吸收精细结构
3.7 材料导电性能的直流测量和交流测量
3.8 磁性的测量
3.9 荧光性能的测量
  3.9.1 荧光亮度与荧光光谱;3.9.2 荧光衰减曲线和时间分辨光谱
3.10 比表面与孔径分布的测量

    研究无机材料主要是研究它们的组成、结构和性能及其之间的关系.这里组成、结构和性能都具有两个层次的含义,见表3.1.

表3.1 材料的组成、结构和性能的含义

项 目	含义 I	含义 II
组成	元素组成	相组成,缺陷组成等
结构	分子结构及晶体结构	亚微观结构(nm 至 μm 级)
性能	一般物化性能(密度,熔点,稳定性等)	与材料的应用相联系的光、电、磁等物理性能

    从某种意义上讲,化学倾向于关注含义 I 的内容,而材料学更关注含义 II 的内容.材料化学的研究对两层含义都感兴趣,并期望建立起它们之间的联系,为新材料的发现和现有材料的优化奠定基础.

    科学技术的发展不仅为社会的进步作出了重大的贡献,也为科学技术自身的发展提供了先进的研究手段和方法.各种现代化的仪器设备是这些先进手段和方法的物质体现,它们在科学研究中占有十分重要的位置.这些仪器设备不仅是科学研究的工具,而且是知识创新的源泉和基础.从事材料化学研究很重要的一个方面就是要努力学习各种研究方法的原理和功能,灵活、巧妙地使用这些技术,使它们能很好地帮助我们将研究工作不断推向深入.当现有方法不能达到研究所要求的测量精度或观测尺度时,或者需要探测一些特殊信号时,有必要发展更先进的方法,这可能是研究工作走向更高层次的重要标志,也对研究工作者有更高的要求.

在材料化学研究中所涉及的研究方法很多,本章仅对研究中较为普遍使用的一些方法作一简单介绍,重点在于了解这些方法在材料化学研究中能解决什么样的问题.读者可以将本课程的内容作为基础,在以后的研究工作中举一反三,掌握更多与自己研究课题相关的研究技术的原理和功能,创造性地将这些方法组合使用以达到解决问题的目的.

3.1　衍　射　技　术

无机材料化学研究中所用的衍射技术主要有 X 射线衍射（X-ray diffraction,XRD）以及电子衍射(electron diffraction,ED) 和中子衍射(neutron diffraction,ND).衍射技术主要用于研究材料的结构和物相.对无机晶态材料来说,衍射技术是研究材料结构最基本的方法.从衍射法中直接获得的是晶体材料在倒易空间的信息,经过数学处理,可以得到晶体在正空间晶格的对称性、晶胞参数以及原子位置等.在各种衍射方法中,X 射线衍射处于核心的位置,电子衍射和中子衍射是对 X 射线衍射的重要补充.

3.1.1　X 射线衍射

关于 X 射线衍射的原理已在有关课程中进行了较为详细的讨论,本书不再重复.这里主要强调一下 X 射线衍射技术的特点和在研究中的应用.X 射线衍射可分为单晶衍射和粉末衍射.单晶衍射要求样品为约 0.1 mm 的单晶.测试单晶样品衍射的仪器是四圆衍射仪,其原理表示在图 3.1 中.这种仪器通过 φ 圆、χ 圆以及 Ω 圆的旋转可以将晶体的任何一个方向带到 2θ 圆的平面上,并在该平面上接收衍射强度在 2θ 空间的分布,这样可以获得各衍射斑点在三维空间中的分布及其强度,并用计算机软件对衍射数据进行分析从而获得材料的晶体结构.实际在衍射测试时,并不需要采集全部 360° 立体角的数据.由于晶体存在对称性,只需要采集部分角度的数据.分析单晶衍射数据的计算机软件都比较成熟,因而利用该方法测定无机材料的晶体结构不是一项十分困难的工作.

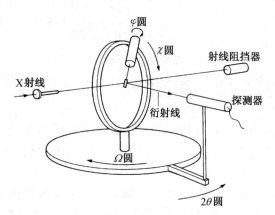

图 3.1　X 射线四圆衍射仪原理示意图

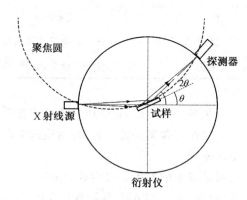

图 3.2　多晶 X 射线衍射仪 $\theta/2\theta$
联动系统光路图

然而,大多数无机材料是多晶体系,要制备单晶样品有一定困难,需要花费较多的时间.因而发展多晶衍射法对无机材料的研究是很有意义的.图 3.2 是多晶（粉末）X 射线衍射仪的原理示意图,这是一个 $\theta/2\theta$ 联动系统,即样品旋转 θ(°)时衍射信号探头需旋转 2θ,这是为了保证

X射线源、样品和探头处在同一圆上,以便衍射信号在探头处有很好的聚焦.近些年来,多晶X射线衍射技术不断发展,衍射仪 2θ 值和衍射强度值的精度以及衍射峰的分辨率都有很大的提高;同时,由于相应计算机软件的发展,使得越来越多的结构分析工作可以借助多晶衍射法来进行.通常用多晶X射线衍射法研究的问题主要有物相鉴定、衍射图谱指标化和晶体结构测定.

1. 物相鉴定

国际粉末衍射联合委员会(Joint Committee on Powder Diffraction Standards,JCPDS)把已知无机化合物的衍射数据,包括晶面间距(d)、衍射指标(hkl)、衍射强度(I)、晶胞参数等收集在粉末衍射数据卡片(powder diffraction file,PDF)中,并对每套数据的可靠性进行了标注,以★标注的数据最为可靠.如果所研究的材料是已知物相,可以利用检索手册找到相关的衍射数据卡片,通过比较衍射图谱的 d 值和 I 值,判别样品的物相、相纯度等.现在各仪器厂商都发展了相应的计算机检索软件,使物相检索工作的效率大为提高.但对于研究一些精细的问题,研究者的人工分析、比较是不可缺少的.

2. 衍射图谱的指标化

所谓指标化,就是确定每一个衍射峰的衍射指标,即 hkl 值.确定了衍射峰的指标,也就确定了晶体的晶胞参数.当研究中发现了一种新物相,需要测定其晶体结构,第一步就是要对衍射图进行指标化并确定晶胞参数.对多晶衍射数据进行指标化是用尝试法(trial-and-error)进行的.现已发展出一些很成熟的计算机软件,但如何巧妙地利用这些软件来解决研究中的问题,则需要研究者开动脑筋.研究者应该把计算机及相关软件当成很好的工具,而不要把它当成万能的上帝.研究中有时需要在固溶区内对材料进行性能优化,为了考查固溶体是否形成和固溶体的组成范围,要对所研究样品的衍射图谱进行指标化,并计算出晶胞参数.一般来说,在固溶区范围内,晶胞参数应随组成连续地变化,在固溶区外晶胞参数不随组成变化.采用这种方法研究固溶体时,X射线衍射图谱的 2θ 值的精度要高,并且固溶区的组成范围要有一定的宽度.

3. 用多晶衍射数据求解和精修无机材料的晶体结构

可以说多晶衍射图是三维空间的衍射在一维空间的压缩,因而在多晶衍射图中,有很多衍射峰是重叠的.这样,从多晶衍射中获得的结构信息就比单晶少,所以用多晶衍射数据来求解无机晶体结构就比单晶衍射困难.

近些年多晶衍射技术有了很大的进步,所收集的衍射数据(2θ 和强度 I)精度大为提高,加之峰形拟合法[也称为 Rietveld(里特沃尔德)法]及相应计算机软件的发展,使得用多晶衍射求解无机晶体结构逐渐成为常用的方法.虽然用多晶方法求解无机晶体结构成为可能,但进行这方面的研究工作要求研究者有较扎实的无机晶体结构方面的知识.对于晶体结构的解析将在第4章作进一步的讨论.

3.1.2 电子衍射

电子衍射是透射电子显微镜的一个功能.我们知道,微观粒子都有波动性.根据 de Broglie(德布罗意)关系式,可以得到电子的波长 λ 与动量 p 的关系

$$\lambda = h/p = h/mv \tag{3.1a}$$

式中:h 为 Planck(普朗克)常数,m 为电子的质量,v 为电子的运动速率.进而,可得到电子的动能与加速电压(U)的关系

$$mv^2/2 = eU \tag{3.1b}$$

式中：e 为电子电量（绝对值）.这样,得到电子波长与加速电压的关系

$$\lambda = h/(2emU)^{1/2} \tag{3.1c}$$

透射电子显微镜的加速电压通常为 200 kV,这样电子的波长为 2.5 pm.可见,在该条件下电子的波长比常用于衍射的 X 射线波长短得多,因而其衍射角很小.这样,在电子显微镜的放大作用下,我们可以在数厘米见方的衍射图中观察到很多分辨很好的衍射斑点.如果将电子透镜以光学透镜表示,透射电子显微镜的衍射光路和成像光路可以用图 3.3 的方式示意地表示.根据几何光学原理我们可以知道,DD' 和 EE' 为衍射平面,BB' 和 CC' 为成像平面.当电子束聚焦在单个晶粒上时会产生规律的衍射图样,而电子束聚焦在几个晶粒上产生的衍射图样是几个晶粒衍射图样的叠加,多晶样品的衍射图样为圆环（图 3.4）.

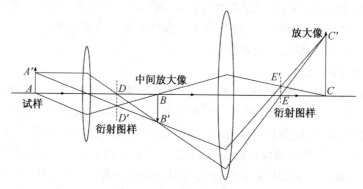

图 3.3　两级电子成像与衍射光路示意图

为了对衍射图样进行更进一步的分析,需要得到衍射斑点的晶面间距 d 值.我们可以通过图 3.5 给出的几何关系计算得到 d 值.在小角度衍射条件下,Bragg（布拉格）公式可以表示为

$$2d\sin\theta \approx 2d\theta \approx \lambda \tag{3.2a}$$

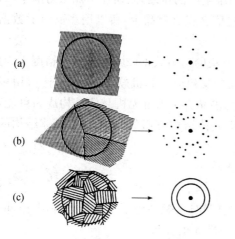

图 3.4　几类典型的电子衍射图样

（a）完美小单晶的衍射,（b）几个小晶粒
的衍射,（c）多晶衍射

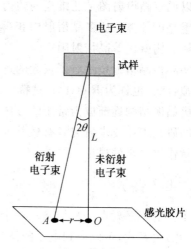

图 3.5　电子衍射原理示意图

进而有

$$r/L = \sin 2\theta = 2\theta = \lambda/d \tag{3.2b}$$

式中:r 是衍射斑点到衍射图样中心的距离,L 是样品与衍射平面的距离.由于在实际仪器中,电子束从样品到达衍射平面之前要经多组透镜的放大,因此 L 不是样品与衍射平面的实际距离,而是虚拟距离.将(3.2b)式变换,可以得到

$$rd = L\lambda \tag{3.2c}$$

$L\lambda$ 称为相机常数(有时也将 L 称为相机常数).实际应用中我们用基准物(如单质金属 Al)来标定相机常数 $L\lambda$.分析未知样品时,只要测得 r,即可得到相应衍射斑点的 d.在材料研究中电子衍射可以用于晶体对称性的测定和微区相分析.

1. 晶体对称性的测定

透射电子显微镜的电子束可以聚焦到数十纳米的直径,可以获得相应尺度上的样品的衍射信息.我们平时研究的无机材料其晶粒大小为数个微米,这样的样品可以进行电子单晶衍射,得到二维的衍射图样.如果将小晶体进行旋转,就可以得到不同方向的二维衍射图样.用这样的衍射图样分析晶体的对称性比一维的多晶 X 射线衍射图谱更为有利.用计算机尝试法对多晶 X 射线衍射图谱进行指标化,当晶胞较大或对称性较低时,常常不容易得到满意的结果.在这种情况下,用电子衍射帮助可以获得较为满意的结果.获得晶体的对称性后,可以结合其他方法进一步分析其晶体结构.

2. 微区衍射分析

实际的无机材料有时是多相复合物.由于电子束可以聚焦,这样我们就可以对不同的区域或晶粒进行衍射分析,从而获得不同物相在材料中的分布及取向情况等.

3.1.3 中子衍射

中子衍射是一种昂贵的实验技术,只有一些从事高能物理研究的国家实验室才具备进行中子衍射的仪器设备.但一般它们都向社会开放.X 射线衍射是射线与电子之间发生作用,而中子衍射是中子束与原子核发生作用.在 X 射线衍射中重原子周围电子较多,对 X 射线的散射因子较大,因而对衍射强度贡献大;而轻原子周围电子较少,对 X 射线的散射因子较小,对衍射强度的贡献也较小.因此,当采用 X 射线衍射法测定晶体结构时,由于轻原子对衍射强度贡献小,其原子位置不容易被准确测定.而中子衍射中各种原子对于衍射强度的贡献与 X 射线衍射不同,有些轻原子(如 H、N 和 O 等)对中子的散射长度也较大,这样使轻原子的位置可以比较准确地测定.另外,有些周期表中相邻原子的散射长度也有较大的区别(如 N 和 O),这样在测定晶体结构时,可以区分它们的晶格位置.不仅如此,中子是具有磁矩的,这样磁性元素的有序排列对中子衍射的强度有独特的贡献.因此,中子衍射对于测定晶体中的磁有序结构是十分重要的研究手段.

3.2 扫描电子显微镜和电子探针

图 3.6 是扫描电子显微镜(scanning electron microscope,SEM)及其工作原理示意图.电子枪发射的电子束经电子透镜聚焦后轰击在固体样品上,通过扫描线圈的调制,使电子束在样品上逐点、逐行扫描.当电子束在固体样品上扫描时会产生各种次级射线,见图 3.7.这些次级射线的能量不同,可以选择适当的探测器对它们分别探测.对所探测的信号进行处理,便可获

得样品表面的形态的图像及其他信息.在 SEM 中常被探测的次级射线是二次电子、背散射电子和 X 射线荧光.

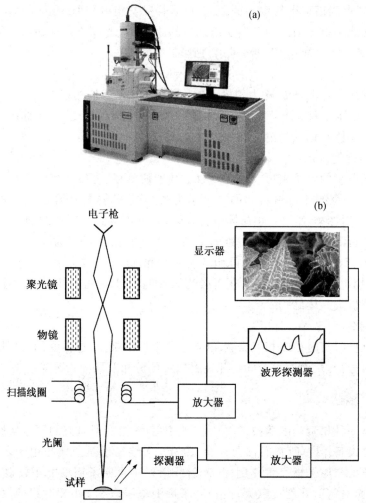

图 3.6　扫描电子显微镜(a)及其工作原理示意图(b)

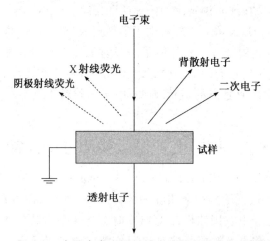

图 3.7　电子束轰击下材料产生的各种次级射线

1. 二次电子像

电子束的轰击会使样品中原子的外层电子脱离原子核的束缚,产生二次电子.接收扫描电子束轰击样品产生的二次电子,并逐点在荧光屏上成像,可以获得样品的二次电子像(secondary electron image).二次电子的强度正比于电子束斑所轰击样品的面积.表面平缓的区域电子所轰击的面积相对较小,因而二次电子的强度较低,对应图像中较暗的部分;表面有坡度的区域电子所轰击的面积相对较大,产生的二次电子强度较高,对应图像中较亮的部分.二次电子像常用来观察块体材料的表面形态以及粉体材料的晶粒形状和大小等.

图3.8是高温固相法制备的$CaTiN_2$的二次电子像.二次电子像的分辨率较高,要获得放大倍数为数万倍的清晰图像是不难做到的.性能优良的仪器分辨率可达$5\sim10$ nm,放大倍数80万.

2. 背散射电子像

当电子束轰击样品时,部分电子被样品中的原子直接散射成为背散射电子(backscattered electron).背散射电子的能量与入射电子的能量相当或稍低一些(由于散射是非弹性散射),而远高于二次电子的能量.背散射电子的强度随原子核外电子数的增加而增强,因而平均相对原子质量大的物相给出较强的信号,而平均相对原子质量较小的物相给出的信号较弱.这样,如果复相样品中各相的平均相对原子质量有一定的差别,我们就可以在背散射电子像中观察到明暗相间的区域.图3.9是Al_2O_3-ZrO_2熔融样品剖面的背散射电子像,很显然亮的部分对应ZrO_2晶粒,暗的部分对应Al_2O_3的晶粒.背散射电子像常被用来分析复相材料或鉴定材料中的杂质物相.背散射电子像的分辨率比二次电子像低一些,多在$50\sim200$ nm之间.

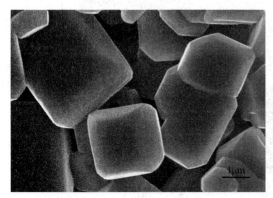

图3.8 $CaTiN_2$颗粒的二次电子像

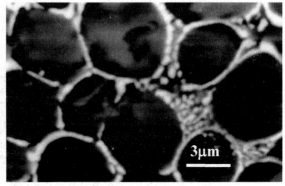

图3.9 Al_2O_3-ZrO_2陶瓷熔体剖面的背散射电子像

3. 元素分析

若入射电子束将材料中原子的内层轨道电子激发,外层电子将跃迁至内层轨道,同时产生X射线荧光.由于各种元素的原子轨道能级都有确定的值,因而产生的X射线荧光光谱是与元素对应的特征光谱.一些SEM配有能量色散谱仪(energy dispersive spectrometer,EDS),可以记录随能量分布的X射线荧光光谱,根据特征X谱线的能量值对材料进行元素的定性分析,根据其强度进行元素的定量分析.进行定量分析需要经过适当的校准,这种校准方法是成熟的,但过程较为繁琐,其基本思路如下.

假设要测定元素Y的含量,选择一个该元素的特征X射线荧光谱线,测定该谱线的强度

I_Y,同时测定该元素纯物质同一谱线的强度 I_0,求其比值 K_Y

$$K_Y = I_Y/I_0 \tag{3.3a}$$

K_Y 与 Y 的质量分数 w_Y 成正比,比例系数为一系列修正因子

$$w_Y = Z \times A \times F \times K_Y \tag{3.3b}$$

式中:Z 为原子序数修正因子,A 为吸收修正因子,F 为二次荧光修正因子.随着技术的进步EDS 可以对更轻的元素进行分析,目前利用 EDS 可以检测的最轻元素为 Be,定性分析的灵敏度为 0.1%~0.01%,定量分析的误差约 5%,分析微区的尺寸可以小到 1 μm.

电子探针（electron probe micro-analysis,EPMA）是一种专门用于对材料的微区进行元素分析的仪器,其基本原理与 SEM 相似.该仪器除了配有 EDS 用于快速的定性分析和半定量分析外,一般还配有波长色散谱仪(wavelength dispersive spectrometer,WDS)用于元素定量分析.与 EDS 相比,WDS 可以分析更轻的元素,且定量分析的精确度更高,其误差可以小到1%~2%,然而 WDS 的分析相对耗时.EPMA 在元素分析方面还有一些特殊的功能,如元素二维面扫描分析和元素一维线扫描分析等.

前面介绍的二次电子像和背散射电子像分别是用二次电子信号和背散射电子信号成像,EPMA 可以利用元素的特征 X 射线进行成像.如果探测元素 A 的特征谱线,即可获得元素 A 的二维面分布图(element map);若探测其他元素的特征谱线,便可获得其他元素的二维面分布图.如果用元素的二维面分布图分析陶瓷样品,可以获得某种元素在晶粒和晶界之间分布的情况.图 3.10 是 Cu-Al 合金中的 Cu 元素分布图(Cu Kα)和 Al 元素分布图(Al Kα).

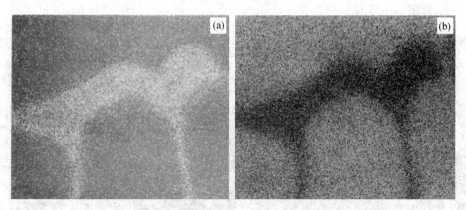

图 3.10　Cu-Al 合金中,Cu 元素分布图(a)和 Al 元素分布图(b)

使电子束在观测区域沿任意一条直线进行扫描,同时记录某种元素的特征 X 射线强度,即可得到这种元素特征 X 射线强度沿电子束扫描线的变化,这样可以给出被测元素的含量沿扫描线的分布,见图 3.11.

4. 样品的制备

利用 SEM 观测粉末样品,可以将粉体颗粒的乙醇或丙酮的悬浮液分散在小样品盘上,液体挥发后即可放入真空室进行观察.观测块体样品时可以直接观测断面,也可以观测抛光过的剖面.观测抛光样品时最好将样品的剖面进行腐蚀处理,可以采取化学腐蚀法或热腐蚀法.对于金属这样的导电样品,可以在 SEM 上直接观测;而对于陶瓷等非导电样品,应镀上金膜或碳膜后进行观测.进行元素分析,特别是定量分析,一定要采用抛光样品,抛光的质量与分析误

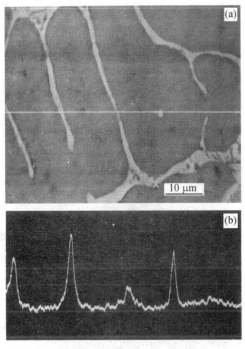

图 3.11 当电子束沿直线扫描,Cu-Al 合金中 Cu 含量的变化

（a）背散射电子像,（b）Cu 含量的变化

差直接相关.

3.3 透射电子显微镜

图 3.12 所示的透射电子显微镜（transmission electron microscope,TEM）具有放大、衍

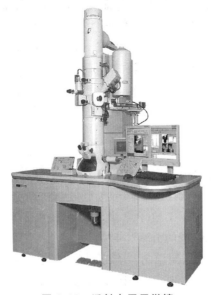

图 3.12 透射电子显微镜

射和元素分析等功能.电子衍射功能已在衍射技术中作了介绍,这里主要介绍放大功能和元素分析功能的基本原理及其在材料化学中的应用.

1. 质量衬度像

透射电子显微镜的普通功能是观测材料的质量衬度像.图 3.13 示意地给出了质量衬度像的成像原理.由于是以透射方式成像,电子束需穿透样品,这要求样品很薄,一般小于 200 nm.样品厚的部分和密度大的部分电子穿透得少,对应图像中暗的部分;而样品薄的部分和密度小的部分电子穿透得多,对应图像中亮的部分.TEM 质量衬度像的分辨率高于 SEM 的二次电子像,可达到 1 nm.利用质量衬度像可以观察粉体材料的颗粒尺寸,特别是纳米粒子的形貌,还可以分析复相材料的相分布等.图 3.13 是球形 Y_2O_3:Eu 的 TEM 照片.

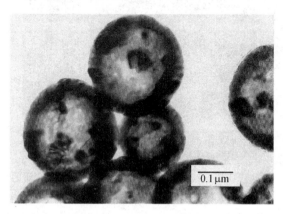

图 3.13　球形 Y_2O_3:Eu 荧光材料的质量衬度像

2. 衍射衬度像

一个样品的不同部分由于晶格的取向不同,其对电子束的衍射能力不同,这样会形成材料的衍射衬度像.图 3.14 是衍射衬度像形成原理的示意图.材料中有两个相邻而取向不同的晶粒.在强度为 I_0 的入射光照射下,B 晶粒的晶面 (hkl) 与入射束间的夹角正好等于 Bragg 角 θ,形成强度为 I_{hkl} 的衍射束,其余晶面与衍射条件存在较大的偏差;而 A 晶粒的所有晶面均与衍射条件存在较大的偏差.这样,在电子束照射下,像平面上与 B 晶粒对应的区域的电子束强度为 $I_B \approx I_0 - I_{hkl}$,而与 A 晶粒对应的区域的电子束强度 $I_A \approx I_0$.这样,不同取向的晶粒就会在像平面上形成明暗不同的区域.利用衍射衬度可以通过陶瓷材料的剖片观察晶粒的尺寸和晶界等,也可以观察金属材料的位错和层错等缺陷.单晶膜材料的弯曲也可以由衍射衬度来观察.图 3.15 是不锈钢箔的衍射衬度像.

3. 相位衬度像

TEM 的相位衬度像即是常说的高分辨电子显微(high resolution electron microscopy, HREM)图像,该图像可以揭示材料近 0.1 nm 尺度的结构细节,接近原子水平.相位衬度像是利用电子束相位的变化,由两束以上电子束相干成像.在电子显微镜分辨率足够高的情况下,参与相干成像的电子束越多,图像的分辨率越高.对相位衬度像的解释是相当复杂的,但成像的基本原理可以通过图 3.16 示意地说明.当波长为 λ 的电子束射到具有晶面间距 d 的薄膜试样上时,在离开试样 L 处发生了透射电子和散射电子的干涉.当透射电子波和散射电子波的光程差为 $n\lambda$ 时,则两个波互相加强.当 $n=1$ 时,根据勾股定理,有

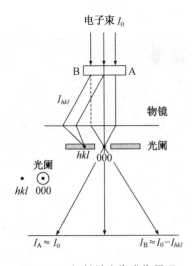

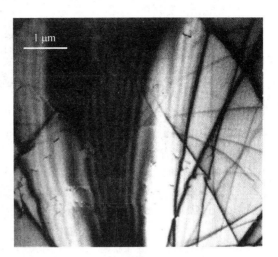

图 3.14　衍射衬度像成像原理　　　　图 3.15　不锈钢箔弯曲部分的衍射衬度像

$$\sqrt{L^2+d^2}-L=\lambda \qquad (3.4)$$

所以,当 $L=d^2/2\lambda$ 时,产生强的衬度,这个强的衬度随着 L 的增加而周期性地变化.利用高分辨图像可以观察材料的晶格,在有利的情况下可以观察到晶格中的原子空位等点缺陷.分析无机材料剪切结构形成的主要研究手段就是 TEM 的高分辨图像.近年来人们发展了一些利用材料晶体结构参数计算模拟该晶体高分辨像的软件,将实测高分辨像与模拟高分辨像进行对比,可以用来分析材料的晶体结构.图 3.17 是 CeO_2 的高分辨图像.

4. 元素分析

　　与 SEM 一样,在 TEM 中,当电子束轰击样品时各元素也可以产生特征 X 射线荧光.TEM 同样可以利用这些特征 X 射线荧光进行元素的定性分析和定量分析.由于是透射方式,定量分析的校准过程较简单.操作仔细,误差可以小于 5％.这里以测定 BaO-Nd_2O_3-TiO_2 三元体系中物相的组成为例,简单介绍一下利用 TEM 进行元素定量分析的过程.

　　以已知二元化合物 $BaTiO_3$ 和 $Nd_4Ti_9O_{24}$ 为标准物.元素特征 X 射线荧光的强度与其质量分数有如下的比例关系

$$w(Ba)/w(Ti)=K(Ba/Ti)\times\left[I(Ba)/I(Ti)\right] \qquad (3.5a)$$

$$w(Nd)/w(Ti)=K(Nd/Ti)\times\left[I(Nd)/I(Ti)\right] \qquad (3.5b)$$

式中:$w(Ba)$、$w(Ti)$ 和 $w(Nd)$ 分别为 Ba、Ti 和 Nd 的质量分数,$I(Ba)$、$I(Ti)$ 和 $I(Nd)$ 分别为 Ba、Ti 和 Nd 的特征 X 射线荧光强度.利用标准物 $BaTiO_3$ 和 $Nd_4Ti_9O_{24}$ 我们可以求出比例系数 $K(Ba/Ti)$ 和 $K(Nd/Ti)$.对未知样品,可以测出一组 $I(Ba)$、$I(Ti)$ 和 $I(Nd)$ 值.利用上式,可以求出 $w(Ba)/w(Ti)$ 和 $w(Nd)/w(Ti)$.由于 $w(Ba)+w(Ti)+w(Nd)=1$,因而我们可以求出 $w(Ba)$、$w(Ti)$ 和 $w(Nd)$.

5. 样品的制备

　　观察粉末样品的颗粒形貌,可以直接将粉末样品分散在铺有碳膜的小铜网上;而观测块体样品,则首先要将样品切割成薄片,然后再进一步减薄至厚度小于 200 nm.减薄的方法有化学腐蚀法和离子减薄法等.

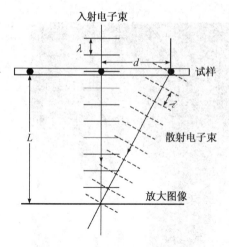

图 3.16　相位衬度像成像原理

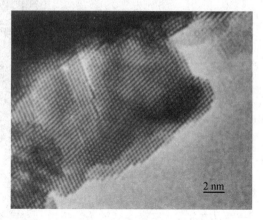

图 3.17　CeO₂ 的相位衬度像(高分辨图像,HRTEM)

3.4　扫描隧道显微镜

在过去的几十年里,电子显微技术获得了长足的发展,扫描电子显微镜和透射电子显微镜的放大倍数和分辨率都有了很大的提高.然而,这些技术还很难使我们直接观察到原子的尺度.1982 年发明的扫描隧道显微镜(scanning tunnelling microscope,STM) 可以帮助我们直接观察到单个原子.这一技术将人类观察物质微观结构的水平提高到了一个新的层次,并促进了纳米科学的产生和发展.STM 不仅可以在真空中工作,而且可以在液体和气体环境中操作,这样就可以对液-固界面、生物结构以及自然条件下的过程进行直接分析.

图 3.18 是 STM 及其结构示意图.成像的基本原理在图 3.19 中示出.一个原子级锐利的针尖处于试样表面 ≤1 nm 处.在针尖和试样之间加一偏压,由于隧穿效应在针尖和试样之间会产生一个 nA(纳安)级电流.这一隧穿电流的大小与针尖和试样之间的距离直接相关.随着

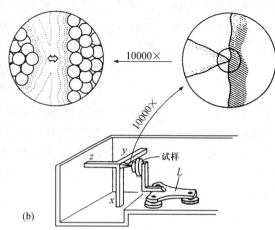

图 3.18　扫描隧道显微镜(a)及其结构示意图(b)

这一距离的增加,隧穿电流以指数形式减少.针尖在压电传感器的控制下可以在 x、y 和 z 三个方向上移动.对于一个典型的压电传感元件,电压每增加 1 V,可以引发约 1 nm 的膨胀或收缩,这样可以很容易地控制针尖在亚原子量级尺度上的运动.测量针尖在试样表面扫描时产生的反应,即可获得试样的表面原子结构图.测量可以采用恒定电流模式(恒流模式),也可以采用恒定高度模式(恒高模式).在恒流模式中,当针尖在 xy 平面扫描时,在 z 方向上调节针尖的高度,保持隧穿电流恒定,记录针尖在 z 方向上的移动.在恒高模式中,当针尖在 xy 平面扫描时,保持针尖高度恒定,记录隧穿电流在 xy 平面的分布.恒高模式适合于高速扫描的情况,这时要求试样的表面非常光滑.而要获得粗糙表面的形貌,需要采用恒流模式.

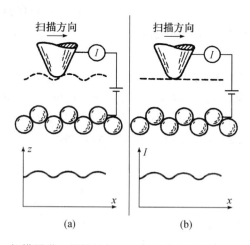

图 3.19　扫描隧道显微镜的恒流扫描模式(a)和恒高扫描模式(b)

在 STM 发展的同时,还有一些相关技术得到了发展,如原子力显微镜(atomic force microscope,AFM)及磁力显微镜(magnetic force microscope,MFM)等,它们均被称为扫描探针显微技术(scanning probe microscopy,SPM).这些相关技术均是测量针尖在试样表面扫描时产生的相应微弱机械或磁信号来获得试样在纳米尺度的表面形貌.另外,STM 还被用作操纵原子或原子簇以制造纳米结构的工具.图 3.20 是 Cu(111)晶面上 Fe 原子围栏的 STM 像.

图 3.20　扫描隧道显微镜图像
Cu(111)晶面上的 Fe 原子围栏(围栏直径为 7.13 nm)

3.5　电子顺磁共振谱

电子顺磁共振谱（electron paramagnetic resonance，EPR）也称电子自旋共振谱（electron spin resonance，ESR），该技术是研究材料中未成对电子状态的有效手段.固体材料中的过渡元素离子、稀土离子以及一些点缺陷，如色心等都含有未成对电子，这些我们称为顺磁中心.未成对电子具有永久磁偶极矩，在外磁场作用下，未成对电子的自旋能级发生分裂，分裂能为

$$\Delta E = \mu_B g H \tag{3.6}$$

式中：μ_B 是 Bohr(玻尔)磁子，为 9.2740×10^{-24} J·T^{-1}；g 为磁旋比；H 为磁场强度.当用电磁波照射包含未成对电子的材料时，如果电磁波的频率与未成对电子在磁场中的分裂能级匹配，即

$$h\nu = \Delta E \tag{3.7}$$

就会发生共振吸收，使电子由顺磁态跃迁到逆磁态.这里 h 是 Planck 常数，ν 为电磁波频率.未成对电子在磁场中的分裂能不大，大约在 10 J·mol^{-1} 量级，对应微波频率的电磁波.实际上，EPR 的顺磁共振吸收峰是在固定电磁波频率、改变磁场强度的情况下获得的.通常 EPR 谱以吸收的一阶导数表示［图 3.21(b)］，而不是以吸收峰本身表示［图 3.21(a)］.

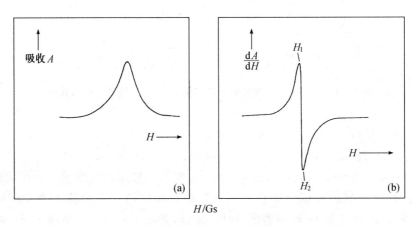

图 3.21　示意的电子顺磁共振吸收峰(a)和吸收峰的一阶导数(b)

对于自由电子，磁旋比 g 为 2.0023.对于晶格中的离子和色心等，g 与它们所处的晶格环境有关.处于不同环境中的未成对电子，由于 g 不同，在磁场中的分裂能不同，吸收峰会发生一定的位移.固体的 EPR 谱常常有一定的展宽.谱线展宽的一个原因是相邻未成对电子间的自旋-自旋相互作用.当未成对电子浓度很低时（如在 0.1%～1% 之间），电子顺磁峰会明显变锐.谱线变宽的另一个原因是顺磁离子靠近基态能量存在低位激发态，这导致电子跃迁频繁、弛豫时间缩短和吸收峰加宽.克服这一点的方法是在低温下进行测试，如液氦温度 4.2 K.如果材料中的顺磁中心仅含一个未成对电子，如 d^1 过渡金属离子 V^{4+}、Cr^{5+}，稀土离子 Ce^{3+} 以及氧空位 $V_O^{\cdot\cdot}$ 等，其电子顺磁谱的解释大为简化.另外，含有未成对电子的离子的核磁场也会对 EPR 峰产生影响.例如，^{53}Cr 有一个 $I=3/2$ 的核自旋磁矩，$^{53}Cr^{5+}$（d^1 离子）的谱线分裂成四条（即 $2I+1$）精细谱线.图 3.22 是溶解在磷灰石 $Ca_3(PO_4)_5Cl$ 中的 Cr^{5+}（如 CrO_4^{3-}）在 77 K 下的 EPR 谱.天然存在的 Cr 是同位素 ^{52}Cr（大量）和 ^{53}Cr（少量）的混合物.^{52}Cr 的核自旋磁矩为

零（$I=0$），不产生谱线分裂，$^{52}Cr^{5+}$ 离子中的未成对电子产生最强的中心谱线 3.四条小的等间隔谱线 1、2、4 和 5 是由少含量的 $^{53}Cr^{5+}$ 离子上的未成对电子产生的.在有些情况下，一个未成对电子可以与相邻离子核磁矩之间发生相互作用，产生附加的谱线精细结构.

如果我们对 EPR 的基本理论有深入的了解，并具备适当的研究经验，这一技术可以帮助我们检测顺磁中心的存在以及在基质晶体中直接环境的信息，特别是可以测定：

（1）顺磁中心的价态、电子组态和配位数；

（2）过渡金属离子基态 d 轨道和所发生的结构畸变，例如由 Jahn-Teller（姜-特勒）效应引起的畸变；

（3）顺磁离子与周围负离子或配体间键的共价性程度.

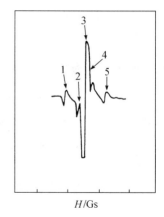

H/Gs

图 3.22　溶解在磷灰石中的 Cr^{5+} 在 77 K 的 EPR 谱

3.6　X射线吸收谱

X 射线在固体材料的研究中主要有三方面的应用.X 射线衍射技术用于材料结构的表征以及 X 射线荧光光谱用于材料组成的定性和定量分析已在前面作了介绍.这里介绍 X 射线吸收光谱在固体材料研究中的应用.

和特征 X 射线发射光谱一样，每种元素也给出特征的 X 射线吸收光谱，这些特征谱也是由电子在原子中不同能层间跃迁产生的.吸收谱的波长取决于原子中原子能级的间隔，这些间隔的能量与元素的原子序数有关.原子吸收或发射谱线的能量随原子序数的增加而增加，这一关系称为 Moseley（莫塞莱）定律.特征的 X 射线吸收谱也可以像特征发射谱一样用于元素的定性分析.一般认为元素的特征吸收边的能量是恒定的，与元素的价态和配位环境没有关系.这对于分辨率不高的吸收谱来说是正确的.然而对于高分辨率的吸收谱来说，元素的价态和配位环境等会对吸收谱的能量以及形状有可分辨的影响.正是为了分析元素吸收边附近的精细结构，发展了两种 X 射线吸收谱技术，它们都是建立在同步辐射的装置之上的.中国科学院高能物理研究所和中国科学技术大学的同步辐射国家实验室以及 2010 年建成的上海同步辐射光源都可以为社会提供测试服务.

3.6.1　X射线吸收边精细结构

X 射线吸收边精细结构谱（absorption edge fine structure，AEFS）主要观察的是元素吸收边附近约 0.1 keV 范围内的吸收谱图．在元素的吸收谱的低能边常常可以看到同内层跃迁相联系的精细结构，如 Cu 的 K 边可以显示出附加的峰，它们对应于 Cu 的 $1s \rightarrow 3d$（Cu^+ 化合物中 Cu 的 3d 轨道全充满，不存在这一跃迁）、$1s \rightarrow 4s$ 和 $1s \rightarrow 4p$ 跃迁.这些谱线的精确位置与离子的氧化态、位置对称性以及周围配位体种类和成键性质有关，因而这一技术可以用作研究材料局部结构的探针.以 Cu 的两个化合物 CuCl 和 $CuCl_2 \cdot 2H_2O$ 为例来理解 AEFS 的特点.从图 3.23 可以看出，Cu 不仅在吸收边有与 1s 到高能态跃迁相对应的精细结构，同

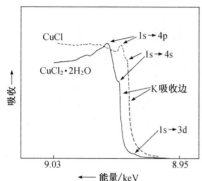

图 3.23　CuCl 和 $CuCl_2 \cdot 2H_2O$ 的 X 射线吸收边精细结构谱

时由于高价离子的原子核对核外电子云的吸引力比低价离子强,高价离子的吸收谱向高能量方向移动.

3.6.2　扩展的 X 射线吸收精细结构

　　不同于 AEFS 在高分辨率下考查一个吸收边区内精细结构的细节,扩展的 X 射线吸收精细结构谱(extended X-ray absorption fine structure,EXAFS)在更宽的能量范围内(从吸收边向高能扩展出 ≈1 keV)考查吸收随能量或波长的变化.在这一能量段,吸收谱表现为一种振荡,也称为 Kronig(克勒尼克)精细结构(图 3.24).这种振荡精细结构中包含着产生这一吸收谱原子配位环境的信息,用适当的数据处理方法可以得到这一原子的局部结构,如键距等.当固体中某种原子吸收 X 射线产生特征吸收谱时,X 射线会将该原子(中心原子)内层的电子电离.电离出的光电子与固体中该原子的相邻原子相互作用,相邻原子起着散射光电子的次级源的作用.邻近原子产生的散射波可以与入射 X 射线发生干涉作用,从而影响中心原子对入射 X 射线的吸收概率.干涉的程度取决于光电子的波长以及中心原子的局部结构.所以,EXAFS 可以认为是一种原

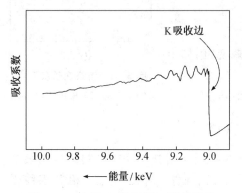

图 3.24　金属 Cu 扩展的 X 射线吸收精细结构谱

位电子衍射技术,其中的电子源是参与 X 射线吸收的实际原子.应用 Fourier(傅里叶)变换技术分析带有振荡的吸收谱(已发展出一些处理软件),可以得到类似于径向分布函数(radial dispersion function,RDF) 的谱图.

　　EXAFS 是一种测定局域结构的技术,该技术对晶态和非晶态材料同样适用.这一技术对研究非晶态材料,如玻璃、凝胶和非晶态金属可能是特别重要的,因为这类材料的结构很难用其他方法进行研究.对于测定非晶态材料径向分布函数(该函数表示找到一个原子的概率与距中心原子距离的函数),EXAFS 在将来可能成为一种最有优势的技术.该技术的最大优点是可以获得每一种元素的 RDF,而常规的 X 射线衍射技术给出的是材料中所有元素的平均 RDF.

　　图 3.25 所示是合金 $Cu_{0.46}Zr_{0.54}$ 的两个 RDF 图谱,图(a)是由 Zr 在 18 keV 处的吸收边推

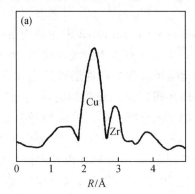
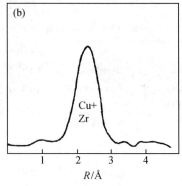

图 3.25　由扩展的 X 射线吸收精细结构谱推导的非晶态合金

$Cu_{0.46}Zr_{0.54}$ 的径向分布函数图

(a) 由 Zr 的 K 边推导的 RDF,(b) 由 Cu 的 K 边推导的 RDF

导而出的,图(b)是由 Cu 在 9 keV 处的吸收边导出的.图中峰的位置同原子间距相关,但并不直接相等.RDF 给出每一个 Zr 原子为平均相隔 2.74 Å 的 4.6 个 Cu 原子和相隔3.14 Å 的 5.1 个 Zr 原子所包围,Cu-Cu 的距离为 2.47 Å.

3.7　材料导电性能的直流测量和交流测量

测量材料的导电性能的简单方法是二端电极测量法,其电路安排如图 3.26 所示.这种方法适合于测量电导率较低的材料.对于电导率较高的材料,为了消除电极与材料之间的非 Ohm(欧姆)接触,通常采用四端电极法测量,图 3.27 示意地表示了这种测量方法的电路安排.

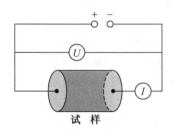

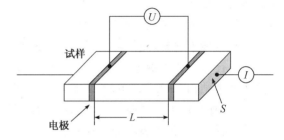

图 3.26　材料导电性能的二端电极测量法示意图　　图 3.27　材料导电性能的四端电极测量法示意图

若内侧两电极间的电压为 U,电极间的距离为 L,试样的截面积为 S,则该材料的电导率为

$$\sigma = \frac{L}{S} \times \frac{I}{U} \tag{3.8a}$$

有时也采用简单的四探针法,如图 3.28 所示.4 根探针沿一直线排列,并施加一定的负荷使探针与材料表面紧密接触.在试样尺寸远远大于探针间距的情况下,若 1 和 4 探针间的电流为 I,2 和 3 探针间的测量电压为 U,探针间的距离分别为 L_1、L_2、L_3,则材料的电导率可以用下式求出

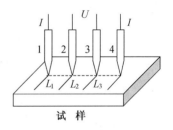

图 3.28　材料导电性能的四探针测量法示意图

$$\sigma = \frac{I}{2\pi U}\left(\frac{1}{L_1} + \frac{1}{L_3} - \frac{1}{L_1 + L_3} - \frac{1}{L_2 + L_3}\right) \tag{3.8b}$$

如果 $L_1 = L_2 = L_3 = L$,则 $\sigma = \dfrac{I}{2\pi L U}$.

对于均匀材料,如玻璃材料和单晶材料等,其导电性能可以用直流方法测定.金属材料虽然不是均匀材料,其导电性能通常也采用直流方法测定.然而对于像陶瓷材料这样的非均匀材料,由于材料中存在晶粒和晶界的区别,且两者的导电性能一般有明显的区别,如果采用直流方法测量,则只能测得材料的总电阻,不能区别晶粒和晶界各自的贡献.对于离子导电陶瓷,如果采用金属作为电极,作为载流子的离子不能通过电极,在电极与材料的界面上产生极化,使测量无法进行.如果采用可逆电极,极化问题可以得到一定程度的解决.可逆电极是一些具有特殊结构的材料,这种材料允许特定的离子载流子从材料中通过界面迁入电极,也可以使离子载流子从电极中通过界面迁入材料中.钨青铜 $Na_x WO_3$ 具有良好的 Na^+

离子导电性,可用作测量 Na^+ 离子导体的可逆电极.具有层状结构的 Li_xTiS_2 可用作测量 Li^+ 离子导体的可逆电极.

除了直流测量法外,材料的电导率还可以用交流法测定.商品化的仪器可以在很宽的频率范围(如 0.1 Hz~10 MHz)内测量材料的模阻抗和相角.通过适当的数学转换,获得材料各种导电性能参数的实部与虚部随频率的变化关系.在适当的情况下,通过分析交流测量的数据,可以将晶粒和晶界的电导性能分开,并获得晶粒和晶界的直流电导率、电容率等参数.交流测量数据还有助于分析电极的性质,进而推测材料导电载流子的性质(电子性电导或离子性电导).材料导电性能的交流测量和相应的分析方法也称为交流阻抗谱分析法(AC impedance spectroscopy).这一方法有丰富的内容,本节仅对该方法的基本知识作简单介绍,这些知识对读者进行初步的阻抗谱分析会有很大的帮助.有兴趣的读者如希望对该方法有更深入的了解,可以参阅有关的专著和一些原始文献.

在显微镜下观察,我们可以看到陶瓷材料是由晶粒和晶界组成,晶粒的尺寸在微米量级,而晶界的尺寸在几十纳米量级,约为晶粒的百分之几.我们可以近似地用砖块儿堆积模型来表示这种微观结构,如图 3.29(a).一般来说,晶界的原子排列较为混乱,其电阻率远大于晶粒的电阻率,这样载流子不倾向于沿着晶界迁移(箭头①表示的途径),而倾向于沿着穿过晶粒和晶界的途径迁移(箭头②表示的途径).砖块模型可以进一步简化为图 3.29(b)所示的层状模型.各层内部存在电阻,而界面上会产生电容.如果用等效电路的方法表示陶瓷材料的电性能,晶粒和晶界可以分别表示为电阻 R 和电容 C 并联的单元,而这两个单元则以串联的方式连接,见图 3.29(c).

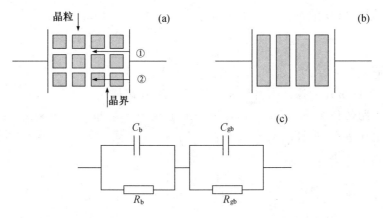

图 3.29　陶瓷材料的砖块模型(a)、层状模型(b)和等效电路(c)

材料的交流阻抗数据可以用多种电参数表示和分析,如阻抗谱、导纳谱、介电谱和模量谱等,其中阻抗谱最为常用,且阻抗谱也可以用多种形式表示.这里仅对阻抗谱的 Z'/Z'' 表示作较详细的介绍.读者若能较好地掌握阻抗谱的基本知识,在以后的研究中可以举一反三,根据所研究的问题,采用合适的参数和形式来分析和表达自己的研究数据.

根据交流电的基本知识可以很容易推出,陶瓷材料的阻抗实部 Z' 和虚部 Z'' 与频率 ω 有如下关系

$$Z' = \frac{R_b}{1 + (\omega R_b C_b)^2} + \frac{R_{gb}}{1 + (\omega R_{gb} C_{gb})^2} \tag{3.9a}$$

$$Z'' = R_b \left[\frac{\omega R_b C_b}{1 + (\omega R_b C_b)^2} \right] + R_{gb} \left[\frac{\omega R_{gb} C_{gb}}{1 + (\omega R_{gb} C_{gb})^2} \right] \tag{3.9b}$$

式中：R_b 和 C_b 分别为晶粒的电阻（率）和电容（率）；R_{gb} 和 C_{gb} 分别为晶界的电阻（率）和电容（率）.将上述关系表示在复阻抗平面上（即 Z'/Z'' 平面，见图 3.30），每一个 RC 并联单元呈现一个半圆图像，图中的箭头表示 ω 增加的方向.如果 $R_b C_b$ 与 $R_{gb} C_{gb}$ 相差两个数量级以上（这一条件对烧结良好的陶瓷一般是可以满足的），晶粒对应的半圆可以与晶界对应的半圆很好地分开，这样可以分别讨论晶粒和晶界的性质.在 Z'/Z'' 复平面上，Z' 轴上的截距对应 R_b 和 $R_b + R_{gb}$.在阻抗半圆极大值处，Z'' 为 $R_b/2$ 或 $R_{gb}/2$，而且有 $\omega R_b C_b = \omega R_{gb} C_{gb} = 1$.利用这些关系，可以获得晶粒和晶界的电阻和电容等参数 R_b、R_{gb}、C_b 和 C_{gb} 等.对于大多数陶瓷材料，C_b 一般在 10^{-12} F·cm^{-1}，而 C_{gb} 一般在 10^{-10} F·cm^{-1}，这是晶粒半圆和晶界半圆能够分开的重要原因.

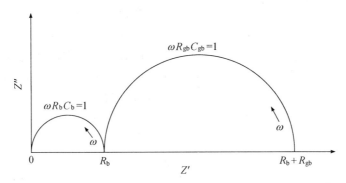

图 3.30　陶瓷材料的阻抗谱图

电极的特性反映在阻抗谱的低频段图像中.分析这一频段的图像特征，可以了解材料导电载流子的特性.几种不同性质电极的阻抗谱及相应的等效电路表示在图 3.31 中.R_s 和 C_s 为材料的电阻和电容，在扩散可逆电极的等效电路中，材料的等效电路简化为电阻 R_s.当陶瓷材料是电子型导体时（载流子为电子或空穴），由于陶瓷材料的 Fermi（费米）能级与作为电极的金属材料不同，当两者接触时，Fermi 能级拉平，这样会在陶瓷与电极的界面处形成一个电子势垒，称为肖特基势垒（Schottky barrier）.这一势垒在阻抗谱上也呈现为一个半圆，对应的电阻以 R_{sb} 表示，电容以 C_{sb} 表示，电容率一般为 $10^{-8} \sim 10^{-7}$ F·cm^{-1}.对于金属离子导电陶瓷，如 Li$^+$ 离子导体或 Ag$^+$ 离子导体等，若交流测量时以金属材料为电极，由于离子不能穿过陶瓷与电极的界面进入金属，而是被阻止在陶瓷材料的表面，这种电极称为阻挡电极（blocking electrode）.在极化作用下电极两侧形成双电层（electric double layer），其电容率在 10^{-6} F·cm^{-1} 量级，以 C_{dl} 表示.该电极的阻抗谱图为一垂直于 Z' 轴的直线，箭头表示频率增加的方向.若采用金属材料（如 Pt）做电极测试氧离子或质子（氢离子）导电陶瓷，虽然这两种离子也不能在金属中传输，但在电极上可以发生下式表示的氧化还原反应

$$\frac{1}{2} O_2 + 2e \Longleftrightarrow O^{2-} \tag{3.10a}$$

$$H^+ + e \Longleftrightarrow \frac{1}{2} H_2 \tag{3.10b}$$

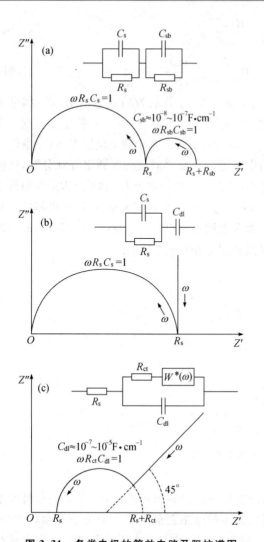

这样离子载流子可以在离子和气态之间相互转化,从而使电流得以维持.这样的电极称为可逆电极,其电极反应包含两个过程:方程(3.10a)和(3.10b)表示的电荷转移过程和离子向电极的扩散过程.电荷转移过程在阻抗谱中也呈现为一个半圆,R_{ct} 和 C_{ct} 分别表示对应的电阻和电容,C_{ct} 实际就是双电层电容 C_{dl},电容率在 10^{-6}F·cm^{-1} 量级.离子扩散过程在阻抗谱中呈现为一条与 Z' 轴呈 45° 夹角的直线,这一过程称为 Warburg(瓦尔堡)阻抗,在等效电路中用 $W^*(\omega)$ 表示.

以上的介绍都假设材料的电阻和电容不随频率变化,这个假设在对材料电性能进行初步分析时是合理的.实际上,陶瓷材料的电阻和电容都随频率有一定的变化,这在阻抗谱图中表现为阻抗半圆有向 Z' 轴压缩的倾向,离子扩散阻抗直线与 Z' 轴的夹角也小于 45°.如要对阻抗谱进行仔细分析,需在 RC 并联单元中引入恒相位因素(constant-phase-element,CPE),更详细的知识可参考相关专著.

在实际陶瓷材料的测试中,有可能出现比上述介绍更丰富的阻抗半圆个数,对这些半圆的指认,各半圆对应的电容率的数量级是一个重要的参数.表 3.2 列出的数据可以作为指认的参考.

图 3.31　各类电极的等效电路及阻抗谱图
(a) 陶瓷-金属电极,(b) 阻挡电极,(c) 扩散可逆电极

表 3.2　电容率与阻抗相的关系

电容率/(F · cm^{-1})	阻抗相
10^{-12}	晶粒
10^{-11}	杂相
$10^{-11} \sim 10^{-8}$	晶界
$10^{-10} \sim 10^{-9}$	铁电相晶粒
$10^{-9} \sim 10^{-7}$	表面层
$10^{-8} \sim 10^{-7}$	Schottky 势垒
$10^{-7} \sim 10^{-5}$	电荷转移,双电层
10^{-4}	电化学反应

3.8 磁性的测量

材料的磁性包括抗磁性、顺磁性、铁磁性和反铁磁性等,测量材料的磁性主要是测量其磁化强度 M 随磁场强度 H 或随温度 T 的变化.目前常用的测量仪器是振动样品磁强计(vibrating sample magnetometer,VSM),其测试原理表示在图 3.32 中.电源向电磁铁线圈中输入直流电流使其产生强磁场,有一对测量线圈(串联反接)安置在磁场强度均匀的区域,磁场强度通过霍尔效应(Hall effect)测量 (其原理见 10.2 节).球形样品放在样品杆底部,并安放在测量线中间.当样品杆沿垂直于磁场的方向上下振动(频率在 $10^1 \sim 10^2$ Hz 量级时),测量线圈两端会产生感应电动势 V_M.感应电动势 V_M 与样品的磁化强度、样品的振幅和频率以及样品与检测线圈间的距离等多种因素有关,求解也十分困难.然而,当样品尺寸很小,与测量线圈的距离足够远的话,样品可以看成磁偶极子.在这种状况下 V_M 与材料的比磁化强度 σ 成正比关系,这样我们可以利用已知比磁化强度 σ_{std} 和已知质量 m_{std} 的标准样品作参比,求算待测样品的比磁化强度 σ_{spl} 和体积磁化强度 M_{spl}.如果样品的质量为 m_{spl},则样品的体积磁化强度 M_{spl} 为

$$M_{spl} = \sigma_{spl} \times \rho_{spl} = \left(\frac{m_{std}}{m_{spl}}\right)\left(\frac{V_{M,std}}{V_{M,spl}}\right)\sigma_{std} \times \rho_{spl} \tag{3.11}$$

式中:$V_{M,std}$ 和 $V_{M,spl}$ 分别为标准样品和待测样品测得的感应电动势,ρ_{spl} 是材料的密度.

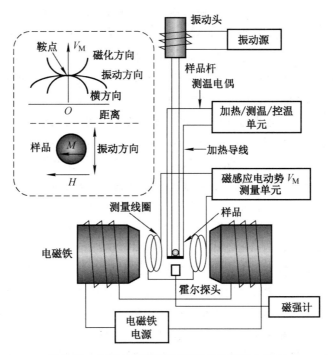

图 3.32 振动样品磁强计(VSM)的原理示意图

为了使感应电动势对样品的位置不敏感,需要将样品调整到鞍点位置(见图 3.32 点线框),即在振动方向将样品移动至感应电动势最大处,在磁化方向将样品移动至感应电动势最小处,在横方向将样品移动至感应电动势最大处.通过改变电磁铁线圈的电流密度可以获得不同的磁场强度 H,从而可以测量材料磁化强度 M_{spl} 随 H 的变化;同样,利用加热/测温/控温

装置改变材料的温度,可以测量材料磁化强度 M_{spl} 随温度 T 的变化.测量材料低温范围磁化强度随温度的变化有两种模式:场冷(field cooling,FC)和零场冷(zero field cooling,ZFC).场冷是将样品在磁场磁化的条件下冷却至低温(如 10 K),然后升温测量;零场冷是在不加磁场的条件下将样品冷却至低温,再升温测量.

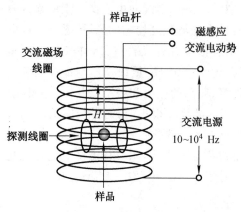

图 3.33　交流磁化率测量原理示意图

研究中常常需要测量材料在交流磁场下的磁化率.在交流磁化率的测量中,交流磁场是通过在如图 3.33 的线圈中输入交变电流实现的,其频率范围一般在 $10^1 \sim 10^4$ Hz 之间.在交变磁场中,探测线圈中会产生与样品磁化强度成正比的感应电动势.与直流测量相似,我们可以用标准样品对系统进行标定,从而测量出未知样品的磁化强度.该系统测出的样品磁化强度与交变磁场存在一个相位差,根据相位差我们可以求出磁化强度与磁场同位相的分量,即磁化强度的实部 M',同时也可以求出磁化强度与磁场差 $90°$ 位相的分量,即磁化强度的虚部 M''.交流测量中磁场强度一般在 mT 量级,比直流测量的磁场强度弱.有时在进行交流测量时,会添加一个直流磁场偏置.为了消除样品位置的影响,在交流测量时,也会选择让样品振动,其振动频率要低一些,典型的频率为 21 Hz.

目前,先进的材料磁性测量仪器都会采用超导技术.利用超导线圈可以提供强磁场.电磁铁产生的磁场一般在 1 T(特斯拉)以下.对于超导磁体来说,由于其电阻趋于零,电流在导体内不会有大的热效应,因而可以大幅度提高导体中的电流密度,从而使磁场强度大幅度提高,一般可以达到几个特斯拉,有些超导磁体提供的磁场甚至可以达到几十个特斯拉.另一方面,人们还利用超导量子干涉装置(superconducting quantum interference device,SQUID)进行材料磁性能测量,SQUID 的使用使测量的灵敏度可以提高 $2 \sim 3$ 个数量级.

SQUID 是利用 Josephson(约瑟夫森)效应设计的装置.关于 Josephson 效应的详细知识,读者需要阅读超导物理方面专门的著作,这里仅介绍 SQUID 工作的简单原理(图 3.34).图中虚线框中是单结射频 SQUID 的示意图,该器件由一个超导环和一个纳米量级厚度的绝缘结(Josephson 结)构成,同时还有一个射频偏置电路.当磁场通过 SQUID 环时,射频电路的输出电压产生一个随磁通量的振荡[图 3.34 中点线框(a)],振荡的周期为一个磁通量子 Φ_0($\Phi_0 = h/2e = 2.07 \times 10^{-15}$ Wb).这样,我们可以通过振荡周期计数灵敏且精确地测出磁通量 Φ.利用 SQUID 进行磁测量的设备其磁场一般也由超导磁体提供,该磁体是由超导体绕制的螺线管.样品杆和探测线圈放置在超导螺线管中,其磁场方向如图 3.34 所示.如图中所示方式缠绕的探测线圈称为二阶梯度仪,即当样品在 z 方向移动时,探测线圈产生的感生电流正比于磁场强度 H 沿 z 方向的二阶微商 dH^2/d^2z.测量时样品从探测线圈的下方上移,探测线圈中产生的感生电流在信号线圈中产生磁场,其磁通量由 SQUID 检测.这样 SQUID 所检测的磁通量正比于磁场的二阶梯度 dH^2/d^2z.dH^2/d^2z 随 z 的变化具有点线框(b)的形式,其中心极大值 $(dH^2/d^2z)_{max}$ 与样品的磁化强度成正比.用标准样品对系统进行标定,从而可以获得实验样品的磁化强度.

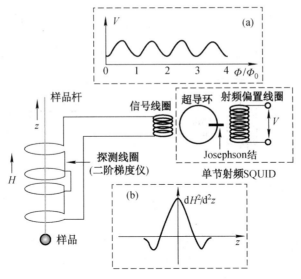

图 3.34　超导量子干涉器(SQUID)工作原理示意图

3.9　荧光性能的测量

荧光性能也是很多材料的基本性能,本节介绍几种荧光性能常用表征方法的基本原理和特点.

3.9.1　荧光亮度与荧光光谱

1. 发光亮度的测量

材料发光亮度的测试方法一般是先用激发源(如紫外线、X射线或阴极射线能量较高的射线)沿某一方向照射被压平的发光材料表面,然后在其他方向用探测器接收材料发光信号的强度.探测器一般为硅光电池或光电倍增管,并配以相应的滤光片,这样使得探测器的光谱响应特征与人眼的视见函数曲线一致.多数情况下,发光亮度的测试是选用适当的标准样品,进行相对比较.测试亮度的绝对值须使用专门的仪器并对其进行标定.光电倍增管比硅光电池灵敏度高.图 3.35 是发光亮度测试原理的示意图.

2. 漫反射光谱、激发光谱和发射光谱测量

研究材料对光的吸收和转换性能需测试这三种光谱,其测试可以在荧光光谱仪上进行,这种仪器具有两个单色器,可以分别对激发光和发射光进行分光,其工作原理见图 3.36.材料要发出荧光,首先要吸收能量.研究材料在紫外和可见光范围的吸收特性对研究材料的发光机理十分重要.大多数发光材料都是粉末样品,测试其吸收光谱较为困难,因而一般情况下测试材料的漫反射光谱来研究材料对光的吸收特性.测试时使用光谱仪的激发和发射单色器同步扫描的功能,首先记录参比样品(如 $BaSO_4$ 或 Al_2O_3)的反射信号随波长的变化 $I_0(\lambda)$,然后记录待测样品的反射信号随波长的变化 $I_s(\lambda)$,反射光谱为

$$R_s(\lambda) = \frac{I_s(\lambda)}{I_0(\lambda)} \tag{3.12}$$

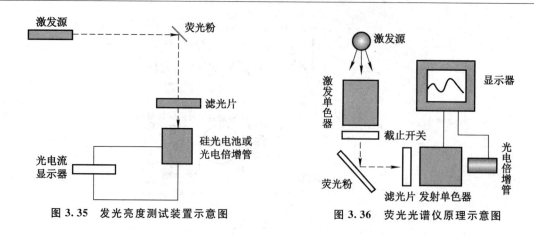

图 3.35　发光亮度测试装置示意图　　　　图 3.36　荧光光谱仪原理示意图

如果使用了积分球,则测量结果准确度会更好.激发光谱是特定波长的发光强度随激发波长的变化,测定时选定检测的发射波长 λ_{EM},扫描激发波长.激发光谱反映了不同激发光对所考查的发射光激发效率的变化,它与漫反射光谱相关,但不完全一致.漫反射光谱仅表示了材料对光的吸收情况,而激发光谱反映了材料对光的吸收并转换成发射光的总效果.发射光谱表示了材料发射能量随波长的变化,由发射光谱我们可以知道材料的发光颜色.测试发射光谱时,选择合适的激发波长 λ_{EX},扫描发射波长.图 3.37 是发光材料 $(BaCaMg)_5(PO_4)_3Cl:Eu^{2+}$ 的漫反射光谱、激发光谱和发射光谱.

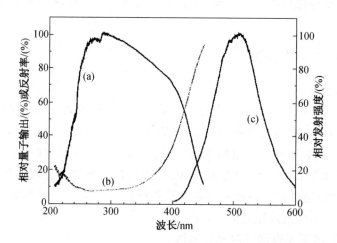

图 3.37　发光材料 $(BaCaMg)_5(PO_4)_3Cl:Eu^{2+}$ 的激发光谱(a)、漫反射光谱(b)和发射光谱(c)

$$\lambda_{EX} = 270\ nm, \lambda_{EM} = 500\ nm$$

由于光源在测试的波长范围内发射能量并不是恒定值,单色器和光电倍增管也有相应的波长响应曲线,因而原始记录的光谱数据并不是材料的真实光谱.要获得材料的真实光谱,即能量随波长的分布,需要对仪器进行激发校正和发射校正.校正需要使用标准罗丹明 B 溶液和标准钨灯,厂家仪器工程师可以帮助进行仪器的校正,并将校正数据存入仪器计算机中,我们在进行光谱测试时需选择相应的光谱校正功能按键.

在荧光光谱测试中,由于激发波长和发射波长常常有较大的差别,激发光的二级光谱常常会干扰测试结果.在测试过程中需要选用合适的截止滤光片消除二级光谱的干扰.

3.9.2 荧光衰减曲线和时间分辨光谱

利用脉冲光源激发荧光材料,激发停止后材料荧光发射的强度 I 不仅是波长(λ)的函数,同时也是时间(t)的函数,可以用 $I(\lambda,t)$ 表示,见图 3.38.测量特定波长(λ_i)下荧光强度随时间的变化,可以获得材料的荧光衰减曲线 $I(\lambda_i,t)$.测量特定衰减时间 t_i 时荧光强度随波长的分布,可以获得时间分辨光谱 $I(\lambda,t_i)$.一般来说,研究中需要测量一系列不同衰减时间的时间分辨光谱,考查荧光光谱随时间的变化.材料的荧光强度随时间的变化称为材料荧光发射的动力学特性,对其研究有利于认识材料的发光机理和不同活性中心能量传递的机理.

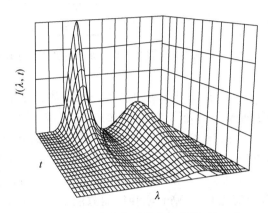

图 3.38 脉冲激发后的荧光发射 $I(\lambda,t)$

$I(\lambda_i,t)$-t 表示的是不同发射波长的荧光衰减曲线;

$I(\lambda,t_i)$-t 表示的是不同衰减时间的时间分辨光谱

有多种测量材料荧光发射动力学特性的实验方法,现在常用的方法是"时间相关单光子计数法(time-correlated single-photon counting,TCSPC)",该方法的测量利用了荧光发射的统计性质.电子被激发后会在激发态停留一定的时间,然后跃迁回基态产生荧光(光子)发射.每个电子在激发态停留的时间是不同的.一般来说,电子在激发态作短时间停留的概率较大,相应地,发射短时间延迟光子的概率也较大;电子作长时间停留的概率较小,相应地,发射长时间延迟光子的概率也较小.对大量光子发射的数目和其延迟时间进行统计,可以获得材料荧光发射的衰减曲线或时间分辨光谱.

时间相关单光子计数法的原理如图 3.39 所示.光源脉冲使得起始光电倍增管产生一个电信号,这个信号通过恒分信号甄别器 1 启动时幅转换器(time-to-amplitude converter,TAC),使其产生一个随时间线性增长的电压信号.同时,光源脉冲激发样品后产生一个有一定时间延迟的荧光发射,单色器对该荧光发射分光,并将波长为 λ_i 的荧光信号送达终止光电倍增管,随后所产生的电信号通过恒分信号甄别器 2 到达时幅转换器使其停止工作.这时时幅转换器根据累积的电压确定该光子发射的延长时间,同时给出一个数字信号并在多(时间)通道分析器(multichannel analyzer,MCA)的相应时间通道计入这个信号,表明在该延迟时间检测到一个光子.很多次重复后,不同时间通道内累积的光子数不同.把时间通道的光子数对时间作图,即可以得到荧光衰减曲线 $I(\lambda_i,t)$.如果测量不同波长 λ_i 的衰减曲线,用衰减时间 t_i 时不同波长 λ 下的光子数对波长 λ 作图,即可得到时间分辨光谱 $I(\lambda,t_i)$.测量荧光衰减曲线时,我们需

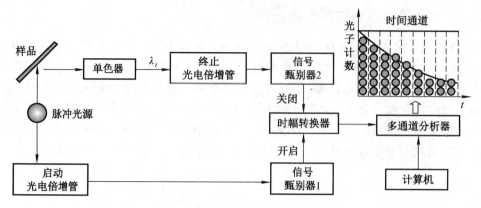

图 3.39　单光子计数法测量荧光时间分辨特性的工作原理示意图

要设定截止光子数,如 2×10^3,当某一时间通道的累积光子数首先达到这个计数时测量停止. 测量时间分辨光谱时,为了观察到荧光光谱随时间的变化,一般需要测量系列衰减时间的时间分辨光谱.为此,测量每一个波长 λ_i 的 $I(\lambda_i,t)$ 时需要设定同样的截止脉冲次数,如 2×10^5(或脉冲累计时间,如 30 s),当测量的脉冲次数(或累计时间)达到该数值时,测量停止.

为了保证测量结果的准确性,一次脉冲激发过程中多通道分析器只能存储一个光子数.如果一次脉冲激发得到了多个荧光光子,则时幅转换器只能记录寿命最短(延迟时间最短)的光子,这样检测到的衰减曲线将向短寿命一侧偏移,这种现象称为堆积效应.为了避免这个效应的发生,实际测定时需要衰减荧光发射强度,使多通道分析器存储的光子数远小于光源脉冲数,前者约为后者的 1%.也就是光源产生脉冲 100 次,大约只有 1 个荧光光子被检测.如果在预设的测量时间范围内没有荧光信号到达终止光电倍增管,时幅转换器自动回复到零,不输出信号.

由于光源的脉冲也有一定的时间宽度,为了减少光源脉冲的时间特性对测量结果的影响, 光源的脉冲宽度要远远小于多通道分析器设定的时间通道宽度.

对于单中心发光的材料,一般情况下其荧光衰减曲线可以用单指数形式表示:

$$I(\lambda_i,t)=I_0\mathrm{e}^{-\frac{t}{\tau}} \tag{3.13}$$

式中:I_0 为起始荧光强度或光子发射数;τ 为荧光寿命,即荧光强度衰减到 I_0/e 时的时间.以 $\lg I(\lambda_i,t)$ 对 t 作图表示(3.13)式的衰减曲线,其图像是一条斜率为 $-1/2.303t$ 的直线.对于多中心的发光材料,由于能量传递过程或多中心的复合过程,衰减曲线偏离(3.13)式,即在 $\lg I(\lambda_i,t)$-t 图像中偏离直线.对衰减曲线形状的分析可以获得对发光机理的深入认识.

3.10　比表面与孔径分布的测量

对于纳米粉体材料,我们常常需要分析其比表面积;而对于孔道材料,不仅需要分析其比表面积,还需要分析其孔径分布.为了达到以上目的,测试材料的吸附等温曲线是十分必要的. 材料的形态不同,与其对应的吸附等温曲线的形状也各异.分析吸附等温曲线的形状可获得一些材料形态方面的信息.一种典型的孔道材料的吸附等温曲线如图 3.40 所示.在吸附等温曲线中纵坐标是吸附量,常用标准状态下吸附气体的体积 V_a 表示;横坐标是压力,常用相对压力 p/p_0 表示,p 是吸附平衡时气相的压力,p_0 是气体在吸附温度下的饱和蒸气压.通常材料的等温吸附曲线是在液 N_2 温度(77.4 K)下以 N_2 气为吸附气体进行测试,这样 p_0 为一个大气压.在等温曲线 AB 段,吸附气体分子逐步在内表面和外表面上形成单层吸附;在 BC 段形成多层吸附;在 CD 段吸附气体分子在材料孔道内形成毛细凝聚,吸附量陡然上升;当毛细凝聚填满材料中全部孔道后(D 点以右),吸附只在远小于内表面的外表面上发生,吸附量增加缓慢,吸附曲线出现平台.在毛细凝聚段,吸附和脱附对应的不是完全的逆过程,因而会出现滞后现象,即吸附和脱附曲线不重合,形成滞后回线.在滞后回线的低压端,最小的毛细孔开始凝聚;滞后回线的高压端是最大的孔被凝聚液充满.根据吸附等温曲线,我们可以分析材料的比表面积和孔径分布情况.

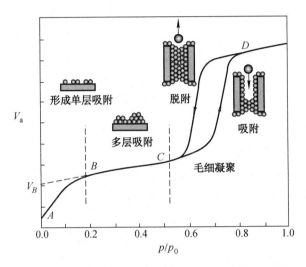

图 3.40 典型多孔材料等温吸附曲线及吸附机理示意图

获得材料比表面积的简单方法是 B 点法.如图 3.40 中,作 B 点的切线,在纵轴上得到吸附量 V_B.V_B 近似等于 N_2 分子单层饱和吸附量在标准状态下的体积 V_m(mL).如果每克样品吸附的 N_2 的物质的量为 n_m,每个吸附分子的截面积为 A_m,则材料的比表面积为

$$S_g = N_A n_m A_m \quad (m^2 \cdot g^{-1}) \tag{3.14}$$

N_A 为 Avogadro(阿伏加德罗)常数,为 $6.023 \times 10^{23} \ mol^{-1}$.一般认为 N_2 分子在 77.4 K 时的截面积为 $0.162 \ nm^2$,这样根据理想气体状态方程,(3.14)式可以转换为

$$S_g = 4.36 V_m/m \quad (m^2 \cdot g^{-1}) \tag{3.15}$$

m 为样品的质量.

分析材料比表面积的常用方法是 BET 法.BET 多层吸附理论是三位科学家 Brunauer(布鲁诺)、Emmett(埃麦特)和 Teller(泰勒)在 Langmuir(朗格缪尔)单层吸附理论的基础上提出的.BET 理论认为,气体分子在固体表面的吸附可以多层方式进行,即在第一层吸附还未饱和时,即可在第一层上发生第二层吸附,进而还发生第三层吸附.达到吸附平衡时,可以推导出如下的吸附平衡关系式(BET 方程)

$$\frac{p}{V_a(p_0-p)} = \frac{1}{V_m C} + \frac{C-1}{V_m C}\left(\frac{p}{p_0}\right) \tag{3.16}$$

C 为常数.一般选择相对压力 p/p_0 在 $0.05 \sim 0.35$ 之间.根据(3.16)式将 $\dfrac{p}{V_a(p_0-p)}$ 对 p/p_0

作图,得到一条直线,其斜率 $a=(C-1)/V_mC$,截距 $b=1/V_mC$.联立两式可以解出 V_m,进而可以根据(3.15)式求出材料的比表面积 S_g.

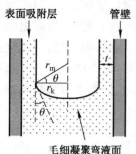

表面吸附层　　管壁

毛细凝聚弯液面

图 3.41　毛细凝聚示意图

根据图 3.40 等温吸附曲线毛细凝聚段脱附过程数据,假设材料内均为不交叉圆柱形孔道,利用 Kelvin(开尔文)公式、Halsey(赫尔赛)公式和 BJH [Barrett(巴雷特)、Joyner(乔伊纳)和 Halenda(哈兰达)]公式可以分析材料中的孔径分布.孔径分布一般表示为单位质量样品中孔体积随孔半径的变化率($\Delta V_p/\Delta r_p$)与孔半径(r_p)的关系.Kelvin 公式表示的是毛细凝聚状态下曲率半径为 r_m 的弯液面处液体的饱和蒸气压 p 与液体为平面时的饱和蒸气压 p_0 之间的关系.如图 3.41 所示,$r_m=r_k/\cos\theta$,因而 Kelvin 公式可以表示为

$$r_K = \frac{-2\gamma V_L \cos\theta}{RT\ln\left(\dfrac{p}{p_0}\right)} \tag{3.17}$$

式中:r_K 是 Kelvin 半径,它是除去孔壁上多层吸附膜厚度 t 后的孔半径,实际的孔半径 $r_p = r_K+t$;γ 是液 N_2 的表面张力系数,为 8.85×10^{-5} N·cm^{-1};V_L 是液 N_2 的摩尔体积,为 34.65 cm^3·mol^{-1};θ 是液 N_2 与管壁的接触角,对于 N_2 来说,毛细凝聚产生的是凹形液面,$\theta<90°$,我们常取 $\cos\theta=1$,即 $\theta=0°$;T 为液 N_2 温度,为 77.4 K;R 为摩尔气体常数.多层吸附膜厚度可采用 Halsey 公式计算

$$t = 0.354\left[\frac{-5}{\ln\left(\dfrac{p}{p_0}\right)}\right]^{1/3} \tag{3.18}$$

由于测量是在液 N_2 温度下进行,在图 3.40 中毛细凝聚段,其 p/p_0 与(3.17)和(3.18)式中有同样的含义.通过公式(3.17)和(3.18)获得不同(p/p_0)下的 r_K 和 t 值,从而可以获得孔道半径 r_p.我们将 r_p 分割成一系列孔半径间隔 Δr_p^i,并在降温过程中从图 3.40 中得出相应孔半径间隔内气体 N_2 的脱附量 ΔV_a^i,然后通过 $\Delta V_L^i = 1.546\times10^{-3}\Delta V_a^i/m$ 将脱附气体在标准状态下的体积转换为单位质量样品脱附的液体体积(mL·g^{-1}),其中 m 为样品的质量.进而我们利用 BJH 公式将液体脱附体积 ΔV_L^i 修正为相应孔半径间隔的孔体积 ΔV_p^i.BJH 公式的表达式为

$$\Delta V_p^i = Q^i(\Delta V_L^i - 0.85\times\Delta t^i \times \Delta S_p^i) \tag{3.19}$$

式中:$Q^i = \left(\dfrac{r_p^i}{r_K^i}\right)^2$,是第 i 步将半径为 r_K^i 的孔芯体积换算为半径为 r_p^i 的孔体积的系数;Δt^i 是压力从 p^{i-1}/p_0 降低到 p^i/p_0 时吸附层减薄的厚度;ΔS_p^i 是第 i 步之前各步脱附而露出的面积之和,可用下面的式子计算

$$S_p^i = \sum_{j=0}^{j=i-1} \frac{2(r_p^j - t^{i-1})\Delta V_p^j}{(r_p^j)^2} \tag{3.20}$$

t^{i-1} 是第 $i-1$ 步多层吸附膜厚度,可将 p^{i-1}/p_0 代入(3.18)式求得.通过以上计算我们可以获得一系列与 r_p^i 对应的 $\Delta V_p^i/\Delta r_p^i$ 数据,进而可以作($\Delta V_p/\Delta r_p$)-r_p 图,即孔径分布图.

材料中孔道的形状不同,图 3.40 中吸附-脱附滞后环的形状也会有所不同,对滞后环形状的分析可以获得孔道形状的信息.孔道形状的不同,毛细凝聚过程中 r_m 和 r_K 的关系也不同.

将不同形状孔道模型中 r_m 和 r_K 的关系代入 Kelvin 公式中,可以分析孔道形状与吸附-脱附滞后环形状的关系,其细节请参阅相关专著.

下面介绍测试材料等温吸附曲线的实验方法.测试等温吸附曲线的实验原理表示在图 3.42 中.在测试气体吸附量与吸附压力关系之前,要对测试系统做一系列体积标定.首先要对歧路体积进行标定.测试系统中连接管路的总称为歧路(manifold),其体积为 V_m.由于歧路形状复杂,很难利用其尺寸通过计算获得精确的 V_m,而精确的 V_m 对测试数据的质量是十分重要的,因而我们需要通过实验的方法获得 V_m.具体的方法是,在图 3.42 的系统中,关闭阀门 B、C 和 E,打开阀门 A 和 D,对校正室和歧路抽真空.校正室体积为 V_c,是一个确定但未知的体积.真空度达到要求后,关闭阀门 A 和 D,打开阀门 B,向歧路中充入一定量的 He 气(在这一步标定过程中,打开阀门 C,充入 N_2 气也可),这时歧路中的压力为 p_1,温度为 T_m.然后打开阀门 D 连通歧路和校正室,达到平衡后,压力为 p_2.然后把已知体积为 V_s 的校正球放入校正室中,做以上同样的测试.当校正室为真空时,歧路的压力为 p_3;连通歧路和校正室,当气体扩散达到平衡后,其压力为 p_4.如果以上的测试均保持在 T_m 下进行,根据理想气体状态方程以及每次实验中打开阀门 D 前后气体的物质的量恒定的原理,可以得到歧路的体积

$$V_m = \frac{p_4 V_s}{p_4 + \left(\dfrac{p_4}{p_2}\right)(p_1 - p_2) - p_3} \tag{3.21}$$

V_m 标定后,歧路中气体的物质的量 n_m 取决于其气体的压力 p_m,即 $n_m = F_m p_m$,其中 $F_m = V_m/RT_m$,称为歧路体积转换系数.

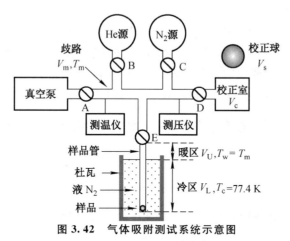

图 3.42　气体吸附测试系统示意图

A,B,C,D 和 E 均为气体控制阀

进而我们需要标定样品管暖自由体积转换系数 F_{fw}、冷自由体积转换系数 F_{fc} 和冷区体积转换系数 F_{Lc}.样品管自由体积是指样品管内未被样品占据的体积,亦称死体积(dead space).在这一步测试中只能使用 He 气,而不能使用 N_2 气,因为在液 N_2 温度下,N_2 气与理想气体偏离较大.在标定 F_{fw} 前,先在样品管中放入样品,用减量法称量其质量.这时样品管不置入液 N_2 环境中,而应使其温度与歧路一致,即为 T_m.关闭阀门 B、C 和 D,打开阀门 A 和 E,对样品管和歧路抽真空.当真空度达到要求后,关闭阀门 A 和 E,打开阀门 B 向歧路充入一定量的 He 气,这时歧路的压力为 p_1(He),温度仍为 T_m;随后打开阀门 E,使样品管与歧路连通,达到平

衡后体系的压力为 $p_2(\text{He})$.如果保持体系温度恒定,则根据标定 F_m 同样的原理可以推得

$$F_{\text{fw}} = \frac{V_{\text{fw}}}{RT_m} = \left[\frac{p_1(\text{He})}{p_2(\text{He})} - 1\right] F_m \tag{3.22}$$

V_{fw} 是样品管的暖自由体积.

当我们把样品管放入液 N_2 杜瓦中,样品管一部分处于液 N_2 液面之上,即暖区,其温度 $T_w = T_m$,体积为 V_U;另一部分处于液 N_2 液面之下,即冷区,其温度 $T_c = 77.4\ \text{K}$,体积为 V_L,这里有 $V_{\text{fw}} = V_U + V_L$.由于部分气体分子处于液 N_2 温度,体系的压力将会下降为 $p_3(\text{He})$(我们知道,液 N_2 温度下样品对 He 气的吸附可以忽略).同样,根据过程中气体物质的量守恒的原理,我们有

$$p_1(\text{He})F_m = p_3(\text{He})F_m + \frac{p_3(\text{He})V_U}{RT_m} + \frac{p_3(\text{He})V_L}{RT_c}$$

$$= p_3(\text{He})F_m + p_3(\text{He})\frac{\dfrac{T_c}{T_m}V_U + V_L}{RT_c} \tag{3.23}$$

如果我们定义样品管冷自由体积 V_{fc} 为 $\dfrac{T_c}{T_m}V_U + V_L$,则冷自由体积转换系数

$$F_{\text{fc}} = \frac{\dfrac{T_c}{T_m}V_U + V_L}{RT_c} \tag{3.24}$$

这样(3.23)式可以转换为

$$p_1(\text{He})F_m = p_3(\text{He})F_m + p_3(\text{He})F_{\text{fc}} \tag{3.25}$$

样品管的暖自由体积 V_{fw} 是一个真实的物理体积,而冷自由体积 V_{fc} 不是一个真实的物理体积,而是为了数据分析方便假设的一个虚拟体积.利用定义式(3.22)计算 F_{fw} 是困难的,因为准确测定每次实验的 V_U 和 V_L 是繁琐的,但通过(3.25)式则很容易求得该转换系数.

另外,我们需要测定样品管冷区体积转换系数 F_{Lc},该系数的定义为 $F_{\text{Lc}} = \dfrac{V_L}{RT_c}$,经推导可得

$$F_{\text{Lc}} = \frac{F_{\text{fc}} - F_{\text{fw}}}{1 - T_c/T_m} \tag{3.26}$$

同样由于 V_L 不易确定,该参数不容易从定义式获得,但可以从(3.26)式求得.

获得以上参数后,我们可以测试样品对气体的吸附量随压力的变化关系.如果测试是在恒温下进行的,如在液 N_2 温度下测定样品对 N_2 气的吸附量,即可得到该温度下的等温吸附曲线.将装有样品的样品管放入液 N_2 杜瓦中,使其达到温度平衡.关闭阀门 B、C 和 D,打开阀门 A 和 E,对歧路和样品管抽真空.当真空度达到要求后关闭阀门 A,同时关闭 E,将歧路与样品管断开,打开阀门 C 并向歧路中充入适量的 N_2 气,这时歧路的压力为 $p_1^1(N_2)$,温度为 T_m.随后打开阀门 E,使歧路中的气体流入样品管,当吸附达到平衡后歧路的压力为 $p_2^1(N_2)$.过程中保持歧路温度恒定为 T_m.可以求出过程中充入样品管的气体物质的量 $n_d^1 = p_1^1(N_2)F_m - p_2^1(N_2)F_m$,吸附达到平衡后,按照理想气体状态方程计算的样品管残留气体物质的量为 $n_{\text{fc}}^1 = p_2^1(N_2)F_{\text{fc}}$,其中样品管中冷区的气体要用非理想气体方程校正

$$n_{Lc}^1 = \left[\frac{p_2^1(N_2)V_L}{RT_c}\right][1 + \alpha p_2^1(N_2)] = p_2^1(N_2)F_{Lc} + \alpha F_{Lc}[p_2^1(N_2)]^2 \qquad (3.27)$$

式中：α 为非理想气体校正系数；$p_2^1(N_2)F_{Lc}$ 已包括在 n_{fc}^1 中，而样品管中残留气体还应包括 $\alpha F_{Lc}[p_2^1(N_2)]^2$ 部分.这样,被样品吸附的气体物质的量为

$$n_a^1 = [p_1^1(N_2)F_m - p_2^1(N_2)F_m] - \{p_2^1(N_2)F_{fc} + \alpha F_{Lc}[p_2^1(N_2)]^2\} \qquad (3.28)$$

α 系数有多种估算方法,一个简单的方式是由范德华常数(a 和 b)求算

$$\alpha \approx \frac{\dfrac{a}{RT} - b}{RT} \qquad (3.29)$$

式中：R 是摩尔气体常数,T 是测量时样品管内的热力学温度,即 T_c.以上是第一步测试.在进行第 i 步测试时,重复以上操作:先要关闭控制阀 E,隔开歧路和样品管,然后给歧路通入适量的 N_2 气,使其压力为 $p_1^i(N_2)$;打开 E 阀,继续让样品吸附气体;当吸附达到平衡后测量歧路压力 $p_2^i(N_2)$.这时在计算未开始吸附时样品管内气体量时,不仅要考虑从歧路送入的气体,还要考虑第 $i-1$ 步中样品管内残留的气体,这样第 i 步中气体的吸附物质的量为

$$n_a^i = \{p_1^i(N_2)F_m - p_2^i(N_2)F_m + p_2^{i-1}(N_2)F_{fc} + \alpha F_{Lc}[p_2^{i-1}(N_2)]^2\}$$
$$- \{p_2^i(N_2)F_{fc} + \alpha F_{Lc}[p_2^i(N_2)]^2\} \qquad (3.30)$$

到第 i 步的累积吸附量为 $N_a^i = \sum_{i=1}^{i} n_a^i$.将 N_a^i 转换为标准状态下的体积 V_a^i(mL),即为图 3.40 等温吸附曲线中第 i 点的纵坐标值,而 $p_2^i(N_2)/p_0$ 是吸附曲线第 i 点横坐标 p^i/p_0 的值.测量从低压开始,过程中要保证 $p_2^i(N_2) > p_2^{i-1}(N_2)$.

脱附过程的测试与吸附过程类似,可以先隔开歧路和样品管,抽出歧路中部分气体使其压力降低,然后再连通歧路与样品管,使其达到脱附平衡.计算歧路与样品管连通前后体系中气体物质的量差值,即为脱附量.

测量时样品的质量在几十毫克到几百毫克量级,视样品的比表面积而定,一般样品的总表面积最好大于 $100~m^2$.在标定各体积系数前,样品及样品管需要在加热和抽真空的条件下脱气,加热温度一般为 300 ℃,脱气时间为数小时.

另外,以 N_2 为吸附气体的方法适合于测量中孔(mesopore,2~50 nm)样品的吸附特性;对于微孔(micropore,<2 nm)样品,可以在液 N_2 温度下以 Kr 气为吸附气体进行测量;而对于大孔(macropore,50~7500 nm)样品,则需要用压汞法测量.

参考书目和文献

1. R. West Anthony. Solid State Chemistry and Its Applications (ch. 3,5 & 15). John Wiley and Sons Ltd.,1992

2.〔美〕E. 利弗森主编,叶恒强等译.材料的特征检测,材料科学与技术丛书(2B 卷). R. W. 卡恩,P. 哈森,E. J. 克雷默主编.北京:科学出版社,1998

3. A. K. Cheetham,Peter Day (ed.).Solid State Chemistry Techniques. Oxford University Press,1987

4. P. J. Goodhew and F. J. Humphreys.Electron Microscopy and Analysis. 2nd edition. Taylor & Francis,1997

5. 南京化工学院,清华大学,华南工学院.陶瓷材料的研究方法.北京:中国建筑工业出版社,

1980

　　6. 关振铎,张太中,焦金生.无机材料物理性能.北京:清华大学出版社,1992

　　7. 左演声,陈文哲,梁伟.材料现代分析方法.北京:北京工业大学出版社,2000

　　8. 吴刚.材料结构表征及应用.北京:化学工业出版社,2002

　　9. 冯端,师昌绪,刘治国,主编.材料科学导论.北京:化学工业出版社,2002

　　10. J. T. S. Irvin,D. C. Sinclair and A. R. West.Electroceramics:Characterization by Impedance Spectroscopy. Adv. Mater.,1990,2(3):132~138

　　11. J. R. Macdonald.Note on the Parameterization of the Constant-phase Admittance Element. Solid State Ionics,1984,13:147~149

　　12. 殷春浩,崔亦飞.电磁测量原理及应用.北京:中国矿业大学出版社,2003

　　13. 章立源,张金龙,崔广霁. 超导物理. 北京:电子工业出版社,1987

　　14. 徐叙瑢,苏勉曾,主编. 发光学与发光材料(第 12 章). 北京:化学工业出版社,2004

　　15. 李东旭,许潇,李娜,李克安.时间分辨荧光技术与荧光寿命测量.大学化学,2008,23(4):1~11

　　16. P. A. Webb and C. Orr. Analytical Method in Fine Particle Technology. Norcross (GA,USA):Micromeritics Instrument Corporation,1997

　　17. W. V. Loebenstein. Calculations and Comparisons of Nonideal Gas Corrections for Use in Gas Adsorption. J. Colloid Interf. Sci.,1971,36(3):397~400

　　18. 陈永.多孔材料制备与表征.合肥:中国科学技术大学出版社,2012

习　　题

　　3.1　对于无机材料,其组成、结构和性能都有两个层次的含义,简要叙述这些含义.

　　3.2　单晶 X 射线衍射和多晶(粉末)X 射线衍射各自的特点是什么?

　　3.3　在无机材料研究中,利用多晶 X 射线衍射主要可以从事哪些表征工作?

　　3.4　与 X 射线衍射相比,电子衍射和中子衍射各有什么特点?

　　3.5　什么是电子衍射的相机常数? 试述该常数在分析电子衍射图时的作用.

　　3.6　当电子轰击固体样品时,可以产生多种次级射线.扫描电子显微镜(SEM)和电子探针(EPMA)主要利用哪三种射线对材料进行分析?

　　3.7　SEM 和 EPMA 的主要区别是什么?

　　3.8　EPMA 中材料的线分析图和元素分布图是利用哪种次级射线得到的?

　　3.9　透射电子显微镜(TEM)主要有哪几种功能?

　　3.10　能够直接观察到原子的显微镜是哪种? 它的英文缩写是什么?

　　3.11　EXAFS 的中文名称是什么? 为什么说它在玻璃材料研究中特别重要?

　　3.12　理解电子顺磁共振谱的工作原理及特点.

　　3.13　理解交流阻抗谱技术的基本原理.

　　3.14　超导磁体和 SQIUD 有何特点?

　　3.15　理解时间相关单光子计数法测量荧光材料时间分辨特性的工作原理.

　　3.16　如何测试材料的比表面? 如何分析材料的孔径分布?

第4章 无机材料的晶体结构

材料的组成和晶体结构是决定材料性质的基本因素,在我们研究材料的化学或物理性质时,通常需要先了解材料的晶体结构.这有两方面含义:首先,只有认识了材料晶体结构和成键特征,才能真正理解材料的化学和物理性质的起因;另外,寻找和制备新型材料是材料化学的基本任务之一,随着知识积累和技术的进步,寻找新材料的研究在组成和结构上将更加具有定向性.人们希望根据特定性质的需要设计和合成新型材料,这也要求材料科学工作者对材料的组成、结构和性质之间的关系有深刻的认识.本章将概述结构化学的基本要点:简单介绍空间群的基本要素和无机材料晶体结构的表示方法,并重点分析一些典型的结构类型.这些简单的结构类型覆盖了很多实际应用的无机材料,对这些结构的分析一方面有利于理解这些材料的物理性质,同时也为理解更复杂化合物的晶体结构奠定了基础.

4.1 晶体结构的对称性

自然界充满了和谐完美的对称性,自然界中的一些宏观对称性来源于分子结构的对称性.当人们看到雪花美丽的六角图案,不能不为分子及晶体结构的对称美所感染.分子的对称性各式各样,当分子按一定方式排列成为晶体时,表现出人们观察到的宏观晶体对称性.晶体的宏观对称性受晶体(微观)平移对称性制约,晶体的宏观对称性可以与组成晶体的分子的对称性不同.例如,二茂铁分子具有五次(重)轴,但由于平移对称性约束,二茂铁晶体不能具有五次轴的宏观对称性.为了满足平移对称性的要求,一般来说晶体只含有 1,2,3,4 和 6 次旋转轴,而不含 5 次和 7 次以上旋转轴.同时,晶体宏观外形的对称性也不能表现出螺旋轴、滑移面等微观对称操作.当然,晶体宏观对称性是受分子对称性和晶体平移对称性约束的,是晶体微观对称性的宏观表现.宏观对称操作都通过空间中一点,并且,只有满足晶体平移操作的对称操作才能在宏观晶体中出现,这些对称操作的组合构成了 32 种结晶学点群.结晶学点群先是从晶体外形的研究中总结出来的,随后的数学研究证明满足平移对称操作的结晶学点群只有 32 种.从 32 种点群所包含的对称操作类型出发,可以进一步把晶体分成 7 个晶系,表 4.1 给出了 7 个晶系的特征对称元素.人们将立方晶系称作高级晶系,六方、四方和三方晶系称作中级晶系,而把正交、单斜和三斜晶系称作低级晶系.

表 4.1　7 个晶系的特征对称元素和晶胞类型

晶　系	对　称　元　素	晶胞类型
立方	4 个沿体对角线的三重轴	$a=b=c,\alpha=\beta=\gamma=90°$
六方	六重轴	$a=b\neq c,\alpha=\beta=90°,\gamma=120°$
四方	四重轴	$a=b\neq c,\alpha=\beta=\gamma=90°$
三方	三重轴	简单三方 $a=b\neq c,\alpha=\beta=90°,\gamma=120°$ R 格子 $a=b=c,\alpha=\beta=\gamma\neq90°$
正交	垂直的 2 个镜面或 3 个二重轴	$a\neq b\neq c,\alpha=\beta=\gamma=90°$
单斜	二重轴或镜面	$a\neq b\neq c,\alpha=\gamma=90°\neq\beta$
三斜	无	$a\neq b\neq c,\alpha\neq\beta\neq\gamma\neq90°$

在晶体中,原子或分子按一定周期排列.晶体的这种周期特征可以用晶格点阵(平移对称性)来描述.在三维晶格点阵中,每个点阵点都代表结构中最小的重复单位,称作基本结构单元,简称结构基元.晶格点阵和基本结构单元是构成晶体结构的两个最基本要素.研究和确定某种晶体结构,实际上就是确定它的晶格点阵和结构基元.如果我们知道了划分晶格点阵的平行六面体格子(单胞)的类型和尺寸,知道了基本结构单元中原子的空间坐标,这个晶体结构就完全确定了.

划分空间点阵单胞的平行六面体可以有任意种方式.根据约定,单胞所具有的对称性应该与晶格点阵的对称性一致,同时,要求单胞体积应尽可能小.我们以 NaCl 晶体为例,来说明晶胞选取的基本原则.NaCl 具有面心立方结构,在立方单胞中有 4 个 Na 原子和 4 个 Cl 原子.图 4.1(a) 给出了一个单胞的结构,沿 3 个相互垂直的基轴分别进行平移操作,可以在三维空间中得到整个 NaCl 晶体的结构.NaCl 面心立方单胞中包含了 4 个点阵点,分别位于立方体的顶点和面心位置.图 4.1(b)是面心立方点阵.在 NaCl 晶体中,每个点阵点代表的结构单元是 NaCl.当然,我们也可以取图 4.1(b)所示的三方格子作为 NaCl 的单胞.这个单胞中只含有一个点阵点,称作三方素格子.三方格子保留了一个三重轴,而并没有保持面心立方点阵所具有的全部对称性.在实际体系中,一些面心立方结构的晶体在一定条件下发生结构畸变,结构的对称性降低.在研究结构相变时,类似于面心立方格子与三方素格子之间的这种关系非常重要,可以帮助我们了解结构的畸变过程.另外,在固体能带计算中,为了简化计算,人们也常常选择素格子单胞.

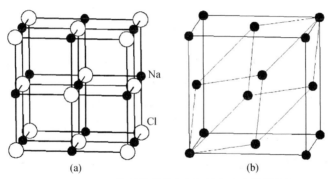

图 4.1 NaCl 的晶体结构(a)和面心立方格子(b)

单胞中只含有一个点阵点的格子称作简单格子(P).在很多情况下需要有 2 个或 2 个以上的点阵点,才能符合表 4.1 关于单胞对称性的要求,这就是相应的复格子.例如,立方晶系的晶体,可以有简单立方(P)、面心立方(F)和体心立方(I)三种点阵型式,其中面心立方和体心立方的单胞为复单胞,分别包含了 4 个和 2 个点阵点.7 种晶系共有 14 种空间点阵型式,图 4.2 给出了这 14 种空间点阵型式.

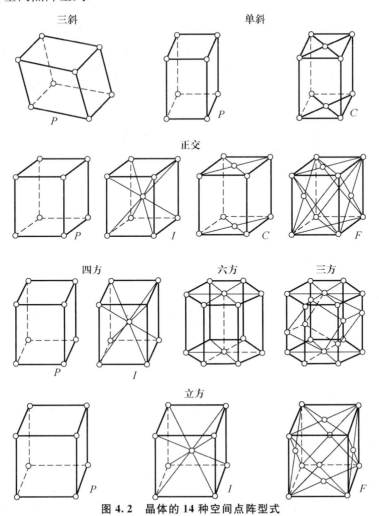

图 4.2 晶体的 14 种空间点阵型式

4.2　确定晶体结构的方法

晶体结构的基本要素是点阵和基本结构单元.确定晶体结构就是利用一些科学方法确定晶体的点阵和结构单元的过程.研究和确定化合物结构的方法很多,在以往的化学课程中,我们已经学过利用谱学方法研究有机化合物的分子结构,常用的有核磁共振波谱、红外光谱、质谱等.这些方法可以提供很多分子结构的信息,主要是原子相对的连接关系,但并不能给出原子精确的空间位置,更不能提供分子排列和分子之间相互作用的信息,而晶体结构的确定可以获得原子在空间中的精确位置.目前,确定晶体结构主要利用衍射方法,包括 X 射线衍射、中子衍射和电子衍射.这些衍射方法各有特点,可以根据需要,在研究不同类型物质的晶体结构时选用不同方法.X 射线衍射是最常用的研究方法,目前已知的晶体结构大多数是利用 X 射线衍射方法确定的.如果材料中同时含有原子序数很大和很小的原子或需要了解材料的磁结构时,由 X 射线衍射数据难以得到全面的信息,需要利用中子衍射方法.电子束的衍射能力非常强,当关注材料中存在的微小结构畸变时,电子衍射是一种有效的研究方法.这些衍射方法的基本原理是相同的,衍射数据中都包含有衍射方向和强度,这两种衍射信息分别与晶体结构的点阵和结构基元相对应.

确定晶体结构包含两个步骤:从衍射方向得到晶格点阵类型和尺寸的信息,从衍射强度得到结构基本单元中原子位置的信息.晶体的衍射方向与倒易点阵对应,分布在三维倒易空间中.利用单晶方法可以得到三维倒易空间中的衍射数据.由衍射点的空间分布,可以方便地确定晶胞类型和尺寸.但在固体材料的研究中,常常无法得到合适的单晶体,因此需要利用多晶衍射方法确定晶体结构.

现以多晶 X 射线衍射方法为例,说明确定晶体结构的基本过程.粉末 X 射线衍射仪的工作原理在 3.1 节中已作介绍.该仪器记录衍射强度随衍射方向(用 2θ 角表示)的分布.衍射 2θ 角与相应的晶面间距(d)和入射 X 射线波长(λ)有关,符合 Bragg(布拉格)方程

$$\lambda = 2d_{hkl}\sin\theta \tag{4.1}$$

式中:hkl 表示衍射指标.在多晶衍射中三维空间中的 2θ 值压缩至一维空间表示,因而该 2θ 值仅保留了部分衍射方向的信息.

我们用一个例子说明晶体结构确定的过程.图 4.3(a)是一种固体化合物 $Ba_2La_2MnW_2O_{12}$ 的粉末 X 射线衍射图,其中横坐标是 2θ,纵坐标是衍射强度.在多晶衍射方法中,由于 2θ 值仅保留了部分衍射方向的信息,因而用该方法确定晶体的晶格类型和晶胞参数(即对衍射图谱指标化)是一个难点.目前,已经发展了很多种方法和程序,可以利用晶面间距之间的关系,从多晶 X 射线衍射数据直接确定晶体结构的点阵类型和单胞尺寸.图 4.3(a)给出了 $Ba_2La_2MnW_2O_{12}$ 的粉末 X 射线衍射峰的(hkl)指标,$Ba_2La_2MnW_2O_{12}$ 为三方晶系,空间群为 $R\bar{3}m$,晶胞参数为 $a = 5.7276$ Å,$c = 27.393$ Å.在多晶 X 射线图谱中衍射峰有很多重叠,因此,在进行多晶数据指标化时要特别小心,要利用可能的消光规律对指标化的结果进行验证.普通的多晶粉末样品其颗粒尺寸在微米量级,这样的小颗粒在电子衍射中可以收集单晶衍射数据,因而人们也常用电子衍射协助进行指标化或验证指标化结果.图 4.3(b)是 $Ba_2La_2MnW_2O_{12}$ 晶体沿(001)方向的电子衍射,可以看出这个结构的确具有三方对称性.

原子的空间位置通常用结构单胞基矢量的分数坐标(x,y,z)表示.结构中的原子位置信

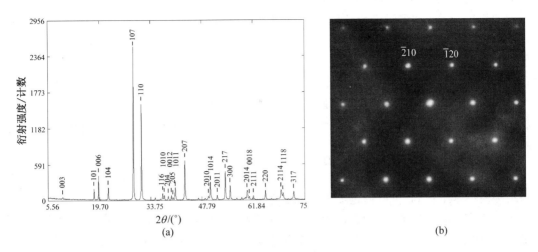

图 4.3　$Ba_2La_2MnW_2O_{12}$ 晶体的 X 射线多晶衍射图(a)和电子衍射图(b)

息是利用衍射峰强度确定的,但原子位置与衍射强度之间的关系并非简单地一一对应.实际上,晶体中的原子对所有衍射都有贡献,因此,原子位置信息被隐含在所有衍射峰的强度中.这种关系可以用下式表示

$$I_{hkl} = Lp \, |F_{hkl}|^2 \tag{4.2}$$

式中:I_{hkl} 表示衍射强度,L 为 Lorentz(洛伦兹)因子,p 为极化因子,F_{hkl} 为结构因子.结构因子 F_{hkl} 是与原子种类和位置有关的函数,可以表示为

$$F_{hkl} = \sum_j n_j f_j \exp[2\pi \mathrm{i}(hx_j + ky_j + lz_j)] \tag{4.3}$$

式(4.3)中是对单胞所有的原子加和.其中:j 表示晶胞中的某一个原子;f_j 为该原子的散射因子;n_j 为多重性因子;hkl 为衍射指标;x_j、y_j 和 z_j 是该原子在晶胞中的分数坐标.

由于衍射强度与结构因子的平方成比例,从衍射强度可以得到结构因子的模 $|F_{hkl}^{\mathrm{obs}}|$,不能直接得到结构因子相角的信息.因此,确定未知结构的关键就是确定结构因子的相角.已经发展了多种确定相角的方法,应用比较广泛的有直接法、Patterson(帕特森)方法和最大熵法等.

通过确定相角可以构建结构模型(主要是确定空间群和原子坐标),根据结构模型可以计算结构因子的模 $|F_{hkl}^{\mathrm{cal}}|$.通过比较 $|F_{hkl}^{\mathrm{obs}}|$ 和 $|F_{hkl}^{\mathrm{cal}}|$ 的差别判断结构模型的合理性和正确性.为此可以计算残留因子 R

$$R = \frac{\sum ||F_{hkl}^{\mathrm{obs}}| - |F_{hkl}^{\mathrm{cal}}||}{\sum |F_{hkl}^{\mathrm{obs}}|} \tag{4.4}$$

一般认为 R 小于 0.10,则结构模型是可以接受的,即该结构模型为该材料的晶体结构.另外,也可以通过同构取代或通过对相似结构调整的方法建立结构模型,这需要研究者具有坚实的结构化学基础.

以上确定原子在晶胞中位置的过程适用于单晶衍射.多晶衍射中存在衍射峰重叠的情况,特别是高角度衍射峰重叠十分严重,因而很多衍射指标的结构因子 $|F_{hkl}^{\mathrm{obs}}|$ 不能从原始的多晶

衍射数据中直接获得.Rietveld(里特沃尔德)的峰形拟合法很好地解决了这个问题.该方法利用合适的峰形函数[如赝沃伊特函数(Pseudo-Voigt function),该函数是 Gauss(高斯)函数和 Lorentz(洛伦兹)函数的组合]对重叠峰进行拟合分解,从而可以提取每个衍射指标所产生的衍射峰的信息,即衍射强度随 2θ 的变化,可以说该方法在一定程度上将压缩在一维的衍射数据还原到了三维空间.实测的衍射图谱是一系列间隔很小的 2θ 值上的衍射强度,可以表示为 I_i^{obs},I_i^{obs} 是 $|F_{hkl}^{obs}|$ 与峰形函数的卷积.同样,我们可以将结构模型计算的 $|F_{hkl}^{cal}|$ 与峰形函数卷积获得衍射强度的计算值 I_i^{cal}.根据 I_i^{obs} 和 I_i^{cal} 计算残留因子判断结构模型的合理性

$$R = \frac{\sum_i |I_i^{obs} - I_i^{cal}|}{\sum_i I_i^{obs}} \tag{4.5}$$

如果结构模型基本正确,可以通过最小二乘法精修结构参数(如 x_j,y_j,z_j 等)使 R 收敛至小于 0.10;如果精修中 R 值难于收敛,则表明结构模型可能不正确,需要重新构建;或衍射数据质量不高,如衍射强度较低或数据中含有杂相衍射峰,需要重新收集衍射数据.

　　一般地说,如果衍射数据的质量足够好,单胞类型、晶胞尺寸和空间群正确,大多数无机材料的晶体结构都可以用多晶衍射方法确定.$Ba_2La_2MnW_2O_{12}$ 的晶体结构是利用多晶 X 射线衍射数据确定的,研究中使用了直接法和 Rietveld 结构精修方法.$Ba_2La_2MnW_2O_{12}$ 的晶体结构可以看作由沿 c 轴方向交替排列的钙钛矿层构成[图 4.4(a)].高分辨电镜也是研究晶体结构的有效方法,在很多情况下,高分辨电镜可以直观地给出结构信息.从 $Ba_2La_2MnW_2O_{12}$ 晶体的高分辨图像,我们可以清楚地看到钙钛矿层排列的情况[图 4.4(b)],在钙钛矿层之间存在有八面体空位层,高分辨电镜图像表现为明暗相间的图案.

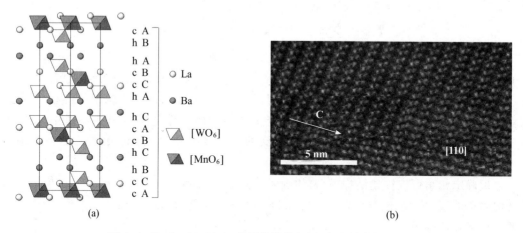

(a)　　　　　　　　　　　　　　　　　　(b)

图 4.4　$Ba_2La_2MnW_2O_{12}$ 的晶体结构(a)和高分辨电镜图(b)

4.3　空　间　群

　　结晶学点群描述了晶体的宏观对称性.平移对称操作不影响晶体的宏观对称性,在考虑晶体的几何形状和宏观物理性质时不必考虑平移对称操作.但在考虑晶体的微观结构时,这类操作就必须加以考虑了.晶体中联系分子或原子的对称操作除了点对称操作,还可以是包含了平移对称操作的复合对称操作.例如,晶体中的二重螺旋轴 2_1 包含了沿二重轴旋转 $180°$,再沿轴

向平移 1/2 晶轴的距离.考虑晶体中可能出现的对称操作的所有组合,可以得到 230 种空间群.空间群是晶体结构测定的基础,也是理解晶体结构的重要工具.对于材料化学工作者,很好地掌握空间群的知识是非常重要的.空间群的内涵很丰富,它不仅反映了晶体结构的内在联系,由于很多物理性质也具有对称性,使空间群也成为理解材料物理性质的基础.在本节中,我们假定读者已熟悉晶胞、晶系、Bravais(布拉维)点阵、点对称元素和空间对称元素等概念,着重介绍《晶体学国际表》中空间群的含义和应用,读者可依据已知的结构参数和国际表提供的信息,得出正确的结构模型和理解结构之间的关系.

表 4.2(分为 4.2A～4.2D,见 pp. 66～69)是从《晶体学国际表》中选出的一个空间群,空间群的简短国际符号为 $Fm\bar{3}m$,完全符号为 $F\frac{4}{m}\bar{3}\frac{2}{m}$.符号的第一个大写字母表示点阵型式,$F$ 表明这个空间群属于面心格子.3 个小写字母分别表示在 3 个方向的对称操作.对于不同的晶系,这 3 个位置所代表的方向不同(表 4.3).因此,从 $Fm\bar{3}m$ 符号可以知道这是一个面心格子,属于立方晶系,在 a 方向上分别有四重轴和镜面,在 $a+b+c$ 方向上有三重反轴,在 $a+b$ 方向上存在有二重轴和镜面等.

国际表还标明了 Schönflies(熊夫利)符号(O_h^5)、所属点群($m\bar{3}m$)、晶系(cubic)、空间群序号(No. 225)和 Patterson(帕特森)符号($Fm\bar{3}m$).Patterson 方法是确定晶体结构的重要方法之一,当结构中存在重原子时,这种方法非常有效.Patterson 对称性表示了 Patterson 图的对称性.一般地说,只要把空间群中的螺旋轴、滑移面转变成旋转轴和镜面,如果空间群不含对称中心,则加入对称中心即可以由空间群得到相应的 Patterson 群.

国际表(表 4.2)中的不对称单位(asymmetric unit)是指单胞中的一部分体积,从不对称单位的结构基元出发,利用空间群的对称操作可以得到单胞中其他部分的结构基元.因此,不对称单位包含了单胞的全部结构信息.不对称单位的体积可以表示为 $V_A = V_{uc}/nh$,其中,V_{uc} 是单胞的体积,n 是单胞中的点阵数目,而 h 则代表空间群对应的点群的对称操作数目.不对称单位中的结构基元与点阵点包含的基本结构单元不同.点阵点代表的体积可以用 $V_L = V_{uc}/n$ 表示,因此,点阵点的基本结构单元可能包含一定数目的不对称结构基元.在实际工作中,常用不对称单位的结构基元描述晶体结构的基本特征.

国际空间群表列出了空间群中的对称操作集合(symmetry operations).$Fm\bar{3}m$ 空间群共有 192 种对称操作,利用这些对称操作可以产生空间群的等效点系.但并非所有对称操作都是独立的,因此,国际表还给出了一组用来产生等效点系的对称操作(generators selected).国际空间群表中非常实用的一组信息是等效点系坐标.等效点系是空间群的对称操作作用于空间某一点(或坐标)而产生的一组由对称性关联的空间点(或坐标).对称操作可以用矩阵表示,例如,平行于 c 轴的二重轴可以表示为

$$\{2[001]\} = \begin{bmatrix} -1 & 0 & 0 \\ 0 & -1 & 0 \\ 0 & 0 & 1 \end{bmatrix} \tag{4.6}$$

当这个对称操作作用于空间中的某一点 (x,y,z),可以得到一个二重轴关联的点,表示为

$$\{2[001]\}(x,y,z) = \begin{bmatrix} -1 & 0 & 0 \\ 0 & -1 & 0 \\ 0 & 0 & 1 \end{bmatrix} \begin{bmatrix} x \\ y \\ z \end{bmatrix} = \begin{bmatrix} -x \\ -y \\ z \end{bmatrix} \Rightarrow (-x,-y,z) \tag{4.7}$$

$Fm\bar3m$ O_h^5 $m\bar3m$ Cubic

No. 225 $F\ 4/m\ \bar3\ 2/m$

Patterson symmetry $Fm\bar3m$

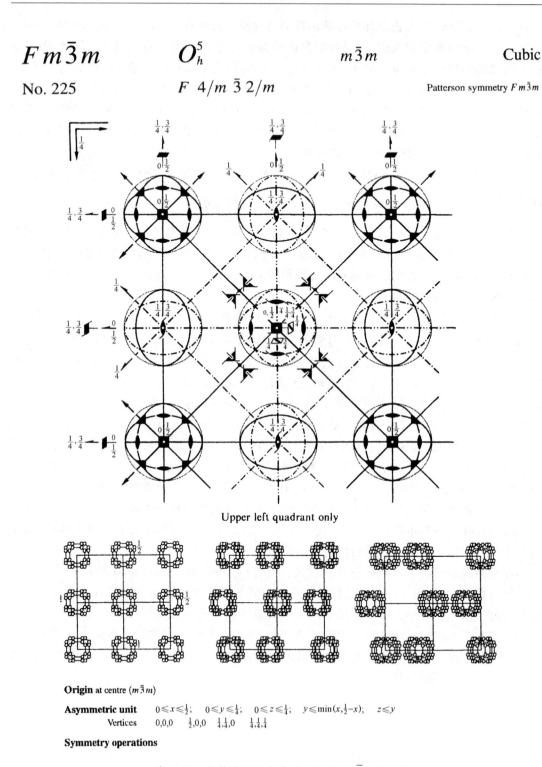

Upper left quadrant only

Origin at centre ($m\bar3m$)

Asymmetric unit　　$0\leqslant x\leqslant\frac12$;　$0\leqslant y\leqslant\frac14$;　$0\leqslant z\leqslant\frac14$;　$y\leqslant\min(x,\frac12-x)$;　$z\leqslant y$

　　　Vertices　　$0,0,0$　　$\frac12,0,0$　　$\frac14,\frac14,0$　　$\frac14,\frac14,\frac14$

Symmetry operations

表 4.2A　晶体学国际表中对空间群 $Fm\bar3m$ 的描述

Symmetry operations

For (0,0,0)+ set

(1) 1
(2) 2　0,0,z
(3) 2　0,y,0
(4) 2　x,0,0
(5) 3^+　x,x,x
(6) 3^+　$\bar{x},x,\bar{x}$
(7) 3^+　x,$\bar{x},\bar{x}$
(8) 3^+　$\bar{x},\bar{x},x$
(9) 3^-　x,x,x
(10) 3^-　x,$\bar{x},\bar{x}$
(11) 3^-　$\bar{x},\bar{x},x$
(12) 3^-　$\bar{x},x,\bar{x}$
(13) 2　x,x,0
(14) 2　x,$\bar{x}$,0
(15) 4^-　0,0,z
(16) 4^+　0,0,z
(17) 4^-　x,0,0
(18) 2　0,y,y
(19) 2　0,y,$\bar{y}$
(20) 4^+　x,0,0
(21) 4^+　0,y,0
(22) 2　x,0,x
(23) 4^-　0,y,0
(24) 2　$\bar{x}$,0,x
(25) $\bar{1}$　0,0,0
(26) m　x,y,0
(27) m　x,0,z
(28) m　0,y,z
(29) $\bar{3}^+$　x,x,x; 0,0,0
(30) $\bar{3}^+$　$\bar{x},x,\bar{x}$; 0,0,0
(31) $\bar{3}^+$　x,$\bar{x},\bar{x}$; 0,0,0
(32) $\bar{3}^+$　$\bar{x},\bar{x},x$; 0,0,0
(33) $\bar{3}^-$　x,x,x; 0,0,0
(34) $\bar{3}^-$　x,$\bar{x},\bar{x}$; 0,0,0
(35) $\bar{3}^-$　$\bar{x},\bar{x},x$; 0,0,0
(36) $\bar{3}^-$　$\bar{x},x,\bar{x}$; 0,0,0
(37) m　x,$\bar{x}$,z
(38) m　x,x,z
(39) $\bar{4}^-$　0,0,z; 0,0,0
(40) $\bar{4}^+$　0,0,z; 0,0,0
(41) $\bar{4}^-$　x,0,0; 0,0,0
(42) m　x,y,$\bar{y}$
(43) m　x,y,y
(44) $\bar{4}^+$　x,0,0; 0,0,0
(45) $\bar{4}^+$　0,y,0; 0,0,0
(46) m　$\bar{x}$,y,x
(47) $\bar{4}^-$　0,y,0; 0,0,0
(48) m　x,y,x

For $(0,\frac{1}{2},\frac{1}{2})$+ set

(1) $t(0,\frac{1}{2},\frac{1}{2})$
(2) $2(0,0,\frac{1}{2})$　$0,\frac{1}{4},z$
(3) $2(0,\frac{1}{2},0)$　$0,y,\frac{1}{4}$
(4) 2　$x,\frac{1}{4},\frac{1}{4}$
(5) $3^+(\frac{1}{3},\frac{1}{3},\frac{1}{3})$　$x-\frac{1}{3},x-\frac{1}{6},x$
(6) 3^+　$\bar{x},x+\frac{1}{2},\bar{x}$
(7) $3^+(-\frac{1}{3},\frac{1}{3},\frac{1}{3})$　$x+\frac{1}{3},\bar{x}-\frac{1}{6},\bar{x}$
(8) 3^+　$\bar{x},\bar{x}+\frac{1}{2},x$
(9) $3^-(\frac{1}{3},\frac{1}{3},\frac{1}{3})$　$x-\frac{1}{6},x+\frac{1}{6},x$
(10) $3^-(-\frac{1}{3},\frac{1}{3},\frac{1}{3})$　$x+\frac{1}{6},\bar{x}+\frac{1}{3},\bar{x}$
(11) 3^-　$\bar{x}+\frac{1}{2},\bar{x}+\frac{1}{2},x$
(12) 3^-　$\bar{x}-\frac{1}{2},x+\frac{1}{2},\bar{x}$
(13) $2(\frac{1}{4},\frac{1}{4},0)$　$x,x+\frac{1}{4},\frac{1}{4}$
(14) $2(-\frac{1}{4},\frac{1}{4},0)$　$x,\bar{x}+\frac{1}{4},\frac{1}{4}$
(15) $4^-(0,0,\frac{1}{2})$　$\frac{1}{4},\frac{1}{4},z$
(16) $4^+(0,0,\frac{1}{2})$　$-\frac{1}{4},\frac{1}{4},z$
(17) 4^-　$x,\frac{1}{2},0$
(18) $2(0,\frac{1}{2},0)$　0,y,y
(19) 2　$0,y+\frac{1}{2},\bar{y}$
(20) 4^+　$x,0,\frac{1}{2}$
(21) $4^+(0,\frac{1}{2},0)$　$\frac{1}{4},y,\frac{1}{4}$
(22) $2(\frac{1}{4},0,\frac{1}{4})$　$x-\frac{1}{4},\frac{1}{4},x$
(23) $4^-(0,\frac{1}{2},0)$　$-\frac{1}{4},y,\frac{1}{4}$
(24) $2(-\frac{1}{4},0,\frac{1}{4})$　$\bar{x}+\frac{1}{4},\frac{1}{4},x$
(25) $\bar{1}$　$0,\frac{1}{4},\frac{1}{4}$
(26) b　$x,y,\frac{1}{4}$
(27) c　$x,\frac{1}{4},z$
(28) $n(0,\frac{1}{2},\frac{1}{2})$　0,y,z
(29) $\bar{3}^+$　$x,x+\frac{1}{2},x$; $0,\frac{1}{2},0$
(30) $\bar{3}^+$　$\bar{x}-1,x+\frac{1}{2},\bar{x}$; $-\frac{1}{2},0,\frac{1}{2}$
(31) $\bar{3}^+$　x,$\bar{x},\bar{x}$; $0,\frac{1}{2},0$
(32) $\bar{3}^+$　$\bar{x}+1,\bar{x}+\frac{1}{2},x$; $0,\frac{1}{2},0$
(33) $\bar{3}^-$　$x-\frac{1}{2},x-\frac{1}{2},x$; $0,0,\frac{1}{2}$
(34) $\bar{3}^-$　$x+\frac{1}{2},\bar{x}-\frac{1}{2},\bar{x}$; $0,0,\frac{1}{2}$
(35) $\bar{3}^-$　$\bar{x}-\frac{1}{2},\bar{x}+\frac{1}{2},x$; $-\frac{1}{2},\frac{1}{2},0$
(36) $\bar{3}^-$　$\bar{x}+\frac{1}{2},x+\frac{1}{2},\bar{x}$; $\frac{1}{2},\frac{1}{2},0$
(37) $g(-\frac{1}{4},\frac{1}{4},\frac{1}{2})$　$x+\frac{1}{4},\bar{x},z$
(38) $g(\frac{1}{4},\frac{1}{4},\frac{1}{2})$　$x-\frac{1}{4},x,z$
(39) $\bar{4}^-$　$-\frac{1}{4},\frac{1}{4},z$; $-\frac{1}{4},\frac{1}{4},\frac{1}{4}$
(40) $\bar{4}^+$　$\frac{1}{4},\frac{1}{4},z$; $\frac{1}{4},\frac{1}{4},\frac{1}{4}$
(41) $\bar{4}^-$　$x,0,\frac{1}{4}$; $0,0,\frac{1}{4}$
(42) m　$x,y,\frac{1}{4}$; $\bar{y}$
(43) $g(0,\frac{1}{2},\frac{1}{2})$　x,y,y
(44) $\bar{4}^+$　$x,\frac{1}{2},0$; $0,\frac{1}{2},0$
(45) $\bar{4}^+$　$-\frac{1}{4},y,\frac{1}{4}$; $-\frac{1}{4},\frac{1}{4},\frac{1}{4}$
(46) $g(-\frac{1}{4},\frac{1}{4},\frac{1}{4})$　$\bar{x}+\frac{1}{4},y,x$
(47) $\bar{4}^-$　$\frac{1}{4},y,\frac{1}{4}$; $\frac{1}{4},\frac{1}{4},\frac{1}{4}$
(48) $g(\frac{1}{4},\frac{1}{2},\frac{1}{4})$　$x-\frac{1}{4},y,x$

For $(\frac{1}{2},0,\frac{1}{2})$+ set

(1) $t(\frac{1}{2},0,\frac{1}{2})$
(2) $2(0,0,\frac{1}{2})$　$\frac{1}{4},0,z$
(3) 2　$\frac{1}{4},y,\frac{1}{4}$
(4) $2(\frac{1}{2},0,0)$　$x,0,\frac{1}{4}$
(5) $3^+(\frac{1}{3},\frac{1}{3},\frac{1}{3})$　$x+\frac{1}{6},x-\frac{1}{6},x$
(6) $3^+(\frac{1}{3},-\frac{1}{3},\frac{1}{3})$　$\bar{x}+\frac{1}{6},x+\frac{1}{6},\bar{x}$
(7) 3^+　$x+\frac{1}{2},\bar{x}-\frac{1}{2},\bar{x}$
(8) 3^+　$\bar{x}+\frac{1}{2},\bar{x}+\frac{1}{2},x$
(9) $3^-(\frac{1}{3},\frac{1}{3},\frac{1}{3})$　$x-\frac{1}{3},x-\frac{1}{3},x$
(10) 3^-　$x+\frac{1}{2},\bar{x},\bar{x}$
(11) 3^-　$\bar{x}+\frac{1}{2},\bar{x},x$
(12) $3^-(\frac{1}{3},-\frac{1}{3},\frac{1}{3})$　$\bar{x}-\frac{1}{6},x+\frac{1}{3},\bar{x}$
(13) $2(\frac{1}{4},\frac{1}{4},0)$　$x,x-\frac{1}{4},\frac{1}{4}$
(14) $2(-\frac{1}{4},\frac{1}{4},0)$　$x,\bar{x}+\frac{1}{4},\frac{1}{4}$
(15) $4^-(0,0,\frac{1}{2})$　$\frac{1}{4},-\frac{1}{4},z$
(16) 4^+　$\frac{1}{4},\frac{1}{4},z$
(17) $4^-(\frac{1}{2},0,0)$　$x,\frac{1}{4},-\frac{1}{4}$
(18) $2(0,\frac{1}{2},\frac{1}{2})$　$\frac{1}{4},y-\frac{1}{4},y$
(19) $2(0,-\frac{1}{4},\frac{1}{4})$　$\frac{1}{4},y+\frac{1}{4},\bar{y}$
(20) $4^+(\frac{1}{2},0,0)$　$x,-\frac{1}{4},\frac{1}{4}$
(21) $4^+(0,\frac{1}{2},0)$　$\frac{1}{4},y,0$
(22) $2(\frac{1}{2},0,\frac{1}{2})$　x,0,x
(23) 4^-　$0,y,\frac{1}{2}$
(24) 2　$\bar{x}+\frac{1}{2},0,x$
(25) $\bar{1}$　$\frac{1}{4},0,\frac{1}{4}$
(26) a　$x,y,\frac{1}{4}$
(27) $n(\frac{1}{2},0,\frac{1}{2})$　x,0,z
(28) c　$\frac{1}{4},y,z$
(29) $\bar{3}^+$　$x-\frac{1}{2},x-\frac{1}{2},x$; $0,0,\frac{1}{2}$
(30) $\bar{3}^+$　$\bar{x}+\frac{1}{2},x+\frac{1}{2},\bar{x}$; $0,0,\frac{1}{2}$
(31) $\bar{3}^+$　$x+\frac{1}{2},\bar{x}+\frac{1}{2},\bar{x}$; $\frac{1}{2},\frac{1}{2},0$
(32) $\bar{3}^+$　$\bar{x}+\frac{1}{2},\bar{x}-\frac{1}{2},x$; $\frac{1}{2},-\frac{1}{2},0$
(33) $\bar{3}^-$　$x+\frac{1}{2},x,x$; $\frac{1}{2},0,0$
(34) $\bar{3}^-$　$x+\frac{1}{2},\bar{x}-1,\bar{x}$; $0,-\frac{1}{2},\frac{1}{2}$
(35) $\bar{3}^-$　$\bar{x}+\frac{1}{2},\bar{x}+1,x$; $0,\frac{1}{2},\frac{1}{2}$
(36) $\bar{3}^-$　$\bar{x}+\frac{1}{2},x,\bar{x}$; $\frac{1}{2},0,0$
(37) $g(\frac{1}{4},-\frac{1}{4},\frac{1}{2})$　$x+\frac{1}{4},\bar{x},z$
(38) $g(\frac{1}{4},\frac{1}{4},\frac{1}{2})$　$x+\frac{1}{4},x,z$
(39) $\bar{4}^-$　$\frac{1}{4},\frac{1}{4},z$; $\frac{1}{4},\frac{1}{4},\frac{1}{4}$
(40) $\bar{4}^+$　$\frac{1}{4},-\frac{1}{4},z$; $\frac{1}{4},-\frac{1}{4},\frac{1}{4}$
(41) $\bar{4}^-$　$x,-\frac{1}{4},\frac{1}{4}$; $\frac{1}{4},-\frac{1}{4},\frac{1}{4}$
(42) $g(\frac{1}{2},-\frac{1}{4},\frac{1}{4})$　$x,y+\frac{1}{4},\bar{y}$
(43) $g(\frac{1}{2},\frac{1}{4},\frac{1}{4})$　$x,y-\frac{1}{4},y$
(44) $\bar{4}^+$　$x,\frac{1}{4},\frac{1}{4}$; $\frac{1}{4},\frac{1}{4},\frac{1}{4}$
(45) $\bar{4}^+$　$0,y,\frac{1}{2}$; $0,0,\frac{1}{2}$
(46) m　$\bar{x}+\frac{1}{2},y,x$
(47) $\bar{4}^-$　$\frac{1}{4},y,0$; $\frac{1}{2},0,0$
(48) $g(\frac{1}{2},0,\frac{1}{2})$　x,y,x

For $(\frac{1}{2},\frac{1}{2},0)$+ set

(1) $t(\frac{1}{2},\frac{1}{2},0)$
(2) 2　$\frac{1}{4},\frac{1}{4},z$
(3) $2(0,\frac{1}{2},0)$　$\frac{1}{4},y,0$
(4) $2(\frac{1}{2},0,0)$　$x,\frac{1}{4},0$
(5) $3^+(\frac{1}{3},\frac{1}{3},\frac{1}{3})$　$x+\frac{1}{6},x+\frac{1}{3},x$
(6) 3^+　$\bar{x}+\frac{1}{2},x,\bar{x}$
(7) 3^+　$x+\frac{1}{2},\bar{x},\bar{x}$
(8) $3^+(\frac{1}{3},\frac{1}{3},-\frac{1}{3})$　$\bar{x}+\frac{1}{6},\bar{x}+\frac{1}{3},x$
(9) $3^-(\frac{1}{3},\frac{1}{3},\frac{1}{3})$　$x-\frac{1}{3},x+\frac{1}{6},x$
(10) 3^-　$x+\frac{1}{2},\bar{x}+\frac{1}{2},\bar{x}$
(11) $3^-(\frac{1}{3},\frac{1}{3},-\frac{1}{3})$　$\bar{x}+\frac{1}{3},\bar{x}+\frac{1}{6},x$
(12) 3^-　$\bar{x},x+\frac{1}{2},\bar{x}$
(13) $2(\frac{1}{2},\frac{1}{2},0)$　x,x,0
(14) 2　$x,\bar{x}+\frac{1}{2},0$
(15) 4　$\frac{1}{2},0,z$
(16) 4^+　$0,\frac{1}{2},z$
(17) $4^-(\frac{1}{2},0,0)$　$x,\frac{1}{4},-\frac{1}{4}$
(18) $2(0,\frac{1}{4},\frac{1}{4})$　$\frac{1}{4},y+\frac{1}{4},y$
(19) $2(0,\frac{1}{4},-\frac{1}{4})$　$\frac{1}{4},y+\frac{1}{4},\bar{y}$
(20) $4^+(\frac{1}{2},0,0)$　$x,\frac{1}{4},\frac{1}{4}$
(21) $4^+(0,\frac{1}{2},0)$　$\frac{1}{4},y,-\frac{1}{4}$
(22) $2(\frac{1}{4},0,\frac{1}{4})$　$x+\frac{1}{4},\frac{1}{4},x$
(23) $4^-(0,\frac{1}{2},0)$　$\frac{1}{4},y,\frac{1}{4}$
(24) $2(\frac{1}{4},0,-\frac{1}{4})$　$\bar{x}+\frac{1}{4},\frac{1}{4},x$
(25) $\bar{1}$　$\frac{1}{4},\frac{1}{4},0$
(26) $n(\frac{1}{2},\frac{1}{2},0)$　x,y,0
(27) a　$x,\frac{1}{4},z$
(28) b　$\frac{1}{4},y,z$
(29) $\bar{3}^+$　$x+\frac{1}{2},x,x$; $\frac{1}{2},0,0$
(30) $\bar{3}^+$　$\bar{x},x+1,\bar{x}$; $0,\frac{1}{2},-\frac{1}{2}$
(31) $\bar{3}^+$　$\bar{x}+\frac{1}{2},x+1,\bar{x}$; $0,\frac{1}{2},-\frac{1}{2}$
(32) $\bar{3}^+$　$\bar{x}+\frac{1}{2},\bar{x},x$; $\frac{1}{2},0,0$
(33) $\bar{3}^-$　$x,x+\frac{1}{2},x$; $0,\frac{1}{2},0$
(34) $\bar{3}^-$　$x+1,\bar{x}+\frac{1}{2},\bar{x}$; $\frac{1}{2},0,\frac{1}{2}$
(35) $\bar{3}^-$　$\bar{x},\bar{x}+\frac{1}{2},x$; $0,\frac{1}{2},0$
(36) $\bar{3}^-$　$\bar{x}+1,x-\frac{1}{2},\bar{x}$; $\frac{1}{2},0,-\frac{1}{2}$
(37) m　$x+\frac{1}{2},\bar{x},z$
(38) $g(\frac{1}{2},\frac{1}{2},0)$　x,x,z
(39) $\bar{4}^-$　$0,\frac{1}{2},z$; $0,\frac{1}{2},0$
(40) $\bar{4}^+$　$\frac{1}{2},0,z$; $\frac{1}{2},0,0$
(41) $\bar{4}^-$　$x,\frac{1}{4},\frac{1}{4}$; $\frac{1}{4},\frac{1}{4},\frac{1}{4}$
(42) $g(\frac{1}{2},\frac{1}{2},0)$　$x,y+\frac{1}{4},\bar{y}$
(43) $g(\frac{1}{2},\frac{1}{4},\frac{1}{4})$　$x,y+\frac{1}{4},y$
(44) $\bar{4}^+$　$x,\frac{1}{4},-\frac{1}{4}$; $\frac{1}{4},\frac{1}{4},-\frac{1}{4}$
(45) $\bar{4}^+$　$\frac{1}{4},y,\frac{1}{4}$; $\frac{1}{4},\frac{1}{4},\frac{1}{4}$
(46) $g(\frac{1}{4},\frac{1}{2},-\frac{1}{4})$　$\bar{x}+\frac{1}{4},y,x$
(47) $\bar{4}^-$　$\frac{1}{4},y,-\frac{1}{4}$; $\frac{1}{4},\frac{1}{4},-\frac{1}{4}$
(48) $g(\frac{1}{4},\frac{1}{2},\frac{1}{4})$　$x+\frac{1}{4},y,x$

表 4.2B　晶体学国际表中对空间群 $Fm\bar{3}m$ 的描述

Generators selected (1); $t(1,0,0)$; $t(0,1,0)$; $t(0,0,1)$; $t(0,\frac{1}{2},\frac{1}{2})$; $t(\frac{1}{2},0,\frac{1}{2})$; (2); (3); (5); (13); (25)

Positions

Multiplicity, Wyckoff letter, Site symmetry	Coordinates $(0,0,0)+$ $(0,\frac{1}{2},\frac{1}{2})+$ $(\frac{1}{2},0,\frac{1}{2})+$ $(\frac{1}{2},\frac{1}{2},0)+$					Reflection conditions h,k,l permutable General:

192 l 1

(1) x,y,z	(2) $\bar{x},\bar{y},z$	(3) $\bar{x},y,\bar{z}$	(4) $x,\bar{y},\bar{z}$	
(5) z,x,y	(6) $z,\bar{x},\bar{y}$	(7) $\bar{z},\bar{x},y$	(8) $\bar{z},x,\bar{y}$	
(9) y,z,x	(10) $\bar{y},z,\bar{x}$	(11) $y,\bar{z},\bar{x}$	(12) $\bar{y},\bar{z},x$	
(13) $y,x,\bar{z}$	(14) $\bar{y},\bar{x},\bar{z}$	(15) $y,\bar{x},z$	(16) $\bar{y},x,z$	
(17) $x,z,\bar{y}$	(18) $\bar{x},z,y$	(19) $\bar{x},\bar{z},\bar{y}$	(20) $x,\bar{z},y$	
(21) $z,y,\bar{x}$	(22) $z,\bar{y},x$	(23) $\bar{z},y,x$	(24) $\bar{z},\bar{y},\bar{x}$	
(25) $\bar{x},\bar{y},\bar{z}$	(26) $x,y,\bar{z}$	(27) $x,\bar{y},z$	(28) $\bar{x},y,z$	
(29) $\bar{z},\bar{x},\bar{y}$	(30) $\bar{z},x,y$	(31) $z,x,\bar{y}$	(32) $z,\bar{x},y$	
(33) $\bar{y},\bar{z},\bar{x}$	(34) $y,\bar{z},x$	(35) $\bar{y},z,x$	(36) $y,z,\bar{x}$	
(37) $\bar{y},\bar{x},z$	(38) y,x,z	(39) $\bar{y},x,\bar{z}$	(40) $y,\bar{x},\bar{z}$	
(41) $\bar{x},\bar{z},y$	(42) $x,\bar{z},\bar{y}$	(43) x,z,y	(44) $\bar{x},z,\bar{y}$	
(45) $\bar{z},\bar{y},x$	(46) $\bar{z},y,\bar{x}$	(47) $z,\bar{y},\bar{x}$	(48) z,y,x	

Reflection conditions:

General:
hkl : $h+k, h+l, k+l = 2n$
$0kl$: $k,l = 2n$
hhl : $h+l = 2n$
$h00$: $h = 2n$

Special: as above, plus

96 k .. m
x,x,z $\bar{x},\bar{x},z$ $\bar{x},x,\bar{z}$ $x,\bar{x},\bar{z}$ z,x,x $z,\bar{x},\bar{x}$
$\bar{z},\bar{x},x$ $\bar{z},x,\bar{x}$ x,z,x $\bar{x},z,\bar{x}$ $x,\bar{z},\bar{x}$ $\bar{x},\bar{z},x$
$x,x,\bar{z}$ $\bar{x},\bar{x},\bar{z}$ $x,\bar{x},z$ $\bar{x},x,z$ $x,z,\bar{x}$ $\bar{x},z,x$
$\bar{x},\bar{z},\bar{x}$ $x,\bar{z},x$ $z,x,\bar{x}$ $z,\bar{x},x$ $\bar{z},x,x$ $\bar{z},\bar{x},\bar{x}$
no extra conditions

96 j m ..
$0,y,z$ $0,\bar{y},z$ $0,y,\bar{z}$ $0,\bar{y},\bar{z}$ $z,0,y$ $z,0,\bar{y}$
$\bar{z},0,y$ $\bar{z},0,\bar{y}$ $y,z,0$ $\bar{y},z,0$ $y,\bar{z},0$ $\bar{y},\bar{z},0$
$y,0,\bar{z}$ $\bar{y},0,\bar{z}$ $y,0,z$ $\bar{y},0,z$ $0,z,\bar{y}$ $0,z,y$
$0,\bar{z},\bar{y}$ $0,\bar{z},y$ $z,y,0$ $z,\bar{y},0$ $\bar{z},y,0$ $\bar{z},\bar{y},0$
no extra conditions

48 i m . $m2$
$\frac{1}{2},y,y$ $\frac{1}{2},\bar{y},y$ $\frac{1}{2},y,\bar{y}$ $\frac{1}{2},\bar{y},\bar{y}$ $y,\frac{1}{2},y$ $y,\frac{1}{2},\bar{y}$
$\bar{y},\frac{1}{2},y$ $\bar{y},\frac{1}{2},\bar{y}$ $y,y,\frac{1}{2}$ $\bar{y},y,\frac{1}{2}$ $y,\bar{y},\frac{1}{2}$ $\bar{y},\bar{y},\frac{1}{2}$
no extra conditions

48 h m . $m2$
$0,y,y$ $0,\bar{y},y$ $0,y,\bar{y}$ $0,\bar{y},\bar{y}$ $y,0,y$ $y,0,\bar{y}$
$\bar{y},0,y$ $\bar{y},0,\bar{y}$ $y,y,0$ $\bar{y},y,0$ $y,\bar{y},0$ $\bar{y},\bar{y},0$
no extra conditions

48 g 2 . mm
$x,\frac{1}{4},\frac{1}{4}$ $\bar{x},\frac{3}{4},\frac{1}{4}$ $\frac{1}{4},x,\frac{1}{4}$ $\frac{1}{4},\bar{x},\frac{3}{4}$ $\frac{1}{4},\frac{1}{4},x$ $\frac{3}{4},\frac{1}{4},\bar{x}$
$\frac{1}{4},x,\frac{3}{4}$ $\frac{3}{4},\bar{x},\frac{3}{4}$ $x,\frac{1}{4},\frac{1}{4}$ $\bar{x},\frac{1}{4},\frac{1}{4}$ $\frac{1}{4},\frac{1}{4},\bar{x}$ $\frac{1}{4},\frac{3}{4},x$
hkl : $h = 2n$

32 f . $3m$
x,x,x $\bar{x},\bar{x},x$ $\bar{x},x,\bar{x}$ $x,\bar{x},\bar{x}$
$x,x,\bar{x}$ $\bar{x},\bar{x},\bar{x}$ $x,\bar{x},x$ $\bar{x},x,x$
no extra conditions

24 e 4 m . m
$x,0,0$ $\bar{x},0,0$ $0,x,0$ $0,\bar{x},0$ $0,0,x$ $0,0,\bar{x}$
no extra conditions

24 d m . mm
$0,\frac{1}{4},\frac{1}{4}$ $0,\frac{3}{4},\frac{1}{4}$ $\frac{1}{4},0,\frac{1}{4}$ $\frac{1}{4},0,\frac{3}{4}$ $\frac{1}{4},\frac{1}{4},0$ $\frac{3}{4},\frac{1}{4},0$
hkl : $h = 2n$

8 c $\bar{4}3m$
$\frac{1}{4},\frac{1}{4},\frac{1}{4}$ $\frac{1}{4},\frac{1}{4},\frac{3}{4}$
hkl : $h = 2n$

4 b $m\bar{3}m$
$\frac{1}{2},\frac{1}{2},\frac{1}{2}$
no extra conditions

4 a $m\bar{3}m$
$0,0,0$
no extra conditions

Symmetry of special projections

Along [001] $p4mm$
$\mathbf{a}' = \frac{1}{2}\mathbf{a}$ $\mathbf{b}' = \frac{1}{2}\mathbf{b}$
Origin at $0,0,z$

Along [111] $p6mm$
$\mathbf{a}' = \frac{1}{6}(2\mathbf{a}-\mathbf{b}-\mathbf{c})$ $\mathbf{b}' = \frac{1}{6}(-\mathbf{a}+2\mathbf{b}-\mathbf{c})$
Origin at x,x,x

Along [110] $c2mm$
$\mathbf{a}' = \frac{1}{2}(-\mathbf{a}+\mathbf{b})$ $\mathbf{b}' = \mathbf{c}$
Origin at $x,x,0$

表 4. 2C　晶体学国际表中对空间群 $Fm\bar{3}m$ 的描述

Maximal non-isomorphic subgroups

I
[2] $F\bar{4}3m$ (216)   (1; 2; 3; 4; 5; 6; 7; 8; 9; 10; 11; 12; 37; 38; 39; 40; 41; 42; 43; 44; 45; 46; 47; 48)+
[2] $F432$ (209)   (1; 2; 3; 4; 5; 6; 7; 8; 9; 10; 11; 12; 13; 14; 15; 16; 17; 18; 19; 20; 21; 22; 23; 24)+
[2] $Fm\bar{3}1$ ($Fm\bar{3}$, 202)   (1; 2; 3; 4; 5; 6; 7; 8; 9; 10; 11; 12; 25; 26; 27; 28; 29; 30; 31; 32; 33; 34; 35; 36)+
[3] $F4/m12/m$ ($I4/mmm$, 139)   (1; 2; 3; 4; 13; 14; 15; 16; 25; 26; 27; 28; 37; 38; 39; 40)+
[3] $F4/m12/m$ ($I4/mmm$, 139)   (1; 2; 3; 4; 17; 18; 19; 20; 25; 26; 27; 28; 41; 42; 43; 44)+
[3] $F4/m12/m$ ($I4/mmm$, 139)   (1; 2; 3; 4; 21; 22; 23; 24; 25; 26; 27; 28; 45; 46; 47; 48)+
[4] $F1\bar{3}2/m$ ($R\bar{3}m$, 166)   (1; 5; 9; 14; 19; 24; 25; 29; 33; 38; 43; 48)+
[4] $F1\bar{3}2/m$ ($R\bar{3}m$, 166)   (1; 6; 12; 13; 18; 24; 25; 30; 36; 37; 42; 48)+
[4] $F1\bar{3}2/m$ ($R\bar{3}m$, 166)   (1; 7; 10; 13; 19; 22; 25; 31; 34; 37; 43; 46)+
[4] $F1\bar{3}2/m$ ($R\bar{3}m$, 166)   (1; 8; 11; 14; 18; 22; 25; 32; 35; 38; 42; 46)+

IIa
[4] $Pn\bar{3}m$ (224)   1; 5; 9; 14; 19; 24; 25; 29; 33; 38; 43; 48; (4; 6; 11; 16; 18; 23; 28; 30; 35; 40; 42; 47)+$(0,\tfrac12,\tfrac12)$; (2; 7; 12; 13; 17; 21; 26; 31; 36; 37; 41; 45)+$(\tfrac12,\tfrac12,0)$

[4] $Pn\bar{3}m$ (224)   1; 6; 12; 13; 18; 24; 25; 30; 36; 37; 42; 48; (4; 5; 10; 15; 19; 23; 28; 29; 34; 39; 43; 47)+$(0,\tfrac12,\tfrac12)$; (3; 7; 11; 16; 17; 22; 27; 31; 35; 40; 41; 46)+$(\tfrac12,0,\tfrac12)$; (2; 8; 9; 14; 20; 21; 26; 32; 33; 38; 44; 45)+$(\tfrac12,\tfrac12,0)$

[4] $Pn\bar{3}m$ (224)   1; 7; 10; 13; 19; 22; 25; 31; 34; 37; 43; 46; (4; 8; 12; 15; 18; 21; 28; 32; 36; 39; 42; 45)+$(0,\tfrac12,\tfrac12)$; (3; 6; 9; 16; 20; 24; 27; 30; 33; 40; 44; 48)+$(\tfrac12,0,\tfrac12)$; (2; 5; 11; 14; 17; 23; 26; 29; 35; 38; 41; 47)+$(\tfrac12,\tfrac12,0)$

[4] $Pn\bar{3}m$ (224)   1; 8; 11; 14; 18; 22; 25; 32; 35; 38; 42; 46; (4; 7; 9; 16; 19; 21; 28; 31; 33; 40; 43; 45)+$(0,\tfrac12,\tfrac12)$; (3; 5; 12; 15; 17; 24; 27; 29; 36; 39; 41; 48)+$(\tfrac12,0,\tfrac12)$; (2; 6; 10; 13; 20; 23; 26; 30; 34; 37; 44; 47)+$(\tfrac12,\tfrac12,0)$

[4] $Pm\bar{3}m$ (221)   1; 2; 3; 4; 5; 6; 7; 8; 9; 10; 11; 12; 13; 14; 15; 16; 17; 18; 19; 20; 21; 22; 23; 24; 25; 26; 27; 28; 29; 30; 31; 32; 33; 34; 35; 36; 37; 38; 39; 40; 41; 42; 43; 44; 45; 46; 47; 48

[4] $Pm\bar{3}m$ (221)   1; 2; 3; 4; 13; 14; 15; 16; 25; 26; 27; 28; 37; 38; 39; 40; (9; 10; 11; 12; 17; 18; 19; 20; 33; 34; 35; 36; 41; 42; 43; 44)+$(0,\tfrac12,\tfrac12)$; (5; 6; 7; 8; 21; 22; 23; 24; 29; 30; 31; 32; 45; 46; 47; 48)+$(\tfrac12,0,\tfrac12)$

[4] $Pm\bar{3}m$ (221)   1; 2; 3; 4; 17; 18; 19; 20; 25; 26; 27; 28; 41; 42; 43; 44; (9; 10; 11; 12; 21; 22; 23; 24; 33; 34; 35; 36; 45; 46; 47; 48)+$(\tfrac12,0,\tfrac12)$; (5; 6; 7; 8; 13; 14; 15; 16; 29; 30; 31; 32; 37; 38; 39; 40)+$(\tfrac12,\tfrac12,0)$

[4] $Pm\bar{3}m$ (221)   1; 2; 3; 4; 21; 22; 23; 24; 25; 26; 27; 28; 45; 46; 47; 48; (5; 6; 7; 8; 17; 18; 19; 20; 29; 30; 31; 32; 41; 42; 43; 44)+$(0,\tfrac12,\tfrac12)$; (9; 10; 11; 12; 13; 14; 15; 16; 33; 34; 35; 36; 37; 38; 39; 40)+$(\tfrac12,\tfrac12,0)$

IIb   none

Maximal isomorphic subgroups of lowest index

IIc   [27] $Fm\bar{3}m$ ($\mathbf{a'}=3\mathbf{a},\mathbf{b'}=3\mathbf{b},\mathbf{c'}=3\mathbf{c}$) (225)

Minimal non-isomorphic supergroups

I   none
II   [2] $Pm\bar{3}m$ ($\mathbf{a'}=\tfrac12\mathbf{a},\mathbf{b'}=\tfrac12\mathbf{b},\mathbf{c'}=\tfrac12\mathbf{c}$) (221)

表 4.2D 晶体学国际表中对空间群 $Fm\bar{3}m$ 的描述

表 4.3 国际符号中 3 个位置所代表的方向

晶 系	3 个位置所代表的方向		
	1	2	3
立方晶系	a	$a+b+c$	$a+b$
六方晶系	c	a	$2a+b$
四方晶系	c	a	$a+b$
三方晶系(R)	$a+b+c$	$a-b$	—
三方晶系(H)	c	a	—
正交晶系	a	b	c
单斜晶系	b	—	—
三斜晶系	—	—	—

如果我们选取的初始点是一个一般位置(general position),即它不在任何对称元素上,空间群中任何一个对称操作作用在这个点上,都可以产生另一个等效点,因此,一般等效点位置的多重度等于空间群对称操作的数目.例如,$Fm\bar{3}m$ 空间群共有 192 个对称操作,一般等效点位置的多重度是 192.如果选取的初始点位于某种对称元素上,那么这种对称操作作用在这一点时,只能重复自身,并不能产生新的等效点.比如,式(4.6)的对称操作作用于二重轴的某一点 $(0,0,z)$,仍产生 $(0,0,z)$,而不产生新的等效点.根据所处位置的对称性,空间群的等效点系可以分成几组.例如,$Fm\bar{3}m$ 空间群有 12 组等效点系,等效点系(表 4.2C)的第一列数目表示等效点系的多重度.一般等效点的多重度等于空间群对称操作数目.特殊等效点的多重度等于空间群对称操作数目除以通过该点的对称操作的阶的乘积.第二列的字母是等效点系的标号,按对称性由高到低的顺序排列,人们常用这两个字符表示原子的位置,NaCl 属于 $Fm\bar{3}m$ 空间群,结构中的 Na 和 Cl 原子位置可以用

$$Na^+：4a\ (0,0,0)$$
$$Cl^-：4b\ (1/2,1/2,1/2)$$

表示.结构中的 Na^+ 和 Cl^- 离子都处于特殊等效点上,点对称性都是 $m\bar{3}m$,空间群中除平移对称操作外的其他对称操作上不能产生新的等效点.单胞中其他 Na^+ 和 Cl^- 离子坐标从面心格子规定的平移对称操作得到,即上述原子坐标分别加上面心格子的平移操作

$$+(0,0,0)；+(0,1/2,1/2)；+(1/2,0,1/2)；+(1/2,1/2,0)$$

等效点系第三列符号表示等效点系的点对称性,即晶体中等效点所处环境的对称性.在研究材料的物理性质时,需要了解结构中原子位置的点对称性,以推断可能具有的物理性质.例

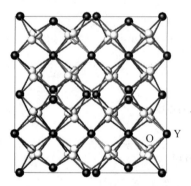

图 4.5　Y_2O_3 的晶体结构

空间群 $Ia\bar{3}$, $a=10.607$ Å

如,稀土离子在晶体材料中的荧光光谱与配位环境对称性有关.对于 Eu^{3+} 掺杂的荧光材料,当 Eu^{3+} 离子处于中心对称格位时,荧光发射以 $^5D_0\to{}^7F_1$(590 nm)为主;当 Eu^{3+} 离子处于非中心对称格位时,荧光发射以 $^5D_0\to{}^7F_2$(615 nm)为主.前者是橙红色,后者是红色.荧光灯和显示屏用的荧光材料都要求比较纯的红色(615 nm),因此,材料设计应当考虑金属离子格位的点对称性.如果已经知道了材料的晶体结构,可以从《晶体学国际表》了解到金属离子格位的对称性.Eu^{3+} 掺杂的 Y_2O_3 是一种重要荧光材料,广泛用于三基色荧光灯和其他荧光器件中.图 4.5 给出了 Y_2O_3 的晶体结构.Y_2O_3 属于立方晶系,空间群为 $Ia\bar{3}$,晶胞参数 $a=10.607$ Å.单胞中有两个 Y 和一个氧原子格位,分别是 Y1：$8b$ (1/4, 1/4, 1/4),Y2：$24d$

$(-0.0323,0,1/4)$ 和 O：$48e$ (0.3912, 0.1515, 0.3800).Y 所在格位的对称性分别为 $\bar{3}$ 和 2,都没有对称中心.因此,Y_2O_3：Eu^{3+} 的荧光光谱以 $^5D_0\to{}^7F_2$(615 nm)发射为主,是一种色纯度非常好的荧光材料,其发射光谱参见图 13.17.国际表同时给出了等效点系的坐标,这对于研究和了解晶体结构是非常重要的,等效点系的坐标是由空间群对称操作关联的,利用这些信息,可以构建相应的结构模型.有关这方面的具体例子,我们将在后面介绍.

等效点系的最后一列是晶体的衍射条件,也就是我们常说的系统消光条件.这部分内容对于确定未知结构的空间群是非常重要的.当我们从晶体的外形或衍射图所表现的对称性,知道了晶体所属的晶系、晶胞参数、Laue(劳埃)点群或点群,就可以根据衍射图表现出的系统消光

规律,确定晶体所属的点阵型式,并进一步确定晶体所属的衍射群.有时通过消光规律可以唯一地确定晶体的空间群,但大多数情况下,消光规律只能告诉我们晶体结构属于几种可能空间群中的一种,进一步确定晶体所属的空间群,需要利用衍射强度的统计规律或通过测定某些与对称性相关的物理性质来确定.在实际工作中,有时要用几种可能的空间群对结构模型进行精修,根据最终的结构模型的合理性确定正确的空间群.

国际表还给出了空间群在不同方向上投影的对称性,即投影所属的二维空间群,这些信息对于研究材料的表面结构是非常重要的.国际表列出了空间群的最大不同构子群.有两类最大不同构子群,第一类是平移同构子群(Ⅰ),这类子群与原空间群具有相同的平移对称操作,但是子群中的点群对称性降低,这类子群叫作 t-子群(t-subgroup).对于 $Fm\bar{3}m$ 空间群,表中给出了 10 种不同的 t-子群.另一类子群是保持点对称操作不变,但平移对称性降低(Ⅱ).这类子群可以进一步分为 3 种:Ⅱa 子群保持了原有的晶胞;Ⅱb 子群的晶胞大于原来的晶胞;Ⅱc 子群与原空间群同构,但单胞改变.$Fm\bar{3}m$ 空间群有 8 种 Ⅱa 子群和一种 Ⅱc 子群,没有 Ⅱb 子群.这些信息对于研究材料的相变,特别是那些空间群-子群相关联的相变是非常有用的.在研究未知结构的化合物时,也常需要利用空间群-子群的关联来确定晶体的结构模型.

以上我们仅仅对国际表中空间群的内容进行了粗浅的描述,真正了解空间群和掌握国际表还需要通过研究中的实际运用.在以下的章节中我们将利用空间群的部分信息解决一些实际问题.

4.4 材料结构的晶体学表示和晶体化学表示

利用各种衍射方法确定了材料的晶体结构后需要对其进行表示.晶体结构的表示有两个层次:晶体学表示和晶体化学表示.我们以具有钙钛矿(perovskite)结构的 $SrTiO_3$ 为例对其进行说明.

通过衍射数据的分析我们可以得到 $SrTiO_3$ 为立方晶系,晶胞参数 $a = 3.905$ Å,空间群为 $Pm\bar{3}m$(No. 221),原子坐标列于表 4.4 中.立方钙钛矿结构中的所有原子都处在特殊等效点系位置,钛离子位于立方体的顶点,锶离子位于立方体的体心,氧原子处在立方体棱的中心位置.结构中氧离子 $3d$ 位置的多重度为 3,相应的原子坐标分别为(0,0,1/2);(0,1/2,0);(1/2,0,0).利用这些结构信息,可以在立方体中画出如图 4.6(a)所示的立方钙钛矿结构.以上的表示可以说是立方钙钛矿结构的晶体学表示.这种表示给出了晶体的对称性和原子在空间中的精确位置,然而没有给出原子之间的关系.为了更好地理解材料的晶体结构,在晶体学表示的基础上我们需要融入一些化学的概念,如离子半径、原子之间的成键、离子的配位习性以及原子的堆积方式等,对晶体结构进行晶体化学的表示.图 4.6(b)和(c)中用 TiO_6 八面体的连接表

表 4.4 立方钙钛矿 $SrTiO_3$ 的原子坐标

原子种类	位置	x	y	z
Ti	$1a$	0	0	0
Sr	$1b$	1/2	1/2	1/2
O	$3d$	0	0	1/2

示钙钛矿的结构就是一种晶体化学的表示形式：TiO_6 八面体共用所有顶点，相连成三维骨架，Sr 原子处于其中的立方八面体中心位置.这种表示隐含的化学意义是：Ti—O 键包含一定的共价成分，并形成有一定稳定性的 TiO_6 八面体；Ti 和 O 之间有形成 TiO_6 八面体的习性，除了少数氧化物中观察到 TiO_4 四面体外，在大多数 Ti 的氧化物中 Ti 和 O 之间都形成 TiO_6 八面体；Sr 和 O 之间是离子键连接，没有共价键的饱和性和方向性限制，Sr 周围 12 个 O 的配位是由 Sr^{2+} 离子和 O^{2-} 离子半径比的空间几何决定的.

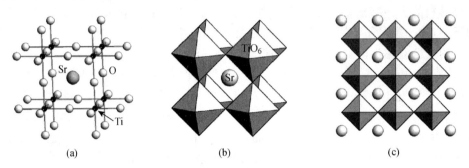

图 4.6　立方钙钛矿 $SrTiO_3$ 的结构

钙钛矿结构也可以用原子密堆积的方式描述.Sr^{2+} 离子是半径较大的阳离子，与 O^{2-} 离子的半径接近，因而它们可以一起构成 SrO_3 密置层.在钙钛矿结构中 Sr 原子与 O 原子的个数比为 1∶3，由于静电排斥力的作用，密置层中 Sr 必然最大限度地被 O 隔开，见图 4.7(a).图 4.7(b)表示了两层密置层的密堆积，堆积时要保持 Sr 原子之间不接触.在两层密置层之间形

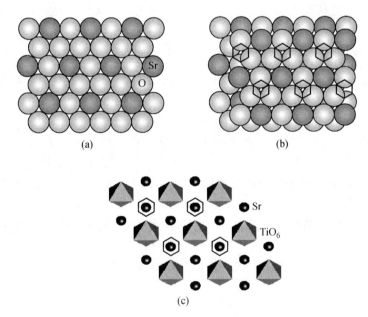

图 4.7　立方钙钛矿 $SrTiO_3$ 结构的原子密堆积表示

(a) SrO_3 密置层；(b) 两层密置层的密堆积，六方形表示由 O 原子构成的八面体空隙；(c) 用 TiO_6 八面体表示的(b)的结构，六方形表示由第二层和第三层密置层构成的 TiO_6 八面体的位置

成四面体空隙和八面体空隙,四面体空隙尺寸太小,Ti^{4+} 占据八面体空隙.从图 4.7 中可知,存在两种八面体空隙,一种八面体由 Sr^{2+} 和 O^{2-} 共同构成,而另一种八面体完全由 O 构成,如图 4.7(b)中六方形标注的位置.同样,由于静电排斥力的作用,Ti^{4+} 只能占据由 O 构成的八面体.如图 4.7(c)是用 TiO_6 八面体表示的以上结构.当第三层密置层进行密堆积时,如果按 ABC 立方最密堆积形式堆积,由第二层和第三层密置层构成的 TiO_6 处于图 4.7(c)中六方形表示的位置,该八面体与原有的 TiO_6 八面体共顶点连接形成立方钙钛矿结构,图 4.7(c)是从立方晶胞体对角线(三重轴)方向观察的情形.如果第三层按 ABA 六方最密堆积形式堆积,则形成的 TiO_6 八面体堆垛在原有的八面体之上,与其共面连接,形成六方钙钛矿结构,参见图 4.36 所示的 $BaFeO_3$ 结构.以上的讨论不仅描述了立方钙钛矿 $SrTiO_3$ 的结构,还阐述了该结构形成的化学原因.理解晶体结构还有一个材料化学的层次,即结构与材料性能的关系,这一点我们在随后关于材料性能的章节讨论.

4.5 金属单质和金属间化合物的结构

金属和合金是人类最早发现和使用的一类材料,也是人类社会赖以生存的最重要的材料.金属体系的很多独特性质是其他材料无法代替的.人们对金属体系的认识已经有了长期的积累,大多数二元体系和很多三元体系相关系的数据库已经建立.尽管如此,每年仍然有很多新的金属间化合物和材料被发现.例如,在 20 世纪早期,人们就对稀土-铁体系进行了系统的研究,对体系的相关系和金属间化合物的结构都比较清楚.人们发现,一些稀土-铁的金属间化合物可以与氮气反应生成金属氮化物,这些稀土-过渡金属氮化物表现出优良的磁学性能.另外,当一些金属单质或合金颗粒尺寸小到纳米量级时,某些性质可以发生很大的变化,这促使人们开始研究微结构对材料性质的影响.单质金属和金属间化合物的结构比较简单,本节将简要介绍一些重要的单质和金属间化合物的晶体结构.

4.5.1 金属单质的结构

金属中的价电子可以看作是在三维势阱中运动的自由电子.这些价电子将金属原子结合在一起形成金属键.金属键没有方向性和饱和性,因此,金属单质结构中的金属原子的排列方式和配位数主要取决于空间因素,即金属半径的大小.除了如 γ-Cr、α-U、β-U、α-Mn 和 β-Mn 等少数几种单质金属具有比较复杂的晶体结构外,一般单质金属都以紧密堆积的方式排列,因此,金属单质的晶体结构都比较简单.表 4.5 列出了部分金属单质在通常条件下的晶体结构.

在通常条件下,单质金属的结构主要有体心立方(bcc)、六方最密堆积(hcp)、立方最密堆积(ccp)和立方-六方混合最密堆积(hc),这些结构形式都基于等径圆球的有效堆积.等径圆球以最密方式排列形成密置层[图 4.8(a)],我们假定这个密置层的位置用 A 表示,在密置层 A 上面继续排列新的密置层时,有两种可能的位置,B 或 C. 如果第二个密置层放在位置 B,则第三层可以放在 C 或 A,形成的密置层分别为 ABCABC 和 ABABAB.ABCABC 为立方最密堆积[图 4.8(b)],具有面心立方的对称性.ABABAB 为六方最密堆积[图 4.8(c)],属于简单六方晶系.另一种常见的金属和合金结构是体心立方堆积[图 4.8(d)],这种结构不是最密堆积方式.

表 4.5　单质金属的晶体结构

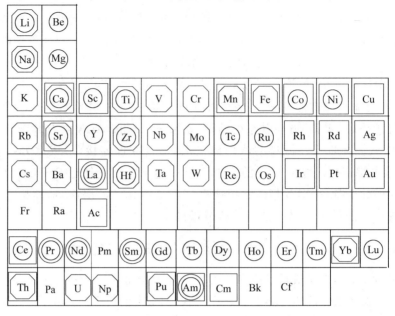

（只给出了在通常条件下稳定的物相，很多单质金属具有多种不同的物相）

其中的正八边形表示 bcc，正方形表示 ccp，单层圆圈表示 hcp，双层圆圈表示 hc

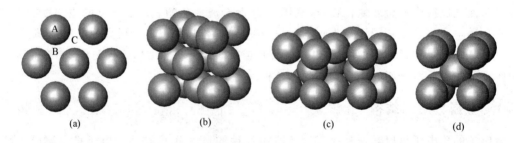

图 4.8　单质金属的几种结构类型

（a）密置层，（b）立方最密堆积，（c）六方最密堆积，（d）体心立方堆积

立方和六方最密堆积都是等径圆球的最密堆积，两者的堆积密度是一样的，因而一些单质金属常采用立方-六方复合堆积方式，这也是一种有利的最密堆积方式.在立方-六方复合最密堆积中，立方和六方最密堆积的交替排列有多种可能的方式.一种有效的表示方法是定义密置层的类型，常用小写字母表示密置层的堆积方式，即用 h 表示六方最密堆积中的密置层，用 c 表示立方最密堆积中的密置层.让我们先来看一看立方和六方最密堆积中密置层之间的关系.立方最密堆积中密置层按 ABCABC 方式排列，不同字母表示密置层处于不同位置上.我们在立方最密堆积中任意选择一个密置层（例如 B），与此密置层相邻的两个密置层的位置是不同的（ABC），因此，可以把立方密置层定义为处于两个不同密置层中间的密置层，用 c 表示.六方最密堆积中密置层的排列方式为 ABABAB，其中的每个密置层都与两个相同密置层相邻，我们把具有这种结构特征的密置层定义为六方密置层 h.根据这样的定义，我们可以描述任何由

密置层构成的晶体结构.表4.6给出了依据这种约定得到的几种可能的密堆积方式.

表 4.6 几种密堆积方式

	排列方式	简　写
立方最密堆积	ABCABCAB	
	cccccccc	c
六方最密堆积	ABABABAB	
	hhhhhhhh	h
hc 最密堆积	ABCBABCB	
	hchchche	hc
hcc 最密堆积	ABCACBAB	
	hcchcche	hcc
chh 最密堆积	ABABCBCA	
	chhchhch	chh

　　立方最密堆积都是由立方密置层沿三重轴方向排列构成的.同样,六方最密堆积都是由六方密置层构成的.立方-六方混合最密堆积则是由立方和六方密置层交替排列构成的.混合最密堆积可以有多种方式,除了前面提到的 hc 之外,可以组合出多种复合型密堆积排列方式.在表4.6中我们列出了 hcc 和 chh 立方-六方混合最密堆积方式.密置层表示结构的方法不仅对单质金属有效,也可以用于描述无机固体材料的晶体结构,因为很多无机固体化合物结构中都包含某种密堆积的排列方式.

　　立方和六方最密堆积属于等径圆球的最密堆积方式,通常是单质金属最稳定的结构类型.随体系温度上升,金属原子的热振动加剧,单质金属的结构可以从立方或六方最密堆积转变为体心立方堆积,因此,体心立方结构应当是单质金属的高温物相.Ca、Sr、La、Ce、Tl、Ti、Zr、Th和 Mn 等单质金属在通常条件下具有最密堆积结构,在高温下转变为体心立方结构,因此,这些金属的最密堆积↔体心立方相转变温度高于室温.另外一些单质金属如 Li、Na、Fe、Mn 和 Ca 等在室温下具有体心立方结构,可以认为这些体系的最密堆积↔体心立方相转变温度低于室温.

4.5.2　金属间化合物的结构

　　由两种以上的金属和类金属(如 Si)元素之间以简单比例形成的物相称为金属间化合物,其结构一般与组分的单质结构不同.物理和化学性质(如电负性)差别较大的金属(包括类金属)元素之间容易形成金属间化合物.金属间化合物的种类繁多,不能一一介绍,我们仅选择几种简单的结构类型作重点介绍,很多较复杂结构的金属间化合物是与这些简单结构相关联的.

1. Laves(拉佛斯)结构

Laves 相的组成为 AB_2,典型的 Laves 结构物相有 $MgZn_2$、$MgCu_2$ 和 $MgNi_2$ 等.在 Laves 结构中,过渡金属可以看成立方或六方最密堆积,但其中有 1/4 的空位.图 4.9 示出了 Laves 结构中过渡金属原子的排列情况.结构中有两种过渡金属层,都是由密置层除去一部分原子构成的.一种过渡金属层是除去了密置层中的 1/4 原子,另一种是除去了 3/4 原子.这两种原子层可以按六方最密堆积方式(ABABAB)或立方最密堆积方式(ABCABC)构成三维结构骨架,分别构成六方和立方 Laves 结构.图 4.9(a)是立方 Laves 结构的骨架.Laves 结构也可以看成是由过渡金属原子形成的四面体通过共用顶点或面(在六方最密堆积中共用面)形成的[图 4.9(b)].结构中的 Mg 处于过渡金属原子的空隙中,与 12 个过渡金属原子和 4 个 Mg 原子配位.Laves 结构是一种重要的金属间化合物的结构类型,很多过渡金属形成的金属间化合物都具有这样的结构.

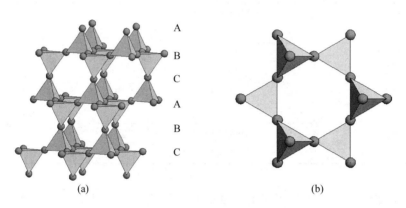

图 4.9　Laves 结构中过渡金属原子的排列

2. Cr₃Si (A15 型)结构

Cr₃Si 型结构又称 A15 型或 β-W 结构,是一种重要的金属间化合物的结构类型,为立方结构,空间群为 $Pm\bar{3}n$.具有这种结构的化合物通常由过渡金属和主族元素构成.从图 4.10 可以看到,结构中的过渡金属原子在三个方向上形成不相交的一维金属链,主族原子则位于立方体的顶点和体心位置.Nb₃Ge 具有 Cr₃Si 型结构,是一种非常重要的超导材料.在人们发现铜系高温超导材料之前,Nb₃Ge 一直是超导转变温度最高的超导体($T_c = 23$ K).这也是人们特别关注这种结构类型的重要原因之一.在 Nb₃Ge 结构中,一维 Nb 金属链中的 Nb-Nb 间距为 2.27 Å,远小于 Nb 单质中的原子间距,表明化合物中含有很强的 Nb—Nb 金属键.

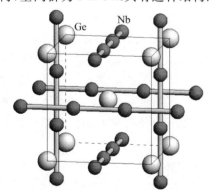

图 4.10　Nb₃Ge 的结构
[为 Cr₃Si (A15 型)结构]

另外,在早期的研究中,人们曾发现单质钨可以形成 Nb₃Ge 结构,并被命名为 β-W.在 β-W 的结构中,W 原子占据 Nb 的位置,Ge 格位没有被占据.但后来的中子衍射研究结果表明,所谓的 β-W 实际上是一种 W 的氧化物 W₃O,结构中 Ge 的位置被 O 原子占据.由于结构中存在大量原子序数很大的 W 原子,利用 X 射线衍射方法很难观察到结构中很轻的 O 原子.这个例子表明,在结构研究中一定要选择合适的研究方法,否则会出现失误.

3. CaCu₅ 结构

CaCu₅ 结构是一种重要的结构类型,稀土永磁材料 SmCo₅、储氢材料 LaNi₅ 以及一些重要的金属间化合物 CaNi₅、CaZn₅ 和 ThCo₅ 等都具有这种结构.CaCu₅ 结构可以看成由两种不同的结构单元层构成,一个结构单元层含有 Ca 和 Cu 两种金属原子,另一个结构单元层中只含有 Cu 原子.图 4.11 给出了 $CaCu_5$ 结构中的两种结构单元层和 $CaCu_5$ 的三维结构.图中较大的球表示 Ca 原子,较小的球表示 Cu 原子.在 Ca-Cu 构成的单元层中,Cu 原子构成石墨结构,Ca 原子位于六角形网络的中心;而在 Cu 原子构成的单元层中,Cu 原子形成由六角形和三角形构成的二维网络.这两种单元层交替排列,构成了 $CaCu_5$ 的三维结构.

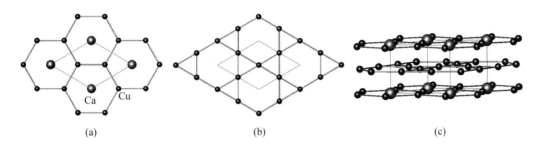

图 4.11 $CaCu_5$ 的结构

(a) Ca-Cu 单层,(b) Cu 单层,(c) $CaCu_5$ 的三维结构

$CaCu_5$ 结构类型的重要性还在于其他一些金属间化合物都与 $CaCu_5$ 型结构相关联,其中很多是重要的稀土-过渡金属功能材料.例如 Th_2Ni_{17} 和 $ThMn_{12}$ 的结构可以看成是 $CaCu_5$ 型结构中的主族金属被过渡金属原子取代形成的.设想用过渡金属双原子基团 Ni_2 取代 $ThNi_5$ 中的 Th 原子:

$$3ThNi_5 + 2Ni \Longrightarrow Th_2Ni_{17} + Th \tag{4.8}$$

就得到 Th_2Ni_{17} 结构的化合物.图 4.12 给出了 Th_2Ni_{17} 的三维结构和相应的结构单元层.$CaCu_5$ 结构中的 Ca-Cu 层中含有 2 个 Ca 原子和 6 个 Cu 原子[图 4.12(a)].在形成 Th_2Ni_{17} 结构时,与 Ca-Cu 层相关的 Th-Ni 层中 1/3 的 Th 被 Ni 取代[图 4.12(b)],而 Ni 单元层保持不变[图 4.12(c)].Th_2Ni_{17} 的三维结构是由两种结构单元层交替沿 c 轴排列构成的[图 4.12(d)].这两种结构单元层可以按两种不同方式排列,图 4.12(d) 是按六方堆积方式排列得到的六方 Th_2Ni_{17},结构属于 $P6_3/mmc$ 空间群.如果两种结构单元层按立方最密堆积方式排列,可以形成 Th_2Zn_{17} 结构,空间群为 $R3m$.六方 Th_2Ni_{17} 结构的单胞是 $CaCu_5$ 的 3 倍.Th_2Ni_{17} 和 Th_2Zn_{17} 结构的金属间化合物常称作 2:17 金属间化合物,很多重要的稀土磁性材料都具有这种结构.例如,Sm_2Co_{17} 是一种重要的永磁材料,具有很高的 Curie(居里)温度和饱和磁化强度,可以在航天和一些条件比较恶劣的环境中使用.此外,人们发现 $Sm_2Fe_{17}N_3$ 是一类性能很好的稀土永磁材料,Sm_2Fe_{17} 采取 Th_2Ni_{17} 结构类型,吸 N_2 后其中的氮原子占据了 Th_2Ni_{17} 型结构的间隙格位.

与此类似,当 $CaCu_5$ 结构中 1/2 的 Ca 位原子被过渡金属对 Mn_2 取代,可以得到另一种重要的金属间化合物 $ThMn_{12}$,取代反应以及两种结构之间的关系可以用下式表示:

$$2ThMn_5 + 2Mn \Longrightarrow ThMn_{12} + Th \tag{4.9}$$

在稀土与铁的二元体系中,并没有组成为 Ln:Fe=1:12 的物相.但在一些 Ln-Fe-M 三元体系中,这个物相是存在的.人们已经得到多种三元化合物 $Ln(Fe,M)_{12}$,其中 M 可以是 Ti、V、Cr、Mo、W 和 Si 等.$Ln(Fe,M)_{12}$ 化合物与氮气反应生成相应的氮化物 $Ln(Fe,M)_{12}N$,其中的

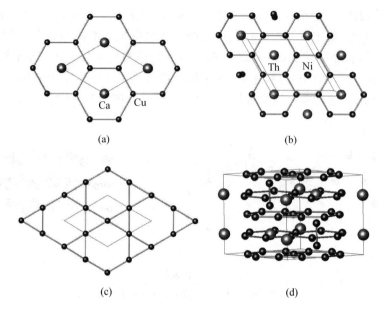

图 4.12　六方 Th_2Ni_{17} 中的结构单元

(a) $CaCu_5$ 结构中的 Ca-Cu 层,(b) Ni_2 取代 Th 后的 Th-Ni 层,

(c) Th_2Ni_{17} 中的 Ni 层,(d) 六方 Th_2Ni_{17} 结构

氮原子处于金属间化合物的间隙格位.$Ln(Fe,M)_{12}N$ 具有优良的永磁性能,是目前正在开发中的具有很大潜力的材料之一.

迄今为止,人们已经发现了数目众多的金属间化合物.一般地说,金属间化合物的晶体结构比较简单,物理和化学性质与晶体结构的关系也比较清楚.但也有一些金属间化合物具有很复杂的结构.例如,过渡金属与主族元素可以形成 NCL(Nowotny Chimney Ladder)结构的化合物,常见的 NCL 化合物有 Ru_2Sn_3、Mn_4Si_7、Ru_2Ge_3、Ir_4Ge_5 和 $Rh_{17}Ge_{22}$ 等.在 NCL 结构的化合物[图 4.13(a)]中,过渡金属原子形成四方格子,主族元素处于过渡金属的四方格子中,构

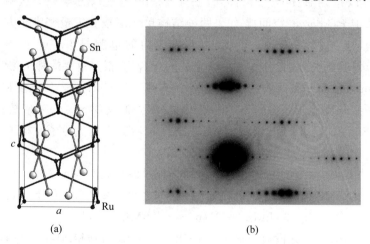

图 4.13　NCL 化合物的结构及其沿(110)方向的电子衍射图

(a) Ru_2Sn_3,(b) $Cr_{0.66}Mo_{0.34}Ge_{1.75}$ 的电子衍射图[沿(110)方向]

成一维螺旋链.其中,主族元素一维螺旋链的周期与过渡金属四方格子的周期不同,两个亚晶格不匹配,形成非公度结构.这种结构的衍射也分成两组:主衍射点和卫星衍射点[图 4.13(b)],结构的解析和描述需要利用四维空间群,是比较复杂的.

4.5.3 合金与固溶体

1. 合金

合金是人类最早实际使用的人工制备材料,青铜在人类文明早期就被广泛使用.合金主要被用作结构材料,也大量用于功能材料.从化学上讲,金属体系可以分成固溶体和金属间化合物两类.固溶体可以看成是组分在一定范围变化、保持特定结构的体系.合金的概念则更广泛,它包括金属固溶体、金属间化合物以及由它们所组成的单相或多相体系.在实际应用领域,为了得到更好的应用性能,人们常将金属材料制成多相体系.例如,在 Nd-Fe-B 永磁材料中,除了铁磁性主相 $Nd_2Fe_{14}B$ 以外,材料中必须含有 $NdFe_4B_4$ 和富 Nd 相.这些物相的存在一方面可以使材料更易于烧结,另外,对于提高材料的应用特性具有十分重要的作用.

2. 固溶体

固溶体的形成一般有如下规律性:

(1) 相似相溶:性质相近的金属容易形成固溶体,例如 K-Rb、Ag-Au、Cu-Au、As-Sb 和 W-Mo 等体系能够形成完全互溶体系.

(2) 性质相近金属的互溶度大小,依赖于金属原子的半径和化学性质.一般认为,当金属的原子半径差别在 15% 以上时,体系不能生成互溶度较大的固溶体.同样,组分金属元素的电负性差别较大时,体系倾向于形成金属间化合物.

(3) 两个金属之间的相互溶解度可以不同.例如,Zn 在 Ag 中的溶解度上限是 37.8%,而 Ag 在 Zn 中的溶解度上限为 6.3%.一般地说,低价金属可以溶解更多的高价金属,反之不然.

对于固溶体而言,组分金属占据结构中相同的原子格位,不同的金属原子在格位上是无序分布的.同时,外界条件的改变可以使固溶体转变成多相体系或形成金属间化合物.例如,β-黄铜是 Cu 和 Zn 的合金,结构具有立方对称性.在 470 ℃ 以上,β-黄铜属于体心立方结构,其中 Cu 和 Zn 无序分布在立方体的体心和顶点位置;在 470 ℃ 以下,发生连续相变,Cu 和 Zn 的逐步分离占据体心或顶点不同的格位,使得结构从体心立方转变为简单立方的 CsCl 结构.

4.6 非金属单质及相关化合物的结构

4.6.1 非金属单质的结构

非金属单质中的化学键主要是共价键,共价键的方向性和饱和性使得非金属单质具有确定的配位数和配位多面体.共价键的方向性和饱和性是由参与成键的原子轨道种类和数目决定的,大多数非金属单质中的共价键数目可以从价电子数目得到.在文献中常用 nb 表示化合物中形成的同原子键数目,例如 0b、1b、2b、3b 和 4b 分别表示形成了 0~4 个同原子键,这种表示方式对描述非金属单质和化合物的结构特征非常有效.

ⅢA 族中硼有多种结构,其中较为简单是 α-B_{12}.B_{12} 是 BI_3 在 800~1200 ℃ 下加热分解得到的,属于三方晶系,基本结构单元是硼二十面体(B_{12}).在 α-B_{12} 结构中,硼二十面体单元按立方最密堆积的方式排列(ABCABC).图 4.14 是其中的一个密置层的结构.α-B_{12} 是单质硼的一种亚稳结构;硼的稳定结构为 α-B$_{102}$,是一种比较复杂的结构.

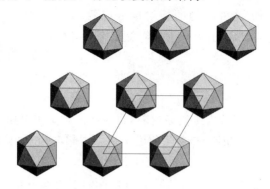

图 4.14 α-B$_{12}$ 的晶体结构中硼二十面体结构单元层

ⅣA 族元素 C、Si、Ge 和 Sn (灰锡) 有 4 个价电子,它们常以 sp^3 杂化与周围 4 个原子形成共价键(4b).ⅣA 族元素的单质可以形成金刚石结构[图 4.15(a)],其中每个原子都以四面体方式与相邻原子成键.在高压下,Si 和 Ge 可以转变为配位数更高的白锡结构.在白锡结构中,Sn 与 6 个相邻的原子以变形的八面体方式配位[图 4.15(b)],相应的键长分别为3.02 Å(×4)和3.18 Å(×2).对比金刚石和白锡的晶体结构可以看到,在压力作用下,非金属单质倾向于采用配位数较高的结构类型.加热白锡结构的单质 Si,可以使其转变为六方金刚石结构.

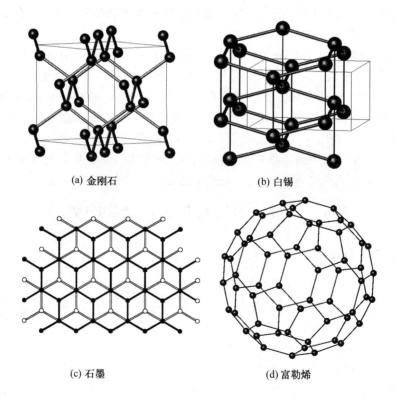

(a) 金刚石   (b) 白锡

(c) 石墨   (d) 富勒烯

图 4.15 ⅣA 族元素单质的部分结构类型

除了金刚石结构以外,碳单质还以石墨结构形式存在.石墨为层状结构,每个碳原子以 sp^2 杂化与平面内的 3 个碳原子成 σ 键,碳原子上的另一个 p 轨道形成离域 π 键[图 4.15(c)].自然界中单质碳主要以石墨形式存在,在高温和高压下石墨可以转化为金刚石.人们发现,单质碳除了金刚石和石墨两种结构之外,还可以形成 C_{60}、C_{70} 和碳纳米管等多种结构形式.C_{60} 是一种对称性很高的分子,由 60 个碳原子构成,结构中包含 12 个五边形和 20 个六边形[图 4.15(d)].C_{60} 中每个碳原子以 sp^2 杂化与相邻的 3 个碳原子形成 σ 键,剩余的 p 轨道在分子的外围和内腔中形成 π 键.从成键特点看,C_{60} 与石墨相似,C_{70} 和碳纳米管等其他分子也具有类似的成键特征.C_{60} 属于 I_h 点群,具有 6 个五次轴,10 个三次轴,12 个二次轴,一个对称中心,6 个十次反轴和 15 个反映面.

ⅤA 族的 P、As 和 Sb 等非金属元素有 5 个价电子,可以形成 3 个同原子共价键(3b).磷有 5 种不同的结构类型.白磷是从气相沉积得到的亚稳物相,由 P_4 四面体结构单元构成.白磷在低温下发生相变,目前已知白磷有两种低温变体,它们也都是由 P_4 结构单元构成的.黑磷是磷的热力学稳定结构,每个 P 原子与相邻的 3 个 P 原子成键,形成六元环层状结构.As、Sb 和 Bi 也可以形成层状结构,但属于六方晶系,六元环的连接方式也不同于黑磷.在黑磷的层状结构中[图 4.16(a)],六元环呈椅式构型,P—P—P 键角分别为 102° 和 96.5°.随原子序数增加,ⅤA 族单质的金属性逐渐增强,结构中原子从三配位向八面体配位转变,金属原子的 ∠M—M—M 逐步趋近于 90°.As 的六方结构中每个 As 仍然与 3 个相邻的 As 原子形成共价键,但与黑磷的结构相比,层间相互作用要强得多.单质 As 层内的 As-As 距离约为 2.52 Å,层间 As-As 间距为 3.1 Å.因此,我们可以把 As 看成是如图 4.16(b)中变形的简单立方结构.磷单质在 5 MPa(50 kbar)压力下可以转变为 As 的六方结构,在更高的压力(110 kbar)下可以转变为具有金属性的立方结构,虽然到目前为止高压立方相的结构仍没有完全确定,但已知其中磷原子采取八面体配位方式.

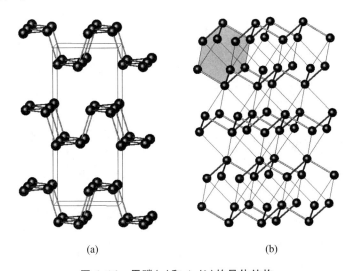

(a)　　　　(b)

图 4.16　黑磷(a)和 As(b)的晶体结构

ⅥA 族非金属 S、Se 和 Te 有 6 个价电子,能够形成 2 个同原子共价键(2b),由此可以知道ⅥA 族单质应当具有链状或环状结构.单质 S 的结构有很多种,目前已经知道的有 S_n($n =$

7，8，9，10，12，20 等).图 4.17(a)给出了 S_8 的晶体结构,这是一种典型的分子晶体,在 S_8 分子内部是很强的共价键,而分子之间存在 van der Waals 相互作用.Se 也可以形成 Se_8 结构.单质 Te 的性质更接近金属,在通常条件下以六方 Se 结构类型存在,结构中 Te 形成一维分子链 [图 4.17(b)].Te 分子链间存在较强的相互作用,链内的 Te—Te 键长为 3.835 Å,分子链之间 Te-Te 距离为 3.45 Å.考虑分子链之间的相互作用,Te 可以看成畸变的简单立方结构,结构中每一个 Te 原子都是六配位的[图 4.17(c)],这与金属的成键情况非常相似.事实上,在高压下 Te 可以转变为 β-Po 的简单立方结构.

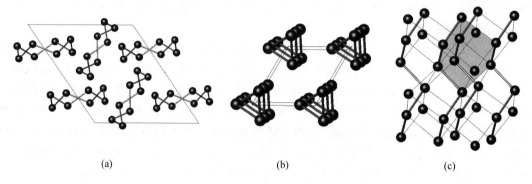

(a) (b) (c)

图 4.17　ⅥA 族非金属单质的结构

(a) S_8 分子链,(b) Te 一维分子链,(c) Te 的简单立方表达

4.6.2　与非金属单质结构相关的化合物

很多无机固体化合物的晶体结构与非金属单质结构密切相关,因而非金属单质结构对于理解固体化合物结构是非常重要的.在前面的讨论中,已经指出非金属单质的结构是由价电子数目决定的,由此可以得到价电子相同的化合物应当具有类似结构,这就是固体化学中经常用到的等电子规则.举例来说,GaAs 和 ZnS 是 Ⅲ-Ⅴ族和 Ⅱ-Ⅵ 族半导体,组成化合物原子的平均价电子数目与单质 Si 相同,应当具有金刚石结构. ZnS 有六方和立方两种不同的结构(图 4.18),其中 Zn 和 S 都是四面体配位,这与立方和六方金刚石结构是相同的.Ⅲ-Ⅴ 族半导体材料也都具有类似的金刚石结构.

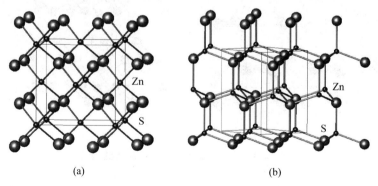

(a) (b)

图 4.18　立方(a)和六方(b)ZnS 的结构

这里我们假定，Ⅲ-Ⅴ 族和 Ⅱ-Ⅵ 族化合物中的每个原子都有与 Si 类似的电子构型.对于 GaAs 和 ZnS,这意味着化合物中原子之间发生了电子迁移,形成了 $Ga^- As^+$ 和 $Zn^{2-} S^{2+}$.一般来说,电子应当从电负性低的原子向电负性高的原子转移,上面的电荷迁移表示只是为了说明化合物中化学键的共价特征.实际上,这些化合物中的化学键也有一定的离子键特征.在利用等电子规则处理化合物结构时,并不要求结构中的所有原子或离子都以共价键结合.很多无机固体化合物既包含共价键,也包含离子键,一个典型的例子是 NaTl.Na 在这个化合物中以 Na^+ 离子状态存在,铊以负离子 Tl^- 存在.Tl 属于ⅢA 族元素,电子组态为 $[Xe]6s^2 6p^1$. 如果 NaTl 中的铊离子是以孤立的 Tl^- 存在,其电子组态为 $[Xe]6s^2 6p^2$. 根据固体电子结构理论,NaTl 应具有金属性质,但 NaTl 实际上具有半导体性质.我们可以这样理解这个化合物的结

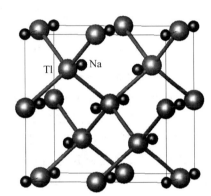

构和性质：Na 和 Tl 之间发生电荷迁移,形成 Na^+ 和 Tl^-；NaTl 结构中的铊离子以 sp^3 杂化轨道与临近的铊离子形成 4 个共价键,构成类似于金刚石结构的骨架；钠离子与铊离子骨架之间以离子键结合.图 4.19 是 NaTl 的晶体结构.NaTl 中铊离子间的确存在很强的共价键. 事实上,NaTl 中的 Tl-Tl 距离要远小于金属铊中的 Tl-Tl 间距,这种强的共价键使体系的分子轨道分裂为成键轨道和反键轨道,因此具有半导体性质.

图 4.19　NaTl 的晶体结构

离子键和共价键共存的情况普遍存在.一般地说,可以先考虑离子键,也就是先考虑电子迁移,然后再利用等电子规则研究共价键连接部分的晶体结构.表 4.7 给出了部分非金属等电子单元在形成化合物时的成键特性.其中,0b 离子都是满壳层离子,在化合物中不能形成同原子共价键,只能以孤立离子的状态存在；1b 离子有 7 个价电子,可以形成一个同原子共价键,典型的例子是双原子的 Cl_2 分子；2b 离子有 6 个价电子,可以形成 2 个同原子共价键；以此类推.

表 4.7　部分离子的成键特性

键　型	Ⅲ	Ⅳ	Ⅴ	Ⅵ	Ⅶ
0b	B^{5-}	Si^{4-}	P^{3-}	S^{2-}	Cl^-
1b	B^{4-}	Si^{3-}	P^{2-}	S^-	Cl^0
2b	B^{3-}	Si^{2-}	P^-	S^0	
3b	B^{2-}	Si^-	P^0		
4b	B^-	Si^0			

下面我们再介绍几个利用等电子规则的典型例子.稀土可以与磷形成多种磷化物,相应的结构也非常复杂,但利用等电子规则可以很好地解释结构的主要特征.一般地说,在稀土磷化物中稀土的价电子完全或部分转移给磷,形成三价（La^{3+}）或二价（Eu^{2+}）正离子和磷负离子,根据化合物的组成,可以计算出磷所带的平均负电荷,再根据表 4.7 的等电子规则,判断磷之间的同原子共价键的数目和可能的结构.例如,LaP 中的磷是以 P^{3-} 形式存在,从表 4.7 可以

知道,LaP 中不应存在同原子共价键,而只能以孤立磷离子的状态存在.LaP$_2$ 中磷的平均价态是 P_2^{3-},其中应当包含有 P^- 和 P^{2-} 两种离子,我们知道 P^- 可以形成两个共价键,而 P^{2-} 只能有一个共价键.因此,可以推断这个化合物中一定存在有由 $P-P$ 共价键连接的多磷离子,而且 P^{2-} 应处于多磷离子的端基位置,P^- 则应处于桥键位置.在结构研究中,人们的确发现这个化合物中存在有 P_3^{5-} 和 P_5^{7-} 两种多磷离子,其中 P_3^{5-} 可以表示为 $2(1b)P^{2-}+(2b)P^-$,即 $P^{2-}-$P$^-$-$P^{2-};而 P_5^{7-} 可以表示为 $2(1b)P^{2-}+3(2b)P^-$,即 $P^{2-}-P^--P^--P^--P^{2-}$.一些复杂的磷化物与黑磷结构相关联.EuP$_3$ 中 Eu 是正二价,磷原子形成一维链(P_3^{2-}),P_3^{2-} 结构单元可以看成是黑磷结构去掉 1/3 磷原子后形成的.从以上例子可以看出,等电子规则虽然很简单,但可以解释很多无机固体化合物的晶体结构.最近人们发现了很多新的多硫化物、多硒化物和多锑化物,它们的结构等都可以用等电子规则说明.

4.7　无机非金属材料的结构

无机非金属材料的结构类型较多,有些也比较复杂,不可能一一介绍.本节我们重点介绍一些简单和常见无机非金属材料的结构类型.尽管这些化合物的结构是比较简单的,但真正理解和认识这些结构以及它们之间的关系,对于理解更为复杂的结构问题是很有帮助的.在材料化学的研究中,人们理解结构的一种常用方法是把复杂结构体系用一些简单结构描述,这样可以抓住复杂结构的主要特征和本质,提供一种简洁明了的结构图像.常见的无机化合物材料的结构类型有 NaCl、CaF$_2$、ZnS、CsCl、CdCl$_2$、CdI$_2$、WC、NiAs、钙钛矿、金红石和尖晶石等,其中很多已在结构化学课中作过介绍.本节我们将从最密堆积的角度出发,介绍和分析这些结构类型.对几种非密堆积构成的材料,如磷灰石和石榴石,其结构在本节结尾也将作简要讨论,这几种材料具体的结构将在材料的荧光性能和磁性能等相关章节介绍.

4.7.1　立方最密堆积

在很多无机化合物结构中,体积较大的阴离子构成最密堆积,体积较小的阳离子填充在其中的四面体或八面体空隙中.在前面我们已经介绍了立方和六方最密堆积.这两种最密堆积都由密置层堆积而成,立方最密堆积中密置层按 ABCABC 方式排列,六方最密堆积中则按 ABABAB 方式排列.对于立方最密堆积而言,密置层是沿(111)方向排列的.

让我们沿四重轴方向观察立方最密堆积.图 4.20 是立方最密堆积沿四重轴方向的投影,其中阴离子构成四方格子,不同颜色的点表示原子在 z 轴方向上(垂直于纸面)的坐标不同,黑色和无色球分别表示位于 $z=0$ 和 1/2 的原子.立方最密堆积中有八面体和四面体空隙,阳离子可以占据这些空隙位置,形成固体化合物.图 4.20 给出了部分典型的四面体和八面体空隙的配位多面体.如果其中的八面体格位被阳离子完全占据,八面体将共用所有的边,就形成 NaCl 结构.如果所有的四面体空隙被阳离子占据,四面体也是共边连接,就构成了反萤石结构.相反,如果立方密堆积由阳离子构成,其中的所有四面体都被阴离子占据,就构成萤石结构.在一些化合物中,体积比较大的阳离子与阴离子共同构成立方最密堆积,参与最密堆积的阳离子为十二配位,配位多面体为立方八面体(cuboctahedron),如钙钛矿结构中的 A 位离子是典型的立方八面体配位的例子.

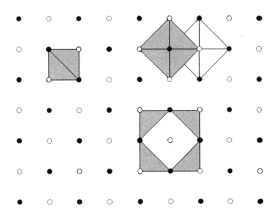

图 4.20 沿四重轴方向投影的立方最密堆积

4.7.2 NaCl 结构

NaCl 结构是最常见和最简单的结构类型之一,也是最重要的无机固体化合物的结构类型.很多碱金属卤化物和为数众多的金属氧化物、硫族化合物、碳化物和氮化物都具有 NaCl 结构.NaCl 结构属于面心立方,空间群为 $Fm\bar{3}m$.结构中的氯离子构成立方最密堆积,钠离子占据了全部八面体空隙.图 4.21(a)是 NaCl 的晶体结构,结构中钠离子为八面体配位;图 4.21 (b)是用八面体表示的 NaCl 晶体结构,八面体与相邻八面体共用所有的棱构成三维结构.在 NaCl 结构中,钠离子最近邻的金属离子处于面对角线[110]方向,次近邻的金属离子处于 a 轴 [100]方向.在具有 NaCl 结构的过渡金属氧化物中,金属离子 d 轨道之间的相互作用主要发生在这两个方向上.

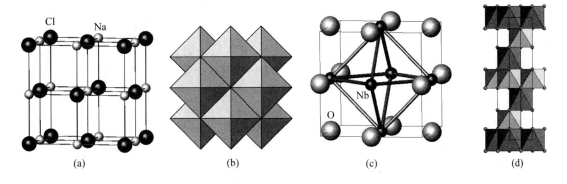

图 4.21 NaCl 和相关的结构
(a) NaCl 结构,(b) NaCl 结构,(c) NbO 结构,(d) LiVO$_2$ 结构

NbO 是与 NaCl 结构相关的化合物.在 NbO 结构中,有 1/4 的铌和氧格位未被占据,因而可以看作 NaCl 的有序缺陷结构[图 4.21(c)].NbO 结构中的 Nb 为平面四方配位.NbO 结构可以从金属簇的观点理解,NbO 中的 Nb 为二价,电子组态为 d^3.在形成 NbO 时,Nb 的 z^2 和 $x^2 - y^2$ 轨道(e$_g$)与氧离子形成共价键,t$_{2g}$ 为 Nb-O 非键轨道,但可以沿面对角线方向

与近邻金属原子形成金属-金属键,构成八面体金属簇 Nb_6O_{12}.八面体金属簇共用顶点构成三维的原子簇骨架结构.从形成金属-金属键的观点看,结构中铌和氧空位有利于金属键的稳定.应当指出的是,NbO 是目前为止发现的唯一具有三维结构八面体原子簇的化合物.八面体原子簇的三维连接要求阴离子的尺寸与金属簇的空隙相当.在具有 Chevrel(谢弗雷尔)结构的硫化钼中也含有八面体的金属簇,但由于硫原子的体积较大,只能形成孤立、一维或二维的金属簇结构.TiO 也具有与 NaCl 相关联的结构,与 NbO 类似,结构中也存在着有序的氧和钛的空位缺陷(15%).

与 NaCl 结构相关联的另一个重要的化合物是 $LiVO_2$.$LiVO_2$ 结构中氧离子构成立方最密堆积,但两种金属离子沿体对角线方向交替占据八面体空隙,形成锂原子层和钒原子层,其排列方式为 AcBaCbAcBaCbAcB,其中的大写字母表示氧离子,小写字母表示金属离子,黑体则表示钒离子.图 4.21(d)给出了 $LiVO_2$ 的晶体结构,$LiVO_2$ 可以看成有序的 NaCl 结构,具有三方对称性,空间群为 $R\bar{3}m$.在较高的温度下,$LiVO_2$ 结构中的两种阳离子趋于无序分布,$LiVO_2$ 转变成典型的 NaCl 立方结构.在电场作用下或在氧化剂存在条件下,$LiVO_2$ 低温物相中的钒离子被氧化成四价,锂原子进入溶液,这时固体的组成为 VO_2,结构保持不变,但锂离子层完全是空位,这实际上是一种具有 $CdCl_2$ 结构的 VO_2.我们知道热力学稳定的 VO_2 具有金红石结构,具有 $CdCl_2$ 层状结构的 VO_2 是一种亚稳物相,结构中离子的排列方式为 AcB′CbA′BaC′AcB,其中,"′"表示金属离子空位.

4.7.3　钙钛矿结构

钙钛矿结构化合物组成常用 ABO_3 通式表示,其中的 A 位离子是半径比较大的碱金属、碱土金属或稀土金属离子,B 位离子可以是过渡金属或主族金属离子.具有钙钛矿结构的化合物很多,其中的 A 位和 B 位离子的价态可以是 I-V、II-IV 或 III-III.很多具有钙钛矿结构的化合物是重要的功能材料.具有钙钛矿结构的 $BaTiO_3$ 是重要的铁电材料,钙钛矿锰系复合氧化物具有良好的巨磁阻效应等.同时,很多重要的功能材料具有与钙钛矿相关的结构,近年发现的铜系氧化物高温超导体中包含有钙钛矿结构单元.因此,理解钙钛矿及相关结构对于材料化学工作者是非常重要的.$SrTiO_3$ 采取典型的立方钙钛矿型结构,其他很多钙钛矿化合物的对称性低于立方,但其拓扑结构与钙钛矿是一致的.$SrTiO_3$ 的空间群为 $Pm\bar{3}m$,晶胞参数 $a=3.905$ Å,在前面的表 4.4 中,我们列出了 $SrTiO_3$ 结构的原子坐标.

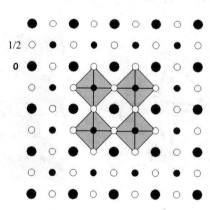

图 4.22　钙钛矿中的立方最密堆积

在 4.4 节,我们从 TiO_6 八面体连接以及 SrO_3 层的密堆积的角度已对 $SrTiO_3$ 的结构作了较为详细的讨论.4.4 节我们从[111]方向分析了 SrO_3 层的密堆积,这里我们从[100]方向讨论 SrO_3 层的密堆积.如图 4.22,图中的大球为锶离子,小球为氧离子,黑色表示原子位于 $z=1/2$,白色表示原子位于 $z=0$ 和 $z=1$.在钙钛矿的八面体空隙中,只有 1/4 是完全以氧原子为顶点构成的八面体,其他八面体的顶点都包含有锶离子,这些八面体格位不能被金属离子占据.因此,在钙钛矿结构中,钛原子只能占据立方最密堆积中 1/4 的八面体空隙.

钙钛矿结构并不一定具有立方对称性,事实上,更常见的是低对称性的钙钛矿.例如,$BaTiO_3$ 是一种重要的铁电材料.在常温下,$BaTiO_3$ 为四方晶系;在不同温度下,$BaTiO_3$ 有 5 种不同的钙钛矿结构,结构畸变使对称性发生了变化.从低温到高温,$BaTiO_3$ 的结构变化依次为

$$三方 \xrightarrow{193\ K} 正交 \xrightarrow{278\ K} 四方 \xrightarrow{393\ K} 立方 \xrightarrow{1733\ K} 六方$$

在这些钙钛矿结构的 $BaTiO_3$ 物相中,三方、正交和四方三种结构具有铁电性,立方和六方结构只具有顺电性.

如果将钙钛矿结构中的钙离子除去,就得到 ReO_3 结构.NbO_2F、TaO_2F、WO_3、Cu_3N 和 $\beta'\text{-}MoO_3$ 等多种氧化物和氮化物具有 ReO_3 结构或与此相关的畸变结构.一些青铜类化合物(如 Na_xWO_3)也具有钙钛矿结构,其中,钨氧八面体共用顶点连接,钠离子部分占据钙钛矿中 Ca 的位置.钨青铜属于非整比化合物,钨的 d 轨道中充填了电子,因而具有金属性.还有很多化合物具有 ReO_3 的剪切型结构,这些化合物可以看成是 ReO_3 结构沿某些晶面切变形成的.这类化合物一般具有较大单胞,结构也比较复杂,而且很难制成合适的单晶体,因而结构研究主要利用电子衍射和高分辨电镜进行.从 ReO_3 结构出发可以理解和表征这些结构的特点.$R\text{-}Nb_2O_5$ 是其中的一个典型的例子(图 4.23),$R\text{-}Nb_2O_5$ 结构中的铌氧八面体共用顶点构成沿 a 轴的双八面体链,八面体链之间共棱连接成三维结构.因为有 1/3 的氧原子共棱连接,氧原子与金属原子的比例为 2 : 5.利用电子显微技术还发现了多种 Nb_2O_5 结构,这些结构都是由 ReO_3 结构单元构成的.例如,$M\text{-}Nb_2O_5$ 结构是由 4×4 ReO_3 结构单元通过共棱连接构成的,$(W_{0.2}V_{0.8})_3O_7$ 是由 3×3 ReO_3 结构单元构成的,等等.

NbO_6

图 4.23　$R\text{-}Nb_2O_5$ 的晶体结构

4.7.4　尖晶石结构

尖晶石是在自然界中存在的一类矿物,其典型组成为 $MgAl_2O_4$,后来人们发现很多金属复合氧化物都具有这种结构.现在,尖晶石(spinel)已作为一种结构类型的名称.尖晶石结构的铁氧体是重要的磁性材料.我们以 $MgAl_2O_4$ 为例来说明尖晶石结构.$MgAl_2O_4$ 属于立方晶系,空间群为 $Fd\bar{3}m$,晶胞参数 $a = 8.080$ Å,$Z = 8$.在尖晶石结构中,氧离子构成立方最密堆积,图 4.24 中的黑色球表示位于 $z = 1/2$ 的氧原子,白色球则表示位于 $z = 0$ 和 $z = 1$ 的氧原子.立方最密堆积中 1/8 的四面体空位被镁离子占据($8a$),1/2 的八面体空位被铝离子占据($16d$).铝氧八面体共用相对的棱连接成八面体链,八面体链平行排列.镁氧四面体与铝氧八面体共用顶点连接成层状结构单元.在相邻的层状结构单元中,铝氧八面体链相互垂直并共边相连接,构成了三维结构.图 4.25 给出了尖晶石结构的投影图.

尖晶石中的八面体和四面体格位可以被不同离子占据.低价离子占据四面体格位的尖晶石称作正尖晶石(normal spinel),高价离子占据四面体格位的尖晶石称作反尖晶石(inverse spinel).不同的金属离子的配位倾向有很大差别,镁离子可以是八面体配位,也可以是四面体

配位,而锌离子更倾向于四面体配位.MgAl$_2$O$_4$ 和 ZnAl$_2$O$_4$ 都是正尖晶石,其中铝离子主要占据八面体格位.在 MgFe$_2$O$_4$ 中,高自旋的三价铁离子更倾向于占据四面体格位,而剩下的铁离子与镁离子只能占据在八面体格位上,因此,MgFe$_2$O$_4$ 属于反尖晶石结构.Fe$_3$O$_4$ 中有二价和三价铁离子,三价铁离子占据了四面体格位,二价铁离子和剩下的三价铁离子共同占据八面体格位,因此也属于反尖晶石结构.还有一些尖晶石中低价离子部分占据八面体格位,而使部分高价离子进入四面体格位,我们称其为无规尖晶石(random spinel),低价离子在八面体格位的占有率用 γ 因子表示.

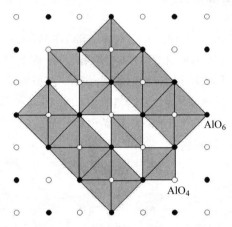

图 4.24　尖晶石结构中的立方最密堆积

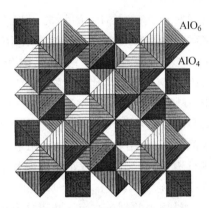

图 4.25　尖晶石结构的投影图

尖晶石结构是一种常见的结构类型,仅氧化物和硫化物就有二百多种,还有很多化合物具有与尖晶石相关联的结构,例如 BaFe$_{12}$O$_{19}$ 是由尖晶石和 BaFeO$_3$ 结构(BaNiO$_3$ 结构类型)单元构成的,离子导体材料 β-氧化铝的结构中也包含尖晶石结构单元.另外,当磁性离子分别占据尖晶石结构中八面体或四面体格位时,材料表现出良好的亚铁磁性.尖晶石结构单元是铁氧体的基本结构单元之一.

然而,并不是分子式中原子比符合上述 1 : 2 : 4 的化合物都具有尖晶石结构.尖晶石结构要求两种金属离子的半径比较小,可以被氧离子密堆积形成的八面体空隙或四面体空隙容纳.SrAlO$_4$ 是一种长时荧光材料的基质,由于 Sr 半径较大,不能被氧组成的四面体或八面体空隙容纳,因而该化合物不采取以氧离子密堆积为基础的尖晶石结构.对该结构的描述见 13.3.1 节.

4.7.5　CaF$_2$ 结构

氟化钙结构也称萤石结构,结构中的阳离子构成立方最密堆积,阴离子占据了其中全部的四面体空隙.另一种表达氟化钙结构的方法是把氟离子看成简单立方堆积,钙离子占据其中一半的立方体空隙.在图 4.26 中分别给出了氟化钙结构的几种表示方式.图 4.26(a)是萤石的一个单胞,结构中的金属离子为立方体配位,阴离子为四面体配位.图 4.26(b)是用四面体表示的氟化钙结构,四面体中心为氟离子,顶点为钙离子,钙四面体共用棱构成三维结构.这种描述方式突出了氟离子的位置,由于很多稀土氧化物的晶体结构是萤石缺陷结构,用这种四面体方式可以比较清楚地描述结构中的阴离子空位缺陷.图 4.26(c)是用钙的立方配位多面体表示的萤石结构,立方体的中心是钙离子,顶点为氟离子,结构中只有 1/2 的立方体被钙离子交替占据.

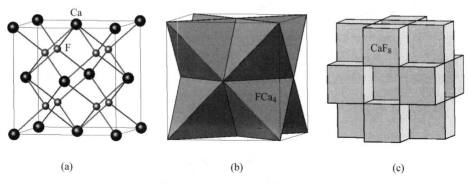

图 4.26　萤石结构的几种表达方式

　很多金属氟化物和氧化物具有萤石结构,还有很多化合物具有反萤石结构(表 4.8).反萤石结构中,阴离子构成立方最密堆积,而阳离子则占据四面体格位.反萤石结构通常是那些阴离子体积比较大、阳离子体积比较小的化合物,很多碱金属氧化物和硫化物具有这种结构.

表 4.8　部分具有萤石结构和反萤石结构的化合物

| 萤石结构 | | | | 反萤石结构 | | | |
化合物	$a/\text{Å}$	化合物	$a/\text{Å}$	化合物	$a/\text{Å}$	化合物	$a/\text{Å}$
CaF_2	5.4626	PbO_2	5.349	Li_2O	4.6114	K_2O	6.449
SrF_2	5.800	CeO_2	5.4110	Li_2S	5.710	K_2S	7.406
$SrCl_2$	6.9767	ThO_2	5.392	Li_2Se	6.002	K_2Se	7.692
BaF_2	6.2001	PaO_2	5.600	Li_2Te	6.517	K_2Te	8.168
CdF_2	7.311	UO_2	5.372	Na_2O	5.55	Rb_2O	6.74
HgF_2	5.3895	NpO_2	5.386	Na_2S	6.539	Rb_2S	7.65
EuF_2	5.5373	PuO_2	5.376	Na_2Se	6.823		
$\beta\text{-}PbF_2$	5.836	AmO_2	5.3598	Na_2Te	7.329		
		CmO_2	5.940				

　三价稀土氧化物(RE_2O_3)主要有三种不同的结构类型,分别用 A、B 和 C 表示.C 型稀土氧化物结构是与氟化钙相关联的缺陷结构,属于立方晶系,空间群为 $Ia\bar{3}$.图 4.27(a)给出了 C 型稀土氧化物的结构,图中的符号"□"表示阴离子空位,大球为氧离子,小球是稀土离子.结构中的两种金属离子格位都处在缺角立方体中.金属格位(I)的配位多面体是失去面对角线阴离子的立方体[图 4.27(b)].格位(II)的配位多面体是失去体对角线阴离子的立方体[图 4.27(c)].稀土离子在这两种格位上的配位数均是 6.

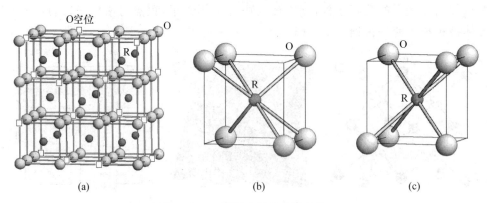

(a)　　　　　　　　　(b)　　　　　　　　　(c)

图 4.27　C 型稀土氧化物的结构

（a）部分单胞,（b）金属格位-Ⅰ,（c）金属格位-Ⅱ

半径较大的三价稀土离子的氧化物具有 A 和 B 型结构.从组成上看,稀土氧化物 RE_2O_3 介于 NaCl 和 CaF_2 之间,A 和 B 型结构可以看成是 NaCl 和 CaF_2 结构单元按一定的方式复合而成的.这两种结构非常类似,B 型结构可以看成是 A 型结构畸变得到的.图 4.28 给出了 A 型稀土氧化物的一个单胞结构,A 型稀土氧化物属于六方晶系,稀土离子的配位数为 7.稀土氧化物的 B 型结构属于单斜晶系,是 A 型结构的一种畸变结构,其中离子的配位与 A 型结构相同,但原子位置有一定畸变使结构的对称性降低.

三价稀土氧化物的结构与稀土离子半径有关.从图 4.29 所示的稀土氧化物相图可以看出,较大的稀土离子倾向于 A 型和 B 型结构,半径较小的稀土离子则倾向于 C 型结构.我们知道,在 C 型结构中稀土离子为六配位,六配位更适合于半径较小的离子;同样,A 型和 B 型结构中的稀土离子为七配位,可满足较大的稀土离子.四价稀土氧化物（CeO_2）具有典型的氟化钙结构.而在三价稀土氧化物（RE_2O_3）中,氧离子减少了 1/4,有两种方式可以调整晶体结构.一种方式是继续保持氟化钙结构,阳离子仍然是立方最密堆积,其中的 1/4 四面体阴离子格位是空位,这就是 C 型结构.另一种方式是形成由氟化钙和氯化钠结构单元构成的复合结构,三价稀土氧化物的 A 型和 B 型结构就属于这种类型.一些稀土离子的氧化物可以在 RE_2O_3 和 REO_2 之间形成一系列非整比化合物,在这些非整比化合物中稀土离子的价态是不同比例的 3

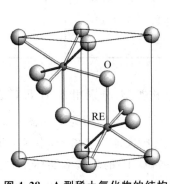

图 4.28　A 型稀土氧化物的结构

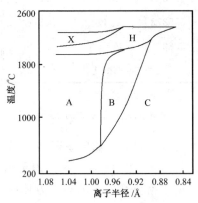

图 4.29　稀土氧化物的相图

价和 4 价的混合.铽的氧化物中存在通式为 R_nO_{2n-2m} 系列化合物.高分辨电镜研究发现,这些化合物的结构与氟化钙相关.结构中的稀土离子构成立方最密堆积,氧离子占据着其中的四面体格位,但存在有序的氧空位.这类化合物在催化方面具有重要的应用.

4.7.6 六方最密堆积

六方最密堆积中的密置层是按 ABABAB 方式排列的.在无机固体化合物中,较大的阴离子按六方最密堆积方式排列,其中的四面体和八面体空隙被阳离子部分或全部占据.根据需要描述的结构特征,可以从不同角度观察六方最密堆积.图 4.30 是沿 c 轴方向观察六方最密堆积的情况,其中,黑色和白色的小球分别表示不同的密置层.图中还给出了共面、共边和共顶点的配位多面体的表示方式.除了四面体和八面体外,阳离子还可以按图中所示的三帽三棱柱多面体形式配位.可以用六方密置层描述的无机固体化合物的种类很多,下面我们将从不同的角度观察和理解其中的一些结构类型.

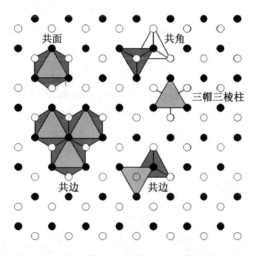

图 4.30 沿 c 轴方向观察的六方最密堆积图

4.7.7 六方 ZnS 结构

六方 ZnS 是一种自然界中存在的矿物,结构中硫原子构成六方最密堆积,锌离子占据了其中 1/2 四面体空隙.在六方硫化锌结构中,所有的四面体共用顶点形成三维结构,图 4.31 给出了六方硫化锌结构中的两个四面体层,可以对比图 4.31 所列的排列方式,了解六方硫化锌结构中四面体的连接方式.硫化锌是一种重要的 II-VI 族半导体,也是一类重要的阴极射线荧光材料的基质.与此类似,氧化锌 ZnO 和氧化铍 BeO 都具有六方硫化锌结构.ZnO 是一种宽禁带半导体材料,最近,ZnO 的纳米管和纳米颗粒在紫外波段的发光性质和可能的激光发射引起了人们的高度关注.

4.7.8 NiAs 和 WC 结构

NiAs 和 WC 是结构最简单的无机固体化合物,从组成上看,它们与 NaCl 一样都是 1∶1 的化合物.一般地说,离子型化合物倾向于形成 NaCl 结构,金属间化合物则更倾向于形成

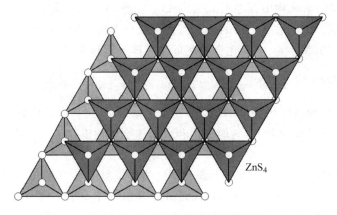

图 4.31　六方硫化锌的晶体结构

NiAs 和 WC 结构.我们知道,NaCl 结构中的阴离子和阳离子都按立方最密堆积方式排列,这是一种使得同种电荷离子尽可能远离的排列方式.但在一些化合物中,低价金属离子之间可以形成金属-金属键,因此倾向于金属-金属距离较小的结构类型,NiAs 结构是一个典型的例子.在 NiAs 结构中[图 4.32(a)],As 以六方最密堆积的形式排列,Ni 占据八面体格位,Ni 和 As 的排列方式可以表示为 AcBcAcB,大写字母表示非金属离子,小写字母表示金属离子.由于非金属离子按六方最密堆积方式排列,As-As 距离比较远,对于减小阴离子之间的斥力有利.同时,金属离子是按简单六方的方式排列,Ni-Ni 之间的距离较近,有利于形成金属-金属键.

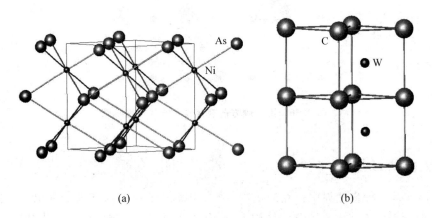

(a)　　　　　　　　　　　　(b)

图 4.32　NiAs(a) 和 WC(b) 的晶体结构

从表 4.9 可以看到,在具有 NiAs 结构的化合物中,阴离子体积一般都比较大,金属离子一般为低价离子,易形成金属-金属键.很多具有 NiAs 结构的化合物都是金属或窄带半导体.当非金属按理想的六方最密堆积方式排列时,NiAs 结构的六方晶胞参数比值 c/a 等于 1.633,但是多数 NiAs 结构化合物的 c/a 比值并不等于 1.633,而是在很大的范围内变动,这反映了金属离子之间成键作用的情况.

如果化合物中的非金属离子体积也比较小,结构中的非金属离子也可以按简单六方的方式排列,即 AbAbAbA,就构成了 WC 结构类型[图 4.32(b)].总结 NaCl、NiAs 和 WC 结构之间的关系可以知道,随非金属离子之间排斥力逐渐减小,金属离子之间成键作用增强,化合物的结构从 NaCl 转变到 NiAs,再转变到 WC 结构.

表 4.9　部分具有 NiAs 结构的化合物

化合物	a /Å	c /Å	c/a	化合物	a /Å	c /Å	c/a
NiS	3.4392	5.3484	1.555	CoS	3.367	5.160	1.533
NiAs	3.602	5.009	1.391	CoSe	3.6294	5.3006	1.460
NiSb	3.94	5.14	1.305	CoTe	3.886	5.360	1.379
NiSe	3.6613	5.3562	1.463	CoSb	3.886	5.188	1.342
NiSn	4.048	5.123	1.266	CrSe	3.684	6.019	1.634
NiTe	3.957	5.345	1.353	CrTe	3.981	6.211	1.560
FeS	3.438	5.880	1.710	CrSb	4.108	5.440	1.324
FeSe	3.673	5.958	1.638	MnTe	4.1429	6.7031	1.618
FeTe	3.800	5.651	1.487	MnAs	3.710	5.691	1.534
FeSb	4.06	5.13	1.264	MnSb	4.120	5.784	1.404
NbN	2.698	5.549	1.870	MnBi	4.30	6.112	1.423
PtB	3.358	4.058	1.208	PtSb	4.130	5.472	1.325
PtSn	4.103	5.428	1.323	PtBi	4.315	5.490	1.272

4.7.9　沿 $(\bar{1}\,\bar{1}\,20)$ 方向观察六方最密堆积

对于很多包含有六方最密堆积的无机固体化合物而言,沿 $(\bar{1}\,\bar{1}\,20)$ 方向观察更加直观.图 4.33 给出了沿 $(\bar{1}\,\bar{1}\,20)$ 观察的六方最密堆积.在沿 c 轴方向,密置层按 ABABAB 方式排列,在垂直于纸面方向,图 4.33 给出了六方最密堆积的两个原子层,坐标分别为 0 和 1/2(沿 $\bar{1}\,\bar{1}\,20$ 方向).八面体沿此方向的投影是一个平行四边形,实线连接的两个顶点代表四方基面.图中分别给出了四面体和八面体的可能连接方式.其中(a)是理想的金红石结构的投影,在纸面内,金红石结构中的八面体共顶点连接,在垂直于纸面的方向上,八面体共边连接.(b)是 NiAs 结构,在 c 轴方向,八面体共面连接,而在 a-b 面内,八面体共边连接.(c)则是六方 ZnS 结构的投影,这是一个四面体共顶点连接的例子.下面将介绍几个典型的例子.

4.7.10　A 型稀土氧化物结构的再观察

前面我们已经介绍了稀土氧化物的晶体结构,其中的 A 型结构可以看成是由 NaCl 型和 CaF_2 型结构组合而成.现在我们从 $(\bar{1}\,\bar{1}\,20)$ 方向观察 A 型稀土氧化物的结构特点.从组成上看,稀土氧化物(Ln_2O_3)处于 NaCl 和 CaF_2 之间.从晶体结构的角度看,NaCl 中的阳离子和阴离子都构成立方最密堆积,CaF_2 中的阳离子构成立方最密堆积,阴离子处于四面体格位.我们先把 NaCl 和 CaF_2 结构都当作阳离子立方最密堆积,再用这两种结构组合构成稀土氧化物的 A

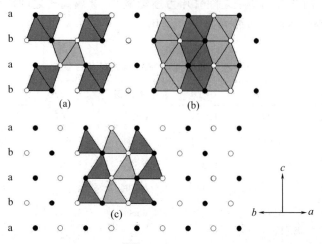

图 4.33 沿 $(1\,1\,20)$ 观察的六方最密堆积

型结构.图 4.34 给出了 NaCl 和 CaF$_2$ 结构沿 $(1\,1\,20)$ 方向的投影,稀土氧化物的 A 型结构可以看成是由 NaCl 和 CaF$_2$ 结构单元层沿 c 轴方向交替排列而成.图中八面体和四面体的顶点为金属离子,阴离子位于多面体的中心.这种交替排列的结果使 A 型稀土氧化物中阳离子按六方最密堆积的方式排列,因此,A 型稀土氧化物属于六方晶系.

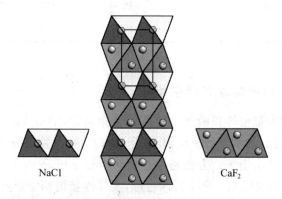

图 4.34 A 型稀土氧化物与萤石和盐岩结构的关系

4.7.11 金红石结构

金红石(rutile)结构也是一种常见和重要的结构类型.TiO$_2$ 具有金红石结构(表 4.10),属于四方晶系,空间群 $P4_2/mnm$.在金红石结构中,八面体配位的钛离子处于四方单胞的顶点和体心位置[图 4.35(a)],钛氧八面体沿 c 轴方向共边连接成一维链,相邻八面体链共顶点相连.事实上,金红石结构中的氧原子按六方最密堆积方式排列,只不过有一定的畸变.图 4.33(a)给出了当氧离子为理想六方最密堆积时的金红石结构.实际金红石结构的八面体的连接方式保持不变,但六方密置层的原子不在一个平面上[图 4.35(b)],结构畸变在六方最密堆积的 $(1\,1\,20)$ 方向产生四重轴.

表 4.10 TiO₂ 的结构参数

TiO₂, $a=4.594$ Å, $c=2.958$ Å, $P4_2/mnm$			
原 子	x	$y=(x)$	z
Ti	0	0	0
O	0.30	0.30	0

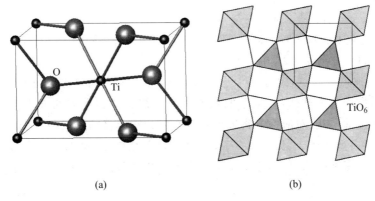

(a)　　　　　　　　　　　　(b)

图 4.35 金红石的结构

(a) 金红石结构的一个单胞,(b) 金红石中钛氧八面体的连接方式

很多过渡金属氧化物和氟化物都具有金红石结构(表 4.11).除了表 4.11 中的化合物以外,还有一些化合物具有畸变的金红石结构.VO₂ 是其中的一个典型例子.VO₂ 具有金红石结构,但由于 VO₂ 中的钒为四价,有一个 d 电子,可以形成金属-金属键,使结构发生畸变.VO₂ 结构中钒离子沿 c 轴方向形成金属-金属键,结构为单斜晶系.在比较高的温度下,VO₂ 中的金属-金属键被破坏,发生结构相变,从单斜晶系转变为典型金红石的四方结构.

表 4.11 部分具有金红石结构化合物的晶胞参数

氧化物	a/Å	c/Å	x	氟化物	a/Å	c/Å	x
TiO₂	4.5937	2.9561	0.305	CoF₂	4.6951	3.1796	0.306
CrO₂	4.41	2.91		FeF₂	4.6966	3.3091	0.300
GeO₂	4.395	2.859	0.307	MgF₂	4.623	3.052	0.303
IrO₂	4.49	3.14		MnF₂	4.8734	3.3099	0.305
MnO₂	4.396	2.871	0.302	NiF₂	4.6506	3.0836	0.302
MoO₂	4.86	2.79		PdF₂	4.931	3.367	
NbO₂	4.77	2.96		ZnF₂	4.7034	3.1335	0.303
OsO₂	4.51	3.19					
PbO₂	4.946	3.379					
RuO₂	4.51	3.11					
SnO₂	4.7373	3.1864	0.307				
TaO₂	4.709	3.065					
WO₂	4.86	2.77					

4.7.12　$BaFeO_3$ 结构

$BaFeO_3$ 结构也称作六方钙钛矿结构,虽然这个名称还没有被广泛接受,但六方钙钛矿的确反映了 $BaFeO_3$ 结构的特征.在 $BaFeO_3$ 结构中,氧离子和钡离子共同构成密置层,这与钙钛矿结构是一致的.但密置层是按六方最密堆积方式排列的,铁离子占据其中的八面体格位.图 4.36 是沿 $(1\bar{1}20)$ 方向观察的 $BaFeO_3$ 结构,结构中的八面体共面连接成一维链,钡离子占据反立方八面体格位(anticuboctahedron).从八面体连接方式看,$BaFeO_3$ 结构又完全不同于立方钙钛矿结构,因此,$BaFeO_3$ 结构与立方钙钛矿有一定的关联,但却是两种完全不同的结构类型.

在 $BaFeO_3$ 的六方钙钛矿结构中,BaO_3 密置层完全以六方最密堆积形式排列,这样所有 FeO_6 八面体共面连接,沿 c 轴成为一维链.然而,还有很多六方钙钛矿结构中 AO_3 密置层没有全部以六方最密堆积方式排列,而是采取六方和立方混合最密堆积的方式排列,这时 BO_6 八面体既有共面连接的形式(对应六方密置层),也有共顶点连接的形式(对应立方密置层).六方 $BaTiO_3$ 即是一个典型的例子,见图 4.37.在这类钙钛矿结构中,虽然有立方最密堆积的部分,但由于存在六方最密堆积的部分,整个结构中立方对称性会消失,而只能保留六方或三方的对称性.

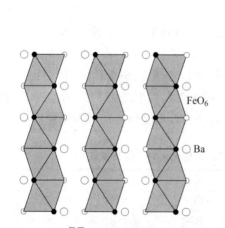

图 4.36　沿 $(1\bar{1}20)$ 方向观察的 $BaFeO_3$ 结构

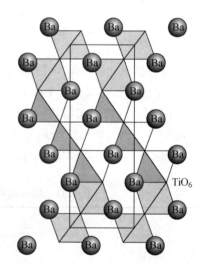

图 4.37　六方 $BaTiO_3$ 的结构

4.7.13　钙钛矿的共生结构

很多化合物具有与钙钛矿相关的结构类型,人们在发现铜系氧化物高温超导体和锰系氧化物巨磁电阻材料后,对钙钛矿系列化合物更加关注,得到了多种钙钛矿共生化合物.钙钛矿共生化合物由钙钛矿单元和其他结构单元按一定方式交替排列构成.我们先分析钙钛矿结构单元.钙钛矿可以沿四重轴或三重轴方向分割成四方或三方钙钛矿层(图 4.38).四方钙钛矿层表面原子的排列方式与 NaCl 的 (100) 面相同,三方钙钛矿层的表面原子的排列方式是 AO_3 密置层.当四方或三方钙钛矿层与其他结构单元层交替排列时,可以形成各种各样的钙钛矿共生化合物(intergrowth compounds).下面分别考察四方和三方钙钛矿的共生化合物.

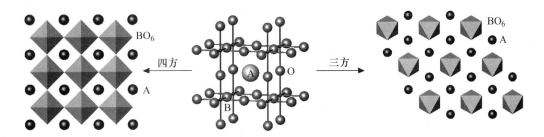

图 4.38 四方和三方钙钛矿层的结构

$La_{2-x}Sr_xCuO_4$ 是最早发现的铜系氧化物高温超导体,是在 La_2CuO_4 中掺入二价碱土金属离子得到的.La_2CuO_4 可以看作是由四方钙钛矿单层($LaCuO_3$)与 NaCl 结构的 LaO 层沿 c 轴方向交替排列形成的[图 4.39(a)].我们知道,四方钙钛矿层的表面原子按 NaCl 结构(100)面方式排列,因此在插入 NaCl 的(100)结构单元时,四方钙钛矿单层的结构无需作很大调整.事实上,这类四方钙钛矿共生化合物构成通式为 $(ABO_3)_nAO$ 的系列化合物,也称作 Ruddles-den-Popper(路德莱登-珀波)化合物,其中的 n 表示四方钙钛矿的层数.例如,$LaCa_2Mn_2O_7$ 是 $n=2$ 的化合物,是由四方钙钛矿双层与 NaCl 结构(100)单层交替排列形成的化合物[图 4.39(b)].

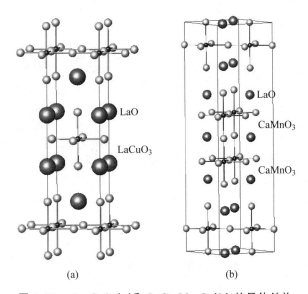

(a)   (b)

图 4.39 La_2CuO_4(a)和 $LaCa_2Mn_2O_7$(b)的晶体结构

铜系氧化物高温超导材料的基本结构单元是"CuO_2"层.La_2CuO_4 也可以看成是由"CuO_2"层[图 4.40(a)]和具有 NaCl 结构的"LaO"层[图 4.40(b)]构成,其排列的顺序为 [CuO_2—LaO—LaO—CuO_2],其中,CuO_2 层是铜系氧化物超导体的关键结构单元.铜系氧化物高温超导体的另一个重要化合物是 Nd_2CuO_4,在 Nd_2CuO_4 中掺入四价离子(Ce^{4+}),可以得到电子型高温超导体.Nd_2CuO_4 也具有层状钙钛矿结构(图 4.41),它是由铜氧层"CuO_2"和具

有 CaF_2 结构的"NdO"构成.在铜系氧化物中人们还得到了多层 NaCl 与单层钙钛矿结构形成的共生化合物,化合物的通式为$(AO)_n ABO_3$,两个典型的 $n=2$ 的化合物为 $Bi_2 Sr_2 CuO_6$ 和 $Tl_2 Sr_2 CuO_6$.

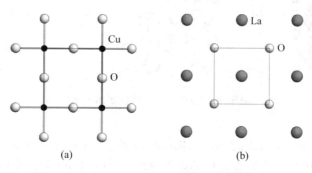

图 4.40　铜系氧化物高温超导体中的"CuO_2 层"(a)和 NaCl 结构的"LaO"层(b)

除了四方钙钛矿共生化合物之外,最近人们还发现了一系列三方层状钙钛矿共生化合物.三方钙钛矿层表面原子按 AO_3 密置层方式排列,因此,插入的其他结构单元应当与 AO_3 密置层结构匹配.$La_2 Ca_2 MnO_7$ 是由三方钙钛矿"$LaMnO_3$"、密置层"LaO_3"与石墨结构的"$Ca_2 O$"交替排列形成的三方层状钙钛矿化合物,可以用通式$(LaMnO_3)_n (LaO_3)(Ca_2 O)$表示(图 4.42).

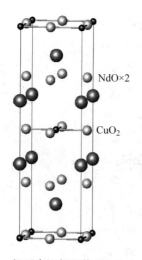

图 4.41　铜系高温超导体 $Nd_2 CuO_4$ 的结构

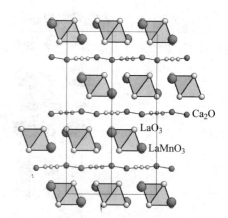

图 4.42　$La_2 Ca_2 MnO_7$ 的晶体结构

4.7.14　其他几种非密堆积构成的结构

以上我们以原子或离子密堆积为基础讨论了多种无机固体材料的结构.原子之间采取密堆积的方式聚集,其原子之间的平均距离最短,作用最强,形成的化合物能量也最低,因而很多固体物质在构建其晶体结构时采取密堆积的方式.如前所述,很多金属单质都以密堆积的方式存在,很多化合物也以密堆积的方式构建其结构.在 NaCl 型结构中,阴离子和阳离子分别都采取密堆积的方式聚集;在尖晶石型结构中,半径较大的阴离子以密堆积方式聚集,半径较小的阳离子占据其部分八面体空隙和四面体空隙;在 CaF_2 型结构中,阳离子半径较大,采用密堆积的结构,尺寸较小的阴离子进入四面体空隙中;在钙钛矿 ABO_3 结构中,半径较大的 A 位阳离子和氧共同构成密堆积结构,半径较小的 B 位阳离子进入仅由氧构建的八面体空隙中.

然而由于其他因素的影响,很多无机固体材料并不采用密堆积的方式构建其结构.石榴石(garnet)结构是无机材料中一类重要的结构类型,由饱和电子壳层离子组成的化合物用作荧光材料和激光晶体的基质,如 $Y_3Al_5O_{12}$;含有不饱和电子壳层离子的石榴石,很多是重要的磁性材料,如 $Y_3Fe_5O_{12}$.在以上两种石榴石物相中 Al^{3+} 和 Fe^{3+} 两种阳离子的半径较小,可以进入氧离子构建的八面体或四面体空隙中,而对于 Y^{3+} 离子,其尺寸既没有小到容易进入氧离子构建的八面体或四面体空隙中,又没有大到可以与氧共同构成密置层,因而石榴石没有采取密堆积的结构.对石榴石结构的详细描述见 12.6.1 节.

磷灰石(apatite)结构也是一类重要的无机结构类型,如 $M_5(PO_4)_3Cl$ ($M = Ca, Sr, Ba$)是重要的无机荧光材料的基质.在 $M_5(PO_4)_3Cl$ 磷灰石结构中,磷以 sp^3 杂化轨道与氧形成具有明显共价键特征的 PO_4^{3-} 四面体.PO_4^{3-} 四面体是构成磷灰石结构的基本单元,为了优先满足其规整性,整个晶体不再采取密堆积的形式.对磷灰石结构的详细描述见 13.3.1 节.

4.8 非公度结构简介

对于普通晶态材料,当我们对其进行选区电子衍射(selected area electron diffraction, SAED)时,我们可以获得如图 4.43(a) 的二维衍射图谱,其衍射斑点排布规律,衍射强度相当.对于这样的衍射图谱,我们比较容易对其进行指标化,确定材料的晶胞尺寸.我们也常常会得到衍射强度强弱相间的衍射图谱,如图 4.43(b) 所示.强衍射点对应一个小的晶胞,考虑弱衍射点,则晶胞尺寸会增加数倍,这即是常说的超结构晶体.在超结构晶体中,大多数原子按小晶胞周期排列,少数原子其状态被某些因素调制(微扰)而按大晶胞的周期调整.然而,我们也会得到如图 4.44(a) 所示的衍射图谱.对于图 4.44(a) 中的衍射花样,我们很难用一个合理尺寸的晶胞对其指标化,如果一定要对其指标化,则晶胞的某个轴会达到上百个埃或更大,这已超过了一般衍射技术的分辨极限(≈50 Å).图 4.44(b) 的衍射图谱出现了明显的 10 次对称性(对应正空间的 5 次对称性),这表明,普通三维晶体中不能出现 5 次和 7 次以上对称性的规则被打破.这就提出了非公度结构的概念,也就是说,一些晶体的结构不能用传统的三维空间群

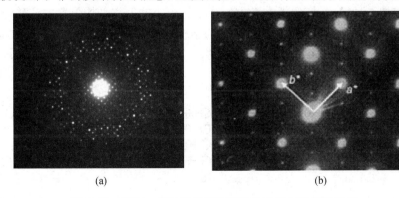

(a)   (b)

图 4.43 具有一般三维周期性晶体的二维电子衍射图谱

(a) 四方相 $K_2Nb_{14}O_{36}$,(b)具有超结构的 $LaTe_{1.4}Sb_{0.5}$

描述,而要用高维空间群(也称为超空间群)来描述.利用超空间群描述非公度结构的方法起步于 20 世纪 70 年代,经过约 40 年的发展已比较成熟.下面将主要介绍非公度结构的特点,探讨其形成原因,对超空间群知识感兴趣的读者需要研读相关专著。

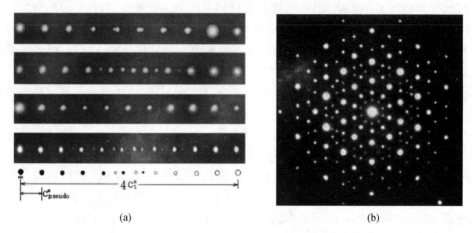

(a)　　　　　　　　　(b)

图 4.44　几种具有非公度结构晶体的二维电子衍射图谱
(a) Ru-Ga-Sn 体系中几个非公度调制共生化合物,(b) Al-Mn 准晶

非公度结构,也就是非周期结构或准周期结构,分为非公度调制结构(incommensurate modulated structure)、非公度共生化合物(incommensurate intergrowth compound)和准晶(quasicrystal)三类.

4.8.1　非公度调制结构

调制结构是在普通周期结构上叠加一个微扰而形成的结构.叠加的微扰一般具有自己的固有周期,如果这个周期与晶体的原有周期成简单整数比,则形成公度调制结构,即超结构;如果这个周期与晶体的原有周期不成简单整数比,即形成非公度调制结构;如果微扰本身无序,就形成无序结构或无定形结构. 图 4.45 示意地表示了普通周期结构与非公度结构的关系.图 4.45 (a)是只有一种原子的二维正交结构,所有原子处于晶胞的原点,其水平方向的周期是 a.如果给晶体施加一种微扰,使原子在 b 方向产生一个小的偏离平均位置的位移,其位移量有一个变化周期,周期为 $a/0.311$.这种经过调制的结构在 b 方向其周期仍为 b,而在 a 方向不再具有周期结构,而成为 a 方向的非公度调制结构.

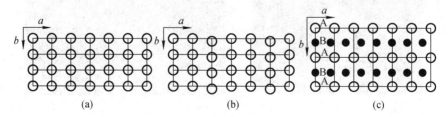

(a)　　　　　　　　(b)　　　　　　　　(c)

图 4.45　二维普通周期结构(a)、非公度调制结构(b)和非公度共生化合物(c)示意图

非公度调制结构的一个实例是 $Sr_2MnO_2Cu_{1.3}S_2$ 体系.如图 4.46 所示,由于铜原子不同于

平均结构的调制占有,整个结构其他原子的位置也发生对应周期的位置调制,这个位置调制可以在高分辨透射电镜下用高角环形暗场像-扫描透射电子像(high angle annular dark field-scanning transmission electron microscopy,HAADF-STEM)直接观察到.铜原子有序的部分占有与锰离子的价态波动是相关联的,同时导致材料磁动量的有序调制.图 4.46(a)是单晶 X 射线衍射方法揭示的非公度调制结构模型.铜原子在水平方向上按一个与平均结构不同周期的规律变化,原子大小体现了其占有率的大小.可以看到,当铜原子占有率大时,$Cu_{1.3}S_2$ 层会把 MnO_2 层推向外,其他原子位置也会作相应调制.图 4.46(b)为该化合物在相同方向上的 HAADF-STEM 图,从中可以清晰地看到金属离子位置的调制.

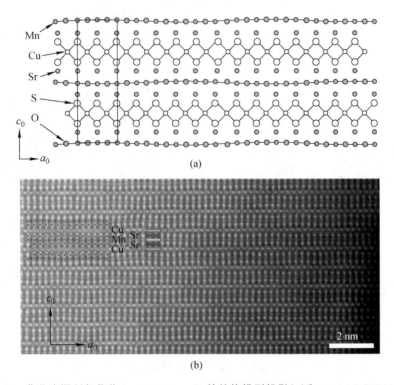

图 4.46 非公度调制氧化物 $Sr_2MnO_2Cu_{1.3}S_2$ 的结构模型投影(a)和 HAADF-STEM 图(b)

4.8.2 非公度共生化合物

非公度共生化合物与非公度调制结构不同,它没有基本的或平均的小晶胞,但可以把其整体结构拆分成几个具有各自周期的亚结构,任何两个亚结构的周期之间至少在某一方向上不呈简单整数比,即至少有一维是非公度的.由于受到其他亚结构的作用(这种作用可以被看作具有不同周期的微扰),每个亚结构中的原子都会一定程度地偏离平均位置而形成调制结构.因而非公度共生化合物可以看成是多个非公度化合物共生在一个晶体内.图 4.45(c)表示了一个含有两个亚结构的二维非公度化合物的平均结构,真实的结构中 A 原子由于受到 B 原子周期的微扰,会在 a 方向产生一个周期的位置偏移量,同样 B 原子也受到 A 原子周期的微扰,也会产生另一个不同周期的位置偏移量.

在真实的三维非公度共生化合物中,亚结构间的共生关系有一维柱状共生、二维层状共生和孔道填充形成的三维共生,其中三维共生的情况比较少见.下面我们以具有一维柱状共生结构的烟囱梯子相(nowotny chimney ladder,NCL)为例,分析非公度共生化合物结构特点和成因.

　　NCL 相是由大量具有相似结构的化合物组成的.一般由 ⅣB-ⅨB 族的过渡金属和 ⅢA-ⅣA 族的主族元素形成,典型的化合物有 $V_{17}Ge_{31}$、$Cr_{11}Ge_{19}$、Ir_4Ge_5、$Mn_{11}Si_{19}$、$Th_{10}Ga_{17}$、$RuGa_vSn_w$ $(8 + 3v + 4w = 14, 0 < v < 0.7)$ 等.这类化合物的结构可以拆分成两个亚格子:一个由过渡金属组成,与 b-Sn 具有相同的堆积方式;另一个则在过渡金属亚格子形成的烟囱状孔隙中呈梯子状填充(图 4.47).由于要满足平均每个过渡金属原子接近但不超过 14 个价电子,因此在烟囱状孔隙中填充的主族元素原子的周期会随着过渡金属和主族元素类型(即价电子数)有很大的变化,当主族原子周期与过渡金属亚格子周期不匹配时,就形成了非公度共生化合物.

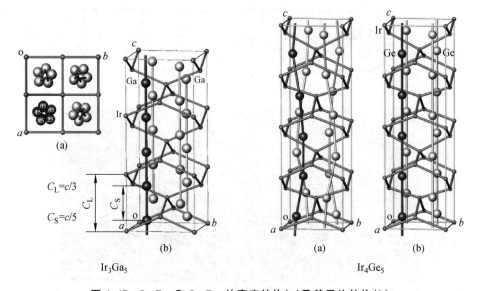

图 4.47　Ir_3Ga_5 和 Ir_4Ge_5 的真实结构(a)及其平均结构(b)

平均结构中两个亚格子非常类似,在超空间群$[I4_1/amd(00g)00ss]$描述中,它们可以用统一的结构模型

4.8.3　准晶

　　准晶是另一类非公度结构,其特点是具有非传统晶体学的对称性,如 5 次、8 次或 10 次对称性.以色列科学家 Shechtman(谢赫特曼,Dan Shechtman) 在 1984 年报道了 Al-Mn 合金骤冷相的具有 10 次对称性的电子衍射图谱 [图 4.44(b)],该衍射图谱对应正空间的 5 次对称性.准晶的对称性不能具有三维平移周期性的空间群描述,但可以用超空间群描述,也可以直观地用 Penrose(彭罗斯,Roger Penrose)拼砌图理解,其实,后者可以认为是前者的一种直观表示.图 4.48 是二维 Penrose 拼砌图,其由宽、窄两种菱形构成,分别具有 36° 和 72° 锐角.这两种菱形一起可以铺满整个二维平面,拼成的图案具有 5 次对称性,但没有平移对称性.描述真实的准晶结构时,需要对宽、窄两种菱形进行适当的修饰.整个结构可以认为是两种单胞在二维空间中按自相似原则有规律地排列.三维准晶的结构可以用三维 Penrose 拼砌图来理解,

它们由宽、窄两种菱面体堆砌而成.

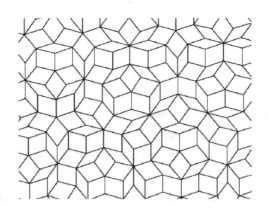

图 4.48 二维 Penrose 拼砌图

虽然准晶的结构可以用超空间群描述,但实际上准确确定准晶中原子位置依然非常困难.这主要是因为准晶晶体一般都含有非常多的缺陷,并经常与其近似相共存.准晶一般是通过骤冷获得的亚稳相,几十年来人们也合成了一些热力学稳定的准晶,甚至研究人员还在俄罗斯一条河流的矿物中发现了天然的准晶 $Al_{63}Cu_{24}Fe_{13}$.

准晶的发现是晶体学发展历史上具有里程碑意义的成果,因而 Shechtman 获得了 2011 年 Nobel(诺贝尔)化学奖.早期人们将具有规则外形的固体称为晶体,后来认为晶体是原子、离子或分子在其内部规则排列形成三维可重复图案的固体,随后发展起来的 X 射线衍射方法完全支持这种认识.然而,准晶的发现打破了晶体在微观上具有三维平移对称性的观念,现在人们对晶体有了更宽泛的定义:晶体是衍射图谱具有明确图案的固体.可以看到,人们对晶体的定义有一个从宏观,到微观(正空间),再到倒易空间的逐步发展的过程,每一个过程都是人们对晶体认识深度的一个飞跃.

Shechtman 发现准晶并得到承认的过程是曲折的.5 次对称性在原有的晶体学理论中是不可思议的.由于坚持这样的研究,他受到嘲笑,甚至被所在晶体研究团体要求另谋高就.在其论文发表之后,Shechtman 仍被在晶体学方面造诣很高,并两次获得诺贝尔奖的 Pauling(鲍林,Linus Pauling) 挖苦为"准科学家",Pauling 认为准晶应该是普通晶体按 5 次对称性生成的孪晶.随后更多类似的化合物被发现和更深入的研究结果被报道,如中国已故科学家郭可信院士的研究组发现了 10 次准晶,法日科学家合成出可以用于 X 射线研究的准晶,以及从实验和理论上否定 5 次对称性孪晶现象对准晶衍射图的解释,准晶说法终于获得了科学界的认可.

从以上过程中我们可以得到一些启发.在科学研究中如果发现了与现有理论不相符合的结果,不要随意放弃,而应该坚持更深入的研究.但同时也要确信其研究结果的真实性和可靠性,这就要求研究者有很好的研究功底,并做深入细致的工作,切不要把研究中由于疏忽造成的假象当成结果.要执着而不要固执.另外,以宽容的态度对待他人,特别是对自己的研究结果提出否定意见的权威.权威一般是某个领域造诣很高的科学家,他们的否定意见很可能表明新的研究结果不能包容在原有的理论体系中,这可能预示着重大发现的契机.权威的否定意见可以说为研究设定了一个标杆,越过这个标杆之日,即是获得重大突破之时.

参考书目和文献

1. G. Burnsand, A. M. Glazer. Space Group for Solid State Scientists. Academic Press, Inc., 1990

2. B. G. Hydeand, S. Andersson. Inorganic Crystal Structures. John Wiley and Sons, Inc., 1989

3. R. West. Solid State Chemistry. John Wiley and Sons, 1984

4. N. R. Rao. New Directions in Solid State Chemistry. Cambridge University Press, 1986

5. 钱逸泰. 结晶化学导论. 北京：中国科学技术大学出版社, 1999

6. 梁敬魁, 车光灿, 陈小龙. 高 T_c 氧化物超导体系的相关系和晶体结构. 北京：科学出版社, 1994

7. N. R. Rao, B. Raveau. Transition Metal Oxides. 2nd edition. Wiley-VCH, 1998

8. P. Day. Chain Compounds and One-dimensional Physical Behaviour, in Solid State Chemistry, Compounds, ed. by A. K. Cheetham and P. Day. Oxford: Clarendon Press, 1992: p.31

9. Simon. Metal-rich Compounds, in Solid State Chemistry, Compounds, ed. by A. K. Cheetham and P. Day. Oxford: Clarendon Press, 1992: p.112

10. Jing Ju, Jianhua Lin, Tao Yang, Guobao Li, Fuhui Liao, Yingxia Wang and Liping You. PKU-5: An Aluminoborate with Novel Octahedral Framework Topology. Chem. Eur. J., 2004, 10: 3901

11. Jing Ju, Jianhua Lin, Guobao Li, Tao Yang, Hongmei Li, Fuhui Liao, Chun-K. Loong, and Liping You. Octahedra-based Molecular Sieves with 18-Octahedral-atom Frameworks. Angew. Chem. Int. Ed., 2003, 42: 5607~5610; Angew. Chem., 2003, 115: 5765

12. Lijian Bie, Yingxia Wang, Jianhua Lin, Chun-K. Loong, J. W. Richardson, Jr. and Liping You. Synthesis and Structure of $n=5$ Member of the $A_{n+1}Mn_nO_{3n+3}(A_2O)$ Series. Chem. Mater., 2003, 15: 516

13. Guoxin Lu, Stephen Lee, Jianhua Lin, Liping You, Junliang Sun and J. T. Schmidt. $RuGa_vSn_w$ Nowotney Chimney Ladder Phases and the 14-Electron Rule. J. Solid State Chem., 2002, 164: 210

14. Y. X. Wang, J. H. Lin, Y. Du, R. W. Qin, B. Han and C. K. Loong. A Hexagonal Perovskite-intergrowth Compound $La_2Ca_2MnO_7$. Angew. Chem. Int. Ed., 2000, 39: 2730

15. T. Janssen, A. Janner, A. Looijenga-Vos, P. M. de Wolff. International Tables for Crystallography Vol. C, Section 9.8: Incommensurate and Commensurate Modulated Structures. Dordrecht: Kluwer Academic Publishers, 1998.

16. A. Yamamoto. Acta. Crystallogr. A, 1993, 49: 831.

17. J. N. Blandy, A. M. Abakumov, K. E. Christensen, J. Hadermann, P. Adamson, S. J. Cassidy, S. Ramos, D. G. Free, H. Cohen, D. N. Woodruff, A. L. Thompson, S. J. Clarke. APL Materials, 2015, 3: 041520.

18. J. Sun, S. Lee, J. Lin. Chem. Asian. J., 2007, 2: 1204.

19. D. Shechtman, L. Blech, D. Gratias, J. Cahn. Phys. Review Lett., 1984, 53(20): 1951~1953.

习　题

4.1　说明在简单立方堆积、立方最密堆积、六方最密堆积、体心立方堆积和 hc 型堆积中原子的配位情况.

4.2　$SrTiO_3$ 为钙钛矿结构,$a=3.905$ Å,计算 Sr—O、Ti—O 键长和 $SrTiO_3$ 的密度.

4.3　NbO 具有 NaCl 相关的结构,在原点和体心位置上分别是 Nb 和 O 的空位,画出 NbO 的结构图,讨论其中的八面体金属簇的三维结构.

4.4　说明 $CdCl_2$ 和 CdI_2 结构的特征和异同.

4.5　阴离子具有立方最密堆积,以下列方式充填阳离子可以得到什么结构类型:(1)阳离子填满所有四面体格位,(2)阳离子充填 1/2 四面体格位,(3)阳离子填满所有八面体格位,(4)阳离子充填 1/2 八面体格位.

4.6　阴离子具有六方最密堆积,以下列方式充填阳离子可以得到什么结构类型:(1)阳离子填满所有四面体格位,(2)阳离子充填 1/2 四面体格位,(3)阳离子填满所有八面体格位,(4)阳离子充填 1/2 八面体格位.

4.7　在一定条件下,CsCl 可以以 NaCl 或 CsCl 结构存在,保持键长不变,计算两种结构的密度比,说明在温度变化时 CsCl 的结构相变.

4.8　立方钙钛矿结构 $SrTiO_3$ 可以看成是[SrO_3]构成立方最密堆积,钛原子占据其中 1/4 八面体空隙,请沿三重轴方向作出密置层,并将钛原子填入到合适的八面体空隙中,并说明理由.

4.9　$BaNiO_3$ 是一种重要的无机固体结构类型,很多重要的无机材料(如铁氧体 $BaFe_{12}O_{19}$)都包含有这种结构单元;结构参数:$P6_3mc$,$a=5.58$ Å,$c=4.832$ Å,$Z=2$;Ba:(2/3,1/3,1/4);Ni:(0,0,0);O:(1/6,-1/6,1/4).请绘出 $BaNiO_3$ 的一个单胞;$BaNiO_3$ 结构可以看成是[BaO_3]构成六方最密堆积,镍原子占据其中的 1/4 八面体空隙,请按上题的方式用密置层和八面体表示 $BaNiO_3$ 结构,并讨论与立方钙钛矿结构的联系.

4.10　选择阅读本章末所列文献,论述有关结构的特点.

4.11　查找一篇有关无机固体化合物合成与结构方面的最新文献,论述有关研究的进展.

第5章 无机固体材料的电子结构

5.1 无机固体材料中原子的成键
　　5.1.1 离子键;5.1.2 共价键;5.1.3 金属键
5.2 非键电子
　　5.2.1 d 电子;5.2.2 f 电子;5.2.3 s^2 电子
5.3 固体中的能带
　　5.3.1 一维分子链的能带结构;5.3.2 二维固体的能带结构;5.3.3 三维固体的能带结构
5.4 Fermi 能级
5.5 Peierls 效应
5.6 离子键近似
　　5.6.1 满壳层构型的离子化合物;5.6.2 过渡金属离子型化合物
5.7 过渡金属离子之间的相互作用
　　5.7.1 Hubbard(哈伯德)模型;5.7.2 Goodenough(古登纳夫)化学键方法

　　无机材料化学致力于研究和开发新型功能材料,用化学方法提高和改善材料应用性能,这需要深入了解材料的组成、晶体结构与材料的性质之间的关系.把组成、结构和性质联系起来的一个重要环节是材料的电子结构.化合物中的原子或离子通过化学键结合在一起.化学键是化学工作者最为熟悉的概念之一,在研究物质的化学性质时,我们可以根据化学键的概念推测反应过程,预计反应结果和产物的结构等.在以往的化学课程中,我们偏重于讨论化合物的化学键与化学性质的关系.事实上,化学键直接影响化合物或材料的物理性质,对化学键的了解可以得到很多关于材料性质的信息.典型的化学键主要有以下几种不同的类型,离子键、共价键、金属键、配位键、氢键和 van der Waals 键等,而固体材料中成键主要是前三类.固体中的不同的化学键使材料具有不同的物理性质.然而,固体材料中的化学键有时不像分子中那样直观,需要借助能带等固体电子结构的观点来理解.固体中的电子状态可以是局域的,也可以是离域的,这是两种极限状态,一些体系的电子状态处于两者之间.如果材料中电子状态倾向于局域化,可以用化学键(主要是离子键和共价键)来描述;如果电子的状态倾向于离域化,则用能带理论描述.现在人们常把固体中的电子看成离域的,因而能带理论被广泛采用.
　　从组成固体的原子或离子的角度看,处于不同轨道上的电子其状态也有显著的区别.
　　一般地说,s 和 p 轨道之间的相互作用较强,当固体中的原子或离子的价轨道主要是 s 和 p 轨道时,电子基本上处于离域状态.例如,在碱金属或碱土金属中,价轨道(s 轨道)是完全离域的,是典型的金属.而稀土离子中的 4f 电子属于另一种极端情况,由于受外层 5d 和 6s 的屏蔽,4f 轨道处于高度局域状态,一般不参与成键,因此,4f 轨道与周围环境的相互作用可以用配位场理论描述.过渡金属化合物中的 d 电子介于上述两种极限情况之间. 在配合物中,由于分子间的相互作用比较弱,过渡金属 d 轨道电子基本是局域的.但在固体化合物中,过渡金属离子间的相互作用情况比较复杂.在一些过渡金属固体化合物中,特别是在 4d 和 5d 过渡金属化合物中,d 轨道主要是离域的.在另一些化合物中,d 电子处于局域和离域之间,d 轨道之间通过一定途径发生相互作用,但形成的能带较窄.对于这种 d 轨道形成的窄能带,由于电子配对能不能忽略,使不同自旋状态电子形成的能带其能量相异,这即是物理学家提及的关联体系.关联体系使得过渡金属化合物表现出非常丰富和独特的物理性质.

　　本章首先简要介绍固体中的几种主要键型的形成和特性,同时介绍几类非键电子的特点及对材料性能或结构的影响,随后着重介绍无机固体材料的能带理论和其他相关的固体电子结构理论的基本概念.目前,分子轨道和固体能带理论计算方法有了很大发展,已经可以得到化合物中原子轨道相互作用很多细节,这些对于我们深入理解材料的结构和性质都是非常重要的.在介绍固体电子结构时,我们尽量避免涉及固体电子结构理论的数学推导,目的是使读者建立固体电子结构的物理图景,并能够在实际工作中正确地利用这些知识理解材料的结构和基本物理性质.

5.1　无机固体材料中原子的成键

5.1.1　离子键

　　很多无机固体化合物是由离子构成的,如 NaCl 和 MgO 等,其中的化学键主要是离子键或含有相当大的离子键成分;也有一些无机固体化合物中,一部分化学键是离子键,而另一部分是共价键,如 Na_2SiO_3 中,Na-O 之间主要是离子键,而 Si-O 之间则主要是共价键.在离子型化合物中,金属原子的价电子全部或部分转移到非金属原子,因此离子化合物的电子结构具有电子迁移特征.本章首先简要介绍离子键的基本特点,在后面的章节中将利用离子键的特点讨论这类化合物的电子结构.离子键的本质是不同电荷离子之间的 Coulomb(库仑)引力,键能近似等于体系的晶格能.根据 Coulomb 定律,电荷相反的两个离子之间的静电引力为

$$F = \frac{z_1 z_2 e^2}{R^2} \tag{5.1}$$

式中:z_1 和 z_2 是离子所带的电荷,e 是电子电量(绝对值),R 为正负离子之间的距离.当一对正负离子从无限远逐步靠近到距离为 R 时,体系所释放的能量为

$$u = \int_{\infty}^{R} -F \, \mathrm{d}R = -z_1 z_2 e^2 \int_{\infty}^{R} \frac{1}{R^2} \mathrm{d}R = \frac{z_1 z_2 e^2}{R} \tag{5.2}$$

每摩尔正负离子结合所放出的总能量为

$$E = \sum u = \frac{N_A z_1 z_2 e^2}{R} \tag{5.3}$$

N_A 为 Avogadro(阿伏加德罗)常数.这里的能量 E 并不是离子化合物的晶格能.当 1 mol 正负离子结合成晶体时,每个离子与晶体中的所有其他离子都存在 Coulomb 相互作用,计算离子化合物的晶格能要考虑离子与晶格中所有其他离子的相互作用,因此,离子化合物的晶格能与化合物的晶体结构有关.

　　考虑 NaCl 晶体中某个离子与周围离子的相互作用.从 NaCl 的晶体结构(图 5.1)可以发现,每一个离子周围有 6 个距离为 R 的相反电荷离子,次近邻有 12 个距离为 $\sqrt{2}R$ 的同电荷离子,再次近邻是 8 个距离为 $\sqrt{3}R$ 的相反电荷离子,以此类推.因此,每个离子与周围离子的相互作用能 u 可以表示为

$$u = \frac{e^2}{R}\left(\frac{6}{\sqrt{1}} - \frac{12}{\sqrt{2}} + \frac{8}{\sqrt{3}} - \frac{16}{\sqrt{4}} + \cdots\right) = \frac{e^2}{R}A \tag{5.4}$$

式(5.4)中的级数 A 是与晶体结构类型有关的 Madelung(马德隆)常数.NaCl 结构 Madelung 常数 $A = 1.748$.表 5.1 列出了部分常见无机固体化合物结构类型的 Madelung 常数.

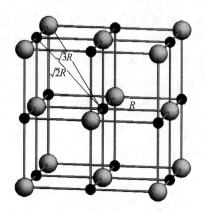

图 5.1　NaCl 结构中原子间的距离

表 5.1　部分常见结构类型的 Madelung 常数

结构类型	配位数	晶系	Madelung 常数
NaCl	6∶6	立方	1.74756
CsCl	8∶8	立方	1.76267
立方 ZnS	4∶4	立方	1.63806
六方 ZnS	4∶4	六方	1.64132
萤石	8∶4	立方	5.03878
金红石	6∶3	四方	4.816
刚玉	6∶4	三方	25.0312

式(5.4)表示了一个离子与晶体中其他所有离子的相互作用.假设晶体中有 N 个阳离子和 N 个阴离子,晶体总的相互作用能应当是式(5.4)的 $2N$ 倍,但每个离子的贡献被重复计算,因此,晶体的离子晶格能应是式(5.4)的 N 倍,即

$$U = Nu = \frac{e^2}{R}AN \tag{5.5}$$

式(5.5)只考虑了离子间的 Coulomb 引力.如果离子间只有引力,离子间的距离会一直减小直至两个离子完全重合.这显然不符合实际情况.事实上,当离子之间的距离较大时,离子间的相互作用以 Coulomb 引力为主;而当正负离子接近到一定程度时,由于电子云之间的相互作用,使离子间的斥力迅速增加.离子间的排斥作用能可以用式(5.6)表示

$$u_r = \frac{B}{R^m} \qquad (m \geqslant 2) \tag{5.6}$$

式中:B 为常数;m 是与化合物的晶体结构以及离子的极化能力有关的参数,可以从化合物的压缩系数得到.表 5.2 列出了一些化合物的 m 数值.

表 5.2　一些典型离子化合物的 m 数值

化合物	LiF	LiCl	LiBr	NaCl	NaBr
m	5.9	8.0	8.7	9.1	9.5

考虑离子间的斥力,离子化合物的晶格能可以表示为

$$U = N\left(\frac{e^2}{R}A - \frac{B}{R^m}\right) \tag{5.7}$$

通过微分获得体系能量达到最低值的条件,进而可以推出 Born-Lander(玻恩-兰德)方程

$$U = \frac{ANe^2}{R}\left(1 - \frac{1}{m}\right) \tag{5.8}$$

离子化合物的晶格能还可以从 Born-Haber(玻恩-哈伯)循环由实验数据计算得到.表 5.3 比较了部分化合物晶格能的实验值和计算值.从表中可以看到,大多数化合物由 Born-Lander 方程计算的晶格能与由 Born-Haber 循环获得的实验数值吻合很好,表明离子键的本质是正负离子之间的 Coulomb 引力的说法是正确的.但也有一些体系晶格能的计算值与实验值存在较大偏差.这是由于这些化合物中除了存在离子键之外,还有相当大的共价键成分.对于共价键成分较大的体系,晶格能并不能给出全部键能,实验值与计算值之间会有比较大的差别.

表 5.3 部分化合物晶格能的实验值和计算值的比较(单位:kJ/mol)

化合物	Born-Haber 循环 实验值	Born-Lander 方程	
		计算值	修正值
NaF	914.6	902.5	915.4
NaCl	770.6	753.9	778.1
NaBr	728.8	719.7	739.6
NaI	681.0	663.5	692.3
CsF	744.2	723.3	748.0
CsCl	630.0	622.9	652.6
CsBr	612.8	599.8	632.5
CsI	584.8	568.4	601.5

5.1.2 共价键

很多化合物中原子之间的相互作用不是完全靠静电 Coulomb 作用,原子轨道之间的相互作用可以形成分子轨道.如果电子充填在成键分子轨道,会使体系稳定,形成共价键.除了典型的离子化合物(如 NaCl 等),大多数化合物的化学键都含有不同程度的共价成分(如 ZnO 等).

当原子互相接近时,原子轨道之间发生相互作用形成成键和反键分子轨道,价电子进入到成键分子轨道,使体系的能量降低,形成稳定的分子.让我们从最简单的氢分子来了解分子轨道理论的基本要点.在形成氢分子时,2 个氢原子的 1s 原子轨道发生相互作用形成分子轨道.氢分子的分子轨道可以用氢原子的 1s 轨道线性组合表示

$$\Psi_b = \frac{1}{\sqrt{2}}(\psi_1 + \psi_2) \tag{5.9}$$

$$\Psi_a = \frac{1}{\sqrt{2}}(\psi_1 - \psi_2) \tag{5.10}$$

式中:Ψ_b 是成键分子轨道波函数,Ψ_a 是反键分子轨道波函数,ψ_1 和 ψ_2 分别是两个氢原子 1s 轨道的波函数.这里我们着重考虑分子轨道的系数(相位)和能量.在扩展 Hückel(休克尔)方法中,我们假定原子轨道重叠积分为

$$\langle \psi_i \mid \psi_j \rangle = S_{ij} \tag{5.11}$$

对同一原子 $S_{ij}=1$,近邻原子 $S_{ij} \neq 0$,更远的原子之间的轨道重叠积分等于零,即 $S_{ij}=0$.当两个氢原子的 s 轨道形成成键轨道和反键轨道时,相应的能量可以表示为

$$E_{\pm} = \frac{\alpha \pm \beta}{1 \pm S_{ij}} \tag{5.12}$$

式中:$\alpha = \langle \psi_i \mid H \mid \psi_i \rangle$ 是原子轨道波函数的能量本征值;$\beta = \langle \psi_i \mid H \mid \psi_j \rangle$ 是两个原子轨道间的相互作用能,也称交换能;H 是 Hamilton(哈密顿)算符.从式(5.12)可以知道,两个原子轨道形成分子轨道时,以原子轨道为中心,成键轨道能量下降,反键轨道的能量上升,成键轨道的能量降低小于反键轨道能量上升[图 5.2(a)].

当电子充填在成键轨道时,体系能量下降,形成共价化学键.能量下降的值与 β 有关,因而我们可以认为,交换能 β 是共价键的本质.共价键是一种量子力学效应,它不能从经典电磁学中推出.由图 5.2(a)可知,成键和反键分子轨道都被电子充填的分子体系是不稳定的.共价键一般认为是由电负性相近的原子形成的.

其实,离子键也可用分子轨道理论来理解.当构成分子的原子的电负性差别比较大,原子之间的结合以离子键为主.我们知道,电负性比较大的原子对轨道的束缚较强,原子轨道的能量比较低,同样,电负性较小的原子轨道能量比较高.当构成分子的原子的电负性差别较小时,原子轨道之间的相互作用积分比较大(S_{ij},α 和 β),形成比较强的共价键.当原子轨道之间的能量差别比较大时,原子轨道之间的相互作用积分比较小,共价键比较弱,但这并不表示两个原子之间的化学键弱,因为在形成分子时电子发生迁移,化学键具有一定的离子键成分.如图 5.2(b)所示,这时的成键分子轨道主要来源于电负性较大的原子轨道,电子充填在成键分子轨道,相当于电子从 M 向 X 迁移.可以说,分子轨道理论是一个更普遍的理论,然而由于库仑相互作用模型直观、简洁,因而在理解离子键时,我们仍然使用后者.

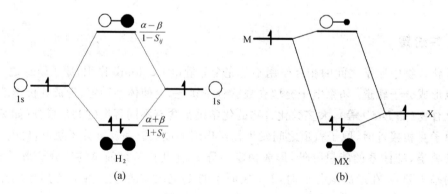

图 5.2　典型共价键(a)和离子键(b)分子轨道的能量状态

5.1.3　金属键

一般金属材料都是由电负性较小的元素组成.由于电负性小,这些元素原子的价电子很容易电离.我们把除价电子外,由原子核及内层电子组成的粒子称为离子实.在金属材料中,离子实堆积在一起(常常采取密堆积方式),而电离出的电子在整个晶体中像气体分子一样自由移动(图 5.3).正是这些带负电荷的自由移动电子将带正电的离子实胶合在一起,这即是金属

键的特征.金属键可以看成是多个中心形成的离域共价键.

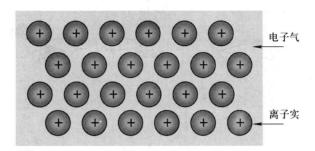

图 5.3 金属材料中的电子气和离子实

以上模型称为电子气模型,该模型不仅可以简单直观地解释金属键的形成,而且可以解释金属材料的导电性.大量可以自由移动的电子在电场的作用下定向移动产生电流,电子在运动过程中与离子实发生碰撞是电阻产生的原因,从而可以推出金属材料的电导率符合 Ohm(欧姆)定律.然而,自由电子气模型在解释金属材料更多性质时发生困难.建立在量子力学基础上的能带理论可以对金属材料很多性质给以很好的说明,这些内容将在本章的后半部分和 10.1 节进行讨论.

5.2 非 键 电 子

把不同原子结合在一起的强化学键主要是由 s 电子和 p 电子形成的,原子中对成键贡献较小一些的电子,我们称其为非键电子,如 d 电子、f 电子以及后过渡周期低价离子的 s^2 孤对电子.非键电子虽然对成键贡献较小,但对材料的光、电、磁性能和结构都有很大的影响,有必要对这类电子作专门的讨论.

5.2.1 d 电子

这里所谓的 d 电子主要是指过渡金属离子中 d 轨道中的电子.过渡金属在形成化合物时,失去外层价电子(s 或 p)或一部分 d 轨道中的电子,形成过渡金属离子.过渡金属离子的 d 电子与配位阴离子的原子轨道之间的成键作用相对较弱,从这个角度讲我们把 d 电子归为非键电子.实际上 d 电子与配位阴离子的原子轨道(通常是 s 或 p 轨道)之间有一定的共价键作用,不同原子的 d 电子之间也会有一些成键作用,这使得过渡金属化合物的性质非常丰富.d 电子的成键特性我们在本章后面的能带部分进行讨论,这里主要讨论 d 电子的非键特性.对于 d 电子的非键特性,主要用晶体场理论或配位场理论分析.

在配位场中,金属离子的 d 轨道会发生分裂.在球形对称场中,d 轨道是五重简并的.在八面体场中,d 轨道发生分裂,形成 e_g 和 t_{2g} 两组轨道.符号 e_g 和 t_{2g} 是 O_h 点群的不可约表示,其中 e 和 t 分别表示轨道为二重和三重简并,下标 g 表示是对称不可约表示.图 5.4 给出了过渡金属离子 d 轨道的角分布函数.在八面体场中,e_g 对应于 d_{z^2} 和 $d_{x^2-y^2}$ 轨道,t_{2g} 则对应于 d_{xy}、d_{xz} 和 d_{yz} 轨道.从晶体场理论看,e_g 轨道的角度分布函数的极大值指向八面体顶点,与配体阴离子直接接触,其能量升高;t_{2g} 轨道分别指向配位八面体棱的中心,不与配位阴离子直接接触,因

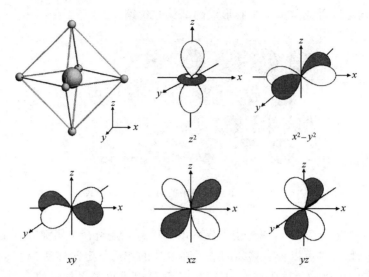

图 5.4　八面体配位多面体和 d 轨道的角分布函数

而其能量较低.从配位场理论考虑,e_g 轨道与配体的 p 轨道形成 σ 键,而 t_{2g} 轨道与配体的 p 轨道形成 π 键.八面体配位场中过渡金属 d 轨道的能级将发生分裂(图 5.5).由于金属离子 d 轨道比配体 p 轨道能量高,σ 和 π 成键轨道以配体 p 轨道为主,金属离子的 d 轨道都属于反键轨道.在八面体场中,e_g 是 σ 反键轨道,t_{2g} 则是 π 反键轨道,因此,e_g 的能级高于 t_{2g},两者之间的能量差称作晶体场分裂能(Δ).

从严格意义上讲,上面给出的 d 轨道能级分裂只适用于单电子体系.在多电子体系中,还应考虑电子间的自旋-轨道耦合.但在很多场合下,从单电子体系出发,再定性地引入电子间的排斥作用是描述多电子体系的能量状态的很好近似方法,被称为单电子近似.以八面体场为例,当电子间排斥作用比较小时,电子可以按图 5.5 所示的能级顺序依次充填到能级中.例如,d^2 体系的电子组态为 t_{2g}^2,d^4 体系的电子组态可以是 t_{2g}^4,而 d^8 应是 $t_{2g}^6 e_g^2$ 等,这些体系为低自旋状态体系.4d 和 5d 轨道中的电子排斥作用比较小,因此,很多 4d 和 5d 过渡金属化合物都以低自旋状态存在.3d 轨道中的电子间排斥作用较强,常出现高自旋状态,因此在考虑 3d 过渡金属化合物的能量状态时,除了考虑晶体场分裂能(Δ)以外,需要引入交换能(P)描述电子排斥作用较强的体系.在晶体分裂能较大的体系中,电子从 t_{2g} 到 e_g 顺序充填到相应的能级中,构成低自旋体系.在交换能较大的体系中,电子倾向于自旋平行地占据不同的轨道,构成高自旋体系.

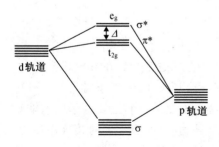

图 5.5　过渡金属 d 轨道在八面体配位场中的能级分裂

根据电子在 t_{2g} 和 e_g 轨道充填的个数可以计算晶体场稳定化能(crystal field stablization energy,CFSE).以球形对称场中 d 轨道的能量为基准,t_{2g} 轨道的能量下降了 $(2/5)\Delta$,而 e_g 轨道的能量上升了 $(3/5)\Delta$.若 t_{2g} 轨道的电子充填数为 n,e_g 轨道的电子充填数是 m,则晶体场稳定化能 CFSE 为 $n \times (2/5)\Delta - m \times (3/5)\Delta$.

表 5.4 列出了部分高自旋过渡金属离子在八面体场中的电子组态和晶体场稳定化能.严格地讲,多电子体系的电子组态应该从轨道-自旋耦合的角度说明.

表 5.4 高自旋离子在八面体场中的电子组态和晶体场稳定化能(CFSE)

n	电子组态	谱项	离子	CFSE/Δ	未成对电子
1	t_{2g}^1	$^2T_{2g}$	Ti^{3+},V^{4+}	2/5	1
2	t_{2g}^2	$^3T_{1g}$	Ti^{2+},V^{3+}	4/5	2
3	t_{2g}^3	$^4A_{2g}$	V^{2+},Cr^{3+}	6/5	3
4	$t_{2g}^3 e_g^1$	^5E_g	Cr^{2+},Mn^{3+}	3/5	4
5	$t_{2g}^3 e_g^2$	$^6A_{1g}$	Mn^{2+},Fe^{3+}	0	5
6	$t_{2g}^4 e_g^2$	$^5T_{2g}$	Fe^{2+},Co^{3+}	2/5	4
7	$t_{2g}^5 e_g^2$	$^4T_{1g}$	Co^{2+}	4/5	3
8	$t_{2g}^6 e_g^2$	$^3A_{2g}$	Ni^{2+}	6/5	2
9	$t_{2g}^6 e_g^3$	^2E_g	Cu^{2+}	3/5	1
10	$t_{2g}^6 e_g^4$	$^1A_{1g}$	Zn^{2+}	0	0

过渡金属离子的晶体场稳定化能和自旋状态对晶体结构有很大的影响.从图 5.6 可以看到,过渡金属离子半径与晶体场稳定化能有很好的对应关系.我们知道,随着过渡金属原子序数增加,原子核电荷对 d 轨道的束缚增强,3d 轨道的能量下降,离子半径逐步减小.但从晶体结构总结出的 3d 过渡金属离子半径随核电荷数增加不是单调变化,而是有一定起伏.我们可以从晶体场稳定化能的变化说明.从 d^1 到 d^3 体系,电子顺序充填 t_{2g} 轨道.d^4 和 d^5 体系有两种可能的情况,当体系的交换能(P)比较大时,电子充填到 e_g 反键轨道,使 M—X 键强度增加.d^8 到 d^{10} 之间离子半径的变化原因与此类似.4d 和 5d 过渡金属离子的晶体场稳定化能较大,离子都处于低自旋状态,因而离子半径随 d 电子数的变化较为平稳.

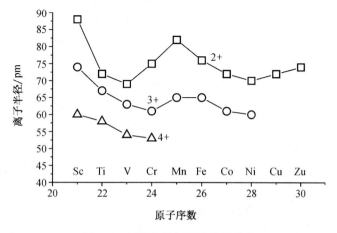

图 5.6 过渡金属离子的半径变化

113

高自旋 d^4 和低自旋 d^9 离子具有较强的 Jahn-Teller(姜-特勒)效应,使八面体配位多面体产生四方畸变.图 5.7 给出了几种 Jahn-Teller 畸变的情况.Cu^{2+}(d^9)是一种典型的 Jahn-Teller 离子,常以平面四方或四方畸变八面体形式配位.Jahn-Teller 效应属于电子的局域效应,在一些离域的三维固体化合物中并不明显.例如,$LaNiO_3$ 中低自旋的 Ni^{3+}(d^7)虽然也应表现出 Jahn-Teller畸变,但由于这个化合物是金属性的,这种效应并不明显.e_g 轨道属于 σ^* 反键轨道,Jahn-Teller 效应较为明显.t_{2g} 能态对应于 π^* 反键轨道,Jahn-Teller 效应比较弱,常被其他的效应掩盖.

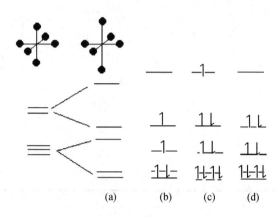

图 5.7 过渡金属离子的畸变

(a) 八面体的四方畸变,(b) d^4 高自旋,(c) d^9 和(d) d^8 低自旋

配位场对晶体结构的影响还表现在离子的格位选择上.离子的格位配位状况首先是由离子半径决定的,但晶体场对其也有重要的影响.一般地说,CFSE 较大的离子倾向于占据八面体格位,高自旋和 CFSE 较小的离子则倾向于占据四面体格位.尖晶石结构有四面体和八面体两种格位,Fe_3O_4 中的 Fe^{3+} 离子为高自旋的 d^5 电子组态,CFSE 为 0,倾向于占据四面体格位,Fe^{2+} 离子为低自旋的 d^6,倾向于占据八面体格位;Fe^{2+} 离子为高自旋的 d^6 组态,在八面体格位中 CFSE 为 $(2/5)\Delta$,而在四面体格位中的 CFSE 仅为 $(4/9)(3/5)\Delta = (4/15)\Delta$ [四面体格位中晶体场分裂能为 $(4/9)\Delta$,且轨道位置与八面体格位相反],因而 Fe^{2+} 离子倾向于占据八面体格位.因此,在 Fe_3O_4 中,Fe^{3+} 离子占据四面体格位,Fe^{2+} 离子和剩余的 Fe^{3+} 离子共同占据八面体格位,Fe_3O_4 属于反尖晶石结构.

可以利用 d^n 过渡金属离子的能级分裂理解体系光谱性质.d^n 过渡金属化合物的吸收光谱主要对应于电子在 d 轨道之间的跃迁.过渡金属离子能级随晶体场强度的变化由 Tanabe-Sugano(田部-菅野)图表示.图 5.8 是 d^3 离子在八面体场中的 Tanabe-Sugano 图,体系的基态为 $^4A_2$.根据电子跃迁的自旋选律($\Delta S=0$),只有多重度相同的激发态与基态之间才能发生允许的电子跃迁.图 5.9 示出了 Cr^{3+} 离子在 Al_2O_3 晶体(红宝石)中的吸收光谱,光谱可以与 Tanabe-Sugano能级图很好地对应.

受激的红宝石晶体可以发生辐射跃迁发射,辐射跃迁发射主要是从最低激发态 ^2E_g 跃迁到 $^4A_2$ 基态,属于禁阻跃迁,衰减时间较长,这也是红宝石可以产生受迫发射跃迁即产生激光的原因.从 Tanabe-Sugano 图可以知道,过渡金属离子能级受晶体场的影响很大,当晶体场变化时 d 轨道能级相应改变,这与随后讨论的稀土离子的 f 电子有很大区别.

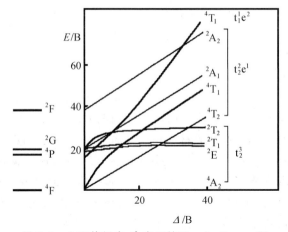

图 5.8　八面体场中 d³ 离子的 Tanabe-Sugano 图

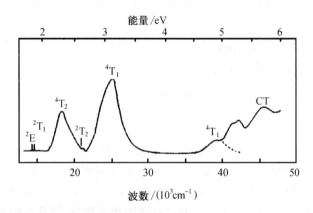

图 5.9　Cr³⁺ 离子在 Al₂O₃ 中的吸收光谱

d 轨道中未配对电子是材料磁性的来源,过渡金属的有效磁矩可以由下式计算

$$\mu_{S+L} = \sqrt{g^2 S(S+1) + L(L+1)} \tag{5.13}$$

式中:S 为总自旋量子数,L 为总轨道量子数.由于晶体场的影响,3d 过渡金属离子的轨道角动量常常被部分或全部猝灭,磁矩只来源于自旋角动量,这时有效磁矩可以表示为

$$\mu_s = g\sqrt{S(S+1)} \tag{5.14}$$

式中:g 为磁旋比,其值为 2.0026.前半周期 3d 过渡金属的轨道角动量几乎完全猝灭;而后半周期过渡金属离子实际测量的有效磁矩偏离(5.14)式,表明轨道角动量仍然对磁矩有一定的贡献.晶格中不同格位的未配对 d 电子之间可以独立存在,也可以发生铁磁或反铁磁相互作用,从而使材料表现出顺磁、铁磁、亚铁磁或反铁磁性.关于过渡金属离子的磁性,在第 12 章有更多的讨论.

5.2.2　f 电子

f 电子主要是指镧系元素离子(也称为稀土离子)的 4f 电子.稀土离子的 4f 轨道受到外层 5s 和 5p 轨道的屏蔽,与周围配位原子几乎无法发生成键作用,同时,配位环境对 4f 电子的能级位置也只有弱的影响,因此,很多稀土化合物的光谱都是很窄的线谱,并可以与自由离子光谱很好地对应.由 4f 电子的能级分裂产生的光谱精细结构主要由其轨道-自旋耦合引起,同时也受配位环境对称性的影响.

稀土离子的 f-f 跃迁是宇称禁阻的,但在固体晶格中由于晶体场不同对称因素的混入,可以使 f-f 跃迁有很高的强度,这即是 Judd-Ofelt(贾德-欧福特)理论的基本思想.利用 Judd-Ofelt 理论可以计算稀土离子在固体中 f-f 跃迁的光谱强度参数.稀土离子有很丰富的 f 能级,其能级间距在可见光附近,因而在荧光材料和激光晶体中有广泛的应用.由于稀土离子的光谱精细分裂不仅与基态总量子数 J 有关(最大分裂数为 $2J+1$),还与其在晶格中所占格位的对称性相关,因而可利用稀土离子的精细光谱研究晶体中格位的点群对称性,在这方面人们对 Eu^{3+} 离子研究得较为深入,可以用 Eu^{3+} 离子作为荧光探针探测晶格格位的对称性.另外,Eu^{3+} 离子的 $^5D_0 \rightarrow ^7F_0$ 谱线不会发生精细分裂,但配位环境对其能量位置会有微弱的影响,因而可以利用该跃迁的精细光谱分析 Eu^{3+} 离子的格位数,也就是说,如果 $^5D_0 \rightarrow ^7F_0$ 跃迁的精细谱线多于一条,表明晶格中 Eu^{3+} 会占据多个格位.关于稀土的发光性能我们将在第 13 章作更多的介绍.

同样,由于受配位场影响较小,稀土离子 f 电子的轨道-自旋耦合明显,其有效磁矩需要由反映轨道-自旋耦合的总量子数 J 计算

$$\mu_J = g_J \sqrt{J(J+1)} \mu_B \tag{5.15}$$

其中 g_J 值要由下式计算

$$g_J = 1 + \frac{J(J+1) + S(S+1) - L(L+1)}{2J(J+1)} \tag{5.16}$$

稀土离子 f 电子之间一般很难发生相互作用,因而常常只表现出顺磁性.然而,在稀土元素与其他元素形成的金属间化合物中,稀土的 4f 电子对强磁性(如铁磁性)有很大的贡献,如 $SmCo_5$ 和 $Nd_2Fe_{14}B$ 都是性能很好的铁磁体.第 12 章中我们还会进一步讨论稀土元素的磁性.

5.2.3　s^2 电子

第 5 和第 6 周期后过渡金属元素的原子即可以电离所有的价电子,形成高价离子(如 Sn^{4+}, Bi^{5+}),也可以只电离 p 电子,保留 s 电子,形成低价离子(如 Sn^{2+}, Bi^{3+}),即 $5s^2$ 和 $6s^2$ 离子.$5s^2$ 和 $6s^2$ 孤对电子对成键作用贡献不大,但可以发生 s↔p 跃迁,因而 Sn^{2+}, Pb^{2+}, Sb^{3+} 和 Bi^{3+} 等都是重要的荧光材料激活剂离子,对其更详细的讨论见第 13 章.

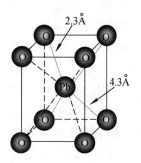

图 5.10　PbO 的结构

$5s^2$ 和 $6s^2$ 孤对电子对材料的结构也有影响.PbO 的结构与 CsCl 相似,阳离子周围都有 8 个阴离子与其配位(见图 5.10).在 CsCl 中 Cs 处于 8 个配位阴离子的中心,8 个 Cs-Cl 距离相等,晶体为立方对称性;而在 PbO 中晶体四方畸变,Pb 明显偏离中心位置,8 个 Pb-O 距离分为长(4.3 Å)短(2.3 Å)两组.虽然还不能给出清晰的机理,但一般认为 Pb 偏离中心位置的原因与 $6s^2$ 孤对电子与 O 的相互作用有关,也许 Pb^{2+} 以某种 s-p 杂化轨道的形式与 O 发生相互作用.

5.3 固体中的能带

固体材料中的原子数目非常大($\approx 10^{23}$),利用分子轨道描述很不方便,也不可能完全地描述体系的电子结构.事实上,对于周期性(或平移对称性)的晶体,我们常利用能带的概念描述其电子结构.描述能带的近似方法主要有两种.一种是先把电子看成是在晶体势阱内自由运动的粒子,然后加上晶格周期势场的微扰.这种处理方法常被物理工作者采用,它对于阐明简单金属(如碱金属)的电子结构是非常直观和有效的.另一种是把能带看成是分子轨道的扩展,这种方法也被称为紧束缚近似方法.由于化学工作者对分子轨道理论较为熟悉,我们这里利用后者介绍固体的能带.

这里先以一维氢原子链为例,为能带的形成建立一个直观的图像.如图 5.11 所示,随氢原子数目的增加,分子轨道数目随之增加,但分子轨道数目总是与原子轨道数目相同.能量最低的分子轨道是成键轨道,能量最高的分子轨道是反键轨道,在两者之间的分子轨道可以是成键、非键或反键轨道.对于氢原子的 1s 轨道构成的分子轨道,最低成键轨道中所有原子轨道相位相同,最高反键轨道中相邻原子轨道相位相反.为了使体系的边界条件简化,数学处理容易,在图中使用了环状分子(称为循环边界条件).图中带有阴影和不带有阴影的原子轨道表示不同的相位.从图中可以看出,随着分子轨道数目的增加,轨道能级从开始的分离状态逐步演变为准连续的能带.本章我们采用 R. Hoffmann(霍夫曼)的图形表示法,首先借助最简单的一维分子链引入能带的概念,然后再讨论二维和三维固体的情况.

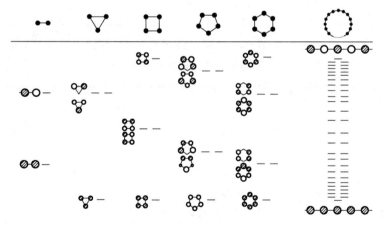

图 5.11 氢原子链中分子轨道到能带的演变

5.3.1 一维分子链的能带结构

有机和无机高分子是常见的一维分子链体系.例如,聚乙炔中的碳原子以 sp^2 杂化轨道与相邻的碳原子和氢原子以 σ 键构成一维分子链,碳原子上的另一个 p 轨道与相邻碳原子形成离域的 π 键(图 5.12).$Pt(CN)_4^{2-}$ 是无机高分子的例子,也是一种典型的 d 轨道参与成键的体系.在一定条件下,$Pt(CN)_4^{2-}$ 可以从半导体转变成金属,这种性质变化可以利用一维分子链的能带结构加以说明.我们先以一维氢分子链说明能带理论的基本原理.在一维氢分子链中,我们只需考虑氢原子的 1s 轨道,这是最简单的假想一维分子体系,但利用这个体系可以阐明能带结构的最基本特征.

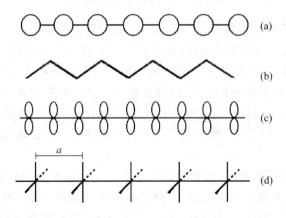

图 5.12 几种常见的一维分子链

(a)一维氢分子,(b)聚乙炔,(c)聚乙炔中的 π 键轨道,(d) Pt(CN)$_4^{2-}$

一维分子链的轨道波函数可用周期函数(平移对称性)描述(图 5.13),平移对称性用单胞参数 a 表示,其波函数可以利用 Bloch(布洛赫)函数描述.对于一维氢分子链体系,波函数可以表示为

$$\Psi_k = \sum_n e^{ikna} \psi_n \qquad (5.17)$$

式中:n 是一维链中氢原子的标号;k 的严格定义为倒易空间矢量,我们暂且把它理解为一个描述分子轨道的标号;a 为晶胞参数;ψ_n 为位于格位 n 上原子的波函数.式(5.17)所示的波函数是原子波函数的线性组合,是一个周期函数,式中的系数 e^{ikna} 表示第 n 个原子轨道在第 k 个分子轨道波函数中的贡献和相位.由于 e^{ikna} 是一个复数,只有在特殊 k 点上是实数.波函数 Ψ_k 的周期 $k = \pm\pi/a$,因此,我们只需要在一 $\pi/a < k < \pi/a$ 范围内研究体系的波函数和能量状态就可以了. 当 $|k|$ 取值大于 π/a 时,我们可以有

$$e^{i(k+\pi/a)na} = e^{ikna} e^{in\pi} = e^{ikna} \qquad (5.18)$$

这并没有任何新的信息,我们把 $|k| \leqslant \pi/a$ 的区域称作第一布里渊区(first Brillouin zone),其他区间的波函数只是第一布里渊区的重复.

事实上,用式(5.17)描述的晶体轨道波函数与图 5.11 的环状氢链分子的轨道波函数是一样的.为说明这一点,我们来看看在 $k=0$ 和 $k=\pi/a$ 的晶体轨道波函数.$k=0$ 是第一布里渊区的原点,波函数中所有原子轨道的系数 e^{ikna} 都等于 +1,表明原子轨道具有相同的相位.对于一维氢分子体系而言,氢原子的 1s 轨道波函数是全对称的,因此,$k=0$ 时的晶体轨道是成键轨道(图 5.13).

在第一布里渊区的边界上($k=\pi/a$),原子轨道的系数 $e^{ikna} = (-1)^n$.对于 n 为偶数的氢原子,原子轨道波函数的系数为 +1;对于 n 为奇数的氢原子,原子轨道系数是 -1.因此,晶体轨道中相邻原子轨道的系数符号相反.对于氢分子链,这是一个反键分子轨道(图 5.13).在 $0 < k < \pi/a$ 范围内,晶体轨道波函数的系数为复数,但我们可以知道,随 k 值增加,晶体轨道中的成键成分减小,反键轨道的成分增加.这样我们用式(5.17)的 Bloch 函数就可以完整地表示一维氢链的全部晶体(分子)轨道波函数.

一维体系晶体轨道的 k 空间是一维的,可以用数值表示,每个 k 值对应于一个晶体轨道.对于宏观固体材料,晶胞数目非常大(10^{23} 量级),因此,能级是准连续的,大量的晶体轨道能级构成了能带.晶体轨道的能量是 k 的函数,可以在 k 空间中表达.对于一维氢分子链,当 k 由 $0 \to \pi/a$ 时,晶体轨道从成键轨道逐步变为反键轨道.在图 5.14 中,我们给出了氢原子链能带结构的示意图.由于 k 取值的数目非常大,能带用连续的曲线表示,曲线上的每一个 k 值都与一个分子轨道对应,这条能带结构曲线代表了一维氢分子链体系中的全部晶体轨道能级.$k=0$ 时,一维氢分子链的晶体轨道能量最低,是成键轨道.随 k 值增加,晶体轨道能量上升,轨道波函数中成键轨道成分减少,反键轨道成分增加,在 $k=\pi/a$ 时,晶体轨道能量最高,是反键轨道.

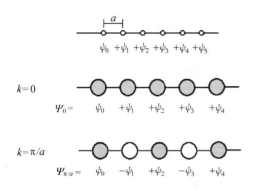

图 5.13　一维氢分子链在 $k=0$ 和 $k=\pi/a$ 时的轨道波函数

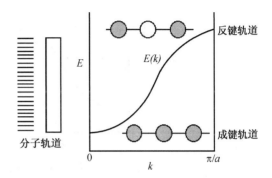

图 5.14　氢原子链的能带结构示意图

晶体轨道波函数的成键特性与原子波函数对称性有关.氢原子的 1s 轨道是全对称的,而 p 轨道是反中心对称的,因此,p 轨道的 σ 键能带在 k 空间的分布与氢分子链不同.在 $k=0$ 时,晶体轨道中的原子轨道波函数的相位相同,系数的符号也相同.但由于 p 轨道是反中心对称的,$k=0$ 的晶体轨道是反键轨道(图 5.15),能量最高,而 $k=\pi/a$ 的晶体轨道为成键轨道,能量最低,这与一维氢分子链的情况正好相反.在研究复杂体系电子结构时,我们可以根据原子轨道的对称性判断晶体轨道在 k 空间中的分布.p 轨道是中心反对称的,在形成 σ 键时,晶体轨道的能量随 k 值增加而下降;而在形成 π 键时,晶体轨道的能量随 k 值增加而上升.d 原子轨道具有中心对称性,d 轨道形成的 σ 键和 δ 键晶体轨道的能量随 k 值增加而上升,而 π 键晶体轨道的能量随 k 的增加而下降.

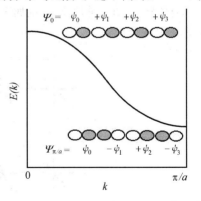

图 5.15　p 轨道的 σ 能带在 k 空间的分布

能带结构中的另一个重要的参数是能带的宽度.我们知道,原子轨道间相互作用越强,成键与反键轨道间的能量差值越大.固体中的情况完全相同,原子轨道间的相互作用比较强时,能带较宽,因此,k 空间中能带分布反映了化学键的强弱,变化较陡的能带所对应的化学键比较强,变化较平缓的能带对应的化学键较弱.根据这一原理,我们可以在复杂的能带结构中辨别能带的成键类型和相互作用大小.

　　能带的另一种表达方式是能态密度(density of states,DOS),能态密度是单位能量间隔内的状态数目,即晶体轨道的数目.在 k 空间中,每个 k 值对应一个晶体轨道,因此我们可以用单位能量间隔内 k 值的数目表示体系能态密度.单位能量间隔内的 k 值数目越大,表示在此能量间隔内状态数目越多.从能带结构图可以直接得到能态密度,可以将在单位能量间隔内的状态数目(即 k 的数目)投影到能量轴上,就可以得到体系的能态密度(图 5.16).一维氢分子链能带的底部和顶部变化较平缓,单位能量间隔内的状态数目较大,对应的能态密度也较大,在能带中部变化较陡,单位能量间隔内的状态数目比较小,相应的能态密度也比较小.

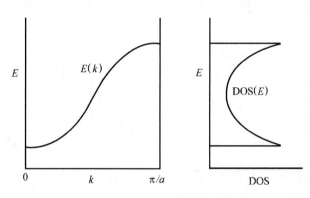

图 5.16　一维氢分子链的能态密度

　　下面我们考查 d 轨道形成的能带. $K_2[Pt(CN)_4]$ 是一维固体化合物, Pt^{2+} 离子为平面四方配位,沿一维分子链方向 Pt^{2+} 离子之间的距离约为 3.3 Å, Pt^{2+} 离子间的相互作用比较弱. $K_2[Pt(CN)_4]$ 被氧化,可以生成 $K_2[Pt(CN)_4Cl_{0.3}]$ 或 $K_2[Pt(CN)_4(FHF)_{0.25}]$,化合物仍是一维结构,但发生一定变化(图 5.17). $K_2[Pt(CN)_4]$ 中的 Pt^{2+} 离子配位构型相同,氧化后四方配位多面体转动 45°,同时, Pt^{2+} 金属离子间距缩短(2.7~3.0 Å),表明 Pt^{2+} 离子间形成金属-金属键.

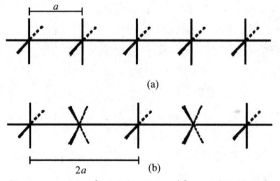

图 5.17　$Pt(CN)_4^{2-}$ (a)和 $Pt(CN)_4^{1.7-}$ (b)分子链示意图

　　我们先考查在四方配位场中 Pt^{2+} 离子的 d 轨道能级状况.在四方配位场中, $d_{x^2-y^2}$ 与配体 p 轨道形成 σ 键.成键轨道主要是配体的 p 轨道, $d_{x^2-y^2}$ 轨道是反键轨道,其他 4 个 d 轨道属于非键轨道(图 5.18).为了尽可能简化,我们假定配体为 H^- 离子. PtH_4^{2-} 中共有 16 个电子,分别占据 4 个配体的 p 轨道和 d_{z^2}、d_{xy}、d_{xz} 和 d_{yz} 轨道, $d_{x^2-y^2}$ 是空轨道.

设想,把多个 PtH_4^{2-} 单元连接成一维链,上述分子轨道将发生进一步相互作用,但只有对称性相同的分子轨道才能发生相互作用.当 2 个 PtH_4^{2-} 单元沿 z 方向靠近时,会形成多重金属键,其中,2 个 Pt^{2+} 离子的 d_{z^2} 轨道重叠而形成 σ 键,d_{xz}-d_{xz} 及 d_{yz}-d_{yz} 之间形成 π 键,d_{xy}-d_{xy} 及 $d_{x^2-y^2}$-$d_{x^2-y^2}$ 则会形成 δ 键.我们知道,σ 键比较强,π 键次之,δ 键最弱.在一维分子链中,相应的 d 轨道都形成能带.d_{z^2} 轨道的能带最宽,d_{xz} 和 d_{yz} 轨道能带宽度中等,d_{xy} 或 $d_{x^2-y^2}$ 轨道构成能带最窄.根据这种判断,我们可以定性地得出 PtH_4^{2-} 分子链的能带分布(图 5.19).

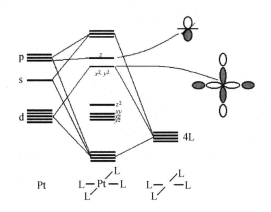

图 5.18 PtH_4^{2-} 分子轨道能级

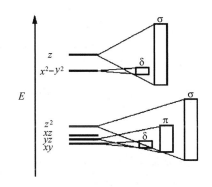

图 5.19 一维分子链 PtH_4^{2-} 的能带分布特点

进一步确定 PtH_4^{2-} 分子链能带结构细节,需要了解各能带在 k 空间中的伸展情况.先考查 k 空间中 $k=0$ 和 $k=\pi/a$ 的情况(图 5.20).在 $k=0$ 时 d_{z^2}、d_{xy} 和 $d_{x^2-y^2}$ 为成键晶体轨道,在 $k=\pi/a$ 时是反键轨道,这些晶体轨道的能带随着 k 增加而能量上升.在 $k=0$ 时 d_{xz} 和 d_{yz} 构成反键晶体轨道,而在 $k=\pi/a$ 时是成键晶体轨道,因此这两个晶体轨道的能带随 k 增加而下降.根据图 5.20 关于能带宽度的判断,可以定性得到如图 5.21(a)所示的能带结构.我们还可以利用扩展 Hückel (休克尔)方法计算 PtH_4^{2-} 体系的能带结构[图 5.21(b)],两者的基本特征是一致的.

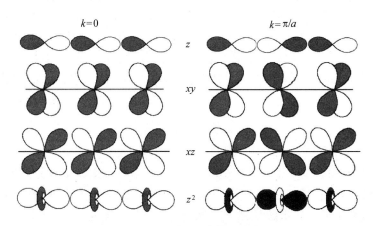

图 5.20 在 $k=0$ 和 $k=\pi/a$ 时 PtH_4^{2-} 中金属原子轨道间的相互作用

下面考查电子在能带中填充的情况.我们知道,PtH_4^{2-} 单元共有 16 个电子,d_{z^2} 以下的分子轨道被占据.在 PtH_4^{2-} 一维分子链中,每一个能带对应 N 个能量状态,可以容纳 $2N$ 个电

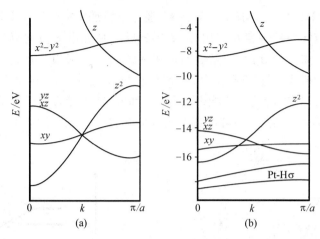

图 5.21　PtH$_4^{2-}$ 定性(a)和利用扩展 Hückel 方法计算(b)得到的能带结构

子.因此,PtH$_4^{2-}$ 分子链中 d$_{z^2}$ 以下所有能带都被占据,能量更高的 p$_z$ 和 d$_{x^2-y^2}$ 能带是空的.因此,d$_{z^2}$ 以下的能带是价带,p$_z$ 能带以上的能带是导带,这两个能带之间区域的能态密度为零,为禁带.

　　由于 d$_{z^2}$ 能带中的 σ 成键和反键轨道都被占据,相当于没有成键,因此,K$_2$[Pt(CN)$_4$]分子链中的 Pt^{2+} 离子之间距离比较大(3.3 Å),化合物具有半导体性质.K$_2$[Pt(CN)$_4$]被氧化生成 K$_2$[Pt(CN)$_4$Cl$_{0.3}$],相当于从 d$_{z^2}$ 能带顶部的反键晶体轨道中除去 0.3N 个电子,Pt^{2+} 离子成键,使其之间的距离减小(2.7~3.0 Å).由于 d$_{z^2}$ 能带被部分充填,K$_2$[Pt(CN)$_4$Cl$_{0.3}$] 和 K$_2$[Pt(CN)$_4$(FHF)$_{0.25}$]都具有金属导电性.

5.3.2　二维固体的能带结构

　　二维固体的能带结构需要在二维 **k** 空间中描述,通常用 2 个基向量(k_x,k_y)表示.**k** 空间是动量空间,我们可以在 **k** 空间中描述晶体轨道的能量,在实际的正空间中描述晶体轨道波函数的空间分布.两者间的关系与结晶学中的正格子和倒易空间相似.二维晶体的平移矢量为 a_1 和 a_2,如某二维体系为一个正方格子,平移矢量 a_1 和 a_2 相互垂直.假设每个格点有一个氢原子的 1s 轨道,而且在 a_1 和 a_2 方向上晶体的 Schrödinger(薛定谔)方程是独立的,晶体波函数可以表示为

$$\Psi_k = \sum_{m,n} e^{i(k_1 na_1 + k_2 ma_2)} \psi_{m,n} \qquad (5.19)$$

平面四方晶体的 **k** 空间仍然是四方平面格子[图 5.22(a)].晶体波函数是 k_1 和 k_2 的函数,即 **k** 空间中的每一个点都对应一个晶体轨道波函数.由于晶体轨道波函数是周期函数,我们只需了解第一布里渊区内的轨道波函数.在图 5.22(a)的第一布里渊区中,**k** 的取值可以在整个空间,取值数目与体系中原子轨道数目相等.实际上,我们只需要在第一布里渊区中沿 Γ-X-M-Γ 闭合线就可以完全表达能带结构主要特征.但在计算体系的能态密度时,需要在 Γ-X-M 三角形中均匀地选取一定数量的 **k** 值.我们可以先了解特殊点(Γ、X 和 M)的晶体轨道波函数[图 5.22(b)].在 Γ 点($k_x=0$,$k_y=0$)原子轨道波函数的相位相同,晶体轨道为成键轨道.X 点是两重简并的,在 $k_x=0$,$k_y=\pi/a$ 点,相邻原子轨道沿 x 方向相位相同,沿 y 方向相位相反,

$k_x = \pi/a$，$k_y = 0$ 点的情况类似，只是方向相反.因此，从总体上看 X 点属于非键晶体轨道.在 M 点$(k_x = \pi/a$，$k_y = \pi/a)$，相邻原子在两个方向上都有相反相位，因而是反键晶体轨道.

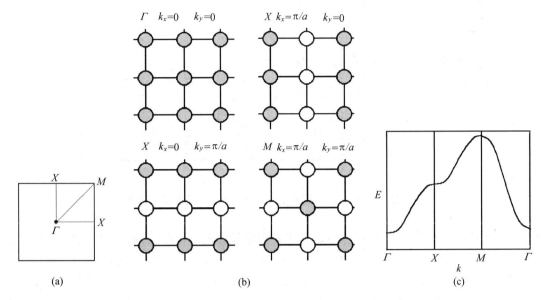

图 5.22 二维氢网格的 k 空间(a)，Γ、X 和 M 点晶体轨道波函数(b)及能带结构(c)示意图

Γ 点是成键轨道，能级最低；X 点是非键轨道，能级次之；M 点是反键轨道，能级最高.根据这些特殊点的晶体轨道的能量，可以定性地给出二维氢网格的能带结构.图 5.22(c)给出了二维氢原子的网格在不同方向上的能带分布.从 Γ 到 X，晶体轨道从成键轨道逐步转变为非键轨道；从 X 到 M，从非键轨道转变为反键轨道；从 M 到 Γ，则从反键轨道转变为成键轨道.图5.22(c)的能带结构表示方法广泛用于描述二维和三维体系.

5.3.3 三维固体的能带结构

我们以 ReO_3 为例讨论三维固体的能带结构.ReO_3 的晶体结构在第 4 章中作过介绍，它属于简单立方晶系，每个单胞内含有一个 ReO_3 单位，其中铼处于由氧离子构成的八面体中心，八面体共用顶点构成三维结构.简单立方晶系的倒易空间仍然是简单立方.三维固体的能带结构需要在三维 k 空间中描述，需要 3 个基向量(k_x, k_y, k_z).图 5.23(a)给出了 ReO_3 的 k 空间中第一布里渊区的示意图，其中 Γ、X、M 和 R 分别表示空间内的一些特殊点，将这些特殊点连接起来，构成图中深色区域，这个区域代表了整个 k 空间的全部能量状态的信息，k 空间其他部分都可以从这个区域出发，利用相应的对称操作得到.

ReO_3 中的价轨道是氧原子的 2p 和铼原子的 5d 轨道.在八面体场中，d 轨道分裂为 e_g 和 t_{2g}.t_{2g} 为三重简并，包含 xy、yz 和 xz 3 个 d 轨道；e_g 为两重简并，包含 z^2 和 x^2-y^2 2 个 d 轨道.e_g 与氧的 p 轨道形成 σ 键，成键分子轨道以氧的 p 轨道为主，包含少量 d 轨道成分，σ 反键轨道以 e_g 轨道为主，也包含有少量氧的 p 轨道成分.t_{2g}轨道与氧的 p 轨道形成 π 键，相互作用比较弱.在描述 ReO_3 的能带结构时，我们可以在 k 空间中选择沿图 5.23(a)阴影区域边沿计

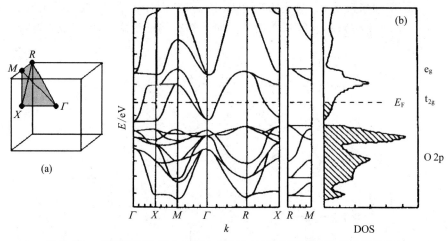

图 5.23　简单立方体系 k 空间(a)和 ReO_3 的能带结构及能态密度(b)

算 ReO_3 的晶体轨道的能量,这些点是体系中对称性最高的,可以代表晶体轨道能量的变化趋势.在计算体系的能态密度时,可以在图 5.23(a)阴影区域中均匀选择一些 k 值.

图 5.23(b)给出了计算得到的 ReO_3 的能带结构和能态密度(DOS).能量比较低的能带主要是由氧 2p 轨道构成,能量比较高的能带主要来源于铼原子 5d 轨道.在 k 空间中,Γ 点对称性最高,轨道波函数保持了全部的立方对称操作,因而,e_g 和 t_{2g} 轨道保持了两重和三重简并.从 Γ 到 X,能带的变化主要来源于沿 x 方向的相互作用,t_{2g} 的 xy 和 xz 2 个 d 轨道能量上升,yz 轨道的能量基本不变.同样,e_g 能带中的 x^2-y^2 轨道能量上升,而 z^2 轨道能量基本保持不变.我们可以用类似的方法分析 ReO_3 的 d 轨道的变化.图 5.23(b)还给出了计算得到的能态密度.在氧的 p 轨道和铼的 d 轨道能带之间有一个能隙,铼离子为六价,体系中的氧 2p 能带完全充满,d 轨道构成的能带充填一个电子,因而 ReO_3 具有金属性.

很多过渡金属化合物都具有金属性.一般地说,第二或第三过渡金属形成的氧化物和硫化物常具有金属性,这可以用能带模型解释.金属性化合物的能态密度可以用实验方法测量,最常用方法是光电子能谱.光电子能谱与计算得到的能态密度的基本特征是一致的(图 5.24),两

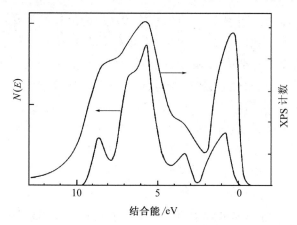

图 5.24　ReO_3 的 X 射线光电子能谱和能态密度

者之间的差异是由于不同能带的离化截面因子不同,因而,测量强度值与理论计算值不同.图中结合能较小的峰属于 ReO_3 被电子占据的 d 能带,结合能较大的几组峰来源于氧离子 2p 轨道的能带.由于 Re 原子的离化截面比氧大,因此,铼 d 轨道能带在光电子能谱中相对强度比较大.

5.4　Fermi 能级

金属体系的 Fermi(费米)能级是指电子在能带中的最高占据能级.在热力学零度,Fermi 能级以下的能量状态被占据,高于 Fermi 能级的能量状态全空.在高于热力学零度的实际体系中,电子分布状况符合 Fermi 函数

$$f(E) = \frac{1}{\mathrm{e}^{(E-E_\mathrm{F})/kT} + 1} \tag{5.20}$$

图 5.25 给出了在 $T=0$ K 和 $T>0$ K 时 Fermi 分布函数示意图.在 $T=0$ K 时,金属中低于 Fermi 能级的能量状态的占有率为 1,Fermi 能级以上能量状态的占有率为零.当 $T>0$ K 时,低于 Fermi 能级的能量状态没有完全占据,而高于 Fermi 能级的能量状态有一定的占有率.这是因为一部分电子被热激发到了能量较高的状态中.

Fermi 能级和 Fermi 分布是无机固体材料重要的概念之一,很多物理性质都与材料 Fermi 能级附近的电子状态有关.我们知道,电子应当对金属材料热容有一定的贡献.但从能带理论可以知道,并不是材料中的所有电子都对热容有贡献,只有处于 Fermi 能级附近的电子能够

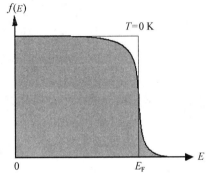

图 5.25　**Fermi 分布函数的示意图**

热激发到比较高的能量状态,能量状态比较低的电子对热容没有贡献.因此,金属材料的电子热容可以表示为

$$C_\mathrm{e} = \frac{\pi^2}{3} k^2 T N(E_\mathrm{F}) \tag{5.21}$$

式中:T 是热力学温度,k 为 Boltzmann(玻尔兹曼)常数,$N(E_\mathrm{F})$ 是 Fermi 能级附近的能态密度.热容与温度和 Fermi 面附近的能带密度成比例.

典型的金属材料具有 Pauli(泡利)顺磁性.在外磁场作用下,Zeeman(塞曼)分裂使不同自旋的电子状态的能量不同,产生顺磁性.Pauli 顺磁性与金属材料 Fermi 能级附近的能态密度有关,可以表示为

$$\chi_\mathrm{P} = \mu_0 \mu_\mathrm{B}^2 N(E_\mathrm{F}) \tag{5.22}$$

式中:χ_P 是 Pauli 顺磁磁化率,μ_0 是真空磁导率,μ_B 是 Bohr(玻尔)磁子.在实验上常用电子热容和磁化率来测量金属材料在 Fermi 能级附近的能态密度.但是这两种方法对实验的要求都很苛刻.电子的热容必须在很低的温度下测量,以避免晶格热容的干扰.金属的 Pauli 顺磁性的磁化率数值较小,在实际测量中,需要排除其他磁性杂质的影响.

在很多情况下,我们需要了解 Fermi 面的几何形状.Fermi 面的几何形状是指 Fermi 等能面在 $\boldsymbol{k}$ 空间中的分布,即已占据的能量状态与未占据能量状态的边界.从一维、二维和三维结构 $\boldsymbol{k}$ 空间和能带结构的特点可以知道,一维链状材料的 Fermi 面为两个相互平行的平面,二

维层状结构的 Fermi 面呈柱状,三维材料的 Fermi 面是具有一定对称性和形状的球面.图 5.26 给出了一维链状、二维层状的 Fermi 面示意图,同时给出了计算得到的面心立方结构单质铜的 Fermi 面.材料的 Fermi 面对其稳定性和物理性质有一定影响,本书后面将进一步介绍.

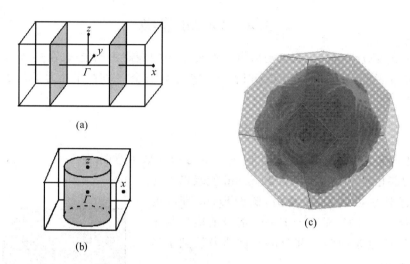

图 5.26　一维链状结构(a)、二维层状结构(b)和面心立方结构(Cu)(c)的 Fermi 面示意图

5.5　Peierls 效应

我们在前面介绍了一维分子链的能带结构特点.一维氢分子链的能带是半充满的,应具有金属性.在自然界中,氢分子是以双原子分子的形式存在的,在低温可以转变为液态;在超高压下,人们也观察到了从绝缘体向金属性转变的一些迹象,但还没有得到具有典型金属性的氢.事实上,在很多无机和有机高分子中原子之间的距离并不相等.例如,聚乙炔中碳链可以用单键和双键描述,前面讨论的一维 $K_2[Pt(CN)_4Cl_{0.3}]$ 中的铂离子链的间距在 $2.7\sim3.0$ Å之间变化.这种现象在一些二维固体中也存在,但在三维固体中比较少见.低维固体的结构不稳定性可以从体系能带结构和 Fermi 面分布特点阐明,这种现象常称作 Peierls(派尔斯)效应.Peierls 效应可以看作是固体中的 Jahn-Teller 效应.

根据 Jahn-Teller 效应原理,部分充填的简并能量状态是不稳定的,为达到稳定的状态,结构将发生畸变.现以 $Cu^{2+}(d^9)$ 离子的情况为例.在八面体场中,简并的 e_g 能级充填了 3 个电子,根据 Jahn-Teller 效应,结构发生四方畸变,e_g 分裂成非简并能级.一维分子链的情况非常类似.以一维氢分子链为例,等间距分布氢分子链的平移对称性用晶胞参数 a 表示,体系的能带半充满(图 5.27).能带包含了大量的由氢原子 1s 轨道线性组合得到的晶体轨道,因此,可以把 Fermi 能级附近的晶体轨道看成是准简并的,晶体轨道之间的相互作用比较强,特别是在 Fermi 能级附近的区域内,$(E_F-4k_FT)<E<(E_F+4k_FT)$,$k_F$ 为 Fermi 矢量.与 Jahn-Teller 效应类似,结构会发生畸变使充填的晶体轨道能量下降,空轨道的能量上升,从而使体系更加稳定(图 5.27).

半充满的氢分子链体系的 Fermi 能级充填至 $k=\pi/2a$,Peierls 效应使 $k<\pi/2a$ 晶体轨道的能量下降,$k>\pi/2a$ 的晶体轨道能量上升,能带在 $\pi/2a$ 附近发生分裂,氢分子链的能带

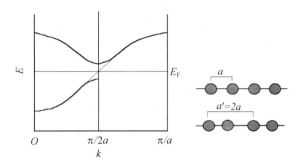

图 5.27　一维体系 Peierls 畸变示意图

分裂成为两个独立的能带(图 5.27),分别对应于 k 空间中 $0<k<\pi/2a$ 和 $\pi/2a<k<\pi/a$ 两个区域.我们可以重新定义体系 k 空间的第一布里渊区,使两个能带都能够在一个区域内表达.畸变后的第一布里渊区是 $0<k<\pi/a'$,其中 $a'=2a$,即分子链的单胞增加一倍.沿 $k=\pi/2a$ 轴对折图 5.27 的能带图,可以得到畸变后分子链的能带结构.畸变后分子链的单胞中包含 2 个氢原子 1s 轨道,在 $k=0$ 时两个晶体轨道分别是成键和反键轨道,在 $k=\pi/2a$ 时两个晶体轨道以非键相互作用为主,但两者的能量不同,有一能隙存在.与此同时分子链中的氢原子位置发生畸变,形成氢原子对,其极限情况则是形成双原子分子.

很多一维分子链都有类似的结构畸变,这种结构畸变与电子的充填状况即 Fermi 能级的位置有关.$K_2[Pt(CN)_4Cl_{0.3}]$分子链中 Pt^{2+} 离子 d_{z^2} 能带充填了 70%,形成金属-金属键,因此,$K_2[Pt(CN)_4Cl_{0.3}]$一维分子链的 Fermi 面应位于 $k=0.7\pi/a=7\pi/10a$ 左右.由于 Peierls 结构畸变与原有结构的平移对称性不同,体系的结构出现电荷密度波(charge density wave)调制,因此,体系中 Pt-Pt 间距在 $2.7\sim3.2$ Å 之间波动.Peierls 结构畸变可以使材料发生半导体-金属相变.在低温下,结构畸变的影响比较大,材料具有半导体性质,随温度升高,晶体热振动增强,Fermi 能级附近的电子将被激发到较高的能态,Fermi 能级以上的能级也被部分充填,减弱了体系的 Peierls 畸变,材料由半导体转变为金属导体.很多一维体系如掺杂的聚乙炔和 $K_2[Pt(CN)_4Cl_{0.3}]$在低温下是半导体,而当温度升高时,转变成金属.

5.6　离子键近似

5.6.1　满壳层构型的离子化合物

在形成离子化合物时,金属原子上的价电子向非金属原子迁移,形成满壳层的阳离子和阴离子.以 NaCl 为例,钠原子的电子组态为$[Ne]3s^1$,氯原子的电子组态为$[Ne]3s^23p^5$,在形成 NaCl 时,钠原子 3s 轨道上的电子转移到氯原子的 3p 轨道上,形成满壳层离子.由于钠原子的 3s 轨道能量比氯的 3p 高得多,从分子轨道的观点,NaCl 的成键轨道主要是氯原子的 3p 轨道,而反键轨道主要是钠原子的 3s 轨道.

离子化合物是由大量的离子构成的,晶体中原子的数量是 10^{23} 量级,因此可以将晶体中的轨道能量看成是连续的,即构成了能带.在固体能带理论中我们常使用价带和导带的概念描述电子的能量状态.固体中的导带是指最低的未占能带或未被完全占据的能带,价带是固体中最高的完全被占据的能带.在价带与导带之间没有电子的能量状态,称作禁带,价带和导带间的能量差称作禁带宽度.禁带宽度是表征材料性质的一个重要参数.从分子轨道的观点看,价带和导带都是前线轨道,价带相当于晶体的 HOMO 轨道,而导带相当于晶体的 LUMO 轨道.显然,NaCl 晶体的价带主要是氯原子的 3p 轨道,导带主要由钠原子 3s 轨道构成.NaCl 能带结构的这种特点代表了离子化合物的一般特性,即在离子型化合物中,价带主要是由阴离子的原子轨道构成的,而导带主要是由阳离子的原子轨道构成的.

我们进一步考查离子型化合物的电子迁移性质,并从电子的跃迁性质考查影响离子型化合物的禁带宽度的各种因素.当离子晶体在一定波长光的激发下,电子可以从价带跃迁到导带.对于 NaCl 晶体,这种跃迁对应于电子从氯离子的 3p 轨道跃迁到钠离子 3s 轨道.由于这种电子跃迁发生在不同离子之间,常称作电荷迁移跃迁(charge transfer).很多材料的吸收光谱中,电荷迁移跃迁是允许跃迁,比组态内的电子跃迁强得多.电荷迁移跃迁对应于电子从价带到导带的跃迁,我们可以从电荷迁移跃迁性质了解离子型化合物能带结构的特点.

以 MgO 为例说明如何从离子的电荷迁移了解材料的能带特征.MgO 是典型的离子型化合物,具有 NaCl 结构.当形成 MgO 时,镁原子外层的 3s 电子转移到氧原子的 2p 轨道上,得到的 Mg^{2+} 和 O^{2-} 都是满壳层的稳定构型.MgO 晶体中的价带主要是氧原子的 2p 轨道,而导带主要是镁原子的 3s 轨道.实验得到的 MgO 的禁带宽度为 7.5 eV.MgO 的禁带宽度与电子在离子间的迁移相关,这个能量迁移过程可以表示成

$$O^{2-} + Mg^{2+} \longrightarrow O^- + Mg^+ \tag{5.23}$$

对于自由离子体系,可以从电离能和电子亲和能估算出式(5.23)的能量变化.再进一步考虑离子在固体中的晶格能和极化效应,就可以估算 MgO 的禁带宽度.在讨论化合物的电子迁移禁带时,我们只需要了解离子能级间的差别,并不需要深究离子能级的绝对数值.式(5.23)可以分成下面两个半反应

$$O^{2-} \longrightarrow O^- + e \tag{5.24a}$$

$$Mg^+ \longrightarrow Mg^{2+} + e \tag{5.24b}$$

半反应的能量可以用 O^- 离子的电子亲和能和镁的第二电离能表示.O^- 离子的电子亲和能为负值($E_{ea} = -780$ kJ·mol^{-1}),表明 $O^- + e \Longrightarrow O^{2-}$ 为吸热反应,因此,自由状态的 O^{2-} 不稳定,可以自发地给出电子形成 O^-.镁的电离过程 $Mg^+ \longrightarrow Mg^{2+} + e$ 也是吸热过程($I_2 = 1450$ kJ·mol^{-1}),表明自由状态 Mg^{2+} 离子也不稳定.但 Mg^{2+} 和 O^{2-} 离子在晶体中是稳定的.从离子的电离能和电子亲和能可以确定 Mg^{2+} 和 O^{2-} 自由离子的相对能量位置.应当指出,这里给出的能量位置实质上是电荷迁移反应的相对势能,只是在考查电子跃迁性质时才有意义.图 5.28 给出了 MgO 自由离子的能量状态和在晶体中影响离子能量状态的各种因素.

在自由离子状态下,O^{2-}/O^- 处于较高的能量位置,Mg^+/Mg^{2+} 的能量较低,这由自由离子状态下相应离子的稳定性决定.当自由离子结合成固体时,离子之间发生强的 Coulomb 相互作用,使得高价离子状态更加稳定.不同电荷离子在固体中的能量变化可以从离子所受到的 Madelung 势得到.晶体中不同离子受到的 Madelung 势是不同的.MgO 中的氧离子受到的 Madelung 势是晶体中所有的镁离子和氧离子在氧离子格位处的势能

$$V_O = +\frac{2e}{R}A \tag{5.25}$$

同样,镁离子格位的 Madelung 势为

$$V_{Mg} = -\frac{2e}{R}A \tag{5.26}$$

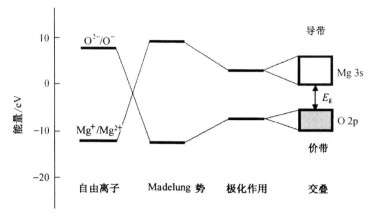

图 5.28 MgO 的能量状态

阴离子格位的 Madelung 势为正值,使 O^-/O^{2-} 能量降低;阳离子格位的 Madelung 势为负值,使 Mg^+/Mg^{2+} 能量上升.因此考虑了 Coulomb 相互作用后,MgO 晶体中的 Mg^+/Mg^{2+} 和 O^{2-}/O^- 的相对能级位置翻转.但禁带宽度比 MgO 的实际测定值大得多,还应进一步考虑其他因素对电子能量状态的影响.

在讨论晶格能和 Madelung 势时,我们假定离子是点电荷.实际的离子是由原子核和核外电子构成,是有一定体积的;在 Coulomb 场中,核外电子的分布会发生一定变化,因此晶体的离子之间除了强的 Coulomb 作用外,还存在极化作用.当离子化合物是由体积小、电荷高的阳离子与体积大、易极化的阴离子构成时,这种极化作用可以很大.极化效应使离子中原子核外的电子云畸变,降低了离子的有效电荷(q).极化作用总的效果是使阴阳离子之间的能量差变小,共价性质增加.离子极化作用有很多种方法估算,最简单的方法是将离子看成处在连续介质(相对介电常数为 ε_r)中的一个半径为 R 的电荷,由离子极化引起的能量变化可以表示为

$$\Delta E = -\frac{q^2}{8\pi\varepsilon_0}\left(1-\frac{1}{\varepsilon_r}\right) \tag{5.27}$$

常见氧化物的极化能大约为每单位电荷 2 eV;考虑极化作用后,MgO 中 O^{2-}-O^- 与 Mg^+-Mg^{2+} 间的能量差减小(图5.28),但禁带宽度的数值仍然大于实际测定值.

固体可以看成是由 10^{23} 量级的原子构成的,大量原子轨道交叠使分立的能级展宽成能带,能带宽度与离子间相互作用的强弱有关,是固体电子理论中的一个重要参数.从离子模型是无法得到材料的能带宽度的,目前人们主要借用实验数值或能带计算的结果.光电子能谱表明,氧的 2p 能带宽度约为 5 eV,镁的 3s 能带要更宽一些.考虑了能带宽度后,可以得到如图5.28所示的 MgO 的能带结构,其中价带主要是由 O 2p 轨道构成,导带主要是由 Mg 3s 轨道构成.一般地说,满壳层离子型化合物的禁带宽度比较宽,常用作光学基质材料、介电材料等.

MgO 的例子表明,利用离子模型可以了解材料的能带结构特征和影响能带结构的主要因素,并可以粗略地估算出能隙的大小.但是这种方法得到的禁带宽度往往是不准确的,特别是当材料中含有极化作用较大的离子时,离子模型估算出的能隙与实际测量数值可以有很大差别.例如,TiO_2 是一种重要的半导体材料,在光电转换等方面有重要的应用.实验得到 TiO_2 的能隙宽度约为 3 eV,而从自由离子的电离能、亲和能,并考虑晶体中离子 Madelung 势得到的

Ti^{3+}/Ti^{4+} 与 O^{2-}/O^- 间的能级差约为 50 eV.与实验数值之间如此大的差别是由离子的极化作用产生的.TiO_2 中的钛离子是 +4 价,因此对阴离子的极化作用很大.换句话说,TiO_2 中钛与氧之间的化学键已经不再纯粹是离子键,而是包含了很大的共价键成分.很显然,要从 50 eV 的能量差值中,通过估算离子极化能得出 3 eV 的能隙显然是不可信的.尽管从离子模型估算出的禁带宽度与实验值有较大的差别,但我们可从上面的分析中了解影响离子型化合物能带结构的各种因素,这对于定性地了解材料的电子结构是非常重要的.

5.6.2　过渡金属离子型化合物

很多固体化合物的物理性质可以用能带观点说明.例如,ReO_3 中的氧的 p 轨道构成价带,铼的 d 轨道构成导带,由于 d 能带中有一个电子,因而具有金属导电性.但是,很多过渡金属化合物的物理性质无法用以上介绍的能带模型解释.例如第一过渡系列金属的氧化物可以具有金属或半导体性质(表 5.5),并且,化合物可以是顺磁性也可以是反铁磁性.从能带的观点看,即使考虑八面体场中的能级分裂,至少 d^1、d^2、d^7 和 d^8 过渡金属离子形成的 MO 应该具有金属导电性,因体系只能形成不充满的导带.事实上,在这些一氧化物中只有 TiO 和 VO 呈现金属性,其他化合物都是半导体.而且从 MnO 到 NiO,化合物反铁磁性的 Néel(奈耳)温度 T_N 在上升.

表 5.5　3d 过渡金属氧化物的性质

氧化物	d^n	$R/\text{Å}$	性　　质[*]
TiO	2	2.94	金属性,Pauli 顺磁性
VO	3	2.89	金属性,Pauli 顺磁性随温度变化
MnO	5	3.14	半导体,AF,$T_N=122$ K
FeO	6	3.03	半导体,AF,$T_N=198$ K
CoO	7	3.01	半导体,AF,$T_N=293$ K
NiO	8	2.95	半导体,AF,$T_N=523$ K

[*] 本栏中,AF 表示反铁磁转变.

为什么能够很好解释 ReO_3 的性质的能带理论对第一过渡系列金属的化合物变得不适用?我们知道,过渡金属的 d 轨道的径向分布函数随主量子数增加而增加,第二和第三过渡系列金属的 d 轨道倾向于参与成键,而第一过渡系列金属的 d 轨道有很强的局域化倾向.因此,ReO_3 中铼的 d 轨道与氧的 p 轨道之间有较强的相互作用,可以形成比较宽的能带.相反,第一过渡系列金属的 d 轨道径向分布比较小,而且随元素核电荷数增加,原子核对 d 轨道电子的束缚逐步加强,因而只有 TiO 和 VO 中的 d 轨道是离域的,表现为金属性;其他过渡金属氧化物中的 d 轨道基本是局域的,表现为反铁磁性半导体.我们知道,半导体材料中的价带是完全充满的,而导带完全空着,两者之间存在能隙.那么,过渡金属氧化物中能隙是如何产生的?我们从离子模型的观点讨论这个问题.

能带理论基于单电子假设,即假设能带是刚性的,不随电子数目的变化而改变.这种假设对于能带比较宽的体系是成立的.例如,碱金属的能带比较宽,我们可以把碱金属体系看成是在势阱中的自由电子,电子按能级顺序充填到能带中,电子之间的相互排斥作用可以用一平均势场来描述.第二和第三过渡金属化合物的 d 轨道也属于这种情况.但是,如果体系的能带比较窄,电子之间的排斥作用比较强,电子数目的改变会引起体系能带结构的变化,这时单电子近似并不成立,我们需要根据体系的化学物理性质确定能带结构.第一过渡系列金属形成的化合物一般属于这种情况.从理论上考虑电子间的排斥作用是比较困难的,但我们可以从简单的化学参数了解电子间排斥作用是如何影响材料的能带结构的.下面我们就以 NiO 为例介绍这方面的情况.

Ni^{2+} 的电子构型为 d^8(t$_{2g}^6$e$_g^2$),NiO 具有 NaCl 结构,Ni^{2+} 为八面体配位,是反铁磁性的半导体.由于 3d 轨道形成的能带比较窄,电子之间的排斥作用很强.假设向 NiO 加入一个电子,由于电子间的强烈排斥作用,电子不能成对地进入能带,而是倾向于进入不同自旋的分立能带中,这与高自旋离子情况相似.可以用半反应 Ni^{2+} + e $\longrightarrow$ Ni$^+$ 和 Ni^{3+} + e $\longrightarrow$ Ni^{2+} 来讨论 NiO 中电子之间的排斥作用,因为这些半反应的热力学参数中包含了电子之间的排斥作用.也可以利用与 MgO 类似的方法讨论 NiO 的能带结构,不同的是除了需要定义 Ni$^+$ 的能量状态以外,还需定义 Ni^{2+} 的能量状态.NiO 体系中的价带与 Ni^{2+} 离子的能量状态对应,相应的半反应为

$$Ni^{3+} + e \longrightarrow Ni^{2+} \tag{5.28a}$$

NiO 的导带是与 Ni$^+$ 离子关联的能量状态,相应的半反应为

$$Ni^{2+} + e \longrightarrow Ni^+ \tag{5.28b}$$

这两个反应的能量分别对应于自由镍离子的第二和第三电离能.固体中的金属离子不是处于自由离子状态,在后面将考虑其他因素的影响.这两个半反应包含了我们所关心的电子之间的排斥作用.氧离子的能量状态对应于 O$^-$ 的电子亲和能

$$O^- + e \longrightarrow O^{2-} \tag{5.29}$$

从电离能和亲和能可以给出自由离子 O^{2-}/O$^-$、Ni$^+$/Ni^{2+} 和 Ni^{2+}/Ni^{3+} 的能级位置(图 5.29).在自由离子状态下,O^{2-}/O$^-$ 的能量最高,Ni$^+$/Ni^{2+} 次之,而 Ni^{2+}/Ni^{3+} 的能量最低.O^{2-}/O$^-$ 处于较高的能量位置是因为自由状态的 O^{2-} 离子是不稳定的.与 MgO 的情况类似,我们需要考虑晶格能、极化作用、晶体场和能带宽度等因素.在晶格势场作用下,正离子的

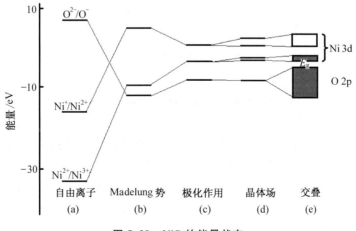

图 5.29 NiO 的能量状态

能量上升,负离子能量下降.离子间的极化效应使不同价态离子的能级发生变化,总的效果是使各半反应的能量差进一步减小.晶体场作用下,镍离子的 d 轨道发生分裂,再考虑轨道交叠形成能带等因素,可以得到如图 5.29 所示的 NiO 晶体的能量状态分布.其中,氧的 p 能带能量比较低,镍离子的 d 能带分裂成两个能带,能隙主要来自电子之间的排斥作用.值得注意的是,NiO 中的能带与前面讨论的单电子能带不同.电子之间强的排斥作用使电子不能成对地充填在能带中,因此,图 5.29 中的能量状态处于自旋极化状态,不同的能量状态中充填电子的自旋状态是不同的,这也是 NiO 具有反铁磁性的原因.

我们以 NiO 和 MnO 为例,进一步分析自旋极化能量状态的情况.图 5.30 给出了影响这两种过渡金属化合物 3d 能态的各种因素.我们从自旋-轨道耦合考虑电子自旋的影响(仅仅是从不同的角度看待同一个问题).Ni^{2+} 和 Mn^{2+} 离子自旋-轨道相互作用很强,使 d 轨道发生自旋-轨道分裂,不同自旋的电子充填在不同的轨道上.晶体场会使 d 轨道发生进一步分裂,但对于 NiO 和 MnO,晶体场引起的能级分裂比自旋-轨道耦合作用小.因此,NiO 和 MnO 的能带已经不是通常意义上的单电子能带了,离子的自旋-轨道耦合使不同自旋的能带具有不同的能量位置.NiO 中 Ni^{2+} 离子的自旋-轨道耦合比较强,晶体场分裂不能完全消除自旋-轨道耦合产生的自旋能级分裂,因而体系的能带实际上是不同自旋状态的能带.MnO 中的 Mn^{2+} 的自旋-轨道耦合更强,使价带和导带对应于不同的自旋状态.这种能带结构特征使 NiO 和 MnO 表现为反铁磁性的半导体.但应当指出,图 5.30 所示的能带结构只说明 NiO 和 MnO 中可能存在长程磁相互作用,并不能确定相互作用是反铁磁性还是铁磁性.材料的磁相互作用类型确定需要对材料的磁相互作用机理和磁结构进行具体的研究.

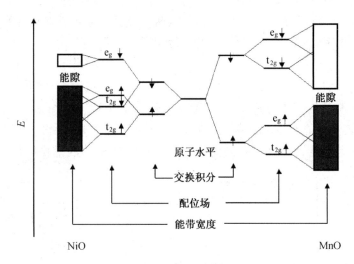

图 5.30　影响 NiO 和 MnO 能量状态的主要因素

NiO 能带结构特征对很多过渡金属反铁磁性半导体化合物都适用.这种分析从本质上讲是考虑了化合物能带中电子间的相互排斥作用,这种相互作用在一般的能带计算和晶体场理论中并没有加以考虑.但是也应看到,这种电子结构图像是大大简化了的,很难从中得出符合实际的能隙数值.对 NiO 来说,很多实验结果表明上述电子结构图像并非准确.氧 2p 能带应更高些,并与镍的 3d 能带存在一定的重叠.这种状况在铜的氧化物中表现得更为明显,人们对铜系氧化物超导材料的研究发现,铜氧化物的价带主要来源于氧的 2p 轨道.尽管如此,离子模型抓住了过渡金属化合物电子结构的最重要特征,即能隙主要是由电子排斥作用产生的.

5.7 过渡金属离子之间的相互作用

5.7.1 Hubbard 模型

细心的读者应当发现,我们介绍了固体材料电子结构的两种主要观点.5.3 节中介绍的能带理论适用于原子轨道间的相互作用比较强、能带比较宽、电子处于离域状态的体系.离子模型的能量状态有较强的局域特性,相应的能带比较窄,电子之间的排斥作用比较强.3d 过渡金属氧化物的性质(表 5.5)反映了能量状态从离域到局域的变化.TiO 具有金属导电性和 Pauli顺磁性,是典型的金属.TiO 的价带主要来源于 O 的 2p 轨道,导带主要是 Ti 的 3d 轨道,对于d^2 体系,导带未充满,因此具有金属导电性.过渡金属原子序数增加,3d 过渡金属氧化物从金属性逐步过渡到反铁磁性半导体,且反铁磁性 Néel 转变温度随原子序数的增加而增高.我们知道,随原子序数增加,3d 轨道的局域性增强,能带变窄,电子之间的排斥作用增强,因此需要用离子模型描述体系的电子结构.为了阐明金属性到磁性半导体的转变,一些物理学家提出了Mott-Hubbard(莫特-哈伯德)模型,下面简要地介绍 Mott-Hubbard 模型的基本观点.

Hubbard 模型有两个重要参数 W 和 U.其中,W 是能带的宽度;U 又称作 Hubbard-U,是电子之间的排斥作用产生的能隙.如果固体中的能带较宽,电子之间的排斥作用比较小,自旋状态可以近似地看成是简并的,物理性质可以用能带模型很好说明.当然,即使在能带比较宽的体系中,仍然存在电子间的排斥作用,但这种效应可以用平均势场描述.Hubbard-U 表示电子排斥效应,当体系的 U 值比较大时,电子间的排斥作用不能用平均势场描述,必须考虑电子的相互作用的细节.能带宽度(W)的数值可以从能带理论估算,也可以利用光电子能谱测量.但 Hubbard-U 的估算比较困难.在前面关于离子模型介绍中,使用的过渡金属电离能实际上就是自由离子的 Hubbard-U_{gas},可以用过渡金属电离能的差值表示

$$U_{gas} = I_3 - I_2 \tag{5.30}$$

通过对大量实际体系进行总结和比较,人们发现 U_{gas} 的变化规律与 Hubbard-U 是一致的,但绝对数值大很多,需要考虑离子之间的极化作用.例如,在 Ni 离子的电离能差值(U_{gas})约为 19eV 左右,而 NiO 中的 Hubbard-U 为 5 eV 左右.对稀土离子体系,尽管 f 轨道的成键作用比较弱,自由稀土离子的 U 也比固体中高 12 eV左右,这个数值对应于离子在介质中的极化作用.

我们可以利用 U 和 W 说明过渡金属固体化合物性质的变化(图 5.31).固体能带比较窄的体系(W 较小),电子之间的排斥作用比较强,使 d 轨道能带分裂成两个子能带(subband),禁带宽度是 Hubbard-U.不同子能带的自旋状态不同,因此化合物表现出磁性半导体性质,表5.5 中的一些 3d 过渡金属属于这种情况.假设

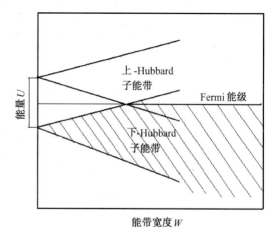

图 5.31 Hubbard 模型示意图

体系的能带逐步变宽,在某一临界值,两个 Hubbard 子能带相互交叠,能带被部分充填,材料表现出金属性质.但在临界点附近,能带中的电子自旋仍然可以是非简并的,材料可能表现出长程磁有序,一些锰氧化物巨磁阻材料应属于这种情况.利用图 5.31 中的 Hubbard 模型,可以定性地解释表 5.5 给出的 3d 过渡金属氧化物的性质.随核电荷数增加,过渡金属 d 轨道的径向分布减小,这一方面使 d 轨道与氧的 p 轨道之间交叠积分减小,能带宽度(W)变窄;另外,d 电子运动的空间分布减小使电子间的排斥作用增加,即 Hubbard-U 增加.其结果是 d 轨道更加局域化.因此,从 TiO 到 NiO,过渡金属氧化物由金属导体转变成反铁磁性的半导体.

5.7.2　Goodenough 化学键方法

Goodenough(古登纳夫)从更容易被化学家接受的化学键观点,提出半经验方法说明过渡金属化合物电子结构和物理性质的关系.化学键方法的基本思想是用轨道波函数的相互作用参数 b_{ij} 描述固体中相互作用,称为转移能.

$$b_{ij} = \langle \Psi_i | H | \Psi_j \rangle \approx \varepsilon_{ij} \langle \Psi_i | \Psi_j \rangle \tag{5.31}$$

式中:Ψ_i 和 Ψ_j 分别表示体系中分子的轨道波函数;ε_{ij} 是算符 H 的本征值;积分 b_{ij} 表示了固体中分子轨道间相互作用的强弱,它与相互作用的种类(H)和轨道的重叠积分成比例.在化学键方法中,并没有特别定义式(5.31)中相互作用算符 H 的确切含义,只是一种广义相互作用的度量,这将在下面的例子中作出进一步的说明.

在过渡金属化合物中,金属离子的相互作用可以是金属-金属直接相互作用,也可以通过金属离子之间的阴离子发生间接相互作用.图 5.32 示意地表示了这两种相互作用形式.当金属离子间以直接相互作用为主时,b_{ij} 表示金属离子间成键相互作用,这与金属离子之间的距离 R 直接相关,即 $b_{ij} \propto R^{-1}$,金属离子间的距离越小,成键相互作用越强.在很多体系中,金属离子的相互作用是通过中间的阴离子实现的,即金属-阴离子-金属相互作用.例如在 ReO$_3$ 中,所有的 ReO$_6$ 八面体共用顶点,铼离子间的相互作用只有通过氧离子才能实现.过渡金属化合物与 e$_g$ 和 t$_{2g}$ 对应的分子轨道可以表示为

$$\Psi_e = N_e(f_e - \lambda_\sigma \psi_\sigma) \tag{5.32a}$$

$$\Psi_{t2} = N_t(f_{t2} - \lambda_\pi \psi_\pi) \tag{5.32b}$$

式中:参数 N_e 和 N_t 为归一化常数;f_e 和 f_{t2} 分别为具有 e$_g$ 和 t$_{2g}$ 对称性的阳离子 d 轨道;ψ_σ 和 ψ_π 是具有合适对称性阴离子的 sp$_\sigma$ 和 dπ 轨道;λ 表示阴离子轨道波函数在 e$_g$ 和 t$_{2g}$ 分子轨道波函数中的份额,即表示金属离子与非金属离子相互作用的大小.在这种情况下,相互作用参数 b_{ij} 与 d 轨道-p 轨道相互作用参数 λ 有关,即 $b_{ij} \propto \lambda^2$.

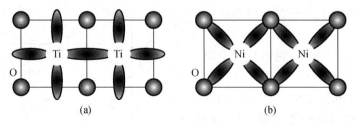

图 5.32　TiO 中相邻 Ti^{2+} 离子的 d$_{xy}$ 轨道直接相互作用(a)和 NiO 中相邻 Ni^{2+} 离子的 d$_{x^2-y^2}$ 轨道间接相互作用(b)

无论是金属-金属的直接相互作用还是金属-阴离子-金属的间接相互作用,当 b 值较小时,过渡金属的 d 轨道是局域的.随着 b 的增大,相互作用增强,体系逐渐过渡到离域状态.对于具有相同结构的系列化合物,可以定性地描述物理性质与轨道相互作用(b 值)之间的关系.图 5.33 给出了化合物性质相图(T-b 相图),其中 T_N 表示 Néel 温度:当在 T_N 温度以上,体系具有顺磁性,并符合 Curie-Weiss(居里-外斯)定律;在 T_N 以下,固体发生反铁磁性有序.T_{cs} 表示超导转变温度,在此温度以下,材料具有超导电性.当 b 值较小时($b < b_c$),反铁磁性有序温度可以表示为 $T_N \approx b^2/U$;随 b 值增加,Néel 温度上升.当 b 达到临界值 b_c 时,体系仍保持半导体性质,但磁有序温度将随 b 的增大而降低;当 b 大于临界值 b_m 时,体系转

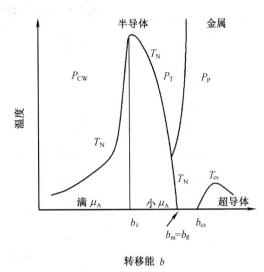

图 5.33 化学键方法示意图

变成为金属性,金属离子的磁有序逐步消失,材料将逐渐转变为 Pauli 顺磁性金属.当金属离子之间的相互作用非常强时,即 b 值很大时,体系可以具有超导电性.

在具有 NaCl 型结构的过渡金属化合物中,金属离子可以通过两种途径发生相互作用.过渡金属离子可以在面对角线方向上发生金属-金属直接相互作用,这种相互作用主要通过过渡金属离子 t_{2g} 轨道发生.当金属离子间的距离小于临界距离 R_c 时,化合物具有金属性.从表 5.5 可以知道,随原子序数的增加,金属离子之间的距离 R 值逐步增大.对于 TiO 和 VO,$b > b_m$,具有金属性.另一种相互作用是通过金属-氧离子-金属进行的,这种相互作用与金属和氧离子价轨道间的杂化有关.d 轨道与氧离子 p 轨道的能量差决定了两者间相互作用的大小,随过渡金属原子序数增加,d 轨道的能量下降,d 轨道与氧离子 p 轨道的能量差减小.因此,金属-氧离子-金属间的相互作用是随原子序数的增加而增大的.对于 3d 过渡金属氧化物,这种相互作用对应于金属离子通过氧离子的超交换作用,它使材料的磁有序转变温度 T_N 随过渡金属原子序数增加而上升.

下面我们考查具有金红石结构的过渡金属氧化物 MO_2.表 5.6 给出了部分具有金红石结构的过渡金属氧化物的物理性质.TiO_2 和 VO_2 中金属离子间的距离小于临界值 R_c,但由于 TiO_2 中没有 d 电子,因此表现为半导体性质.TiO_2 很容易被还原成 Ti_nO_{2n-1} 系列化合物,这相当于在 TiO_2 的 d 轨道中充填电子,因而 Ti_nO_{2n-1} 系列中很多成员具有金属导电性.VO_2 在室温下具有单斜结构,在高于 340 K 时转变到四方结构,这种结构的变化伴随着半导体-金属相变.四方结构的 VO_2 沿 c 轴方向上金属离子间的距离小于 R_c,因而表现为金属性.在转变温度以下的单斜结构中,V—V 离子对成键,d 电子被完全局域在成键轨道中,VO_2 转变为具有抗磁性的半导体.第二和第三过渡金属元素的 d 轨道径向分布更加弥散,因而 MoO_2 和 WO_2 都存在有较强的金属-金属键,材料都表现为抗磁性半导体.

表 5.6　金红石结构的过渡金属氧化物的性质

氧 化 物	$R/\text{Å}$	$R_c/\text{Å}$	性　质
TiO_2	2.96	3.0	抗磁性半导体,$E_g=3\text{ eV}$
VO_2	2.88	2.94	在 340 K 发生半导体-金属相变
CrO_2	2.92	2.86	铁磁性金属,$T_c=398$ K
$\beta\text{-}MnO_2$	2.87	2.76	反铁磁性,$T_N=94$ K
MoO_2	2.52,3.10	—	含有 Mo—Mo 金属键,抗磁性
WO_2	2.49,3.08	—	含有 W—W 金属键,抗磁性
RuO_2	3.14	—	Pauli 顺磁性金属

参考书目和文献

1. C. N. R. Rao and J.Gopalakrishnan. Structure-property Relations,in New Directions in Solid State Chemistry.Cambridge University Press,1989:p.264

2. P. A. Cox. Transition Metal Oxides.Oxford:Clarendon Press,1992

3. T. A. Albright,J. K. Burdett and M. H. Whangbo. Orbital Interactions in Chemistry.John Wiley and Sons,1985

4. A. R. West. Solid State Chemistry and Its Applications. John Wiley and Sons,1992

5. E. Canadell,M. H. Whangbo. Conceptual Aspects of Structure-property correlations and Electronic Instabilities,with Applications to Low-dimensional Transition-metal Oxides. Chem. Rev.,1991,91:965

6. J. K. Burdett. From Bonds to Bands and Molecules to Solids. Prog. Solid State Chem.,1984,15:173

7. Hughbanks and R. Hoffmann. Chains of Trans-edge-sharing Molybdenum Octahedra Metal-metal Bonding in Extended Systems. J. Am. Chem. Soc.,1983,105:3528

8. M. Kertesz and R. Hoffmann. Octahedral vs. Trigonal-prismatic Coordination and Clustering in Transition-metal Dichalcogenides. J. Am. Chem. Soc.,1984,106:3453

9. L. F. Mattheiss. Electronic Properties of Superconducting $LuNi_2B_2C$ and Related Boride-carbide Phases. Phys. Rev. B,1994,49:48

10. G. Miller. On the Electronic Structure of the New Intermetallic $LnNi_2B_2C$. J. Am. Chem. Soc.,1994,116:6332

11. E. Canadell. Dimensionality and Fermi Surface of Low-dimensional Metals. Chem. Mater.,1998,10:2770

12. P. A. Cox. Electronic Structure of Solids,in Solid State Chemistry,Compounds,ed. by A. K. Cheetham and P. Day. Oxford:Clarendon Press,1992:p.1

13. R. Hoffmann,著;郭洪猷,李静,译.固体与表面.北京:化学工业出版社,1996

习　　题

5.1　阅读文献[1]或[2],讨论过渡金属氧化物的电子结构特点.

5.2　阅读文献[6],讨论能带理论与分子轨道理论的基本要点.

5.3　阅读文献[7]或[8],注意如何利用能带理论理解固体化合物的结构.

5.4　阅读文献[9]或[10],讨论金属间化合物超导体 $LuNi_2B_2C$ 的电子结构特点.

5.5　阅读文献[5]或[11],讨论低维固体化合物的电子结构特点.

5.6　我们说某物质在某能量间隔内的能态密度为零,是指:

(a) 在这个能量间隔内没有电子充填

(b) 在这个能量间隔内不存在电子的能量状态

(c) Fermi 能级处于这个能量间隔中

(d) 这个物质是一种半导体

5.7　第一过渡周期金属的一氧化物具有 NaCl 结构,其性质随原子序数增加从金属性变为半导体性,请从电子结构的观点说明上述性质的变化.

5.8　VO_2 和 TiO_2 同具有金红石结构,但物理性质差别很大.TiO_2 是半导体,而 VO_2 的高温物相是金属.请说明原因.

5.9　WO_3 是半导体,但是,与金属钠反应后生成的 $Na_xWO_3(x \approx 1)$ 是金属,请说明原因.

5.10　简述稀土元素 f 轨道、过渡金属 d 轨道以及 s 和 p 轨道电子成键特征.

5.11　简述 MgO 与 NiO 能带结构的特点.

5.12　假设 H 原子可以形成一维分子链,分别画出当 H—H 键长较大和较小时能带结构的示意图.

5.13　如何从实验上证明某种材料具有金属或半导体性质?

5.14　绘出聚乙炔中 p_π 轨道构成的能带和电子充填状况,说明未掺杂的聚乙炔为什么不具有金属性.

第6章 材料中的缺陷

通常,化合物有确定的组成和结构,也有一些固体化合物具有确定的结构,但组成可以在一定范围内变化.一个典型的例子是氧化亚铁.氧化亚铁具有 NaCl 结构,但化合物的组成并不是 FeO,而可以在 $Fe_{0.870}O$ 到 $Fe_{0.952}O$ 之间变化,其中存在有很大数量的铁离子空位,这种离子空位就是一种晶格缺陷.缺陷在固体化合物中是普遍存在的,即使我们平时认为组成确定的化合物,晶格中也会存在少量的缺陷,如 NaCl 中存在少量的 Na 空位和 Cl 空位.从形态上看,缺陷可以分成点缺陷、线缺陷和面缺陷;从缺陷的来源看,还可以分为本征缺陷和掺杂缺陷.缺陷对材料的性质有很大的影响.材料的光、电、磁学性质与其本征缺陷和掺杂缺陷的种类和浓度相关,光纤和非线性光学材料中微量的杂质会对其性质有致命的影响;但半导体的掺杂可以使材料具有 p 型或 n 型导电性;掺杂 Cr^{3+} 的红宝石 Al_2O_3 是第一个实现激光输出的晶体;对一些铜氧化物进行不等价取代,可以得到高温超导材料,等等.线缺陷和面缺陷对材料的机械性能有很大影响,理想晶体的理论屈服强度很高,但线缺陷和面缺陷的存在可以使材料的强度下降一个数量级.由此可以看到,理解材料的性质需要研究材料中的各类缺陷的结构和性质.

一般地说,晶体中缺陷数目比较小,常规的化学和结构研究方法不适于研究缺陷,但缺陷的存在可以赋予材料某些物理和化学性质,因此,可以利用各种光、电、磁谱学技术研究缺陷的性质.一些缺陷浓度较高的体系可以利用结构研究方法,我们在前面已经讲过,NbO 具有与 NaCl 相关的缺陷结构,其中 1/4 的阳离子和阴离子格位没有被占据.从缺陷的角度看,NbO 中阳离子和阴离子空位缺陷浓度是 25%,但这实际上是结构的一部分,并非结构的不完整性.

晶体中产生缺陷需要一定的能量(ΔH),称作缺陷的生成焓(creative energy),缺陷的存在使体系的构型熵(configuration entropy)增加.晶体缺陷的构型熵变化可以用 $\Delta S = k \ln W$ 表示,其中 W 是体系的微观状态数,可以表示为

$$W = \frac{(N + N_\mathrm{d})!}{N_\mathrm{d}! \ N!} \qquad (6.1)$$

式中：N 和 N_d 分别为晶体中正常格位原子的数目和缺陷的数目.当缺陷浓度比较低时,缺陷的总生成焓(ΔH)比较小,而构型熵变化比较大,因此,缺陷的存在使体系的自由能降低.随缺陷浓度增加,构型熵变化越来越慢,但缺陷生成能 ΔH 始终随缺陷浓度线性上升,因此,在一定缺陷浓度下,体系达到平衡,继续增加缺陷浓度从能量上是不利的,对应的缺陷浓度是此温度下的平衡浓度.图 6.1 给出了体系熵、焓和 Gibbs(吉布斯)自由能随缺陷浓度的变化情况.只要温度高于热力学零度,晶体中都会存在着一定浓度的缺陷,且随温度的升高而增加.

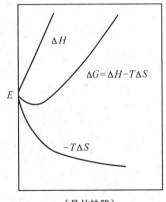

[晶体缺陷]

图 6.1 晶体缺陷的熵、焓和自由能随缺陷浓度的变化

6.1 点缺陷的种类和表示方法

点缺陷对材料的物理和化学性质影响很大,是缺陷研究的重点.点缺陷可以分成两类:本征缺陷和掺杂缺陷.本征缺陷是指由构成晶体的原子或离子偏离原有格位所产生出的各种缺陷,常见的本征缺陷有空位缺陷、间隙缺陷和错位缺陷.掺杂缺陷是指外来原子或离子进入晶格而产生的缺陷.掺杂原子可以进入基质晶体的正常格位,也可以占据基质晶体的间隙格位.当掺杂离子与基质晶体离子的氧化态不同时,常会诱导产生本征缺陷,以补偿掺杂缺陷的电荷,产生电荷补偿缺陷.

间隙缺陷和空位缺陷是两类常见的本征缺陷,在离子晶体、金属晶体和共价晶体等各种类型的材料中都可能出现间隙缺陷和空位缺陷.当组成晶体的原子或离子性质相近时,也会出现错位缺陷.间隙缺陷是正常格位上的原子或离子进入间隙格位形成的缺陷.AgCl 具有 NaCl 结构,正常格位上的 Ag^+ 离子是八面体配位,当正常格位的 Ag^+ 离子迁移到间隙格位时(图6.2),产生一个间隙 Ag^+ 离子和八面体空位,由于间隙格位是四面体空隙,只有极化能力比较强的离子可以处于四面体格位.

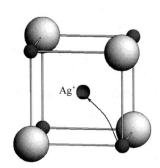

图 6.2 AgCl 中的间隙离子缺陷

表示点缺陷的通用方式是 Kröeger(克鲁格)与 Vink(芬克)于 1974 年提出的,缺陷符号分主体部分和上下标.空位缺陷用字母 V(vacancy)表示,右下标的元素符号表示空位缺陷所在格位.举例来说,碱金属卤化物晶体 MX 的阳离子空位缺陷可以表示成 V_M,阴离子空位缺陷则可以用 V_X 表示.间隙缺陷的主体部分用处于间隙格位离子的元素符号表示,下标 i 表示处于间隙(interstitial)位置.MX 晶体中的间隙阳离子可以表示为 M_i,间隙阴离子则可以表示为 X_i.BaFCl 是一种复合卤化物,F^- 和 Cl^- 离子的性质相近,可以产生错位缺陷,可能的两种错位缺陷是 Cl_F 和 F_{Cl},分别表示处于 F^- 离子格位上的 Cl^- 离子和处于 Cl^- 离子格位上的 F^- 离子.晶体中的点缺陷可以引起晶格畸变.例如,由于离子空位的存在,周围的离子发生一定位移,以降低空位缺陷造成的内应力.图 6.3 给出了 CdTe 晶体的高分辨电镜图像,间隙缺陷在一定范围内影响了原子的排列.

缺陷电荷用有效电荷表示.缺陷的有效电荷定义为缺陷电荷减去晶体的正常格位的电荷.为

图 6.3　利用高分辨电镜图像观察
CdTe 结构中的间隙缺陷

避免与离子电荷表示方法混淆，Kröeger 提出用"·""′"和"×"分别表示有效电荷为 $+1$、-1 和 0．我们先看看 NaCl 晶体中 Na^+ 离子和 Cl^- 离子空位缺陷（V_{Na} 和 V_{Cl}）的有效电荷．空位缺陷上没有离子，实际电荷为 0．晶体正常钠离子格位的实际电荷为 $+1$，因此，Na^+ 离子空位缺陷的有效电荷是 $0-(+1)=-1$，可以表示为 V'_{Na}．其实缺陷的有效电荷也可以用另一种思路来理解．在没有形成空位缺陷时，Na^+ 离子和 Cl^- 离子电荷抵消，正常晶格的电荷为零．当形成 Na^+ 离子空位时，相当于从晶格中拿走一个 $+1$ 价离子，因而，Na^+ 空位缺陷的有效电荷是 $0-(+1)=-1$．类似地，我们也可以算出 Cl^- 空位缺陷的有效电荷则是 $0-(-1)=+1$，可以表示为 $V_{Cl}^·$．同样，AgCl 中的间隙 Ag^+ 离子缺陷可以表示为 $Ag_i^·$；CaF_2 中的间隙 F^- 离子可以表示为 F_i'．BaCl 中的错位缺陷的电荷为 0，可以表示为 $Cl_F^×$ 和 $F_{Cl}^×$．需要进一步强调的是，缺陷的有效电荷不是缺陷带有的实际电荷，而是相对于正常格位的相对电荷．

我们现在考查掺杂缺陷．外来原子或离子占据正常格位形成了掺杂缺陷，掺杂缺陷的表示方法与前面讲的错位缺陷类似．例如，在 NaCl 中掺杂少量 TlCl，Tl^+ 离子占据基质晶体中 Na^+ 离子格位，形成 Tl^+ 离子掺杂缺陷，缺陷符号 $Tl_{Na}^×$ 表示了处于 Na^+ 离子格位上的 Tl^+ 离子．这里 Tl^+ 离子的电荷为 $+1$，与 Na^+ 离子相同，我们称其为等价掺杂缺陷．如果掺杂离子的氧化态不同于基质晶体离子，则为离子的不等价掺杂．例如，NaCl 中掺杂少量 $CaCl_2$，Ca^{2+} 取代晶体中 Na^+ 的位置，产生带正电荷的掺杂缺陷 $Ca_{Na}^·$，晶体同时发生相应的变化，以补偿掺杂缺陷所带的额外有效电荷．在 NaCl 晶体中，补偿缺陷可以是间隙阴离子 Cl_i'，也可以是阳离子空位 V'_{Na}．由于 Cl^- 离子的体积比较大，阳离子空位更加有利，因此，掺杂 $CaCl_2$ 的 NaCl 晶体中的缺陷应当是 $Ca_{Na}^· + V'_{Na}$．掺杂原子或离子也可以占据基质晶体的间隙格位，形成间隙杂原子缺陷，这种缺陷的表达方式与本征间隙缺陷是一样的．在有些体系中，基质晶体中存在可以变价的金属离子，当进行不等价取代时，这些金属离子的价态发生变化，产生补偿缺陷．例如，在复合氧化物 La_2CuO_4 中掺杂 Sr^{2+} 离子，产生掺杂缺陷 Sr_{La}'，晶体中的部分 Cu^{2+} 离子转变为 $+3$ 价，产生的 $Cu_{Cu}^·$ 补偿了不等价掺杂缺陷的电荷．

6.2　本征缺陷

6.2.1　几种重要的本征缺陷

最常见的本征缺陷是 Frenkel（弗仑克尔）缺陷和 Schottky（肖特基）缺陷，这两种缺陷都是成对缺陷．其他常见的本征缺陷还有阳离子空位、阴离子空位以及位错缺陷等．

Frenkel 缺陷：我们考查一下 Frenkel 缺陷的形成过程．晶体中的原子在平衡位置附近做热运动，并遵循 Maxwell（麦克斯韦）分布，某些动能较大的原子可以离开平衡位置进入间隙位置，并在格位上留下一个空位．这种空位缺陷和间隙缺陷构成的缺陷对就是 Frenkel 缺陷［图 6.4(a)］．晶体间隙格位的体积比较小，只有体积较小或极化作用较强的原子或离子容易形成

Frenkel 缺陷. 例如, AgCl 和 AgBr 都容易形成 Frenkel 缺陷, $V'_{Ag} + Ag_i^{\cdot}$.

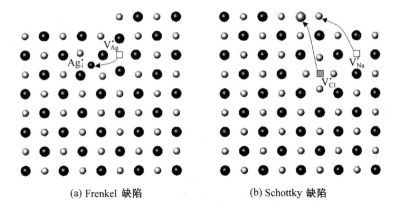

(a) Frenkel 缺陷　　　　　　　(b) Schottky 缺陷

图 6.4　AgCl 中的 Frenkel 缺陷 (a) 和 NaCl 中的 Schottky 缺陷 (b)

Schottky 缺陷: 是指一对阳离子空位和阴离子空位缺陷 [图 6.4(b)]. 我们以 NaCl 为例说明 Schottky 缺陷的形成过程. 表面附近的 Na^+ 离子和 Cl^- 离子扩散到表面, 在表面形成新的 NaCl 层, 同时在晶体中留下 Na^+ 离子和 Cl^- 离子空位. 这两种空位缺陷可以扩散到晶体的内部, 形成 Schottky 缺陷, 表示成 $V'_{Na} + V_{Cl}^{\cdot}$.

在通常条件下, 晶体中的本征缺陷浓度比较低, NaCl 中的 Schottky 缺陷数目大约是正常格位的 $1/10^{15}$, 数目虽然不大, 但是对于 NaCl 光学和电学性质具有很大影响. 纯净的 NaCl 晶体是绝缘体, 其微弱的电导主要是由空位缺陷的迁移造成的

$$\sigma = \sigma_0 \exp\left(\frac{E_f/2 + E_m}{kT}\right) \tag{6.2}$$

式中: E_f 和 E_m 分别是空位缺陷的生成能和迁移能.

图 6.5 给出了 NaCl 晶体的电导随温度的变化. 曲线可以分成两部分, 分别为本征缺陷导电区域和杂质导电区域. 任何 NaCl 晶体中都会有一定浓度的杂质存在, 在 493 K 以下, NaCl 的电导主要是由晶体中存在杂质和空位缺陷引起的, 这个区域中电导率曲线的斜率对应于空位缺陷的迁移能 E_m; 在 493 K 以上, 本征 Schottky 缺陷成为晶体中的主要缺陷, 电导率曲线的斜率对应于空位缺陷的生成能和迁移能 $(E_f/2 + E_m)$. 因此, 从 NaCl 晶体的电导率曲线, 我们能够分别得到空位缺陷的迁移能和生成能.

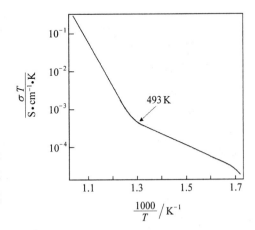

图 6.5　NaCl 晶体电导率随温度的变化

在不同的晶体中, Frenkel 缺陷和 Schottky 缺陷出现的可能性有很大差别, 占优势的缺陷应是生成能 (ΔH) 比较低的缺陷. 表 6.1 列出了几种典型晶体中的主要本征缺陷. 碱金属卤化物和碱土金属氧化物中主要是 Schottky 缺陷, 银的卤化物、萤石结构的碱土金属氟化物和稀土氧化物中主要是 Frenkel 缺陷.

表 6.1　一些晶体中的主要本征缺陷

晶　体	结　构	主要的本征缺陷
碱金属卤化物	NaCl	Schottky
碱土金属氧化物	NaCl	Schottky
AgCl,AgBr	NaCl	阳离子 Frenkel
卤化铯,TlCl	CsCl	Schottky
BeO	纤锌矿	Schottky
碱土金属氟化物,CeO_2,ThO_2	萤石	阴离子 Frenkel
ZnCu	简单立方	位错缺陷

阳离子空位缺陷和阴离子空位缺陷:一些金属氧化物可以形成阳离子空位缺陷或阴离子空位缺陷.特别是一些过渡金属氧化物,由于其金属离子有变价的特性,这些空位缺陷的浓度有可能较高,导致缺陷缔合在一起,形成各种形式的缺陷簇.

我们以一氧化铁为例说明过渡金属氧化物中缺陷的特点.一氧化铁具有 NaCl 结构,组成在 $Fe_{0.870}O$ 到 $Fe_{0.952}O$ 之间.从化合物的组成可以知道,晶体中应当存在 Fe^{3+} 离子和 Fe^{2+} 离子的空位.人们曾经对一氧化铁中的缺陷进行过系统的研究.我们知道,Fe^{2+} 离子倾向于八面体配位,而 Fe^{3+} 离子则倾向于占据四面体格位.因此,晶体中的 Fe^{3+} 离子应当进入 NaCl 结构的间隙四面体位置,形成铁离子间隙缺陷和铁离子空位缺陷

$$Fe_{Fe(oct)}^{\cdot} + V_{i(teta)} \longrightarrow Fe_{i(teta)}^{\cdots} + V_{Fe(oct)}'' \qquad (6.3)$$

根据中子衍射研究结果,人们提出一氧化铁的间隙缺陷和空位缺陷可以形成缺陷簇.缺陷簇的体积很大,几乎与一氧化铁的单胞体积差不多.图 6.6 给出了 Koch(科赫)和 Cohen(科恩)提出的缺陷簇的结构示意图.他们提出的缺陷簇包含有 4 个处于四面体间隙格位的 Fe^{3+} 离子和 13 个八面体空位.这个缺陷模型与中子衍射结果相吻合.理论计算也表明,这种结构的缺陷簇在能量上是有利的.

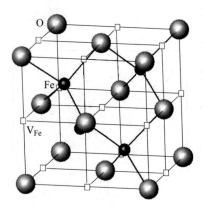

图 6.6　一氧化铁中的缺陷簇
(Koch 和 Cohen 提出)

将 TiO_2 或钛酸盐固体材料在空气或还原性气氛中加热,会产生氧空位缺陷 $V_O^{\times}$.由于 $V_O^{\times}$ 具有给出电子的趋势,同时 +3 价也是钛离子较稳定的价态,因而晶格中实际存在的缺陷可能是 $V_O^{\cdot}$ 和 Ti_{Ti}' (Ti^{3+}).Ti_{Ti}' 的存在有利于氧空位缺陷的形成;气氛的还原性越强,也有利于氧空位缺陷的形成.

位错缺陷:性质相近和原子或离子之间有可能在晶格中相互换位,形成位错缺陷,位错缺陷也是成对缺陷.如金属间化合物 ZnCu 中,Zn 原子和 Cu 原子之间可以相互换位,形成位错缺陷 $Cu_{Zn}^{\times}$ 和 $Zn_{Cu}^{\times}$.BaFCl 中 F^- 离子和 Cl^- 离子之间也可以相互换位,形成位错缺陷 $Cl_F^{\times}$ 和 $F_{Cl}^{\times}$.

6.2.2　本征缺陷的能量状态

我们知道,在 NaCl 中,价带主要来源于 Cl^- 的 p 轨道,导带主要来源于 Na^+ 的 s 轨道,价

带与导带之间有很宽的禁带.缺陷的存在破坏了晶体势场的周期性,相当于施加了一个局域的微扰势场,使晶体中电子的局域运动状态发生改变,因此,缺陷在禁带中形成局域缺陷能级.缺陷的局域能级与能带相关联,我们可以从固体能带定性地了解缺陷能级的位置.

以 NaCl 晶体中的 Na^+ 离子空位为例(图 6.7),Na^+ 离子处于 6 个 Cl^- 形成的八面体中心,当出现 Na^+ 离子空位时,缺陷周围的 Cl^- 向八面体中心方向偏移,这使 Cl^- 的 p 轨道之间的相互作用发生变化,从而在价带附近形成一个局域的缺陷能级.由此可以知道,V_{Na}' 的能量状态是由于 Na^+ 空位对 Cl^- 能带的微扰造成的,缺陷的能级位置应当位于价带附近的禁带中.同样,我们可以知道 $V_{Cl}^{\cdot}$ 的能量状态是 Cl^- 空位对导带的微扰产生的,因此,$V_{Cl}^{\cdot}$ 的能级位于导带附近的禁带中.禁带中的缺陷能级相当于载流子的陷阱,可以束缚晶体中的载流子.NaCl 晶体中的氯离子空位 $V_{Cl}^{\cdot}$ 是电子陷阱,俘获电子后缺陷的有效电荷发生变化,生成 $V_{Cl}^{\times}$.同样,钠离子空位缺陷 V_{Na}' 是空穴陷阱,俘获空穴生成 $V_{Na}^{\times}$.图 6.8 给出了俘获了电子或空穴的 Cl^- 和 Na^+ 空位缺陷的能级示意图.$V_{Cl}^{\times}$ 的能级位于导带之下,在热微扰下可以向导带释放电子,故该能级被称为施主(donor)能级;$V_{Na}^{\times}$ 的能级在价带之上,可以俘获价带中的电子在价带中形成空穴,该能级被称为受主(acceptor)能级.电子的释放和空穴的形成提高了材料的导电性.

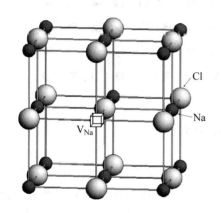

图 6.7 NaCl 晶体中 Na^+ 空位缺陷的示意图

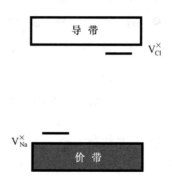

图 6.8 NaCl 晶体中俘获了电子或空穴的 Cl^- 和 Na^+ 空位缺陷的能级示意图

在 X 射线或 γ 射线等强电离射线辐照下,NaCl 晶体价带中的电子可以被激发到导带,在价带中产生空穴.如果晶体中只含有本征缺陷,导带电子可以被 Cl^- 离子空位俘获形成 $V_{Cl}^{\times}$,价带中的空穴被 Na^+ 离子空位俘获形成 $V_{Na}^{\times}$.俘获的电子和空穴被束缚在缺陷上,其能量状态类似于 H 原子,但体系的中心电荷弥散分布在缺陷附近的离子上,中心电荷与束缚电荷的相互作用比较弱.与 H 原子相似,体系中也存在一系列分立的能级,束缚电荷可以在能级间跃迁,使晶体带有一定的颜色,称作色心(color center),也称为 F-心(来自于德语的颜色中心 farben zentre).晶体中的色心是固体物理的一个重要研究领域.在电离辐照后,NaCl 晶体中 Cl^- 离子空位缺陷俘获了一个电子,形成 F-心,NaCl 中的 F-心呈黄绿色.在电离辐射照射下,晶体中同时存在有电子和空穴俘获中心,是非热力学平衡体系.在可见光照射或加热条件下,被俘获的电子和空穴可以从缺陷中释放出来.在一些体系中,电子与空穴复合可以产生荧光发射,人们利用这种发光过程制成了数字化医学成像系统,取得了很大成功.

　　除了用电离辐射之外,在碱金属蒸气中加热碱金属卤化物晶体也可以得到色心

$$Na(g) =\!=\!= V_{Cl}^\times (F\text{-}心) + Na_{Na}^\times \tag{6.4}$$

其中 $Na_{Na}^\times$ 表示正常格位上的 Na^+ 离子.我们可以这样来理解式(6.4)表示的反应过程:气相中 Na 原子吸附在晶体表面,在表面形成正常格位的 Na^+ 离子和 Cl^- 离子空位,Cl^- 离子空位扩散到晶体内部.Na 原子给出的一个电子被 Cl^- 离子空位缺陷俘获,生成 F-心 $V_{Cl}^\times$.式(6.4)是一个热力学平衡过程,得到的 F-心是稳定的.

　　在电离辐射下,除了 F-心以外,碱金属卤化物中可以产生很多其他类型的色心,其中比较重要的有 H-心和 V-心.这两种色心都可以看成是晶体中的 Cl^- 离子俘获空穴形成的分子离子 Cl_2^-,但 2 个 Cl^- 离子所处的位置不同.H-心中 Cl 分子离子 Cl_2^- 占据晶体中一个 Cl^- 离子格位,V-心中的 Cl_2^- 占据了 2 个 Cl^- 离子格位(图 6.9).

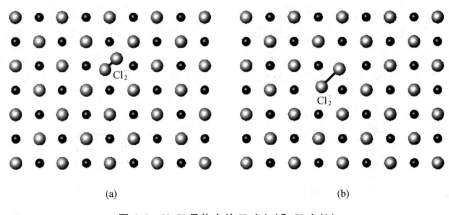

图 6.9　NaCl 晶体中的 H-心(a)和 V-心(b)

　　V-心可以看成是正常格位上的 Cl^- 离子俘获空穴,形成 Cl 原子,再与相邻格位上的 Cl^- 离子结合生成 Cl_2^-.H-心是间隙格位上的 Cl 原子俘获空穴,并与相邻格位的 Cl^- 离子结合形成的 Cl 分子离子 Cl_2^-.从化学的观点看,Cl_2^- 分子轨道的反键轨道中只有一个电子,2 个 Cl 原子之间的共价键有一定成键成分,能级位于价带附近.因此,H-心和 V-心的能级都位于价带附近的禁带中.一般地说,H-心和 V-心的陷阱深度比较浅,只有在低温下才能稳定存在.电离辐射照射还可以产生很多其他缺陷(表 6.2),人们已经研究了这些缺陷和色心的物理和化学性质,但由于体系的复杂性,很多问题仍然不是很清楚.

表 6.2　常见的几种色心和对应的缺陷

色心	缺陷种类
F-心	俘获电子的阴离子空位
F′-心	俘获两个电子的阴离子空位
F_A-心	与杂原子相邻的俘获电子的阴离子空位
H-心	占据同一格位 Cl_2^-
V-心	占据两个相邻阴离子格位的 Cl_2^-
M-心	一对相邻的 F-心
R-心	在(111)晶面上的 3 个 F-心

6.2.3 缺陷平衡

晶体中的缺陷之间像其他化学物质一样也存在着反应平衡关系.晶体中缺陷的浓度很低,可以用类似于稀溶液化学平衡的方式表达缺陷之间的平衡,用质量作用定律表示浓度间的定量关系.然而稀溶液中的化学反应一般在室温附近即可达到平衡,而固体中的缺陷平衡需要在高温下才能达到.表示固体中的缺陷平衡要考虑以下几点:(1) 质量平衡,方程两边各种原子(或离子)的个数相等;(2) 电荷平衡,方程两边的总有效电荷必须相同;(3) 格点平衡,格点数成正确比例,例如,对于组成为 M_aX_b 的材料,每增加 a 个 M 格点,须同时增加 b 个 X 格点;(4) 间隙原子 M_i 和 X_i,电子和空穴,e 和 h 不参与格点数计算.上述表示缺陷平衡的要点对于本征缺陷、掺杂缺陷和变价缺陷都是适用的,本节中我们主要讨论本征缺陷的平衡关系,对于其他缺陷的平衡,我们在随后的小节中进行讨论.

假定 MX 晶体中存在阳离子空位 $V_M^\times$ 和阴离子空位 $V_X^\times$,其产生过程可以表示为

$$0 = V_M^\times + V_X^\times \tag{6.5}$$

其中 0 表示理想晶体.根据质量作用定律,可以有

$$K_S = [V_M^\times][V_X^\times] \tag{6.6}$$

式中:K_S 为平衡常数(下标 S 代表 Schottky 缺陷).用 K_S^i 表示电离状态下的 Schottky 缺陷平衡常数,可以推出

$$K_S^i = \frac{K_X^i K_M^i K_S}{K_i}$$

固体与气相(X_2)之间的化学平衡可以用下面的反应式表示

$$X_X^\times = \frac{1}{2}X_2(g) + V_X^\times \tag{6.7}$$

相应的浓度平衡为

$$K_{V_X} = p^{1/2}(X_2)\frac{[V_X^\times]}{[X_X^\times]} = p^{1/2}(X_2)[V_X^\times] \tag{6.8}$$

$p(X_2)$ 为 X_2 的分压,$[X_X^\times]$ 可以不表示在质量作用方程式中.事实上,X_2 的分压也会影响晶体中阳离子空位的平衡

$$\frac{1}{2}X_2(g) = X_X^\times + V_M^\times \tag{6.9}$$

$$K_{V_M} = \frac{[V_M^\times]}{p^{1/2}(X_2)} \tag{6.10}$$

电中性缺陷可以发生电离

$$V_X^\times = V_X^\cdot + e' \tag{6.11}$$

$$V_M^\times = V_M' + h^\cdot \tag{6.12}$$

式中:e' 和 $h^\cdot$ 分别为导带中的电子和价带中的空穴.相应的平衡为

$$K_{V_X}^i = \frac{[V_X^\cdot]n}{[V_X^\times]} \tag{6.13}$$

$$K_{V_M}^i = \frac{[V_M']p}{[V_M^\times]} \tag{6.14}$$

式中:n 和 p 表示电子和空穴的浓度.其中电子和空穴之间也存在平衡

$$K_i = np \tag{6.15}$$

无论缺陷浓度如何变化,整个晶体中的电荷均是平衡的

$$n + [V_M'] = p + [V_X^{\cdot}] \tag{6.16}$$

这里有 7 个变量和 7 个方程.对以上 6 个质量作用定律关系式分别取对数

$$\ln K_S = \ln [V_M^{\times}] + \ln [V_X^{\times}] \tag{6.17}$$

$$\ln K_{V_X} = \frac{1}{2}\ln p(X_2) + \ln [V_X^{\times}] \tag{6.18}$$

$$\ln K_{V_M} = \ln [V_M^{\times}] - \frac{1}{2}\ln p(X_2) \tag{6.19}$$

$$\ln K_{V_X}^i = \ln [V_X^{\cdot}] + \ln n - \ln [V_X^{\times}] \tag{6.20}$$

$$\ln K_{V_M}^i = \ln [V_M'] + \ln p - \ln [V_M^{\times}] \tag{6.21}$$

$$\ln K_i = \ln n + \ln p \tag{6.22}$$

式(6.16)的电中性条件在特定条件下可以进一步简化.在偏离化学整比条件下,如果晶体中阳离子空位可以忽略,空穴的浓度就会比较低,电中性条件可以表示为

$$n = [V_X^{\cdot}] \tag{6.23}$$

这样上述方程中的所有缺陷浓度都可以用分压表示.同样,在偏离化学整比条件下,如果假定晶体中阴离子空位和电子浓度可以忽略,电中性条件可以表示为

$$p = [V_M'] \tag{6.24}$$

我们同样可以得到晶体中缺陷浓度与 X_2 分压之间的关系.如果晶体的组成在化学整比附近,晶体中的缺陷以本征缺陷为主,同时,对很多无机固体化合物而言,禁带比较宽,电子和空穴的浓度比较低,这时电中性条件可以简化为

$$[V_M'] = [V_X^{\cdot}] \tag{6.25}$$

我们可以得到在此条件下缺陷浓度与 X_2 分压之间的关系.因此,晶体中缺陷平衡可以分成上述 3 个不同区域,分别对应于阴离子空位浓度较大(区域Ⅰ)、接近化学整比(区域Ⅱ)和阳离子空位浓度较大(区域Ⅲ)的情况.

表 6.3 给出了 3 个区域中缺陷浓度与 X_2 分压之间的关系.其中的 R 为

$$R = K_{V_M} p^{1/2}(X_2) = [V_M^{\times}] \tag{6.26}$$

图 6.10 给出了在 $K_S^i > K_i$ 条件下缺陷浓度与 X_2 分压之间的关系,该图被称为 Brouwer

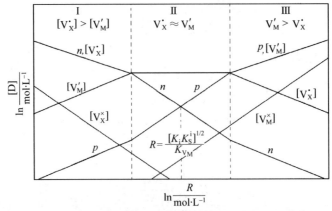

图 6.10　在 $K_S^i > K_i$ 条件下 MX 晶体中的缺陷浓度与 X_2 分压之间的关系(Brouwer 图)

6.2 本 征 缺 陷

(布劳沃)图.用同样的方式也可以得到 $K_i > K_S^i$ 条件下缺陷浓度与 X_2 分压之间的关系.绝缘体的禁带比较宽,晶体中以空位或间隙缺陷为主,满足 $K_S^i > K_i$ 的条件.而对半导体而言,电子和空穴的浓度比较大,满足 $K_i > K_S^i$ 的条件.从表 6.3 可以知道,这只影响区域Ⅱ中的缺陷平衡,而区域Ⅰ和Ⅲ不受影响.利用晶体中缺陷浓度与 X_2 分压之间的关系,可以研究很多体系物理性质的变化.

表 6.3　一些 MX 晶体中的缺陷平衡

缺陷	区域Ⅰ	区域Ⅱ		区域Ⅲ
		$K_S^i > K_i$	$K_i > K_S^i$	
n	$\left(\dfrac{K_S^i K_i}{K_{V_M}^i R}\right)^{1/2}$	$\dfrac{(K_S^i)^{1/2} K_i}{K_{V_M}^i R}$	$(K_i)^{1/2}$	$\dfrac{K_i}{(K_{V_M}^i R)^{1/2}}$
p	$\left(\dfrac{K_i K_{V_M}^i R}{K_S}\right)^{1/2}$	$\dfrac{K_{V_M}^i R}{(K_S)^{1/2}}$	$(K_i)^{1/2}$	$(K_{V_M}^i R)^{1/2}$
$[V_M^\times]$	R	R	R	R
$[V_M']$	$\left(\dfrac{K_S^i K_{V_M}^i R^2}{K_i}\right)^{1/2}$	$(K_S^i)^{1/2}$	$\left(\dfrac{K_{V_M}^i}{K_i^{1/2}}\right) R$	$(K_{V_M}^i R)^{1/2}$
$[V_X^\times]$	$\dfrac{K_S^i K_i}{K_{V_X}^i K_{V_M}^i R}$	$\dfrac{K_S^i K_i}{K_{V_X}^i K_{V_M}^i R}$	$\dfrac{K_S^i K_i}{K_{V_X}^i K_{V_M}^i R}$	$\dfrac{K_S^i K_i}{K_{V_X}^i K_{V_M}^i R}$
$[V_{\ddot{X}}]$	$\left(\dfrac{K_S^i K_i}{K_{V_M}^i R}\right)^{1/2}$	$(K_S^i)^{1/2}$	$\dfrac{K_S^i K_i^{1/2}}{K_{V_M}^i R}$	$\dfrac{K_S^i}{(K_{V_M}^i R)^{1/2}}$

　　材料中的缺陷影响其导电性能,因而通过测量材料的电导是研究缺陷的重要手段之一.从图 6.10 可以看出,在 X_2 分压比较低的条件下(区域Ⅰ),电子浓度 n 和电离后的阴离子空位浓度 $[V_{\ddot{X}}]$ 较高,而且随着 X_2 分压的下降而上升,因而在该区域材料表现出 n 型导电性,且电导率随着 X_2 分压的下降而上升.当 X_2 分压比较高时(区域Ⅲ),空穴浓度 p 和电离后的阳离子空位浓度 $[V_M']$ 较高,并且随着 X_2 分压的上升而上升,这时材料表现出 p 型导电性,且随 X_2 分压的上升电导率提高.图 6.11 是不同温度下 $BaTiO_3$ 电导率与氧分压的关系,其变化趋势与 Brouwer 图有很好的符合.氧化物材料是应用最普遍的材料,有必要对氧化物(MO)中的缺陷平衡作更多的讨论.

　　在低氧分压 $[p(O_2)]$ 下,氧化物形成阳离子过量的物相,其缺陷可能是氧空位,也可能是间隙阳离子,我们以形成氧空位为例进行讨论

$$O_O^\times \Longrightarrow V_O^\times + \frac{1}{2} O_2 \uparrow \qquad K_{V_O} = [V_O^\times] p^{1/2}(O_2) \qquad (6.27)$$

如果氧空位 $V_O^\times$ 发生了两步电离,则有

$$V_O^\times \Longrightarrow V_O^{\cdot\cdot} + 2e' \qquad K_{V_O}^i = [V_O^{\cdot\cdot}] n^2 / [V_O^\times] \qquad (6.28)$$

将式(6.27)和(6.28)合并,并将关系式 $[V_O^{\cdot\cdot}] = n/2$ 代入,可以得到

$$n = (2 K_{V_O} K_{V_O}^i)^{1/3} p^{-1/6}(O_2) \qquad (6.29)$$

我们知道,材料的电导率与载流子浓度 n 呈线性关系,故从式(6.29)可以推知,材料具有 n 型导电性,电导率与 $p(O_2)$ 的 1/6 次方成反比.如果以对数形式表示电导率与氧分压的关系,其

表现为斜率为 $-1/6$ 的直线.如果式(6.28)只发生了一步电离,则容易推出材料的电导率与 $p(O_2)$ 的 $1/4$ 次方成反比.从图 6.11 可以看出,较低的温度下(750 ℃),氧空位缺陷倾向于发生一步电离,而在较高的温度下(1000 ℃),缺陷倾向于发生两步电离.

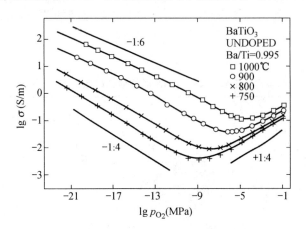

图 6.11　不同温度下 BaTiO₃ 电导率与氧分压的关系

(图中实线是计算值,各种符号表示的数据点是实验值)

在高氧分压下,材料形成氧离子过量的物相,其缺陷可能是阳离子空位,也可能是间隙氧.我们以形成阳离子空位为例进行讨论

$$\frac{1}{2}O_2 \Longrightarrow V_M^{\times} + O_O^{\times} \qquad K_{V_M} = [V_M^{\times}]/p^{1/2}(O_2) \tag{6.30}$$

如果阳离子空位 $V_M^{\times}$ 发生了两步电离,则有

$$V_M^{\times} \Longrightarrow V_M'' + 2h^{\cdot} \qquad K_{V_M}^i = [V_M'']p^2/[V_M^{\times}] \tag{6.31}$$

同样,我们将式(6.30)和(6.31)合并,并将关系式 $[V_M''] = p/2$ 代入,即可有

$$p = (2K_{V_M}K_{V_M}^i)^{1/3}p^{1/6}(O_2) \tag{6.32}$$

这样,材料表现出 p 型导电性,电导率与 $p(O_2)$ 的 $1/6$ 次方成正比.同样,如果考虑式(6.31)是一步电离,则可得到电导率与 $p(O_2)$ 的 $1/4$ 次方成正比.

我们知道,绝缘体和半导体材料的电导率(σ)与温度(T)的关系符合 Arrhenius(阿仑尼乌斯)公式

$$\sigma = \sigma_0 \exp(E_a/kT) \tag{6.33}$$

活化能 E_a 包含两部分能量:缺陷的形成能 ΔH_f[式(6.27)和(6.30)]和电离能 ΔE_i[式(6.28)和(6.31)].无论缺陷是电离出电子,还是空穴,体系都是吸热的,即 $\Delta E_i > 0$.氧空位的形成相当于一个还原过程或分解过程,体系是吸热的,即 $\Delta H_f > 0$;而阳离子空位的形成相当于一个氧化过程或化合过程,体系是放热的,即 $\Delta H_f < 0$.因而定性地说,n 型导体的活化能大于 p 型导体的活化能.以上分析与图 6.11 所示的结果是一致的:在 n 型导电区,电导率随温度的变化幅度较大;而在 p 型导电区,电导率随温度变化的幅度小.另外,氧空位的形成是一个将氧原子从固态变为气态的过程,对应一个熵增加的过程,即 $\Delta S_f > 0$,因此,高温处理有利于更多的氧空位缺陷的形成;相反,阳离子空位的形成是一个将气态氧转变为固态氧的过程,是一个熵减少的过程($\Delta S_f < 0$),因而高温下并不利于金属空位的形成.如果阳离子过量物相形成的缺陷是间隙阳离

子,或氧离子过量物相形成的缺陷是间隙氧,其缺陷平衡与上述讨论相似,这里不再赘述.

对于氧化物来说,低氧分压下呈现 n 型导电性,而高氧分压下呈现 p 型导电性.然而,不同的氧化物其 n 型转变为 p 型对应的氧分压则会有很大的不同.若金属离子容易出现低价态的氧化物,如 TiO_2(容易出现 Ti^{3+}),容易表现出 n 型导电性;反之,若金属离子容易出现高价态的氧化物,如 NiO (Ni^{3+}),则容易表现出 p 型导电性.

6.3 掺 杂 缺 陷

6.3.1 掺杂缺陷及缺陷平衡

掺杂缺陷对改善材料的性能(包括荧光材料、激光材料、半导体材料、离子导体材料、超导材料和磁性材料等)非常重要.掺杂缺陷对材料性质的影响是多方面的.荧光和激光材料中是作为激活剂和敏化剂,激活剂一般选用具有丰富能级的稀土或过渡金属离子,在波长短的光的激发下,电子发生能级跃迁,产生特定波长的光发射.半导体材料的掺杂在禁带中形成施主或受主能级,从而改变了材料中的载流子浓度和材料的导电性质.对于氧离子导体,可以通过不等价掺杂形成氧空位或间隙氧,提高材料的氧离子导电性.铜系氧化物超导材料也与不等价掺杂密切相关,在铜系氧化物(如 La_2CuO_4)中加入低价离子(Sr^{2+}),可以使铜离子价态发生变化,使材料具有超导电性.铜系超导材料中的缺陷涉及铜离子的变价,被称为变价缺陷,我们在下一节作专门讨论.在很多场合下,我们需要了解掺杂缺陷的种类、结构和电子结构等方面的信息,从而在材料的设计、制备过程中有目的地控制材料中的缺陷状态,以得到具有特定性能的功能材料.

一个典型的实例是低价离子掺杂可以很好地改善 ZrO_2 的氧离子导电性.ZrO_2 具有萤石(CaF_2)结构,是一种重要的氧离子导体.ZrO_2 高温相为立方结构,而随温度降低转变为四方结构.在 ZrO_2 中掺杂少量 Y_2O_3 形成不等价掺杂缺陷 Y'_{Zr}(也称作不等价取代缺陷)和氧空位 $V_O^{··}$,其化学式可以表示为 $Zr_{1-x}Y_xO_{2-0.5x}$,x 是 Y^{3+} 离子的掺杂量.掺杂的另一个作用是使材料在低温下保持 CaF_2 立方结构.掺杂使体系中 $V_O^{··}$ 的浓度大幅度提高,从而提高材料的氧离子导电性.有研究认为,这些氧离子空位沿立方体对角线方向缔合,形成缺陷簇.但是,这种局域的缔合缺陷显然还不能很好地说明材料所具有的优良氧离子导电性.人们也曾提出了长程有序缺陷的思想,但这仍然有待于从实验和理论上进一步证实.

下面我们以不等价掺杂 CdF_2 为例讨论掺杂体系的缺陷平衡,以及掺杂对材料电子结构和性质的影响.CdF_2 具有萤石结构,是无色绝缘体,其中的本征缺陷是 F^- 离子的 Frenkel 缺陷 $F'_i + V_F^·$.人们发现,在 CdF_2 中掺杂稀土离子 Sm^{3+},可以明显改变材料的性质.掺杂 Sm^{3+} 的 CdF_2 晶体仍然是无色绝缘体,Sm^{3+} 离子取代晶体中 Cd^{2+} 离子的位置,形成带有正的有效电荷的取代缺陷 $Sm_{Cd}^·$.根据缺陷电荷平衡,CdF_2 晶体的本征缺陷浓度也要随之变化,以补偿掺杂缺陷的电荷.这使空位缺陷($V_F^·$)的浓度降低,间隙缺陷(F'_i)的浓度上升.如果将 Sm^{3+} 掺杂的 CdF_2 晶体在 Cd 蒸气中于 500 ℃加热几分钟,CdF_2:Sm^{3+}($Cd_{1-x}Sm_xF_{2+x}$)转变为深蓝色半导体.在加热过程中,Cd 金属原子进入晶格,给出电子生成 $Cd_{Cd}^×$ 和 F^- 离子空位 $V_F^·$,并使晶体中间隙 F^- 离子 F'_i 浓度降低.这个过程可以看作是进入晶格的 Cd^{2+} 离子与 F'_i 复合生成 CdF_2.进入晶格的电子被掺杂缺陷 $Sm_{Cd}^·$ 俘获生成 $Sm_{Cd}^×$.$Sm_{Cd}^×$ 并不表示 Sm^{3+} 离子被还原成二价离子,电子实际上是被束缚在掺杂缺陷的陷阱中,这与前面介绍的 F-心的情况类似,因而晶

体带有蓝色.上述反应过程可以用缺陷平衡表示,本征 Frenkel 缺陷可以表示为

$$0 = F_i' + V_F^{\cdot} \tag{6.34}$$

缺陷的浓度可以用 $[F_i']$ 和 $[V_F^{\cdot}]$ 表示.利用缺陷平衡原理,Frenkel 缺陷满足下列关系

$$[F_i'][V_F^{\cdot}] = K_F \tag{6.35}$$

式中 K_F 表示平衡常数.

在 CdF_2 晶体中,电子和空穴的产生可以表示为

$$0 = e' + h^{\cdot} \tag{6.36}$$

若用 n 表示电子浓度,用 p 表示空穴浓度,电子和空穴浓度之间的关系用下式描述

$$np = K_i$$

在 CdF_2 晶体中掺入 Sm^{3+} 离子,晶体仍将保持电荷平衡

$$[Sm_{Cd}^{\cdot}] + [V_F^{\cdot}] + p = [F_i'] + n \tag{6.37}$$

当掺杂浓度足够大时,晶体中的氟离子空位浓度 $[V_F^{\cdot}]$ 可以忽略.体系中电子和空穴的浓度与材料的禁带宽度直接相关,对于绝缘体材料两者都可以忽略,式(6.37)可以简化为

$$[Sm_{Cd}^{\cdot}] = [F_i'] \tag{6.38}$$

上述缺陷平衡描述了掺杂晶体的一般情况,在掺杂浓度比较大时,晶体中本征缺陷的浓度取决于掺杂离子的浓度.当在 Cd 蒸气中加热掺杂 CdF_2 晶体时,Cd 蒸气在晶体表面沉积,晶体中的 F_i' 扩散到表面,生成 CdF_2.同时,Cd 原子给出一个电子,这个过程可以用下面的式子描述

$$F_i' + \frac{1}{2}Cd(g) = \frac{1}{2}Cd_{Cd}^{\times} + F_F^{\times} + e' \tag{6.39}$$

相应的平衡为

$$\frac{n}{p^{1/2}(Cd)[F_i']} = K_g \tag{6.40}$$

利用式(6.37)的电荷平衡,并考虑到体系中空位浓度 $[V_F^{\cdot}]$ 和空穴浓度 p 都很小,可以得到

$$[Sm_{Cd}^{\cdot}] = [F_i'] + n \tag{6.41}$$

将式(6.41)代入到式(6.40)中,可以得到

$$\frac{n}{[Sm_{Cd}^* - n]} = K_g p^{1/2}(Cd) \tag{6.42}$$

式(6.42)中的电子浓度 n 是一个不易测得的量.为了能够方便地讨论掺杂 CdF_2 中的缺陷平衡,有必要把实验不易测量转化成实验易测量.从式(6.39)可以知道,进入 CdF_2 晶体的 Cd 原子的浓度应等于自由电子浓度的 $1/2$,即 $[Cd_{ex}] = n/2$,下标 ex 表示"外来的"含义,从而可以得到进入晶体的 Cd 原子浓度与掺杂 Sm 离子浓度之间的比值 R 应符合下式

$$R = \frac{2[Cd_{ex}]}{[Sm_{Cd}^{\cdot}]} = \frac{n}{[Sm_{Cd}^{\cdot}]} \tag{6.43}$$

$[Cd_{ex}]$ 和 $[Sm_{Cd}^{\cdot}]$ 都是易测量,这样式(6.43)就将不易测量转换为易测量.式(6.43)代入到缺陷平衡式(6.42)中,得到

$$\frac{R}{1-R} = K_g p^{1/2}(Cd) \tag{6.44}$$

式中:R 和 Cd 分压 $p^{1/2}(Cd)$ 都可以从实验中得到,从而使我们可用通过实验数据分析体系中的缺陷平衡.图 6.12 是掺杂 Y^{3+} 的 CdF_2 晶体中 R 与 Cd 分压的关系,直线的斜率为 $1/2$,与式

(6.44)的结果是一致的.

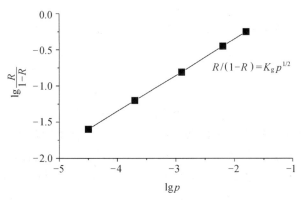

图 6.12 $Cd_{1-x}Y_xF_{2+x}$ 中缺陷比与 Cd 蒸气压的关系

6.3.2 掺杂缺陷的局域能级

当研究掺杂材料的物理性质时,需要了解掺杂缺陷的能量状态,但要确切地回答这个问题是比较困难的.对掺杂缺陷能量状态的认识涉及材料电子结构知识的两种极端情况:基质材料的能量状态可以用能带说明,电子处于离域状态;而杂质缺陷中的电子处于局域状态.因此,还很难从实验上或理论上准确地给出掺杂缺陷在基质能带中的绝对位置,而掺杂缺陷在基质中的能量状态对理解缺陷的物理性质是至关重要的.另外,一些掺杂原子自身的能级也很复杂,掺杂缺陷中的电子之间存在较强的相互作用,这使问题变得更加复杂.我们知道,电子的质量远小于原子,当我们考查缺陷中电子的跃迁过程时,晶格原子跟不上电子能量状态的变化,因此,可以不考虑晶格振动的影响.但当我们考查缺陷电学等热力学平衡性质时,电子和晶格原子运动都要同时考虑.这里我们主要考查掺杂缺陷的热力学平衡性质,在材料的光学性质一章中将重点考查电子跃迁等相关过程.

半导体材料中的掺杂缺陷比较简单,我们先以半导体材料为例,说明掺杂缺陷的能量状态.单质硅具有金刚石结构,晶体中的每个 Si 原子都以 sp^3 杂化与相邻的 4 个 Si 原子成键.硅晶体的价带为成键轨道,导带是反键轨道.在硅晶体中掺入一定量的 P 或 As,可以得到 n 型半导体.掺杂原子与相邻的硅原子形成共价键,也构成成键和反键轨道.n 型半导体中掺杂元素的核电荷较高,对电子的束缚能力更强.从分子轨道理论可以知道,掺杂原子与硅形成的反键轨道低于导带,在导带附近的禁带中形成分立的施主缺陷能级,掺杂原子的剩余电子束缚在施主能级上.与此类似,硅晶体掺杂 Al 或 Ga 等元素可以形成 p 型半导体,在价带附近的禁带中形成受主能级.图 6.13 给出了 n 型和 p 型半导体的施主和受主能级的示意图.

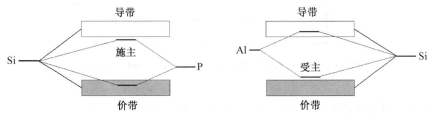

图 6.13 半导体中掺杂缺陷的能级示意图

束缚在掺杂缺陷上的电子和空穴的能量状态受介质影响很大,因此,掺杂缺陷的能量状态不同于掺杂原子自身的能量状态.在多数情况下,可以用类氢模型说明掺杂缺陷的能量状态.例如,在掺杂 P 的 Si 半导体材料中,P 原子以 sp^3 杂化的方式与相邻的硅原子成键,剩余的电子并不处于 P 的原子轨道上,而是被束缚在 P 原子附近的空间中.这相当于 H 原子的情况,只是电子分布在介质中.对于介电常数为 ε 的介质,电子所受的静电作用力是真空中的 $1/\varepsilon^2$,掺杂缺陷上的电子与中心正电荷之间的相互作用比 H 原子要弱得多.一般半导体材料的介电常数约为 $10\sim20$ 左右,因此,掺杂缺陷的束缚能在百分之几个电子伏左右.这样,即使在很低的温度下,缺陷束缚的电子或空穴也可以跃迁到导带或价带,使材料的电导率增加.

在实际研究中,人们常常希望了解某些掺杂缺陷的热力学稳定性,这需要综合考查掺杂离子的氧化还原特性、晶格能和极化效应等因素.例如,在稀土荧光材料的研究中,人们发现稀土离子在某些基质中以低价离子状态存在,而在另一些基质中却以高价离子状态存在.在对硼酸盐体系的研究中发现,在某些只含有四面体硼酸根(BO_4)的硼酸盐中掺杂稀土离子,即使在氧化性气氛中制备,也可以得到低价稀土掺杂材料.但当硼酸盐材料只含有三角形硼酸根(BO_3)时,只能得到三价稀土离子掺杂的材料.在过渡金属掺杂的材料中也有类似现象.

前面曾利用离子模型讨论了 NiO 晶体的能量状态,这种方法也可以用来讨论掺杂缺陷的能量状态.现在以过渡金属掺杂的 Al_2O_3 晶体为例讨论影响掺杂缺陷能量状态的主要因素.Al_2O_3 基质是绝缘体,其能量状态与 MgO 的情形相似,材料的价带主要来源于 O 的 p 轨道(O^{2-}/O^-),导带主要来源于 Al 的 s 轨道(Al^{2+}/Al^{3+}).在 Al_2O_3 晶体中,掺杂过渡金属的能量状态是局域的,主要取决于离子的电离能、晶格能、极化和晶体场等因素.当过渡金属离子涉及高自旋和低自旋时,还需考虑电子交换作用.图 6.14 给出了利用离子模型计算的过渡金属离子在 Al_2O_3 中的能量状态.其中过渡金属的能量状态是与电子的迁移过程相联系的.例如,铁离子在 Al_2O_3 中的能量状态与下列反应相关

$$Fe^{2+} \Longrightarrow Fe^{3+} + e \tag{6.45}$$

不同过渡金属离子的能量状态随原子序数增加呈规律性变化.一般地说,原子核对 d 轨道的束缚加强,低价过渡金属离子更加稳定.在 Mn^{2+} 和 Fe^{2+} 之间的能量状态的突变是与锰离子自旋状态变化相关的.

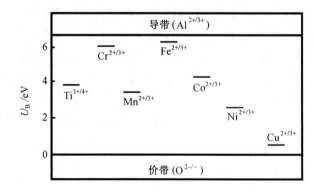

图 6.14　过渡金属离子掺杂缺陷在 Al_2O_3 中的能量状态

当过渡金属的能量状态处于 Al_2O_3 禁带中时,低价过渡金属离子是稳定的.能级位置越

低,低价离子越稳定.Fe^{2+}离子在 Al_2O_3 晶体中形成掺杂缺陷 Fe'_{Al},缺陷能级位于导带附近的禁带中.可以预计,缺陷对电子的束缚能很小,电子容易激发到导带,形成 Fe^{3+} 离子的掺杂缺陷 $Fe^{\times}_{Al}$.比较而言,Cu^{2+} 离子的掺杂缺陷 Cu'_{Al} 在 Al_2O_3 晶体中更加稳定些.同样,Ti^{2+} 离子在 Al_2O_3 晶体中不能稳定存在,而只能以三价离子状态存在.

我们定性地考查稀土离子在固体基质中的稳定性.稀土离子最常见的价态是三价,在溶液中,多数稀土离子都是以三价离子状态存在的;在固体状态下,部分稀土离子可以以四价或二价状态存在.CeO_2 和 Tb_4O_7 中的稀土离子主要是四价离子,EuO 和 EuS 中的稀土离子为二价状态.从热力学角度看,低价离子在较高温度下更加稳定,下列分解反应

$$RE_2O_3 \longrightarrow 2REO + \frac{1}{2}O_2 \quad (RE=稀土元素) \tag{6.46}$$

的 Gibbs 自由能可以表示为

$$\Delta G(T) = \Delta H - T\Delta S \tag{6.47}$$

对于式(6.46)的反应,ΔH 和 ΔS 都大于零,在较高温度下发生分解反应得到低价稀土离子.在通常压力和反应条件下,分解反应并不能发生,只能得到三价稀土离子掺杂的材料.但是,如果基质中的阳离子格位是二价离子,低价稀土离子进入晶格从热力学角度看是有利的.另外,基质中阴离子的电负性较小时,阴离子容易被氧化,这有利于低价稀土离子的稳定.事实上,大多数低价稀土离子的固体化合物是硫化物和碘化物等.人们发现,稀土氯化物在高温下可以发生分解反应,$EuCl_3$ 在空气和高温条件下发生分解反应

$$2EuCl_3 \longrightarrow 2EuCl_2 + Cl_2 \uparrow \tag{6.48}$$

利用这个分解反应,可以在空气条件下直接制备 BaFCl：Eu^{2+} 荧光材料,BaFCl：Eu^{2+} 是目前仍大量使用的医用增感屏材料.低价稀土离子在硼酸盐中的稳定性与硼酸盐的结构有关.固体中硼酸根有两种配位方式,四面体(BO_4)和平面三角形(BO_3).SrB_4O_7 中硼酸根离子都以 BO_4 形式存在,这种结构形式有利于稳定低价稀土离子,人们的确发现 Eu^{2+}、Sm^{2+}、Yb^{2+} 等可以在 SrB_4O_7 中稳定存在.我们可以从阴离子基团的极化能力理解稀土离子的稳定性.与 BO_3 相比,BO_4 基团极化作用更强,使 Eu^{3+}/Eu^{4+} 能级位置降低,甚至低于价带顶,使得 Eu^{3+} 离子在一些固体基质中不稳定,掺杂的 Eu^{3+} 离子容易发生分解,转变为 Eu^{2+}.

我们这里简要分析一下上节讨论的 Sm^{3+} 掺杂的 CdF_2 中缺陷的能级.在 CdF_2 中导带主要由 Cd^{2+} 离子的 5s 轨道构成,价带主要由 F^- 离子的 2p 轨道构成.掺杂的 Sm^{3+} 离子形成替代缺陷 $Sm^{\cdot}_{Cd}$,由于 Sm^{3+} 离子的价态高于 Cd^{2+},对电子的束缚能力比 Cd^{2+} 强,因而 $Sm^{\cdot}_{Cd}$ 缺陷的能级位于导带附近的禁带中,是一个电子陷阱.当掺 Sm^{3+} 的 CdF_2 在 Cd 蒸气中处理后,Cd 原子给出的电子被束缚在 $Sm^{\cdot}_{Cd}$ 缺陷上,形成施主缺陷 $Sm^{\times}_{Cd}$,这里的钐离子仍然是三价,电子组态为 f^5.束缚在 $Sm^{\times}_{Cd}$ 上的电子容易电离到导带中去,这时材料显示出 n 型半导体性.$Sm^{\times}_{Cd}$ 也是一个 F-心,当束缚的电子在自身能级间跃迁时(按类氢模型考虑),或从束缚态跃迁到导带时吸收可见光,使材料显示蓝色.使材料表现 n 型导电性的过程是一个热力学平衡过程,而使材料产生颜色的过程是非平衡过程.前者不仅涉及电子的跃迁,还涉及晶格的弛豫;而后者主要涉及电子的跃迁.

6.4　变价缺陷

少量离子偏离原来的价态形成的缺陷称为变价缺陷.无机材料的很多物理性质与金属离

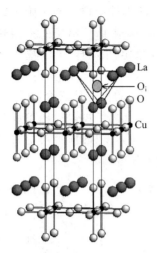

图 6.15　La_2CuO_4 的晶体结构和间隙氧的位置

子的变价缺陷（或称价态波动）有关.典型的例子是铜系氧化物高温超导材料和锰系氧化物巨磁阻材料.本节我们以 La_2CuO_4 为例,讨论铜的变价缺陷以及影响因素.

很多铜复合氧化物中的铜是二价离子(d^9),由于 Jahn-Teller 效应,Cu^{2+} 离子是畸变的八面体配位或平面四方配位.例如 $La_{2-x}Sr_xCuO_4$ 是人们发现的第一个铜系氧化物高温超导材料,本书在第 4 章中曾经讨论过这个化合物的结构,它具有层状钙钛矿结构,是由四方钙钛矿层与 NaCl 层交替排列形成的 Ruddlesden-Popper 化合物（图 6.15）.

La_2CuO_4 是 $La_{2-x}Sr_xCuO_4$ 超导体的母体化合物,要得到超导电性,需要对材料进行电子或空穴掺杂.电子或空穴掺杂是指利用掺杂的方法使体系中铜离子的价态降低或升高.对 La_2CuO_4 进行空穴掺杂有几种办法.一种方法是在 O_2 气氛中处理 La_2CuO_4,使其形成间隙氧缺陷;另一种方法是利用低价离子不等价掺杂.下面我们对其分别讨论.

6.4.1　氧分压的影响

当用 O_2 气氛处理 La_2CuO_4 后,晶格中存在过量的 O^{2-} 离子,即形成了间隙氧,部分铜被氧化成三价,这时材料的化学式可以表示为 $La_2CuO_{4+\delta}$.间隙氧主要嵌入在钙钛矿层之间的 NaCl 间隙格位(图 6.15).NaCl 结构的阳离子和阴离子都是立方最密堆积,阳离子和阴离子占据八面体格位.嵌入的氧离子占据阳离子的四面体空隙中,空隙的周围也存在有 4 个氧离子,因此,间隙氧离子要受到周围氧离子的排斥作用.我们来考查 La_2CuO_4 晶体的氧间隙离子反应

$$\frac{1}{2}O_2 + Cu_{Cu}^{\times} \Longrightarrow O_i'' + 2Cu_{Cu}^{\cdot} \tag{6.49}$$

$$K_i = \frac{[O_i''][Cu_{Cu}^{\cdot}]^2}{p^{1/2}(O_2)} \tag{6.50}$$

将电荷平衡式

$$2[O_i''] = [Cu_{Cu}^{\cdot}] \tag{6.51}$$

代入式(6.50),得

$$K_i = \frac{[Cu_{Cu}^{\cdot}]^3}{2p^{1/2}(O_2)} \tag{6.52}$$

或

$$[Cu_{Cu}^{\cdot}] = (2K_i)^{1/3} p^{1/6}(O_2) \tag{6.53}$$

同理可得

$$[O_i''] = \left(\frac{K_i}{4}\right)^{1/3} p^{1/6}(O_2) \tag{6.54}$$

这表明,体系中 Cu^{3+} 离子的浓度完全是由 O_2 分压决定的.另外,上述反应平衡常数与体系的焓变的关系可以表示为

$$\Delta G(T) = -RT\ln K_i = \Delta H - T\Delta S \tag{6.55}$$

体系的熵变来源于间隙缺陷的无序分布,焓变则包含缺陷生成焓、间隙离子对晶格能的影响和产生的三价 Cu^{3+} 离子对晶格能的贡献等.前面两项对体系焓变的贡献为正值,不利于生成氧间隙缺陷;而三价 Cu^{3+} 离子的存在将增加体系的晶格能,这有利于氧间隙离子的产生和稳定.由式(6.54)可以知道,氧间隙离子浓度与体系氧分压成比例,要得到足够高的氧间隙离子浓度,反应必须在高压下进行.实际上人们在高温和高压条件下得到了 $La_2CuO_{4+\delta}$,并发现它在 40 K 以下具有超导电性.

La_2CuO_4 材料的空穴掺杂也可以利用电化学方法实现.反应可以在 NaOH 水溶液或熔盐体系中进行.以 La_2CuO_4 材料为正极的电化学嵌入反应可以表示为

$$OH^- + 2Cu_{Cu}^{\times} = O_i'' + 2Cu_{Cu} + H^+ + 2e \tag{6.56}$$

人们成功地将氧离子用电化学方法嵌入到 La_2CuO_4 晶体中,并得到了超导电性.利用电化学方法或高温高压方法制备氧离子嵌入的 $La_2CuO_{4+\delta}$ 所基于的原理是一样的,都是通过改变外界条件使嵌入反应得以进行.

6.4.2 不等价掺杂的影响

调节离子价态最常用的方法是离子的不等价取代.离子的不等价取代是指利用不同氧化态的离子取代晶格离子,为保持体系的电荷平衡,晶体中产生相反电荷的缺陷.前面介绍的 CdF_2:Sm^{3+} 就是一个不等价取代的例子.材料中的 Cd^{2+} 离子被 Sm^{3+} 离子取代,为保持体系的电中性,晶体中的间隙氟离子 F_i' 浓度增加.如果体系中存在变价离子,电荷补偿可以通过金属离子价态变化的方式进行.例如,当 Sr^{2+} 部分取代 La_2CuO_4 晶体中的 La^{3+} 离子,可以得到 $La_{2-x}Sr_xCuO_4$,其中 Sr^{2+} 占据 La^{3+} 的格位生成取代缺陷 Sr_{La}',同时,在环境氧气氛的作用下体系中的部分 Cu^{2+} 离子转变为 Cu^{3+},生成变价缺陷 Cu_{Cu} 以平衡体系的电荷.离子不等价取代不改变结构中离子的排列方式,因此在能量上是有利的.通过不等价取代人们在较低的氧分压下(适当的高温),甚至是常压下可以使材料中的 Cu^{2+} 离子转变为 Cu^{3+} 离子.下面我们分析 Sr^{2+} 掺杂 La_2CuO_4 中的缺陷平衡.

在 La_2CuO_4 中生成 Frenkel 缺陷的平衡为

$$O_O^{\times} = O_i'' + V_O^{\cdot\cdot} \tag{6.57}$$

$$K_F = [O_i''][V_O^{\cdot\cdot}] \tag{6.58}$$

Sr^{2+} 部分取代 La^{3+} 离子的不等价取代反应为

$$2SrO + CuO = 2Sr_{La}' + Cu_{Cu}^{\times} + 3O_O^{\times} + V_O^{\cdot\cdot} \tag{6.59}$$

在 O_2 气氛处理下,氧空位 $V_O^{\cdot\cdot}$ 被填充,同时 Cu^{2+} 离子被氧化成 Cu^{3+} 离子

$$2Cu_{Cu}^{\times} + V_O^{\cdot\cdot} + \frac{1}{2}O_2 = 2Cu_{Cu}^{\cdot} + O_O^{\times} \tag{6.60}$$

$$K_V = \frac{[Cu_{Cu}^{\cdot}]}{[V_O^{\cdot\cdot}]p^{1/2}(O_2)} \tag{6.61}$$

体系的电荷平衡可以表示为

$$2[O_i''] + [Sr_{La}'] = 2[V_O^{\cdot\cdot}] + [Cu_{Cu}^{\cdot}] \tag{6.62}$$

对于 O_2 分压适中的情况,可以认为本征缺陷 O_i'' 和 $V_O^{\cdot\cdot}$ 的浓度远小于掺杂缺陷的浓度,这样式(6.62)简化为

$$[\text{Cu}_{\text{Cu}}^{\cdot}] = [\text{Sr}_{\text{La}}^{\prime}] \tag{6.63}$$

上式表明,材料中 Cu^{3+} 离子的浓度主要是由金属离子的不等价取代浓度决定的.然而式(6.63)并不表明,低价离子的不等价掺杂会自然地增加 Cu^{3+} 离子的浓度.实际上,低价不等价掺杂只是促进了对 Cu^{2+} 的氧化过程,从而可以在较为缓和的条件下(如常压下)将 Cu^{2+} 氧化为 Cu^{3+}.

当体系的 O_2 分压比较高或比较低时,体系中本征缺陷不能忽略.假定体系处在较低的 O_2 分压条件下,材料中的氧空位不能忽略,相应的电荷平衡简化为

$$[\text{Sr}_{\text{La}}^{\prime}] = 2[\text{V}_{\ddot{\text{O}}}^{\cdot}] + [\text{Cu}_{\text{Cu}}^{\cdot}] \tag{6.64}$$

或

$$[\text{Cu}_{\text{Cu}}^{\cdot}] = [\text{Sr}_{\text{La}}^{\prime}] - 2[\text{V}_{\ddot{\text{O}}}^{\cdot}] \tag{6.65}$$

式(6.65)表示的含义是,如果 O_2 分压较低时,式(6.60)的氧化反应不能充分进行,这时 Cu^{3+} 离子的浓度小于掺杂缺陷 $\text{Sr}_{\text{La}}^{\prime}$ 的浓度.从式(6.60)和式(6.61)可知,随着 O_2 分压的提高,$\text{V}_{\ddot{\text{O}}}^{\cdot}$ 浓度下降,从而导致 Cu^{3+} 浓度的提高.只有当 O_2 分压足够高,使得 $\text{V}_{\ddot{\text{O}}}^{\cdot}$ 的浓度下降到可以忽略的程度,这时式(6.63)才能成立.如果体系处于 O_2 分压比较高的情况,间隙氧不能忽略,电荷平衡式转化为

$$[\text{Cu}_{\text{Cu}}^{\cdot}] = [\text{Sr}_{\text{La}}^{\prime}] + 2[\text{O}_i^{\prime\prime}] \tag{6.66}$$

式(6.66)指出,在高 O_2 分压下,Cu^{3+} 不仅来源于不等价取代,同时还来源于式(6.49)表示的氧化过程.

在研究中人们常常利用不等价离子的掺杂浓度来控制材料中过渡金属离子的价态,然而在实际合成反应中也要充分考虑 O_2 分压的影响.例如,在空气中利用高温固相反应可以得到具有钙钛矿结构的 LaMnO_3,其中锰离子主要以三价状态存在,也存在有少量的四价锰离子 $\text{Mn}_{\text{Mn}}^{\cdot}$,同时,结构中存在有一定量的 La^{3+} 离子空位.La_2MnO_4 中的锰离子主要是二价,这个化合物只有在还原性气氛中才能制备.变价化合物的缺陷平衡对于化合物的合成是非常重要的,虽然我们还不能从缺陷平衡的分析中直接得到具体的反应条件,但通过对影响缺陷平衡反因素的分析,可以对我们的合成工作给以方向性的指导.

6.5　线　缺　陷

除了点缺陷,晶体中还存在有大量线缺陷和面缺陷.一般地说,点缺陷对材料的光、电、磁等性质有很大影响,而线缺陷和面缺陷等对材料的机械性能影响很大.当然,在线缺陷和面缺陷附近常常出现大量的点缺陷,也会对材料的光、电、磁性质产生影响.位错是晶体中常见的线缺陷,也是研究比较多、理论比较成熟的缺陷类型.常见的位错缺陷有两种,一种称作刃位错,一种称作螺型位错.刃位错是在晶体中插入不完整的晶面,晶面边沿的一列原子偏离晶格点阵,形成一维刃位错缺陷(图 6.16).

人们常用 Burgers(柏格斯,J. M. Burgers)矢量描述位错缺陷.图 6.17 分别给出了刃位错和螺型位错的 Burgers 矢量.位错的 Burgers 矢量是这样确定的:选定位错方向,利用右手规则确定刨面的法线方向;以晶格中的某点为起点,绕位错线按右手螺旋连接相邻的原子形成一个闭合回路,同时,在理想晶体中以任意点为起点,以类似方式做回路.如果回路不闭合,则理想晶体回路的起点与终点的差定义为 Burgers 矢量,即图中的 FS 矢量.从图 6.17 可以看到,刃位错的 Burgers 矢量(b)垂直于位错线,而螺型位错的 Burgers 矢量(d)平行于位错线.

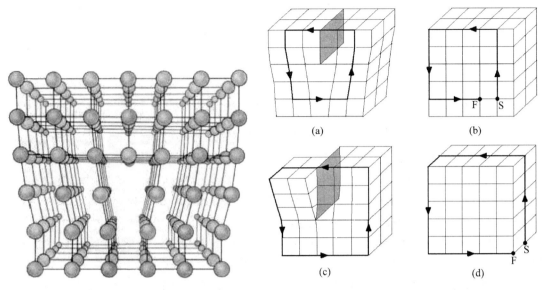

图 6.16 刃位错缺陷示意图

图 6.17 刃位错[(a),(b)]和螺型位错[(c),(d)]
的 Burgers 矢量

位错缺陷的概念是从晶体力学性质研究中提出的.计算表明,对于理想晶体,要使晶面作整体滑动和产生形变是非常困难的.但实际晶体的形变只需要理想晶体的 1/10 外切力.因此,人们提出了位错缺陷的概念解释晶体的力学性质.在应力作用下,晶体中位错缺陷可以沿剪切面移动(图 6.18),释放应力并使晶体发生形变.

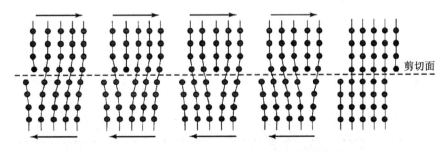

图 6.18 刃位错的迁移与晶体切变

位错缺陷在晶体生长过程中也扮演重要角色.图 6.19 是一个垂直于表面的螺型位错缺陷

图 6.19 SiC 单晶表面的螺型位错缺陷

的例子.可以看到,垂直晶体表面的螺型位错在表面形成螺旋线形台阶,晶体生长可以沿台阶不断扩展,螺型位错使晶体的生长速率加快,被认为是晶体生长的一种重要机理.在进行表面化学腐蚀过程中,晶体表面的螺型位错缺陷也是首先被腐蚀部分,因而利用化学腐蚀方法,可以方便地观察晶体中的位错缺陷.

6.6　晶体的表面

晶体中除了前面介绍的点缺陷和线缺陷之外,还有面缺陷.面缺陷是指在特定表面上晶体的平移对称性终止或间断,因此,晶界和晶体表面都可以看成是面缺陷.我们知道,晶体的表面结构对材料的催化性质以及光、电、磁等物理性质都有很大影响,因而面缺陷对材料的性质也是至关重要的.近年来,纳米材料和膜材料科学飞速发展,当材料的颗粒或薄膜的尺寸小到一定程度,表面结构变得更加重要,这使得纳米材料和薄膜显示出很多不同于体相材料的性质,一些体相材料遵循的物理和化学规律,当材料的尺寸小到纳米数量级时会发生改变.这为材料科学提出了很多新的课题.

表面原子或离子的成键状态不同于体相.表面原子的配位数低,有一些空悬的化学键,使得表面自由能增加.通常人们把单位表面积的自由能增量定义为表面能系数 γ.当表面是自由表面时,体系将尽可能地减少表面积,以减小表面自由能.人们还用表面张力描述体系的表面性质,表面张力 γ 描述了任一面单元周界的受力情况,定义为单位长度所受的力.事实上,表面能系数 γ 与表面张力 γ 的数值和量纲都相同.不受约束条件下得到的晶体可以呈现出不同的外形,通常显露出的都是表面能比较低的低指数晶面.

确切地了解晶体表面的原子排列是比较困难的.最近,人们开始利用表面电子衍射和 X 射线衍射方法确定表面结构.我们以具有立方钙钛矿结构的 $SrTiO_3$ 为例.在不同条件下处理 $SrTiO_3$ 晶体,可以得到不同的表面超结构.在 $950\sim1000\ ^\circ C$ 高纯氧气氛下处理,$SrTiO_3$ 表面出现 2×1 的超结构,表面结构为正交晶系,晶胞参数分别为 $a'=2a$ 和 $b'=a$(a 是立方钙钛矿的晶胞参数).在较高或较低温度下处理 $SrTiO_3$,则可以分别得到 4×2 和 6×2 类型的超结构.利用表面高分辨电镜和表面电子衍射方法可以研究材料的表面结构.图 6.20

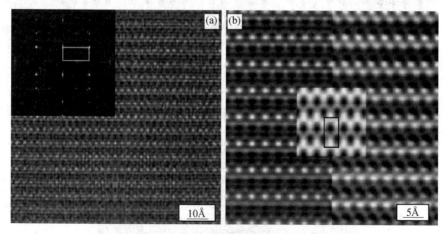

图 6.20　$SrTiO_3$ 晶体 2×1 表面(001)的高分辨电镜图像

(a)除去体相图像后的高分辨图像,(b)经噪音处理和模拟的表面高分辨图像

给出了 $SrTiO_3$ 晶体表面 2×1 超结构的电子衍射和高分辨像.图 6.20(b) 模拟图像中深色点对应于表面上的钛离子.$SrTiO_3$ 晶体表面结构可以用二维空间群 $p2mg$ 描述,钛离子构成锯齿形双链[图 6.21(a),(b)].表面结构单元层中存在有 2 种钛离子和 4 种氧离子格位,组成为 $[Ti_2O_4]$,其中的钛离子为五配位[图 6.21(c)].研究还表明,在 4×2 和 6×2 超结构的表面中都包含这种锯齿形 $[Ti_2O_4]$ 双链,因此,这种结构单元可以看成是钙钛矿表面的基本结构单元.

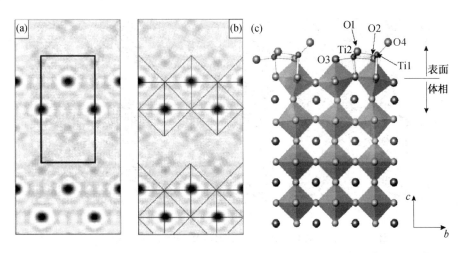

图 6.21 直接法确定 2×1 $SrTiO_3$ 表面(001)结构散射势场分布图[(a)和(b)]
及 2×1 $SrTiO_3$ 表面(001)结构(c)

上面讨论的都是洁净的晶体表面. 实际应用的晶体都处于一定的环境和气氛中,气相分子可以吸附在固体表面上,使固体表面结构发生变化. 同时,异相催化反应主要是表面化学反应,因此,了解小分子在固体表面的排列方式和结构是非常重要的. 非洁净表面的研究仍主要依赖于谱学方法,但近年来分子动力学和理论计算方法有了很大发展,可以利用理论方法模拟固体表面的吸附和脱附以及催化反应过程.例如,图 6.22 给出了 Rh 的(111)表面上 CO 的吸附情况,CO 的碳原子与相邻的两个 Rh 原子成键,形成 2×2 表面超结构. 总的来说,固体表面结构的研究仍然处于起步阶段,还有很多问题需要解决.

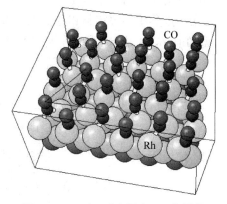

图 6.22 Rh(111)表面上 CO 分子的
吸附模型(2×2)

(取自 NIST 表面结构数据库)

6.7 晶体的界面

晶界是一类常见的面缺陷.在多晶材料中,不同晶粒的结晶学取向不同,在晶粒的交界处出现晶界.图 6.23(a)是多晶材料晶粒分布的示意图.在制备实际材料时,人们常根据需要在体系中加入一些助熔剂或其他组分,因此,一些材料的晶界的组成和结构可能不同于体相.例如在稀土钕铁硼永磁材料中,除铁磁相 $Nd_2Fe_{14}B$ 之外,还有富钕相.富钕相主要出现在晶界处,对于提高材料的矫顽力是非常重要的.单一物相材料中也可以存在晶界,图 6.23(b)是具有 NaCl 结构的 NiO 中的晶粒间界,晶体的取向不同,形成具有一定倾角的晶界.晶界的存在对材料的性质有很大影响.在测量多晶样品的电学性质时,要考虑晶界的影响,因为晶界的电导率常常与材料体相的电导率不同.在实验中可以利用电导的频率特性(阻抗谱技术)把材料体相和晶界的电导分离开.广义上讲,晶体的切变结构和共生结构也可以看作是晶界,因为切变面和共生面的结构不同于体相,两者的物理性质也不同.

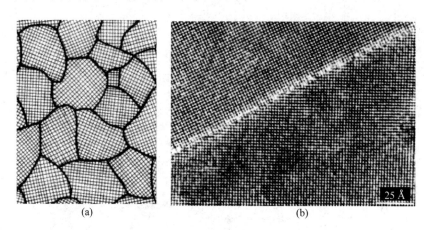

图 6.23　多晶材料中晶界示意图(a)及 NiO 中的倾角晶界(b)

　　结晶学切变在很多结构中存在,事实上,很多过去被认为是点缺陷造成的非整比化合物实际具有结晶学切变结构.例如,在还原条件下处理 TiO_2 化合物,可以得到一系列 TiO_{2-x} 物相,现在知道其中的很多物相是具有结晶学切变结构的分立化合物.为说明结晶学切变结构的特点,在图 6.24 给出了 ReO_3 型结构中的几种可能结晶学切变结构的示意图.在理想的 ReO_3 结构中,八面体共用所有的顶点.结晶学切变是在一些特殊的晶面上,晶体发生错动,在切变面上产生共边连接的八面体.共边连接八面体的数目与切变面的取向有关.在(101)面的结晶学切变结构中,在切变面上的一对八面体共边连接.图中同时给出了沿(201)和(301)方向的结晶学

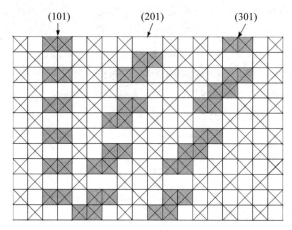

图 6.24　ReO_3 结构中的结晶学切变示意图

切变示意图.可以看到,当结晶学切变面为$(h01)$时,切变面上共有h对共边八面体.共边八面体的存在,使化合物的组成偏离ReO_3.共边越多,组成的偏离越大.容易出现这类非化学计量化合物的体系有ReO_3、WO_3、MoO_3和TiO_2等.

另一类重要的结晶学界面是共生化合物中不同结构类型之间的界面.之所以把共生化合物中的晶面也归结到界面,是因为不同结构层的性质可以有很大不同,因而从性质上看,共生化合物可以看成是不同结构层构成的超结构.共生结构是由两种不同结构类型沿一定方向交替排列构成的.共生结构的一个必要条件是两种结构类型的某些晶面上的原子排列方式类似,在形成共生结构时,这些晶面上的原子无需作大的调整.我们曾介绍了四方和六方钙钛矿共生化合物,图6.25中的$Li_{9.5}Nd_{4.4}Ti_{7.1}O_{30}$也是一个六方共生钙钛矿的例子.该结构是由六方钙钛矿结构的$LiNbO_3$和刚玉结构的Ti_2O_3交替排列构成.从化合物的高分辨电镜可以清楚地看到钙钛矿和刚玉层的排列情况.另外,在有些共生化合物中,两种结构单元层的排列并非严格有序,这就构成了沿一定方向无序排列的共生化合物,这种情况在共生化合物中很常见.

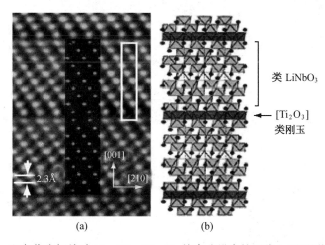

图 6.25　六方共生钙钛矿 $Li_{9.5}Nd_{4.4}Ti_{7.1}O_{30}$ 的高分辨电镜图像(a)和晶体结构(b)

6.8　孪　　晶

在晶体生长和制备过程中,晶体会沿某种对称操作共生,形成孪晶.孪晶体的两部分是用对称操作相关联的,对称操作可以是镜面、旋转轴或对称中心,因此,孪晶可以看成是在晶体中加入了某种新的对称操作.值得注意的是,这些对称操作一定是独立的,不能与晶体结构所属空间群中的任何对称操作相关联,同时,这些新加入的对称操作也必须是结晶学允许的.例如,图5.25是在单斜晶系晶体中加入了镜面对称性.加入的镜面是沿晶体的(001)方向.我们知道单斜晶系只是沿b轴方向存在二次轴或镜面[图6.26(a)],因此,所加入的镜面是独立的.镜面对称操作使晶体的两个部分进一步关联,得到图6.26(b)所示的孪晶.

孪晶之间的界面不同于晶粒间界,在孪晶中,晶格仍然可以看成是连续的,只是增加了一个附加对称操作.在晶体生长过程中,当外界条件发生波动时,常常会出现孪晶现象.孪晶之间的对称关联是有限的,晶体的对称性不同以及附加对称操作不同,会出现不同的孪晶,孪晶之间的对称性关系场称作孪晶规律(twin-law).图6.27给出了一些常见的孪晶,其中的(a)、(b)、

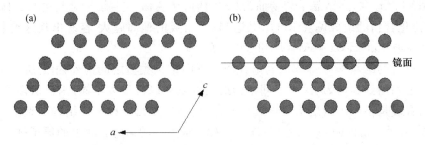

图 6.26　单斜晶系晶体中镜面对称孪晶示意图

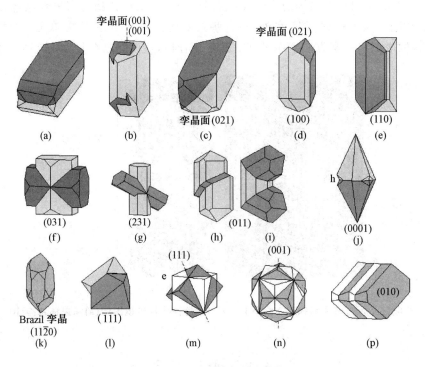

图 6.27　一些常见孪晶的示意图

(c)和(d)为单斜晶系晶体的孪晶,孪晶的对称面分别为(001)、(001)、(021)和(100);(e)、(f)和(g)为正交晶系晶体的孪晶,对称操作分别沿(110)、(031)和(231);(h)和(i)为四方晶系晶体的孪晶,对称操作分别都是沿 (011)方向;(j)和(k)为六方晶系晶体的孪晶,对称操作分别沿(0001)和(11$\bar{2}$0)方向;(l)、(m)和(n)为立方晶系晶体的孪晶,对称操作分别沿($\bar{1}$$\bar{1}$1)、(111)和(001)方向.应当注意的是,实际晶体的外形并不一定如图所示的一样,在很多情况下,孪晶是多重的,有时孪晶的厚度只有几百个原子层,使晶体外形看似具有更高的对称性.图 6.27(p)给出了一个多重孪晶的示意图.

参考书目和文献

1. C. N. R. Rao and J. Gopalakrishnan. Structure-property Relations,in New Directions in Solid

State Chemistry. Cambridge University Press,1989:p.264

2. A. R. West. Solid State Chemistry and Its Applications. John Wiley and Sons,1992

3. 冯端,师昌绪,刘治国.材料科学导论.北京:化学工业出版社,2002

4. X. N. Jiang,$et\ al$. Atomic Force Microscopy Studies on Growth Mechanisms and Defect Formation on {110} Faces of Cadmium Mercury Thiocyanate Crystals. Cryst. Res. Technol.,2001,36:601~608

5. L. W. Yin,$et\ al$. TEM Investigation on Micro-inclusions and Dislocations in a HPHT-grown Diamond Single Crystal from Ni-C System. Cryst. Res. Technol.,2000,35:1289~1294

6. R. E. Tanner,$et\ al$. Effect of Surface Treatment on the γ-WO_3(001) Surface:A Comprehensive Study of Oxidation and Reduction by Scanning Tunneling Microscopy and Low-energy Electron Diffraction. J. Vac. Sci. Technol.,2001,A19:1502

7. D. Wang,$et\ al$. Crystallographic Shear Defect in Molybdenum Oxides,Structure and TEM of Molybdenum Sub-oxides $Mo_{18}O_{52}$ and Mo_8O_{23}. Cryst. Res. Technol.,2003,38:153~159

8. T. Cai,$et\ al$. STM Study of the Atomic Structure of the Icosahedral Al-Cu-Fe Fivefold Surface. Phys. Rev. B,2002,65:140202

9. N. Erdman,$et\ al$.The Structure and Chemistry of the TiO_2-rich Surface of $SrTiO_3$(001). Nature,2002,419:55

10. L. D. Marks,$et\ al$. Crystallographic Direct Methods for Surfaces. J. Phys. Condens. Mater.,2001,13:10677

11. N. -H. Chan,R. K. Sharma,and D. M. Smyth. Nonstoichioetry in undoped $BaTiO_3$. J. Am. Ceram. Soc. ,1981,64(9):556~562

习　题

6.1　请说明,为何结晶固体一般在升高温度时会生成更多的缺陷?

6.2　在下述晶体中你预料何种缺陷占优势?

(1) 以 $MgCl_2$ 掺杂的 NaCl

(2) 以 Y_2O_3 掺杂的 ZrO_2

(3) 以 YF_3 掺杂的 CaF_2

(4) 以 As 掺杂的 Si

(5) 在还原气氛中加热过的 WO_3

6.3　假定在 NaCl 中 Schottky 缺陷的生成焓是 2.3 eV,并且空位相对于正常格位的比例在 750 ℃时是 10^{-5}.请估算在(1) 300 ℃ 和(2) 25 ℃ 时 NaCl 中 Schottky 缺陷的平衡浓度.

6.4　对 YF_3 在 CaF_2 中的固溶体. 计算(1)阳离子空位模型和(2)填隙 F^- 离子模型的密度对组成的函数关系.CaF_2 为立方结构,$a=5.4626$ Å,$Z=4$,假定单胞体积与固体的组成无关.

6.5　BaFBr 经电离辐射后产生两种 F-色心,分别对应于两种阴离子空位.请回答并写出:

(1) 这两种 F-色心的缺陷符号

(2) 这两种 F-色心电离后的缺陷符号

(3) 标出这两种 F-色心在禁带中可能的能级位置

(4) 这两种 F-色心电离时,应产生出的载流子是什么?

6.6　加入一定量的 Y_2O_3 可以将 ZrO_2 稳定成 CaF_2 结构,请分别表示出电子浓度、空穴浓度和氧空位的浓度随氧分压的变化关系.

6.7　少量 Sm^{3+} 掺杂的 CdF_2 是无色的绝缘体,在 500 ℃ 下 Cd 蒸气中加热几分钟后,变为深蓝色的半导体. 请说明颜色和电导变化的原因.

6.8　在高温和氧分压较低的情况下,ZrO_2 和 Nb_2O_5 这类氧化物可能发生热分解反应,分解出少量的氧,生成含有阴离子缺陷的化合物 ZrO_{2-y} 和 Nb_2O_{5-y},即形成了氧空位.氧空位的形成可以理解为如下的微观过程:氧原子离开表面的格位,在原格位上留下一个空位 $V_O^{\cdot\cdot}$ 和两个电子(可表示为 $V_O^{\cdot\cdot} + 2e$ 或 $V_O^{\times}$),随后,表面上的 $V_O^{\times}$ 和体相内的 $O_O^{\times}$ 互相扩散,使 $V_O^{\times}$ 在体相内随机均匀分布,使材料具有 n 型导电性.试讨论晶体中电子浓度随氧分压变化的关系.

6.9　实验测得在 1300 ℃ 时 NiO 的电导率随氧气压力而变化的关系是 $\sigma = Ap^{1/6}(O_2)$.试根据这一实验结果,(1)推断氧化镍是 n 型还是 p 型半导体;(2)写出 NiO 中可能存在的缺陷及其反应平衡常数方程.

6.10　在参考文献中选择一篇阅读,并撰写读书报告.

第7章 相平衡与相变

  相平衡和相变是无机固体化学和材料化学的重要基础,相图是其通常的体现形式.新物相的发现,纯相或复相材料的制备以及单晶生长条件的选择等都离不开对相关体系相平衡和相图的认识.有些化合物只有其特定的物相才具有某些特定的物理性质,如四方相 $BaTiO_3$ 具有铁电性,而立方相只具有顺电性;超导材料只有在低温下转变为超导相后才具有超导性;为了获得致密陶瓷,希望材料在烧结后的冷却过程中不发生相变,以免产生裂纹导致其机械性能劣化.因而对相变过程的认识也是十分重要的.

7.1 相平衡和相律

  相平衡是热力学在多相体系中应用的结果,多相共存的封闭体系在一定的温度和压力下,各组分在不同物相中进行交换时自由能变化可以表示为

$$dG = -SdT + Vdp + \sum_{\alpha=1}^{q} \sum_{i=1}^{c} \mu_i^{\alpha} dn_i^{\alpha} \tag{7.1}$$

式中:$\alpha = 1,2,3,\cdots,q$,表示体系中的 q 个不同物相;$i=1,2,\cdots,c$,表示体系的 c 种组分;n_i^{α} 表示 i 组分在 α 相中的物质的量. 由于封闭体系与环境无物质交换,因而有

$$\sum_{\alpha=1}^{q} \mathrm{d}n_i^{\alpha} = 0 \tag{7.2}$$

当达到相平衡时 $\mathrm{d}G = 0$,且在等温等压过程中有

$$-S\mathrm{d}T + V\mathrm{d}p = 0 \tag{7.3}$$

故式(7.1)中第三项求和为零,即

$$\sum_{\alpha=1}^{q} \sum_{i=1}^{c} \mu_i^{\alpha} \mathrm{d}n_i^{\alpha} = 0$$

由此可以得到

$$\sum_{\substack{\alpha=1 \\ \alpha \neq \chi}}^{q} \sum_{i=1}^{c} (\mu_i^{\alpha} - \mu_i^{\chi}) \mathrm{d}n_i^{\alpha} = 0 \tag{7.4}$$

即

$$\mu_i^{\alpha} = \mu_i^{\chi} \tag{7.5}$$

式(7.5)表明,在平衡状态下,各组分在不同物相之间的化学势相等.

热力学平衡状态下,体系的组分和物相的数目之间有一定关系,相律说明了这个数量关系. 相律通常可以表示为

$$P + F = C + 2 \tag{7.6}$$

式中:P 表示体系中的相数;F 是体系的自由度或称作体系的独立变量数,通常的变量可以取体系的温度、压力或物相的组成等;C 表示体系的组分数.相律说明了体系独立变量的数目受相数和组分数限制,在一定条件下只能取确定的数值.下面进一步说明相律中各项的含义和应用.

体系中的物相是指在体系中从物理意义上能够区分和分离的部分.在通常情况下,结晶体系中各物相之间的区别是显而易见的,它们或者具有不同的组成,或者具有不同的晶体结构.例如,在 $CaO\text{-}SiO_2$ 体系中存在有一系列不同的物相 $CaSiO_3$、$Ca_3Si_2O_7$ 和 Ca_2SiO_4,这些物相在组成和结构上都有显著的区别,可以利用多种物理方法将它们区别开来. 在实际中常用 X 射线衍射方法鉴别不同的物相. 应当指出,化学成分不同并不是区别物相的必要条件,相同的化学组成但晶体结构不同的物质属于不同物相.例如,Ca_2SiO_4 有两种结构,$\beta\text{-}Ca_2SiO_4$ 和 $\gamma\text{-}Ca_2SiO_4$,它们具有相同的化学组成,但晶体结构和化学性质完全不同.另外,同一种物相也可以有不同组成,$\alpha\text{-}Al_2O_3$ 可以与 Cr_2O_3 形成完全互溶的固溶体系,体系的化学组成可以连续改变,但晶体结构始终保持不变,构成单一物相体系. 对某些物质来说,相的概念也是变化发展的. 随着测试技术的进步,有些过去认为是固溶体系的单一物相被证明是由多种分立物相构成的.一个典型的例子是 WO_{3-x}.在这个化合物中氧的含量可以在一定范围内改变,因而过去一直被认为是含有不同浓度氧离子空位的固溶体.现在已经知道,在这个体系中存在有多种具有确定组成和结构的分立物相,其通式可以表示成 WO_{3n-1}. 图 7.1 给出了 WO_{3-x} 体系中的一种结晶学切变结构. 结构的母体可以看作是 ReO_3 结构,其中,八面体共用顶点形成三维结构. 结晶学切变是沿特定方向发生位移,并在此方向上产生一系列共边八面体,使氧原子配位数增加,含量降低. 但是,结构中氧原子位置和占有率都是确定的,不存在氧原子空位,因此是一种组成确定的化合物.随 WO_{3n-1} 体系中 n 增加,化合物的组成越来越接近,因此,在实验上很难得到 WO_{3n-1} 体系的单一物相的样品. 这类化合物的结构研究主要是利用高分辨电镜方法进行的.

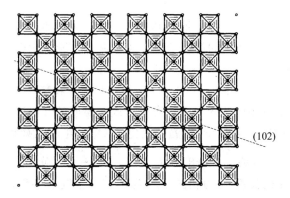

(102)

图 7.1　WO_{3-x} 中的结晶学切变结构

相律中的组分数 C 是指独立的组分数目,$CaO\text{-}SiO_2$ 体系中有三种元素,但在通常条件下,由于 Ca、Si 和 O 价态不变,$CaO\text{-}SiO_2$ 体系中化合物的 Ca 和 Si 与 O 的比例是确定的,因此体系的组分数 $C=2$,即可以看成是由 CaO 和 SiO_2 构成的两组分体系.FeO_x 中 Fe 和 O 的比例是变化的,化合物中的 Fe 除了二价以外,还存在少量三价状态,这个化合物只能在 Fe-O 二元体系中表达.

相律中的自由度包括压力、温度和物相的组成. 物相的组成常以某些组分的浓度表示.特别要指出的是,浓度是指纯相中某些组分的含量,而不是几种物相的混合比例.下面将举一些典型的例子说明相律的应用.

H_2O 体系:H_2O 体系是研究的非常充分的简单体系之一.在体系中只存在有一种具有确定组成的化合物 H_2O,体系的组分数 $C=1$.当体系处于液态和气态或液态和固态两相共存状态下,相数 $P=2$. 由相律 $P+F=C+2$ 可以知道,体系的自由度 $F=1$,表明一个独立的变量(温度 T 或压力 p)即可以表示体系的状态;这表现为水的沸点和熔点随环境的压力而改变. 在液、固和气相共存的状态下,体系的相数 $P=3$,由相律可知体系的自由度为零,水的三相点具有确定的温度和压力.

$Al_2O_3\text{-}Cr_2O_3$ 体系:$Al_2O_3\text{-}Cr_2O_3$ 体系是一个固相体系,由于压力对固相体系的影响比较小,在考虑这类固相体系时可以忽略气相的存在和压力的影响,相律可以表示为 $P+F=C+1$.$Al_2O_3\text{-}Cr_2O_3$ 是一个完全互溶体系,体系的任何组成都形成单一的具有刚玉结构的物相,因此体系的物相数 $P=1$.体系有两种组分 Al_2O_3 和 Cr_2O_3,即 $C=2$. 由相律可以得到体系的独立变量数 $F=2$.因此 $Al_2O_3\text{-}Cr_2O_3$ 体系需要用两个独立变量表达,我们知道 $Al_2O_3\text{-}Cr_2O_3$ 体系的温度和组成是可以独立变化的.

化合物或材料的相平衡关系常用相图表示,下面我们将介绍单组分体系相图、两组分体系相图和三组分体系相图的基本知识.

7.2　单组分体系相图

如果体系的组分数为 1,则 $P+F=C+2=3$. 当体系中只存在有一种物相 $P=1$,则 $F=2$,体系有两个独立变量,体系的温度和压力可以独立变化;如果体系中有两种物相共存 $P=2$,则只有一个独立变量 $F=1$,这时温度和压力是相互关联的;当三相共存时 $P=3$,体系没有独

立变量 $F=0$,温度和压力都具有确定的数值.

冰存在 6 种不同的晶体结构,加上液态和气态共有 8 种物相. 图 7.2 给出了水的温度-压力相图,在单相区中（$F=2$）体系的温度和压力可以独立变化,相图中表示为一定的区域. 两相区只有一个独立变量（$F=1$）,温度或压力是相互关联的,相图中表示为曲线（两相线）.三相区中没有独立变量（$F=0$）,相图中用点表示（三相点）.冰 I 和液态间的两相线表明水的熔点随压力增加而降低,这是由相应的区间内液态水密度随温度的升高而增大的反常行为产生的.

SiO_2 有多种不同结构,在常压下,随温度变化,SiO_2 发生一系列相变

$$\alpha\text{-石英} \xrightarrow{573℃} \beta\text{-石英} \xrightarrow{870℃} \beta''\text{-鳞石英} \xrightarrow{1470℃} \beta\text{-方石英} \xrightarrow{1710℃} \text{液态 } SiO_2$$

图 7.3 给出了 SiO_2 体系的温度-压力相图.α-石英在 573 ℃ 以下是稳定的,而且受压力的影响很小.在较高的温度下,α-石英转变为 β-石英.β-石英的稳定区域受压力影响很大,在高压下更加稳定.在较低压力下,随温度上升 β-石英转变成 β''-鳞石英并进一步转变成 β-方石英和液相.如果增加压力,β''-鳞石英和 β-方石英可以转变成 β-石英.与 H_2O 的情况相同,SiO_2 体系中存在有单相区、两相线和三相点,这些相区的自由度分别为 $F=2$、$F=1$ 和 $F=0$.

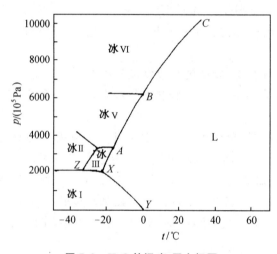

图 7.2　H_2O 的温度-压力相图

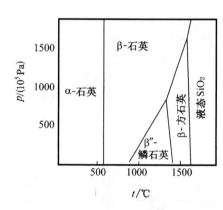

图 7.3　SiO_2 体系相图

7.3　两组分体系相图

两组分体系的种类很多,我们将通过介绍一些典型的简单体系来理解构建两组分相图（也称为二元体系相图）的基本原理.实际的复杂体系可以看成是这些简单体系以不同方式的组合.掌握了这些简单体系的构建原理,分析实际的复杂体系应该没有困难.通常固体材料的相图都是在常压下测定的,因而我们常常可以不考虑气相和压力的影响,这样两组分体系的相律可以简化为 $P+F=C+1=3$.一般地说,单相区（$P=1$）有两个独立变量 $F=2$,两相区（$P=2$）有一个独立变量 $F=1$,三相区没有独立变量 $F=0$.

7.3.1　低共熔体系

最简单的两组分体系是低共熔体系,图 7.4(a)给出了一个典型的、没有二元化合物和固

溶体的低共熔体系相图.图中 T_A 和 T_B 分别是组元物相 A 和 B 的熔点,E 是低共熔点(eutectic point),即 A、B 和液相(L)的三相共存点(简称三相点).曲线 T_A-E 和 T_B-E 是液相线,给出了固相存在的最高温度;与 E 点相关水平线是低共熔线,表示了液相可以存在的最低温度.相图可以分成几个区域,液相区(L)是 A 和 B 互溶的单相区,其温度和组成可以独立变化 $F=2$.三个两相区共存的物相分别是两个固相 A+B、A+L 和 B+L.在两相区内,只有一个独立变量 $F=1$,物相的组成是与温度相关联的.例如,当温度从 T_1 下降到 T_2 时,固相的组成不变,而液相的组成由 a 变为 d.应当注意,此处所说的物相组成是指物相中的化学成分,不是相应物相的量.在三相共存的 E 点,温度和组成都是确定的,即 $F=0$.

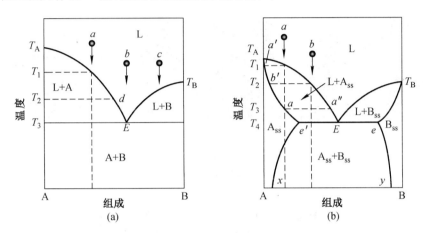

图 7.4 简单低共熔体系相图(a)和形成部分固溶体的低共熔体系相图(b)

在两相共存体系中各物相的量可以由杠杆原理计算.当体系的总组成为 a,温度为 T_2 时,体系中固相和液相的组成分别为 A 和 d,设各物相的含量分别为 w_A 和 w_L,由杠杆原理

$$w_A Aa = w_L\, ad$$

可得

$$w_A /\ w_L = ad / Aa \tag{7.7}$$

利用式(7.7)可以方便地计算出在不同温度下体系中各物相的含量.相图中的液相线可以从不同的角度理解,例如,图 7.4(a)中的液相线 T_B-E 可以看作溶质 B 在液相中的溶解度,在 T_B-E 液相线以上,B 可以完全溶解;而在 T_B-E 以下,只能部分溶解.另外,液相线还可以看作加入其他物质使体系的熔点降低,在水中加入 NaCl 使冰点降低就是一个典型的例子.

通过相图我们可以清晰地知道在变温过程中体系物相的转化(如结晶或熔解)过程.图 7.4(a)中有一组成为 a 的体系从熔融态开始降温,当温度降至 T_1,开始产生 A 相的结晶,液相的组成仍为 a.随着温度的降低,A 相的含量增加,液相的含量减少,同时液相的组成向 A 含量减少的方向(向右)移动.当温度降至 T_2 时,液相的组成变为 d.继续降温至 T_3,液相组成趋于低共熔点,A 和 B 同时结晶,直至液相全部消失.以上的结晶过程可以表示为

$$L \xrightarrow{T_1} L+A \xrightarrow{T_3} L+A+B \xrightarrow{T_3} A+B$$

体系 b 为低共熔组成,降温过程不发生单独 A 相的结晶,而是当温度降到 T_3 时,A 和 B 同时结晶.其过程可以表示为

$$L \xrightarrow{T_3} L+A+B \xrightarrow{T_3} A+B$$

169

体系 c 的结晶过程与 a 相似,读者可以自己分析.

Al_2O_3-ZrO_2 是一个简单低共熔二元体系,其相图具有图 7.4(a)的形式.图 7.5 是该体系中富 Al_2O_3 组成、低共熔组成和富 ZrO_2 组成熔融降温后的 SEM 背散射图像,深色晶粒为 Al_2O_3,浅色为 ZrO_2.从以上对体系 a 和 b 降温过程的分析,不难理解图 7.5 中几种组成显微结构形成的机理.Al_2O_3 结晶为近球形晶粒,而 ZrO_2 结晶为树枝形晶粒.材料的熔融熵影响其结晶的形态:Al_2O_3 的熔融熵较大,倾向于生成大的晶粒;而 ZrO_2 的熔融熵较小,容易生长成树枝状结晶.金属材料的浇铸涉及从熔融态到结晶态的过程,人们对该过程中材料的结晶生长及显微结构已有很多的研究,有兴趣的读者可以查阅相关专著和教科书.

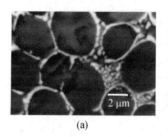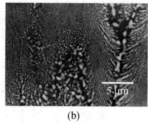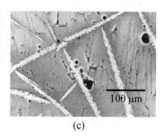

  (a)   (b)   (c)

图 7.5　Al_2O_3-ZrO_2 二元体系中,富 Al_2O_3 组成 (a),低共熔组成 (b) 和富 ZrO_2 组成(c)熔融降温后的 SEM 背散射图像

如果固相中 A 中可以溶解部分 B,同时 B 中也可以溶解部分 A,形成有限固溶体 A_{ss} 和 B_{ss},图 7.4(a)中的相图转变为图 7.4(b)的形式.在该相图中,曲线 T_A-e' 和 T_B-e 是固相线,给出了升温过程中固相开始熔融的温度.e'-x 和 e-y 分别是 B 在 A 中和 A 在 B 中的溶解度曲线;在低共熔线以下,一般来说随温度的升高溶解度增大.组成为 a 的体系从熔融态降温,当温度降到 T_1 时固溶体 A_{ss} 析出,其组成为 a',液相的组成仍为 a.继续降温,固溶体 A_{ss} 和液相 L 中 B 的含量都不断增加.当温度降至 T_3 时,A_{ss} 的组成为 a,L 的组成为 a''.进一步降温,液相消失,体系全部转为固溶体.与图 7.4(a)不同,在该降温过程中,L 的组成不能够变为 E,体系不能发生 A 和 B 同时结晶的过程.以上过程可以表示为

$$L^a \xrightarrow{T_1} L^a + A_{ss}^{a'} \xrightarrow{T_3} L^{a''} + A_{ss}^a \xrightarrow{T_3} A_{ss}^a$$

组成为 b 的体系在降温过程中,L 的组成可以变化至 E,可以发生 A_{ss} 和 B 的固溶体 B_{ss} 同时析出的过程;在两相区内,A_{ss} 的组成由 b' 变为 e'.体系 b 的结晶过程可以表示为

$$L^b \xrightarrow{T_2} L^b + A_{ss}^{b'} \xrightarrow{T_4} L^E + A_{ss}^{e'} + B_{ss}^e \xrightarrow{T_4} A_{ss}^{e'} + B_{ss}^e$$

7.3.2　含有固液同组成化合物体系

当体系中形成一个固液同组成的化合物 AB 时,相图被分成了两部分[图 7.6(a)],具有两个低共熔点 E_1 和 E_2.两部分均与图 7.4(a)中的相图一致,因而理解该相图应该没有困难.T_{AB} 是化合物 AB 的熔点,这种具有确切熔点的熔融过程称为固液同组成熔融(congruent melt).需要提醒的是,AB 是化合物的分子式,其在相图中的实际组成应该是 $A_{0.5}B_{0.5}$.当 A、B 和 AB 三个物相都能形成有限固溶体(A_{ss}、B_{ss} 和 AB_{ss})时,相图变为图 7.6(b)的形式,可以看成是两个图 7.4(b)中相图的组合,这样理解该相图也是没有困难的.

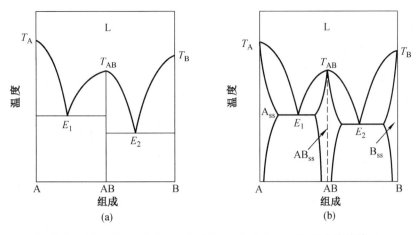

图 7.6 含有固液同组成化合物体系相图:(a) 不形成固溶体的情况;
(b) 形成有限固溶体的情况

7.3.3 含有固液异组成化合物体系

图 7.7 表示了含有固液异组成化合物 AB 的相图.我们首先分析不形成固溶体的情况.化合物 AB 没有自己的熔点,当从低温加热到 T_3 时,AB 分解为 A 和液相,其组成为 P.P 点称为转熔点(peritectic point),与 P 点相关的水平线称为转熔线.这种加热到某一温度,固体化合物分解为另一固体化合物和液相的过程称为固液异组成熔融(incongruent melt).选择不同的组成从熔融态开始降温,其结晶过程是不同的.如组成在 A 和 AB 之间的体系 a,开始降温析出 A;当温度降低到 T_3 时,组成为 P 的液相与部分 A 反应,将其转化成 AB,液相消失,该过程称为转熔反应.由于液相与 A 反应生成 AB 时,A 为颗粒的核,产物 AB 包裹在 A 的外层,因而该过程也称为包晶反应.该过程可以表示为

$$L \xrightarrow{T_1} L + A \xrightarrow{T_3} L + A + AB \xrightarrow{T_3} A + AB$$

组成在 AB 和 P 之间的体系 b 降温时也是首先结晶出 A;当温度降低到转熔线温度(T_3)时,组成为 P 的 L 与 A 反应发生转熔反应,将全部 A 转化成 AB;继续降温,AB 不断析出,L 的组成逐渐接近低共熔点 E,最终使 AB 和 B 同时析出.

$$L \xrightarrow{T_2} L + A \xrightarrow{T_3} L + A + AB \xrightarrow{T_3} L + AB \xrightarrow{T_4} L + AB + B \xrightarrow{T_4} AB + B$$

组成在 P 和 E 之间的体系 c 降温时首先析出 AB,继续降温,其发生的相转变过程与图 7.4(a) 中体系 a 相同.如果 A、B 和 AB 都能形成有限的固溶体(A_{ss}、B_{ss} 和 AB_{ss}),相图就演化成图 7.7 (b)的形式.理解了图 7.7(a)和图 7.4(b)中的相图,图 7.7(b)所示的相图就不难理解了.

在制备单晶的过程中,对于固液同组成的化合物,如图 7.6 中的 AB,可以直接将该化合物作为原料利用由纯物质生长单晶的方法制备单晶材料;而对于固液异组成的化合物,如图 7.7 中的 AB,则不能利用这类方法,而需要利用助熔剂法制备单晶,且熔体的起始组成应该在 P 点和 E 点之间.

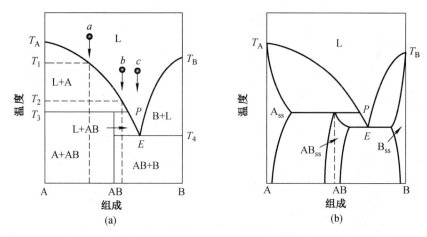

图 7.7 含有固液异组成化合物体系相图:(a) 不形成固溶体的情况;
(b) 形成有限固溶体的情况

7.3.4 含有稳定上限温度化合物体系

有些化合物在达到它们的熔点之前就分解了,其相图如图 7.8 所示.化合物 AB 有一个稳定性的上限,当温度升到 T_1 时分解成 A 和 B 的混合物;在高温区域体系具有如图 7.4(a)所表示的简单低共熔相图的性质.

还有一些体系中含有的化合物具有稳定性下限,即低于某一温度,化合物 AB 分解为 A 和 B 的混合物.对这些体系,在高温区域 AB 的行为可能有三种情形,分别具有图 7.6(a)、图 7.7(a)或图 7.8 所表示的性质.

7.3.5 液相部分互溶体系

对大多数体系来说,熔融态液相是完全混溶的.然而在有些体系中,特别是玻璃态材料中,常遇到液相部分互溶的情况.图 7.9 是一个典型的液相部分互溶的例子.我们可以这样理解液

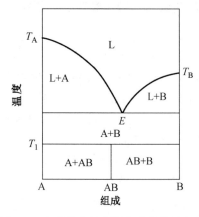

图 7.8 含有稳定性上限化合物体系相图

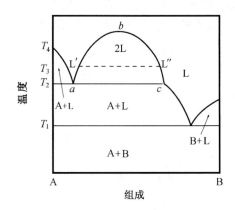

图 7.9 液相部分互溶体系相图

相部分互溶体系,当温度为 T_3,体系的总组成在 L' 与 L'' 之间时,A 与 B 不能完全互溶,而是形成了组成分别为 L' 和 L'' 的两种液相.随温度升高,A 和 B 的互溶度增大,在 b 点形成完全互溶体系.液相部分互溶相图对于玻璃态材料的制备非常重要.对于硅酸盐体系,在富 SiO_2 的组成中常存在液相部分互溶现象,在降温过程中,液相冷却成为玻璃态;当处在液相部分互溶区域时,会发生相分离,因而不能形成均匀的玻璃态.

7.3.6　固-固相变体系

　　物质的一级相变可以在相图中明确表示,图 7.10 是存在固-固相变的二元低共熔体系相图.在相图中,两端轴分别对应于单一组分 A 和 B,A 和 B 分别存在

$$\alpha\text{-}B \xrightarrow{T_1} \beta\text{-}B \quad 和 \quad \alpha\text{-}A \xrightarrow{T_2} \beta\text{-}A \xrightarrow{T_4} \delta\text{-}A$$

三种固-固相变.单一物相（$C=1$）在发生一级相变时两相共存（$P=2$）,根据相律 $P+F=C+1$ 可知体系的自由度为零（$F=0$）,在相图上用单一物相上的点（T_1、T_2 和 T_4）表示.在两组分共存的区域内（$C=2$）,根据相律有 $P+F=3$.在相变温度下,二元体系中三相共存（$P=3$）,例如在 T_1 时,体系中存在有 $\alpha\text{-}A$、$\alpha\text{-}B$ 和 $\beta\text{-}B$ 三种物相,体系的自由度为零.对于没有形成固溶体的体系,一级相变用平行线（无变线）表示.图 7.10 的相图与前面介绍的相图有一个很大的不同之处:在前面介绍的相图中,只要我们标出液相的相区,其他各相区即使没有标注,其相区的内容也是确定的;而对于图 7.10 中的相图,只有对低共熔线以下的相区明确标注,读者才能知道各相变线的确切含义.

　　对于含有固-固相变的二元相图,如果组元 A 和 B 还能形成有限固溶体,则相图会具有图 7.11 的形式.在这个相图中,E 点为低共熔点,液相在降温至 E 时同时析出 $\beta\text{-}A_{ss}$ 和 $\beta\text{-}B_{ss}$ 两个固溶相.另外,E' 点与 E 有相似的形式,只是与 E' 点相关的三个物相均为固相,即 $\beta\text{-}B_{ss}$ 降温至 E' 时分解为另外两个固溶体相 $\beta\text{-}A_{ss}$ 和 $\alpha\text{-}B_{ss}$.E' 点被称为类低共熔点,也称为第二类低共熔点,英文为 eutectoid point,我们认为称其为"低共晶点"也许更合适.另外,P' 点与图 7.7(b)中的 P 点（转熔点）有相似的形式,然而与 P' 点相关的三个物相也均为固相,即 $\alpha\text{-}A_{ss}$ 升温至 P' 时分解为 $\beta\text{-}A_{ss}$ 和 $\alpha\text{-}B_{ss}$ 两个固溶体相.这类三相点被称为类转熔点,也称为第二类转熔点,英文为 peritectoid point,我们认为称其为"转晶点"也许更合适.

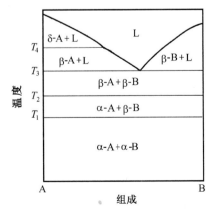

图 7.10　固-固相变体系相图

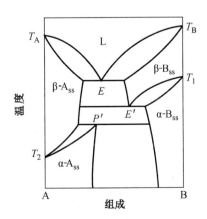

图 7.11　形成有限固溶体的固-固相变体系相图

7.3.7 形成完全互溶体系

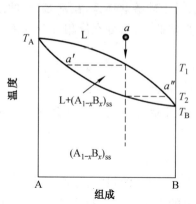

图 7.12 形成完全固溶体的二元相图

固态和液态完全互溶是固溶体体系的最简单形式,如图 7.12 所示.A 的熔点因加入 B 而降低,B 的熔点因加入 A 而增加.液相线和固相线均是光滑的曲线并在终端组成 A 和 B 处相会.在低温固熔区和高温液态熔融区自由度 $F=2$,即组成和温度均可以变化.在固相线和液相线之间有一个液相和固溶体的两相区,在两相区内自由度 $F=1$,即温度的变化会引起组成相应的变化;反之亦然.

考查组成为 a 的体系从液态开始降温,当温度降至 T_1 时析出组成为 a' 的固溶体,液相组成仍为 a;继续降温时液相和固溶体的组成都向富 B 的方向移动;当温度降至 T_2 时,固溶体组成移至 a,而液相的组成移至 a'',进而液相消失,全部转变为组成为 a 的固溶体.其过程可以表示为

$$L^a \xrightarrow{T_1} L^a + (A_{1-x}B_x)^{a'} \xrightarrow{T_2} L^{a''} + (A_{1-x}B_x)^a \xrightarrow{T_2} (A_{1-x}B_x)^a$$

完全互溶二元体系还有另外两种类型的相图,如图 7.13 所示,即液相线和固相线出现极小值或极大值.在极值处固相线和液相线光滑相切,而不是如图 7.6(b)中 T_{AB} 处那样出现奇异点,另外极值处一般也不对应 A 和 B 简单的组成比,因而一般不会把极值处的组成看成一种二元化合物.图 7.13(a)和(b)相图中极值点被称为无差异点(indifferent point).

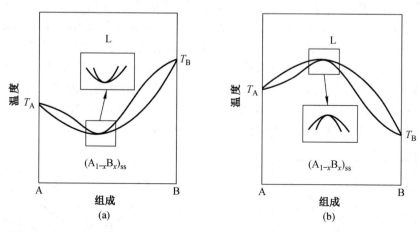

图 7.13 在固相线和液相线上有热极小点(a)和热极大点(b)的二元固溶体相图

若形成完全互溶体系的组元 A 和 B 可以发生固-固相变,则相图演变为图 7.14 的形式:图 7.14(a)中 A 和 B 均发生一个固-固相变,而图 7.14(b)中只有 A 发生一个固-固相变.在图 7.14(a)中 α-A 和 α-B 构成完全互溶体系(α 相),β-A 和 β-B 也形成完全互溶体系(β 相).互溶区内是单一物相($P=1$),体系的组成和温度可以独立变化($F=2$).根据相律在单相区之间一定存在有两相区($C=2$,$P=2$,$F=1$).图 7.14(a)还表示了 α 相和 β 相之间的两相区,然而在实验上由固-固相变产生的两相区往往难以准确测定.图 7.14(b)相图中的物相 A 和 B 在低温下形成完全互溶体系(α 相).由于物相 A 有一个固-固相变(α→β),而物相 B 不发生固-固相变,

因此存在有三个单相区,分别为 α、β 和 L(液相);三个两相区,分别是 α+β、α+L 和 β+L.体系中的三相区(xyz),其组成和温度都是确定的($F=0$).

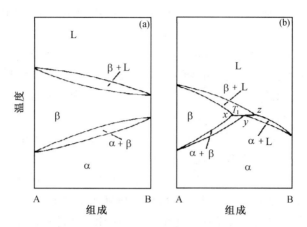

图 7.14 含有固-固相变的完全互溶体系相图

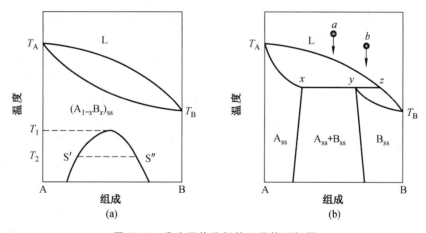

图 7.15 发生固体分相的二元体系相图

　　如果图 7.12 中的相图在低温下固相不能完全混溶,出现固相相分离现象,则相图具有图 7.15(a)的形式:在较高的温度下,A 和 B 可以完全互溶;在温度 T_1 之下,固相开始发生相分离;随着温度的降低,相分离区域不断变宽,如当温度为 T_2 时,固相分解为 S′ 和 S″ 两种固相.如果发生相分离的温度不断提高,则相图演变为图 7.15(b)的形式:原来连续的固溶体区域分解为 A_{ss} 和 B_{ss} 两个固相区.从液态的 a 点(组成在 x 与 y 之间)降温,开始析出固溶体 A_{ss},进一步液相与 A_{ss} 反应,将其部分转化为 B_{ss},最终产物是 A_{ss} 和 B_{ss} 的混合物.如果液相的起始组成为 b(组成在 y 与 z 之间),降温过程中也最先析出 A_{ss},进一步降温使液相与 A_{ss} 反应,将其完全转化为 B_{ss}.有了前面关于二元相图的知识,理解不同组成液相降温过程的析晶细节应该是不困难的.

7.3.8　道尔顿体、柏托雷体和鬼化合物

经过对大量实验数据进行仔细分析发现,在形成固液同组成熔融固溶体的二元体系相图中存在两类情形,如图 7.16 所示.在图 7.16(a)相图中,固相线和液相线最大值处(S 点)是连续但不可导的奇异点(曲线不平滑).该奇异点一般对应 A 和 B 组成(m/n)为简单整数比,固溶体的物理性质(如密度、电导等)随组成的变化曲线在该点上也是奇异的.这类固液同组成熔融的物相(α 相)称为整比化合物,也称为 Dalton(道尔顿)体.实际上图 7.16(a)与前面介绍的图 7.6(b)中的相图是一致的.在 S 点的左边是 A 溶解在 $A_m B_n$ 中形成的固溶体,而在其右面是 B 溶解在 $A_m B_n$ 中形成的固溶体,在两个固溶体区域内性质与组成的变化关系是各自独立的,因而固溶体的性质在 S 为奇异点就不难理解了.在图 7.16(b)的相图中,固相线和液相线在极大值处相切(M 点),且两者均是连续可导的(曲线平滑).一般来说,极值处也不对应 A 和 B 组成(x/y)的简单整数比,并且固溶体物理性质随组成变化的曲线在 M 处也是平滑的.这类物相(γ 相)被称为非整比化合物,也称为 Berthollet(柏托雷)体.有些固溶体即使在 M 处的组成与 A 和 B 的某个简单整数比巧合,由于其"性质-组成"曲线在该处是平滑的,它们同样被认为是柏托雷体.这两类固溶体之所以用道尔顿和柏托雷两位科学家的名字命名,是因为18 世纪时英国科学家道尔顿提出了原子论,认为化合物中各元素原子之间是按照简单整数比化合的;而同时代的法国科学家柏托雷认为,不同元素原子之间可以按任何比例化合.按照我们现在接受的原子论的观点,道尔顿体是很容易理解的,而柏托雷体就有些费解.为了理解柏托雷体,人们提出了以"虚化合物"(有时也称为"鬼化合物")作为固溶体母体的想法.如图 7.16(b)中所示,γ 相($A_x B_y$)可以认为是 $A_{m_1} B_{n_1}$ 和 $A_{m_2} B_{n_2}$ 两种母体化合物形成的固溶体.这时在 $A_{m_1} B_{n_1}$ 和 $A_{m_2} B_{n_2}$ 组成区间的相图具有图 7.13(b)中相图的形式,即成为固相线和液相线具有热极大点的固溶体相图.在固溶体区域内 $A_{m_1} B_{n_1}$ 和 $A_{m_2} B_{n_2}$ 的组成含量连续变化,$A_x B_y$ 点并没有特殊之处,因而固溶体性质随组成变化曲线在 M 点连续平滑变化就是可理解的了.然而化合物 $A_{m_1} B_{n_1}$ 和 $A_{m_2} B_{n_2}$ 的组成在固溶区之外,且是不存在的,是两个虚拟的化合物,因而称

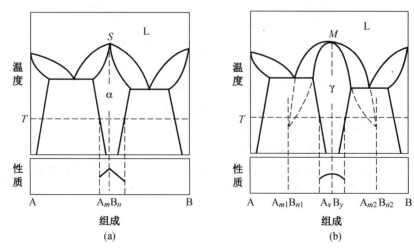

图 7.16　固液同组成固溶体的二元相图及其 T 温度下"性质-组成图":

(a) 含有道尔顿体的相图;(b) 含有柏托雷体的相图

为"虚化合物"或"鬼化合物",可以理解为,它们的固溶体存在,而它们本身不存在.早期的相图研究主要是考虑不同物相的组成及其之间的关系,较少从晶体结构的角度分析.实验中确定"虚化合物"的组成有一定的人为任意性,因而一些科学家建议放弃"虚化合物"的概念.随着化学学科的发展,晶体结构的解析已逐渐成为无机化合物研究的基本方法.当从晶体结构的角度理解柏托雷体时可以发现,"虚化合物"有其确切的含义.柏托雷体一般存在晶体格位缺陷,在保持晶体结构的基础上,"虚化合物"具有极限组成.我们以 $Ba_{6-3x}Nd_{8+2x}Ti_{18}O_{54}$ 固溶体为例理解柏托雷体与"虚化合物"的关系.

1978 年,前南斯拉夫科学家 Kolar(科拉尔)在研究 BaO-Nd_2O_3-TiO_2 三元体系相图时发现了一种三元新物相,开始人们以化学式 $BaNd_2Ti_4O_{12}$ 表示该物相的组成,该物相是良好的微波介质材料.随后人们确定了该物相的晶体结构(图 7.17),并发现该物相中 Ba 和 Nd 可以按 3:2 等电荷取代形成固溶体,其组成用通式 $Ba_{6-3x}Nd_{8+2x}Ti_{18}O_{54}$ 表示.该物相属于正交晶系,空间群为 $Pbam$,晶胞参数 $a = 2.2348$ nm,$b = 1.2202$ nm,$c = 0.3850$ nm,晶胞中含有一个通式所表示的分子.该物相中 TiO_6 八面体以扭曲的方式连接,在一个晶胞中形成了 4 个三元环、10 个四元环和 4 个五元环.三元环中空间较小,不能容纳阳离子,Ba 和 Nd 位于四元环或五元环中.研究指出,$Ba_{6-3x}Nd_{8+2x}Ti_{18}O_{54}$ 固溶体的范围为 $0.25 < x < 0.68$,即 Ba 和 Nd 在化学式中没有简单的整数比,可以认为该固溶体是一个柏托雷体.虽然固溶体中 Ba 和 Nd 在化学式中没有简单整数比,然而如上所述,晶体结构中的各类格点必然具有简单整数比.当 $x=0$ 时,化学式为 $Ba_6Nd_8Ti_{18}O_{54}$,这是一个不能够稳定存在的"虚化合物",是柏托雷体的极限化学式,可以考虑为固溶体的母体.在这个极限组成中四元环和五元环阳离子格位全部占满,即 8 个 Nd 占据 8 个四元环,6 个 Ba 占据 4 个五元环和 2 个四元环.可能是由于晶格不能容忍所有格位点被满占的情况,因而固溶体不能延伸到该组成.当组成在固溶区内变化时,Ba 和 Nd 以 $3Ba \rightleftharpoons 2Nd$ 的比例互相取代,形成少量的阳离子空位,从而使该物相稳定存在.当 $x=0.5$ 时,化学式化简为 $BaNd_2Ti_4O_{12}$,似乎 Ba 和 Nd 之间具有 1:2 的简单比例.然而晶胞中不含有整数个这样的简式(计算得知晶胞中含有 4.5 个这样的简式),且晶胞参数和介电性质随 x 平滑变化,在 $x=0.5$ 处并没有出现奇异点,因而 $BaNd_2Ti_4O_{12}$ 不能认为是该固溶体合适的母体化学式.

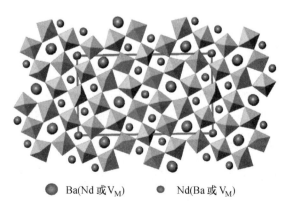

● Ba(Nd 或 V_M)　　● Nd(Ba 或 V_M)

图 7.17　$Ba_{6-3x}R_{8+2x}Ti_{18}O_{54}$ 晶体结构

7.3.9　析晶过程的滞后现象

通常我们所讨论的相图都是热力学平衡相图.在物理化学课中为了学习相图的基本原理,一般选择容易达到平衡的体系进行分析,如 C_6H_6(苯)-$C_6H_5CH_3$(甲苯)气液平衡体系,KNO_3-$TlNO_3$ 熔盐体系等.而实际的无机材料体系很多是高温难熔氧化物,在这些体系中要达到组成平衡和相平衡常常需要较长的时间.当我们考查降温过程的结晶和相变时,由于降温速率不是足够慢,常会出现偏离平衡的情况,以下讨论两个典型的例子.

图 7.18(a)中化合物 A 可以和 B 形成固溶体.当从 a 点降温达到液相线时,析出组成为 a_1 的固溶体晶相.继续降温至固-液两相区之间,析出的固溶体组成为 a_2.如果降温速率足够慢,开始析出的 a_1 固溶体可以通过扩散与液相交换物质并达到平衡,使其组成转化为 a_2.然而实际上降温速率不是足够慢,后面析出的 a_2 固溶体会包裹在 a_1 的外面,阻碍了 a_1 与液相的物质交换.这使得晶粒的平均组成介于 a_1 和 a_2 之间,即 a_2'.以此类推,当温度降至固相线时,析出的固溶体组成为 a_3,而晶粒的平均组成为 a_3'.结果导致表观的固相线(虚线)比理想的固相线偏低,同时得到的结晶组成也不均匀.

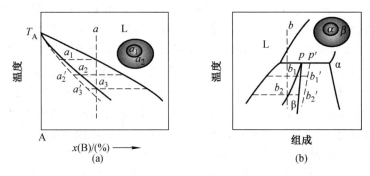

图 7.18　结晶过程的滞后现象:(a) 固溶体析出过程;(b) 转熔反应过程

图 7.18(b)表示的是转熔过程发生的析晶滞后现象.当从 b 点降温,首先析出 α 相固溶体;继续降温至转熔线以下,液相与 α 相反应,将其部分转化为 β 相.由于存在滞后现象,新析出的 β 相会包裹在 α 相晶粒的外面,阻碍了液相与 α 相的反应,使转熔过程难于达到平衡,导致表观上 β 相的溶解度曲线 $pb_1'b_2$ 向 α 相方向(向右)漂移(虚线 $p'b_1'b_2'$).

由于存在析晶过程的滞后现象,我们测定相图时一方面利用热分析的方法（DTA、DSC和 TG 等)测出液相线、固相线、固溶体界限(溶解度曲线)等的大致位置(动态测试),另一方面将不同组成的样品在高温下长时间保温退火,使体系达到平衡,随后淬火至室温,利用 XRD等分析样品的相组成,进而确定达到平衡的液相线、固相线和溶解度曲线等(静态测试).

7.3.10　实际二元体系举例

学习了以上二元体系相图的基本原理后,有必要考查一些实际的材料体系相图.这里我们选择一个氧化物体系和一个金属体系进行分析.

CaO-SiO_2 体系:CaO-SiO_2 是一个比较复杂的体系,也是研究比较充分的体系之一.图7.19 是 CaO-SiO_2 体系的相图.CaO-SiO_2 体系中有两个固液同组成化合物 Ca_2SiO_4 和$CaSiO_3$,这两个化合物熔化后的液相与固相具有同样的组成.体系还有两个固液异组成化合物

Ca_3SiO_5 和 $Ca_3Si_2O_7$,也称作转熔化合物.Ca_3SiO_5 在转熔点附近分解生成 CaO 和液相,$Ca_3Si_2O_7$ 分解成 Ca_2SiO_4 和液相.固液同组成化合物可以从熔体降温得到,并可以直接从熔体生长出单晶体;固液异组成化合物则不能从熔体降温得到,要得到单一物相的化合物,需要在熔点以下长时间退火.Ca_3SiO_5 只是在 1250 ℃ 以上能够稳定存在,在低温下将分解成 CaO 和 Ca_2SiO_4.从图 7.19 可以看到,SiO_2 有几个相变,分别为

$$\text{β-石英} \xrightarrow{870\,℃} \text{β″-鳞石英} \xrightarrow{1470\,℃} \text{β-方石英}$$

体系中的二元化合物也存在相变,例如 $CaSiO_3$ 在 1175 ℃ 发生相变 $\text{β-}CaSiO_3 \to \text{α-}CaSiO_3$,$Ca_2SiO_4$ 在 1450 ℃ 发生相变 $\text{α′-}Ca_2SiO_4 \to \text{α-}Ca_2SiO_4$.另外,在高于 1698 ℃ 时,富 SiO_2 区域中存在有液相部分互溶的区域.

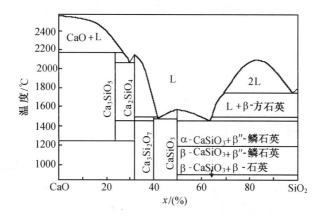

图 7.19 CaO-SiO₂ 体系的相图

稀土-过渡金属体系:人们已经对稀土(RE)与过渡金属(M)二元体系相图进行了细致的研究.稀土和过渡金属二元体系中存在很多金属间化合物.常见的金属间化合物有 RE_3M、RE_2M、REM、REM_2、REM_3、RE_2M_7、REM_5、RE_2M_{17} 和 REM_{12} 等.在第 3 章中我们已经讨论了部分金属间化合物晶体结构之间的关系,这里重点介绍稀土过渡金属体系的相关系.我们以 La-Ni 体系为例说明稀土-过渡金属体系的一些特点.图 7.20 给出了 La-Ni 体系的二元相图.在 La-Ni 体系中共有 8 个二元化合物,它们分别是 La_3Ni、La_7Ni_3、$LaNi$、La_2Ni_3、$LaNi_2$、$LaNi_3$、La_2Ni_7 和 $LaNi_5$,其中 La_7Ni_3、$LaNi$ 和 $LaNi_5$ 是固液同组成化合物,其他都是固液异组成化合物.

La-Ni 相图对于制备金属间化合物非常重要.金属间化合物的合成一般用高温熔炼方法.以单质稀土和过渡金属为原料,在电弧炉或高频炉中将金属熔化,再于一定温度退火得到所需化合物.由于稀土和过渡金属单质的熔点都比较高,只有在较高的温度下才能发生相互作用.固液同组成化合物可以从熔体直接冷却得到,而固液异组成化合物不能直接从熔体冷却制备.例如,La_2Ni_7 样品从熔体冷却时首先析出 $LaNi_5$ 固相(s),液相的组成随温度降低逐渐变化,在 995 ℃ 转熔线上液相的组成约为 $LaNi_2$,在 995～955 ℃ 有少量 La_2Ni_7 生成,继续降低温度,将分别析出 $LaNi_3$、$LaNi_2$ 和 La_2Ni_3,液相的最终组成位于 $LaNi$ 与 La_2Ni_3 之间的低共熔点,继续降低温度,液相将完全消失,产生 $LaNi$ 和 La_2Ni_3.由此可以知道,从熔体冷却具有 La_2Ni_7 组成的样品,由于通常的降温速率很难使体系达到平衡,因而将得到 $LaNi_5$、La_2Ni_7、

$LaNi_3$、$LaNi_2$、La_2Ni_3 和 LaNi 的混合物.要得到 La_2Ni_7 化合物,应该将熔体冷却得到的样品在转熔温度（995 ℃）以下长时间退火.在这样的条件下,熔点较低的 $LaNi_3$、$LaNi_2$、La_2Ni_3 和 LaNi 等化合物熔化成液相,然后发生 $LaNi_5$ 与液相的固-液反应,生成 La_2Ni_7.

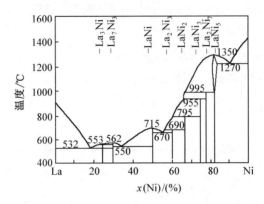

图 7.20　La-Ni 体系的二元相图

7.3.11　含有变价离子的赝二元相图

通常的氧化物二元相图如图 7.19 中的 $CaO\text{-}SiO_2$ 体系,虽然该体系包含三种元素 Ca、Si 和 O,然而由于各元素的价态是稳定的,Ca∶O 和 Si∶O 比是确定的,因而 O 元素不是独立组分,只有 Ca 和 Si 是独立组分,所以该体系被认为是二元体系.然而对于一些含有变价离子的过渡元素氧化物体系（如氧化铁和氧化锰等）,情况有些不同.我们以 $CaO\text{-}Mn_2O_3$ 体系为例分析这类相图.

在 $CaO\text{-}Mn_2O_3$ 体系（图 7.21）中,由于 Mn 的变价（体系中包含 Mn^{3+} 和 Mn^{4+} 两种价

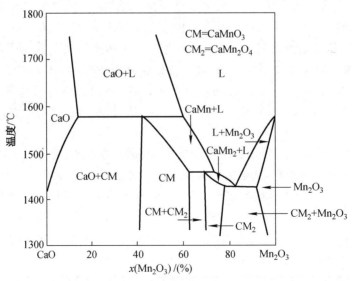

图 7.21　空气中 $CaO\text{-}Mn_2O_3$ 二元体系示意相图

态),Mn:O 比是变化的,这样 CaO-Mn$_2$O$_3$ 体系实际是包含 Ca、Mn 和 O 的三元体系.然而在确定的气氛条件下(如空气中),氧分压是恒定的,达到平衡时 Mn 的变价状态不是完全自由的,简便起见人们将 CaO-Mn$_2$O$_3$ 体系也以二元相图的形式表示,该相图其实是一种赝二元相图.通常的无机材料制备都是在空气条件下进行的,这类相图在实际的材料研究中是很有意义的.在 CaO-Mn$_2$O$_3$ 二元体系相图中存在两个二元化合物 CaMnO$_3$ 和 CaMn$_2$O$_4$.在 CaMnO$_3$ 中 Mn 的价态为 $+4$,而在 CaMn$_2$O$_4$ 中 Mn 的价态为 $+3$.这两个物相均可以形成一定组成范围的固溶体.虽然仅从相图中我们不能知道固溶体的形成机理,但可以推测在固溶体中可能存在空位缺陷及 Mn 的混合价态.

7.4 固溶体及固溶机理

固溶体(solid solution)即固体溶液,它是一种溶质组分溶解在溶剂固体(也称基质)中形成的均相体系.在溶解度范围内,随着溶质含量的变化,基质的结构保持不变.固溶体是十分常见的,前面在介绍二元体系相图时,多次提及固溶体.固溶体是无机材料化学中的一个十分重要的概念,在固溶体范围内,材料的组成可以连续变化,从而使材料的性质(如荧光性质、导电性质或磁性等)发生连续变化,这对于材料的设计和性能优化是十分有用的.

固溶体与液态溶液都是稳定均匀的体系,但两者也有很大的不同.在液态溶液中,溶质和溶剂原子是无序排布的.对于液态溶液,一般我们主要关心其浓度和溶解度.而在固溶体中,溶剂固体具有确定的晶体结构,其组成原子都占据确定的晶格格位.因而对于固溶体,我们不仅关心溶质组分的浓度和溶解度,我们更关心溶质组分原子在基质晶格中所处的位置,即溶质组分原子以何种机理溶解于基质晶格中.基本的固溶体形成机理(简称固溶机理)主要是取代固溶体和填隙固溶体,二者的组合以及不同价态离子的引入会导致多种复杂的固溶机理.

7.4.1 取代固溶体

在具有磷灰石结构的碱土金属氯磷酸盐 M$_5$(PO$_4$)$_3$Cl (M$=$Ca,Sr,Ba)中,Ca^{2+}、Sr^{2+} 和 Ba^{2+} 离子可以在很宽的组成范围内相互取代形成取代固溶体,其固溶体组成可以用通式 (Ca$_{1-x-y}$Sr$_x$Ba$_y$)$_5$(PO$_4$)$_3$Cl 表示.在固溶体中,材料的结构不变,Ca、Sr 和 Ba 随机占据相同的晶格格位.在 (Ca$_{1-x}$Sr$_x$)$_5$(PO$_4$)$_3$Cl 和 (Sr$_{1-y}$Ba$_y$)$_5$(PO$_4$)$_3$Cl 两个二元固溶体中,由于 Ca^{2+} ($r=1.00$ Å) 和 Sr^{2+} ($r=1.18$ Å) 的离子半径接近,Sr^{2+} 和 Ba^{2+} ($r=1.36$ Å) 的离子半径接近,上述两个二元体系可以形成全范围的固溶体.然而,在 (Ca$_{1-y}$Ba$_y$)$_5$(PO$_4$)$_3$Cl 二元体系中,由于 Ca^{2+} 和 Ba^{2+} 的离子半径相差较大,该二元体系只能形成两个有限固溶体,其固溶体的范围为 $0<x<0.4$ (Ba 相溶解于 Ca 相中) 和 $0.6<x<1.0$ (Ca 相溶解于 Ba 相中).

在固溶体范围内,随着组成的变化,材料的结构保持不变,但晶胞参数会连续变化,从而使材料的性质得到调整.Eu^{2+} 掺杂的 M$_5$(PO$_4$)$_3$Cl 是优良的荧光材料,对于单纯的 Ca、Sr 或 Ba 相,材料的荧光发光峰位于 460~440 nm 之间,发光峰的半高宽约为 40 nm,这几种材料(特别是 Sr 相)是优良的三基色荧光灯用蓝色荧光材料.形成固溶体的材料发光波长红移,发光峰展宽,如组成为 (Ba$_{0.8}$Ca$_{0.2}$)$_5$(PO$_4$)$_3$Cl:Eu^{2+} 的材料其发光峰红移至 505 nm,发光峰半高宽约为 100 nm,是高显色荧光灯用蓝绿色荧光材料(图 7.22).

形成范围较宽的取代固溶体,要满足一些条件.首先取代离子之间的价态相同.如果价态不同,为了保持固体的电中性,必然会产生空位缺陷或填隙缺陷,这种情况会在后面讨论复杂

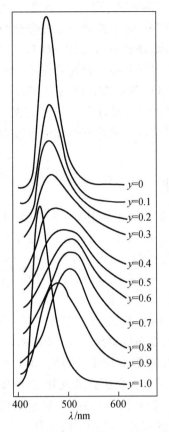

固溶机理时分析.另外,相互取代的离子应该半径相近.人们对金属材料固溶体的研究指出,相互取代的金属原子半径差<15%时,两种金属可以形成全范围的固溶体;当半径差在15%~40%之间,可以形成有限范围的固溶体;而当半径差>40%时,不能形成固溶体.对于化合物固体材料还没有以上定量的结果.然而在分析化合物固溶体时,以上结果应该是很好的参考.

在$(Mg_{1-x}Zn_x)_2SiO_4$二元体系中,Mg^{2+}($r=0.72$ Å)和Zn^{2+}($r=0.74$ Å)价态相同,离子半径相近,但该体系仅能形成有限固溶体.在1000 ℃下,Zn_2SiO_4在Mg_2SiO_4中的溶解度以及Mg_2SiO_4在Zn_2SiO_4中的溶解度都不超过20 mol%.这表明,除了离子价态和离子半径外,在形成固溶体时离子的外层电子构型也是要考虑的重要因素.在固体材料中Mg^{2+}和Zn^{2+}这两种离子既可以处于八面体配位环境中,也可以处于四面体配位环境中.Mg^{2+}外层具有8电子构型($2s^22p^6$),极化能力和变形性较弱,更偏爱八面体配位环境,因而Mg_2SiO_4具有橄榄石结构,Mg^{2+}在其晶格中处于八面体环境.Zn^{2+}外层具有18电子构型($3s^23p^63d^{10}$),极化能力和变形性都较强,更偏爱四面体环境,因而Zn_2SiO_4具有硅锌矿结构,Zn^{2+}处于四面体环境.由于Mg^{2+}和Zn^{2+}的电子构型不同,使得两种组元的结构不同,从而使得$(Mg_{1-x}Zn_x)_2SiO_4$二元体系仅能形成有限固溶体.以上现象也可以从材料结构的角度分析,即只有结构相同的组元才可能形成全范围的固溶体,或倾向于形成较宽范围的固

图7.22 $(Ca_{1-y}Ba_y)_5(PO_4)_3Cl$∶$Eu^{2+}$二元体系中发光光谱随Ba含量 y 的变化

溶体;结构不同的组元只能形成有限固溶体.

在两种离子半径相差较大的体系中,很多情况下半径小的离子容易取代半径大的离子,反过来则较为困难.例如Na_2SiO_3中,高温(≈800 ℃)下>50 mol%的Na^+可以被Li^+取代;而在Li_2SiO_3中,仅有10 mol%的Li^+可以被Na^+取代.镧系元素离子的半径非常接近,不同元素化合物之间常形成宽范围的固溶体.

实际上阴离子之间也可以相互取代形成固溶体,例如$AgCl_{1-x}Br_x$二元体系.但关于阴离子相互取代形成固溶体的研究相对较少.一方面的原因是具有价态、半径和配位(成键)习性相近的离子对较少;另一方面,以往在固体材料研究中,人们主要关注氧化物和含氧酸盐体系(合成和制备较为容易),对非氧化物关注不够(合成和制备较为困难,常需保持特殊的气氛或高压).近来,随着材料科学和固体化学的发展,硫化物、氮化物和卤化物等材料体系越来越受到人们的重视,可以预见对于阴离子取代固溶体的研究也会逐步得到人们的重视.

7.4.2 填隙固溶体

很多金属材料与非金属元素形成填隙固溶体,如H、C、B和N等元素可以融入基质金属材料之中,占据金属原子之间的间隙位置,形成填隙固溶体.金属Pd是重要的吸氢材料,它可

182

以把大量的 H_2"吸入"到由 Pd 组成的面心立方结构的间隙位置,形成氢化物填隙固溶体,其组成可以用通式 PdH_x 表示,吸氢量 x 可在 $0\sim0.7$ 之间变化.现在一般认为 H 是占据 Pd 的八面体空隙.

C 进入具有面心立方结构的 γ-Fe 中的八面体空隙位置形成的填隙固溶体是技术上另一个重要的例子.该固溶体在钢铁材料中具有重要的意义.

7.4.3 复杂机理固溶体

在形成取代固溶体时,如果两种阳离子的价态不同,会出现多种复杂的固溶机理.当基质阳离子被高价阳离子取代,可能出现阳离子空位,也可能出现填隙阴离子;如果被低价阳离子取代,则可能出现阴离子空位或填隙阳离子.阴离子取代也可能出现类似的情况,然而人们对阴离子取代固溶体的研究较少,这里不作进一步讨论.

产生阳离子空位:在高温下尖晶石 $MgAl_2O_4$ 和 Al_2O_3 可以形成范围很宽的固溶体,固溶体的组成可以用通式 $Mg_{1-3x}Al_{2+2x}O_4$ 表示.在该固溶体中,$3x$ 个四面体位置上的 Mg^{2+} 被 $2x$ 个 Al^{3+} 取代,产生 x 个四面体空位.

许多过渡金属元素可以有多种价态,同一元素不同价态的离子相互取代,也可以形成固溶体.方铁矿的组成可以表示为 $Fe_{1-x}O,0<x<0.1$.这一化合物可以看成是 Fe^{2+} 离子和 Fe^{3+} 离子形成的固溶体,即 $(Fe^{2+}_{1-3x}Fe^{3+}_{2x})O$.在该固溶体中 Fe^{2+} 被 Fe^{3+} 以 $3:2$ 的比例取代,从而形成阳离子空位.

产生填隙阴离子:高价阳离子取代低价阳离子的另一种机理是形成填隙阴离子.例如 CaF_2 中可以溶解少量的 YF_3,阳离子总数不变,因而产生填隙阴离子.固溶体的组成可以用通式 $(Ca_{1-x}Y_x)F_{2+x}$ 表示.这些填隙 F^- 离子占据萤石结构中立方体顶点,被 8 个其他 F^- 离子围绕.

元素 U 可以形成 U^{4+} 离子和 U^{6+} 离子,这两种离子在氧化物中相互取代,可以形成固溶体,即 $(U^{4+}_{1-x}U^{6+}_x)O_{2+x}$.$U^{6+}$ 离子的含量与填隙 O^{2-} 离子的浓度一致,它们一起保持了材料的电中性.

产生阴离子空位:如果以低价阳离子取代基质中的高价阳离子,电荷平衡的途径之一是形成阴离子空位.在 $(Zr_{1-x}Ca_x)O_{2-x}$ 和 $(Zr_{1-x}Y_x)O_{2-0.5x}$ 两种掺杂 ZrO_2 的固溶体中,阳离子总数保持不变,通过形成氧空位保持体系电荷平衡.这两种固溶体既是高强度陶瓷材料,又是重要的氧离子导体,在氧传感器和高温燃料电池中有重要的用途.

产生填隙阳离子:填充石英结构可以认为是 $SiO_2(quartz)$ 和 $LiAlO_2$ 形成的固溶体,当低价的 Al^{3+} 离子取代基质中高价的 Si^{4+} 时,为了电荷平衡,半径小的 Li^+ 进入填隙位置形成填隙阳离子,固溶体的组成可以表示为 $Li_x(Si_{1-x}Al_x)_2$,其中 $x=0.33$ 的组成是锂辉石 $LiAlSi_2O_6[=3\times Li_{0.33}(Al_{0.33}Si_{0.66})O_2]$.锂辉石的热膨胀系数很小,甚至为负值,这种材料制成的陶瓷制品具有很好的抗热冲击的能力,因而在高温下有很多应用.石英结构中的间隙位置空间较小,容纳 Li^+ 离子较为容易,而容纳比 Li^+ 大的离子较为困难.鳞石英和方石英的密度比石英小,它们的间隙位置空间较大.与填充石英固溶体相似,鳞石英和方石英也能形成填充固溶体,但填充阳离子可能是 Na^+ 和 K^+.

双重取代固溶体:在这类固溶体中发生两种离子同时取代的情况.这种取代可以是等价离子的取代,如在人造橄榄石 Mg_2SiO_4 中的 Mg^{2+} 可以被 Fe^{2+} 取代,同时其中的 Si^{4+} 可以被

Ge^{4+}取代,形成固溶体$(Mg_{2-x}Fe_x)(Si_{1-y}Ge_y)O_4$.AgBr 和 NaCl 可以形成全范围的固溶体$(Ag_{1-x}Na_x)(Br_{1-y}Cl_y)$,$0<x<1$,$0<y<1$,其中阳离子和阴离子可以独立地相互取代.如果取代离子的价态和基质离子的价态不同,也可以形成固溶体,但总的电中性要得到保证.例如钙长石 $CaAl_2Si_2O_8$ 和钠长石 $NaAlSi_3O_8$ 可以形成全范围的固溶体,其化学式为$(Ca_{1-x}Na_x)Al_{2-x}Si_{2+x}O_8$,$0<x<1$.在该固溶体中 $Na \leftrightarrow Ca$ 和 $Si \leftrightarrow Al$ 的取代需要同时进行,并且取代的程度要一致.

也有阴离子和阳离子同时取代的离子.Sialons(赛隆)材料是一类以 Si_3N_4 结构为母体,由 Si、Al、O 和 N 四种元素组成的材料.在 β-Si_3N_4 中 SiN_4 四面体共顶点连接形成三维网络结构,每个 N 原子为平面配位并与三个 SiN_4 四面体相连.在 Sialons 固溶体中,可以发生$(SiN)^+$和$(AlO)^+$的同时取代,即$(Si_{3-x}Al_x)(N_{4-x}O_x)$.Sialons 体系中存在很多有用的高温陶瓷.

价态相差较大离子之间形成的固溶体:一般我们认为,两种性质相近的离子容易形成固溶体.前面虽然讨论了价态不同离子的相互取代,但两种离子的价态相差都不大.然而存在一些极端的例子,两种离子的价态差别较大,仍能形成一定范围的固溶体.Li_2TiO_3 具有岩盐结构,其中 Li^+ 离子和 Ti^{4+} 离子无序地分布在立方最密堆积 O 形成的八面体空隙中.在该物相中,Li^+ 和 Ti^{4+} 可以按 $1:4$ 的比例相互取代,形成 Li_2O 过量(a)或 TiO_2 过量(b)两种固溶体:

$$\text{(a)}\quad Li_{2+4x}Ti_{1-x}O_3,\ 0<x<0.08$$
$$\text{(b)}\quad Li_{2-4x}Ti_{1+x}O_3,\ 0<x<0.19$$

在固溶体(a)中产生填隙 Li^+ 离子,而在固溶体(b)中形成 Li^+ 离子空位.Li^+ 和 Ti^{4+} 价态差别较大,但并没有影响它们之间相互取代形成固溶体,其可能的原因是这两种离子的半径相差不大(Li^+:$r=0.76$ Å;Ti^{4+}:$r=0.605$ Å),且都具有占据空间大小相似八面体空隙的习性.还有其他一些离子大小相似、价态差别较大的离子相互取代形成固溶体的例子,如类钛铁矿相 $LiNbO_3$ 中,Li^+ 和 Nb^{5+} 以 $5:1$ 的比例在八面体空隙中相互取代形成有有限范围的固溶体 $Li_{1-5x}Nb_{1+x}O_3$ 或 $Li_{1+5x}Nb_{1-x}O_3$.

7.4.4　研究固溶体的实验方法

X 射线粉末衍射:利用 X 射线粉末衍射法研究固溶体分两个层次.第一个层次是简单的指纹指认.测定具有混合组成样品的 X 射线衍射图谱,与 JCPDS 数据对比.如果没有杂质物相的衍射峰出现,可以初步判断混合组成样品形成的固溶体.由于 X 射线衍射信号对少量杂质物相是不敏感的,所以利用该方法判断固溶体是否形成有一定的不确定性.如果衍射图谱中出现了少量的杂质峰,也不能确定样品一定没有形成固溶体,因为杂质衍射峰有可能是合成反应没有达到平衡造成的.利用 X 射线粉末衍射研究固溶体的第二个层次是精确计算样品的晶胞参数.为此,我们首先需要合成组成不同的系列样品,然后精确测定样品的 X 射线图谱(通常所说的慢扫描谱图),在获得了高质量衍射图谱的基础上,精确计算样品的晶胞参数(现在有多种计算软件可以利用).如果样品形成了固溶体,在固溶区范围内样品的晶胞参数会随组成连续变化(增加或下降).当组成超出固溶区,则晶胞参数不随组成而变化.利用"晶胞参数-组成"关系图我们不仅可以确认固溶体是否形成,而且可以确定固溶区范围.

理想情况下,"晶胞参数-组成"关系图应该符合 Vegard(维加德)定律.该定律指出,在固溶区内晶胞参数应随组成线性变化,如果 A 和 B 两种组元可以形成全范围固溶体,样品的晶胞参数 p 与两种组元的晶胞参数 p_A 和 p_B 应该符合关系式 $p=(1-x_B)p_A+x_Bp_B$.实际的固溶体体系,其"晶胞参数-组成"关系图只是近似地符合 Vegard 定律.其实 Vegard 定律并不能算作一条定律,而应该看作是一个描述离子随机取代固溶体体系"晶胞参数-组成"关系的规则.实际的固溶体系对 Vegard 定律可以出现正偏离,也可以出现负偏离(图 7.23).

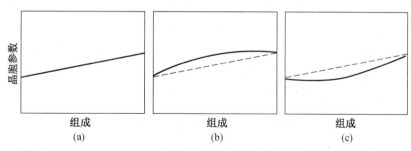

图 7.23 Vegard 定律行为(a),正偏离行为(b)和负偏离行为(c)的示意表示

在 A 和 B 组成的固溶体系中,如果 A-A 和 B-B 之间的相互吸引力大于 A-B 之间的吸引力,这时体系中 A 和 B 有可能并不是随机均匀分布,而是出现一定程度的 A-A 和 B-B 的聚集.这种情况下出现对于 Vegard 定律的正偏离,严重的情况下出现分相,即 A-B 体系只能形成有限固溶体.相反,如果 A-B 之间的作用强于 A-A 和 B-B,则会出现对于 Vegard 定律的负偏离,在 A-B 之间的作用力十分强的情况下,有可能出现 A 和 B 分布的有序化,从而产生出一种能被 X 射线衍射检测到的超结构.超结构常出现在特殊的组成上,如 1:1 的比例上.

密度测量:密度的测量有利于分析固溶体形成的机理,一般来说,形成填隙离子,材料的密度会增加,而形成离子空位,其密度会减小.作为例子,我们来分析 CaO 掺入 ZrO_2 的情况.

实验表明,CaO 在 ZrO_2 中的固溶度不低于 25 mol%.可以假设两种固溶机理:(a) O^{2-} 离子的总数保持不变,形成填隙 Ca^{2+} 离子 (Ca_i''),其固溶体组成可以表示为 $(Zr_{1-x}Ca_{2x})O_2$;(b) 阳离子总数保持不变,形成 O^{2-} 离子空位 (V_O''),固溶体的组成用通式 $(Zr_{1-x}Ca_x)O_{2-x}$ 表示.研究中我们可以制备组成 x 不同的系列样品,通过 X 射线衍射精确测定材料的晶胞体积,根据以上两种通式计算材料密度与组成的关系(见图 7.24 中的实线).由于 Ca 的原子量小于 Zr,Ca 的掺入会引起材料密度的下降.对于形成填隙 Ca^{2+} 离子的机理,密度下降较小,而形成 O^{2-} 离子空位的机理,其密度下降较大.与此同时,我们仔细测量系列样品的密度,发现材料的测量密度随组成的

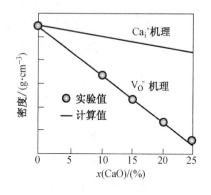

图 7.24 CaO 掺杂 ZrO_2 体系中样品密度与 CaO 含量的关系

变化关系(见图 7.24 中圆点表示的数据)与形成 O^{2-} 离子空位机理计算的关系较为符合,因而我们认为当 CaO 掺入 ZrO_2 后,Ca^{2+} 占据 Zr^{4+} 的格位,由于两种离子的价态不同,材料通过形成 O^{2-} 离子空位来平衡电荷,这也是 CaO 掺杂 ZrO_2 后材料具有优良的 O^{2-} 离子导电性的原因.

其他分析方法:当固溶体的固溶范围较窄,如仅有百分之几,这时利用 X 射线衍射方法研究固溶体的形成有一定的困难.对于这种情况,我们可以利用扫描电子显微镜(SEM)或透射电子显微镜(TEM)附带的能谱分析(EDS)功能来研究.将电子束聚焦后探测放大情况下单个晶

粒的元素组成,从能谱中分析是否存在掺杂元素的信号,从而可以判断该元素是否进入了基质晶格,进而可以确定掺杂原子是否可以和基质材料形成固溶体.在有利的情况下,还可以分析出掺杂元素的含量.

其实,在固溶体范围内,材料的多种性质都会随着组成而变化,测量这些变化关系都可以成为研究固溶体的方法,例如铁电材料的铁电-顺电相变温度会随组成而变化,因而形成固溶体常常是调变材料性能的有效方法.很多固体材料的固-固相变都有可测量的转变焓,而且相变温度会随组成有几十度到上百度的变化,这使 DTA 成为研究固溶体的一个灵敏的方法.例如在 Fe 中掺入 0.02 wt% 的 C,就会使 α 相↔γ 相的转变温度从 910 ℃下降到 723 ℃.

7.5　三组分体系相图

7.5.1　三组分体系相图的表示

与二组分体系一样,在一般情况下对于固体材料的三组分体系我们也常常不需要考虑气相和压力的影响.在这种情况下,相律可以简化为 $P+F=C+1=4$.对于单相区($P=1$),有三个独立变量,$F=3$;两相区($P=2$)有两个独立变量,$F=2$;三相区有一个独立变量,$F=1$;四相共存的区域没有独立变量,$F=0$.压力确定(一般为常压)下的三组分相图应该有四个变量,温度 T 和三个组分的含量 x_A、x_B 和 x_C(假设三个组元分别为 A、B 和 C),各组分的含量可以用摩尔分数表示,也可以用质量分数表示.按说四变量的相图很难在平面上表示.由于 $x_A+x_B+x_C=1$,当两个组分的含量确定后,第三个组分的含量也自然确定,这样变量减少了一个,特别是人们利用了三角坐标系,使得三组分的组成很容易在平面上表示.温度变量可以用垂直于平面三角坐标系的轴来表示,这样三组分相图需要用一个三棱柱坐标系才能完全表示.为了将三元相图表示在二维平面上,人们将随温度变化的相关系投影到三角坐标系中,这与将等高线投影到二维平面上的地形地图相似.

图 7.25(a)是表示三组分相图(也称为三元体系相图)各组分组成的三角坐标系.三角形的边是各组分的组成轴.三角形内与 BC 边平行的直线所处的位置表示 A 的含量,相应地,与 AC 和 AB 平行

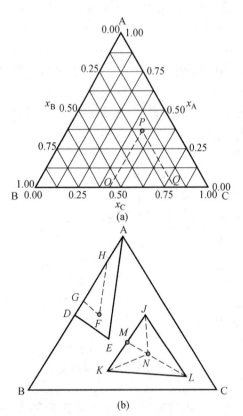

图 7.25　三组分体系组成(a)及重心规则(b)在三角坐标系中的表示

的直线的位置分别表示 B 和 C 的含量.要获得图 7.25(a)中 P 点的组成,我们需要通过该点画一条与 AC 的平行线 PQ 以及与 AB 的平行线 PO.我们可以延长各平行线与相应的组成轴相交,得到各组分的含量.我们也可以在某一个轴(如 BC 轴)上获得各组分的含量,线段 BO 表示 C 的含量(0.44);QC 表示 B 的含量(0.18);A 的含量由 OQ 表示(0.38).

在一个三组分体系相图中,还会存在含有二元或三元物相及液相的三组分子体系.一般来说,表示这种子体系平衡关系的三角形不是等边的.如图 7.25(b)中的 F 点,它是组成为 A、D 和 E 的三相混合物.对于这种不等边三角形中各物相的含量可以有类似的方法确定:画 GF 和 HF 线分别平行于 DE 和 AE,这样 F 中 A、D 和 E 的含量可以由 DG、AH 和 GH 各线段的相对长度来计算.

与二组分体系相图类似,当一个物相分解成两个物相时,新生成物相的含量之间的关系符合杠杆规则.如图 7.25(b)中 N 分解为 L 和 M 两相,根据杠杆规则,L 相的含量 w_L 和 M 相含量 w_M 之间的关系可以表示为

$$w_L/w_M = MN/LN \tag{7.8}$$

在三元体系中,一个物相还有可能分解成三个物相,这三个物相的含量之间符合重心规则.如图 7.25(b)中,N 分解为 J、K 和 L 三相.以 $\triangle$ 表示三角形面积,根据重心规则,三相含量的比例为

$$w_J : w_K : w_L = \triangle_{NKL} : \triangle_{NLJ} : \triangle_{NJK} \tag{7.9}$$

根据杠杆规则和重心规则可以得到一些重要的推论.当两个体系混合,其混合后体系的组成点必然在原来两个体系组成点的连线上,并且只能在这两个点之内,而不能在其之外;相反,当一个体系分解成两个体系,原体系组成点必然在两个新体系组成点的连线上,且新体系组成点必然在原体系组成点的两边.同理,当三个体系混合,混合后体系的组成点必然在原体系组成点形成的三角形内,而不能在它的外面;如果一个体系分解成三个体系,那么新体系组成点形成的三角形一定把原体系组成点包围在其中.这些推论虽然很简单,但在分析体系发生物相变化的过程中是极为有用的.

7.5.2　简单三元低共熔体系

图 7.26 是一个简单三元低共熔体系相图,温度以等温线的方式投影在三角坐标系平面上,如 C 区的 T_1、T_2 和 T_3 所示(A 区和 B 区的等温线省略).每一个二元边都是一个简单二元低共熔体系相图[如图 7.4(a)]的投影.体系的三个组元位于三角形的三个角,其熔点如三

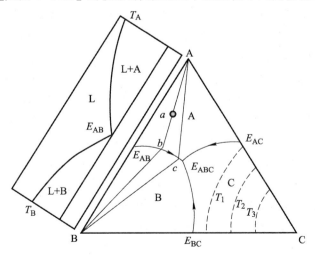

图 7.26　简单三元低共熔体系相图

座高峰的峰顶;二元体系的液相线在三元体系中演化为像山坡一样的液相面,A、B 和 C;二元体系的低共熔点(如 E_{AB})演化为三元低共熔线(如 E_{AB}-E_{ABC});E_{ABC} 是三元低共熔点.当温度高于三个组元中最高的熔点时,无论组成如何,体系均为液态;当温度低于 E_{ABC} 的温度时,体系为纯固相;介于两个温度之间,随着组成和温度不同,体系可以是纯液相,也可以是固-液二相共存.A、B 和 C 除了表示液相面外,还表示初晶区,如在 A 区域,当体系降温时,首先析出的晶体是 A;初晶区 B 和 C 含义类似.要更好地理解相图所表示的含义,描述体系在降温过程中的相态转变过程是十分有意义的.

　　我们以 a 点为例,分析降温过程中体系发生的结晶过程.组成为 a 的体系,高温下是熔融态液相,这时 $P=1$,而 $F=3$,即液态体系的组成和温度可以在一定的范围内变化;当体系降温至液相面时,由于 a 处在 A 的初晶区,体系中有 A 相产生;继续降温,A 的量增加,根据杠杆规则液相中的 A 组分减少,其组成沿着直线向 b 移动;当液相的组成达到液相线上的 b 点时,体系中有 B 开始析出,这时 $P=3$,而 $F=1$,即随着温度的下降液相的组成只能沿液相线变化,液相线为单变线;接着降温,A 和 B 两种结晶的量同时增加,而液相中这两种组分的量不断减少,其组成沿着液相线向 c 移动,这时两种固相和液相量之间的比例遵从重心规则;当降温至三元低共熔点 E_{ABC} 时,析出 C 相,这时 $P=4$,$F=0$,该点称为不变点;当温度继续下降,液相消失,体系为 A、B 和 C 三种固相共存,它们之间的比例符合重心规则.上述过程可以用下列形式表示:

$$L \xrightarrow{a} L+A \xrightarrow{b} L+A+B \xrightarrow{E_{ABC}} L+A+B+C \xrightarrow{E_{ABC}} A+B+C$$

根据以上原理,建议读者可以在 B 或 C 的初晶区选择某个组成点,分析体系的降温过程.

7.5.3　含有二元化合物的三元体系

　　图 7.27 表示了含有二元固液同组成化合物(BC)三元体系的两种相图.在图 7.27(a)中,连线 A-BC 将相图分为两个部分,这两个部分都与图 7.26 中的简单低共熔三元体系相图一致,因而理解这两个三元低共熔体系相图不涉及新的原理.需要强调的是,连线 A-BC 是一个二元低共熔体系,其低共熔点为 $E_{A\text{-}BC}$.$E_{A\text{-}BC}$ 是一个特殊点,在 A-BC 连线上该点是一个最低点,而在 E_1-$E_{A\text{-}BC}$-E_2 弧线上该点是最高点.然而这一点不能称为鞍点,原因是两个方向上的液相线在该点都是奇异变化的而不是光滑变化的.

　　图 7.27(b)中的相图与图 7.27(a)有些不同.在该相图中与二元低共熔点 $E_{B\text{-}BC}$ 相关的单变线在三元相图中越过连线 A-BC 进入三角形 A-BC-C 中,即由低共熔线转变为转熔线.转熔点 P 为液相与 A、B 和 BC 四相的平衡,$F=0$,也是不变点.转熔点 P 与低共熔点 E 都是与三条单变线的交汇点,但两者也有所不同.在转熔点 P 两条降温单变线汇聚成一条降温单变线,而对于低共熔点 E,三条降温单变线在这里汇聚.被二元连接线分割形成的每一个三角形都应该有一个属于该三角形的不变点.如果不变点在各自的三角形内,该不变点为低共熔点 E;如果单变点在它本身的三角形外,该不变点为转熔点 P.

　　我们通过分析组成为 a 的体系从熔融态降温的结晶过程可以更好地理解该相图的性质.从熔融态降温至液相面时,体系首先析出固相 A;继续降温时 A 的量增加,而液相的组成沿直线移动至 b;当液相的组成到达 b 时析出固相 B;当降温至 P 时,液相与 B 反应,将部分 B 转变为 BC,这时体系中存在液相和三种固相 A、B、BC;接着降温,液相消失,体系变为 A、B 和 BC

三种固相共存.以上过程可以表示为

$$L \xrightarrow{a} L+A \xrightarrow{b} L+A+B$$
$$\xrightarrow{P} L+A+B+BC \xrightarrow{P} A+B+BC$$

液相在 P 点消失,而不能继续降温在 E 点消失的原因是,如果液相在 E 点消失,体系的最终组成为 A、BC 和 C,这与体系的起始组成 a 在三角形 A-B-BC 内相矛盾.如果体系的熔融态组成在 A 初晶区,且在连线 A-BC 的左边(包括 A-BC 连线),降温过程中液相在 P 点消失;如果体系的组成在连线 A-BC 的右面,则降温过程中液相在 E 点消失.建议读者选择不同的起始组成(包括在 A-BC 连线上)考查其降温结晶过程.读者还可以仔细分析二元转熔过程(见图 7.7),这可以帮助我们更好地掌握关于三元转熔过程的知识.

图 7.28 是含有二元固液异组成化合物的三元体系相图,相图的 B-C 边是一个如图 7.7 的相图.该相图中二元转熔点 P_{B-BC} 在三元相图中转变为三元转熔线.理解了图 7.27(b)中的转熔过程,理解该相图应该没有困难.需要指出的是,化合物 BC 的组成不包括在 BC 的初晶区内,这就是说,化合物 BC 高温熔融后再冷却,最初析出的固相不是 BC.若需要从熔融态降温首先析出化合物 BC,例如利用熔融降温过程生长 BC 的单晶,就需要在 BC 中加入助熔剂 C 和 A,使体系的组成处在 BC 初晶区内.

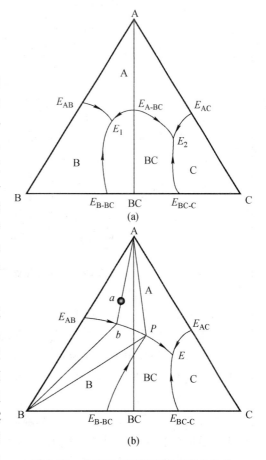

图 7.27 含有二元固液同组成化合物的三元体系相图

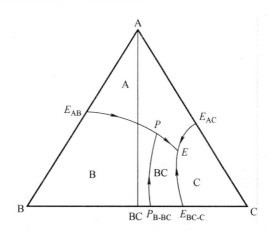

图 7.28 含有二元固液异组成化合物的三元体系相图

图 7.29 给出了一个含有二元稳定上限温度化合物的三元体系相图,该相图的 B-C 边是一

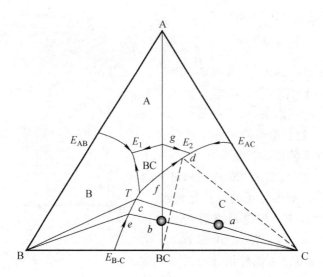

图 7.29　含有二元稳定上限温度化合物的三元体系相图

个如图 7.8 的相图.该相图看上去有些复杂:化合物 BC 的组成不包括在 BC 的初晶区内;在三角形 A-B-BC 内,除了不变点 E_1 外,还出现了不变点 T.对于 BC 初晶区的理解与图 7.28 中的情形相似,而我们需要专门讨论的是 T 点.T 点称为分配点(distribution point),在该点一条降温单变线分配成两条降温单变线.T 点不属于任何一个三角形,而属于 B-C 二元边.我们需要从降温结晶过程来理解 T 点的作用.

考虑 C 初晶区的 a 点,从熔融态降温至液相面有 C 析出,继续降温,C 的量不断增加,而液相的组成沿直线移动至单变线上的 c;当液相组成到达 c 时,开始析出 B;接着降温,在 C 和 B 的量不断增加的情况下液相的组成到达 T 点,并同时析出 BC.现在的问题是,若继续降温,液相的组成是向 E_1 移动还是向 E_2 移动? 如果向 E_1 移动,体系最终存在的固相为 A、B 和 BC,这与 a 点处于三角形 A-BC-C 内是矛盾的,因而液相的组成只能向 E_2 移动.当液相组成从 T 点沿单变线向 E_2 移动时,液相与 B 反应将其全部转化为 BC,这时体系中存在液相以及 C 和 BC 两种固相,三相含量的比例在三角形 d-BC-C 中按重心规则分配.当液相的组成到达 E_2 时,开始析出固相 A.最后液相在 E_2 点消失,体系中存在 A、BC 和 C 三种固相.下面的式子表示了以上的过程:

$$\text{L} \xrightarrow{a} \text{L+C} \xrightarrow{c} \text{L+C+B} \xrightarrow{T} \text{L+C+B+BC} \xrightarrow{d} \text{L+C+BC}$$
$$\xrightarrow{E_2} \text{L+C+BC+A} \xrightarrow{E_2} \text{C+BC+A}$$

我们再来分析 b 点的降温结晶过程.b 点也处于 C 初晶区,同时位于 A-BC 连线上.开始降温时,体系也是先析出 C.当液相的组成沿直线移动到单变线上 e 点时,析出 B;当液相移动至 T 点时析出 BC;然后液相组成沿单变线向 E_2 移动,同时 B 相消失.然而,液相的组成不能移动到 E_2,而只能移动到 f 点.如果液相的组成可以从 f 点移向 E_2,液相、BC 和 C 相组成的三角形将不能包括 b 点,这是不符合重心规则的.继续降温,液相的组成沿 BC 液相面移动(在 A-BC 连线上).由于液相组成处于 BC 初晶区,体系中只有液相和 BC 共存.当液相组成达到 g 点时,析出固相 A.液相在 g 点消失,最终体系中的固相为 A 和 BC.

$$L \xrightarrow{b} L+C \xrightarrow{e} L+C+B \xrightarrow{T} L+C+B+BC \xrightarrow{f} L+C+BC$$

$$\xrightarrow{BC} L+BC \xrightarrow{g} L+BC+A \xrightarrow{g} BC+A$$

以上我们用简单的例子阐述了三组分相图的基本原理.如果体系中存在多个二元化合物或一个以上的三元化合物,相图会变得较为复杂,然而要理解这些相图并不需要新的原理.我们可以将复杂的相图看成以上简单相图以不同形式的组合.

7.5.4 含有二元固溶体的三元体系

如果体系中存在固溶体,三元相图可能会变得较为复杂.本节不打算对这类体系进行详细的讨论,只是选择简单的体系作一介绍,使读者理解这类体系的一些要点.

在图 7.30 所示的相图中,AB 边和 AC 边是简单低共熔二元体系[如图 7.4(a)],低共熔点分别为 E_{AB} 和 E_{AC}.BC 边是形成完全固溶体的二元相图(如图 7.12),固溶体的分子式通式可以表示为 $B_{1-x}C_x$.在三元相图内没有不变点而只有一条连接 E_{AB} 和 E_{AC} 的单变线——低共熔线,箭头表示了降温的方向.该单变线把固相 A 和固溶体 $B_{1-x}C_x$ 的初晶区分开,并且在该单变线上液相与 A 和固溶体 $B_{1-x}C_x$ 共存.虚线表示了单变线上液相与 A 和 $B_{1-x}C_x$ 的连接线,与 A 的连接线从 A 辐射而出,而与固溶体的连接线并不从 B 或 C 辐射出去,而是平滑地移动通过相图,表明低共熔线上某一液相组成只能与固溶体 $B_{1-x}C_x$ 某一特定组成共存,例如组成为 y 的液相只能与组成为 x 的固溶体共存.

考查组成为 a 的液相的冷却结晶过程(图 7.31).在降温时 A 开始从液相中析出,液相的组成在 Aa 线的延长线向低共熔线上的 f 点移动.当液相组成到达 f 点时,组成为 c 的固溶体析出;进一步降温,液相组成在低共熔线上沿 f-g-h 移动,而固溶体的组成也按 c-d-e 的顺序移动,与此同时 A 和固溶体的量都同时按重心规则增加.当液相组成为 h 时,固溶体组成为 Aa 延长线的 e.依据重心规则和杠杆规则,液相和固溶体的组成都不可能继续向右移动,这时液相消失,结晶过程结束.

以上讨论的是平衡态(准静态)的结晶过程.如果冷却的速度不是很慢,结晶过程不能达到完全平衡,由于分级结晶会产生一个有核的非平衡固溶体,如富 B 的核和富 C 的表面,且表面的组成可能比 e 点更富 C.

如果体系的组成位于固溶体 $B_{1-x}C_x$ 的初晶区,则液相的结晶过程更为复杂.考查液相 b 的降温结晶过程.当降温至液相面时,首先形成的 $B_{1-x}C_x$ 固溶体其组成为 m.随着温度的降低,液相的组成沿液相面向低温方向移动,同时使固溶体的组成向富 C 的方向移动.在这个过程中,液相的组成和固溶体的组成围绕总组成 b 点转动,即液相的组成沿弯曲的 bjk 轨迹移动,而固溶体的组成沿 mnp 移动.这个过程涉及固相从液相中析出,同时新形成的固相与原有固相不断进行组成交换并达到平衡.在 pk 连线上的每一个组成,在从熔融态降温过程中其液相组成的变化都会有不同的轨迹,但所有这些变化的轨迹都会相交于低共熔线上的 k 点.当液相组成移动至 k 点时,晶相 A 开始析出.继续降温,液相的组成沿低共熔线变化,而固溶体的组成向 q 趋近.当固相的组成到达 Aa 延长线上的 q 点时,液相在 l 点消失,结晶过程结束,体系最终的物相是 A 和组成为 q 的固溶体.

如图 7.30 和 7.31 所示的三元相图看似简单,实际上需要大量的实验工作才能确定.在 $B_{1-x}C_x$ 固溶体的初晶区里,每个组成都有它自己特定的结晶过程,其液相组成和固溶体组成的变化轨迹都必须由实验来确定.实际上得到完全阐明的体系是为数不多的.

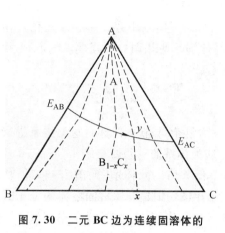

图 7.30　二元 BC 边为连续固溶体的
三元体系相图

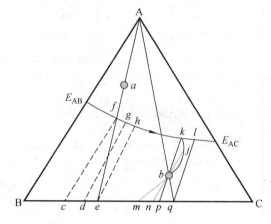

图 7.31　图 7.30 相图中几个组成的
降温结晶过程

7.5.5　固相线下的三元等温相图

固相线温度以下体系的相关系是十分重要的,特别是对于较为复杂的体系.固相线下的等

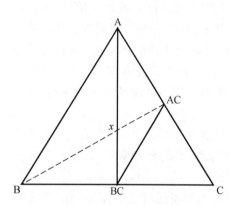

图 7.32　固相线下三元体系中
二元共存线示意图

温相图一方面可以指导我们制备期望的物相,另一方面,构建这样的相图可以帮助我们获得新的物相.对于含有多个二元或三元物相的体系,相图被分成许多的小三角形.被直线连接的两个物相称为共存相(capatible phases),其连线被称为共存线(capatible line).不同的共存线之间是不能交叉的,这是共存线一个重要的性质.图 7.32 中的 A-BC 和 AC-BC 是两条共存线,表示 A 和 BC 两个物相之间可以共存,AC 和 BC 两个物相之间可以共存.由于已存在 A-BC 共存线,因而 AC 和 B 之间不能用共存线连接,也就是说 AC 和 B 这两个物相是不能共存的.如果我们用 AC 和 B 按照合适的比例配成组成为 x 的体系(在 A-BC 和 AC-B 两个连线的交点

上),高温平衡后体系中包含的物相转变为 A 和 BC.共存线是理解或构建三元等温相图的关键.共存线连接两个物相,因而在共存线上是二元相线,而由共存线分割生成的小三角形是三元相区.

图 7.33 中的几个相图是含有二元固溶体的情况.图 7.33(a)表示的是一个在 BC 边生成二元连续固溶体的相图,它是图 7.30 中所示相图的一个固相线下的等温截面.三角形内由 A 辐射出的直线是二元共存线,不同的辐射线表示 A 与组成不同的固溶体共存,因而二元共存线扩展成二元共存区.图 7.33(b)和(c)的相图中有一个二元相 AB_2 和虚化合物 AC_2 形成的固溶体,其组成表示为 $AB_{2(1-x)}C_{2x}$.由于 AC_2 是一个不存在的虚化合物,因而在这个固溶体通式中表示 C 含量的变量 x 小于 1. 相图中 F、G 和 H 表示的区域是二元相区,在这些相区中,A、

B 和 C 三个组元与不同组成范围的固溶体共存,每一条共存线表示某一组元与固溶体的某一特定组成共存.I 和 J 表示的区域为三元相区,在这些相区内三角形三个角上的物相共存.图 7.33(b)中,不同组成范围的固溶体分别与 B 或 C 共存,而在图 7.33(c)中,固溶体的整个组成范围都与 B 共存,组元 C 只与顶端组成 c 的固溶体共存.

以上以几种简单的示意性相图为例,介绍了固相线下三元等温相图的基本原理.实际的三元体系相图可能会复杂一些,但基本上都可以看成以上简单相图的不同组合.理解了上述简单相图,分析实际的复杂相图应该没有原理上的困难.以下我们考查两个实际的三元等温相图.

图 7.34 是 $BaO-Nd_2O_3-TiO_2$ 三元体系 1250 ℃下的等温相图.在 $BaO-TiO_2$ 二元边上存在 6 个二元物相,它们分别是 Ba_2TO_4、$BaTO_3$、$Ba_6Ti_{17}O_{40}$、$Ba_4Ti_{13}O_{30}$、$BaTi_4O_9$ 和 $Ba_2Ti_9O_{20}$;在 $Nd_2O_3-TiO_2$ 二元边上存在 3 个二元物相,Nd_2TiO_5、$Nd_2Ti_2O_7$ 和 $Nd_4Ti_9O_{14}$。然而,在 $BaO-Nd_2O_3$ 二元边上仅有一个二元物相 $BaNd_2O_4$.在研究三元体系相图时,人们发现了 3 个三元物相:$BaNd_2Ti_3O_{10}$、$BaNd_2Ti_4O_{12}$ 和 $Ba_6Nd_2Ti_4O_{17}$.其中 $BaNd_2Ti_4O_{12}$ 是一个固溶体物相,其通式为 $Ba_{6-3x}Nd_{8+2x}Ti_{18}O_{54}$.$BaNd_2Ti_4O_{12}$ 是 $x=0.5$ 固溶体的组成表示式.在这个式子中原子之间虽然有相对简单的整数比,然而它不是该固溶体物相合适的母体分子式,该固溶体应该认为是一个柏托雷体(见 7.3.8 节).

图 7.35 给出了 $La_2O_3-CaO-MnO_x$ 三元体系在 900 ℃下的等温相图.在该相图中 Mn 是变价的,既含有 Mn^{4+},也含有 Mn^{3+},组元氧化锰中的 O 含量用 x 表示.该相图不是一个严格意义上的三元相图.然而对于这种含有变价离子的体系,在特定气氛环境下的相平衡关系也用三元相图的形式表示,这与图 7.21 所示二元相图类似.在 $La_2O_3-CaO-MnO_x$ 体系中,La_2O_3-CaO 二组分体系中没有二元化合物;在 $La_2O_3-MnO_x$ 二组分体系中有一个化合物 $LaMnO_3$;而在 $CaO-MnO_x$ 中有 6 个化合物.在 Ca_2MnO_4 和 $CaMnO_3$ 两个化合物中 Mn 为 +4 价,在 $CaMn_2O_4$ 中 Mn 为 +3 价,而在 $CaMn_7O_{12}$ 中 Mn 是 +3 价和 +4 价的混合.通过研究该三组分等温相图,发现了一个三元物相 LCMT($La_2Ca_2MnO_7$).$CaMnO_3$ 和 $LaMnO_3$ 都具有钙钛矿结构,形成完全互溶的固溶体单相体系,在图中用虚线包围的区域表示.该固溶体的组成可以表示为 $Ca_{1-x}La_xMnO_3$,显然随着 La 的含量 x 的增加,Mn 逐渐由 +4 价转变为 +3 价.

固相反应与成相的一些现象可以用酸碱理论理解.半径大、电荷小的离子形成的氧化物可

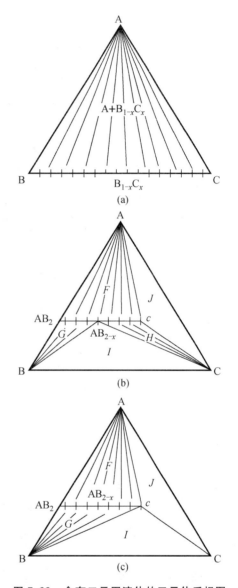

图 7.33 含有二元固溶体的三元体系相图

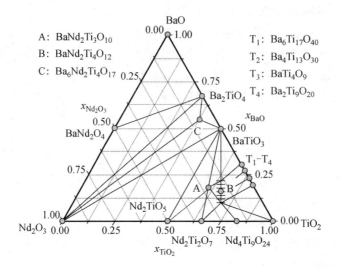

图 7.34 BaO-Nd$_2$O$_3$-TiO$_2$ 三元体系固相线下的等温相图(1250 ℃)

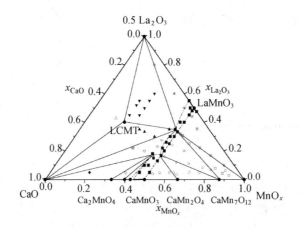

图 7.35 La$_2$O$_3$-CaO-MnO$_x$ 三元体系固相线下的等温相图(900 ℃)

以认为是碱性氧化物,而半径小、电荷高的离子形成的氧化物可以认为是酸性氧化物.在以上两个相图中,碱土氧化物和稀土氧化物是碱性氧化物,而过渡金属氧化物是酸性氧化物,酸、碱氧化物有发生中和反应生成盐的倾向.由于碱土氧化物的碱性强于稀土氧化物,所以"碱土氧化物-过渡金属氧化物"二元边形成的二元化合物多于"稀土氧化物-过渡金属氧化物"二元边,而"碱土氧化物-稀土氧化物"二元边只能形成很少或不能形成二元化合物.同时经验表明,碱土氧化物和稀土氧化物之间的反应性也很低,要获得二者的复合氧化物纯相样品,实验上也十分困难.在新材料设计合成时组元的酸碱性是应该考虑的重要因素之一.

7.6 固体相变

固体相变是材料化学的一个重要研究领域,材料的很多物理性质是与固体的相变联系在一起的,因此在材料研究和实际应用过程中必须考虑到材料可能发生的相变.狭义相变是指结晶材料不同结构物相之间的转变.例如,石墨和金刚石是单质碳的两种结构,在一定温度和压力下,石墨可以转变为金刚石.在石墨→金刚石转变过程中,材料的组成并不发生变化,只是结构改变;当然,材料的性质也发生巨大的变化.因此,狭义相变是指一类组成不发生改变而结构和性质发生变化的过程.但是,人们常常在更广的意义下使用相变的概念,把一些涉及组成变化的过程也归结为相变.例如,在通常条件下 ZrO_2 具有与萤石结构相关联的单斜结构,ZrO_2 中掺入一定量 Y_2O_3,可以使其转变为立方结构.立方结构的 ZrO_2 具有良好的氧离子导电性,是燃料电池和化学传感器中重要的固体电解质材料.广义的相变概念常常会带来很多混乱,因为所有的化学反应都可以包括在广义相变之中.本章中我们主要讨论材料组成不发生变化的相变过程.

体系的相变受热力学和动力学因素控制.相变的热力学指出了在热力学平衡条件下物相之间可能发生的变化.对于具体的体系,相变可以用前面讨论的相图描述,可以看作是在外界温度、压力等条件变化时体系可能发生的结构响应.在给定条件下能否观察到相变过程,还要考虑相变过程的动力学因素.一些相变中的成核和生长过程很慢,相变过程有很大的滞后效应,甚至在一些情况下完全观察不到相变发生.我们将先介绍材料相变的热力学,然后简单介绍影响材料相变的动力学因素.

7.6.1 一级相变

根据相变过程中体系热力学参数的变化可以将固体相变分成一级相变和二级相变.体系的热力学参数主要有 Gibbs 自由能、熵、焓、体积和热容等.当体系处于热力学平衡状态时,化学反应的自由能的变化为零,即 $\Delta G = \Delta H - T\Delta S = 0$,因此,相变中体系的自由能变化总是连续的.人们通常用自由能 n 阶微商是否连续来定义相变过程.一级相变定义为自由能的一阶微商规定的热力学参数在相变过程中不连续,可以表示为

$$\frac{\mathrm{d}\Delta G}{\mathrm{d}T} = -\Delta S \neq 0 \tag{7.10}$$

$$\frac{\mathrm{d}\Delta G}{\mathrm{d}p} = \Delta V \neq 0 \tag{7.11}$$

从上面的式子可以知道,一级相变过程中两种物相的熵和晶胞体积发生不连续变化.由于相变的 $\Delta G = 0$,可知体系的焓变 $\Delta H = T\Delta S$.对于熵增加的相变过程($\Delta S > 0$),焓变大于零($\Delta H > 0$),是一吸热过程;反之,是一放热过程.

图 7.36 表示了一级相变过程中热力学参数随温度的变化情况.我们假定低温和高温物相各自的焓和熵随温度变化不大.图 7.36 中(a)、(b)和(c)分别表示物相的焓和熵随温度的变化,以及 $-TS$ 随温度的上升而降低.实际体系的熵随温度上升略有增加,主要是由于在较高温度下材料的热振动熵略有增加,图中的(d)表示了这种情况.相应地,$-TS$ 随温度下降更快[图 7.36(e)].物相的自由能为 $G = H - TS$,由于假定 H 不随温度变化,自由能随温度的变化趋势应与 $-TS$ 一致[图 7.36(f)].自由能曲线的斜率即是相应物相的熵.在这样的假定条件下,相变发生要求高温物相的熵大于低温物相,即 $S_{\text{II}} > S_{\text{I}}$;也就是说,高温物相的自由能随温度下降得更快.图 7.36(g)表示了低温和高温物相自由能随温度的变化情况,两条曲线的斜率不同.相变温度为 T_c,温度低于 T_c 时,可以看到 $G_{\text{I}} < G_{\text{II}}$,低温物相更稳定;温度高于 T_c 时,$G_{\text{I}} > G_{\text{II}}$,高温物相更加稳定.在 T_c 温度下,高温和低温物相的自由能相等 $G_{\text{I}} = G_{\text{II}}$.高温和低温物相自由能曲线在 T_c 交点的斜率表示了相应的熵 S.显然,一级相变在 T_c 处低温和高温

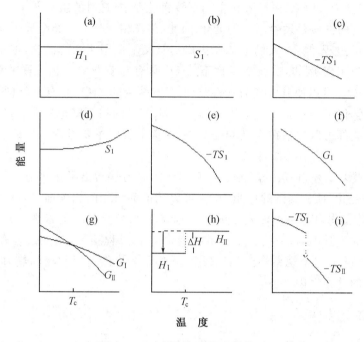

图 7.36　一级相变的热力学性质

物相的熵不同,熵变 ΔS 发生不连续变化.图 7.36(i)表示了相变过程中 $-TS$ 的变化.在 T_c 温度下,$\Delta H = T\Delta S$,体系的焓也发生不连续变化[图 7.36(h)].

　　从图 7.36 了解到一级相变的发生主要是高温和低温物相熵和焓不同引起的.在通常情况下,从低温物相(LT)转变为高温物相(HT)的相变过程为一吸热过程($\Delta H > 0$),并伴随体积增加($\Delta V > 0$).相变过程中伴随有结构的变化和化学键的断裂.事实上,化学键的形成和断裂是一级相变的最重要的特征之一.研究相变过程的方法有很多种,可以利用热分析方法研究一级相变的热效应,也常用变温 X 射线衍射方法研究相变过程中物质的结构变化.

　　我们以 YBO_3 为例来说明一级相变的研究方法.YBO_3:Eu 是一种重要的发光材料,主要用作等离子体平面显示器件中的红色荧光粉.YBO_3 有两种不同结构,早期低温物相被认为具有球霰石(vaterite)结构.人们曾对 YBO_3 低温物相的结构进行了大量的研究,红外光谱和固体核磁共振研究表明,其中的硼酸根离子为四面体配位.由于 YBO_3 低温结构很接近于高对称性的六方结构,给结构的研究造成很多困难.X 射线单晶衍射只能给出低温物相的平均结构.人们利用电子衍射方法发现了结构畸变,并利用中子衍射仔细研究了 YBO_3 低温物相的结构和相变过程.YBO_3 低温物相属于单斜晶系,结构中的硼酸根以 $B_3O_9^{9-}$ 基团形式存在.YBO_3 的高温物相也具有单斜结构,结构中的硼酸根离子为 BO_3^{3-} 基团.

　　图 7.37 给出了 YBO_3 的差热曲线(DTA).升温过程中在 960 ℃ 左右出现一个吸热峰,而在降温过程中 586 ℃ 左右有一放热峰.这两个峰都对应于 YBO_3 的高温和低温物相之间的相变,表明 YBO_3 的相变为可逆的一级相变.由于相变过程的热滞后非常大,相变过程伴随着较大结构和化学键变化.图 7.38 给出了 YBO_3 的晶胞参数随温度的变化.可以看到,在相变点附近,晶胞体积在相变过程中有一个突变.

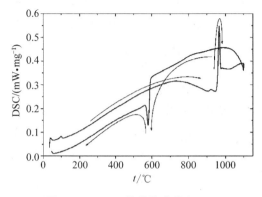

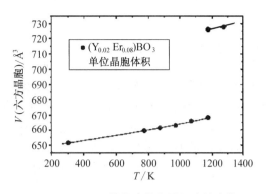

图 7.37 YBO₃ 的差热曲线(DTA)

图 7.38 YBO₃ 的晶胞体积随温度的变化

图 7.39 和图 7.40 分别给出了 YBO₃ 低温物相和高温物相的结构. YBO₃ 的低温物相中的硼酸根以 $B_3O_9^{9-}$ 形式存在,其中硼酸根为四配位.高温物相中的硼酸根离子是以三配位的 BO_3^{3-} 形式存在的.两个物相中的稀土离子位置基本不变,而硼酸根离子发生变化 $B_3O_9^{9-} \rightarrow 3BO_3^{3-}$(图 7.41),相变过程伴随部分 B—O 键断裂.由于在化学键重组过程中原子位置将进行调整,因此相变过程出现较大的热滞后现象.

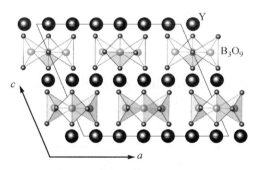

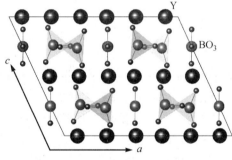

图 7.39 YBO₃ 低温物相的结构

图 7.40 YBO₃ 高温物相的结构

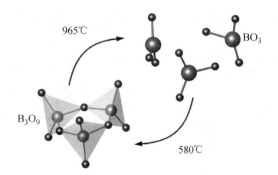

图 7.41 YBO₃ 相变中的结构变化

很多固体化合物在外界温度或压力改变时发生相变.例如,CsCl 在常温常压下具有 CsCl

简单立方结构,空间群为 $Pm3m$,氯离子位于简单立方顶点,铯离子位于体心位置.在 479 ℃ 发生一级相变,转变为具有 NaCl 结构的高温物相.图 7.42 示出了这两种结构和相变过程中的结构变化.事实上,NaCl 的面心立方结构可以用图 7.42(b) 中的素单胞表示.素单胞的顶点为阴离子,体心位置是阳离子.如果沿三重轴方向压缩 NaCl 使素单胞具有立方对称性,则可以得到 CsCl 的简单立方结构.随温度升高,CsCl 将由 CsCl 简单立方结构转变为 NaCl 的面心立方结构,金属离子的配位数从 8 减小到 6,这可以看成部分化学键断裂.高温物相的摩尔体积增加了 $10.3\ \text{cm}^3$,并且具有更高的对称性.这也同样可以说明压力诱导相变过程.KCl 在常温常压下具有 NaCl 结构,当压力增加到 8.86 GPa (88.6 kbar) 时,转变为 CsCl 结构.在高压下,结构向体积减小、配位数增加的方向转变,这与温度诱导相变的情况是相反的.

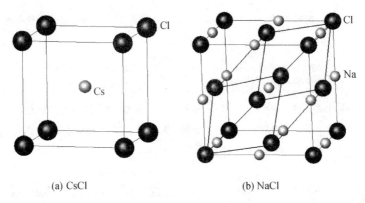

图 7.42　CsCl 与 NaCl 相变

　　我们在前面曾详细介绍了金红石的结构.很多重要的无机材料,如 TiO_2、VO_2、NbO_2、TaO_2 和 MoO_2 等都具有金红石结构.在金红石结构中,氧离子构成畸变的六方最密堆积,其中八面体空隙的 1/2 被金属离子占据.金红石结构中金属离子八面体共用边形成一维链,链之间共用顶点连接形成三维结构.TiO_2 除了金红石结构之外,还可以以锐钛矿结构形式存在.锐钛矿结构中的阴离子堆积方式与金红石相同,金属离子八面体共用边形成锯齿状链.图 7.43 给出了金红石和锐钛矿的晶体结构.

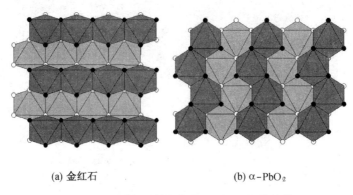

(a) 金红石　　　　　　　　(b) α-PbO₂

图 7.43　金红石和锐钛矿(α-PbO₂ 型)的结构

　　在高压下金红石结构的 TiO_2 转变为 CaF_2 结构.CaF_2 结构为面心立方,金属离子处于阴

离子立方体心,配位数为 8.与金红石结构相比,CaF$_2$ 结构对称性更高、配位数更大.在压力增
加过程中,阴离子六方最密堆积逐步转变为简单立方堆积,阳离子的配位多面体也逐步从八面
体转变为立方体.在相变临界压力以上,TiO$_2$ 具有 CaF$_2$ 结构.但这个相变过程不是可逆的.降
低体系的压力并不能使 TiO$_2$ 回到金红石结构,而是转变为锐钛矿结构.在这个相变过程中,发
生了化学键和配位状况的变化,因此也属一级相变.一级相变是一类常见的相变,很多化合物
的相变都具有一级相变的特征.表 7.1 列出了部分典型一级相变的主要热力学特征.

表 7.1 部分典型一级相变的热力学特征

化合物	相变	T_c/℃	$\Delta V/(cm^3 \cdot mol^{-1})$	$\Delta H/(kJ \cdot mol^{-1})$
石英	α→β	572	1.33	0.360
CsCl	CsCl→NaCl	479	10.3	2.424
AgI	纤锌矿→体心立方	145	−2.2	6.145
NH$_4$Cl	CsCl→NaCl	196	7.1	4.473
Li$_2$SO$_4$	单斜→立方	590	3.81	28.84

7.6.2 二级相变

人们将自由能的一级微商描述的热力学参数连续变化,而自由能二阶微商描述的热力学
参数不连续的相变过程称作二级相变.在压力或温度变化时,体系自由能的二阶微商可以表示
为

$$\frac{\partial^2 G}{\partial p^2} = \frac{\partial V}{\partial p} = -V\beta$$
$$\frac{\partial^2 G}{\partial p \partial T} = \frac{\partial V}{\partial T} = V\alpha$$
$$\frac{\partial^2 G}{\partial T^2} = -\frac{\partial S}{\partial T} = \frac{-C_p}{T}$$

(7.12)

式(7.12)表明,在二级相变过程中,体系的压缩系数 β、膨胀系数 α 和热容 C_p 不连续变化.在
实际研究中人们常用热容变化确定二级相变的转变温度.

此处先继续讨论二级相变的含义.从上面给出的二级相变的定义可知,在二级相变过程中
体系的熵和焓的变化(ΔH 和 ΔS)是连续的,即在相变温度 T_c 下,$\Delta G = \Delta H - T\Delta S = 0$,同时
有 $\Delta H = 0$ 和 $\Delta S = 0$.换句话说,体系中的高温和低温物相的自由能曲线在相变点 T_c 处的斜
率相等,两条曲线应在 T_c 相切.从前面讨论中我们知道,对于一级相变,高温物相和低温物相
的自由能曲线在 T_c 处相交,曲线在交点处斜率(熵)不同.因此,一级相变过程可以用自由能的
变化明确地表达.二级相变的情况则复杂些,我们先看一看如何使高温和低温物相的自由能曲
线相切.图 7.44(a)表示了一种自由能曲线在 T_c 相切的情况.但由于物相 Ⅱ 的自由能在任何温
度下都小于物相 Ⅰ 的自由能,物相 Ⅱ 在任何温度下都是稳定的,显然不能发生任何相变.我们
当然可以用不规则的自由能曲线使其在 T_c 点相切并使相变发生(b),但这要求自由能曲线在
T_c 处发生畸变,这显然不具一般意义.

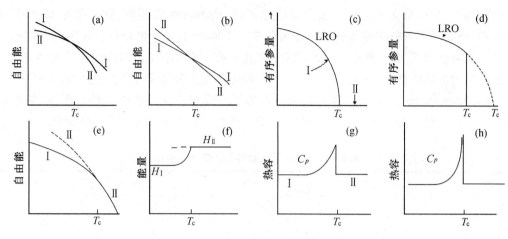

图 7.44　二级相变过程中的热力学性质

为说明二级相变的热力学特点,我们先看一个二级相变的实际例子.在低温下 ZnCu 具有 CsCl 的简单立方结构,空间群为 $Pm3m$.结构中 Zn 和 Cu 分别占据简单立方结构中的顶点和体心格位.Zn 和 Cu 原子的性质比较接近,因此,结构中实际存在有大量的替位缺陷 $Cu_{Zn}^{\times}$ 和 $Zn_{Ca}^{\times}$,即 Zn 和 Cu 的无序分布.严格地说,只有在热力学零度时,ZnCu 中的两种原子才可能是完全有序地占据各自的格位.随着体系温度上升,Zn 和 Cu 占有格位的无序度上升.当温度达到某一临界值(T_c)时,Zn 与 Cu 原子在晶体中完全无序分布,即两种格位中 Zn 和 Cu 的占有率都是 50%,这时 CsCl 结构中的两种格位变成完全等同.从结晶学的角度看,我们已经无法区别这两种格位,这相当于在简单立方对称性中增加了体心平移对称性(1/2,1/2,1/2).ZnCu 的晶体结构转变成体心立方,空间群为 $Im3m$.这是一个典型的有序-无序二级相变.从这个例子可以看到二级相变有下面的特点:首先,二级相变是一类连续相变,在 ZnCu 例子中,格位占据的有序度在温度高于热力学零度时就已经开始变化,一直到相变温度 T_c 时体系变成完全无序状态,继续升高温度不再引起格位有序度的变化;其次,虽然在相变温度附近格位占据的有序度是连续变化的,但结构的对称性发生质的变化,从简单立方转变为体心立方.在这个意义上讲,二级相变的转变点是用对称性的变化定义的.比较而言,一级相变属于突发性相变,相应的结构变化主要发生在相变温度附近.

二级相变的特点是有序-无序状态的变化,包括原子(离子)占位的有序-无序变化和电子状态的有序-无序变化. 这种变化不是突跃的,而是连续的. 根据二级相变的特点,我们可以定义一个长程有序参数 LRO (long range order),用来描述二级相变过程中结构或性质的连续变化.对于 ZnCu 体系,LRO 可以定义为与 Zn 或 Cu 格位占有率 f 有关的参数(LRO$=2f-1$).温度为热力学零度时,格位占有率 $f=1$,由长程有序参数的定义可以得到 LRO$=1$,表明体系在热力学零度下是完全有序的.在相变温度 T_c 以上,ZnCu 晶体中格位占有率为 1/2,则 LRO$=2\times0.5-1=0$,表明体系在相变温度以上是完全无序的.图 7.44(c)给出了一般情况下 LRO 随温度变化的情况,可以看到二级相变的特点是在相变温度以下的整个温度区间中长程有序参数连续从 1 到 0 变化.一级相变也可能伴随有序参数的改变,但是一级相变发生时有序参数一定发生突变,如图 7.44(d)所示.

从热力学的观点看,无序度增加意味着熵增加.但低温物相和高温物相的熵随温度的变化是不同的.在低温物相中,原子格位的占有率随温度上升而改变,因此,熵随温度的变化较大.而高温物相中的原子已经完全无序分布,温度上升只引起振动熵变化,熵随温度的变化比较小.这样,在 T_c 温度下,低温和高温物相熵曲线的斜率不同.由 $\delta S/\delta T = Cp/T$ 可知,体系在相变点热容发生不连续变化.图 7.44(g)给出了二级相变过程中体系热容随温度的变化.在相变温度以下,由于低温物相无序度的变化,热容将逐渐增大.到达相变温度 T_c,高温物相中的原子完全无序分布,热容将急剧减小.因此,在通常情况下二级相变的热容的变化呈 λ 形状.一级相变热容的变化也不连续.但由于 $\Delta S \neq 0$,体系的 $\Delta S/\Delta T = \infty$,相变点的热容发散,因此一级相变的热容通常是一个很尖锐的峰[图 7.44(h)].

通过以上讨论,我们可以这样理解二级相变热力学参数的变化.考虑相变点(T_c)和低于但很接近相变点($T_c - \delta T$)时体系的状况.从二级相变长程有序参数的连续变化可以知道,T_c 和 $T_c - \delta T$ 时体系的有序参数变化很小,即 $\delta T \rightarrow 0$ 时,$\delta LRO \rightarrow 0$,相应地有 $\delta S \rightarrow 0$.因此,从低温向高温物相转变时体系的熵变是连续的.同样,可以得到体积的变化也是连续的 $\Delta V = 0$.另外,二级相变是一连续相变,在远低于相变温度 T_c 时,相变已经发生,而相变点 T_c 只是相变完成的温度.因此,在相变温度以上,低温物相是不能存在的,或者说,在相变温度以上低温物相是没有任何意义的.因此,二级相变自由能变化实际上是两条逐渐接近的曲线,在相变点两条曲线的斜率相同,且合并为一条高温物相的自由能曲线,如图 7.44(e)所示.相变温度以上只存在高温物相;而在相变温度以下,低温物相(Ⅰ)稳定,高温物相(Ⅱ)为亚稳物相.二级相变的例子很多.在一些情况下,材料中的顺磁相到铁磁或反铁磁相之间的转变可以具有二级相变的特征.人们常常利用磁有序相变的热容变化确定磁性相变的性质.在这类相变中,原子的连接方式没有明显的变化,而主要是电子状态的变化.这也是二级相变与一级相变区别的一个重要方面.

在低温下 $LiFeO_2$ 具有如图 7.45 的四方结构.$LiFeO_2$ 的低温结构可以看成是 NaCl 结构的一种超结构.结构中氧离子以立方最密堆积方式排列,锂和铁离子有序地占据氧离子形成的八面体格位.$LiFeO_2$ 在 700 ℃ 发生二级相变,结构研究表明高温物相具有 NaCl 结构,其中 Li

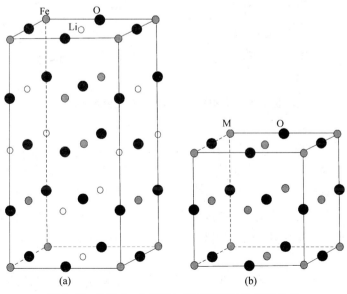

图 7.45 $LiFeO_2$ 在低温(a)和高温(b)物相的结构

和 Fe 是完全无序分布的.$LiFeO_2$ 的相变温度比较低,可以用快速冷却的方法在室温下得到高温物相.$LiTiO_2$ 也发生与 $LiFeO_2$ 类似的相变,但由于相变温度比较高(1213 ℃),即使利用快速冷却,也无法得到过冷的高温物相.

7.6.3 相变的其他分类

除了把相变分为一级相变和二级相变外,人们对相变还有其他一些分类.Ubbelohde(乌伯娄德)(1957)将相变分为连续相变和不连续相变.概括地说,连续相变相当于热力学的二级相变,而不连续相变相当于热力学的一级相变.

Buerger(伯格)(1961)将相变分为重构式相变和位移式相变.重构式相变涉及晶体结构的重组,在相变过程中发生键的断裂和新键的生成.显然,这类相变属于热力学的一级相变.位移式相变仅涉及键的畸变而不是断裂,发生的结构变化常常很小.一些位移式相变属于热力学的一级相变,而另一些可能属于热力学的二级相变.图 7.46 示意地表示了这两类相变的特点及区别.

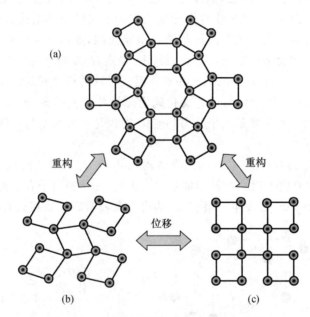

图 7.46 重构式相变与位移式相变示意图

"石墨↔金刚石"之间的相变是典型的重构式相变,相变中晶体结构发生完全变化,从石墨中三配位的碳原子层状结构转变为金刚石中四配位的碳原子三维骨架结构.SiO_2 的"石英↔方石英"的相变也是重构式相变,虽然两个相中 SiO_4 四面体的结构单元基本稳定,且都是 SiO_4 四面体共顶点连接的三维骨架结构,但由于它们的骨架连接方式不同,所以相变中会有许多 Si—O 键的断裂和重组.由于重构式相变涉及许多键的断裂和重组,因而相变的活化能较高,相变速率较慢.

重构式相变常常会受到阻碍而使相变速率很低,以致相变过程不能发生.这时没有发生相变的相在热力学上是不稳定的,但在动力学上是稳定的,有可能十分稳定.一个典型的例子是常温常压下碳的稳定相是石墨,但由于动力学的原因,金刚石可以在这个条件下稳定存在.

由重构式相变联系的两个物相之间结构变化较大,故两个物相的对称性和空间群之间一般没有联系.

由于位移式相变不涉及键的断裂,而只涉及键的扭曲,因而其活化能很小或为零,相变速率很快,常常不能阻止其发生.由位移式相变联系的两个物相一般结构上很相似,而且对称性上有一定的联系.一般来说,低温相的对称性比高温相要低,其空间群是高温相的一个子群.$BaTiO_3$ 在 120 ℃ 附近发生的立方相与四方相之间的转变是一个位移式相变的很好的例子.$BaTiO_3$ 从立方相转变为四方相时原子的连接方式没有变化,只是 Ti 原子和 O 原子在 z 轴上沿相反的方向发生一定的位移,这是该物相产生铁电极化的原因.四方相的空间群为 $P4mm$,它是立方相空间群 Pmm 的一个子群.有研究者认为该相变是一个连续的二级相变,但也有研究者认为它是一个一级相变.无论如何,即使该相变是一个一级相变,其相变时伴随的体积变化也是很小的.ZrO_2 在 1000 ℃ 附近发生的"四方-单斜"相变也是位移式相变的一个例子,该相变是一个马氏相变(Martensitic transformation),在后面会专门讨论.

7.6.4 Landau 理论

Landau(朗道)曾提出了描述相变过程的一般性理论,虽然 Landau 理论对于定量地描述相变点热力学行为并不有效,但对于定性地描述相变中对称性的变化是成功的.对于有序-无序相变,体系的自由能可以展开成序参数 η 的级数

$$G = G^0 + \alpha\eta + A\eta^2 + B\eta^3 + C\eta^4 + \cdots \tag{7.13}$$

式中:α、A、B 和 C 是展开式系数,η 为序参数.由于 $\alpha = (\partial G/\partial\eta)_T$,同时式(7.13)描述的体系在 $\eta = 0$ 时对应于一个稳定的物相,自由能存在极小值,因此系数 α 应等于零.对于在 $\eta = 0$ 时稳定的物相,自由能曲线在 $\eta = 0$ 附近是向上弯曲的,所以有

$$\left(\frac{\partial^2 G}{\partial\eta^2}\right)_{\eta=0} = A \geqslant 0 \tag{7.14}$$

同时 $C > 0$,否则 η 在取较大数值时自由能将一直减小,意味着结构畸变一直继续下去,这显然是不合理的.可以证明,对于对称性关联的二级相变,式(7.13)中的 $B = 0$.因此,式(7.13)可以简化为

$$G = G^0 + A\eta^2 + C\eta^4 + \cdots \tag{7.15}$$

物相能够稳定存在的必要条件是体系的自由能存在极小值,对式(7.15)微分并考虑极小值的条件,可以得到

$$\frac{\partial G}{\partial\eta} = 2A\eta + 4C\eta^3 = 0 \tag{7.16}$$

$$\frac{\partial^2 G}{\partial\eta^2} = 2A + 12C\eta^2 > 0 \tag{7.17}$$

式(7.16)的两个解分别是 $\eta = 0$ 和 $\eta^2 = -A/2C$.其中 $\eta = 0$ 对应于无序相,无序相要求 $A \geqslant 0$;另一个解 $\eta^2 = -A/2C$ 对应于有序相,并要求 $A < 0$.图 7.47 示出了有序和无序相的自由能曲线.可以看到,在 $\eta = 0$ 附近,无序相 $A > 0$,而有序相的 $A < 0$.因此,在二级相变过程中,参数 A 由 T_c 以下的 $A < 0$,逐步增大到 T_c 以上的 $A > 0$.将方程的解代入式(7.15),可以得到

$$G = G^0 - A^2/4C \tag{7.18}$$

考虑到二级相变中参数 A 连续变化的特点，A 可以表示成温度的函数

$$A = \beta(T - T_c) \tag{7.19}$$

代入式(7.18)，可以得到

$$G = G^0 - \beta^2(T - T_c)^2/4C \tag{7.20}$$

对此式求微商，并利用关系式 $\left(\dfrac{\partial G}{\partial T}\right)_p = -S$，可以得到

$$S = S^0 + \beta^2(T - T_c)/2C \tag{7.21}$$

当温度趋近相变温度 T_c，$\Delta S = 0$，表明在二级相变过程中熵的变化是连续的，这正是二级相变定义所规定的. 同时，又可以得到

$$C_p/T = C_p^0/T + \beta^2/2C \tag{7.22}$$

可以知道，在趋近于相变温度 T_c 时，热容变化 $\Delta C_p = \beta^2 T_c/2C$ 是有限值，表明二级相变中热容的变化是不连续的.

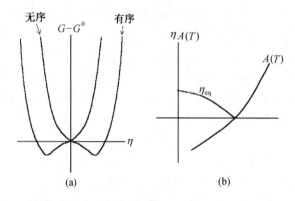

图 7.47　有序和无序相的自由能曲线 (a) 以及 $A(T)$ 在二级相变过程中的变化(b)

　　二级相变在相图中表现为两个单相区连续过渡. 图 7.48 分别给出了二组分体系相图中两个固相之间的二级相变及一级相变. 对于一级相变，两个单相区之间存在一个两相区［图 7.48(b)］. 而对于二级相变，相变是连续的，将直接由 α 相转变为 β 相，两个单相区直接相连，中间没有经过两相区.

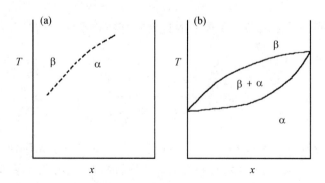

图 7.48　二组分体系中的二级相变(a)及一级相变(b)相图

上面给出了 Landau 理论的一般表达.二级相变过程中,高温和低温物相的晶体结构还存在对称性关联.Landau 理论对相变中晶体结构的对称性变化作出了说明.二级相变对称性关联的 Landau 条件之一是:二级相变中两个物相晶体结构的空间群一定具有空间群-子群的关系,也就是说,低温物相的空间群一定是高温物相空间群的子群.从前面对二级相变的讨论知道,在二级相变过程中,体积和熵等热力学量的变化是连续的,结构的变化(包括原子位置的移动或占有率的变化)也一定是连续的.如果 $G^\ominus$ 为高温无序相的空间群,G 为低温有序相的空间群,在从高温物相向低温物相转变过程中,原子位置或占有率的任何微小的变化都使空间群 $G^\ominus$ 中部分对称元素消失;而且,这种微小变化不可能产生新的对称元素,因为新对称元素的产生需要原子作较长距离的移动.由此可知,低温有序相结构中的所有对称元素 G 一定包含在高温无序相的空间群 $G^\ominus$ 中.从这个意义上讲,虽然二级相变中结构变化是一连续过程(原子位置的移动或占有率),但对称性的变化是不连续的.

我们以实际的例子说明二级相变中对称性的联系.VS 和 CoAs 在高温下具有 NiAs 结构($P6_3/mmc$),在低温下转变为 MnP 结构($Pnma$).可以从国际结晶学表中看到,空间群 $Pnma$ 实际上是 $P6_3/mmc$ 的一个子群:$P6_3/mmc \rightarrow Cmcm \rightarrow Pnma$.图 7.49 给出了 NiAs 结构和 MnP 结构中点阵点的变化.从 NiAs 的单胞可以方便地得到 MnP 的单胞:$a_0 = a_h$,$b_0 = a_h - b_h$ 和 $c_0 = c_h$.图 7.50 和图 7.51 分别给出了 NiAs 和 MnP 晶体结构沿六方结构 c 轴的投影.从中我们可以容易地了解到两种结构间的联系.

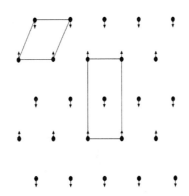

图 7.49 NiAs 和 MnP 结构的点阵点

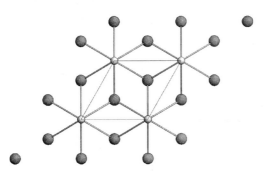

图 7.50 NiAs 晶体结构

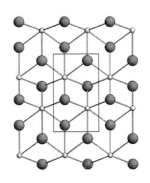

图 7.51 MnP 晶体结构

表 7.2 列出了空间群 $P6_3/mmc$ 和 $Pnma$ 的对称操作. $P6_3/mmc$ 的对称操作可以分成两部分,一部分是将 x 转变为自身或 $-x$,另一部分是将 x 转变成与 y 有关的对称操作.那些将 x 转变为自身的对称操作和将 x 转变为 $-x$ 并在 c 轴方向平移 $1/2$ 的对称操作继续保留在 $Pnma$ 空间群中.另外,如果加上平移对称性 a,那些将 x 转变为 $-x$ 或将 x 转变为自身并在 c 轴方向平移 $1/2$ 的对称操作也保留在 $Pnma$ 空间群中.由此可以了解到, $Pnma$ 空间群中的所有对称操作都包含在 $P6_3/mmc$ 对称操作中,因此 $Pnma$ 的确是 $P6_3/mmc$ 的一个子群.

表 7.2　空间群 $P6_3/mmc$ 和 $Pnma$ 的对称操作

$P6_3/mmc$ 中的对称操作	x,y,z 变换	$Pcmn$ 畸变	不可约表示
$\{\varepsilon\,\|\,000\}$	x,y,z	是	$+1$
$\{C_{6z}\,\|\,00\frac{1}{2}\}$	$x-y,x,z+1/2$		
$\{C_{6z}^2\,\|\,000\}$	$\bar{y},x-y,z$	是	$+1$
$\{C_{2z}\,\|\,00\frac{1}{2}\}$	$\bar{x},\bar{y},z+1/2$		
$\{C_{6z}^4\,\|\,000\}$	$y-x,\bar{x},z$		
$\{C_{6z}^5\,\|\,00\frac{1}{2}\}$	$y,y-x,z+1/2$		
$\{C_{2y}\,\|\,000\}$	$\bar{x},y-x,\bar{z}$		-1
$\{C_{2(x-y)}\,\|\,00\frac{1}{2}\}$	$\bar{y},\bar{x},z+1/2$		
$\{C_{2x}\,\|\,000\}$	$x-y,\bar{y},\bar{z}$		
$\{C_{2(2x+y)}\,\|\,00\frac{1}{2}\}$	$x,x-y,\bar{z}+1/2$		-1
$\{C_{2(x+y)}\,\|\,000\}$	$y,x,\bar{z}$		
$\{C_{2(x+2y)}\,\|\,00\frac{1}{2}\}$	$y-x,y,\bar{z}+1/2$		
$\{i\,\|\,000\}$	$\bar{x},\bar{y},\bar{z}$		-1
$\{C_{6z}^-\,\|\,00\frac{1}{2}\}$	$y-x,\bar{x},\bar{z}+1/2$		
$\{C_{6z}^{-2}\,\|\,000\}$	$y,y-x,\bar{z}$		
$\{\sigma_z\,\|\,00\frac{1}{2}\}$	$x,y,\bar{z}+1/2$		-1
$\{C_{6z}^{-4}\,\|\,000\}$	$x-y,x,\bar{z}$		
$\{C_{6z}^{-5}\,\|\,00\frac{1}{2}\}$	$\bar{y},x-y,\bar{z}+1/2$		
$\{\sigma_y\,\|\,000\}$	$x,x-y,z$	是	$+1$
$\{\sigma_{x+y}\,\|\,00\frac{1}{2}\}$	$y,x,z+1/2$		
$\{\sigma_x\,\|\,000\}$	$y-x,y,z$		
$\{\sigma_{2x+y}\,\|\,00\frac{1}{2}\}$	$\bar{x},y-x,z+1/2$	是	$+1$
$\{\sigma_{x-y}\,\|\,000\}$	$\bar{y},\bar{x},z$		
$\{\sigma_{x+2y}\,\|\,00\frac{1}{2}\}$	$x-y,\bar{y},z+\frac{1}{2}$		

$BaTiO_3$ 是一种重要的铁电材料,具有钙钛矿结构.在 $120\,℃$ 以上 $BaTiO_3$ 为立方结构,空

间群为 Pmm. 图 7.52(a)是立方 $BaTiO_3$ 晶体结构, 其中钛氧八面体 TiO_6 共用顶点形成三维结构, Ba^{2+} 离子位于十二配位的空隙中. 在 120 ℃ $BaTiO_3$ 发生相变, 低温物相中的 TiO_6 发生畸变使得 Ti^{4+} 离子偏离八面体中心, 结构从立方转变为四方[图 7.52(b)]. 在 0 ℃ 左右 $BaTiO_3$ 转变为正交晶系, 在 −80 ℃ 转变为三方结构. 图 7.53 给出了 $BaTiO_3$ 介电常数随温度的变化. 立方钙钛矿结构的 $BaTiO_3$ 具有对称中心, 为顺电相. 在四方钙钛矿结构中, 由于 Ti^{4+} 离子偏离八面体中心, 晶体中的正负电荷重心不重合, 产生平行排列的固有偶极矩, 具有铁电性质. 其他低温物相都存在固有电偶极矩, 正交相中电偶极矩是沿晶体的(110)方向, 三方相中电偶极矩沿(111)方向. 由图 7.53 可见, 三方到正交和正交到四方两个相变存在有较大的热滞后现象, 都属于一级相变. 120 ℃ 时从四方到立方的相变几乎观察不到任何热滞后现象. 但有关这个相变仍有很多争论, 一些研究结果表明, 相变为二级相变, 四方与立方结构之间存在空间群-子群的关系, 另外, 在相变过程中, 晶胞参数的变化也近乎是连续的. 还有些学者认为这个相变属于一级相变, 主要证据在于在接近相变点时观察到了晶胞参数微小的突变. 但即使它属于一级相变, 也是一准连续的过程, 而且结构之间存在对称性联系.

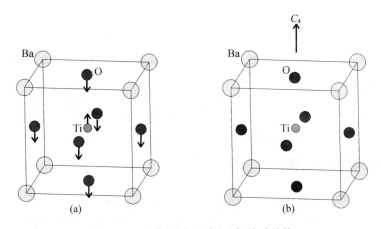

图 7.52 立方(a)和四方(b)钙钛矿结构

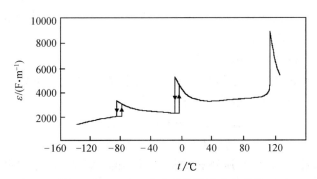

图 7.53 $BaTiO_3$ 介电常数随温度的变化

下面我们从立方钙钛矿结构的空间群出发, 看一看四方钙钛矿可能的空间群和结构. 从 Landau 理论可以知道, 低温四方结构的空间群是 $P4mm$ 的子群. 四方钙钛矿具有铁电性质, 因而它一定不具有对称中心. 在从立方到四方的相变中, 所有的三重轴和 2 个四重轴不复存在,因此,只有那些将 z 变换为 z 的对称操作在四方结构中保留下来,其他对称操作都不在低温物相结构中出现.从结晶学国际表中空间群 Pmm 和 $P4mm$ 的对称操作和等效点系可以知道,$P4mm$ 是 Pmm 的子群.对比 Pmm 和 $P4mm$ 两种空间群的等效点系,从立方钙钛矿结构的原子位置可以直接得到四方钙钛矿的原子位置.这种对称性关联的方法是研究相变中结构变化的有效方法.表 7.3 给出了立方钙钛矿和四方钙钛矿的结构参数.在相变过程中,Ba^{2+} 的原子位置保持不变,而 Ti^{4+} 和 O^{2-} 都沿四重轴方向移动.图 7.52(a)同时指出了相变过程中原子位置移动的方向.

表 7.3　立方和四方钙钛矿结构的结构参数

| 立方钙钛矿 | | | | | 四方钙钛矿 | | | | |
| 空间群:$Pm\bar{3}m$,$a=3.996$ Å | | | | | 空间群:$P4mm$,$a=3.994$ Å,$c=4.033$ Å | | | | |
原子	格位	x	y	z	原子	格位	x	y	z
Ba	$1a$	0	0	0	Ba	$1a$	0	0	0
Ti	$1b$	1/2	1/2	1/2	Ti	$1b$	1/2	1/2	0.5135
O	$3c$	0	1/2	1/2	O1	$1b$	1/2	1/2	-0.024
					O2	$2c$	1/2	0	0.4850

从上面的例子可以看到,Landau 理论提供了二级相变中结构变化的很多有用信息.事实上,Landau 理论还包括空间群-子群不可约表示的分析,以及相变中晶胞变化分析等,这都为相变的研究提供了重要的理论工具.由于篇幅的关系,这里不再赘述.

7.6.5　相变与晶体结构关系

一般地说,相变都在一定程度上涉及结构的变化.引起结构变化的原因可以是结构化学及电子结构等方面的因素.从结构化学的角度看,结构相变可以有以下一些特点.

根据一级相变的热力学,在温度诱导的相变过程中,低温物相转变到高温物相伴随体系熵增加和内能减小,由此可以得到如下结论:

(1) 高温物相应具有较开放结构($\Delta V>0$),原子或离子的配位数较低($\Delta U<0$);

(2) 高温物相的无序度较大($\Delta S>0$);

(3) 高温物相具有较高的对称性.

利用同样方式可以归纳出压力诱导的相变过程的一些特点.在压力诱导的一级相变中,我们应当将压力项 pV 包括在自由能表达式中,由此得到

$$\Delta G=\Delta U+p\Delta V-T\Delta S=0 \tag{7.23}$$

$$\Delta U+p\Delta V=T\Delta S \tag{7.24}$$

对应压力诱导的一级相变而言,高压物相的熵是减小的($\Delta S<0$),体积也是减小的($\Delta V<0$).由于相变常常涉及一个很高的压力,$p\Delta V$ 的数值可能大于 $T\Delta S$ 的数值.为使式(7.24)平衡,体系的内能将增加($\Delta U>0$).由此可以引起以下结构变化:

(1) 高压物相具有较大的密度($\Delta V<0$),同时原子或离子的配位数相对较大($\Delta U>0$);

(2) 高压物相更加有序($\Delta S<0$).

从上面的分析可知,压力和温度诱导相变对结构具有相反的影响,增加压力与降低温度对

结构影响的效果是相似的.但是应注意的是,在结构比较复杂时,很难用上述简单的推理描述相变过程的细节,但作为一般定性描述,上述规律是非常有效的.

7.6.6 相变动力学

热力学告诉我们在平衡条件下发生相变的温度(或压力),但不能给出关于相变速率的信息,这是动力学关心的问题.对于水到冰的相变,由于水具有很好的流动性,因而其相变是容易的.即使这样,在一定的条件下也会产生过冷水,使相变没有发生.对于固态材料的相变,由于其要克服固体晶格的阻力,相变可能会很不容易.因而动力学问题对固态材料是至关重要的.一种极端的情况是相变在正反两个方向都进行得很快而没有滞后;另一种极端的情况是相变以地质年代的时间跨度进行.大多数相变是介于这两个极端情况的中间,常常会有一些滞后.

相变的速率变化很大并受多种因素影响.图7.54示意地表示了低温相Ⅰ与高温相Ⅱ之间的转变速率与温度的关系.在相变平衡温度 T_c 附近(A区),由于相变自由能变 $\Delta G \approx 0$,在相变的两个方向都没有推动力促使相变发生.当温度偏离 T_c 时,反应速率增加(B区和C区).对于高温相Ⅱ向低温相Ⅰ转变的过程,随着温度的降低,在 T_M 出现一个相变速率极大值.继续降温,虽然相变的推动力增加,但由于晶格振动的能量降低,使相变难于发生,因而相变速率下降(D区).如果把高温相Ⅱ急速冷却至 T_c 以下,有可能把其亚稳地冻结在低温下.在温度高于T_c 时,发生低温相Ⅰ向高温相转变的过程.该过程不存在速率极大值,而是随着温度的升高相转变速率不断增加(B区).相转变的速率常用动力学的 Arrhenius(阿仑尼乌斯)方程表示

$$相变速率 = A \exp(-E_a/RT) \qquad (7.25)$$

式中 E_a 是活化能.从该方程可以预料,随着温度的升高,相变速率迅速增加,如图7.54中的D区和B区.然而相变之所以能够发生,首先要求具有 $\Delta G < 0$ 的推动力.如果在 $\Delta G \approx 0$ 的区域,即使相变速率很快,由于Ⅰ↔Ⅱ和Ⅱ↔Ⅰ的速率都很快,净的相变速率仍然很低.

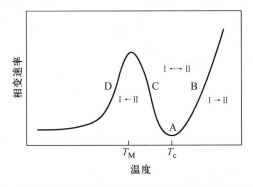

图 7.54 低温物相Ⅰ与高温物相Ⅱ之间相变速率与温度的关系

大部分的相变都是经过成核及核生长的过程实现的.然而成核过程对相变来说是一个不利因素,因为成核使体系的表面能增加,不利于自由能变 ΔG 的下降.我们有必要分析一下成核过程对相变速率的影响.

假设在温度高于 T_c 时,低温相Ⅰ向高温相Ⅱ转变,用 ΔG_v 表示Ⅱ相晶核相对于母相Ⅰ的单位体积自由能变,用 ΔG_a 表示晶核的单位面积自由能变.由于体相的自由能是减少的,而表面自由能是增加的,这样对于一个半径为 r 的球形晶核,其整体自由能的净变化为

$$\Delta G_{n} = 4\pi r^{2} \Delta G_{a} - \frac{4}{3} \pi r^{3} \Delta G_{v} \tag{7.26}$$

在相变过程中,晶核与母相的体积有可能不同,从而会存在应变能项.这里我们忽略体积的变化,即 $\Delta V \approx 0$,从而忽略了应变能项.当新核刚刚形成,r 很小,这样 $4\pi r^{2} \Delta G_{a} > \frac{4}{3} \pi r^{3} \Delta G_{v}$,这时 ΔG_{n} 是正值,且随 r 的增加而增加(图 7.55).随着晶核的长大,r 值增加,同时 $4\pi r^{2} \Delta G_{a}$ 项与 $4\pi r^{3} \Delta G_{v}/3$ 项都增加.然而与 ΔG_{v} 相关的项增加得快,而与 ΔG_{a} 相关的项增加得慢,这样在 $r = r_{c}$ 处,ΔG_{n} 出现一个极大值.当 r 值继续增加,ΔG_{n} 开始下降,并且当 $r > r_{d}$ 时,ΔG_{n} 为负值.考查上述 ΔG_{n} 随 r 的变化,我们会提出这样的问题:是否存在一个最小的晶核半径使晶核可以稳定存在? 这个半径称为晶核的临界半径.初看起来,也许会认为 r_{d} 表示了晶核的临界半径,因为超过它,ΔG_{n} 为负值,晶核可以稳定存在.然而从动力学的角度考虑,晶核的临界半径应该为 r_{c}.当晶核半径介于 r_{c} 和 r_{d} 之间时($r_{c} < r < r_{d}$),虽然这时 ΔG_{n} 大于 0,但当晶核长大时 ΔG_{n} 减小,而当晶核溶解时 ΔG_{n} 升高.因而只要当晶核的半径长大到超过 r_{c},晶核就可以稳定存在并继续生长.晶核半径 r 小于 r_{c} 时,晶核是不稳定的.

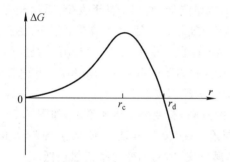

图 7.55　晶核自由能与晶核半径的关系

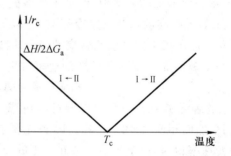

图 7.56　晶核的临界尺寸随温度的变化

我们可以通过 $\dfrac{\mathrm{d}\Delta G_{n}}{\mathrm{d}r}$ 求得 r_{c} 的值,即

$$\frac{\mathrm{d}\Delta G_{n}}{\mathrm{d}r} = 8\pi r \Delta G_{a} - 4\pi r^{2} \Delta G_{v} = 0$$

可得

$$r_{c} = 2\Delta G_{a}/\Delta G_{v}. \tag{7.27}$$

我们还可以设式(7.26)为 0,进而求出 $r_{d} = 3\Delta G_{a}/\Delta G_{v}$.

我们知道,在接近相变温度 T_{c} 时 $\Delta G_{v} \to 0$,因而从式(7.27)中可以看出,在 T_{c} 附近晶核的临界半径 r_{c} 很大,也就是说,在这个条件下要获得稳定的晶核是十分困难的.根据 $\Delta G_{v} = \Delta H_{v} + T_{c} \Delta S_{v} = 0$,同时假设在 T_{c} 附近 ΔH_{v} 和 ΔS_{v} 随温度变化不大,进而我们可以由式(7.27)推出 r_{c} 与温度的关系:

$$r_{c} = \frac{2\Delta G_{a} T_{c}}{(T_{c} - T)\Delta H_{v}} \tag{7.28}$$

以 $1/r_{c}$ 对 T 作图,其变化关系应该是直线(图 7.56).当 $T \to T_{c}$ 时,$1/r_{c} \to 0$,$r_{c} \to \infty$,也就是说,在 T_{c} 附近要形成一个有限大小的稳定晶核是十分困难的.图 7.56 中的两条直线表示的是

Ⅰ→Ⅱ或Ⅱ→Ⅰ两种情况下的成核情况.当 T 偏离 T_c 时,可以形成有限大小的稳定晶核,而且 T 对 T_c 偏离得越多,稳定晶核的半径可以越小,这也是偏离 T_c 后相变速率增加的一个重要原因.

7.6.7 固体材料相变过程的多样性

前面相变热力学中我们主要讨论了材料体相热力学参数(ΔG,ΔH 和 ΔS)对相变的影响.然而,在固体材料的实际相变过程中,对于纳米材料的表面能不能忽略,对于体相材料晶格的应变能需要考虑.这些因素使得固体材料的相变过程表现出丰富的现象.ZrO_2 是一种重要的结构陶瓷材料的母体,也是一种重要的氧离子导电陶瓷的母体.我们这里以 ZrO_2 的相变为例,介绍一些固体材料相变中的有趣现象.

表面能对相变的影响:ZrO_2 从低温到高温会发生如下的一些相变过程

$$单斜相 \xrightarrow{\approx 1000\ ℃} 四方相 \xrightarrow{2370\ ℃} 立方相 \xrightarrow{2680\ ℃} 熔融$$

按照以上 ZrO_2 的相变顺序,室温下 ZrO_2 应为单斜相,加热超过 1000 ℃后转变为四方相.然而用溶胶-凝胶(sol-gel)方法制备的纳米颗粒 ZrO_2 在室温下即为四方相.当把纳米颗粒的 ZrO_2 样品在高温(<1000 ℃)下加热,随着晶粒的长大,晶粒逐渐转变为单斜相.对于纳米 ZrO_2,其四方相可以在室温下稳定存在,显然表面能的影响不能忽略.下面我们分析一下表面能对 ZrO_2 单斜相和四方相之间相变的影响.

对于纳米材料,其比表面很大,在考虑体系总自由能时,必须加上表面能一项,即 $G_T = G_v + \gamma A$,这里 γ 为材料的比表面能,A 为材料的比表面积.在相变时,单斜相(m)与四方相(t)的自由能应该相等

$$G_m + \gamma_m A_m = G_t + \gamma_t A_t \tag{7.29}$$

其中 $A = 6/\rho D$,ρ 是材料的密度,而 D 是颗粒的直径.进而可以有

$$G_m + 6\gamma_m/\rho_m D_c = G_t + 6\gamma_t/\rho_t D_c$$

整理得

$$D_c = \frac{6}{G_t - G_m}\left(\frac{\gamma_m}{\rho_m} - \frac{\gamma_t}{\rho_t}\right) \tag{7.30}$$

实验中测得的参数为:$G_t - G_m = 41.2$ J/g,$\gamma_m = 1.130 \times 10^{-4}$ J/cm^2,$\gamma_t = 7.70 \times 10^{-5}$ J/cm^2,$\rho_m = 5.74$ g/cm^3,$\rho_t = 5.86$ g/cm^3,这样可以求得 $D_c \approx 10$ nm.这个结果说明,由于表面能的介入,当 ZrO_2 的粒径小于 10 nm 时,四方相在室温下是稳定的.如果加热使颗粒长大,使粒径超过这样的临界值时,表面能效应减弱,四方相就会转变为单斜相.由于理论推导的简化和实验测量的误差,10 nm 的临界半径仅是一个定性的结果。有些研究认为,ZrO_2 四方相在室温下稳定的临界粒径是 30 nm.不同的研究给出的具体数值会有一些区别,但有一点是确定的,即由于表面能的影响,纳米颗粒的四方相 ZrO_2 可以在室温下稳定存在.

掺杂对相变的影响:图 7.57 是 ZrO_2-Y_2O_3 二元系的局部相图.随着 Y_2O_3 的掺入,ZrO_2 的三种物相均能形成一定范围的固溶体.不仅如此,经过高温处理的含有不同 Y_2O_3 掺杂量的样品,冷却后其高温的四方相或立方相可以被稳定到室温.如果二元体系的组成用通式 $(1-x)ZrO_2$-$xYO_{1.5}$ 表示,当 $x \approx 0.03 \sim 0.06$ 时,体系为四方 ZrO_2(TZP,tetragonal zeconia phase)区域,在该区域四方相可以被稳定到室温;当 $x > 0.18$ 时,体系为全稳定立方相 ZrO_2(FSZ,fully stablized zeconia)区域,在该区域立方相可以被稳定到室温;介于二者之间是部分

稳定的立方相 ZrO_2(PSZ,partially stablized zeconia)区域,在该区域室温下的材料是四方相与立方相的混合物.掺杂是将固体材料的高温相稳定到室温的常用方法.然而,这种对于高温相的稳定作用分为动力学稳定和热力学稳定.在 TZP 区域,虽然室温下材料主要应该为单斜相,但高温下烧结的陶瓷冷却后可以保持其高温下的四方相.Y 的掺杂起到了对四方相 ZrO_2 的动力学稳定作用.这可以理解为,Y 的离子半径和价态都与 Zr 不同,Y 的掺入会在 ZrO_2 的晶格中引起局域晶格的变形和应力,像是在晶格中插入了一些"楔子"阻碍原子的滑动,从而大大地降低了 ZrO_2 四方相到单斜相相变的速率.从相图中可以看到,随着 Y 含量的增加,立方相 ZrO_2 稳定的温度下限不断下降.当处于 FSZ 区域,在熔点以下的整个温度范围立方相都是稳定的.也就是说,在这个区域,Y 的掺杂使立方相在热力学意义上是稳定的.相变会引起材料体积的突变,从而会在致密的陶瓷体中产生裂纹,降低材料的机械性能.通过掺杂可以避免相变,这有利于提高材料的机械性能.

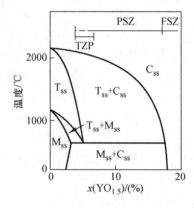

图 7.57　ZrO_2-Y_2O_3 二元体系示意相图(局部)

M_{ss},单斜相固溶体;T_{ss},四方相固溶体;C_{ss},立方相固溶体

四方相-单斜相的马氏相变:马氏相变 (martensitic transformation)是一种发生在一些金属材料和非金属材料中的特殊相变,这种相变最早是指钢中奥氏体与马氏体之间的相变.通过这个相变过程人们获得了硬度极高的马氏体钢,因而该相变成为一类重要的相变.奥氏体是少量碳溶解在 γ-Fe 中的面心立方型固溶体.在 723 ℃ 以下的热力学平衡条件下,奥氏体分解为 α-Fe 和渗碳体 Fe_3C.然而通过淬火过程,以上的共析分解过程被抑制,过冷的立方奥氏体转变为介稳的四方马氏体.ZrO_2 的"四方相-单斜相"相变也是一种马氏相变.这里我们通过分析这一相变,了解马氏相变的独特行为.

ZrO_2 的"四方相-单斜相"相变是一种位移式相变,因而相变的活化能很低,相变速率很快.然而考查相变程度(四方相含量)与温度的关系,发现相变有明显的滞后现象,见图 7.58,且相变在升温过程与降温过程中相差好几百度,其原因是相变受到晶格应变的阻碍.图 7.58 中的曲线是温度的函数,而不是时间的函数,也就是说,对于确定的温度,相变的推动力与晶格应变力达到平衡,使体系的相变程度保持一确定值.延长时间不能引入新的相变推动力,因而无法提高相变的程度.如果要提高或降低相变的程度,就需要通过改变温度而调节相变的推动力.

马氏相变是通过剪切机理实现的,相变过程中母体晶粒中会形成产物的板条结构,这种板条结构的尺寸常常大到能够用光学显微镜进行观察.马氏相变的两个物相组成相同,结构密切

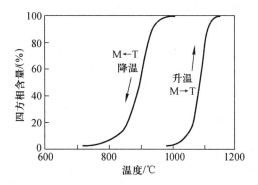

图 7.58　通过高温粉末 X 射线衍射测得的氧化锆单斜相-四方相(M-T)的马氏相变

相关,其两个物相的晶体结构之间存在一定的取向关系,如图 7.59 所示的 ABCD 和 A′B′C′D′ 两个晶面在两相中有很好的匹配.图中可以看到,相变不涉及键的断裂和重组,也不涉及原子的长距离扩散,而只涉及原子不到一个键长的位移,因而相变的活化能很低.很多金属材料和非金属材料的相变都可以归为马氏相变,一些记忆合金的记忆功能就是利用其马氏相变实现的.

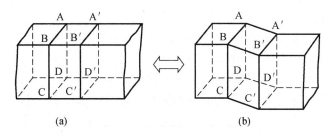

图 7.59　在四方相母晶中单斜相板条的形成

固体相变还有很多更深入的知识,有兴趣的读者可以钻研有关专著,这里不再赘述.

参考书目和文献

1. C. N. R. Rao,J. Gopalakrishnan. Phase Transition (Ch. 4),in New Directions in Solid State Chemistry. Cambridge University Press,1997:p.168

2. 梁敬魁,车光灿,陈小龙. 高 T_c 氧化物超导体系的相关系和晶体结构. 北京:科学出版社, 1994

3. A. R. West. Solid State Chemistry and Its Applications. Chichester:John Wiley and Sons, 1992

4. 叶于浦,顾蔼珍,郑朝贵,张维敬.无机物相平衡.无机化学丛书,第十四卷.北京:科学出版社, 1997

5. 周玉. 陶瓷材料学.第二版. 北京:科学出版社,2004

6. Yingxia Wang,Lijian Bie,Yu Du,Jianhua Lin,Chun-K Loong,J. W. Richardson Jr. and Li-ping You. Hexagonal Perovskite-intergrowth Manganate:$Ln_2Ca_2MnO_7$. J. Solid State Chem.,2004, 177:65~72

7. Zhaofei Li,Guobao Li,Fuhui Liao and Jianhua Lin. On Synthesis and Structure of LaCaGaO$_3$. J. Solid State Chem.,2003,172:59～65

8. Yingxia Wang,Yu Du,Reiwen Qin,Bin Han and Jianhua Lin. Phase Equilibrium of La-Ca-Mn-O System. J. Solid State Chem.,2001,156:237～241

9. K. M. Cruickshank,Xiping Jing,G. Wood,E. E. Lachowski,D. B. Cruickshank and A. R. West. Barium Neodymium Titanate Electroceramics：Properties of the Ba$_{6-3x}$ Nd$_{8+2x}$ Ti$_{18}$ O$_{54}$ Solid Solution. J. Am. Ceram. Soc.,1996,79(6):1605～1610.

10. 荆西平. 道尔顿体和柏托雷体——晶体结构视角的理解. 大学化学,2010,25(5):73～80

11. J. E. Bailey,D. Lewis,Z. M. Librant and L. J. Porter. Phase Transformation in Milled Zirconia. Br. Ceram. Soc. Trans. J.，1972,71(1):25～30

习　题

7.1　高温下,ZnCu 具有体心立方结构,空间群为 $Im3m$,其中 Cu 和 Zn 完全无序分布。在 400 ℃发生二级相变,转变成 CsCl 型的简单立方结构,空间群为 $Pm3m$。请用对称性的观点说明这个有序-无序变化。

7.2　根据下列信息画出 Al$_2$O$_3$-SiO$_2$ 的相图。Al$_2$O$_3$ 和 SiO$_2$ 分别在 2060 ℃和 1720 ℃熔化；在 Al$_2$O$_3$ 和 SiO$_2$ 间形成一个熔点为 1850 ℃的化合物 Al$_6$Si$_2$O$_{13}$;低共熔点出现在约 5 mol% Al$_2$O$_3$(1595 ℃处)和约 67 mol% Al$_2$O$_3$(1840 ℃处)。

7.3　画出具有下列特征的 A-B 体系的相图。有三个二元化合物 A$_2$B、AB 与 AB$_2$:A$_2$B 与 AB$_2$ 都是固液同组成熔融;AB 固液异组成熔融生成 A$_2$B 和液相;A$_2$B 还有一个稳定性的下限。

7.4　参照 MgAl$_2$O$_4$-Al$_2$O$_3$ 相图,叙述在平衡条件下冷却一个组成为 40 mol% MgO ＋ 60 mol% Al$_2$O$_3$ 的液相预期要发生的反应。用快速冷却,产物可能有何不同?

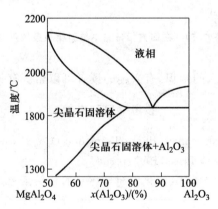

7.5　Mg$_2$SiO$_4$-Zn$_2$SiO$_4$ 体系是一个简单低共熔体系,其两个终端物相形成有限范围固溶体。试画出此体系的可能相图。你如何用实验来测定:(1)固溶体极限的组成;(2)每种情况下,固溶体形成的机理;(3)低共熔温度.

7.6　画一三角坐标系表示三组分相图.设三个组分是 Na$_2$O、CaO 和 SiO$_2$.在三角坐标系中用 mol% 标记下列各项的组成点:Na$_2$SiO$_3$,Na$_2$Si$_2$O$_5$,CaSiO$_3$,Ca$_3$Si$_2$O$_7$,Ca$_2$SiO$_4$,Ca$_3$SiO$_5$,Na$_2$CaSiO$_4$,Na$_2$Ca$_3$Si$_6$O$_{16}$,Na$_2$Ca$_2$Si$_3$O$_9$,Na$_4$CaSi$_3$O$_9$,Na$_2$CaSi$_5$O$_{12}$.

7.7　三元体系 A-B-C 不含二元化合物,仅含一个三元化合物 X.(1)画出固相线下各物相的匹配(共存)关系;(2) 假设 X 是固液同组成熔融,画出熔融关系图.指明三个三元低共熔点、三个热极大点和九条低共熔单变曲线.

7.8　在三元相图中,描述组成为 a 的试样从高温冷却时的结晶过程,在图中表示出液相组成变化的轨迹.

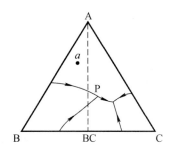

7.9　解释以下名词的含义:(1) 道尔顿体;(2) 柏托雷体;(3) 鬼化合物.

7.10　10％的物相 A 与 90％的物相 B 混合均匀后高温处理足够长时间。怎样判别热处理后 A 和 B 是形成了固溶体或仍是两相混合物.

7.11　Al_2O_3 和 ZrO_2 是低共熔二元体系.怎样用 SEM 区分烧结体中的 Al_2O_3 和 ZrO_2 晶粒?

7.12　室温下 ZrO_2 为单斜相（m-ZrO_2）,1000 ℃ 以上转变为四方相(t-ZrO_2).但晶粒小于 100 ℃ 的 ZrO_2 室温下以四方相存在,请定性解释原因.

7.13　室温下 ZrO_2 为单斜相(m-ZrO_2),1000 ℃ 以上转变为四方相(t-ZrO_2),在 2370 ℃ 转变为立方相(c-ZrO_2).而立方相是良好的氧离子导体.问用什么方法可以使 c-ZrO_2 在低于 1000 ℃ 下稳定存在?

第 8 章　晶体对称性与物理性质

8.1　材料的物理性质

8.2　张量

　　8.2.1 标量和矢量；8.2.2 二阶张量；8.2.3 坐标变换

8.3　Neumann 和 Curie 规则

　　8.3.1 Neumann 规则；8.3.2 Curie 规则

8.4　晶体对称性与物理性质对称性之间的关系

8.5　非线性光学性质

　　材料化学研究的重点是材料组成、结构与物理性质的关系,以及寻找和设计合理的化学制备过程,通过对材料的组成、结构和形态的控制,得到具有良好应用性能的功能材料.物理性质一般指材料的宏观物理性质.可以将材料的物理性质分成两类,内禀物理性质和外赋物理性质.内禀物理性质是由材料的组成、结构决定的.我们通常所说的物理性质主要指内禀性质,例如,铁磁性材料的饱和磁化强度、Curie(居里)温度以及超导材料的超导转变温度等都是由材料的组成和晶体结构所决定的.另一类物理性质对材料的制备过程非常敏感,它们不仅决定材料的组成和晶体结构,而且还受材料的显微结构、热处理过程和物理场作用过程的影响.这类物理性质称作外赋物理性质,铁磁性材料的剩磁、矫顽力,超导材料的临界电流等都属于外赋性质.在实际中很多物理性质不能完全按这种方式严格区分.

　　材料的一些内禀物理性质,如铁电性、压电性和二次非线性光学性质等,与材料的对称性有很大的关系,本章着重讨论这些关系.首先介绍张量的基本知识,随后介绍晶体结构对称性与材料物理性质的一般关系,最后,具体讨论晶体结构对称性与材料非线性光学性质的关系.

8.1　材料的物理性质

　　物理性质是物理场作用下物质作出的宏观反应,物理性质是由可观测物理量之间的关系定义的.例如材料的密度是由质量(m)和体积(V)通过 $\rho = m/V$ 关系确定的.材料的电极化率 χ 是由外电场 E 作用下材料感生出的电极化 $P = \varepsilon \chi E$ 规定的.更一般地说,物理性质描述了施感物理量 A 与感生物理量 B 之间的关系.在某些情况下,施感物理量与感生物理量间存在线性关系 $B = CA$,其中的 C 规定了施感物理量与感生物理量之间的关系,称作材料的宏观物理性质.但在很多情况下,施感物理量与感生物理量之间的关系是非线性的,宏观物理性质的表达比较复杂.例如,在电场的作用下,晶体介质材料的光学性质可以表示为

$$P = \varepsilon_0 [\chi^{(1)} E + \chi^{(2)} E \cdot E + \chi^{(3)} E \cdot E \cdot E + \cdots] \tag{8.1}$$

式中:$\chi^{(1)}$ 是材料的线性电极化率,又称线性光学系数;$\chi^{(2)}$ 和 $\chi^{(3)}$ 为材料的非线性电极化率,也称作二阶和三阶非线性光学系数.材料的宏观物理性质可以用相应系数表示,常见的有极化率、介电常数、磁化率等.

　　我们在上面假定材料是各向同性的,事实上,晶体材料的结构可以是各向异性的,在外物

216

理场作用下所表现出的物理性质也具有各向异性.因此,材料的物理性质需要用张量描述

$$\boldsymbol{B}_{ijk\cdots} = C_{ijk\cdots lmn\cdots} \boldsymbol{A}_{lmn\cdots} \tag{8.2}$$

式中:$\boldsymbol{A}_{lmn\cdots}$为用 q 阶张量描述的施感物理量;$\boldsymbol{B}_{ijk\cdots}$是用 p 阶张量描述的感生物理量;表征晶体物理性质的张量用 $C_{ijk\cdots lmn\cdots}$ 表示,是一个($q+p$)阶张量.这样定义的物理性质不仅反映了物理性质的数量特征,而且反映了方向特性和对称性信息.

我们最关心的是在电场、磁场或应力场下材料表现出的物理性质.例如,在电场作用下,导电材料可以表现出电子导电、离子导电,还可以表现出介电性质、铁电性质等.材料的电学性质可以用电导率 σ 和诱导电极化率 $\alpha = \varepsilon_0 \chi$ 表示,材料的抗磁性、顺磁性、铁磁性和反铁磁性等性质可以用磁化率 χ、磁化强度 $\boldsymbol{M}$,以及材料的 Curie 温度 T_C、Néel 温度 T_N、剩磁和矫顽力等性质表示.应力场对材料的作用则用应变系数表示.一般地说,固体材料在物理场作用下的自由能变化可以表示为

$$\mathrm{d}G = -S\mathrm{d}T + P_i \mathrm{d}E + M_i \mathrm{d}H + \varepsilon_{ij} \mathrm{d}\sigma_{ij} \tag{8.3}$$

式中:第一项($S\mathrm{d}T$)是温度的影响,其他各项依次是电场、磁场和应力场的影响.其中 S 是体系的熵,P_i 和 E 为体系的介电极化强度和外电场强度,M_i 和 H 为体系的磁化强度和外磁场强度,ε_{ij} 和 σ_{ij} 则表示材料的切变和外应力.在一般情况下,固体材料受环境压力的影响比较小,因此,在式(8.3)中没有包括环境压力的影响.在讨论等温条件下材料的物理性质时,也可以忽略式(8.3)中温度对自由能的影响,而集中讨论外物理场的作用.

材料的电极化强度、磁化强度和应变有两种类型:自发效应和诱导效应.自发效应是指没有外物理场情况下,由材料内部原子或原子团之间的相互作用而自发产生的物理效应.例如,原子磁矩之间的相互作用使磁矩平行或反平行排列,使材料具有铁磁性或反铁磁性.材料内部也可以产生自发电极化和自发应力.诱导效应是指在外物理场作用下,材料内部的电荷分布、磁矩取向或原子相对位置变化引起的物理效应.常见的诱导效应有材料的介电性质、顺磁性质和弹性等.这些性质都是在外物理场作用下,材料表现出的与外物理场直接相关的物理性质.事实上,在外物理场作用下,材料不仅可以表现出与之直接相关的诱导物理效应,还可以诱导其他多种物理效应.例如,在外加磁场作用下,材料的磁矩将尽可能沿磁场方向排列,使材料表现出磁性质.与此同时,材料的电学性质(如载流子输运方向和大小等)也会受磁场和材料中磁矩排列情况的影响.另外,外电场和应力场引起的材料结构变化,也会影响材料内磁矩的分布状况,改变材料的磁性质,因此,材料的物理性质与外加的各种物理场都是相关的.材料的磁性 M_i、介质电性 P_i 和应力性质 ε_i 与外物理场的关系可以用下面的式子表示

$$P_i = P_i^s + K_{ij}E_j + d_{ijk}\sigma_{ij} + \alpha_{ij}H_j \tag{8.4}$$

$$M_i = M_i^s + \chi_{ij}H_j + Q_{ijk}\sigma_{ij} + \alpha_{ij}E_j \tag{8.5}$$

$$\varepsilon_i = \varepsilon_{ij}^s + C_{ijkl}\sigma_{kl} + d_{ijk}E_k + Q_{kij}H_k \tag{8.6}$$

以上三式中:等号右边第一项 P_i^s、M_i^s 和 ε_{ij}^s 分别表示材料的自发电极化强度、自发磁化强度和自发应力;第二至四项是晶体在物理场诱导下表现出的物理性质,其中,K_{ij}、χ_{ij} 和 C_{ijkl} 表示材料的诱导介电极化率、磁化率和应变系数;d_{ijk}、Q_{ijk} 和 α_{ij} 为材料的压电系数、压磁系数和磁电系数,是表征材料物理场转换的物理性质.对于各向异性的晶体材料,上述物理性质需要用张量描述,式中各系数下标个数与描述物理性质的张量阶数是一致的.各向异性晶体的物理效应是与取向有关的,取向不同,体系自由能不同.如果 $G(\mathrm{I})$ 和 $G(\mathrm{II})$ 分别表示体系在两种不同取

向情况下的自由能,将式(8.4)~(8.6)代到式(8.3),积分,并考虑自由能变化 $\Delta G = G(\text{II}) - G(\text{I})$,可以得到

$$\Delta G = P_i^s E_j + \Delta M_i^s H_j + \Delta\varepsilon_{ij}^s \sigma_{ij} + \frac{1}{2}(\Delta K_{ij} E_i E_j + \Delta\chi_{ij} H_i H_j + \Delta C_{ijkl}\sigma_{ij}\sigma_{kl})$$

$$+ \frac{1}{2}(\Delta\alpha_{ij} E_i H_j + \Delta d_{ijk} E_i \sigma_{jk} + \Delta Q_{kij} H_i \sigma_{jk}) \qquad (8.7)$$

式中: Δ 表示取向不同时材料物理性质的差别,如 $\Delta M_i^s = M_i^s(\text{II}) - M_i^s(\text{I})$ 表示在不同方向上晶体自发磁化强度的差值.

由式(8.7)可知,在没有外物理场时体系的自由能 $\Delta G = 0$,即没有外场时各种取向状态的能量是简并的.式(8.7)还表明,在外场作用下,物理效应有一级和二级效应.一级效应是指自发的电极化、自发磁化和自发应力,这些物理效应对自由能的贡献与相应物理场呈线性关系.二级效应为介电极化率、磁化率、应变系数、压电系数、压磁系数和磁电系数等,这些物理效应对自由能的贡献与相应物理场的平方成比例.下一章将讨论材料的介电性质、铁电性质和压电性质.在以后的章节中还将讨论材料的磁学性质.材料的力学性质主要与机械性能有关,本书不作介绍,但在讨论材料的压电效应时将涉及材料的一些力学性质.

我们知道无机材料的晶体结构千差万别,但从宏观上看,晶体只存在 32 种对称性,即由 32 种点群所规定的宏观对称性.如果我们不考虑数值上的差别,相同宏观对称性晶体的物理性质应具有相同的规律性.因此,我们可以避开晶体的具体结构、成分等,从晶体的对称性出发研究材料的一些宏观物理性质的规律性.晶体的宏观物理性质除了受到晶体对称性的制约之外,物理性质本身也具有对称性,物理性质及其对称性可以用张量表示.本章首先扼要地介绍有关张量的基本概念和晶体物理性质对称性特点,然后结合特定例子说明晶体对称性对物理性质的影响.

8.2　张　量

晶体材料具有各向异性,当外物理场作用在晶体材料上时,材料表现出的物理性质也具有各向异性.因此,在很多情况下,当我们需要完整地描述晶体材料的物理性质时,需要用到张量的概念.本节将简要地介绍张量的概念.

8.2.1　标量和矢量

一些物理量与晶体的对称性和测量方向无关,只需数值即可完全描述,我们称这些物理量可以用标量或零阶张量描述.晶体的密度和温度是用标量描述的物理性质.

另一类物理量除了具有确定数值以外,还有确定的方向,这类物理量需要用矢量或一阶张量表示.常见的用矢量表达的物理量有机械力、电场、磁场等.在实际中,常用黑体字母表示矢量,矢量的大小称为矢量的模.在用箭头表示矢量时,线段的长度表示矢量的模,箭头所指的方向表示矢量方向.在直角坐标系中,矢量可以用坐标分量表达,每个分量都是矢量在该坐标轴上的投影.例如,电场强度矢量 $\boldsymbol{E}$ 可以表示成

$$\boldsymbol{E} = [E_1, E_2, E_3]$$

式中: E_i 表示 $\boldsymbol{E}$ 在坐标轴 i 上的分量.在参考坐标系确定后,矢量的模和方向由 3 个分量的数值完全确定,矢量的这种表示就是张量表示,因此,矢量又称为一阶张量.

8.2.2 二阶张量

我们以电导率为例说明二阶张量的物理意义.在晶体导体上加一电场,晶体中将产生电流.电场和电流都具有大小和方向性,是用矢量描述的物理量.如果导体是各向同性的,电流密度矢量 J 与电场矢量 E 平行,两者间的关系由欧姆定律描述:$J=\sigma E$,其中 σ 为电导率.图 8.1(a)给出了各向同性材料的电场矢量和电流密度矢量的示意图.

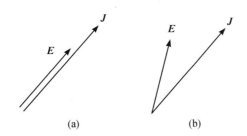

图 8.1 导体中电场矢量与电流密度矢量的关系

(a) 各向同性晶体,(b) 各向异性晶体

在直角坐标系中,各向同性导体的电导率可以用下面的式子表示

$$J_1=\sigma E_1, \quad J_2=\sigma E_2, \quad J_3=\sigma E_3 \tag{8.8}$$

各电流密度分量都与相应的电场分量成比例,且比例系数相同,均为 σ.如果导体是各向异性的晶体,电导率分量将不仅与相应的电场分量有关,还可能与其他电场分量有关,即电导率也表现出各向异性.电流密度矢量 J 与电场矢量 E 的方向不再平行,而是有一定夹角.图 8.1(b)给出了各向异性材料的电场矢量和电流密度矢量的示意图.

在这种情况下,电流的方向由晶体的对称性和电场方向决定.电流密度矢量的分量 J_i 与电场矢量的关系可以表示成

$$\begin{cases} J_1=\sigma_{11}E_1+\sigma_{12}E_2+\sigma_{13}E_3 \\ J_2=\sigma_{21}E_1+\sigma_{22}E_2+\sigma_{23}E_3 \\ J_3=\sigma_{31}E_1+\sigma_{22}E_2+\sigma_{33}E_3 \end{cases} \tag{8.9}$$

可见,完全表达晶体中电场与电流密度的关系需要 9 个 σ_{ij} 数值表示.这 9 个数值描述了在各电场分量作用下,晶体在各坐标轴方向上的电导率.假设只在 x_3 方向上加一电场 E,即 $E_1=E_2=0, E_3\neq 0$,根据上面的表达式,晶体中产生的电流密度 J 在 3 个坐标轴上的分量分别为

$$J_1=\sigma_{13}E_3, \quad J_2=\sigma_{23}E_3, \quad J_3=\sigma_{33}E_3 \tag{8.10}$$

虽然电场是沿 x_3 方向,由于晶体的各向异性,在 3 个坐标轴方向上都产生一定的电流分量.这说明,晶体中电流密度矢量 J 的方向与电场矢量 E 的方向不一定平行.因此,我们可以这样理解式(8.10)中的电导率分量:σ_{13}、σ_{23} 和 σ_{33} 分别表示在 x_3 方向施加的电场使晶体在 x_1、x_2 和 x_3 方向上产生电流的比例系数,即电导率分量.式(8.9)中其他电导率分量的意义可以用类似的方式理解.式(8.9)的 9 个电导率分量构成一个二阶张量.二阶张量可以用矩阵表示,并可根据矩阵法则进行运算,式(8.9)中的方程组可以用下面的矩阵表示

$$\begin{pmatrix} J_1 \\ J_2 \\ J_3 \end{pmatrix} = \begin{pmatrix} \sigma_{11} & \sigma_{12} & \sigma_{13} \\ \sigma_{21} & \sigma_{22} & \sigma_{23} \\ \sigma_{31} & \sigma_{32} & \sigma_{33} \end{pmatrix} \begin{pmatrix} E_1 \\ E_2 \\ E_3 \end{pmatrix} \tag{8.11}$$

也可以简化表示成

$$J_i = \sum_{j=1}^{3} \sigma_{ij} E_j \tag{8.12}$$

一般规定张量分量的第一个下标与左边感生物理量分量下标一致,第二个下标与右面施感物理量分量下标一致.很多其他物理性质都需要用二阶张量表示,因此,式(8.12)具有一般意义.在描述不同的物理性质时,式(8.12)中的施感物理量、感生物理量和物理性质张量用不同分量和系数表示.表 8.1 给出了一些常见的需要用二阶张量表示的物理性质.

表 8.1　部分用二阶张量描述的物理性质

物理性质	感生矢量	施感矢量	张量关系
电导率 σ	电流密度 J_i	电场强度 E_j	$J_i = \sigma_{ij} E_j$
电阻率 ρ	电场强度 E_i	电流密度 J_j	$E_i = \rho_{ij} J_j$
介电常数 ε	电位移 D_i	电场强度 E_j	$D_i = \varepsilon_{ij} E_j$
介电隔离率 β	电场强度 E_i	电位移 D_j	$E_i = \beta_{ij} D_j$
介质极化率 χ	极化强度 P_i	电场强度 E_j	$P_i = \varepsilon_0 \chi_{ij} E_j$
磁导率 μ	磁感应强度 B_i	磁场强度 H_j	$B_i = \mu_{ij} H_j$
热导率 λ	热流密度 q_i	温度梯度 $-(\delta T / \delta x_j)$	$q_i = -\lambda_{ij} \delta T / \delta x_j$

8.2.3　坐标变换

用张量描述物理性质必须选定坐标系.一般情况下,常用右手直角坐标系作为参考坐标系,即 3 个坐标轴 x_1、x_2、x_3 按右手螺旋规则确定.式(8.11)中的 9 个系数为二阶张量 $[\sigma_{ij}]$ 在参考坐标系中的分量.显然,当我们选用另一坐标系 x_1'、x_2'、x_3' 描述同样的物理性质时,施感物理量矢量和感生物理量矢量将变换为 E' 和 J',描述物理性质的张量也相应地变换到 $[\sigma_{ij}']$.但是,无论选用什么坐标系,物理性质是客观存在的.对于相同的晶体材料,$[\sigma_{ij}]$ 和 $[\sigma_{ij}']$ 都描述了同样的物理性质,因此,两个张量之间必然存在唯一的相互关系.下面将讨论在坐标系变化时张量是如何变换的,并给出张量变换定律.

假定旧坐标系的坐标轴分别用 x_1、x_2、x_3 表示,新坐标系的坐标轴用 x_1'、x_2'、x_3' 表示.图 8.2 给出了两个坐标系之间的变换.两个坐标系相应坐标轴间夹角的方向余弦为 $a_{ij} = \cos(x_i', x_j)$,其中($i, j = 1, 2, 3$).例如,新坐标轴 x_1' 与原坐标轴 x_1、x_2、x_3 间的方向余弦分别为 a_{11}、a_{12}、a_{13},以此类推,这样可以得到 9 个方向余弦数值.一般情况下,方向余弦的第一个下标与新坐标系相对应,第二个下标与旧坐标系相对应.方向余弦构成 3×3 矩阵

$$A = (a_{ij}) = \begin{pmatrix} a_{11} & a_{12} & a_{13} \\ a_{21} & a_{22} & a_{23} \\ a_{31} & a_{32} & a_{33} \end{pmatrix} \tag{8.13}$$

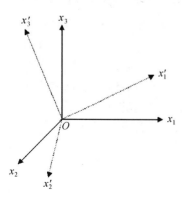

图 8.2　直角坐标的变换

该矩阵表示了旧坐标系变换到新坐标系的变换矩阵,这个矩阵的逆矩阵 A^{-1} 表示了将新坐标系转换到旧坐标系的变换矩阵

$$A^{-1} = (a_{ji}) = \begin{pmatrix} a_{11} & a_{21} & a_{31} \\ a_{12} & a_{22} & a_{32} \\ a_{13} & a_{23} & a_{33} \end{pmatrix} \tag{8.14}$$

两个互逆矩阵之间有 $AA^{-1}=I$ 的关系,其中 I 为单位矩阵.从以上分析可知,在坐标变换中,只要新旧坐标系方向余弦确定之后,即变换矩阵中的 9 个参数确定之后,物理性质与张量之间的关系就唯一地确定下来.事实上,由解析几何可知,两直角坐标系变换矩阵的 9 个方向余弦中只有 3 个是独立的,方向余弦 a_{ij} 必须满足一系列正交归一条件

$$\sum_k a_{ik}a_{ki} = \delta_{ij} \qquad (i,j,k = 1,2,3) \tag{8.15}$$

对不同的 i 和 j 取值可以列出 6 个方程,使方向余弦中独立参数数目减少到 3 个.

如果变换矩阵已知,张量在新旧坐标系中的变换是非常明确的.一阶张量 P 在新坐标系中变换为 P',在新旧坐标系中张量的变换可以表示成 $P'=AP$,或者用分量表示成

$$\begin{pmatrix} P'_1 \\ P'_2 \\ P'_3 \end{pmatrix} = \begin{pmatrix} a_{11} & a_{12} & a_{13} \\ a_{21} & a_{22} & a_{23} \\ a_{31} & a_{32} & a_{33} \end{pmatrix} \begin{pmatrix} P_1 \\ P_2 \\ P_3 \end{pmatrix} \tag{8.16}$$

同样,可以用逆矩阵表示从新坐标系向旧坐标系的变换 $P=A^{-1}P'$.

我们知道二阶张量 $[T]$ 描述了两个矢量(物理量)之间的关系 $(p \xrightarrow{[T]} q)$.在新坐标系中,这两个矢量分别为 p' 和 q',描述 $(p' \xrightarrow{[T']} q')$ 关系的二阶张量为 $[T']$.矢量 p' 和 q' 之间的关系 $(p' \xrightarrow{[T']} q')$ 可以利用新旧坐标系的变换矩阵 $[A]$ 和描述物理性质的二阶张量 $[T]$ 表达

$$p' \xrightarrow{[A]} p \xrightarrow{[T]} q \xrightarrow{[A^{-1}]} q'$$

其中第一步和最后一步为坐标的矩阵变换,中间为二阶张量描述的物理量间的关系.由此可以得到二阶张量的变换为 $T'=ATA^{-1}$,可以用分量表示为

$$\begin{pmatrix} T'_{11} & T'_{12} & T'_{13} \\ T'_{21} & T'_{22} & T'_{23} \\ T'_{31} & T'_{32} & T'_{33} \end{pmatrix} = \begin{pmatrix} a_{11} & a_{12} & a_{13} \\ a_{21} & a_{22} & a_{23} \\ a_{31} & a_{32} & a_{33} \end{pmatrix} \begin{pmatrix} T_{11} & T_{12} & T_{13} \\ T_{21} & T_{22} & T_{23} \\ T_{31} & T_{32} & T_{33} \end{pmatrix} \begin{pmatrix} a_{11} & a_{21} & a_{31} \\ a_{12} & a_{22} & a_{32} \\ a_{13} & a_{23} & a_{33} \end{pmatrix} \tag{8.17}$$

用类似方式可以定义二阶张量的逆变换 $T=A^{-1}T'A$.

张量的变换常用简化式表示.一阶张量的变换可以表示成 $P'_i=a_{ij}P_j$,式中隐含对右边原坐标系张量各分量求和,即

$$P'_i = \sum_{j}^{3} a_{ij}P_j$$

同样,二阶张量变换可以表示成 $T'_{ij}=a_{ik}a_{jl}T_{kl}$,其含义为

$$T'_{ij} = \sum_{k,l}^{3} a_{ik}a_{jl}T_{kl}$$

表 8.2 列出了各阶张量的变换定律,n 阶张量的分量数目为 3^n.需要强调,张量是物理性质的一种表达方式,在变换坐标系时,张量的分量可以发生变化,但张量本身及所代表的物理性质并不变化.

表 8.2　张量变换

张　　量	正变换	逆变换	张量分量数
零阶张量	$\varphi' = \varphi$	$\varphi = \varphi'$	$3^0 = 1$
一阶张量	$\boldsymbol{P}'_i = a_{ij}\boldsymbol{P}_j$	$\boldsymbol{P}_i = a_{ji}\boldsymbol{P}'_i$	$3^1 = 3$
二阶张量	$\boldsymbol{T}'_{ij} = a_{ik}a_{jl}\boldsymbol{T}_{kl}$	$\boldsymbol{T}_{ij} = a_{ki}a_{lj}\boldsymbol{T}'_{kl}$	$3^2 = 9$
三阶张量	$\boldsymbol{T}'_{ijk} = a_{il}a_{jm}a_{kn}\boldsymbol{T}_{lmn}$	$\boldsymbol{T}_{ijk} = a_{li}a_{mj}a_{nk}\boldsymbol{T}'_{lmn}$	$3^3 = 27$
四阶张量	$\boldsymbol{T}'_{ijkl} = a_{im}a_{jn}a_{ko}a_{lp}\boldsymbol{T}_{mnop}$	$\boldsymbol{T}_{ijkl} = a_{mi}a_{nj}a_{ok}a_{pl}\boldsymbol{T}'_{mnop}$	$3^4 = 81$

当张量的两个或多个分量下标变换位置时,如果张量各分量数值保持不变,则称之为对称张量,否则为不对称张量.如果二阶张量 $[T_{ij}]$ 为对称张量,它应满足 $T_{ij} = T_{ji}$,即

$$[T_{ij}] = \begin{bmatrix} T_{11} & T_{12} & T_{13} \\ T_{12} & T_{22} & T_{23} \\ T_{13} & T_{23} & T_{33} \end{bmatrix} \tag{8.18}$$

其独立的分量数目是 6.如果张量下标交换位置后分量的绝对数值不变,但符号相反,即 $T_{ij} = -T_{ji}$,称之为反对称张量.反对称张量对角线上的分量一定为零,所以张量独立分量的数目减少到 3 个.

$$[T_{ij}] = \begin{bmatrix} 0 & T_{12} & T_{13} \\ -T_{12} & 0 & T_{23} \\ -T_{13} & -T_{23} & 0 \end{bmatrix} \tag{8.19}$$

8.3　Neumann 和 Curie 规则

Neumann(诺依曼)和 Curie 规则是讨论晶体对称性与物理性质对称性之间关系的基本原则,也是晶体物理学的基础.先让我们来考虑如何理解晶体中物理性质的对称性.我们知道,物理性质是指两个宏观可测物理量之间的关系.在选定的参考坐标系中,沿某个参考坐标轴测量晶体的某种物理性质,然后以物理性质对称性中的某种对称操作作用于晶体,再沿同一参考坐标轴方向重新测量此种物理性质,如果测量结果保持不变,则我们说所测量的物理性质具有此种对称性.由于晶体中的物理性质可以用张量表示,张量的对称性代表了物理性质的对称性.由二阶张量的性质知道,二阶张量描述的物理性质至少具有 3 个二重轴、3 个镜面和 1 个对称中心.因此,用二阶张量表示的物理性质的对称性至少应高于上述对称性.

张量具有固有对称性,当以某种对称操作作用于张量,如果作用前后张量的对应分量保持不变,则该张量具有此种固有对称性.除了具有 32 种点群对称性,张量还可以具有极限对称性,如 ∞,∞mm,$\infty 22$,∞/m,∞/mm,∞/mmm,∞/∞,其中 ∞ 表示无限次旋转轴.例如,一阶张量是具有一定大小和方向的矢量,可以用带箭头的线段表示.显然,沿矢量方向(极轴)存在一个无限次对称轴,平行于极轴有无数多个对称面.因此,一阶张量的对称性为 ∞mm.二阶张量的对称性为 mmm,相当于三轴椭球面;如果其中的 2 个主值相等,对称性则为 ∞/mmm;如果 3 个主值都相等,对称性最高,为 $\infty/\infty mm$,相当于球面.

8.3.1 Neumann 规则

晶体的宏观对称性和宏观物理性质都是晶体结构的宏观反映,因此,两者间存在内在联系. Neumann 认为:晶体任一物理性质所具有的对称性,必然包括晶体点群的全部对称操作.这是晶体物理学中最重要的基本原则,在研究晶体对称性对晶体物理性质的影响时,应依照这一原则.

Neumann 规则并未断言晶体物理性质的对称性与晶体的对称性相同,只要求前者包含后者.晶体物理性质的对称性常高于晶体所属点群的对称性.例如,立方晶系晶体的光学性质是各向同性,具有球面对称性.另一方面,Neumann 规则确定物理性质的对称操作一定要包括晶体所属点群的所有对称操作,这限定了物理性质的最低对称性.如一晶体具有四重轴(c 轴),则晶体沿此方向的任何物理性质的对称性不能低于四重轴.

8.3.2 Curie 规则

晶体在受到外场作用后,晶体的对称操作仅保留晶体原有对称操作中与外场一致的部分.在外场对称性高于晶体对称性时,晶体的对称性保持不变;当外场对称性低于晶体对称性时,晶体的对称性降低.Curie 规则讨论的是外加物理场对晶体对称性的影响,而 Neumann 规则是讨论物理性质与晶体对称性之间的联系.当外物理场对晶体对称性的影响可以忽略不计时,晶体的物理性质及其对称性可以直接利用 Neumann 规则判断.当外场对晶体对称性的影响不能忽略时,应先利用 Curie 规则确定晶体在外场作用下的对称性,然后再利用 Neumann 规则讨论物理性质以及与晶体对称的关系.

我们利用例子说明这两个规则的应用.温度是标量,具有最高宏观对称性 $\infty/\infty mm$,因此在温度场下,晶体的原有对称性保持不变.另外,假定某一晶体属于 $m\bar{3}$ 点群,如沿 [010] 方向加一单向应力(σ),应力的对称性为 ∞/mmm.由 Curie 规则,晶体对称性仅保留与应力对称性相一致的部分,晶体的对称性从 $m\bar{3}$ 降低到 mmm.如果所加的物理场为电场 $E(\infty mm)$,则晶体的对称性降为 $mm2$.由此可知在外电场作用下,晶体原有对称性 $m\bar{3}$ 至少失去了 4 个三重轴和中心对称,使晶体具有各向异性光学性质.一般情况下,外场对晶体结构和晶体对称性的影响较小,可以忽略.

8.4 晶体对称性与物理性质对称性之间的关系

从结晶学我们知道,晶体有 7 种晶系,分别为立方、六方、三方、四方、正交、单斜和三斜晶系.进一步可以将其划分成 32 种结晶学点群.从物理性质的角度看,晶体的 32 种点群可以分成几种不同类型.我们先从晶体的介电性质出发考查对称性的分类.晶体的介电性质是一种普遍存在的性质,所有的非金属材料都具有介电性质.简单地说,电介质是能被电场极化的物质.晶体的介电性质用介电常数这样一个物理量表征.介电常数是用二阶张量表征的物理量,所有 32 种点群晶体都可以具有介电性质.我们可以进一步根据是否具有中心对称将 32 种点群分成两类,其中 11 种点群具有中心对称,21 种点群不具有中心对称.除了 432 以外,不具有中心对称的晶体都具有压电性质.在不具有中心对称的点群中,有 10 种为极性晶类,具有热释电性质,其他属于非极性晶类.表 8.3 和图 8.3 分别给出了按物理性质对 32 种点群的分类.

表 8.3　32 种点群的分类

32 种点群 (介电)	无中心对称 (21 种)	极性晶类(10 种)	$1,2,3,4,6,m,mm2,4mm,3m,6mm$
		非极性晶类(11 种)	$222,\bar{4},422,\bar{4}2m,32,\bar{6},622,\bar{6}m2,23,432,\bar{4}3m$
	中心对称晶类(11 种)		$\bar{1},2/m,mmm,4/m,4/mmm,\bar{3},\bar{3}m,6/m,6/mmm,m\bar{3},m\bar{3}m$

从前面讨论的张量和晶体对称性与物理性质对称性关系的基本原则,即 Neumann 和 Curie 规则可以了解晶体对称性与晶体物理性质的关系.下面几条为相关物理性质的推论.

(1) 凡具有中心对称的晶体都不具有奇数阶张量描述的物理性质.由 Neumann 规则可知,物理性质的对称性高于晶体的对称性.因此,在利用晶体的对称操作进行坐标变换(对称变换)时,物理性质张量的形式并不改变,张量中对应的分量相同.将对称中心的变换矩阵 $a_{ij}=-\delta_{ij}$,代入三阶张量的变换关系

$$T'_{ijk}=a_{il}a_{jm}a_{kn}T_{lmn}=(-\delta_{il})(-\delta_{jm})(-\delta_{kn})T_{lmn}=-T_{lmn} \tag{8.20}$$

由于变换前后对应的分量相等,因此,只能有 $T'_{ijk}=T_{lmn}=0$,意味着具有中心对称的晶体不能具有三阶张量描述的物理性质.利用同样方法可以证明,凡具有中心对称的晶体,都不具有奇数阶张量描述的物理性质.

(2) 用偶数阶张量描述的物理性质都是中心对称的,所有晶体都具有这类物理性质.二阶张量描述了两个物理矢量间的关系 $p_i=T_{ij}q_j$,如果将中心对称操作作用于物理矢量 p 和 q,则两矢量同时改变符号,但是 $p_i=T_{ij}q_j$ 关系保持不变,二阶张量 T_{ij} 的符号和分量也都保持不变.由此可知,在中心对称操作的作用下,二阶张量代表的物理性质未发生变化.从张量的坐标变换也可以证明这一点.另外,从前面的讨论中已经知道,当二阶张量的 3 个主轴相等时为球面对称,这显然高于任何晶体的对称性.由 Neumann 规则可知,任何对称性的晶体都具有二阶张量描述的物理性质.

(3) 可以推断,只有极性晶体才具有一阶张量描述的物理性质.从表 8.3 可以看到,结晶学点群可以分为单轴和非单轴晶类,422 和 $4mm$ 点群都有唯一的四重轴,都是单轴晶类.222 和 $m\bar{3}m$ 点群分别有 3 个二次轴和 4 个三次轴,属于非单轴晶类.在单轴晶类中还可以划分出极性晶类.极性晶类是指晶体中的单轴是一个极轴,极轴具有确定方向,轴的两端不能重合.因此,极轴晶类中不能有使单轴反向的对称操作.例如,422 和 $4mm$ 都属于单轴晶类,但 422 中的二重轴可以使四重轴反向,因此,422 不是极轴晶类.$4mm$ 点群中的四重轴在镜面内,镜面的对称操作不能使四重轴反向,$4mm$ 属于极轴晶类.我们知道一阶张量即矢量可以表示为具有一定方向的线段,其对称性为 ∞mm.由 Neumann 规则知道,只有对称性低于 ∞mm 的晶类才可能具有一阶张量描述的物理性质.从表 8.3 可以知道,只有极性晶类的点群(10 种)满足这一要求.图 8.3 给出了几种常见物理性质与晶体点群之间的关系.

下面举几个例子说明物理性质及其对称性的实际应用.晶体的物理性质可以用来确定晶体的对称性.在实际研究中常常遇到这样的情况,仅仅用 X 射线衍射方法难以判定晶体结构是否具有对称中心.如果该晶体表现出奇数阶张量描述的物理性质,它一定不具有中心对称性.在实际中常用的物理性质有热释电效应、压电效应、二阶非线性光学效应等.更进一步讲,如果所研究的晶体具有一阶张量描述的物理性质,如热释电性质、铁电性质等,则晶体应属于极性晶类.在早期的晶体结构研究中人们经常利用物理性质的方法判断晶体所属空间群.在实际研

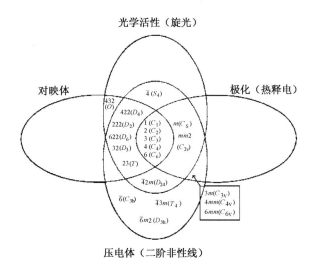

图 8.3 不同点群晶体的物理性质

究中必须非常小心.这里我们只证明,具有中心对称的晶体不能具有奇数阶张量描述的物理性质.如果实验没有检测出这种物理性质,并不能充分证明这种物理效应不存在,也可能是物理效应比较弱或检测条件不合适等其他原因造成的.

如果已知晶体所属的点群,可以预测该晶体可能具有的物理性质.根据 Neumann 规则,晶体物理性质要受到晶体对称性的约束,据此可以推导出各种晶类可能的物理性质.例如,$\bar{4}$ 点群晶体只可能具有标量、二阶对称张量、三阶对称张量、四阶张量、一阶轴张量、二阶轴张量、三阶轴张量等张量描述的物理性质.表 8.4 列出了所有 32 种点群晶体可能具有的物理性质,以供参考.

在表 8.4 中还使用了轴张量的概念,轴张量是表征与旋转有关的物理性质的张量.电子的自旋是轴矢量的一个典型例子,材料的磁性质是由电子的自旋造成的,是用轴矢量描述的物理性质.轴矢量与极性矢量不同,它具有中心对称,最高的对称性为 ∞/m.对比而言,一阶极性张量的对称性为 ∞mm,因此,一阶极性张量没有中心对称,描述的物理量具有空间方向性.除了一阶轴张量外,还有高阶轴张量,晶体的旋光张量是二阶轴张量.

一般地说,张量的固有对称性与它所描述的物理性质的对称性是一致的.例如,若某物理性质可以用式(8.21)的二阶张量描述,如果二阶张量的对称性为 ∞/mmm,则晶体物理性质的对称性也是 ∞/mmm.如果二阶张量的 3 个主值都不相同,张量的对称性为 mmm,用此二阶张量描述的物理性质至少也应具有 mmm 的对称性.对单斜或三斜晶系的晶体,结晶学轴具有一定的不确定性,参考坐标系的主轴也具有不确定性,物理性质的对称性会进一步降低.例如,对于对称性为 m 的晶体,二重轴的方向是固定不变的,所描述物理性质的一阶张量只能位于 m 晶面内,但矢量的方向可以在镜面内任意变化.因此,虽然矢量的固有对称性为 ∞mm,但受晶体对称性的限制,物理性质的对称性降为 m. 二阶张量描述的物理性质的固有对称性为 mmm,但是对于单斜和三斜晶体而言,若考虑主轴变动,物理性质的对称性降为 $2/m$ 或 $\bar{1}$.

$$[T_{ij}] = \begin{bmatrix} T_1 & 0 & 0 \\ 0 & T_2 & 0 \\ 0 & 0 & T_3 \end{bmatrix} \tag{8.21}$$

表 8.4　32 种点群可能具有的物理性质

晶系	晶类	一阶张量（矢量）	一阶轴张量（轴矢）	二阶对称张量	二阶非对称张量	二阶对称轴张量	二阶非对称轴张量	三阶非对称轴张量	三阶对称张量	三阶对称轴张量	四阶对称张量 下标两两对调	四阶对称张量 两两对调和两对下标对调	四阶对称张量 仅两对下标对调
三斜	1	1	$\bar{1}$	$\bar{1}$	$\bar{1}$	1	1	$\bar{1}$	1	$\bar{1}$	$\bar{1}$	$\bar{1}$	$\bar{1}$
	$\bar{1}$	—	$\bar{1}$	$\bar{1}$	$\bar{1}$	—	—	$\bar{1}$	—	$\bar{1}$	$\bar{1}$	$\bar{1}$	$\bar{1}$
单斜	m	m	∞/m	$2/m$	$2/m$	m	m	$2/m$	m	$2/m$	$2/m$	$2/m$	$2/m$
	2	∞m	∞/m	$2/m$	$2/m$	2	2	$2/m$	2	$2/m$	$2/m$	$2/m$	$2/m$
	$2/m$	—	∞/m	$2/m$	$2/m$	—	—	$2/m$	—	$2/m$	$2/m$	$2/m$	$2/m$
正交	222	—	—	mmm	mmm	222	222	mmm	222	mmm	mmm	mmm	mmm
	$mm2$	∞mm	—	mmm	mmm	$mm2$	$mm2$	mmm	$mm2$	mmm	mmm	mmm	mmm
	mmm	—	—	mmm	mmm	—	—	mmm	—	mmm	mmm	mmm	mmm
四方	4	∞m	∞/m	∞/mmm	∞/m	$\infty 22$	$\infty 22$	$4/m$	4	$4/m$	$4/m$	$4/m$	$4/m$
	$\bar{4}$	—	∞/m	∞/mmm	∞/m	$\bar{4}$	$\bar{4}$	$4/m$	$\bar{4}$	$4/m$	$4/m$	$4/m$	$4/m$
	$4/m$	—	∞/m	∞/mmm	∞/m	—	—	$4/m$	—	$4/m$	$4/m$	$4/m$	$4/m$
	422	—	—	∞/mmm	∞/mmm	$\infty 22$	$\infty 22$	$4/mmm$	422	$4/mmm$	$4/mmm$	$4/mmm$	$4/mmm$
	$4mm$	∞mm	—	∞/mmm	∞/mmm	—	—	$4/mmm$	$4mm$	$4/mmm$	$4/mmm$	$4/mmm$	$4/mmm$
	$\bar{4}2m$	—	—	∞/mmm	∞/mmm	$\bar{4}2m$	$\bar{4}2m$	$4/mmm$	$\bar{4}2m$	$4/mmm$	$4/mmm$	$4/mmm$	$4/mmm$
	$4/mmm$	—	—	∞/mmm	∞/mmm	—	—	$4/mmm$	—	$4/mmm$	$4/mmm$	$4/mmm$	$4/mmm$
三方	3	∞m	∞/m	∞/mmm	∞/m	$\infty 22$	$\infty 22$	$\bar{3}$	3	$\bar{3}$	$\bar{3}$	$\bar{3}$	$\bar{3}$
	$\bar{3}$	—	∞/m	∞/mmm	∞/m	—	—	$\bar{3}$	—	$\bar{3}$	$\bar{3}$	$\bar{3}$	$\bar{3}$
	32	—	—	∞/mmm	∞/mmm	$\infty 22$	$\infty 22$	$\bar{3}m$	32	$\bar{3}m$	$\bar{3}m$	$\bar{3}m$	$\bar{3}m$
	$3m$	∞mm	—	∞/mmm	∞/mmm	—	—	$\bar{3}m$	$3m$	$\bar{3}m$	$\bar{3}m$	$\bar{3}m$	$\bar{3}m$
	$\bar{3}m$	—	—	∞/mmm	∞/mmm	—	—	$\bar{3}m$	—	$\bar{3}m$	$\bar{3}m$	$\bar{3}m$	$\bar{3}m$

续表

晶系	晶类	一阶张量（矢量）	一阶轴张量（轴矢）	二阶对称张量	二阶非对称张量	二阶对称轴张量	二阶非对称轴张量	三阶对称张量	三阶对称轴张量	四阶对称张量		
										下标两两对调 两对下标对调	两两对调和 两对下标对调	仅两对下标对调
六方	6	∞mm	∞/m	∞/mmm	∞/m	$\infty22$	∞	∞	∞/m	∞/mmm	∞/mmm	∞/m
	$\bar{6}$	—	∞/m	∞/mmm	∞/m	—	—	$\bar{6}$	∞/m	∞/mmm	∞/mmm	∞/m
	$6/m$	—	∞/m	∞/mmm	∞/m	—	—	—	∞/m	∞/mmm	∞/mmm	∞/m
	622	—	—	∞/mmm	—	$\infty22$	—	$\infty22$	∞/m	∞/mmm	∞/mmm	∞/m
	$6mm$	∞mm	—	∞/mmm	—	—	—	∞mm	∞/m	∞/mmm	∞/mmm	∞/m
	$\bar{6}m2$	—	—	∞/mmm	—	—	—	$\bar{6}m2$	∞/m	∞/mmm	∞/mmm	∞/m
	$6/mmm$	—	—	∞/mmm	—	—	—	—	∞/m	∞/mmm	∞/mmm	∞/m
立方	23	—	—	$\infty/\infty mm$	—	∞/∞	—	$\bar{4}3m$	$m3m$	$m3m$	$m3m$	$m3$
	$m\bar{3}$	—	—	$\infty/\infty mm$	—	—	—	—	$m3m$	$m3m$	$m3m$	$m3$
	432	—	—	$\infty/\infty mm$	—	∞/∞	—	—	—	$m3m$	$m3m$	$m3m$
	$\bar{4}3m$	—	—	$\infty/\infty mm$	—	—	—	$\bar{4}3m$	—	$m3m$	$m3m$	$m3m$
	$m\bar{3}m$	—	—	$\infty/\infty m$	—	—	—	—	—	$m3m$	$m3m$	$m3m$

227

另外,知道了晶体的对称性,可以根据晶体物理性质的矩阵了解在哪些方向上具有这些性质,这在物理性质测试和晶体器件的研究中特别重要.由于二阶张量的重要性,我们将简单讨论晶体对称性对用二阶张量描述的物理性质的影响.根据 Neumann 规则,晶体物理性质的对称性受晶体对称性的约束,因此,二阶张量主轴的取向不是任意的.

立方晶系的特征对称操作是具有 4 个三次轴,因此,二阶张量描述的物理性质至少也具有 4 个三重轴,能够满足此条件的显然只有球面对称性 $\infty/\infty mm$.立方晶系晶体的二阶张量的 3 个主轴相等,其物理性质常表现为各向同性.

中级(三方,四方,六方)晶系有一个高次轴,能够满足对称性要求的二阶张量可以用旋转的椭球描述,椭球的旋转轴平行于晶体的高次轴.二阶张量中垂直于主旋转轴的 2 个分量相等,一般情况下,常常选择 x_3 平行于高次轴.

正交晶系有 3 个互相垂直的二次轴,这也是二阶张量的固有对称性.由 Neumann 规则可知,晶体的二次轴必须与二阶张量的二次轴平行,因此二阶张量取向是完全确定的.二阶张量及其所描述的物理性质在这 3 个方向上的值为主值.

单斜晶系只有一个二次轴,显然应与二阶张量的一个主轴重合.另外两个主轴不受晶体对称性的制约,根据不同物理性质的测量结果,只能通过主轴化方法求出.

三斜晶系中只有一次轴或一次反轴,二阶张量的主轴完全不受晶体对称性的制约,其主轴的取向取决于物理性质.只有在测量具体物理性质数值后才能利用主轴化方法确定主轴取向和大小.因此,在一般情况下,二阶张量有 6 个独立的分量.表 8.5 总结了二阶张量描述的物理性质与晶体对称性的关系.

表 8.5　晶体对称性对二阶张量描述的物理性质的影响

晶 族	晶 系	特征对称性	二阶张量对称性和取向	张量形式	独立分量
高级	立方	4 个三重轴	球面对称	$\begin{bmatrix} S & 0 & 0 \\ 0 & S & 0 \\ 0 & 0 & S \end{bmatrix}$	1
中级	三方	1 个三重轴	以高次轴为旋转轴的旋转椭球面	$\begin{bmatrix} S_1 & 0 & 0 \\ 0 & S_1 & 0 \\ 0 & 0 & S_3 \end{bmatrix}$	2
中级	四方	1 个四重轴	以高次轴为旋转轴的旋转椭球面	$\begin{bmatrix} S_1 & 0 & 0 \\ 0 & S_1 & 0 \\ 0 & 0 & S_3 \end{bmatrix}$	2
中级	六方	1 个六重轴	以高次轴为旋转轴的旋转椭球面	$\begin{bmatrix} S_1 & 0 & 0 \\ 0 & S_1 & 0 \\ 0 & 0 & S_3 \end{bmatrix}$	2
低级	正交	垂直的 2 个镜面或 3 个二重轴	三轴椭球面,主轴与 3 个二次轴平行	$\begin{bmatrix} S_1 & 0 & 0 \\ 0 & S_2 & 0 \\ 0 & 0 & S_3 \end{bmatrix}$	3
低级	单斜	1 个二重轴或镜面	三轴椭球面,主轴与 1 个二次轴平行	$\begin{bmatrix} S_{11} & 0 & S_{31} \\ 0 & S_{22} & 0 \\ S_{31} & 0 & S_{33} \end{bmatrix}$	4
低级	三斜	一重轴或对称中心	三轴椭球面,主轴不受晶体对称性限制	$\begin{bmatrix} S_{11} & S_{12} & S_{31} \\ S_{12} & S_{22} & S_{23} \\ S_{31} & S_{23} & S_{33} \end{bmatrix}$	6

8.5　非线性光学性质

我们以非线性光学材料为例说明对称性对物理性质的影响.当光波通过介质材料时,会引起材料的极化,当入射光比较弱时,材料的电极化与极化电场强度成正比,称为线性极化.当入射光很强时,式(8.1)中的非线性项对介质极化的贡献不能忽略.仅考虑对电场的二阶非线性响应,式(8.1)可以表示为

$$P_i^{(2)} = \varepsilon_0 \sum_{jk} \chi_{ijk}^{(2)} E_j E_k \tag{8.22}$$

式中的 $\chi_{ijk}^{(2)}$ 为二阶非线性极化率,是用三阶张量表示的物理性质,共有 27 个分量.由于 $\chi_{ijk}^{(2)}$ 是对称三阶张量,后两个下标是可以互换的,$\chi_{ijk}^{(2)} = \chi_{ikj}^{(2)}$,因此,可以简化为 3×6 矩阵.人们常用非线性光学系数表示材料非线性光学性质,$d_{ijk} = \chi_{ijk}^{(2)}/2$.非线性光学系数三阶张量可以按下面的方式简化.

非线性光学系数分量中的后 2 个下标					
11	22	33	23,32	31,13	12,21
1	2	3	4	5	6

简化和合并之后,矩阵的分量与原三阶张量分量的关系可以表示为:$d_{in} = d_{ijk}$($n = 1, 2, 3$)和 $d_{in} = 2d_{ijk}$($n = 4, 5, 6$),因此,非线性光学系数可以表示为下面的矩阵

$$d_{in} = \begin{bmatrix} d_{11} & d_{12} & d_{13} & d_{14} & d_{15} & d_{16} \\ d_{21} & d_{22} & d_{23} & d_{24} & d_{25} & d_{26} \\ d_{31} & d_{32} & d_{33} & d_{34} & d_{35} & d_{36} \end{bmatrix} \tag{8.23}$$

不同对称性的晶体,二阶非线性光学系数矩阵中的独立非零矩阵元的数目不同.例如,立方晶系 $\overline{4}3m$ 和 23 点群的晶体,共有 3 个非零矩阵元,其中 1 个是独立的,$d_{14} = d_{25} = d_{36}$.

BiB_3O_6 是最近发现的新型非线性光学材料,为单斜晶系,空间群为 C2,晶胞参数为:$a = 7.116$ Å,$b = 4.993$ Å,$c = 6.508$ Å,$\beta = 105.62°$.BiB_3O_6 具有层状结构,三角形和四面体配位的硼酸根基团共顶点,连接成八元环(图 8.4);铋离子为四配位,处于畸变的四面体配位中心.这种材料的非线性光学系数是 $LBO(LiB_3O_5)$ 的 2 倍,是 $KDP(KH_2PO_4)$ 的 9 倍.可以作为 YAG:Nd($Y_3Al_5O_{12}$:Nd)的 946 nm 激光转换的倍频晶体,得到 473 nm 的蓝色激光.BiB_3O_6 晶体的点群为 2,非线性光学系数矩阵中有 8 个非零矩阵元,其中 6 个是独立的(单位:pm·V^{-1}),分别为:$d_{11} = 2.53$,$d_{12} = d_{14} = 2.3$,$d_{13} = -1.3$,$d_{25} = d_{36} = 2.4$,$d_{26} = 2.8$,$d_{35} = -0.9$.理论计算表明,BiB_3O_6(BiBO)晶体的二阶非线性光学系数主要来源于[BiO_4]基团,硼酸根离子的贡献很小,这与其他硼酸盐非线性光学晶体有很大不同,在这些硼酸晶体中,硼酸根对非线性光学性质的贡献是主要的.

图 8.5 给出了倍频晶体的激光系统.946 nm 的激光经过倍频晶系转变为 473 nm 的蓝色激光.倍频晶体对体系的转换效率影响很大.例如,实验表明,利用 4.6 W 的 946 nm 泵浦激光,分别以 LiB_3O_5(LBO)、β-BaB_2O_4(BBO)和 BiB_3O_6(BiBO)为倍频晶体,输出的 473 nm 蓝色激光功率分别为 1.5 W(LBO)、2.1 W(BBO)和 2.8 W(BiBO).以 BiB_3O_6 为倍频晶体的蓝色激

光系统的转换效率是最高的,具有很大的商业价值.

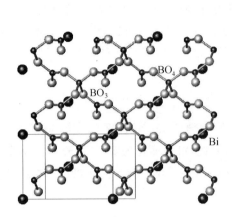

图 8.4　BiB_3O_6 的晶体结构

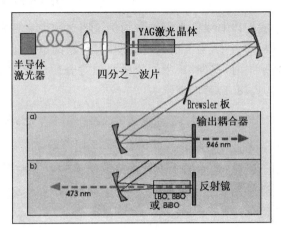

图 8.5　YAG 泵浦激光系统

参考书目和文献

1. P. S. Halasyamani and K. R. Poeppelmeier. Noncentrosymmetric Oxides. Chem. Mater., 1998,10:2753

2. C. N. R Rao and K. J. Rao. Ferroics,in Solid State Chemistry,Compounds,ed. by A. K. Cheetham and P. Day. Oxford:Clarendon Press,1992:p.281

3. 冯端,师昌绪,刘治国. 材料科学导论. 北京:化学工业出版社,2002

4. C. Chen, Wu, B. A. Jiang, G. You. Sci. Sinica (China),1985,B28:235

5. H. Hellwig, J. Liebertz, L. Bohaty. Solid State Commun.,1999, 109(4):249

6. H. Hellwig, J. Liebertz, L. Bohaty. J. Appl. Phys.,2000, 88(1):240

7. R. Fröhlich, L. Bohaty, J. Liebertz. Acta Cryst., 1984, C40:343

8. B. Teng, J. Wang, Z. Wang, H. Jiang, X. Hu, R. Song, Y. Liu, J. Wei,Z. Shao. J. Cryst. Growth,2001, 224:280~283

9. Z. S. Lin, Z. Z. Wang, C. T. Chen, M. H. Lee. J. Appl. Phys.,2001, 90(11):5585

10. 肖定全,王民.晶体物理学.成都:四川大学出版社,1989

习　　题

8.1　理解标量、矢量和张量的定义.

8.2　什么是零阶张量?什么是一阶张量?

8.3　一般情况下,三阶以上张量可以用矩阵表示吗?用 3×3 矩阵表示的物理量一定是张量吗?

8.4　理解 Neumann 规则和 Curie 规则的含义.

8.5　一种晶体具有中心对称,它是否可以具有以下性质:介电性、铁电性、热释电性或压电性?

8.6　在 32 种晶体点群中,有几种中心对称点群,几种无中心对称点群?在无中心对称点群中,有几种极性类点群,几种非极性类点群?

8.7　晶体的非线性光学系数和压电系数都是三阶张量描述的物理性质,那么具有怎样对称性的晶体才会具有非线性光学性质?

8.8　材料的热释电系数是一个一阶张量描述的性质,具有怎样对称性的晶体才会具有热释电性质?

8.9　材料的介电常数是由二阶张量描述的性质,普通介电材料对晶体的对称性有什么特殊要求?

8.10　在参考文献中选择一篇阅读,并撰写读书报告.

8.11　查询有关网页,了解非线性光学材料的最新进展,撰写调研报告.

第9章 电介质材料

9.1 材料的介电性质
9.2 材料的热释电效应
9.3 材料的铁电性质
9.4 材料的压电性质

    电介质材料一般是禁带比较宽的电绝缘体,其中离子处在确定的格位上,不发生明显的长程迁移.在电场作用下,材料中的正负电荷可以偏离重心位置,产生电偶极,表现出介电性质.多数无机非金属材料在电场作用下都可以表现出介电性质,其中一些材料还可以表现出铁电性质、压电性质和热释电效应.另外,在强电磁场作用下,很多电介质材料还表现出二次或三次非线性响应,并可以发生电光、弹光、声光、热光等多种效应.材料的这些介电性质是对外物理场(主要是电场,同时还有应力场、磁场、高频电磁场、温度等)的响应.不同频率电场下电介质材料对电场的响应机理不同,使用于不同频率的材料对材料的组成、结构和制备的要求也不同.电介质材料是无机固体材料研究的一个非常重要的领域,微电子技术、传感和光电技术的发展对电介质材料不断提出新的要求,促进了电介质材料科学研究的发展.电介质材料对外物理场的响应可以用张量(物理性质)描述.前一章介绍了描述材料物理性质的一般方法,本章中将主要介绍电介质材料的介电、铁电、热释电等效应,并对电介质材料的一些其他性质作简要介绍.

9.1 材料的介电性质

    介电性质是材料的普遍性质.在电场作用下,电介质材料不是以载流子传输方式传递电场的作用和影响,而是在体内或表面感生出一定量的电荷,这种现象称作电极化.电极化现象用极化强度(P)描述,极化强度是单位电场在单位体积的介电材料中感生出的电偶极矩.电偶极矩为矢量,其大小定义为异号电荷间的距离与所带电荷的乘积,电偶极矢量的方向规定为从负电荷指向正电荷.介电性质是一种电场诱导的物理效应,一旦除去电场,材料内部的电极化随之消失.

    当介质发生均匀极化时,电介质体相内部的感生电荷互相抵消,只在材料的表面表现出净感生电荷,因此,材料的介电性质可以用平板电容器定义.在真空中,当电容器极板间隔 d 远小于平板线度时,平板电容器的电容为

$$C_0 = \frac{\varepsilon_0 A}{d} \tag{9.1}$$

式中:ε_0 是真空介电常数,A 是平板的面积,d 为电容器极板间隔.当在电容器两极板之间施加电场,在两极板上分别出现正负电荷,存储的电荷可以表示为

$$Q = C_0 U \tag{9.2}$$

式中:U 为施加的电压.如果在平板电容器的两极板之间插入电介质材料(dielectrics),在电场

作用下,电介质材料发生电极化,在电介质材料的表面诱导出与极板电荷符号相反的表面电荷(图 9.1).表面电荷使平板电容器极板上存储的电荷增加到 Q_1,平板电容器的电容 C_1 也相应地增加.平板电容器电容的变化与电介质材料的相对介电常数有关,材料的相对介电常数(常简称为介电常数)可以表示为

$$\varepsilon_r = \frac{C_1}{C_0} \qquad (9.3)$$

图 9.1 平板电容器示意图

ε_r 与材料中电荷位移或电极化大小有关.空气的相对介电常数 $\varepsilon_r \approx 1$,大多数离子型电介质材料的介电常数在 $5\sim10$ 左右,铁电材料的介电常数非常大,如 $BaTiO_3$ 可以达到 $10^3\sim10^4$.

电介质材料的电极化效应可以用极化强度表示.当电场强度不是很大时,电介质的极化强度与电场强度成正比,即 $P=\varepsilon_0\chi E$,其中 $\varepsilon_0=8.854\times10^{-12}$ F·m^{-1} 为真空介电常数,χ 为电介质的电极化率,有时人们也用 $\alpha=\varepsilon_0\chi$ 表示电极化率.电极化率描述了电介质材料在电场中的极化特性.另外,为描述电场中整个体系的介电行为,人们还定义了电位移矢量,电位移矢量可以表示成

$$D = \varepsilon_0 E + P = \varepsilon_0 E + \varepsilon_0 \chi E = (1+\chi)\varepsilon_0 E = \varepsilon_r \varepsilon_0 E \qquad (9.4)$$

式中:相对介电常数 $\varepsilon_r=1+\chi$.可以这样理解极化强度 P 与电位移矢量 D 之间的联系与区别:电极化强度是描述材料在电场中极化特性的物理量,从 $P=\varepsilon_0\chi E$ 可以知道,电极化强度与材料的电极化率成比例,电极化率是由材料的组成和晶体结构所决定的.对于各向异性的晶体材料,电极化率需要用二阶张量描述.由式(9.4)可以知道,电位移矢量 D 是电极化强度 P 与 $\varepsilon_0 E$ 的矢量和.对于各向同性的电介质,电场强度 E、电位移矢量 D 和极化强度 P 三者方向相同,相对介电常数 ε_r 和极化率 χ 都可以用标量表示,与 D、E 和 P 的方向无关.当电介质材料是各向异性晶体时,相对介电常数 ε_r 和极化率 χ 与材料晶体对称性和电场方向有关,因此,一般地说,D、E 和 P 并不平行.图 9.2 是充有各向异性电介质的平板电容器中电场强度 E、极化强度 P 和电位移矢量 D 之间关系的示意图,可以看到电场方向总是垂直于平板电容器的.但由于介电材料晶体结构的各向异性,极化强度的方向与电场方向并不平行,而电位移矢量的方向是外电场与极化强度的矢量和.左图给出了电场强度 E、极化强度 P 和电位移矢量 D 三个矢量之间的关系.

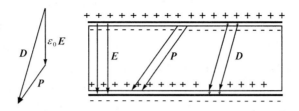

图 9.2 各向异性电介质电容器中电场强度 E、极化强度 P 和电位移矢量 D 间关系示意图

材料的电极化来源于晶体中正负电荷的分离,晶体的成键特性、存在的缺陷等都会影响材料的电极化过程.电介质材料中不同的电极化微观机制对电场的响应不同.电极化的微观机制主要有以下 4 种类型:

1. 电子位移极化

电子位移极化是电介质材料中一种普遍存在的极化现象.在电场的作用下,电介质材料中的原子或离子的电子云发生畸变,正负电荷重心相对位移产生的电偶极.电子位移产生的极化强度用 P_e 表示.电子位移极化与组成材料的原子或离子的极化率直接关联,体积大、电荷高的负离子的极化率较大,相应的电子位移极化强度也比较高.电子位移极化是大多数无机非金属材料电极化的主要来源,在一些以共价键为主的固体材料中,电子位移是唯一的极化方式.由于电子的质量小、响应快,电子位移极化材料适合用于高频场.在电介质材料的研究中,为提高高频电场下材料的介电常数,常常有目的地加入一些极化率较大的离子.对于多数电介质材料,电子位移极化产生的极化强度与其他极化方式相比要小得多,对应的介电常数一般小于5.

2. 离子位移极化

在外电场作用下,晶体中的正负离子可以发生相对位移,产生电偶极矩使晶体发生电极化.离子位移极化的极化强度用 P_i 表示.在很多离子型化合物中,离子位移极化是主要的极化方式.在钙钛矿类氧化物中,钛离子处于八面体中心,在外加电场作用下,钛离子可以偏离八面体中心位置,使正负电荷的重心偏离.图 9.3 给出了钛氧八面体和在电场作用下离子位移极化的示意图.离子位移极化对电场的响应也比较快,在较高频率电场下就可以出现离子位移电极化现象.离子位移极化产生的极化强度比电子位移大一些,是很多电介质材料的主要极化方式.但离子位移极化产生的相对介电常数一般在 10 以下,也是相对比较小的.在有些材料中由离子位移极化引起的介电常数较大,在几十到上百之间,其原因是这些材料有独特

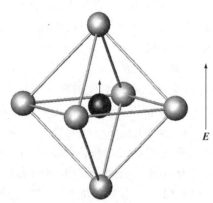

图 9.3　钛氧八面体在电场作用下离子位移极化的示意图

的结构,如包含有高价小阳离子与氧形成的 MO_6 八面体基团.

3. 固有电偶极的取向极化

极性分子具有固有电偶极,但在未加电场时,分子的热运动使固有电偶极矩的取向无序分布,体系的总极化强度为零.在电场作用下,固有电偶极矩将沿电场方向排列,表现出宏观电极化现象.固有电偶极的取向极化强度常用 P_d 表示.极性分子体系是典型的固有电偶极取向极化的例子,在很低温度下,固有电偶极矩的取向可以冻结,形成电极化固体.但一般极性分子体系很难实际应用.铁电性材料中也具有固有电偶极,表现出自发电极化.在铁电晶体中,存在自发电极化畴,又称作电畴(domain).在电畴内部,固有电偶极矩平行排列,不同电畴的取向无序分布.因此,在未加电场情况下,铁电材料并不能表现出宏观自发极化.在电场作用下,电畴按电场方向排列.在 Curie 温度附近铁电材料的电极化率很大,在实际中被广泛用作电介质材料.有关铁电材料的情况将在本章后面专门介绍.

4. 空间电荷极化

很多离子晶体中存在间隙离子缺陷或空位缺陷,在电场作用下,材料中的离子可以通过这些缺陷发生长程迁移.例如,在 NaCl 晶体中,阳离子在电场作用下通过空位缺陷向负极方向移动,阴离子则向正极方向移动.离子的长程迁移在电极与材料界面建立起双电层.当离子的迁移率很高时,就是常说的离子导电材料,常用作固体电解质.由空间电荷极化引起的表观介电

常数很大,可以高达 $10^6 \sim 10^7$,但这种极化效应对材料的介电性能不具有实际应用意义,因为大的介电常数同时伴随大的介电损耗.

对常见的电介质材料,电极化可以看成是由电子位移极化、离子位移极化和固有电偶极取向极化造成的,电极化强度是三者的加和

$$\boldsymbol{P} = \boldsymbol{P}_e + \boldsymbol{P}_i + \boldsymbol{P}_d \tag{9.5}$$

量子力学和固体物理的理论可以估算出上述三种极化的极化率数值.如果把原子或分子近似看成球形,利用 Bohr(玻尔)原子模型可以得到电子极化率

$$\alpha_e = 4\pi\varepsilon_0 R^3 \tag{9.6}$$

式中:R 为原子半径.由于一般的原子半径在 100 pm 左右,所以 α_e 约在 10^{-40} F·m² 量级.

晶体中的离子的振动可以用谐振子模型近似描述,由此可以估算离子位移电极化强度,离子位移极化率可以表示为

$$\alpha_i = e^2 / m\omega^2 \tag{9.7}$$

式中:e 为离子电荷,m 为离子的约化质量,ω 为谐振子的本征振动频率.我们知道,对于多数无机固体化合物,晶格振动主要集中在中远红外波段,利用典型的原子质量和红外吸收频率,可以估算出离子位移电极化率 α_i 的数值应在 10^{-38} F·m² 量级.

分子体系的固有电偶极取向极化可以利用统计理论估算.在未加外电场作用时,我们假定分子的取向是完全随机的.在电场作用下,分子电偶极子将沿电场方向取向.这时,体系受两种因素的影响,热运动使分子倾向于随机取向,外电场给分子施加了沿电场方向平行取向的力.根据统计理论,分子体系的固有电偶极取向极化率符合 Curie 定律,可以表示为

$$\alpha_d = \mu^2 / 3kT \tag{9.8}$$

式中:μ 为分子的固有偶极矩.对一般的极性分子体系,α_d 也在 10^{-38} F·m² 量级.铁电材料中的固有电偶极之间存在比较强的相互作用,不能用式(9.8)估算.

不同类型的电极化过程对不同频率电场的响应不同.例如,电子的质量很小,对电场的响应比较快.比较而言,离子在固体材料中的运动速率则慢得多,只有低频电场作用下,空间电荷极化才能发生.图 9.4 给出了典型电介质材料的电极化率随电场频率的变化.在低频或静电场作用下,上述各种电极化机制都可以有贡献(α_s 表示空间电荷极化率).电场频率为 $10^3 \sim 10^6$ Hz 左右时,空间电荷极化跟不上电场的频率变化,总电极化率主要来源于电子位移极化、离子位移极化和固有偶极的取向极化.在微波电场(10^9 Hz)作用下,分子取向跟不上电场的变化,固有电偶极取向极化不能发生,只有电子和离子的位移极化对总极化强度有贡献.当电场频率高于近红外频率(10^{12} Hz)时,只能观察到电子位移极化.当电场频率增加到 X 射线波段时,电子的位移极化也不能发生.

图 9.4 表明,电介质材料的极化需要一定时间才能完成,这种现象称作电极化弛豫,电极化弛豫用弛豫时间(τ)表征.不同类型的极化的弛豫时间不同,电子位移极化的弛豫时间最短,一般在 $10^{-14} \sim 10^{-15}$ s 之间,因此,电子位移极化可以随可见和紫外波段高频电磁场变化.离子位移极化的弛豫时间稍长一些,在 $10^{-12} \sim 10^{-13}$ s 左右.取向极化的弛豫时间更长,为 $10^{-4} \sim 10^{-10}$ s.当电场频率较低时,上述各种极化都能够跟随电场的变化,材料表现出介电常数与静态介电常数没有任何区别.随交变电场频率增加,取向极化跟不上电场的变化,出现极化滞后现象.因此,动态介电常数是频率的函数.人们通常比较关注离子位移极化和电子位移极化,空间电荷极化和固有偶极取向极化只是在一些特殊情况下出现.利用交流阻抗方法实际测量的

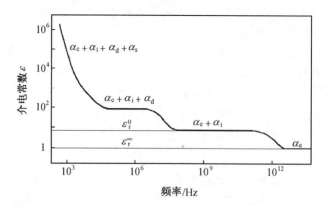

图 9.4 电介质的极化率与极化电场频率间的关系

介电材料的低频介电常数 ε_r^0 包含了离子位移极化和电子位移极化,而从材料的光折射率得到的高频介电常数 ε_r^∞ 只包含电子位移极化的贡献.光折射率与高频介电常数关系可以表示为 $n^2 = \varepsilon_r^\infty$.利用上述方法测量得到的 NaCl 的低频 ε_r^0 和高频介电常数 ε_r^∞ 分别为 5.62 和 2.32.

当电介质是各向异性晶体时,介电常数、极化率等性质需要用张量表示.根据第 8 章的讨论,联系两个一阶张量物理量的物理性质可以用二阶张量表示.电场强度和极化强度都是矢量,在给定的直角坐标系中可以表示为

$$\boldsymbol{E} = \begin{pmatrix} E_1 \\ E_2 \\ E_3 \end{pmatrix} \quad \text{和} \quad \boldsymbol{P} = \begin{pmatrix} P_1 \\ P_2 \\ P_3 \end{pmatrix} \tag{9.9}$$

极化率二阶张量为

$$[\chi_{ij}] = \begin{pmatrix} \chi_{11} & \chi_{12} & \chi_{13} \\ \chi_{21} & \chi_{22} & \chi_{23} \\ \chi_{31} & \chi_{32} & \chi_{33} \end{pmatrix} \tag{9.10}$$

各向异性晶体的电场与极化强度的关系可以用下面的式子描述

$$\begin{pmatrix} P_1 \\ P_2 \\ P_3 \end{pmatrix} = \varepsilon_0 \begin{pmatrix} \chi_{11} & \chi_{12} & \chi_{13} \\ \chi_{21} & \chi_{22} & \chi_{23} \\ \chi_{31} & \chi_{32} & \chi_{33} \end{pmatrix} \begin{pmatrix} E_1 \\ E_2 \\ E_3 \end{pmatrix} \tag{9.11}$$

实验证明(也可以利用晶体极化能或晶体热力学证明),对所有对称性的晶体,极化率张量的分量符合如下关系

$$\chi_{12} = \chi_{21}, \quad \chi_{13} = \chi_{31}, \quad \chi_{23} = \chi_{32} \tag{9.12}$$

即极化率张量 $[\chi_{ij}]$ 是二阶对称张量,独立分量数最多只有 6 个.由第 8 章表 8.5 可以知道,当晶体为三斜晶系时,极化率张量 $[\chi_{ij}]$ 有 6 个独立分量.当晶体的对称性高于三斜晶系时,电介质极化率张量的分量数目将减少.单斜晶系晶体的 $[\chi_{ij}]$ 有 4 个独立分量,正交晶系有 3 个,三方、四方和六方晶系的 $[\chi_{ij}]$ 有 2 个独立分量,立方晶系晶体的极化率张量的分量数只有 1 个,材料表现出各向同性介电性质.二阶张量具有中心对称,因此,根据 Neumann 规则,所有对称性的晶体都具有介电性质.介电性质的普遍性也可以从其极化机制理解,电子位移极化是束缚电子的行为,它的出现与否并不受到晶体对称性的制约,但在各个方向上的数值大小是受对称性约束的.离子位移和固有偶极取向等极化过程具有类似的性质.

在电场中,电介质都有一定的能量耗散,称作介质损耗.如果我们给电解质材料施加一个交变电压

$$U = U_0 \cos\omega t \tag{9.13}$$

材料两端会产生一个交变电流.如果材料中只发生极化,没有能量损耗,则交变电流与施加电压之间存在 90°相位差;如果材料中还有损耗发生,则相位差比 90°小 δ,即

$$I = I_0 \cos[\omega t + (90 - \delta)] \tag{9.14}$$

电流可以分解为与电压同相位的分量 $I_0 \cos(90-\delta) = I_0 \sin\delta$ 和与电压相垂直的分量 $I_0 \sin(90-\delta) = I_0 \cos\delta$,前者与极化过程中的能量损耗有关,后者与能量储存有关.两者的比值,即 δ 的正切函数被定义为介质损耗

$$\tan\delta = \frac{I_0 \sin\delta}{I_0 \cos\delta} = \frac{\sin\delta}{\cos\delta} \tag{9.15}$$

有时,人们也用电学品质因数 Q_e 表示电介质材料的损耗特性,$Q_e = 1/\tan\delta$.

低频下材料的损耗主要是由材料的电导引起的

$$\tan\delta = \frac{\sigma}{\varepsilon_0 \varepsilon_r \omega} \tag{9.16}$$

式中:σ 是材料的电导率,ω 是外加电压的频率.离子位移极化引起的损耗与晶格振动的非简谐性有关

$$\tan\delta \propto \left(\frac{\gamma}{\omega_0^2}\right)\omega \tag{9.17}$$

式中:ω_0 是晶格振动模的频率,γ 是该振动模的非简谐性因子.一种材料有多个振动模.常常是较低频率的振动模对材料的介电极化和损耗有较大影响.

偶极矩的取向极化和晶格中离子在缺陷中跳跃引起的极化惯性较大,频率依赖性强,被称为弛豫极化.弛豫极化的介电常数常用 Debye(德拜)弛豫方程表示

$$\varepsilon = \varepsilon' - j\varepsilon'' = \varepsilon_\infty + \frac{\varepsilon_s - \varepsilon_\infty}{1 + j\omega\tau} \tag{9.18}$$

Debye 弛豫方程表示的介电常数是一个复数,ε' 和 ε''分别是其实部和虚部,实部既是我们提到的相对介电常数,虚部是与损耗有关的函数,j 是虚数符号;ε_s 是静态介电常数;ε_∞ 是高频介电常数,可以认为是与电子极化有关的介电常数;τ 是弛豫极化的时间常数.

可以将(9.18)式中实部和虚部分开

$$\varepsilon' = \varepsilon_\infty + (\varepsilon_s - \varepsilon_\infty)\frac{1}{1 + (\omega\tau)^2} \tag{9.19a}$$

$$\varepsilon'' = (\varepsilon_s - \varepsilon_\infty)\frac{\omega\tau}{1 + (\omega\tau)^2} \tag{9.19b}$$

ε' 和 ε''都是频率的函数,它们随频率的变化关系如图 9.5 所示.对于介电常数实部 ε',在 $\omega \ll 1/\tau$ 时,$\varepsilon' = \varepsilon_s$;当 ω 接近 $1/\tau$ 时,ε' 开始下降,并随着频率的上升持续下降.介电常数虚部 ε''表示的是材料损耗的性能.式(9.19b)被称为 Debye 函数,如果以 $\lg \omega$ 为横坐标作图,函数呈现一个峰的形状,常称为 Debye 峰.随电压频率增加,介质损耗先增大;当电压频率为 $1/\tau$ 时,损耗达到最大;当电压频率超过 $1/\tau$,介质极化跟不上电压频率的变化,介质损耗逐渐减小.实际的介电损耗是 ε''和 ε'的比值,即

$$\tan\delta = \varepsilon''/\varepsilon' \tag{9.20}$$

$\tan\delta$ 随频率 ω 的变化也呈现类似 Debye 峰的形状,但峰值对应的频率比 $1/\tau$ 大一些.实际材料的损耗常常偏离 Debye 峰的形状,一种解释是材料中的弛豫极化时间常数不是一个确定的值,而是有一个分布.当温度比较高时,原子热运动加剧,损耗因子的极大值将向高频率移动.在实际使用中,我们希望尽可能地减少材料的介质损耗,途径之一是选择材料和器件合适的使用频率.

Jonscher(姜舍尔)提出了表示材料电导率的"普适幂方程"

$$\sigma = \sigma_0 + K\omega_{\mathrm{p}}^{1-n}\omega^n \tag{9.21}$$

式中:右边第一项 σ_0 是材料的直流电导率;第二项是电导率与频率相关的部分,称为交流电导,其中 K 是常数,ω_{p} 是载流子的跳跃频率,n 是接近于 1 但小于 1 的常数.将上式交流电导率项代入(9.16)式中,得到由交流电导率导致的介电损耗为

$$\tan\delta = \left(\frac{K}{\varepsilon_{\mathrm{s}}\varepsilon_0}\right)\left(\frac{\omega}{\omega_{\mathrm{p}}}\right)^{n-1} \tag{9.22}$$

在很多情况下,利用(9.22)式描述的介电损耗比 Debye 关系式与实验符合得更好.

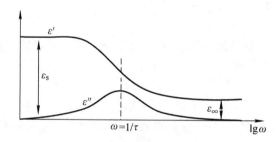

图 9.5　Debye 弛豫方程中介电常数实部 ε' 和虚部 ε'' 随外加电压频率的变化

铌酸锂($LiNbO_3$)是一种重要非线性光学晶体,在光开关、激光波导器件等方面具有重要的应用.$LiNbO_3$ 的熔点(2530 ℃)非常高,Curie 温度为 1430 ℃.$LiNbO_3$ 具有与钙钛矿相关的结构,空间群为 $R3c$.但 $LiNbO_3$ 中的锂离子的体积很小,不适合占据 12 配位的立方八面体格位,因此结构中的八面体沿三重轴方向转动 30°左右.图 9.6 给出了沿三重轴方向投影的 $LiNbO_3$ 的晶体结构.在高温下,$LiNbO_3$ 转变为具有 $R\bar{3}c$ 空间群的高温物相.$LiNbO_3$ 的高温物相有对称中心,具有顺电性质.$LiNbO_3$ 晶体的介电性质也需要用张量描述.我们知道,三方

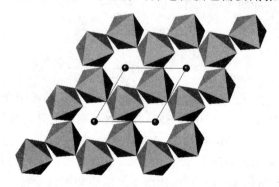

图 9.6　沿三重轴方向投影的 $LiNbO_3$ 的晶体结构

晶系的二阶张量只有两个独立分量.因此,LiNbO₃ 晶体的介电性质只需在平行和垂直于 c 轴的两个方向进行测量就可以了.图 9.7 给出了铌酸锂晶体在 25 ℃时介电损耗与频率的关系.可以看到,外电压平行 c 轴时,材料的介电损耗比较小,垂直 c 轴方向上的介电损耗比较大.介电损耗与电压频率有很强的依赖关系,在 10^7 Hz 附近时,垂直于 c 轴方向上晶体介电损耗最大.在材料的实际使用中,应避开这一频谱区域.

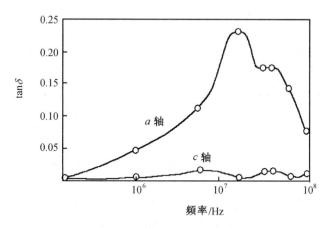

图 9.7　LiNbO₃ 晶体介电损耗与电压频率的关系

9.2　材料的热释电效应

激光和红外成像技术的发展促使人们研究各种各样的热-电转换材料,热释电现象的研究也是在技术需求的推动下发展起来的.热释电效应是指晶体的自发极化随温度而变化的现象.具有热释电效应的晶体称作热释电晶体(pyroelectric crystal).热释电晶体属于压电晶体的一个亚类,它要求晶体中存在固有电偶极.由于晶体的自发极化使晶体表面存在一定数量的束缚电荷,在通常情况下,晶体表面的束缚电荷被吸附在表面的其他粒子电荷补偿.在静态条件下,我们不能观察到晶体的自发极化状态.但是,当体系的温度发生变化时,晶体的极化状态(电偶极极矩)随之改变,这将改变表面束缚电荷的数量和符号.相对而言,表面吸附过程较慢,来不及补偿表面电荷的变化,从而使晶体表现出宏观电性.

热释电效应可以用热释电系数描述.当温度发生微小变化 ΔT 时,会引起热释电晶体极化强度矢量的变化 $\Delta \boldsymbol{P}_s$,可以用下式描述

$$\Delta \boldsymbol{P}_s = \boldsymbol{p} \Delta T \tag{9.23}$$

式中:$\boldsymbol{p}$ 为热释电系数,单位用 $C \cdot cm^{-2} \cdot K^{-1}$ 表示.温度是标量,故式(9.23)中的热释电系数 $\boldsymbol{p}$ 是用一阶张量描述的物理性质.$\boldsymbol{p}$ 有 3 个分量,分别是

$$\boldsymbol{p}_i = \left. \frac{\partial P_s^i}{\partial T} \right|_{E=0} \tag{9.24}$$

式中:P_s^i 表示自发极化 $\boldsymbol{P}_s$ 在 i 方向上的分量.

在实验上热释电效应是用热释电流测量的.热释电流是在无外加电场时,晶体在加热或冷却过程中出现的电流,电流的大小正比于温度变化率 dT/dt,而与温度绝对数值无关.在温度变化率相同时,加热和冷却过程中产生的电流应当大小相等、方向相反.图 9.8 是聚双炔对甲苯磺酸盐晶体的热释电流在升高温度和降低温度时的变化情况.在升温和降温过程

中,热释电流是对称的,电流的方向相反.利用红外光的热效应,热释电晶体可以用来进行红外成像.

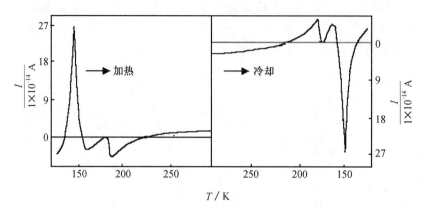

图 9.8　聚双炔对甲苯磺酸盐晶体的热释电流

晶体的热释电效应是用矢量描述的物理性质.根据 Neumann 规则,在 32 种结晶学点群中只有 10 种极性点群的晶体具有热释电性质,这 10 种点群为:$1,2,3,4,6,m,mm2,4mm,3m$ 和 $6mm$.上述 10 种点群晶体的自极化方向与对称性有关.三斜晶系对自极化方向没有限制.单斜晶系中点群 2 的晶体的自极化方向沿二重轴方向,m 点群的晶体自极化方向在镜面内.正交晶系的 $mm2$ 点群晶体的自极化方向平行于二重轴.三方、四方和六方等中级晶系的晶体的自极化方向是与高次轴平行的.

热释电效应可以用于红外探测器件.探测器件的电流信号输出与温度变化率成比例,而实际温度对其影响较小.测量过程中并不需要使晶体达到热平衡,因而热释电探测器具有响应快、工作频率宽、高频性能优良、可以在室温下工作等特点.图 9.9 示出了热释电探测器件的工作原理图.在红外辐射照射下,热释电晶体中的自发极化发生变化,使晶体两端极板电势改变,检测器可以接收微弱的电流信号.

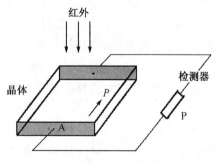

图 9.9　热释电红外探测器件工作原理

表征热释电材料性能的强弱主要看热释电系数的大小.在应用中,还要求材料红外吸收系数较大、热容较小、介电常数小、介电损耗 $\tan\delta$ 小、密度小且易加工成型等.目前已知的热释电材料有 1000 种以上,但真正能够实际应用的材料并不是很多.表 9.1 给出了一些重要的热释电材料的性能参数,其中硫酸三甘肽(TGS)、钽酸锂($LiTaO_3$)、铌酸锶钡(SNB)、钛酸铅和聚氟乙烯(PVF_2)等是最重要的几种热释电材料.

表 9.1　部分热释电材料的主要性能参数

材料	热释电系数 C·cm^{-2}·K^{-1}	相对介电常数 ε_r	体积热容 J·cm^{-3}·K^{-1}	热导率 W·cm^{-1}·K^{-1}	密度 g·cm^{-3}
电气石	4×10^{-10}	75			3.1
BaTiO$_3$	2×10^{-8}	$160(\varepsilon_{33}),4100(\varepsilon_{11})$	3.0	9×10^{-3}	6.02
TGS	$(2\sim3.5)\times10^{-8}$	$25\sim50$	$1.6\sim2.48$	6.8×10^{-3}	1.69
LiNbO$_3$	4×10^{-9}	$30(\varepsilon_{33}),75(\varepsilon_{11})$	2.8		4.64
LiTaO$_3$	6×10^{-9}	$44(\varepsilon_{33})$			7.45
SbSI	2.6×10^{-7}	10^4	0.15		5.23
Sr$_{0.5}$Ba$_{0.5}$Nb$_2$O$_6$	6×10^{-8}	≈500	2.1		
Tl$_3$AsSe$_3$	3.5×10^{-7}	34.5			
PbTiO$_3$	6×10^{-8}	≈200	3.1		7.78
PLZT 极化陶瓷	1.7×10^{-7}	≈3800	2.6		7.8
PVF$_2$	4×10^{-9}	12	2.5	1.3×10^{-8}	1.8

9.3　材料的铁电性质

在具有热释电性质的材料中,一部分晶体的自发极化方向可以在外电场作用下变化.在电场中,这些材料的极化强度可以表现出电滞回线(hysteresis loop),与铁磁体相似.这类可以表现出电滞回线性质的晶体称作铁电体(ferroelectrics).铁电和热释电晶体中都存在自发极化,热释电系数描述的是晶体自发极化强度与温度的关系,铁电性质则描述了晶体自发极化强度与电场的关系.与热释电一样,铁电材料也要求晶体存在有唯一的极性轴.在 32 种点群中,具有热释电性质的 10 类极性晶类都可能具有铁电性质.但应注意的是,并非所有的热释电材料都可以表现出铁电性质.一些热释电材料自发极化反转需要较高的外加电场,如所需电场高于击穿电压,材料就无法表现出铁电性质.因此,从材料的内禀性质上讲,铁电与热释电材料属于同一类,具有铁电性质的晶体一定具有热释电性质,但具有热释电性质的晶体不一定能够实现铁电性质.

自从 1920 年 Valasek(范拉塞克)首先观察到罗息盐($NaKC_4H_4O_6 \cdot H_2O$)的电滞回线后,人们已经发现了近千种铁电晶体.铁电材料一般同时具有其他特殊的物理性质,如压电效应、热释电效应、光电效应、声光效应、非线性光学效应和铁电畴开关效应等.近年来电子技术、激光技术和计算机技术的发展,为铁电材料的应用开辟了广阔的前景.

铁电晶体中存在有电畴,电畴是晶体中自发极化方向排列一致的小区域,电畴的边界称为畴壁.铁电晶体中一般包含多个电畴.电畴内自发极化方向与晶体极轴方向相同,但电畴之间的取向是随机的.即使对于单晶铁电体一般也不会形成单电畴,因为单电畴需要更高的能量.在单晶材料中不同电畴中自发极化强度的取向有一定的联系.四方钛酸钡($BaTiO_3$)单晶体中相邻电畴自发极化强度取向只可能是 90° 和 180°.图 9.10 给出了这两种简单的电畴结构示意图.多晶材料的铁电畴尺寸可以与晶粒尺寸相仿,可以形成单电畴结构,但在不加电场时,晶粒本身取向是随机的,整个材料也并不表现出宏观电极化.在较强外电场作用下,自发极化方向平行于电场的单电畴能量降低,致使此方向的电畴体积增大,其他方向的电畴体积减小直至完全消失,从而使多畴晶体转变为单畴晶体.

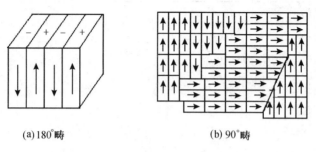

(a) 180°畴　　　　　(b) 90°畴

图 9.10　铁电畴结构示意图

钛酸钡是一种重要的铁电材料.较高温度下,立方钛酸钡($Fm3m$)具有顺电性质,钛酸钡在低于 120 ℃时转变为四方结构($P4mm$).四方钙钛矿结构的钛酸钡具有铁电性质.立方结构中 Ti^{4+} 位于氧离子形成的八面体中心,晶体的正负电荷重心相互重合. 四方结构中的 Ti^{4+} 沿四重轴方向位移,偏离了八面体中心位置,使晶体在 c 轴方向出现自发极化.立方结构的 3 个四重轴方向是等同的,在相变过程中,3 个四重轴都可以作为低温四方结构的四重轴,成为铁电晶体的自发极化方向.这也是钛酸钡晶体主要形成夹角为 90°或 180°自发极化电畴的原因.钛酸钡的相变是由顺电相到铁电相的转变,由于相变是由离子位移造成的,因此常称为位移型铁电相变.

磷酸二氢钾(KH_2PO_4)的自发极化可以用质子的有序化说明.磷酸二氢钾结构中存在氢键,高温下氢键中氢离子的位置是无序的,其平均位置在 2 个氧原子的中间,晶体没有自发极化.当温度降低到相变温度以下时,氢原子偏离中心位置($O\cdots H—O$),使得 PO_4^{3-} 发生结构畸变,形成自发电偶极.这种由有序-无序相变造成的铁电体称为有序-无序铁电体.

位移型铁电体和有序-无序铁电体中电畴的形成都是与晶体中自发极化的产生相联系的.我们可以利用结构畸变的势能图说明铁电畴的形成,为简明扼要说明问题,这里只考虑 180°畴壁体系.图 9.11(a) 示出了具有 180°畴壁体系的基本物理图像,图中的大圆和小圆分别

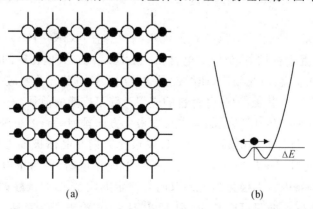

(a)　　　　　　　　(b)

图 9.11　铁电体 180°畴壁体系的基本图像(a) 及铁电体能量势阱示意图(b)

表示负离子和正离子.自发极化在正负离子连线方向上,方向相反的自发极化构成夹角为180°的电畴.对位移型铁电体钛酸钡而言,自发极化是正离子沿四重轴方向的位移.由于沿四重轴的$+z$和$-z$方向的位移所需的能量是等同的,相当于在上述方向上存在能量的极小值,图9.11(b)给出了铁电体能量势阱示意图.对于有序-无序铁电体,可以用同样的势阱图描述.铁电体的宏观物理性质主要有电滞回线、Curie温度和反常的临界特性等.下面将扼要地介绍这几方面的性质.

铁电材料的一个重要宏观特性是极化强度 P 在外电场中的电滞回线,图9.12分别给出了铁电体和非铁电体的极化特性曲线.非铁电体材料的极化强度随电场强度呈线性变化,图9.12(a)中直线的斜率为材料的电极化率.铁电材料的极化强度与电场强度为非线性关系,并呈现电滞回线特性[图9.12(b)].在没有外电场时,晶体中相邻电畴的自发极化方向是随机分布的,晶体的总电矩为零.增加外电场使沿电场方向的电畴体积扩大,晶体的极化强度随之增大.当外电场足够大时,晶体中所有的电畴都沿电场方向排列,极化强度达到饱和.在饱和情况下的极化强度为饱和极化强度 P_s.当电场减小到零时,极化强度下降到某一数值 P_r,称作剩余极化强度.若加一反向电场,随电场强度增加,极化强度减小.当电场强度达到 $-E_c$ 时,极化强度下降为零,E_c 称为铁电体的矫顽场.反向电场继续增加,可以使材料达到负向饱和状态.再改变电场方向,则可以完成整个电滞回线,回线所包围的面积对应于极化强度反转两次所需的能量.

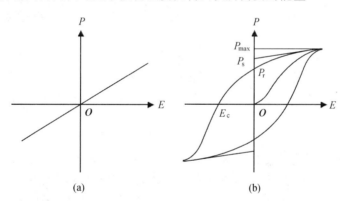

图 9.12　非铁电体(a)和铁电体(b)的极化特性曲线

铁电晶体的另一个重要特性是顺电-铁电相变,相变温度用Curie温度 T_c 表示.当温度下降时,材料在 T_c 温度从非铁电相转变为铁电相.在很多情况下,铁电相结构可以看作是由非铁电相畸变产生的,因此,铁电相结构的对称性一般都低于非铁电相.一些化合物可以有两个或多个铁电相,例如 $BaTiO_3$ 晶体有4个相变,随温度升高,结构发生下列变化

六方(铁电) → 正交(铁电) → 四方(铁电) → 立方(顺电)

其中,立方-四方相变对应于顺电-铁电相变,Curie温度 $T_c=120\ ℃$.其他相变则属于铁电-铁电相变.

铁电体还有一种重要特点是它的临界特性.临界特性是指在Curie温度或相变温度附近出现物理性质的异常.发生异常的物理性质主要有介电性质、弹性性质、光学性质和热学性质等,其中研究较多的是材料的介电异常特性.由于铁电材料的介电性质是非线性的,介电常数随外加电场强度而变化,一般常用电场很小时的起始极化曲线表征铁电材料的介电常数.大多数铁电材料在Curie温度附近的介电常数非常大,可达到 $10^4\sim10^5$ 量级,这就是铁电材料在

Curie 温度附近的介电反常现象.这种临界介电反常现象已经广泛地用于微型电子器件.图 9.13给出了磷酸二氢钾的介电常数随温度的变化.

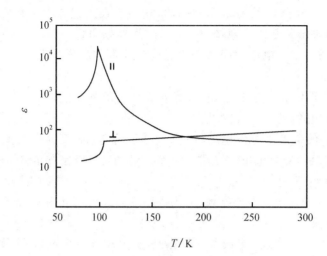

图 9.13　磷酸二氢钾介电常数随温度的变化

当温度高于 Curie 点时,铁电体的介电常数服从 Curie-Weiss(居里-外斯)定律

$$\varepsilon = \frac{C}{T-\theta} + \varepsilon_\infty \qquad (9.25)$$

式中:C 为 Curie-Weiss 常数,ε_∞ 表示电子极化对介电常数的贡献,θ 为 Curie-Weiss 温度.对于二级相变,$\theta = T_C$;一级相变的 θ 略大于 T_C.在 Curie 温度附近,介电常数的倒数应符合

$$\frac{1}{\varepsilon} = \frac{1}{C}(T-T_C) = \frac{1}{C}\Delta T \qquad (9.26)$$

Curie 温度是顺电相与铁电相之间的相变温度,也是从高对称性的高温结构到低对称性的低温结构的相变温度.一般情况下,铁电相的晶体结构是顺电相的畸变结构,因此,铁电相和顺电相结构通常有空间群-子群的关系,其所属的点群也有类似的点群-子群的关系.铁电相的晶体只能属于 10 种极性点群,顺电相结构则可以是 32 种点群中的任何一种.表 9.2 列出了铁电相变的 88 类可能的点群-子群关系,如果已经知道铁电相变中的一种物相的点群,利用表中列出的点群-子群关系,可以预计另一种物相可能的点群.下面我们以 $\overline{4}2m$ 为例,说明铁电相变中对称性的变化.$\overline{4}2m$ 点群有 6 种子群:$1, 2, m, mm2, 222$ 和 $\overline{4}$;其中极性点群只有 $1, 2, m$ 和 $mm2$.因此,$\overline{4}2m$ 晶体的铁电相变有以下几种

$$\overline{4}mF1, \overline{4}2mF2, \overline{4}2mFm, \overline{4}2mFmm2 \qquad (9.27)$$

式(9.27)是表示相变的点群-子群关系的一种方式,其中的 F 表示相变为铁电相变,F 左边是顺电相所属点群,右边是铁电相所属点群.如果铁电相与顺电相结构的晶轴取向是唯一的,上述符号可以完全表达铁电相变中的晶体对称性变化.如果铁电相和顺电相的晶轴取向不是唯一的,则需要进一步说明晶轴取向关系.例如,$\overline{4}2mF2$ 表示了从四方结构 $\overline{4}2m$ 到单斜结构 2 的铁电相变,铁电相的二重轴可以与 $\overline{4}2m$ 中的四重反轴对应,也可以与 $\overline{4}2m$ 中的二重轴对应.前者用 $\overline{4}2mF2(P)$ 表示,后者用 $\overline{4}2mF2(S)$ 表示,P 或 S 分别说明铁电相的极轴为主轴(principle)或侧轴(side).$\overline{4}2mF2(P)$ 相变中的单斜相的二重轴不是极轴,相应的铁电相变并不

存在.铁电体的自发极化可以取不同的方向,铁电体中等效铁电轴数目称作取向状态数.表 9.2 同时给出了各种铁电相的状态数.例如,$\overline{4}2mFmm2$ 中铁电轴与 $\overline{4}2m$ 主轴一致,是唯一的铁电轴,状态数为 1;而 $\overline{4}2mF2(S)$ 的铁电轴与 $\overline{4}2m$ 中的二次轴对应,有 2 个等效取向,状态数为 2.铁电体状态数为整数时,表示其自发极化矢量可以反转(180°);状态数为分数时,分子仍表示状态数目,分母 2 表示铁电轴是不可反转的.

表 9.2 中还有几个例子需要特别说明,$m3mFm$(P)表示铁电相中的对称面与顺电相 $m3m$ 的一个四重轴相对应.$m3mFm$(S)表示铁电轴在与四重轴成 45°的对称面中.$m3mFm$(PS)表示铁电相中有两个对称面,其中一个与四重轴垂直,另一个与四重轴成 45°角.$BaTiO_3$ 的顺电相对称类型为 $m3m$,由高温到低温依次发生如下相变

$$m3m \xrightarrow{\ 120\,^\circ\mathrm{C}\ } 4mm \xrightarrow{\ 5\,^\circ\mathrm{C}\ } mm2 \xrightarrow{\ -90\,^\circ\mathrm{C}\ } 3m \tag{9.28}$$

表 9.2　铁电相变可能的点群-子群关系

铁电体种类	状态数	铁电体种类	状态数	铁电体种类	状态数	铁电体种类	状态数
$\overline{1}F1$	1	$4mmF1$	8/2	$\overline{3}mF3m$	1	$6/mmmF6mm$	1
$2F1$	2/2	$4mmFm$	4/2	$6F1$	6/2	$23F1$	12/2
$mF1$	2/2	$\overline{4}2mF1$	8/2	$\overline{6}F1$	6/2	$23F2$	3
$2/mF1$	2	$\overline{4}2mF2(S)$	2	$\overline{6}Fm$	3/2	$23F3$	4/2
$2/mFm$	1	$\overline{4}2mFm$	4/2	$\overline{6}F3$	1	$m3F1$	12
$2/mF2$	1	$\overline{4}2mFmm2$	1	$6/mF1$	6	$m3Fm$	6
$222F1$	4/2	$4/mmmF1$	8	$6/mFm$	3	$m3Fmm2$	3
$222F2$	1	$4/mmmFm(S)$	4	$6/mF6$	1	$m3F3$	4
$mm2F1$	4/2	$4/mmmFm(P)$	4	$622F1$	12/2	$432F1$	24/2
$mm2Fm$	2/2	$4/mmmFmm2(S)$	2	$622F2(S)$	3	$432F2(S)$	6
$mmmF1$	4	$4/mmmFmm$	1	$622F6$	1	$432F4$	3
$mmmFm$	2	$3F1$	3/2	$6mmF1$	12/2	$432F3$	4
$mmmFmm2$	1	$\overline{3}F1$	3	$6mmFm$	6/2	$\overline{4}3mF1$	24/2
$4F1$	4/2	$\overline{3}F3$	1	$\overline{6}m2F1$	12/2	$\overline{4}3mFm$	12/2
$\overline{4}F1$	4/2	$32F1$	6/2	$\overline{6}m2Fm(S)$	6/2	$\overline{4}3mFmm2$	3
$\overline{4}F2$	1	$32F2$	3/2	$\overline{6}m2Fm(P)$	6/2	$\overline{4}3mF3m$	4/2
$4/mF1$	4	$32F3$	1	$6m2Fmm2$	3/2	$m3mF1$	24
$4/mFm$	2	$3mF1$	6/2	$\overline{6}m2F3m$	1	$m3mFm(S)$	12
$4/mF4$	1	$3mFm$	3/2	$6/mmmF1$	12	$m3mFm(P)$	12
$422F1$	8/2	$\overline{3}mF1$	6	$6/mmmFm(S)$	6	$m3mFmm2(PS)$	6
$422F2$	2	$\overline{3}mF2$	3	$6/mmmFm(P)$	6	$m3mF4mm$	3
$422F4$	1	$\overline{3}mFm$	3	$6/mmmFmm2(S)$	3	$m3mF3m$	4

120 ℃以下的物相均为铁电相,这些物相可以分别表示成:$m3mF4mm$,$m3mFmm2$(PS)和 $m3mF3m$(P).在 120 ℃以下,$BaTiO_3$ 的自发极化沿立方的一个四重轴方向,5 ℃以下,自发极化沿[011]方向,−90 ℃以下自发极化沿[111]方向.

在讨论相变时我们知道,相变可以划分为一级和二级相变.对铁电相变而言,一级相变的自发极化在 Curie 点处发生不连续变化,在从铁电相转变为顺电相时自发极化突然降至零,并有明显的热效应.120 ℃时 $BaTiO_3$ 的顺电-铁电相变有很多争论,主要焦点在体系的变化是否连续.由于铁电相中钛离子沿 c 轴的位移是逐渐发生的,相变具有一定的连续特征.但晶胞参数和晶胞体积的仔细测量表明,在相变点附近,顺电-铁电相变的体积发生突变,相变可能具有一定的一级相变特征.

9.4　材料的压电性质

在应力作用下,一些电介质晶体发生极化,在对应的晶面上产生电荷,这种现象称为压电效应(piezoelectric effect),显示压电效应的晶体称作压电晶体.压电效应是 1880 年在石英晶体上首先观测到的.压电效应反映了晶体的应变与电极化之间的耦合.利用压电效应可以实现电场-应力或应力-电场的转换,因而具有重要的应用价值.本节将扼要地介绍压电效应.

在压力不大的情况下,压力诱导的电极化强度与施加的应力成正比,即

$$\boldsymbol{P} = d\boldsymbol{\sigma} \tag{9.29}$$

式中:$\boldsymbol{P}$ 为电极化强度;$\boldsymbol{\sigma}$ 为应力;d 为压电系数,单位是 $C \cdot N^{-1}$.晶体的应力需要用二阶张量描述,晶体的电极化强度为矢量,因此,压电系数是用三阶张量描述的物理量,电极化强度的每个分量都与应力分量相关

$$P_i = \sum_{jk} d_{ijk} \sigma_{jk} \tag{9.30}$$

一般地说,压电系数张量共有 27 个分量.可以证明,压电系数三阶张量的分量 d_{ijk} 对于后两个下标是对称的,即 $d_{ijk} = d_{ikj}$.压电系数张量的这种对称性是由应力张量的对称性规定的,属于张量的固有对称性.压电系数张量的这种对称性使独立分量数由 27 减少到 18 个.为简化三阶张量,可以利用下式将三阶张量的后两个下标合并,从而用矩阵表示对称三阶张量.

$$
\begin{array}{cccccc}
11 & 22 & 33 & 23,32 & 31,13 & 12,21 \\
\downarrow & \downarrow & \downarrow & \downarrow & \downarrow & \downarrow \\
1 & 2 & 3 & 4 & 5 & 6
\end{array}
$$

合并后张量的分量与原张量分量的关系可以表示为:$d_{in} = d_{ijk}$($n=1,2,3$)和 $d_{in} = 2d_{ijk}$($n=4,5,6$),因此,压电性质可以表示为下列矩阵形式

$$
\begin{bmatrix} P_1 \\ P_2 \\ P_3 \end{bmatrix} = \begin{bmatrix} d_{11} & d_{12} & d_{13} & d_{14} & d_{15} & d_{16} \\ d_{21} & d_{22} & d_{23} & d_{24} & d_{25} & d_{26} \\ d_{31} & d_{32} & d_{33} & d_{34} & d_{35} & d_{36} \end{bmatrix} \begin{bmatrix} \sigma_1 \\ \sigma_2 \\ \sigma_3 \\ \sigma_4 \\ \sigma_5 \\ \sigma_6 \end{bmatrix} \tag{9.31}
$$

这样表示的三阶张量虽然在形式上与二阶张量有相似之处,但不是二阶张量,而只是一种三阶张量的简化形式.式(9.31)中,应力是用对称二阶张量描述的物理量,因此,可以利用类似的方

式简化成由 6 个分量构成的矢量.

在压电晶体上施加电场,晶体不仅可以产生电极化,同时还会发生形变,这种效应是压电效应的逆过程,常称作逆压电效应.在电场强度不是很大时,电场引起的应变可以表示成

$$S_{jk} = \sum_i d_{ijk} E_i \tag{9.32}$$

其中逆压电系数矩阵是上面压电系数矩阵的转置矩阵.

压电系数张量是三阶张量,从上一章 8.4 节的分析可以知道,具有中心对称性的晶体不能具有压电性质.在 32 种结晶学点群中,有 11 种点群具有中心对称性;在非中心对称的 21 种点群中,432 点群的压电系数张量的分量都为零,也不具有压电性质,其他 20 种非中心对称点群的晶体都可能具有压电性质.

现以 α-石英为例,说明晶体压电性质的来源.α-石英属于三方晶系,空间群为 $P3_221$,属于 32 点群. 图 9.14 给出了 α-石英的晶体结构,结构中的四面体通过共用顶点构成三维结构. 图9.15(a)给出了石英晶体中正负离子等效电荷的分布情况.点群 32 中的 3 个二重轴都是极轴,在每个极轴方向都有自发电偶极.在没有外界压力情况下,沿 3 个极轴方向上的电偶极矩相互抵消,正负电荷的重心重合,整个晶体不显示宏观自发极化.点群 32 中的三重轴不是极轴,因此沿三重轴方向施加应力不会对石英晶体的自发电偶极矩产生任何影响,不显示压电效应.沿[120]方向(图中 x_2 方向)施加应力可以影响沿此方向上的偶极矩,但正负电荷中心并不改变,也不能产生压电效应.只有在[100]方向上(图中的 x_1 方向)的应力可以改变电荷分布,产生

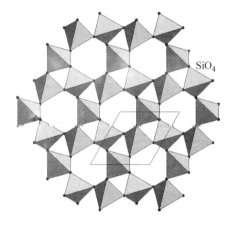

图 9.14 α-石英的晶体结构

压电效应. 图 9.15(b)给出了石英晶体在[100]方向压缩时电荷分布的变化.同样,在此方向拉伸晶体,也可以改变晶体的电荷分布,但极化方向相反.如果用一个周期应力作用于石英晶体,可以得到一个周期电信号.同样,如果在石英晶体上施加一周期电场,也可以得到一个周期应力场.由于晶体对称性的约束,石英晶体的压电系数张量只有 2 个独立的矩阵元.因而只需要 2 个系数(d_{11} 和 d_{14}),即可完全描述石英晶体的压电性质.

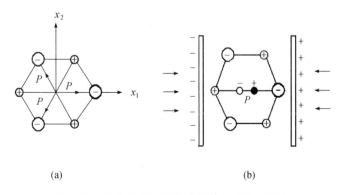

图 9.15 石英晶体中正负离子等效电荷的分布

表 9.3　部分压电晶体材料的主要性能参数

材　料	点群	耦合系数 $K/(\%)$（不同切割方式）	压电常数 d $\overline{10\mathrm{C}\cdot\mathrm{N}^{-1}}$	相对介电常数 $\varepsilon/\varepsilon_0$	弹性常数 $\lambda/(10^{-12}\,\mathrm{m}^2\cdot\mathrm{N}^{-1})$ $c/(10^{11}\,\mathrm{N}\cdot\mathrm{m}^{-2})$	声速 $\overline{\mathrm{m}\cdot\mathrm{s}^{-1}}$	密度 ρ $\overline{10^3\,\mathrm{kg}\cdot\mathrm{m}^{-3}}$
水晶	32	$10(x)$ $14(z)$ $8.8(\mathrm{AT})$	2.3 -4.6 -3.4	4.6 4.6 4.6	$12.8(\lambda_{11}^E)$ $9.6(\lambda_{33}^E)$	5700 3850 3320	2.65
罗息盐（30℃）	2	$65(x-45°)$ $32(y-45°)$	275.30	$350(\varepsilon_{11}^\sigma/\varepsilon_0)$ $9.4(\varepsilon_{22}^\sigma/\varepsilon_0)$	$52.0(\lambda_{11}^E)$ $36.8(\lambda_{22}^E)$	3100 2340	1.77
$(\mathrm{NH_4})\mathrm{H_2PO_4}$（ADP）	$\overline{4}2m$	$28(z-45°)$ $68(x,切变)$	24 $68(d_{15})$	$15.3(\varepsilon_{33}^\sigma/\varepsilon_0)$ $84(\varepsilon_{11}^\sigma/\varepsilon_0)$	$18.1(\lambda_{11}^E)$ $43.5(\lambda_{11}^E)$	3250	1.80
$\mathrm{LiNbO_3}$	$3m$	$17(z,伸缩)$	$6(d_{33})$	$30(\varepsilon_{33}^\sigma/\varepsilon_0)$	$5.78(\lambda_{11}^E)$ $5.02(\lambda_{33}^E)$	4160	4.7
$\mathrm{Bi_{12}GeO_{20}}$	23	$15.5(111\text{片},伸缩)$ $23.5(110\text{片},切变)$	$e_{14}=1.14\ \mathrm{C}\cdot\mathrm{m}^2$	38	$1.28(c_{11})$ $0.305(c_{12})$	$3340(纵波)$ $1680(表面波)$	9.2
CdS	$6mm$	$26(K_{33})$ $19(K_{15})$	$10.3(d_{33})$ $-5.2(d_{31})$	$10.3(\varepsilon_{33}^\sigma/\varepsilon_0)$ $9.35(\varepsilon_{11}^\sigma/\varepsilon_0)$	$9.4(c_{33}^E)$ $9.07(c_{11}^E)$	$4500(伸缩)$ $1800(切变)$	4.82
ZnO	$6mm$	$41(K_{33})$ $31(K_{15})$	$10.6(d_{33})$ $-5.0(d_{31})$	$11.0(\varepsilon_{33}^\sigma/\varepsilon_0)$ $9.26(\varepsilon_{11}^\sigma/\varepsilon_0)$	$21.1(c_{33}^E)$ $21.0(c_{11}^E)$	$6400(伸缩)$ 2945	5.68
AlN	$6mm$	$30(K_{33})$	$5(d_{33})$	$9.3(\varepsilon_{33}^\sigma/\varepsilon_0)$	$34(c_{33}^E)$	$10400(伸缩)$	

压电效应是一种机电耦合效应,在实际中有很多应用.就材料而言,可以分为压电晶体、压电陶瓷和压电聚合物三类.表 9.3 列出了一些常见压电晶体材料的主要性能参数.很多压电晶体除了有压电性之外,还具有铁电性质、热释电性质、光电性质、光电效应和非线性光学性质等,在电子学和光电子学器件中,作为信号处理、存储显示、传感器等方面有重要应用.

前面已提到石英晶体属于点群 32,其中三次轴是单向轴,但不是极轴.石英晶体的极轴是沿二重轴方向,共有 3 个极轴.从图 9.15 可以理解为什么石英晶体不可能具有热释电性质.在没有外场存在时,石英晶体沿 3 个极轴方向极化,但 3 个方向的极化互相抵消,因此晶体不表现宏观电极化.当沿一个极轴方向压缩或拉伸时,3 个方向上的极化强度发生变化,表现出压电性质.但在温度场作用下的情况则不同. 当石英晶体受到均匀加热时,电荷沿各个极轴方向上的位移都是相同的,也就是说,在 3 个方向上的电偶极矩的变化是相同的,因此,总电偶极矩仍然保持不变.

参考书目和文献

1. A. R. West. Solid State Chemistry and Its Applications. New York:John Wiley and Sons,1990

2. C. N. R. Rao and J. Gopalakrishnan. New Directions in Solid State Chemistry. Cambridge University Press,1997

3. P. S. Halasyamani and K. R. Poeppelmeier. Chem. Mater.,1998,10:2753

4. 冯端,师昌绪,刘治国.材料科学导论.北京：化学工业出版社,2002

习　题

9.1　简述介电常数和介电损耗的含义.

9.2　简述介电材料微观极化的四种机理及与响应频率的关系。

9.3　了解 Debye 方程的复数表达形式以及介电常数实部和虚部与频率关系的数学表达式,并在 ε-lg f 图中画出它们的图像。

9.4　举出三种材料,它们分别是小介电常数材料、中等介电常数材料和铁电材料。说明这些材料的应用。

9.5　简述铁电材料中下述概念的含义:自发极化、电畴、电滞回线、Curie-Weiss 定律。

9.6　简述材料热电性质和压电性质的产生机理。

9.7　$BaTiO_3$ 在 393 K 发生从四方到立方结构的相变,空间群从 $P4mm$ 转变为 $Pm\bar{3}m$.回答下列问题并说明原因：

（1）四方结构的 $BaTiO_3$ 是否可以具有热释电性质和铁电性质；

（2）立方结构的 $BaTiO_3$ 是否可以具有介电性质、压电性质和热释电性质.

9.8　材料的热释电和铁电效应是用一阶张量描述的物理性质,只有极性晶类的晶体才能具有这些性质.在实际中人们发现所有的极性晶类的晶体都具有热释电效应,而其中的一小部分可以表现出铁电效应,请说明原因.

第 10 章　电子导电材料

　　在外场作用下,一些材料中的载流子可以发生长程迁移,表现出导电性.电导率是描述材料导电性强弱的物理参数.不同的材料电导率可以有很大差别,在室温下,一些金属材料的电导率可以达 $10^3 \sim 10^5$ S·cm^{-1},一些典型的绝缘体的电导率则小于 10^{-8} S·cm^{-1}.导电性质是材料最重要的性质之一,根据材料电导率的大小,人们通常把材料分成金属、半导体和绝缘体.很多单质金属具有良好的导电性,被广泛用作导线,金属材料的载流子主要是电子.半导体材料中的载流子可以是电子,也可以是空穴.根据载流子种类,半导体分为 n 型和 p 型.一些材料在较低的温度下,电阻为零,被称作超导材料.目前,超导材料已经实际用于制造产生高磁场的线圈和量子干涉器件.离子导电也是一种非常重要的物理现象,在离子导电材料中,导电的载流子不是电子和空穴,而是离子或缺陷.离子导电材料常被用于传感器件、固体电解质等.固体材料的导电性与材料的晶体结构和电子结构直接相关.在前面介绍了无机固体材料的晶体结构和电子结构,利用这些知识,可以理解无机材料的导电行为.本章将重点介绍以电子(或空穴)为载流子的固体导电材料的一些最基本的电学性质及其材料的组成、结构和电子结构的关系.以离子或缺陷为载流子的离子导体的性质将在下一章进行讨论.

10.1　金　　属

　　经典自由电子理论将电子看成是完全自由的,犹如理想气体中的气体分子一样,即将电子看成具有一定的动能、没有任何相互作用的体系.例如,在碱金属中,金属离子的价电子可以看作是完全自由的"电子气",在晶体中作自由无规则的热运动.在电场作用下,电子产生定向运动,形成电流.经典自由电子理论假定电子的阻力主要来源于电子与晶格原子的碰撞,由此可以得出金属的导电性符合欧姆定律.

　　但是,经典自由电子理论在解释金属热容时遇到很大困难.由热力学可以知道,自由粒子的动能为 $3kT/2$,每摩尔自由电子对热容的贡献应为 $3R/2$.但实际测量的自由电子热容非常小.金属材料的热容与绝缘体相当,大部分电子似乎对体系的热行为没有贡献.另外,经典理论还认为金属的电阻率与 $T^{1/2}$ 成正比,但实际测量的结果却是与 T 成正比.图 10.1 给出了经典自由电子理论预测的和实际的金属电阻率随温度的变化.经典自由电子理论所遇到的这些困难可以用量子理论很好地解释.

量子理论认为固体中的电子都充填在能带中,金属材料能带中的能量状态被部分占据,电子占据的最高能量状态对应于体系的 Fermi 能级 (E_F).从第 5 章材料电子结构可以知道,材料的能带结构可以在 k 空间表达.k 空间是动量空间,不同 k 值能量状态的电子运动速率不同.我们可以在 k 空间中描述金属材料中电子的充填状况,Fermi 面是由最高被占据能量状态所规定的等能面,它也代表了体系中电子在动量空间 k 中的分布.自由电子体系的 Fermi 面为球面,典型金属的 Fermi 面非常接近于球面.图 10.2 给出了计算得到的具有面心立方结构的单质金属 Cu 的 Fermi 面,Fermi 球面内被电子填满.

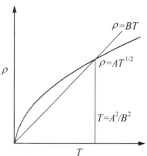

图 10.1　金属的电阻率与温度的关系

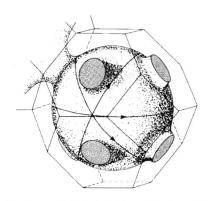

图 10.2　面心立方单质金属的 Fermi 面

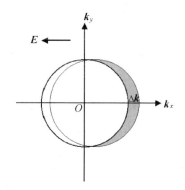

图 10.3　金属 Fermi 面在外电场作用下的变化

在没有外电场的情况下,所有电子的动量都在 Fermi 面规定的圆球内,在 Fermi 面附近电子动量最大.因 Fermi 面具有中心对称,故在无外场时,各个方向上电子的动量分布是对称的,每一个被充填的状态 k,都存在有动量相反的 $-k$ 状态,即速率相等,方向相反,电子的运动相互抵消,总的电子净流动为零,金属中没有电流产生.在电场 E 作用下,电子所受到的力为 $-eE$,电子动能发生了变化,这相当于整个 Fermi 球沿电场相反方向移动了 $h\Delta k = -eE\Delta t$.图 10.3 示出了二维 k 空间中 Fermi 面在外电场作用下的变化情况.可以看到,Fermi 面内大部分电子的运动仍然相互抵消,但在 Fermi 面附近的电子动量不同,未被抵消,因而形成电流.金属导带中有未占据的能量状态,在电场的作用下,电子的能量可以发生变化,Fermi 面内所有电子的能量状态都在 k 空间中移动 Δk.其效果相当于 Fermi 面沿电场方向移动了 Δk.这时 Fermi 面不再具有中心对称,电子的动量不能互相抵消,因而有净电流产生.由此可以看出,金属的导电相当于使 Fermi 面附近的电子激发到较高的能量状态(导带中),使电子沿电场方向运动.因此,金属的导电性与能带中存在未占据的能量状态直接关联,参与导电的只是 Fermi 面附近的电子.

金属材料的电导率可以表示为

$$\sigma = \frac{e^2 v_F^2 N(E_F)\tau_0}{3} \tag{10.1}$$

式中：e 为电子电量(绝对值)；v_F 为 Fermi 面附近电子的运动速率；τ_0 为电子的平均弛豫时间，即两次被散射的平均时间间隔；$N(E_F)$ 为 Fermi 面附近的电子能态密度.碱金属中的价电子充填在 s 轨道构成的能带中，能带半充满，Fermi 面附近的能态密度比较大，因而电导率较高.碱土金属等二价金属的电子组态为 s^2，s 轨道构成的能带应被完全占据.但由于 s 轨道和 p 轨道构成的能带都比较宽，两能带之间存在交叠，因此，碱土金属的能带被部分占据，也表现出金属性.

图 10.4 为碱金属和碱土金属能带充填情况的示意图.一般地说，碱土金属 Fermi 面附近的能态密度比碱金属小一些，因而电导率较低.

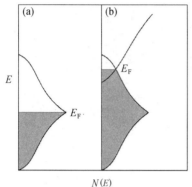

图 10.4　碱金属(a)和碱土金属(b)能带的充填状况示意图

第 5 章已经指出金属材料的很多其他性质，如热容、Pauli 顺磁性等，也都与 Fermi 面附近的能量状态有关.金属材料的电子热容可以表示为

$$C_e = \frac{\pi^2}{3} k^2 T N(E_F) \tag{10.2}$$

式中：T 是热力学温度，k 为 Boltzmann 常数.典型的金属材料具有 Pauli 顺磁性.在外磁场作用下 Zeeman 分裂造成的金属材料的 Pauli 顺磁性也与 Fermi 能级附近能态密度有关

$$\chi_P = \mu_0 \mu_B^2 N(E_F) \tag{10.3}$$

式中：μ_0 是真空磁导率，μ_B 是 Bohr 磁子.金属材料的热容和 Pauli 顺磁性都与 Fermi 面附近的能态密度成正比.金属材料 Fermi 面以上的能量状态是未被占据的.在外场作用下(电场、磁场、温度场等)，只有 Fermi 面附近的电子可以被激发到较高的未占据能量状态上，因此处于低能态的电子是惰性的，对很多物理性质没有贡献.低能态电子是体系稳定存在的根源.

量子导电理论的另一个结论是理想金属晶体的电阻为零.晶体轨道波函数与晶格势场有相同的周期性.在理想晶体的周期势场中，电子的运动没有阻力，即能带理论认为理想的金属导体应具有零电阻.金属的电阻主要源于晶体的不完整性.晶体的不完整性主要有两方面来源：(i) 当体系温度高于热力学零度时，金属原子产生热振动.晶格振动相当于对晶格势场施加了一个微扰势场，使电子发生散射，在较高的温度下，金属材料的电阻主要来源于晶格振动.(ii) 实际晶体中总是存在有各式各样的晶格缺陷，晶格缺陷破坏了晶体的周期性，使电子波散射，产生所谓的剩余电阻.因此，即使体系的温度趋近于热力学零度，晶格振动不再是电阻的主要来源时，实际金属的电阻也并不趋近于零，而是趋于某一固定的数值，这一电阻称作剩余电阻.剩余电阻的大小与金属中缺陷浓度成比例.

由晶格振动和缺陷引起的电阻是互相独立的，前者与温度相关，后者与温度无关，只与缺陷的浓度有关.在制备高纯金属材料时，人们常用剩余电阻表征材料的纯度.当金属材料中含有杂质时，格位上不同种类的金属原子对电子运动产生散射，使剩余电阻增加.图 10.5 给出了 Cu-Ni 合金电阻率随温度的变化.在较高温度下，材料电阻率

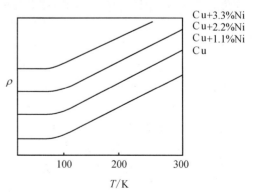

图 10.5　Cu-Ni 合金电阻率随温度的变化

随温度变化的斜率是一致的,电阻率与体系的热力学温度成正比.体系的剩余电阻与温度无关,只与杂质含量有关.在实际应用中,人们常用比较纯的金属制作金属导线,而在制备电阻较大的金属元件,如电阻炉的加热元件等时,需要使用掺杂浓度很高的固溶体或合金.

10.2 半 导 体

半导体材料的电导率介于金属和绝缘体之间($10^{-5} \sim 10^{2}$ S·cm^{-1}).半导体材料中的杂质含量对电导率有很大影响,可以使电导率增加几个数量级.同时,半导体材料的性质受光、电、磁、温度等外场影响很大.半导体的这些特性可以用来制作各种各样的电子器件.很多单质和化合物具有半导体性质,在这些半导体材料中掺入施主杂质或受主杂质,可以有目的地引入电子或空穴载流子,使半导体材料具有特定的性质.

10.2.1 本征半导体

ⅣA族的硅和锗是最常见的半导体材料.硅和锗都具有金刚石结构,以四面体方式与相邻原子成键.此外,很多元素可以形成化合物半导体,常见的化合物半导体有 GaAs、GaP、GaN 和 InP 等Ⅲ-Ⅴ族半导体,以及 ZnS、ZnSe、CdS 和 CdSe 等Ⅱ-Ⅵ族半导体.这些化合物也具有与金刚石结构相关联的晶体结构,可以看成是两种不同种类原子有序地占据金刚石结构中的四面体格位.

图 10.6 给出了ⅣA族半导体的结构,其中的每个原子都以 sp^3 杂化与相邻原子成键,半导体材料的价带对应于成键轨道,导带则对应于反键轨道.价电子充填在成键的价带轨道中,反键的导带轨道全空.Ⅲ-Ⅴ族和Ⅱ-Ⅵ族半导体与ⅣA族半导体的电子结构相似,但形成的共价键具有一定的极性,因而性质上与单质半导体略有不同.图 10.7 给出了单质硅和 GaAs 半导体的能带结构图,为了简化,只给出了最低未占据轨道和最高占据轨道,即半导体材料的导带和价带,中间没有能量状态的区域为禁带.硅和锗半导体的禁带宽度分别为 1.12 eV 和 0.67 eV.比较而言,具有相同结构的金刚石的禁带宽度为 5.48 eV,灰锡的禁带宽度为 0.08 eV.尽管硅是应用非常广泛的半导体,但硅半导体的性质并非是最好的.电子在硅中的迁移率比较小,这对于提高芯片的运算速率是不利的.同时,从图 10.7 的能带结构可以看出,硅属于间接带半导体,即导带底和价带

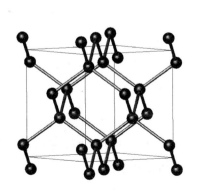

图 10.6 Ⅲ-Ⅴ和Ⅱ-Ⅵ族半导体的晶体结构

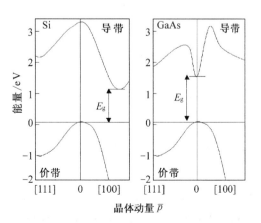

图 10.7 单质硅和 GaAs 半导体的能带结构图

顶的动量位置并不一致,当电子在价带和导带之间跃迁时,电子的动量和能量都要改变,因此,硅半导体不适合作为半导体激光材料.相反,GaAs 是一种直接带半导体,电子在价带和导带之间的跃迁不涉及动量的改变,可以用作半导体发光器件.

　　半导体材料的禁带宽度比较窄,具有较高的电导率.材料的电导率可以表示为

$$\sigma = ne\mu \tag{10.4}$$

式中:σ 为电导率,n 为载流子浓度,e 是载流子所带电量(绝对值),μ 为载流子的迁移率.金属材料中的载流子浓度 n 是确定的,与体系的温度无关,但迁移率 μ 受晶格振动影响比较大,且随温度升高而减小,因此,金属的电导率随温度升高而减小.半导体材料与金属不同,影响半导体材料电导率的主要因素是载流子的浓度.对于本征半导体,导带中的电子和价带中的空穴浓度 p_i 可以表示为

$$n_i = p_i = (N_c N_v)^{1/2} \exp\left(-\frac{E_g}{2kT}\right) \tag{10.5}$$

式中:N_c 和 N_v 分别是导带底和价带顶的有效能量状态数目,E_g 为禁带宽度,k 为 Boltzmann 常数.由此可见,本征半导体载流子的浓度随禁带宽度增加呈指数下降,因此,半导体材料的电导率随温度倒数呈指数变化.图 10.8 给出了半导体材料电导率的对数与温度倒数的直线关系,从直线的斜率可以求出材料的禁带宽度.当材料的禁带宽度增大到一定程度时,材料为绝缘体.表 10.1 给出了部分常见半导体材料不同温度下的禁带宽度.

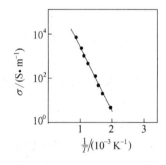

图 10.8　硅本征半导体材料电导率随温度的变化(Arrhenius 图)

表 10.1　部分半导体材料的禁带宽度

常见半导体材料	E_g/eV	
	0 K	300 K
Si	1.17	1.12
Ge	0.75	0.67
GaAs	1.52	1.43
InP	1.42	1.35

　　可以证明,半导体材料中电子浓度和空穴浓度的乘积为

$$n_i \cdot p_i = (N_c N_v) \exp\left(-\frac{E_g}{kT}\right) \tag{10.6}$$

式(10.6)指出,在确定的温度下,半导体材料中电子浓度和空穴浓度的乘积是一个常数,即电子浓度的增加必然导致空穴浓度的下降,反之亦然,类似于水溶液中[H^+]与[OH^-]的关系.

10.2.2　掺杂半导体

　　以上讨论了本征半导体的结构和性质,实际应用的半导体大多是掺杂半导体,掺杂半导体与本征半导体相比其电学性质发生了很大变化.掺杂半导体顾名思义即是含有杂质的半导体.然而,掺杂半导体并不是没有提纯的半导体.为了制备掺杂半导体,首先要制备高纯半导体,其杂质浓度低于 10^{-6},然后有控制地掺入适当浓度(一般为 $10^{-4} \sim 10^{-3}$ 左右)的特定元素,制成 n 型(电子为载流子)或 p 型(空穴为载流子)半导体.硅是常用的半导体材料,高纯硅的获得

可采用三氯氢硅还原法,常称为西门子法:将粗硅制成三氯氢硅($SiHCl_3$),利用其挥发性对其进行提纯,再将提纯过的三氯氢硅还原即可得到高纯硅.

1. n 型半导体

在硅中掺入一定量的磷或砷等VA族元素,可以形成 n 型半导体材料.在 n 型半导体中,体系的价带和导带仍然是硅原子之间的成键和反键轨道.掺杂的VA族元素与硅按四面体方式形成共价键,形成的成键和反键轨道局域在禁带中.掺杂VA族元素的核电荷数比硅高,对电子的束缚能力更强,因而掺杂原子的局域反键轨道略低于导带.掺杂原子的电子被束缚在局域反键能级上,成为施主能级.在室温下,掺杂的磷缺陷对电子的束缚能约为 0.044 eV 左右.这个束缚能只是硅禁带宽度的 5% 左右.掺杂原子对电子的束缚能可以用类氢模型说明.由于掺杂原子处在固体中,应当考虑材料的介电性质对电子能级的影响.一般半导体材料的介电常数 ε 在 10～20 之间.在介质中,电子所受的 Coulomb 力小于在真空中所受的力.这样,电子的束缚能只有氢原子电离能的 $1/\varepsilon^2$,一般为百分之几个电子伏.因此,即使在很低的温度下,束缚的电子也可以跃迁到导带,成为载流子,使材料的电导率增加.

2. p 型半导体

在硅中掺杂一定量的铝或镓等ⅢA族元素,可以形成 p 型半导体.p 型半导体中的价带和导带仍然是硅的成键和反键轨道.由于掺杂的ⅢA族元素的核电荷小于硅,掺杂原子与硅形成的局域成键轨道略高于材料的价带,形成局域的受主能级.掺杂原子所带的空穴被束缚在局域受主能级上.硅基材料中掺杂硼的受主缺陷的束缚能约为 0.045 eV 左右.价带中的电子可以被激发到受主能级上,在价带中留下一个空穴.价带中的空穴相当于一个带正电荷的载流子,在电场的作用下,空穴可以在价带中运动.图 10.9 分别给出了 n 型和 p 型半导体中的施主和受主能级与价带和导带的关系.

掺杂半导体的电导率与掺杂浓度和温度有关.图 10.10 给出了 n 型半导体材料的电导率与温度的关系.在较低温度下,施主能级上的电子被激发到导带.随温度上升,被激发的施主缺陷增加,电导率随之增加.这个温度区间称作外赋导电区域(extrinsic region).电导率对数与温度倒数关系呈直线,该直线的斜率对应于施主能级的电子激发到导带所需的能量$-(E_c-E_d)/k$,其中 E_c 为导带底的位置,E_d 为施主能级的位置.由于施主能级的电子束缚能很小,直线的斜率比较小.p 型半导体的情况类似,直线的斜率对应的激活能为$-(E_a-E_v)/k$,其中 E_a 为受主能级的位置,E_v 为价带顶的能量位置.

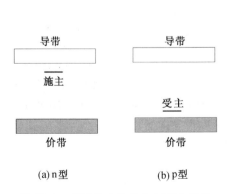

(a) n 型　　　　(b) p 型

图 10.9　半导体中的施主和受主能级

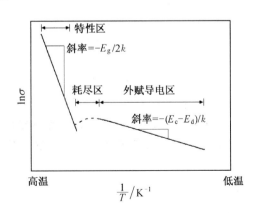

图 10.10　n 型半导体材料的电导率与温度的关系

在较高的温度下,掺杂施主能级上的电子被完全电离,继续增高温度时,电导率不再发生明显变化.对于 n 型半导体材料,这个温度区间称作耗尽区(exhaustion region);而对于 p 型半导体,这个区域称作饱和区(saturation region).在这个区域,材料的电导率的温度系数较小,因而在实际应用中非常重要.耗尽区和饱和区的温度范围与掺杂浓度有关.在实际应用中,我们希望耗尽区和饱和区在室温附近.对于掺杂 As 的 n 型硅半导体材料,使材料的耗尽区在室温附近所需的掺杂浓度为 $10^{21}/m^3$ 左右.当温度高于耗尽区时,价带中的电子可以被直接激发到导带中,材料的电导率主要来源于半导体的本征电导率.电导率直线的斜率对应于 $-E_g/k$,其中 E_g 是硅半导体的禁带宽度(1.1 eV).对于硅半导体,在 200 ℃ 以上本征电导率的贡献已经比较明显了,因此,一般硅半导体器件的使用温度都在这个温度以下.

3. Hall(霍尔)效应

半导体的载流子种类和浓度可以用 Hall 效应测量.Hall 效应是在金属材料中首先发现的.后来,人们发现半导体材料的 Hall 效应比金属大得多,而且可以利用 Hall 效应测量半导体的特性参数.将半导体放置在磁场中,磁场沿 z 方向,在沿 x 方向施加电场,沿此方向的电流密度为 J_x.对于空穴导电的 p 型半导体,沿电场方向运动的空穴,受到沿 $-y$ 方向的 Lorentz 偏转力,偏转力使空穴产生沿 $-y$ 方向的运动,在此方向上形成电荷积累,使 y 方向产生附加电场,该电场阻碍电荷进一步积累.当电荷累积到一定程度,空穴受到的 Lonrentz 力与附加电场力达到平衡,累积电荷不再增加,此时的附加电场为 E_y,称为 Hall 电场.电子导电的 n 型半导体产生的 Hall 电场与 p 型半导体方向相反.根据的 Hall 电场的方向,可以确定半导体的载流子类型.图 10.11 给出了 p 型半导体的 Hall 效应示意图.Hall 效应产生的附加电场强度可以表示为

$$E_y = R_H J_x B_z \tag{10.7}$$

式中:B_z 为磁感应强度,R_H 为 Hall 系数.式中的 E_y、B_z 和 J_x 都是可以测量的物理量,因此可以得到半导体材料的 Hall 系数.Hall 系数与载流子种类、浓度和迁移率有关.通过测量 Hall 系数,并根据载流子受到的 Lorentz 力与附加电场力平衡的原理,可以获得半导体的载流子浓度,进而可以获得载流子的迁移率.

4. p-n 结

n 型半导体与 p 型半导体接触可以形成 p-n 结.p-n 结是半导体器件和微电子技术的基础.图 10.12 给出了 n 型半导体与 p 型半导体形成 p-n 结时能带变化情况.n 型半导体的 Fermi 能级位于禁带上端,p 型半导体的 Fermi 能级位于禁带下端,当两种不同类型的半导体接触时,电子由 n 型区流向 p 型区,空穴则从 p 型区流向 n 型区,在 p-n 结界面的两侧形成空间电荷区,n 型区的空间电荷层为正,p 型区的空间电荷层为负.达到平衡时,p-n 结两端的 Fermi 能级相同,体系的能带发生弯曲,形成电势差 V_D 阻止载流子进一步扩散.当外偏压正端接在 p 型区时,可以使 n 型区能带上移,能带的弯曲减小,p-n 结处于导通状态,电流随偏压上升而迅速增大;反之,当外偏压正端接在 n 型区时,p-n 结的势垒上升,流过的电流很小,p-n 结处于关闭状态.p-n 结的单向导通特性可以用于制作整流器件和多种半导体器件.

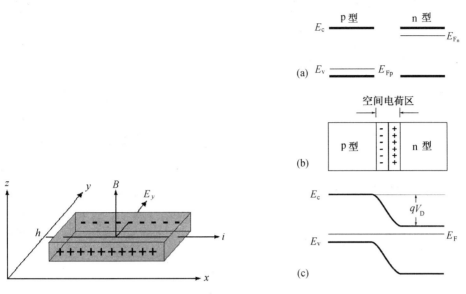

图 10.11 p 型半导体的 Hall 效应示意图

图 10.12 n 型半导体与 p 型半导体形成的 p-n 结

(a) n 型半导体与 p 型半导体的能带,(b) p-n 结的空间电荷区,

(c) p-n 结能带弯曲

10.3 导电材料的热电效应

10.3.1 Thomson 效应

金属材料处于温度梯度场(ΔT)中可以表现出温差电势(ΔU),这种现象称为 Thomson(汤姆孙)效应.我们知道,能带中电子的分布和 Fermi 能级都与温度有关.如图 10.13 所示,在高温端,较多的电子被激发到 Fermi 能级以上的能量状态中,使高温端电子向低温端迁移,在导体两端产生一定电势差 ΔU.电势差与温度梯度成正比

$$\Delta U = \sigma \Delta T \tag{10.8}$$

式中:σ 为 Thomson 系数.一般金属材料可以产生几个微伏的电势差.半导体材料的 Thomson

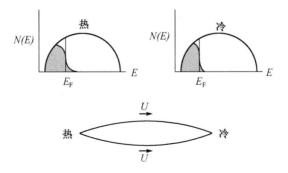

图 10.13 不同温度下金属材料中电子在能带中的分布及 Thomson 效应示意图

效应可以用于区分材料载流子的类型.n 型半导体与金属一样载流子都是电子,因此在温度梯度场中,n 型半导体与金属类似,在冷端聚集负电荷.p 型半导体的载流子为带正电的空穴,因而情况相反,在冷端有正电荷聚集.根据温差电势的方向可以判断半导体的载流子种类.Thomson 效应自身并没有实际应用价值.设想两根金属导线连接成如图 10.13 所示的回路,两条导线中产生的电势差方向相同,大小相等,因而相互抵消,不能有电流产生.但如果两条导线所用的金属不同,则可以产生热电效应.

10.3.2　Peltier 效应

当电流通过由两种不同金属构成的回路时,在一个结点处温度降低,另一处温度升高.当电流方向相反时,两个结点处的热效应也反向.这种热电效应称为 Peltier(佩尔捷)效应.我们知道,不同金属材料的 Fermi 能级位置不同,可以用材料的功函数,即 Fermi 能级与真空能级之间的能量差描述.当两种不同金属连接在一起时,由于两种金属的功函数不同,电子可以从一种金属迁移到另一种金属,在结点处产生一个电场,或称作空间电荷区,空间电荷区将阻止电子的进一步迁移.产生这种现象的原因是不同金属的 Fermi 能级不同,而在两种金属形成金属-金属结后,体系的 Fermi 能级应当是一致的.金属结的电势差称为 Peltier 电势,用 π 表示,其大小取决于两种金属材料的种类和结点的温度.当电流从功函数小的一端通过金属-金属结时,要克服金属结的 Peltier 电势,需要吸收一定热量,电流方向相反时,则放出热量.

金属材料与半导体连接也可以产生 Peltier 效应.我们知道,n 型半导体的 Fermi 能级位于导带下附近的位置,金属的 Fermi 能级是电子的最高占据能级.当形成金属-半导体结时,金属与半导体的 Fermi 能级相等.根据半导体材料的类型(n 型或 p 型)和金属与半导体材料功函数的相对大小,可以分成几种可能情况.如半导体为 n 型,且半导体的功函数较小,为达到界面平衡,半导体导带中的电子向金属迁移,在半导体的金属-半导体结产生空间电荷区.图 10.14 给出了金属-n 型半导体结的能带结构示意图.

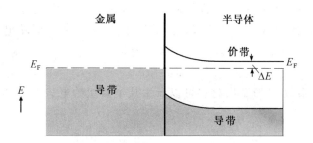

图 10.14　金属-n 型半导体结的能带结构

假设半导体的 Fermi 能级与导带的能量差为 ΔE,在外电场作用下,电流从金属向半导体流动需要克服一定的势垒,是吸热过程;反之,是一放热过程.体系的热量变化可以表示为

$$Q = \pi I = \frac{I}{e\left(\Delta E + \frac{3}{2}kT\right)} \tag{10.9}$$

式中:π 为金属-半导体结的 Peltier 电势,I 为电流强度,$3kT/2$ 表示电子迁移所需的额外动能.

　　金属-半导体结也可以起到类似于 p-n 结的整流作用.如果在金属一端加负偏压,会使金属一侧电子势能上升,半导体一端电子势能降低,界面势垒增加,通过的电流很小,处于关闭状态.反之,在金属一端加上正偏压,将使界面势垒降低,电流将随偏压增加而迅速上升,处于导通状态,起到整流作用.金属与 p 型半导体也可以形成类似的金属-半导体结,这要求半导体的功函数大于金属材料的功函数.另外,金属与半导体之间也可以形成 Ohm(欧姆)接触.对于 n 型半导体,实现 Ohm 接触要求金属材料的功函数小于半导体材料;对于 p 型半导体,则要求金属材料的功函数大于半导体材料.金属与半导体材料的 Ohm 接触在微电子技术中非常重要,因为任何半导体器件都需要电极引线.选择适当的金属材料和半导体可以使界面的双向阻抗减小,提高器件的工作效率.

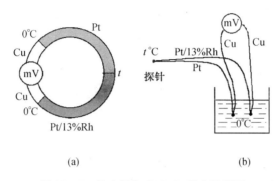

(a)　　　　　　　　　　　(b)

图 10.15　热电偶与 Seebeck 效应示意图

10.3.3　Seebeck 效应

　　当两种不同金属导线连接在一起,形成如图 10.15 所示的回路,就构成了热电偶.实际应用中,热电偶的冷端常常放置在冰水体系中,以 0 ℃ 为基准温度,热端放置在测量体系中,用于测量体系的温度.实际使用的热电偶有很多种,铜-康铜(55%铜-45%镍合金)可以用于温度在 −180～400 ℃ 范围内的体系,Pt-Pt/Rh 热电偶则常用于测量高温体系的温度.根据 Thomson 效应的原理,导体处于温度梯度场中时,会产生一定的电势差.由于不同金属所产生的电势差不同,在电势差计上可以观察到两种金属导体电势差的差值 ΔU.ΔU 与体系两个结点处的温差 ΔT 有关,而与温度高低无关,可以表示为

$$\Delta U = (\sigma_A - \sigma_B)\Delta t + (\pi_{ABt2} - \pi_{ABt1}) \tag{10.10}$$

式中:σ_A 和 σ_B 分别为两种金属材料的 Thomson 系数,π_{ABt1} 和 π_{ABt2} 分别为回路中 Peltier 电势差.人们常用 Seebeck(泽贝克)系数,有时也称为热电能(thermoelectric power),衡量 Seebeck 效应的大小,该参数定义为

$$\alpha = \Delta U / T \tag{10.11}$$

一般情况下,Seebeck 系数为 1 mV·K^{-1} 左右.

　　Seebeck 系数大的材料可以制成温差电池,温差电池可以用于太阳能的转化.一些重原子组成的半导体材料具有远大于金属材料的 Seebeck 系数,如 Bi_2Te_3、Bi_2Se_3 和 PbTe 等.前面已提到过,n 型半导体与 p 型半导体产生的热电势方向不一致,因而由 n 型半导体和 p 型半导体组成的热电偶其热电势是叠加的.每一对热电偶产生的热电势不是很大,但多个热电偶串联起来组成的热电偶堆可以获得具有实用意义的电势.优良的热电材料应该具有大的 Seebeck 系数,同时还应该具有高的电导率 σ 和小的导热系数 K.大的 Seebeck 系数对应大的热电势,高的电导率可以提供大的热电功率,小的热导系数有利于保持温度梯度,减少维持温差电池工作的热损耗.为此,人们定义了一个热电优值 Z 评价热电材料的性能

$$Z = \alpha^2 \sigma / K \tag{10.12}$$

一般来说,如果材料具有大的电导率,则同时其热导率也会较大.因此,让材料 Z 值中三个参数同时达到最佳几乎是不可能的.在实际材料优化过程中,人们只是希望三个参数尽可能达到最佳配合.

　　Peltier 电势大的热电偶可用于热电制冷.由 n 型半导体和 p 型半导体组成的热电偶在结点处 Fermi 能级差较大,从而使结点处的 Peltier 电势也较大.基于 Bi-Ti-Se 半导体构筑的热电偶用于热电制冷,可以使温度降至室温以下 70 ℃,这一技术可以用于小型、静音的制冷装置中。

10.4　超 导 材 料

10.4.1　超导现象

　　20 世纪初 Kammerlingh-Onners(卡末林-昂内斯)在研究低温下汞的物理性质时,发现在 4 K 左右金属汞的电阻消失.超导现象的发现吸引了大量物理学家的注意.20 世纪末 Bednorz(柏诺兹)和 Müller(缪勒)发现铜系氧化物的超导转变温度可以高达32 K,使超导现象的研究进入又一个高潮.到目前为止,我们知道超导是普遍存在的性质,很多单质、金属间化合物、氧化物、硫化物都具有超导电性.

　　当温度降低到一定程度时,一些材料的电阻率发生突变而降为零.这与前面提到的纯金属在温度趋近于热力学零度时,电阻也趋近于零的现象不同.超导是指在有限温度下材料的电阻发生突变转变为零电阻的现象,它是由强的电子与声子相互作用产生的.超导转变温度是指在没有磁场存在下,材料由正常态转变为超导态的相变温度.图 10.16 表示了金属材料和超导材料的电阻率随温度的变化.纯净金属的电阻在很低温度下趋近于零,当然,由于金属中总是存在一定的缺陷,在温度趋近于热力学零度时,金属材料的电阻趋近一个确定的数值.而超导材料则不同,在超导转变温度下,材料的电阻发生突变,超导状态的电阻为零.

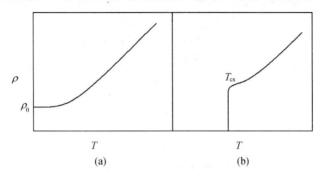

图 10.16　金属(a)和超导体(b)电阻随温度变化的示意图

一般的金属材料在磁场中表现出 Pauli 顺磁性,在磁场作用下导带中的电子可以发生 Zeeman 分裂,导致自旋取向不同的电子的数目产生差别,从而造成 Pauli 顺磁性.假设理想金属导体在低温下电阻为零,金属材料在磁场中的行为与超导体也完全不同.图 10.17 比较了理想金属导体和超导体在磁场中的行为.当理想金属导体在磁场中冷却到很低温度时,通过导体材料内部的磁通量并不发生变化.如在低温下撤去外加磁场,变化的磁场将在材料的表面诱导出表面电流.假设理想金属晶体处于零电阻状态,由表面电流产生的附加磁场将保持不变.如在磁场强度为零时将材料冷却到零电阻状态,再增加磁场,磁场的变化在导体表面诱导出的表面电流使材料内部的磁通量保持为零,材料表现出完全抗磁性.撤除磁场,材料将恢复到初始状态.超导体与金属性材料在磁场中的行为完全不同.从图 10.17 可以看到,无论以何种方式施加磁场,在超导转变温度以下,材料内部的磁通量都保持为零,表现出完全抗磁性.这种现象称作 Meissner(迈斯纳)效应.

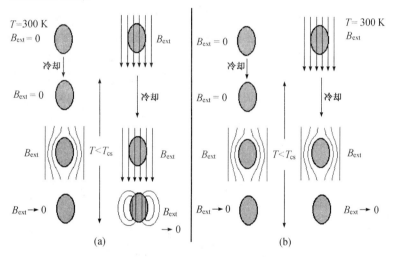

图 10.17 磁场中理想金属导体(a)和超导体(b)的行为

在超导状态,超导体内部的磁通量为零,即 $\boldsymbol{B} = \boldsymbol{H} + 4\pi\boldsymbol{M} = 0$,其中 $\boldsymbol{H}$ 为外加磁场,$\boldsymbol{M}$ 是磁化强度.当磁场强度超过临界磁场时,磁通可以进入到超导体内部,材料的超导状态被破坏.根据在磁场中不同的行为,可以将超导体分成两种类型,分别称作第一类和第二类超导体.第一类超导体在小于临界磁场时具有完全抗磁性,即 $-4\pi\boldsymbol{M} = \boldsymbol{H}$.为保持超导体内部的磁通量为零,超导体将产出与外磁场大小相等、方向相反的磁化强度.当外磁场超过超导材料的临界磁场时,第一类超导材料的超导状态被破坏,材料将转变为正常状态. 图 10.18 表示了第一类超导体磁通量和磁感应强度随磁场的变化.在临界磁场以下,超导体的磁化强度与外磁场成比例,随外磁场增加而增加.当外磁场大于临界磁场时,材料变为正常金属的 Pauli 顺磁性.第一类超导体的温度-磁场相图如图 10.19 所示,在临界温度和临界磁场规定的区域,材料处于超导状态,超出这个范围,材料为正常状态.

第二类超导体在磁场中的行为不同于第一类超导体,它需要用两个临界磁场表征.在第一临界磁场(H_{c_1})以下,材料的超导电性与第一类超导体相同,材料的电阻为零,并表现出完全抗磁性.当磁场强度高于第二临界磁场(H_{c_2})时,材料的超导状态被破坏,转变为正常态金属.当外加磁场介于第一和第二临界磁场之间时,超导体材料处于一种过渡状态,材料中同时存在

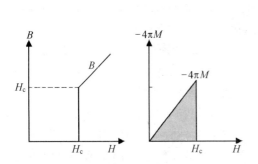

图 10.18　第一类超导体在磁场中的行为

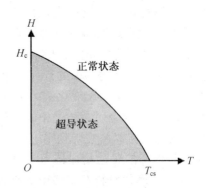

图 10.19　第一类超导体临界磁场与温度的关系

有超导状态和正常状态的区域.这时材料仍具有超导电性,但磁通量穿过处于正常状态的区域,因而材料不再处于 Meissner 状态,不具有完全抗磁性.进入样品的磁通是以磁通涡旋线的形式存在的,图 10.20 给出了第二类超导体磁通涡旋(也称作钉扎)示意图.磁通线通过磁通涡旋的钉扎,材料其余部分仍然保持超导状态.如果磁场是均匀的,涡旋分布也是均匀的,则导体没有净电流流动;若磁场沿 x 方向减弱,涡旋密度也会沿 x 方向减小,在两层涡旋线交界的地方电流元不能相互抵消,从而产生 y 方向的电流.图 10.21 表示了在磁场中第二类超导体的磁通量和磁化强度的变化情况.图 10.22 表示了第二类超导体临界磁场与温度的关系.

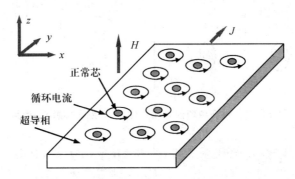

图 10.20　第二类超导体磁通涡旋示意图

$$B = H + 4\pi M$$

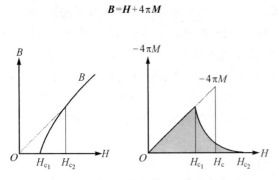

图 10.21　第二类超导体在磁场中的行为

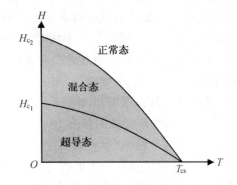

图 10.22　第二类超导体临界磁场与温度的关系

10.4.2 超导体的热力学性质

材料从正常状态转变成超导状态是可逆的相变过程.在体系的温度、压力和磁场改变时,正常状态和超导状态可以可逆转换,因而可以用热力学考查超导转变过程.超导体的热力学状态是由体系的温度和磁场强度决定的,我们来比较在磁场中正常状态与超导状态自由能的差别.图10.23 示出了超导体自由能随磁场的变化.

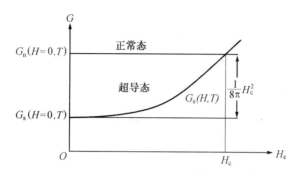

图 10.23 正常态和超导态的自由能随磁场的变化

在超导转变温度和临界磁场以下,体系处于超导状态,超导态的自由能低于正常态.在磁场中体系内能的微分为

$$dU = TdS - pdV + \mu_0 VHdM + \sum_{i=1}^{m} \mu_i dn_i \tag{10.13}$$

式中:M 是单位体积的磁化强度,μ_0是真空磁导率,μ_i 表示组分 i 的化学势.对上式积分再求微分,得到

$$dU = TdS + SdT - pdV + Vdp + \mu_0 VHdM + \sum_{i=1}^{m} \mu_i dn_i$$
$$+ \mu_0 VHdH + \sum_{i=1}^{m} n_i d\mu_i \tag{10.14}$$

从式(10.14)减去式(10.13)并假定体系的温度和压力恒定,可以得到

$$dG = \sum_{i=1}^{m} n_i d\mu_i = \mu_0 VMdH \tag{10.15}$$

从 $B = \mu_0 H + 4\pi M$ 注意到超导体内部的磁感应强度为零,可以得到 $M = -\mu_0 H/4\pi$.将 M 代入式(10.15)并积分,可以得到

$$G_s(H,T) = G_s(H=0,T) + \frac{\mu_0^2 VH^2}{8\pi} \tag{10.16}$$

可以看出,随外磁场增加,体系的自由能上升,图10.23 中的实线表示了体系自由能随磁场强度的变化.当磁场等于临界磁场 H_c 时,超导状态的自由能与正常状态相等.临界磁场对第一类超导体而言是 H_c,对第二类超导体是 H_{c_2}.

现在我们考查超导体和金属热容的变化.我们知道,正常状态金属晶体的热容是晶格热容和电子热容的加和

$$C_M = \gamma T + \beta T^3 \tag{10.17}$$

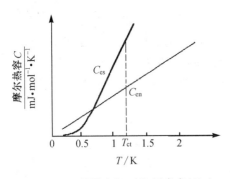

图 10.24　超导态(C_{es})和正常态(C_{en})
热容随温度的变化
（T_{ct}为超导转变温度）

式中：γT 是电子热容,与体系的热力学温度成正比;晶格热振动对体系热容的贡献可以用 Debye(德拜)模型描述,在低温下可以近似地用 βT^3 表示.在超导转变过程中,材料的晶格热容保持不变,只是电子热容发生了变化.图 10.24 表示了正常态金属和超导体热容随温度的变化,可以看出在超导转变温度下热容发生突跃,出现 λ 形状,是典型的二级相变.在低于超导转变温度的区域内,超导体的热容的变化要快于正常态,并在温度趋近于热力学零度时热容趋近于零.超导态热容随温度的变化一般符合指数关系,$\exp(-\Delta E/2kT)$.这种关系表明,在超导状态下电子的能量状态中存在有小的能隙 ΔE,这种能隙是与电子的 Cooper(库珀)对的形成有关.

在超导态,电子在声子的协同作用下结成 Cooper 对,这是一种电子的有序态,温度越低,结成 Cooper 对电子的比例越高. 在 T_{ct} 以下,随着温度的升高,Cooper 对逐步被解离成无序的常态电子.当温度升至 T_{ct} 时,所有的 Cooper 对全部解离,有序的超导态转变为无序的常态金属.可以推知,在超导态随着温度的升高,Cooper 对的比例下降,虽然材料仍保持 0 电阻状态,但超导电流密度持续下降,直至到达 T_{ct} 时,超导电流密度趋于 0.二级相变与一级相变不同,该过程不是在相变温度下突跃式完成的,而是从低温开始的一个逐步积累过程,在相变温度下这个积累过程全部完成.

10.4.3　超导体中的电子-声子相互作用

超导微观理论(BCS)是由 Bardeen(巴丁)、Cooper 和 Schrieffer(施里弗)在 1957 年提出的.理论的基本假设和结论是：在金属中,电子间存在斥力和引力.斥力是由电子间的 Coulomb 相互作用造成的.由于电子与声子(即晶格振动)间的交换作用,电子之间也具斥力和引力.我们可以这样理解材料中电子之间的相互作用.当电子在固体中运动时,电子所带的负电荷对固体中原子产生一定的影响(晶格微扰),使电子通过的区域中的正电荷增加.这种微扰使这个区域对其他电子有弱的吸引作用,并使电子成对.由于晶格的变化比较慢,电子之间的相互作用可以在一定条件下较稳定存在.图 10.25 给出了电子与声子在超导状态下相互作用的示意图.其中图 10.25(a)是电子经过该区域时晶格畸变微扰的示意图,图 10.25(b)则给出了晶格畸变微扰与电子之间距离的关系.假设 Fermi 能级附近电子的迁移率 $\mu_F \approx 10^8 \mathrm{cm \cdot s^{-1}}$,最大声子振动周期 $2\pi/\omega_D \approx 10^{-13}$(式中：$\omega_D$ 为声子振动频率),可以估算出由晶格微扰产生的 Cooper 电子对的尺度约为 100 nm,表明电子与晶格声子之间的相互作用的距离相当长.当体系中的电子与声子的交换作用很强,在一定温度下,材料可以转变为超导体.超导体中的电子对称作 Cooper 对,电子 Cooper 对处于基态时总动量和自旋都为零,即形成 Cooper 对的两个电子动量和自旋均相反.

Cooper 超导理论的思想主要考虑电子与晶格声子之间的相互作用.当电子的两个能量状态 k_0 和 k_1 间能量差小于晶格声子振动能量 $h\omega_D$ 时,电子将发生散射,由此可以得出超导转变温度(T_{cs})应符合

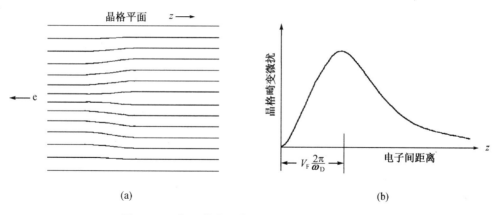

图 10.25 超导状态下电子与声子相互作用示意图

(a) 电子-声子相互作用产生的结构微扰,(b) 结构畸变微扰与电子间距离的关系

$$T_{cs} = \frac{1.14h\omega_D}{k}e^{\frac{1}{N(0)V}} \tag{10.18}$$

式中:$h\omega_D$ 是与 Fermi 面附近的电子发生相互作用的晶格平均振动能量,$N(0)$ 是 Fermi 面附近的能态密度,V 表示电子在 k_0 和 k_1 间散射矩阵元 $V_{k_0 k_1}$ 的平均值.这个式子表明,超导转变温度与电子声子耦合($V_{k_0 k_1}$)、Fermi 面附近能态密度和晶格振动能量有关.强的电子声子耦合、在 Fermi 面附近较大能态密度和较高的声子振动能量的体系有可能具有较高的超导转变温度.一般地说,良好金属导体的能带比较宽,在 Fermi 面附近的能态密度比较小,不可能有高的超导转变温度.轻元素构成的材料声子振动能量较高,有可能有较高的超导转变温度.其次,一些过渡金属在氧化物中金属离子的 d 轨道的成键相互作用一般比较弱,形成的能带比较窄,在 Fermi 面附近的能态密度比较高,因而这些氧化物也有可能形成转变温度较高的超导体.另外,根据 Copper 的思想,超导体的转变温度应与构成材料的质量相关联.人们的确观察到了超导材料的同位素效应,汞的超导转变温度 T_{cs} 符合

$$T_{cs}M_r^{\frac{1}{2}} = 常数 \tag{10.19}$$

式中:M_r 为相对分子质量.

  通过对比金属态和超导态中电子动量随外加电场的变化,可以理解超导态中持续电流存在的原因,如图 10.26 所示.对于金属态,在没有外加电场时,具有 $+k$ 和 $-k$ 动量的电子数相等,体系中没有净的动量,也就没有净的电流 [图 10.26(a)];如果给金属施加一个电场,则具有 $+k$ 的电子数大于具有 $-k$ 的电子数,金属会产生净的电流 [图 10.26(b)],这与图 10.3 表示的情况一致;然而,当撤除电场后,由于占据 c 能级的电子能量高,该电子会跃迁至 x 能级 [图 10.26(c)],导致体系回复到初始状态,电流消失.对于超导态,具有 $+k$ 和 $-k$ 动量的电子形成 Cooper 对,如图 10.26(a′)中虚线所示.当施加一个电场后,和金属态一样,体系也会产生一个净电流 [图 10.26(b′)].当撤除电场后,超导态与金属态会有很大的区别.由于 Cooper 对的形成要放出一定的凝聚能,虽然处于 c 能级的电子跃迁到 x 能级会放出一定的能量,但不足以打破 Cooper 对,结果使图 10.26(b′)的状态得以维持,体系中的电流得以维持 [图 10.26(c′)].从以上的讨论可知,Cooper 对的形成对超导现象是十分重要的.我们可以用足球比赛作个比方来直观地理解 Cooper 对的形成和超导现象.将此方运动员看成是电子,彼方运动员为

晶格离子,足球为动量.彼方运动员千方百计阻止此方运动员向球门移动(电阻),正是在彼方运动员的阻挡下,此方运动员形成密切的配合(相当于形成了 Cooper 对),通过多次长距离传球将足球传给球门附近的运动员,直至射门(超导).

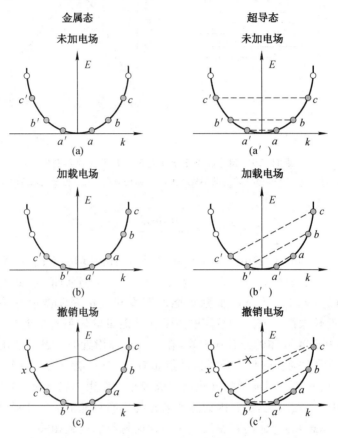

图 10.26　金属态和超导态中电子动量随外加电场的变化

10.4.4　单质和合金超导体

很多单质在足够低的温度下都具有超导电性.表 10.2 列出了具有超导电性的单质和相应的超导转变温度.一些金属和非金属单质在常压下具有正常电学性质,但在一定压力下可以转变为超导高压物相.这类单质包括非过渡元素单质 Si、P、Ge、As、Se、Te、Bi 和金属单质 Y、Cs、Be、V、Ce 等.还有一些单质只是在薄膜状态观察到了超导电性,而相应的体相材料没有观察到超导电性,如 Li、Cr、Si、Eu 等.一般认为,这些单质在薄膜状态具有与体相不同的结构.超导电性是材料的一种普通特性,很多单质在足够低的温度下都可以转变为超导体.进一步研究单质材料的超导电性可能需要更好的低温设备和条件.最近人们发现,在 $325~\mu K$ 时 Rb 也可以转变为超导体.

从式(10.18)可以了解到,较高声子振动频率 ω_D(质量较小的原子)、在 Fermi 面附近的能态密度较大和较强的电子-声子相互作用有利于形成转变温度较高的超导材料.具有良好金属导电性的材料在 Fermi 面附近的能态密度较小,这些单质金属的超导转变温度都比较低,或不具有超导电性.Cu、Ag、Au、Pt 和 Pd 等金属单质没有观察到超导电性,大多数过渡金属的超导转变温度也都比较低.导电性不好的单质材料在 Fermi 面附近的能态密度较大,电子-声子间相互作用也相对较强,因而可能有较高的超导转变温度.例如,金属 Hg 的金属导电性并不好,但其超导转变温度在 4 K 左右,金属 Nb 的超导转变温度可以达到 9.2 K.根据 Meissner 效应,材料的磁有序与超导电性是不能同时存在的,因此铁磁性单质一般不具有超导电性.

表 10.2　具有超导电性的单质

H																	He
Li	Be 0.03																
Na	Mg											Al 1.10	Si 6.7	P 4.6	S	Cl	Ar
K	Ca	Sc	Ti 0.38	V 5.3	Cr	Mn	Fe	Co	Ni	Cu	Zn 0.9	Ga 1.09	Ge 5.4	As 0.5	Se 6.9	Br	Kr
Rb	Sr	Y 0.5	Zr 0.55	Nb 9.2	Mo 0.92	Tc 0.87	Ru 0.5	Rh 3.25μ	Pd	Ag	Cd 0.55	In 3.4	Sn 3.7	Sb 3.6	Te 4.5	I	Xe
Cs 1.5	Ba 1.8	La 4.8	Hf	Ta 4.4	W 0.01	Re 1.7	Os 0.85	Ir 0.14	Pt	Au	Hg 4.14	Tl 2.30	Pb 7.2	Bi 3.9	Po	At	Rn
Fr	Ra	Ac															

（元素符号 Ge —— 超导转变温度/K 5.4）

Ce 1.7	Pr	Nd	Pm	Sm	Eu	Gd	Tb	Dy	Ho	Er	Tm	Yb	Lu 0.1
Th 1.37	Pa 1.3	U 0.2	Np	Pu	Am	Cm	Bk	Cf	Es	Fm	Md	No	Lw

很多合金和金属间化合物在低温下表现出超导电性.$Nb_{0.75}Zr_{0.25}$ 和 $Nb_{0.75}Ti_{0.25}$ 金属固溶体是两类重要的超导材料,超导转变温度分别为11 K和10 K.利用这些合金可以制备高临界电流（$I_c = 10^5 \sim 10^6$）和临界磁场（$H_c = 180 \sim 190$ kOe[①]）的导线,用作超导磁体的线圈.多数合金材料的超导转变温度都比较低,但合金容易加工和制成各种需要的形状,比较而言,金属间化合物和其他化合物类超导体的加工要困难得多.

具有超导电性的金属间化合物的种类很多,表 10.3 列出了部分金属间化合物超导材料的结构和性质.可以看到,很多金属间化合物超导体都具有 A-15 型或称为 β-W 结构.这种结构类型的金属间化合物的超导转变温度比较高,其中 Nb_3Ge 的超导转变温度 $T_{cs} = 23.2$ K.在铜系氧化物高温超导体发现前,这个化合物一直保持了最高超导转变温度.图 10.27 给出了 A-15 型的 Nb_3Ge 结构.在 Nb_3Ge 结构中,Ge 原子构成体心立方的亚晶格,Nb 原子形成一维金属链,Nb 原子链位于立方体的面上,沿 3 个方向延伸,互相之间并不相交.对 A-15 型超导体结构与性质的研究发现,位于 Fermi 面附近的能量状态主要来源于 Nb 过渡金属链的d轨道.由过渡金

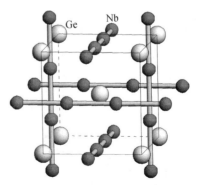

图 10.27　Nb_3Ge 的晶体结构

---

① Oe(奥斯特)为非 SI 单位,1 Oe $= \frac{1000}{4\pi}$ A·m^{-1}.

属元素形成的 A_3B 化合物中,如 Mo_3Ir 和 Cr_3Os 等,B 原子的 d 轨道对 Fermi 面附近的能量状态也有贡献,将使化合物的超导转变温度明显降低.

　　一些简单的二元金属间化合物也具有良好的超导电性.这些化合物通常被看作间隙型金属间化合物.Nb 和 Mo 的氮化物的超导转变温度分别为 17.3 K 和 14 K.一些稀土金属的碳间隙化合物也具有超导电性,$(Y_{0.7}Th_{0.3})_2C_{3.1}$ 的超导转变温度为 17 K.表 10.3 同时列出了部分简单二元金属间化合物的结构和超导电性.

表 10.3　部分金属间化合物超导材料的结构与超导转变温度

结构类型		对称性	化合物	T_{cs}/K
β-W	A-15	立方	Nb_3Ge	23.2
$CrSi_2$	C-40	六方	$NbGeS_2$	16
Cu_3Au	L-I_2	立方	$NbRu_3$	15~16
β-U	D-8_b	四方	$Mo_{0.38}Re_{0.62}$	14.6
$CuAl_2$	C-16	四方	$RhZr_2$	11.1
	E-9_3	立方	$RhZr_3$	11
α-Mn	A-12	立方	$NbTc_3$	10.5
$MgZn_2$	C-15	立方	$Hf_{0.5}Zr_{0.5}V_2$	10.1
$MgNi_2$	C-14	六方	$ZrRe_2$	6.4
CsCl	B-2	立方	VRu	5
MnP	B-31	正交	IrGe	4.70
Mn_5Si_3	D-8_8	六方	Pb_3Zr_5	4.60
	B-8_1	六方	BiNi	4.24
	C_c	四方	YGe_2	3.8
反-CaF_2	C-1	立方	$Ga_{0.7}Pt_{0.3}$	2.9
FeSi	B-20	立方	AuBe	2.64
	D-1_c	正交	$AuSn_4$	2.38
	L-1_0	四方	NaBi	2.25
	D-2_d	六方	Au_5Ba	0.7
NaCl	B-1	立方	NbN	17.3
Pu_2C_3	D-δ_c	立方	$(Y_{0.7}Th_{0.3})_2C_{3.1}$	17
		六方	MoN	13~14.8
	C-49	正交	$ZrGe_2$	8
	C-27	六方	$NbSe_2$	7.2
CaB_6	D-2_1	立方	YB_6	6.5~7.1
	C-2	立方	$Rh_{0.53}Se_{0.47}$	6
UB_{12}	D-2_b	立方	ZrB_{12}	5.85
	D-O_c	四方	Mo_3P	5.31
		六方	Nb_3S_4	4
	C-6	三方	OdTe	1.53

　　过渡金属的三元硼化物也是重要的超导材料.例如,YRh_4B_4($CeCo_4B_4$ 类型)的超导转变

温度为11.3 K,Y$(Rh_{0.85}Ru_{0.15})_4B_4$(LuRh$_4B_4$ 类型)的超导转变温度为 9.4 K.图 10.28 给出了 CeCo$_4$B$_4$ 的结构,CeCo$_4$B$_4$ 属于四方晶系,晶体结构可以看成是由过渡金属和硼的四面体构成,在过渡金属原子构成的四面体金属簇的面上存在一个硼原子,形成了准立方体簇合物,稀土原子位于原子簇之间的格位上.人们发现很多包含有金属簇的金属间化合物具有超导电性.我们知道,金属簇内部有很强的金属-金属键,但金属簇之间相互作用一般比较弱.由于金属簇间的轨道交叠比较小,形成的能带比较窄,使 Fermi 面附近的能态密度较大.这类材料 Fermi 面附近的能带主要由过渡金属 d 轨道构成.同时,金属簇与稀土离子的相互作用比较弱,稀土离子的磁矩对超导电性的影响不大,因而常常出现磁有序与超导电性共存的情况.

近年人们发现,MgB$_2$ 是一个超导转变温度为39 K的超导体.MgB$_2$ 是一个结构非常简单的化合物,图 10.29 给出了 MgB$_2$ 的晶体结构.结构中的硼与 3 个邻近的硼原子以三角形配位方式连接,形成石墨的层状结构,镁原子处于层间的位置.从化学的角度看,MgB$_2$ 中的镁可以看成是二价离子 Mg^{2+},硼为负离子 B$^-$,根据第 5 章介绍的等电子规则,B$^-$ 与碳原子的价电子数相同,可以形成类似的结构.在 MgB$_2$ 中,硼负离子以 sp^2 杂化与相邻的硼离子形成 σ 键,剩余的一个p轨道则构成 π 键.如果镁的价电子完全迁移到硼,则 MgB$_2$ 应当具有金属性.但事实上,镁的价电子只部分给了硼原子,因此,硼原子层中的 σ 能带和 π 能带被部分占据.理论分析和实验都表明,在超导状态下,MgB$_2$ 中的 σ 能带和 π 能带中的电子分别形成 Cooper 电子对,相应的能隙分别为 6～7 meV 和 1～2 meV.

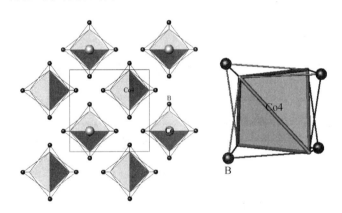

图 10.28　CeCo$_4$B$_4$ 的结构

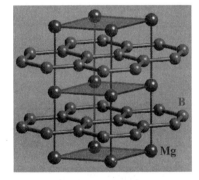

图 10.29　MgB$_2$ 的晶体结构

10.4.5　化合物超导体

在铜系氧化物高温超导体发现之前,人们就已经知道很多氧化物和硫属化合物具有超导电性,但这些化合物的超导转变温度都比较低.TiO 具有与 NaCl 相关联的晶体结构,TiO 在 1 K 左右的低温下转变为超导体.六方钨青铜 Rb$_x$WO$_3$ 中钨氧八面体共顶点连接,铷离子处于八面体骨架的空隙中.在常温下,六方钨青铜 Rb$_x$WO$_3$ 具有金属性质,在 7 K 左右转变为超导体.具有尖晶石结构的 Li$_x$Ti$_{3-x}$O$_4$ 的 T_{cs}=13.7 K.具有钙钛矿结构的Ba(PbBi)O$_3$ 的超导转变温度比较高,约为 13 K 左右.Ba$_{1-x}$K$_x$BiO$_3$ 具有立方钙钛矿结构,最近人们发现当用钾部分取代钡($x=0.4$),可以得到超导转变温度为30 K的氧化物超导体,这个化合物是非铜氧化物超导体中超导转变温度最高的.

铜系氧化物超导体是目前人们已知的、超导转变温度最高的超导材料.铜系氧化物的种类很多,表 10.4 中列出了部分铜系氧化物高温超导材料的组成和超导转变温度.铜系氧化物超导体结构的共同特征是二维铜氧层,铜系氧化物超导电性主要是通过二维铜氧层实现的.La_2CuO_4 是最早发现的铜系氧化物超导体的母体化合物[图 10.30(a)].La_2CuO_4 是 $(ABO_3)_nAO$ 层状钙钛矿系列化合物中 $n=1$ 的物相,其中铜氧八面体共用顶点形成二维钙钛矿单层,层间的离子按 NaCl(100)面方式排列.La_2CuO_4 结构也可以看成是由四方配位的铜氧层 $[CuO_2]$ 与 NaCl 结构的 $[LaO]$ 双层构成,化合物中的铜离子为二价.用低价离子 Sr^{2+} 取代部分高价 La^{3+} 离子,相当于在材料中引入空穴,在适当的氧分压气氛中使部分 Cu^{2+} 转变为 Cu^{3+},$La_{2-x}Sr_xCuO_4$ 的超导转变温度约为38 K左右.一个重要的电子掺杂的铜系氧化物超导体是 $Nd_{2-x}Ce_xCuO_4$,其母体化合物是 Nd_2CuO_4,图 10.30(b)示出了 Nd_2CuO_4 的晶体结构.Nd_2CuO_4 也是一种层状钙钛矿结构,结构中的铜氧层仍然是四方 $[CuO_2]$,与 $(ABO_3)_nAO$ 系列化合物结构不同,四方铜氧层 $[CuO_2]$ 被 CaF_2 结构的 $[NdO]$ 层隔开.高价离子部分取代 Nd_2CuO_4

表 10.4 氧化物超导体的转变温度

化合物	T_{cs}/K	化合物	T_{cs}/K
$(Ba_{1-x}K_x)BiO_3$	30	$Hg_{0.8}Tl_{0.2}Ba_2Ca_2Cu_3O_{8.33}$	138
$La_{2-x}Sr_xCuO_4$	40	$HgBa_2Ca_2Cu_3O_8$	$133\sim135$
$(Nd_{2-x}Ce_x)CuO_4$	24	$HgBa_2Ca_3Cu_4O_{10}$	$125\sim126$
$YBa_2Cu_3O_7$	90	$HgBa_2Ca_{1-x}Sr_xCu_2O_{6+\delta}$	$123\sim125$
$TlBa_2CaCu_2O_7$	103	$HgBa_2CuO_{4+\delta}$	$94\sim98$
$TlBa_2Ca_2Cu_3O_9$	120	$Tl_2Ba_2Ca_2Cu_3O_{10}$	126

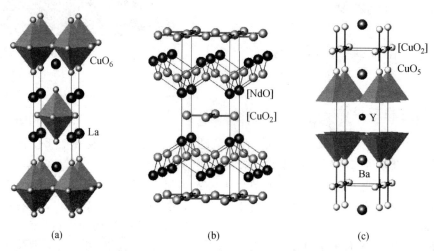

图 10.30 部分铜系氧化物超导体的晶体结构
(a) La_2CuO_4,(b) Nd_2CuO_4,(c) $YBa_2Cu_3O_7$

中的稀土离子,可以使部分 Cu^{2+} 转变为 Cu^+,相当于对材料进行电子掺杂. $Nd_{2-x}Ce_xCuO_4$ 是少数的几种电子掺杂铜系氧化物超导体,其超导转变温度为 35 K 左右.另一类重要的铜系氧化物超导体为 $YBa_2Cu_3O_7$.在较低温度下制备的为正交结构,组成可以表示为 $YBa_2Cu_3O_{7-\delta}$,图 10.31 给出了 $YBa_2Cu_3O_{7-\delta}$ 超导体的电阻与温度的关系. $YBa_2Cu_3O_{7-\delta}$ 的超导转变温度为 90 K,是第一个超导转变温度高于液氮温度的超导体.在较高温度下得到的物相是四方结构的 $YBa_2Cu_3O_{6+\delta}$,不具有超导电性.图 10.30(c)示出了 $YBa_2Cu_3O_7$ 的晶体结构. $YBa_2Cu_3O_7$ 可以看成是立方钙钛矿的一种缺陷结构,结构中有两种铜离子格位,一类为五配位,另一类为平面四方配位.

铜系氧化物高温超导体都含有 $[CuO_2]$ 层,一般认为 $[CuO_2]$ 层是超导电性的关键结构单元.下面先讨论正常状态下铜系氧化物中铜离子之间的相互作用. Cu^{2+} 的电子组态为 $3d^9$,在四方配位场中,铜离子的 $d_{x^2-y^2}$ 轨道与氧离子的 p 轨道间的相互作用比较强,氧原子 2p 轨道为 σ 成键轨道, $d_{x^2-y^2}$ 为 σ 反键轨道,铜离子的一个未成对电子充填在 $d_{x^2-y^2}$ 轨道上.铜系氧化物超导体的 $[CuO_2]$ 层的结构如图 10.32 所示,其中给出了 $d_{x^2-y^2}$ 轨道和氧的 2p 轨道间相互作用的情况.相邻格位铜离子之间可以发生超交换相互作用,铜离子的未成对电子通过氧原子 2p 轨道耦合,自旋反平行排列.因此,未掺杂的铜系氧化物是反铁磁性半导体.

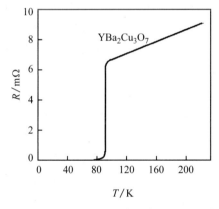

图 10.31 $YBa_2Cu_3O_{7-\delta}$ 超导体的电阻与温度的关系

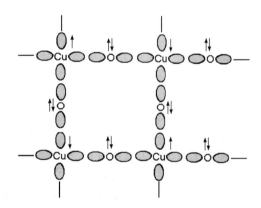

图 10.32 铜氧层中超交换相互作用的示意图

下面再进一步分析 $[CuO_2]$ 层中的相互作用.铜是第一过渡金属中有效核电荷最大的离子,核电荷对 d 轨道束缚比较强,因此,铜离子的 d 轨道能级较低,与氧离子之间的成键相互作用比较强.我们可以利用第 5 章中的 Mott-Hubbard 模型或化学键方法说明铜系氧化物的性质.铜氧化物的 Hubbard-U 对应于以下两个电离过程的能量差

$$Cu^{2+} \Longrightarrow Cu^{3+} + e \tag{10.20a}$$
$$Cu^+ \Longrightarrow Cu^{2+} + e \tag{10.20b}$$

如图 10.33 所示,铜系氧化物 d 轨道构成的能带由于电子排斥作用分裂成两个分立的能带 (Hubbard subbands),分别对应于 Cu^{2+}/Cu^{3+} 和 Cu^+/Cu^{2+}.光电子能谱等实验表明,氧的 2p 能带略高于铜 d 轨道的 Cu^{2+}/Cu^{3+} 能带(lower-Hubbard band).

在未掺杂的铜系氧化物中, $[CuO_2]$ 铜氧层内相邻铜原子自旋磁矩反平行排列,是反铁磁性半导体.要使其转变为超导体,需要对 $[CuO_2]$ 铜氧层进行电子或空穴掺杂.根据在超导中的

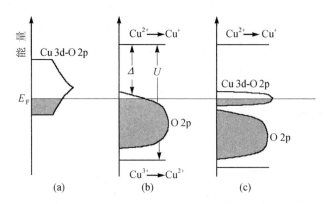

图 10.33　铜系氧化物超导体的 Hubbard 能带结构

作用,铜系氧化物超导体的结构可以分成两部分.[CuO_2]铜氧层是超导电性的主要结构单元,结构中其他部分的主要作用是调节[CuO_2]层的电荷,称作电荷调节层.La_2CuO_4 中的 NaCl 层和 Nd_2CuO_4 中的 CaF_2 层都是电荷调节层.例如,用 Sr^{2+} 部分取代 La_2CuO_4 中的 La^{3+},结构中的 NaCl 层([$La_{1-x}Sr_xO$]$^{1-x}$)所带的电荷发生变化,为使整个晶体保持电中性,[CuO_2]层中铜离子的价态需要发生变化.$YBa_2Cu_3O_7$ 结构中也含有[CuO_2]层,铜离子是五配位,结构中的另一个四方配位的铜离子以一维链状态存在.这个化合物的电荷调节层是铜的一维链,链中的氧格位的占有率随制备条件变化,使化合物的组成在 $YBa_2Cu_3O_7$ 到 $YBa_2Cu_3O_6$ 之间改变,从而达到调节[CuO_2]层电荷的作用.

　　铜氧层[CuO_2]的空穴掺杂减少了 Cu-O 反键轨道上的电子数目,使 Cu—O 键变短,Cu-O-Cu 间的相互作用增强.一些实验证据表明,掺杂的空穴主要束缚在氧的 2p 轨道上[图 10.33(b)].空穴掺杂破坏了[CuO_2]铜氧层的反铁磁性有序,在一定温度下发生半导体-金属相变,并在低温下转变成超导体.空穴掺杂的方法很多,除了用低价离子取代以外,还可以在晶体中引入金属离子的空位缺陷或氧离子间隙缺陷.$SrCuO_2$ 的高压物相是由[CuO_2]层与锶离子交替排列形成的,可以看成是一种钙钛矿的缺陷结构.在高压下可以得到含有锶离子空位的 $Sr_{1-x}CuO_2$,它是转变温度为 110 K 的超导体.利用电化学方法或在高氧压条件下,可以在 La_2CuO_4 中引入间隙氧离子缺陷,得到 La_2CuO_{4+x},这个物相的超导电性与 Sr^{2+} 掺杂的 La_2CuO_4 非常相似,转变温度也在 38 K 左右.

　　电子掺杂的铜系氧化物超导体比较少,一般是用高价离子取代铜系氧化物中的低价离子.Nd_2CuO_4 中钕离子可以用高价稀土离子部分取代,生成($Nd_{2-x}Ce_x$)CuO_4,其中具有 CaF_2 结构的单元层([$Nd_{1-x}Ce_xO$]$^{1+x}$)是电荷调节单元,使部分电子注入到[CuO_2]层中,实现[CuO_2]层的电子掺杂.掺杂的电子主要充填在铜的 d 轨道中,但由于强烈的电子间排斥作用,体系的能带结构发生改变,在氧的 2p 能带和上 Hubbard 子能带间形成一个窄的能带[图 10.33(c)].掺杂浓度较低时,这个能带可以看成是分立的能级,材料仍是反铁磁性半导体.随掺杂浓度增加,相互作用增强,离域倾向增加,材料的磁有序温度降低.当掺杂浓度达到某一临界值时,材料转变为超导体.

　　图 10.34 给出了铜系氧化物高温超导体的电子和空穴掺杂相图.在电子或空穴掺杂浓度较低时,材料仍保持半导体性质,但磁有序温度随掺杂浓度增加而降低.当掺杂达到一定浓度

时,材料由半导体转变成金属,并在低温下显示出超导电性.图10.34铜系氧化物掺杂相图与第5章中化学键方法的 $T\text{-}b$ 相图在形式上非常相似.从 $T\text{-}b$ 相图(图5.33)可知,在 $b>b_c$ 时,体系的 T_N 随 b 值增加而降低.当 b 增加到临界值 $b_m \approx b_g$ 以上,体系由半导体转变成金属,并在低温下可能具有超导电性.铜系氧化物中铜离子间的相互作用主要是经过氧离子实现的,即在 $[CuO_2]$ 铜氧层内经 $d_{x^2-y^2}\text{-}2p\text{-}d_{x^2-y^2}$ 轨道间相互作用实现的,随掺杂浓度增加,轨道间的相互作用增强,因而导致了从磁性半导体到金属,再到超导体的转变.

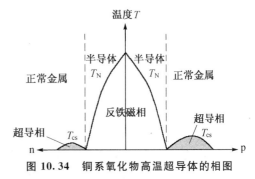

图10.34 铜系氧化物高温超导体的相图

图10.34是一个涉及二级相变的相图.图中表示的相变不涉及材料中原子或离子搭建方式的变化,仅涉及电子状态的变化,因而表现出二级相变的特征.在涉及一级相变的相图中,从一个单相区过渡到另一个单相区,必然要越过一个具有相当宽度的两相平衡区.而在二级相变相图中,从一个单相区过渡到另一个单相区仅需越过一条两相平衡线.

在铜系超导材料中,铜离子是超导特性的核心离子,对材料的超导性质起着主角的作用,然而稀土离子的作用也是十分重要的.稀土氧化物层不仅起着调节电荷的作用,同时起着调节材料晶胞参数,进而调节 Cu—O 键长的作用,即起着重要的配角作用.通常我们在讨论稀土离子在材料中的重要地位时,往往强调 f 电子在光学和磁学方面的特性,在这两类材料中稀土离子起着主角的作用.然而,稀土离子在调节晶胞参数方面的配角作用也是十分独特的.在无机固体材料研究中,常常需要通过调整材料的晶胞参数来调整材料性质.在碱土金属化合物中,Ca^{2+} 离子半径约为 1.00 Å,Sr^{2+} 离子半径约为 1.18 Å,Ba^{2+} 离子半径为 1.36 Å,从 Ca^{2+} 到 Ba^{2+} 离子半径增加了约 30%.因而,碱土金属同构同系物中,从 Ca^{2+} 相到 Ba^{2+} 相,材料的晶胞参数会有较大的增加.如果碱土金属离子之间互相取代可以形成有限或全范围固溶体的话,晶胞参数可以得到准连续的调整.然而,这种准连续的调整是宏观上的.由于碱土金属离子半径差别较大,取代固溶体的晶格会发生较大的畸变,不同碱土金属离子周围的势场是不同的.对于稀土离子,离子半径从 La^{3+} 的 1.15 Å 到 Lu^{3+} 的 0.93 Å,15 个离子之间半径仅下降了约 20%,相邻离子之间半径变化平均小于 1.5%.这样稀土离子同构同系物之间,晶胞参数变化很小.可以通过选择不同的稀土离子同构同系物,得到晶胞参数合适的物相.这样选择的稀土同系物中稀土离子是一致的,晶格不会发生畸变.如果不同稀土离子之间相互取代可以形成固溶体,晶胞参数还可以进一步微调.在稀土离子形成的固溶体中,由于离子半径相差不大,晶格畸变也会比较小.总之,在无机固体材料的研究中,稀土离子的半径效应会在材料的设计和材料性能的改善中发挥重要的作用.

10.5 有机导电材料

在前面几节中我们重点介绍了金属和一些无机化合物的导电性质.近年来人们发现,一些小分子和高分子化合物具有很好的电学性质.化学家在分子材料的合成和自组装等方面取得了很大的进展.与金属和无机固体材料相比,有机和高分子材料的价格比较便宜,材料的组成和结构更具有可设计性,可以利用化学方法定向合成出具有确定结构和性质的化合物.最近,人们越来越关注硅基微电子器件的物理极限问题,利用小分子和有机高分子材料,采用自下而上的方式构筑微电子器件将会是一种有效的解决方案.近年来,有机小分子和高分子功能材料的研究取得了很多有意义的进展,发现了一些具有良好光、电和磁学性质的有机和高分子材料,其中一些材料显示了很好的光电性质、磁电性质或超导电性等,人们也利用这些材料制备和组装了一些原理性电子器件.本节将简要地介绍一些有机和高分子导电材料的基本原理和进展情况.

10.5.1　有机导体

有机导体的种类很多,研究比较多的是聚乙炔$(CH)_x$.聚乙炔的结构非常简单,仅含有 C 和 H 两种原子,分子中的碳原子以 sp^2 杂化轨道与相邻的两个碳原子形成 σ 键,构成聚乙炔的骨架,另一个 sp^2 杂化轨道与氢原子形成 C—H 键.垂直于 σ 键平面,碳原子以其 p 轨道相互交叠形成 π 键轨道.在第 5 章中,我们曾经讨论过一维分子链的能带结构.一维分子链的能带有很强的 Peierls 效应,使结构发生畸变,从化学角度看,聚乙炔碳骨架包含有双键和单键.聚乙炔有两种构型:顺式和反式,图 10.35 给出了反式聚乙炔的结构示意图.

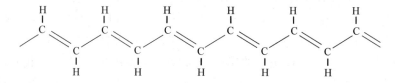

图 10.35　反式聚乙炔的结构示意图

图 10.36 给出了顺式聚乙炔的吸收光谱,吸收峰对应于成键 π 能带到反键 π^* 能带之间的跃迁.顺式聚乙炔是半导体,禁带宽度约为 1.7 eV,这与硅的禁带宽度(1.14 eV)相当.反式聚乙炔是绝缘体.

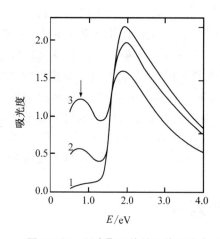

图 10.36　顺式聚乙炔的吸收光谱
1—未掺杂的聚乙炔,2—少量掺杂的聚乙炔,
3—大量掺杂的聚乙炔

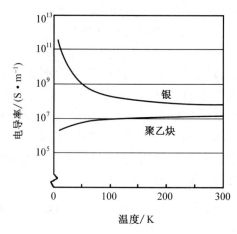

**图 10.37　金属银和掺杂后反式聚乙炔的电导率
与温度的关系**

与无机半导体的情况类似,掺杂可以提高反式聚乙炔的电导率.聚乙炔的掺杂可以通过氧化或还原反应进行.氧化反应常使用 I_2 或 AsF_5 作为氧化剂,聚乙炔失去电子产生带正电荷的缺陷.还原反应可以使用金属钠或钾做还原剂,反应中聚乙炔得到电子产生带负电荷的缺陷.聚乙炔的氧化和还原掺杂可以用下列反应式表示

$$\text{氧化反应：} \quad [CH]_n + \frac{3}{2}x I_2 \longrightarrow [CH]_n^{x+} + x I_3^- \tag{10.21a}$$

$$\text{还原反应：} \quad [CH]_n + x Na \longrightarrow [CH]_n^{x-} + x Na^+ \tag{10.21b}$$

掺杂后的聚乙炔实际上是一种盐,掺杂聚乙炔的导电性沿着分子链的方向,具有很强的各向异性.图 10.37 给出了掺杂后反式聚乙炔电导率与温度的关系,图中同时示出了金属银的电导率随温度的变化,可以看到掺杂聚乙炔的电导率可以与金属相媲美.

掺杂的反式聚乙炔的电学和磁学性质很特别.图 10.38 是反式聚乙炔的电导率和磁化强度与掺杂浓度(用摩尔分数 x 表示)之间的关系.当掺杂浓度较低时,反式聚乙炔的电导率发生突跃,但体系的磁化率却接近于零.进一步增加掺杂浓度,材料的电导率持续增大,在一定掺杂浓度下,材料表现出一定磁化强度.这一实验结果表明,材料中有几种不同的载流子,有的载流子没有自旋,有的载流子带有自旋.

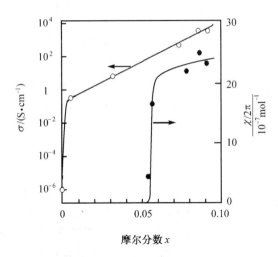

图 10.38 反式聚乙炔的电导率和磁化强度与掺杂浓度之间的关系

物理学家利用孤子(soliton)模型解释这一实验现象.所谓的孤子是聚乙炔中的结构缺陷.图 10.39(b)是一个中性孤子,这是一个中性的碳自由基.中性孤子可以沿碳链运动,由于中性孤子不带有电荷,不是载流子,对材料导电性无贡献.但中性孤子的自旋量子数为 1/2,具有顺磁性.同时,中性孤子可以与相邻分子链发生电荷迁移,因此对分子链之间的导电性非常重要[图 10.39(c)].分子链中的孤子类似于固体中的缺陷,其能级位于聚乙炔的禁带中.孤子可以带有电荷,带正电荷的孤子称为正孤子,带负电的孤子称为负孤子.正孤子能级位于价带上附近的位置,由于没有带电子,正孤子的自旋为零.负孤子的能级位于导带下附近的位置,由于能级上占据两个电子,总自旋也为零.高分子导体中的孤子经常束缚在一起,这种成对孤子称作极化子[图 10.39(d)].极化子可以带有电荷,是高分子导电材料中重要的载流子.

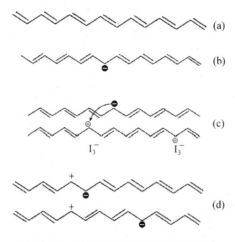

图 10.39　聚乙炔材料中的孤子示意图

(a)未掺杂的聚乙炔,(b)中性孤子,(c)中性孤子在分子链间的迁移,(d)极化子

10.5.2　有机超导体

分子晶体的特点是分子内部有较强的共价键,分子间的相互作用较弱.比较弱的分子间相互作用使得材料的能带较窄,同时,一般有机分子的声子振动能量比较高,电子-声子相互作用比较强.分子晶体的这些结构特点有利于得到超导转变温度较高的超导体.当然到目前为止,人们还没有得到超导转变温度可以与铜系氧化物超导体相媲美的有机超导体,但人们设计出了多种有机分子晶体,其中一些表现出了良好的超导电性.

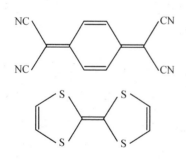

图 10.40　TCNQ 和 TTF 的分子结构

超导电性是体相的性质,构成分子晶体的有机分子应具有各向异性分子结构,以使分子按一定的方向有序排列.一般有机分子之间的相互作用比较弱,为形成能带,分子之间应当存在比较强的相互作用.另外,有机分子需具有非整数氧化态,即形成的能带可以被部分充填.目前的有机超导材料主要是具有平面结构的电荷迁移分子.电荷迁移化合物可以分成两种类型,电子给体化合物和电子受体化合物.当两类化合物组装成分子晶体时,可以生成电荷迁移盐 $D^{\delta+}A^{\delta-}$.电荷迁移盐的给体和受体分子之间的相互作用使分子轨道形成能带,给体和受体间的电荷迁移使能带被部分充填.以 TTF 为给体、TCNQ 为受体组成的电荷迁移盐具有金属导电性.图 10.40 是这两种化合物的分子结构,两者都是共轭的平面结构.在形成电荷迁移盐时,TTF 和 TCNQ 交替排列,两分子中的共轭 π 轨道互相交叠,形成能带.分子间电荷的部分迁移使体系的 π 能带部分充填,从而表现出金属导电性.

另一类重要的电荷迁移化合物是过渡金属的二硫代烯烃配合物和 4,5-二巯基-1,3-二硫基-2-硫酮配合物(缩写为 dmit).图 10.41 给出了 4,5-二巯基-1,3-二硫基-2-硫酮配合物的分子结构.如果中心离子是 Ni、Pd、Pt 或 Cu 等 Jahn-Teller 效应较强的过渡金属,配合物成共轭平面结构,具有较好的电荷迁移性质,可以作为电荷迁移盐中的电子受体.在与电子给体 TTF 组

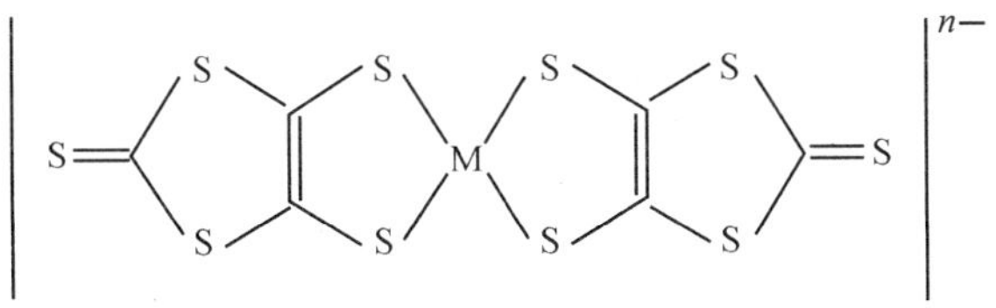

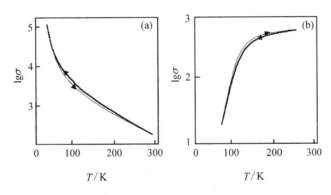

图 10.41　4,5-二巯基-1,3-二硫基-2-硫酮配合物(dmit)的分子结构

装的电荷迁移盐中,TTF 和 Ni(dmit)$_2$ 都平行排列,分子平面间距为 3.73 Å,分子之间有比较强的相互作用.

图 10.42 为[TTF][Ni(dmit)$_2$]$_2$ 和[TTF][Pd(dmit)$_2$]$_2$ 的电导率随温度的变化.随温度升高,[TTF][Ni(dmit)$_2$]$_2$ 的电导率下降,是典型的金属导电特征.[TTF][Pd(dmit)$_2$]$_2$ 的导电性质相反,电导率随温度升高而增大.在较高的温度下,[TTF][Pd(dmit)$_2$]$_2$ 具有金属性,当温度降低到220 K时,化合物发生金属-半导体相变,转变成半导体性的低温物相.[TTF][Pd(dmit)$_2$]$_2$ 是一维导体,金属-半导体相变是由 Peierls 畸变造成的.在高压下[TTF][Ni(dmit)$_2$]$_2$ 表现出超导电性.图 10.43 给出了在不同压力下[TTF][Ni(dmit)$_2$]$_2$ 材料的电阻随温度的变化,材料的超导转变温度在5 K左右.在目前已知的有机分子型超导体中,(BEDT-TTF)$_2$[Cu{N(CN)$_2$}]Cl 的超导转变温度最高,在 300 MPa(0.3 kbar)压力下 $T_{cs} = 12.8$ K.

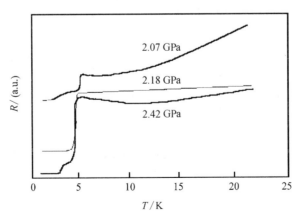

图 10.42　[TTF][Ni(dmit)$_2$]$_2$(a)和[TTF][Pd(dmit)$_2$]$_2$(b)的电导率随温度的变化

图 10.43　不同压力下[TTF][Ni(dmit)$_2$]$_2$ 的电阻随温度的变化

(原图中数据由上至下依次为 20.7 kbar,21.8 kbar,24.2 kbar;1 kbar=100 MPa=0.1 GPa)

参考书目和文献

1. A. Cheethan, P. Day. Solid State Chemistry. Clarendon Press, 1992

2. I. Lueth. Solid State Physics. Springer-Verlag, 1990

3. A. Guinier and R. Jullien. The Solid State, From Superconductors to Superalloys. Oxford Sci. Press, 1989

4. A. R. West. Solid State Chemistry and Its Applications. John Wiley and Sons, 1992

5. C. A. Wert, *et al*. Physics of Solid. 2nd edition. McGraw-Hill, 1970

6. J. Etourneau. Superconducting Materials, in Solid State Chemistry, Compounds, ed. by A. K. Cheetham and P. Day. Oxford: Clarendon Press, 1992: p.60

7. 冯端,师昌绪,刘治国,主编. 材料科学导论. 北京：化学工业出版社,2002

8. 梁敬魁,车光灿,陈小龙. 高 T_c 氧化物超导体系的相关系和晶体结构. 北京：科学出版社, 1994

9. 王金星. 超导磁体. 北京：原子能出版社,1985

10. K. D. Otzsht, *et al*. Close Relations between Doping and Layering in Pure Perovskite. Chem. Mater., 1998, 10: 2579

11. R. J. Cava, *et al*. Superconductivity in the Quaternary Intermetallic Compounds $LnNi_2B_2C$. Nature, 1994, 367: 252

12. L. F. Mattheiss. Electronic Properties of Superconducting $LnNi_2B_2C$ and Related Boride Carbide Phases. Phys. Rev. B, 1994, 49: 48

13. G. Miller. On the Electronic Structure of the New Intermetallic $LnNi_2B_2C$. J. Am. Chem. Soc., 1994, 116: 6332

14. The Nobel Prize in Chemistry 2000—Information for the Public. The Royal Swedish Academy of Sciences, 2000, October 10

15. J. H. Schon, Ch. Kloc and B. Batlogg. Superconductivity in Molecular Crystals Induced by Charge Injection. Nature, 2000, 406: 702

16. P. Philips. From Insulator to Superconductor. Nature, 2000, 406: 687

17. S. Uji, H. Shinagawa, T. Terashima, Y. Yakabe, Y. Teral, M. Tokurnoto, A. Kobayashi, H. Tamaka and H. Kobayashi. Magnetic-field-induced Superconductivity in a Two-dimensional Organic Conductor. Nature, 2001, 401: 908

18. W. P. Su, J. R. Scheriffer and A. J. Heeger. Solitons in Polyacetylene. Phys. Rev. Lett., 1979, 42: 1698

19. W. P. Su and J. R. Scheriffer. Fractionally Charged Excitations in Charge-density-wave Systems with Commensurability. Phys. Rev. Lett., 1981, 46: 738

20. P. K. H. Ho, D. S. Thomas, R. H. Friend, N. Tessler. Science, 1999, 285: 233

21. C. Y. Liu and A. J. Bard. Pressure-induced Insulator-conductor Transition in a Photoconducting Organic Liquid-crystal Film. Nature, 2002, 418: 162

22. P. K. H. Ho, D. S. Thomas, R. H. Friend, N. Teseler. All-polymer Optoelectronic Devices. Science, 1999, 285: 233

23. F. Palacio and J. S. Miller. A Dual-action Material. Nature, 2000, 408: 421

24. C. K. Chiang, M. A. Druy, S. C. Gau, A. J. Heeger, E. J. Louis, A. G. MacDiamid, Y. W.

Park and H. Shirakawa. Synthesis of Highly Conducting Films of Derivatives of Polyacetylene $(CH)_x$. J. Am. Chem. Soc.,1978,100:1013

习　题

10.1　近年发现 MgB_2 具有超导电性；MgB_2 结构中,硼形成与石墨相同的层状结构.

(1) 利用 MgB_2 的电子结构说明这种结构特点；

(2) 说明用单质 Mg（mp 649 ℃）和单质 B（mp 2027 ℃）为反应物制备 MgB_2 时,应注意的反应条件（温度、气氛和操作中应注意的问题）.

10.2　说明为什么金刚石的导电性较差.

10.3　判断下列有关超导材料论点的正确性：

(1) 超导体在超导转变温度以上一定是一种好的金属导体；

(2) 超导体内部不存在任何磁通量是由零电阻效应引起的；

(3) 强电子-声子耦合是材料具有高的超导转变温度的重要条件；

(4) 铜系氧化物超导体中,应存在一定量的一价或三价铜离子；

(5) K_3C_{60} 具有超导电性是由于 C_{60} 内部的碳原子间强的共价键造成的.

10.4　比较并说明 La_2CuO_4 和 Nd_2CuO_4 结构的异同.

10.5　选读所列文献,讨论金属材料、超导材料、有机导电材料或有机超导材料的结构和性质.

10.6　查阅文献,综述超导材料、有机导电材料或有机超导材料的最新进展和应用.

第11章　离子导电材料

11.1　固体电解质

11.1.1 银离子导体；11.1.2 锂离子导体；11.1.3 β-氧化铝；11.1.4 $Na_3Zr_2Si_2PO_{12}$；
11.1.5 钙钛矿结构的离子导体

11.2　萤石结构的氧离子导体

11.2.1 ZrO_2；11.2.2 Bi_2O_3；11.2.3 氧气传感器

11.3　燃料电池

　　材料的电导是载流子远程迁移产生的,对不同的材料,载流子可以是电子、空穴、离子或离子空位缺陷.在一定的条件下,材料以某种类型的载流子为主,如金属中的载流子是电子,n 型和 p 型半导体的载流子分别是电子或空穴,以离子或离子空位缺陷为主要载流子的无机固体材料称为固体电解质.以电子或空穴为载流子的材料在第 10 章作了讨论,本章着重讨论固体电解质的性质及其应用.固体电解质是一类重要的导电材料,这类材料的离子电导率比较高,电子或空穴对电导的贡献比较小,这要求材料具有特殊的晶体结构并存在可供离子迁移的通道.很多材料在较高的温度下都能表现出一定的离子电导率,但实际应用的离子导电材料要求在比较低的工作温度下具有较高的离子电导率.固体电解质材料主要用于电池、传感和气体分离等方面,其主要功能是输运离子,同时阻止电子或空穴通过.在实际应用中,还需要同时具备离子和电子导电性能的混合导体,混合导体主要用于电极材料.

　　离子化合物和共价化合物中的离子或原子通常被束缚在确定格位上,不发生明显的离子迁移.室温下纯净的 NaCl 晶体的电导率很小,是典型的绝缘体.在高温下,晶体中产生钠离子和氯离子空位缺陷,使电导率增加.在 800 ℃时,NaCl 的电导率为 10^{-4} S·cm^{-1}左右.固体电解质的电导率比较大,从表 11.1 列出的电导率数据可以看到,固体电解质的电导率与溶液电解质相当,表明离子在固体电解质晶格中是可以自由迁移的.

表 11.1　导电材料的分类和电导率

	材　　料	电导率 $\sigma/(S \cdot cm^{-1})$
离子导电	离子晶体	$<10^{-18} \sim 10^{-4}$
	固体电解质	$10^{-3} \sim 10^1$
	溶液电解质	$10^{-3} \sim 10^1$
电子导电	金属	$10^1 \sim 10^5$
	半导体	$10^{-5} \sim 10^2$
	绝缘体	$<10^{-12}$

固体中离子的迁移需要一定的通道和载体.在第 6 章我们已经介绍过 NaCl 晶体中的缺陷主要是 Schottky 缺陷,即 Na^+ 空位和 Cl^- 空位.Cl^- 的体积较大,在晶格中的运动较为困难,因而氯化钠的离子导电主要是由阳离子迁移实现的.假设晶体中存在 Na^+ 空位,邻近的 Na^+ 可以越过一定势垒迁移到这个空位上.Na^+ 的运动途径是先经过四面体中心位置,再迁移到 Na^+ 空位的八面体空隙(图 11.1).

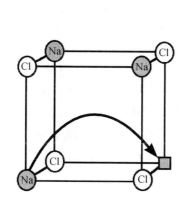
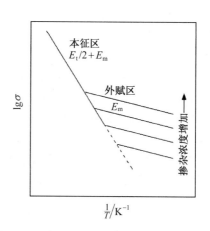

图 11.1　NaCl 中 Na^+ 的迁移途径　　图 11.2　掺杂 NaCl 晶体离子电导率示意图

氯化钠结构中,四面体空隙的内接半径为 0.59 Å,八面体与四面体连接处的三角形内接半径为 0.45 Å,而 Na^+ 的半径约为 0.95 Å,远大于离子通道的尺寸.因此,Na^+ 在迁移的过程中会使晶格发生畸变,需要一定能量克服势垒,这就是离子迁移的激活能 E_m.由于离子在固体材料中的迁移需要克服一定势垒,离子电导率 σ 符合 Arrhenius 方程

$$\sigma = A \exp\left(-\frac{E}{RT}\right) \qquad (11.1)$$

图 11.2 是不同杂质含量 NaCl 晶体电导率随温度的变化.较低温度下的电导以杂质缺陷为主,高温下以本征缺陷为主.从图 11.2 中电导率对数与 T^{-1} 关系直线的斜率可以得到缺陷迁移的活化能和生成能.如离子迁移活化能为 E_m,离子晶体的电导率可以表示为

$$\sigma = ne\mu \exp\left(-\frac{E_m}{RT}\right) \qquad (11.2)$$

式中:n 为缺陷浓度,e 为离子所带电荷,μ 为离子的迁移率.在较低温度下,主要是晶体缺陷导电,称为外赋导电区域.从图 11.2 可以看到,NaCl 的电导率与掺杂浓度相关,不同掺杂浓度的体系,其电导率的斜率是一致的,对应于 Na^+ 空位的迁移活化能 E_m.在高温下,电导以本征缺陷为主.在这个区域中,Na^+ 空位的浓度随着温度的升高而增加

$$n = N \exp\left(-\frac{E_t}{2RT}\right) \qquad (11.3)$$

其中 $E_t/2$ 是形成 1 mol Na^+ 空位所需的能量.因此,内禀区的电导率可以表示为

$$\sigma = A \exp\left(-\frac{E_m + E_t/2}{RT}\right) \qquad (11.4)$$

内禀导电区间的活化能包括 Na^+ 空位的迁移能和生成能.AgCl 晶体的缺陷主要是 Frenkel 缺

陷,即填隙的银离子 $Ag_i^\cdot$ 和银离子空位 V_{Ag}'.银离子的极化能力较强,倾向于占据配位数低、体积小的位置,因而填隙银离子的迁移比较容易,实验表明,AgCl 晶体的电导率主要由填隙 $Ag_i^\cdot$ 的迁移造成.

11.1　固体电解质

固体电解质可以分成阳离子导体和阴离子导体.常见的阳离子导体有 Li^+、Na^+、Ag^+ 和 Cu^+ 导体,阴离子导体有 O^{2-} 和 F^- 导体等.我们将在后面的章节中简要介绍一些阴离子和阳离子导体的典型例子.对大多数固体物质而言,离子处于确定的格位,不能随意地迁移,因而电导率比较低.固体电解质的情况则不同.固体电解质的电导率与熔盐体系相当,表明固体中部分离子与液态中的自由离子状态类似,可以自由移动.图 11.3 给出了一些常见固体电解质的电导率随温度的变化.很多固体电解质的电导率与浓硫酸的电导率相当,有的甚至更大一些.为了阐明固体电解质中离子的移动性,人们曾提出固体电解质中存在有液态亚晶格的概念,即固体电解质的结构可以分成两部分,一些组分构成了结构的骨架,另一部分离子在骨架中无序分布.因此,固体电解质可以看成是部分熔化了的固体.无序分布的离子是自由的,类似于溶解在液体中的离子可以自由移动.

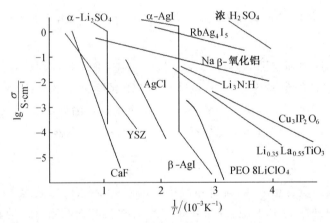

图 11.3　常见固体电解质的电导率

(A.R.West,1992)

从热力学原理知道,当固体熔化为液态时,体系的熵会显著增加.在温度升高时,很多固体电解质化合物发生一级结构相变,并伴随电导率的增加.从图 11.3 可以看到,AgI 在低温下的电导率很小,在 146 ℃发生一级结构相变,从纤锌矿结构的 β-AgI 转变为立方结构的 α-AgI,电导率增加了 4 个数量级.继续升高温度到 580 ℃,α-AgI 熔化变为液体.表 11.2 列出了一些化合物的固-固相变熵和熔化熵.从表中可以看到,一些化合物的固-固相变熵与熔化熵大小相当,有的还大于熔化熵.例如,AgI 的固-固相变熵为 $14.6\ kJ \cdot K^{-1} \cdot mol^{-1}$,而熔化时的熵变为 $10.92\ kJ \cdot K^{-1} \cdot mol^{-1}$,表明 α-AgI 固体中的部分离子有很高的无序度.当然,并非所有的固体电解质都发生固-固相变,很多固体电解质的电导率随温度逐渐改变.后面将从结构的角度讨论这些问题.

表 11.2　部分固体化合物的固-固相变和熔化过程的熵变*

化合物	固-固相变		熔　化	
	温度/℃	ΔS	温度/℃	ΔS
AgI	147	3.5	588	2.61
	461	7.89		
Na_2MoO_4	592	0.52		
	640	2.01	690	5.12
$NaWO_4$	588	7.76		
	590	1.20	694	7.51

* 表中熵变单位为 $kcal \cdot K^{-1} \cdot mol^{-1}$，1 kcal＝4.1840 kJ.

11.1.1　银离子导体

很多银离子化合物具有很高的离子电导率.AgI 在 146 ℃ 以上的电导率＞1 S·cm⁻¹.在低温下,AgI 为纤锌矿结构(β-AgI),在 146 ℃ 发生一级结构相变,转变为具有体心立方结构的 α-AgI.纤锌矿结构中的 I^- 为六方最密堆积,银离子占据四面体格位.结构中的银离子是有序的,因此电导率较低.α-AgI 结构中的 I^- 位于立方体顶点和体心,构成结构骨架,Ag^+ 统计地分布在 6b、12d 和 24h 三种格位上.早期认为 Ag^+ 在这 42 个位置中均匀分布,最近的研究表明 Ag^+ 在 6b 格位的占有率较低,而是更多地集中在 12d 格位上,在 12d 和 24h 连接处也有少量 Ag^+ 的分布.这表明,α-AgI 中的 Ag^+ 是经 12d 到 24h 的途径输运的.图 11.4 给出了 α-AgI 的晶体结构.可以看到,12d 和 24h 格位在 α-AgI 结构中构成了立方八面体网络,Ag^+ 可以在这个网络通道中运动.

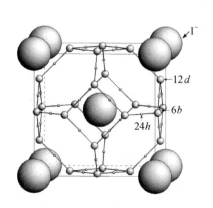

图 11.4　AgI 的晶体结构

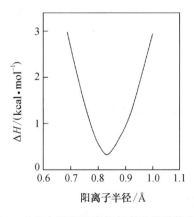

图 11.5　α-AgI 中阳离子半径与离子通道势垒的关系

(史美伦,1982)

考虑 α-AgI 晶体中离子之间的相互作用,可以估算 Ag^+ 在离子通道中运动所需克服的势垒.晶体中离子之间的相互作用主要有离子之间的静电 Coulomb 作用、极化作用和排斥作用.

离子在固体中迁移时,会选择能量最低的途径.不同尺寸、不同性质的离子与通道的相互作用不同,所需的能量也不同.图 11.5 是一些离子在 α-AgI 中迁移所需的总能量.可以看到,尺寸比较小和比较大的阳离子通过 α-AgI 离子通道需要克服较大的势垒;而当阳离子半径适中时,离子通道的势垒比较小.事实上,图 11.5 所揭示的离子通道对离子尺寸的选择性是固体电解质中普遍存在的现象.在离子通道中运动时,半径大的离子与通道骨架离子之间的排斥作用较大,会使结构发生一定的畸变;而较小的离子在离子通道中运动,会对骨架碘离子产生较大的极化,同时,静电 Coulomb 相互作用能比较小,不利于形成较稳定的过渡态.从结构研究中得到的银离子分布也支持了上述观点.在 α-AgI 结构中,6b 格位是变形的八面体空隙,12d 为四面体空隙,24h 则为三角形配位.银离子在 α-AgI 结构中主要占据四面体空隙,同时在三角形格位有一定分布,但在八面体格位上的分布很小.银离子是极化能力较强的金属离子,银与碘离子之间的化学键有很强的共价键成分,因此倾向于低配位数、体积较小的格位.

11.1.2　锂离子导体

近年来,高能量密度电池以及相关材料的研究进展很快,其中高能量密度锂离子电池已经商品化.开发高能量密度的电池的关键是研制出高容量的电极材料和优良的电解质材料.锂离子电池的开路电压取决于阴极材料和阳极材料的功函数.如果忽略其他造成电压降的因素,开路时电池电极材料的能级如图 11.6 所示,图中的 Φ_c 和 Φ_a 分别表示正极材料和负极材料的功函数,即 Fermi 能级与真空能级的能级差.电池的开路电压可以表示为

$$U_{oc} = (\Phi_c - \Phi_a)/e \tag{11.5}$$

式中:e 为电子电量.正极与负极材料功函数的差值越大,开路电压越高,越有利于提高电池的能量密度.但是,从体系热力学稳定性的角度看,要求阴极和阳极材料的 Fermi 能级处于电解质材料的禁带中,否则电解质会发生氧化或还原反应,使电池遭到破坏.锂具有很高的比容量和较小的功函数,是理想的高能量密度电池负极材料.锂离子电池由石墨负极和锂插层化合物正极构成.与其他体系相比,锂离子电池具有高输出电压、高能量密度和长寿命等优点.图 11.7 比较了几种主要二次电池的质量和体积能量密度.可以看到,锂离子电池的性能是最好的,如果使用非水电解质,锂离子电池也可以在较高温度下工作.

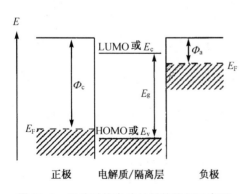

图 11.6　开路时的电池材料的能级示意图

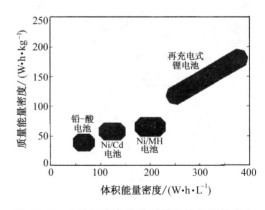

图 11.7　几种二次电池的质量和体积能量密度

早期的锂电池使用金属锂为负极材料.金属锂具有很高的化学反应活性,可以与非水电解

质反应,在金属锂表面生成钝化膜.钝化膜阻止了金属锂的进一步腐蚀,但却使充电过程中生成的锂金属分布不均匀,导致短路或局部过热,使锂电池的安全性能受到影响.目前锂电池的负极和正极都使用插层化合物.商品锂离子电池使用的负极材料为 Li_xC_6,正极材料为 $LiCoO_2$.Li_xC_6 和 $LiCoO_2$ 都是层状化合物.Li_xC_6 具有石墨结构,Li^+ 位于石墨层间的位置.$LiCoO_2$ 中的 O^{2-} 按立方最密堆积方式排列,Li^+ 和 Co^{3+} 在沿立方体三重轴方向有序排列(图 11.8).因此,$LiCoO_2$ 实际上是一种有序的 NaCl 结构.

图 11.9 给出了锂离子电池充放电过程的示意图.在充电过程中,电子经外电路从正极流向负极,同时,Li^+ 从正极($LiCoO_2$)释放出来,通过电解质进入负极的石墨层(Li_xC_6).放电过程与此相反,Li^+ 从负极释放,通过电解质进入正极材料,同时电子经外电路从负极流向正极.从综合性能上看,负极材料 Li_xC_6 是比较好的,石墨的密度比较小,电化学电势也比较低.但由于 Li_xC_6 可以与电解质材料发生副反应,负极容量在充放电初期有比较大的损失.正极材料是过渡金属氧化物,可供选择的材料种类比较多,但综合性能满足要求的并不多.

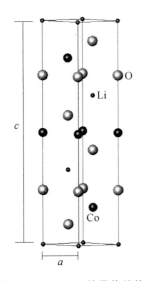

图 11.8 $LiCoO_2$ 的晶体结构

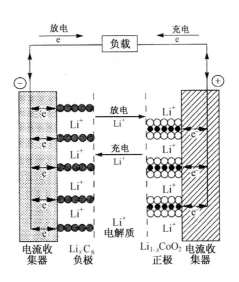

图 11.9 锂离子电池充放电过程示意图

图 11.10 给出了一些锂插层化合物的电极电势.$LiCoO_2$ 和 $LiNiO_2$ 的电极电势比较高,是比较好的正极材料,但仍有很多问题需要解决.首先,很多非水电解质高于 4.3 eV 时可以被分解,如果充放电过程没有控制好,$LiCoO_2$ 和 $LiNiO_2$ 较高的电极电势会使电解质破坏.其次,当 $Li_{1-x}CoO_2$ 中锂含量比较低时($x \approx 0.5$),结构中的 Li^+ 发生有序化,使材料结构发生畸变,因此,一般锂离子电池的使用容量在 $150 \text{ mA} \cdot \text{h} \cdot \text{g}^{-1}$ 以下.另外,$LiNiO_2$ 中的镍离子容易转变为二价,很难得到整比的化合物.同时,钴和镍都是贵重金属,环境污染也比较大.为解决正极材

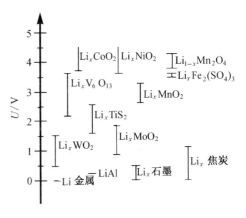

图 11.10 一些锂插层化合物的电极电势

料的环境污染问题,近年人们特别关注尖晶石结构的 $LiMn_2O_4$.锰离子有比较强的 Jahn-Teller 畸变,电极容量衰减比较快.同时,$LiMn_2O_4$ 材料的锂离子容量小于 0.4 Li/Mn,电池容量也在 120 mA·h·g^{-1} 以下.因此,要进一步提高锂离子电池的性能,需要寻找和开发新的正极材料.

11.1.3 β-氧化铝

β-氧化铝是通式为 $M_2O \cdot nX_2O_3$ 的化合物的总称,其中 M 是一价阳离子,可以是碱金属离子、Cu^+、Ag^+ 等;X 为三价阳离子,可以是 Al^{3+}、Ga^{3+} 和 Fe^{3+} 等.β-氧化铝为六方结构,早期人们曾认为 β-氧化铝是 Al_2O_3 的一种结构类型,后来发现 β-氧化铝实际上是三元化合物,是一种碱金属的铝酸盐.图 11.11 给出了 Na_2O-Al_2O_3 体系的相图.β-氧化铝的组成可以在一定范围内变化,是非化学整比的固溶体.在固溶区内,存在有六方结构的 β-氧化铝和三方结构的β″-氧化铝,图 11.11 的阴影部分是 β″-氧化铝的稳定区域,其组成 Na_2O:Al_2O_3 可以在 5.3~8.3 之间变化.在 1550 ℃温度以上,β″-氧化铝转变成 β-氧化铝.六方 β-氧化铝结构中的氧离子按立方最密堆积,其中的部分八面体和四面体空隙被铝原子占据,构成尖晶石结构单元层(图11.12).尖晶石单元层沿 c 轴方向排列.结构中,每隔 5 个密置层出现一个缺陷层,其中 1/4 的氧格位被 Na^+ 占据,其他 3/4 是空位.由于 β-氧化铝的缺陷层中有大量空位存在,金属离子可以在缺陷层内运动,因此,β-氧化铝具有二维导电性.Ford(福特)公司在 1966 年就发现 β-氧化铝是一种很好的钠离子导体.

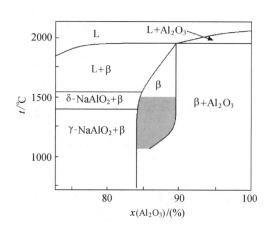

图 11.11 Na_2O-Al_2O_3 二元体系富铝部分相图

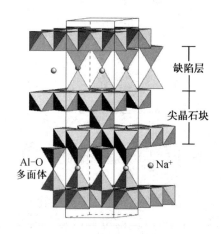

图 11.12 β-氧化铝晶体结构

β-氧化铝中的 Na^+ 可以被其他离子交换.离子交换可以在熔盐体系中进行,也可以利用电化学方法实现.熔盐交换反应可以在 300~800 ℃ 的熔盐中进行,很多离子可以完全交换钠离子,如 Li^+、K^+、Rb^+、Ag^+、Tl^+、In^{3+}、Ga^{3+} 和 Cu^+ 等离子.Cs^+ 离子和一些二价碱土金属离子只能部分取代 β-氧化铝中的 Na^+.不同金属离子在 β-氧化铝中的扩散系数不同(图 11.13).Na^+ 和 Ag^+ 离子在 β-氧化铝中的离子扩散系数比较大,体积较大的离子 Rb^+、K^+ 和 Tl^+ 的扩散系数比较小.Li^+ 在 β-氧化铝中扩散系数与 K^+ 相当,但迁移活化能比其他离子都大.这是因为 Li^+ 极化能力强,不利于通过配位数高的格位.

图 11.14 给出了 β-氧化铝中缺陷层的结构.其中的 Na^+ 迁移路径是一个六方网络.从结构分析知道,Na^+ 主要分布在六方网络的边上,周围的 6 个氧原子按三棱柱方式配位.六方网络通道的节点位置(也称作 **abr** 位置)的上下有两个距离为4.76 Å的氧原子.在 Na-β-氧化铝中,**abr** 位置对 Na^+ 的迁移有一定阻力,Na^+ 在这个位置的占有率比较小.相反,极化率比较大的阳离子,如 Ag^+ 和 Tl^+,倾向于占据 **abr** 位置.

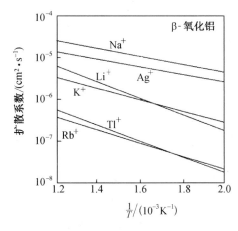

图 11.13 部分离子在 β-氧化铝中的扩散系数
(P.Hagenmuller,1978)

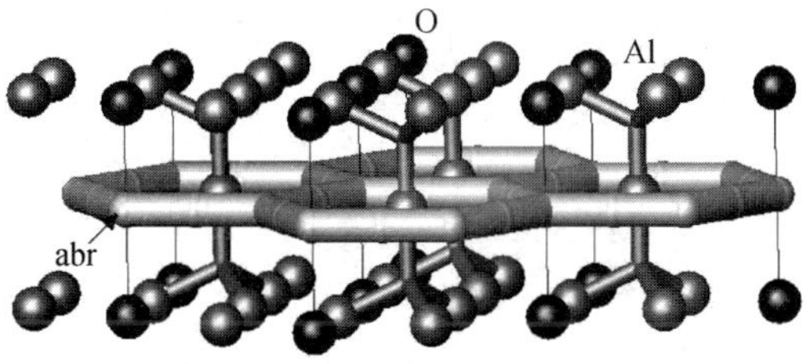

图 11.14 β-氧化铝中缺陷层的结构

β-氧化铝是一种重要的阳离子导电材料,可以用于固体电池的电解质、离子选择电极和气体传感器等,其中的一个重要应用是作为钠-硫电池的电解质.钠-硫电池是 20 世纪 60 年代发展起来的高能量密度二次电池,钠-硫电池以熔化的硫为正极活性物质,熔化的钠金属为负极.由于硫的导电性比较差,通常以浸润液体硫的石墨或镀了惰性物质的金属铝为正极,β-氧化铝作为固体电解质将负极活性物质与正极分开.钠-硫电池可以用下式表示

$$Na(l) \mid β-Al_2O_3(s) \mid S(l) \tag{11.6}$$

图 11.15 是一种钠-硫电池的示意图.单质硫放置在 β-氧化铝制成的内管中,外壁和内管之间是金属钠,金属铝正极放置在单质硫中.在放电过程中,金属钠给出的电子经外电路流过用电器到达正极.同时,钠离子透过 β-氧化铝固体电解质进入正极区,并与被正极还原生成的 S^{2-} 结合生成硫化钠.充电过程与此相反.在外电场的作用下,正极区的硫离子被氧化成单质硫,电子经外电路从正极流向负极,同时,钠离子从正极经 β-氧化铝固体电解质进入负极区,并被还原成金属钠.

β-氧化铝只允许 Na^+ 通过,电子导电性很低,是理想隔膜和电解质材料.图 11.16 给出了 Na-S 体系的相图.在相图中有 3 种多硫化钠,分别是 Na_2S_2、Na_2S_4 和 Na_2S_5.在放电过程中,只要电池中保持有单质硫,体系处于富硫液相和 Na_2S_5 两相共存区.在这个区域内,电池的开路电压保持在 2.074 V.当富硫液相消耗尽之后,体系进入单液相区.在这个区域中,多硫化钠液相的成分随放电的进行而改变,电池的开路电压也将逐步下降.

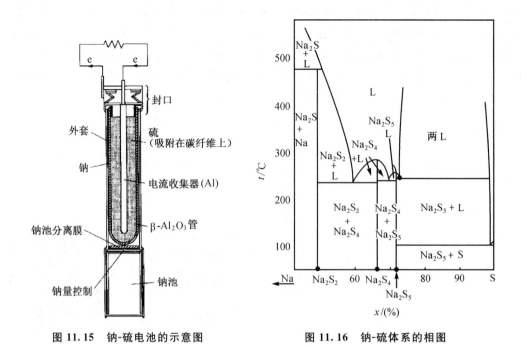

图 11.15　钠-硫电池的示意图　　　　　图 11.16　钠-硫体系的相图

11.1.4　$Na_3Zr_2Si_2PO_{12}$

　　$Na_3Zr_2Si_2PO_{12}$ 和相关结构的化合物(又简称为 Nasicon)是重要的阳离子导体.在 443 K 以上,$Na_3Zr_2Si_2PO_{12}$ 的 Na^+ 导电率与 β-氧化铝相近.在 $Na_3Zr_2Si_2PO_{12}$ 结构中,锆离子以八面体配位,硅和磷以四面体配位,两种配位多面体共用顶点构成开放骨架结构(图 11.17).在低温下,$Na_3Zr_2Si_2PO_{12}$ 属于单斜晶系,在 420 K 左右发生二级相变,转变为三方晶系的高温结构,结构相变伴随电导率的增加.锆、硅和磷与氧原子之间的化学键主要是共价键,因此,开放骨架结构非常稳定.$Na_3Zr_2Si_2PO_{12}$ 高温相一直到熔点(>1650 ℃)都可以稳定存在.$Na_3Zr_2Si_2PO_{12}$ 中的 Na^+ 位于骨架结构的空隙中.利用交换方法可以将多种离子置换到结构中,碱金属离子(Li^+,Na^+,K^+,Rb^+ 和 Cs^+)、二价碱土金属离子和三价稀土离子等都可以进入到骨架的空隙中.

　　调节 $Na_3Zr_2Si_2PO_{12}$ 化合物中的硅/磷比,可以形成 $Na_{1+x}Zr_2Si_xP_{3-x}O_{12}$ 固溶体.固溶体的组成在 $0<x<3$ 之间时,结构保持不变.$Na_{1+x}Zr_2Si_xP_{3-x}O_{12}$ 的电导率与固溶体组成有密切关系(图 11.18),在硅的含量比较高和比较低时,材料的电导率比较小.当硅含量在 $1.5<x<2.5$ 之间时,材料的电导率比较大.$Na_3Zr_2Si_2PO_{12}$ 优良的阳离子导电性与其独特的结构相关联.三方 $Na_3Zr_2Si_2PO_{12}$ 中有两种 Na^+ 格位,分别为 $Na(1)(6b)$ 和 $Na(2)(18e)$,因此,结构中的 Na^+ 通道有三种可能途径:一种是 Na^+ 从 $Na(1)$ 格位迁移到 $Na(2)$,再到另一个 $Na(1)$ 格位上,这种途径可用 $Na(1)$-$Na(2)$ 表示;另外两种途径分别是 Na^+ 只在 $Na(1)$ 格位之间迁移[$Na(1)$-$Na(1)$]和 Na^+ 只在 $Na(2)$ 格位之间迁移[$Na(2)$-$Na(2)$].人们曾用理论计算方法研究了 $Na_3Zr_2Si_2PO_{12}$ 化合物中 Na^+ 的通道.表 11.3 给出了理论计算得到的不同组成的 $Na_3Zr_2Si_2PO_{12}$ 的通道占据概率,其中 $Na(1)$-$Na(1)$ 通道的占据概率为零,没有在表中列出.从计算的结果看,$Na_3Zr_2Si_2PO_{12}$ 中的 Na^+ 电导主要是通过 $Na(1)$-$Na(2)$ 通道实现的.$Na_3Zr_2Si_2PO_{12}$ 孔道中的电

子云密度分布也支持了理论计算结果.从结构分析得到的钠离子电子云分布可以看到[图 11.19(a)],Na(1)格位的电子云主要分布在 a-b 面内,而 Na(2)格位的电子云则主要沿 c 轴方向分布,两个格位上的电子云有一定重叠,表明钠离子的确是经过 Na(1)-Na(2) 通道输运的.图 11.19(b)给出了 $Na_3Zr_2Si_2PO_{12}$ 结构中 Na^+ 的配位多面体和离子通道中电子云的三维分布情况,从中可以更形象地了解离子通道的走向.

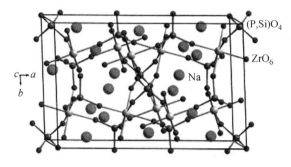

图 11.17 $Na_3Zr_2Si_2PO_{12}$ 的晶体结构

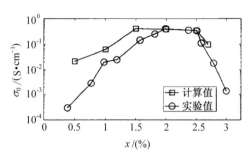

图 11.18 $Na_{1+x}Zr_2Si_xP_{3-x}O_{12}$ 的电导率与组成的关系

(P.P.Kumar 等,2002)

表 11.3 利用 NVE-Mda 方法计算得到的 $Na_3Zr_2Si_2PO_{12}$ 化合物中 Na^+ 通道概率

x	Na(1)-Na(2)	Na(2)-Na(2)
0.0	0.0	0.0
0.5	0.967	0.033
1.0	0.944	0.056
1.5	0.985	0.015
2.0	0.945	0.055
2.5	0.989	0.011
2.7	0.998	0.002
3.0	0.000	0.000

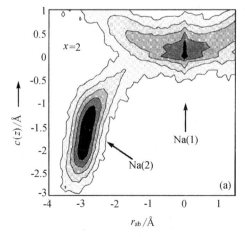

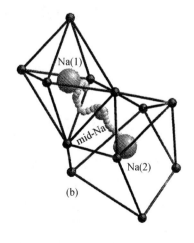

图 11.19 $Na_3Zr_2Si_2PO_{12}$ 结构中 Na^+ 电子云(a)和 Na^+ 的配位多面体和离子通道(b)

(P.P.Kumar 等,2002)

$Na_3Zr_2Si_2PO_{12}$ 类型化合物与 β-氧化铝类似,可以作为电池的固体电解质或传感器材料. $Na_3Zr_2Si_2PO_{12}$ 材料的热膨胀系数小、热稳定性高,也可以作为低膨胀陶瓷.另外,过渡金属取代的 $Na_3Zr_2Si_2PO_{12}$ 化合物在催化方面也有应用价值.图 11.20 给出了以 $Na_3Zr_2Si_2PO_{12}$ 为电解质的 CO_2 传感器原理示意图.

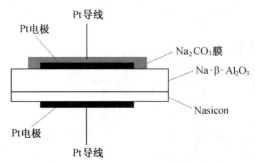

图 11.20　CO_2 传感器原理示意图

(Yinbao Yang 等,2000)

这是一种复合电解质($Na_3Zr_2Si_2PO_{12}$/β-Al_2O_3)传感器,传感器构成的电池可以表示为

$$(-)\ CO_2, O_2, Pt\mid Na_2CO_3\mid Na\text{-}β\text{-}Al_2O_3\mid Nasicon\mid Pt, O_2, CO_2 (+) \tag{11.7a}$$

右边为参比电极,左边为测量电极.电池的电动势与下列反应相关

$$Na_2CO_3 \Longrightarrow 2Na_2O[Nasicon] + CO_2 \tag{11.7b}$$

由于 $Na_3Zr_2Si_2PO_{12}$/β-Al_2O_3 复合电解质只能使 Na^+ 通过,在测量电极一边发生的过程为

$$Na_2CO_3 \Longrightarrow 2Na^+[Na\text{-}β\text{-}Al_2O_3] + CO_2 + \frac{1}{2}O_2[测量电极] + 2e \tag{11.7c}$$

而在参比电极一边发生的过程为

$$2Na + [Nasicon] + \frac{1}{2}O_2[参比电极] + 2e \Longrightarrow Na_2O[Nasicon] \tag{11.7d}$$

因为 Na_2O 在 Nasicon 表面的活度比较低,在传感器中引入 $Na_3Zr_2Si_2PO_{12}$/β-Al_2O_3 复合电解质可以大大提高传感器的灵敏度.整个传感器的电动势可以用式(11.8)表示.传感器电池的电动势与体系中的 CO_2 分压的对数成比例,经过标定,可以用传感器的电动势直接测量体系的 CO_2 压力.

$$E = -\frac{\Delta G^{\ominus}}{2F} = \frac{RT}{2F}\ln\left\{\frac{a(Na_2O)p(CO_2)}{a(Na_2CO_3)}\right\} \tag{11.8}$$

11.1.5　钙钛矿结构的离子导体

钙态矿结构氧化物(ABO_3)的种类很多,其中 A 是体积较大的碱土金属离子或稀土离子,B 可以是过渡金属离子或高价的主族金属离子.对钙钛矿进行不等价掺杂,可以在晶格中产生氧离子空位,使材料具有氧离子导电性.对于很多过渡金属钙钛矿化合物而言,不等价掺杂还可以改变过渡金属离子价态,使材料具有电子或空穴导电性.

$LaGaO_3$ 是一种具有钙钛矿结构的化合物,其中,镓离子占据八面体格位.化合物中的稀土离子可以部分被碱土金属离子取代,为保持电荷平衡,晶体中将出现氧离子空位.图 11.21

(a)给出了不同碱土金属离子取代时体系电导率的变化.可以看到,锶离子取代的效果最好.
$LaGaO_3$中的镓离子也可以被其他离子取代.图 11.21(b)分别给出了用镁、铟和铝离子取代化
合物中的镓离子时,体系电导率的变化,用镁取代的效果最好.$La_{0.9}Sr_{0.1}Ga_{0.8}Mg_{0.2}O_{2.88}$是体系
中性能最好的离子导体,在750 ℃时,电导率可以达到$0.1\ S \cdot cm^{-1}$.这种材料的一个显著的特
点是在低氧分压下具有良好的氧离子导电性能.

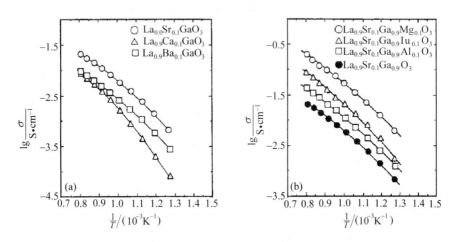

图 11.21　$LaGaO_3$ 掺杂体系的电导率

(a) $La_{0.9}M_{0.1}GaO_3$ 体系,(b) $La_{0.9}Sr_{0.1}Ga_{0.9}M_{0.1}O_3$ 体系

多组分体系钙钛矿化合物的导电机理比较复杂.以 $La_{0.6}Sr_{0.4}Co_{0.5}Fe_{0.5}O_3$ 体系为例,体系
存在有两种可以变价的过渡金属离子.其中的 Co^{3+} 容易发生歧化生成 Co^{2+} 和 Co^{4+},在体系中
掺入 Sr^{2+} 离子可以使 Fe^{3+} 转变为 Fe^{4+},这都会使体系中产生空穴载流子.同时,掺杂 Sr^{2+} 也
可以在晶体中产生氧离子空位,使材料具有氧离子导电性.因此,$La_{0.6}Sr_{0.4}Co_{0.5}Fe_{0.5}O_3$ 体系是
一种混合导体,离子导电和空穴导电的比例随温度而变化. 图 11.22 给出了上述体系的电导
率和氧离子格位占有率随温度的变化.在600 ℃以上,$La_{0.6}Sr_{0.4}Co_{0.5}Fe_{0.5}O_3$的电导率随温度上
升而下降.我们知道,随温度升高,低价离子更加稳定,因此体系中的 Fe^{4+} 离子浓度随温度升
高而减少.为保持体系的电荷平衡,晶体中的氧离子空位浓度增加.氧离子空位浓度增加使空
穴迁移的阻力增大,因此,体系总电导率下降.但氧离子空位浓度增加也使体系的离子电导率
增加.

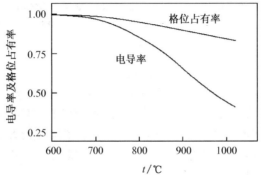

图 11.22　$La_{0.6}Sr_{0.4}Co_{0.5}Fe_{0.5}O_3$ 体系氧离子格位占有率以及电导率与温度的关系

11.2　萤石结构的氧离子导体

人们对萤石结构的氧化物和氟化物体系研究得比较多,很多具有萤石结构的化合物在高温下是良好的阴离子导体.萤石结构的金属氧化物是重要的氧离子导电材料,在燃料电池的电解质、化学传感器等方面具有重要的实际应用价值.常见的具有萤石结构的氧化物有氧化锆、氧化铪、氧化铈、氧化钍和 δ-Bi_2O_3 等,其中的很多氧化物本身并非立方萤石结构.例如,在低温下,氧化锆和 δ-Bi_2O_3 属于单斜或四方晶系,但在这些氧化物中掺入一定量的稀土氧化物或碱土金属氧化物,可以形成萤石结构的固溶体.

在萤石结构中,阳离子构成立方最密堆积,氧离子位于阳离子最密堆积的四面体空隙中,而八面体空隙全空.当氧化锆与稀土氧化物形成萤石结构固溶体(ZrO_2-Ln_2O_3)时,四面体格位上有一定量的氧离子空位,因此,掺杂的氧化锆体系中存在有八面体空隙和一些四面体空隙.氧离子的迁移是在这些空隙之间进行的.氧离子的迁移可以有两种途径:

（1）可以在四面体空隙中运动,即从一个四面体迁移到另一个四面体(四面体-四面体方式);

（2）从一个四面体出发,经过八面体,再到达另一个四面体(四面体-八面体-四面体方式).

图 11.23 给出了 CaF_2 的晶体结构和阴离子的两种迁移途径.理论计算表明,四面体-四面体方式所需的激活能比较高.氧离子倾向于从一个四面体出发,经过一个八面体空位,到达另一个四面体空隙.图 11.24 是以 CaF_2 为模型结构得到的阴离子的最低能量迁移轨迹.阴离子处于四面体时的能量设为零点,当阴离子处于八面体位置时能量最高,因此,阴离子迁移活化能主要来源于阴离子通过八面体位置时的势垒.

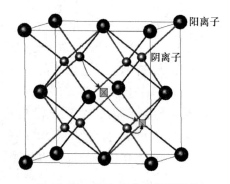

图 11.23　CaF_2 结构中阴离子的迁移途径

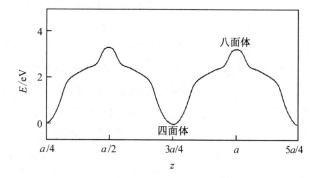

图 11.24　阴离子在 CaF_2 结构中最低能量迁移轨迹

(P.Hagenmuller,1978)

11.2.1　ZrO_2

低温下 ZrO_2 为单斜晶系,在较高温度下转变成四方结构.单斜和四方结构的氧化锆的电导率都很小,只有当氧化锆以立方萤石结构存在时,才表现出比较大的离子电导率.在 ZrO_2 中加入一定量的低价氧化物,可以使立方萤石结构在较低温度下稳定存在.图 11.25 给出了 CaO-ZrO_2 体系的部分相图,在 CaO 含量比较高的区域,存在有立方萤石结构的固溶体.除了 CaO,很多重稀土氧化物掺杂都可以形成萤石结构的立方物相.稀土掺杂的 ZrO_2 的电导率与稀土离子半径呈线性关系(图 11.26),随稀土离子半径减小,氧离子电导率增加.在稀土掺杂的 ZrO_2 体系中,Sc-ZrO_2 体系的氧离子电导率最高.但由于热稳定性比较差,Sc-ZrO_2 体系不能直接作为高温电解质材料.目前用于固体燃料电池的电解质仍然以 Y-ZrO_2 和 Lu-ZrO_2 体系为主.近年人们发现,Y_2O_3-Sc_2O_3-ZrO_2 体系的导电性比 Y-ZrO_2(Y stablized ZrO_2,YSZ)高,又有比较好的热稳定性.

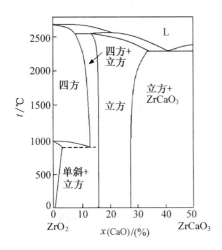

图 11.25 CaO-ZrO_2 体系相图

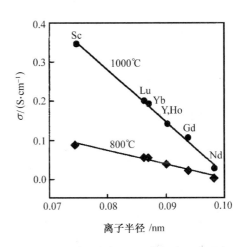

图 11.26 稀土稳定 ZrO_2 的氧离子电导率

(J.C.Boivin 等,1998)

稀土掺杂的 ZrO_2 材料具有较高的电导率和较好的稳定性,已经在高温燃料电池和传感器等方面广泛应用.ThO_2 体系的电导率虽然比 ZrO_2 低一些,但具有更高的高温稳定性,在环境温度>1600 ℃或较强的还原气氛中,ThO_2 体系材料仍然可以正常工作.CeO_2 为基的氧化物稳定性较差,在还原条件下,Ce^{4+} 可以被还原成 Ce^{3+},使材料具有一定电子导电性.但掺杂的 CeO_2 具有较高的离子电导率,在较低的温度和非还原气氛中,CeO_2 的性能比其他材料好一些.

11.2.2 Bi_2O_3

Bi_2O_3 有 4 种不同结构的物相,分别为 α-、β-、γ-和 δ-Bi_2O_3.δ-Bi_2O_3 具有与萤石结构相关的 C-型稀土氧化物结构,属于立方晶系,晶格中存在有 1/4 氧离子空位,可以看成是萤石的缺陷结构.铋离子有 s^2 孤对电子,极化能力较强,因此,δ-Bi_2O_3 具有优良的氧离子导电性能.但是,δ-Bi_2O_3 是高温物相,只在 730~825 ℃之间稳定存在.如果缓慢冷却,δ-Bi_2O_3 在 650 ℃转变为四方结构的 γ-Bi_2O_3,在 640 ℃再转化为立方结构的 γ-Bi_2O_3.γ 相是低温相,可以在室温稳定存在.β 相是一个亚稳相,长时间放置可以转变为 α-Bi_2O_3.事实上,这 4 种 Bi_2O_3 结构都具有氧离子导电性,但与 δ-Bi_2O_3 相比,其他 3 种物相的氧离子导电性比较低.从 Bi_2O_3 体系的电导率与温度的关系(图 11.27)可以看到,在 730 ℃附近电导率发生突变,这对应于从 β-Bi_2O_3 到 δ-Bi_2O_3 的相变.

稀土氧化物掺杂 Bi_2O_3 可以使 C-型结构在低温下稳定存在.用不同稀土氧化物掺杂,可以得到对称性不同的 3 种结构,分别为立方结构的 δ 相和三方结构 β′ 和 β″ 相.离子半径大于

Gd^{3+} 半径的稀土掺杂体系形成三方结构 β' 和 β'' 相.当离子半径小于 Gd^{3+} 半径时,体系在低温下以三方结构的 β'' 相形式存在,在高温下以立方结构的 δ 相形式存在(图 11.28).

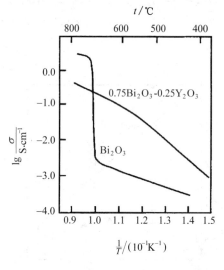

图 11.27　Bi_2O_3 的电导率与温度的关系
(J.C.Boivin 等,1998)

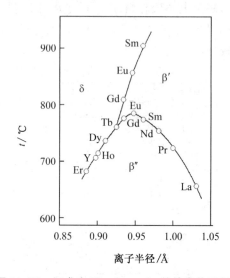

图 11.28　组成为 $Bi_{1.55}Ln_{0.45}O_3$ 的掺杂体系相图

对于稀土氧化物体系,稳定萤石结构 δ-Bi_2O_3 所需的最低掺杂量不同(图 11.29).氧化钇掺杂体系的性能比较好.当氧化钇掺杂量在 $25\%\sim43\%$ 之间时,δ-Bi_2O_3 结构是稳定的,组成为 $25\%Y_2O_3$-$75\%Bi_2O_3$ 的材料具有很好的氧离子导电性(图11.27).在较低温度区间,25% Y_2O_3-$75\%Bi_2O_3$ 体系的电导率优于 YSZ.铋氧化物体系实际应用所面临的主要问题是在还原条件下的稳定性,这方面的不足限制了其在固体燃料电池中的应用.

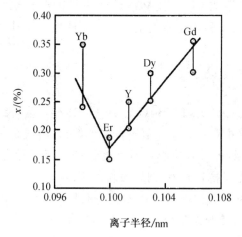

图 11.29　稳定 δ-Bi_2O_3 所需的最低稀土氧化物含量
(J.C.Boivin 等,1998)

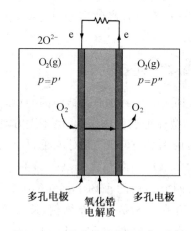

图 11.30　氧气传感器原理示意图

11.2.3 氧气传感器

氧离子导体可以用于氧气传感器.当氧离子导体两边的氧分压不同时两个气-固界面附近的氧离子活度不同,构成了浓差电池,电池的电动势与两边的氧气压力有关.利用浓差电池的原理,可以测量环境中氧气的分压.图 11.30 是一个以 YSZ 为电解质的氧气传感器原理的示意图.在 YSZ 薄膜两边镀上多孔电极,外电路接电压表,用于测量电池的开路电压.电池的一边的氧气分压固定,作为参比;另一边置于测量环境中.达到平衡后,电池的电动势可以表示为

$$E = \frac{RT}{nF} \ln \frac{p'(O_2)}{p''(O_2)} \tag{11.9}$$

电池的电动势与测量环境氧分压的对数成比例.利用氧气传感器可以直接得到环境中氧分压.

11.3 燃 料 电 池

与一般的二次电池不同,燃料电池是把燃料的化学能直接转变为电能,因此,燃料电池的作用与热机类似.由 Carnot(卡诺)循环可知,热机的理论效率可以表示为

$$\eta_{\max}^{C} = \frac{\text{产生的机械能}}{\text{输入的热量}} = \frac{T_2 - T_1}{T_1} \times 100\% \tag{11.10}$$

一般的热机的效率在 $30\% \sim 40\%$ 之间,即使是综合了多种技术的热机,转换效率最高也在 $55\% \sim 60\%$ 左右,其他能量都以热的形式浪费了.燃料电池的转换效率可以表示为

$$\eta^{BZ} = \frac{\text{产生的电能}}{\Delta H} \times 100\% \tag{11.11}$$

式中:ΔH 表示相应燃料的燃烧反应焓变.在一般的燃烧反应中,反应焓变都可以转变为热;而在电化学过程中,只有与 Gibbs 自由能(ΔG)对应的能量可以直接转化为电能.因此,式(11.11)可以表示为

$$\eta^{BZ} = \frac{\Delta G(T)}{\Delta H} \times 100\% \tag{11.12}$$

式中:$\Delta G(T)$ 是在工作温度下反应的 Gibbs 自由能变化,ΔH 是反应焓变.根据 $\Delta G = \Delta H - T\Delta S$,可以得到

$$\eta^{BZ} = \frac{\Delta H - T\Delta S}{\Delta H} \times 100\% = \left(1 - \frac{T\Delta S}{\Delta H}\right) \times 100\% \tag{11.13}$$

由式(11.13)可以知道,燃料电池的转换效率与反应熵变和工作温度有关.燃料电池的理论电压可以表示为

$$U_{rev} = -\frac{\Delta G}{nF} \tag{11.14}$$

燃料电池最常用的燃料是氢气,在25 ℃ 和标准大气压下,$2H_2 + O_2 \Longrightarrow 2H_2O$ 反应对应的电势为 1.229 V.图 11.31 比较了以氢气为燃料时,理想热机和燃料电池的转换效率与温度的关系.在低温下,燃料电池的转换效率明显优于热机;高温下热机的效率更高一些.但值得注意的是,图中的数据为理想热机的转换效率,没有考虑热能-机械能转换过程中的能量损耗.高温燃料电池的效率高于一般的热机,转换效率可以达到 75% 左右.同时,高温燃料电池是可逆的,可以作为调节用电峰谷的蓄能器.在电能过剩时,可以利用燃料电池电解水,将电能转换成氢气储存起来,待到用电高峰时再用来发电.燃料电池由燃料电极(负极)、氧电极(正极)和电

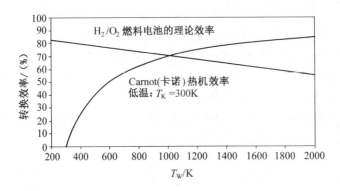

图 11.31　氢气为燃料的理想热机和燃料电池的转换效率与温度的关系

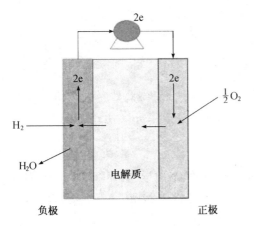

图 11.32　燃料电池的工作原理图

解质构成.图 11.32 给出了固体燃料电池工作原理的示意图.根据工作温度不同,固体燃料电池可以分成两类:高温固体燃料电池和中温固体燃料电池.高温固体燃料电池的工作温度在 1000 ℃ 左右,中温燃料电池的工作温度在 800 ℃ 左右.固体燃料电池工作时,在负极/电解质界面上,氢气给出电子转化为质子,电子则经过外电路到达正极,在正极把氧气还原为氧离子,氧离子经过固体电解质到达负极,与质子结合生成水.电池过程的总反应为

$$2H_2 + O_2 \longrightarrow 2H_2O$$

除了以氧离子导体作为电解质以外,燃料电池还可以用酸、碱或熔融碳酸盐作为电解质.图 11.33

给出了几种主要燃料电池的类型和工作原理.以酸为电解质的燃料电池中,质子是迁移离子,

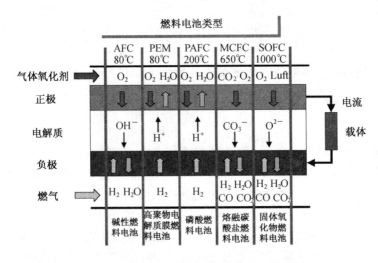

图 11.33　几种主要燃料电池的类型和工作原理

固体电解质可以选择磷酸.以碱为电解质的燃料电池中,氢氧根离子是迁移离子,可以使用碱的水溶液.使用熔融的碳酸盐作为电解质的固体燃料电池可以用水煤气燃料,这对于煤炭资源比较丰富的中国具有很大的市场.

氧化钇掺杂氧化锆(YSZ)可以作为固体燃料电池的电解质.YSZ 的电阻比较高,因此常需要制成薄膜形态以减小电池的内阻.固体电解质薄膜的厚度一般在 $10\sim20~\mu m$ 左右.在高温下掺杂的氧化锆的氧离子电导率可以满足燃料电池的需要,而且,YSZ 材料的电子电导率较低,电池的效率较高.对比而言,以 CeO_2 为基的固体电解质在还原气氛下稳定性不好,由于 Ce^{3+} 的产生,使电子电导率较高,电池的电压和效率都较低.

由于燃料电池是在高温下工作,对所用材料的机械性能和热性能的适配性有较高的要求,通常要选用热膨胀系数相近的材料.电池的燃料电极处于还原性气氛中,可以使用金属材料作为燃料电极材料.镍和钴都是合适的电极材料,一般常用等离子溅射方法制备电极,也可将金属细粉与氧化锆一起烧结成多孔的复合陶瓷材料.目前一些固体燃料电池的燃料电极常使用 Ni/YSZ 金属复合陶瓷,这种复合材料在还原气氛中有很高的稳定性和导电性.金属复合陶瓷片的厚度约在 1 mm,并要求有较高的空隙度和良好的透气性能(图 11.34),以增加与燃料气体的接触面积.

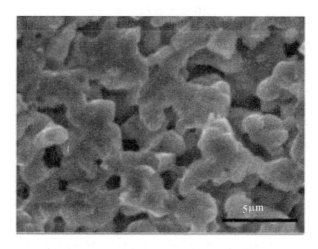

图 11.34 Ni/YSZ 金属复合陶瓷片的扫描电镜照片

固体燃料电池的正极(氧电极)是在氧化气氛下工作,可以使用贵金属或金属氧化物材料.贵金属的价格昂贵,而且很多贵金属可以与氢气反应生成金属氢化物.目前燃料电池的正极材料主要选用钙钛矿结构的过渡金属氧化物.很多钙钛矿类过渡金属氧化物有很好的电子和氧离子导电性.选择正极材料的一个主要考虑是对氧化锆的附着性能.常用离子溅射方法将过渡金属氧化物喷镀在氧化锆电解质的表面,这种方法对过渡金属氧化物机械性能的要求并不高.在实际制备中,正极材料的热膨胀系数可以用掺杂方式加以调节,以保证正极的稳定性.

目前的固体燃料电池都设计成多层结构单元,可以根据实际需要确定电池单元的数目.由固体燃料电池的原理示意图[图 11.35(a)]可以看到,固体燃料电池是由 YSZ 固体电解质薄膜、$LaMnO_3$ 材料氧电极膜和 Ni/ZrO_2 燃料电极膜构成,$LaCrO_3$ 是作为氧气和燃料气体的通道和隔膜材料.这种设计可以使燃料电池的体积比较小,适合用于汽车等移动装置.图 11.35

（b）给出了组装后燃料电池整体结构的示意图.

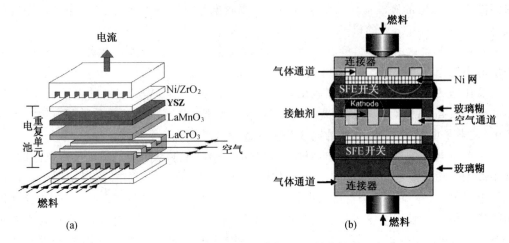

图 11.35　高温燃料电池原理示意图(a)和整体结构示意图(b)

参考书目和文献

1. P. Hagenmuller. Solid Electrolytes, General Principle, Characterization, Materials, Applications. Academic Press, 1978

2. 史美伦. 固体电解质.重庆：科学技术文献出版社重庆分社,1982

3. Yinbao Yang and Chung-Chiun Liu. Sensors and Actuators, 2000, B62：30

4. A. R. West. Solid State Chemistry. John Wiley and Sons, 1992

5. A. Manthiram and J. Kim. Chem. Mater., 1998, 10：2895

6. P. P. Kumar and S. Yashonath. J. Phys. Chem., 2002, B106：7081

7. J. C. Boivin and G. Mairesse. Chem. Mater., 1998, 10：2870

8. I. R. Menzer, B. Höhlein, V. M. Schmidt. Process Analysis of Direct Methanol Fuel Cells. Abstr. Fuel Cell Seminar, Palm Springs, California, 1998, November 16~19：699~702

9. A. K. Shuda, M. K. Ravikumar, K. S. Ghandi. Direct Methanol Fuel Cells for Vehicular Applications. J. State Electrochemistry, 1998, 2：117~122

10. T. Klaiber. Fuel Cells for Transport: Can the Promises be Fulfilled? Technical Requirements and Demands from Customers. J. Power Sources, 1996, 61：61~69

习　　题

11.1　阅读文献［5］,阐明锂离子电池的原理和目前的主要状况.

11.2　阅读文献［3］,阐明 CO_2 传感器原理.

11.3　阅读文献［7］,阐述离子导体的研究状况.

11.4　查阅有关燃料电池(fuel cells)的网站,综述燃料电池的最新进展.

11.5　判断下列有关电解质材料论点的正确性：

（1）固体电解质的电导率与最好的金属材料相当；

（2）固体电解质的电导率与溶液电解质的电导率相当；

（3）由于离子导电，所以，所有固体电解质的电导率都是由缺陷平衡决定的；

（4）在固体电解质中，导电离子的体积越小，电导率越大.

11.6　在 146 ℃ AgI 从纤锌矿转变成体心立方结构，同时银离子电导率有一突跃，说明原因.

11.7　在 NaCl 晶体中掺入少量下列杂质，你预计对其电导率将会有什么影响？

（1）KCl；　（2）NaBr；　（3）$CaCl_2$；　（4）AgCl；　（5）Na_2O.

11.8　在 AgCl 晶体中掺入少量下列杂质，你预计对其电导率将会有什么影响？

（1）AgBr；　（2）$ZnCl_2$；　（3）Ag_2O.

11.9　$La_{0.9}Sr_{0.1}InO_{3-\delta}$在不同的氧分压下，可以表现出 n 型、p 型和氧离子导电性质，因而可以作为单层燃料电池材料.请证明：在氧分压较低时 $\sigma \propto p_{O_2}^{-1/4}$，氧分压较高时 $\sigma \propto p_{O_2}^{1/4}$，而氧分压居中时主要是氧离子导电.

第 12 章　磁 性 材 料

　　人类对材料磁性的了解是很早的,2600 年前古希腊就有磁性的记载.在我国,春秋时期(2500 年前)就有"磁石"的记载,战国时期（2300 年前）发明了司南(指南针).磁性材料在现代科学技术中也是十分重要的材料.在电力的产生(发电机)、传输（变压器）和使用(电动机)的各个环节都离不开磁性材料.随着磁性材料性能的提高,各式微型电动机在各种设备中得到了越来越广泛的应用.在信息存储和传播方面,磁性材料起到了十分重要的作用,特别是近年来,随着巨磁阻材料的应用,磁性存储材料的存储密度获得了巨大的提高,推动了信息科学的进步.

　　磁性是普遍存在的物质属性,任何物质都有磁性,只是表现的形式不同.物质产生磁性的本质是电子的自旋属性.主族元素化合物的电子构型为满壳层,常表现出很小的抗磁性(diamagnetism).过渡元素和稀土元素化合物中常存在未配对的 d 电子或 f 电子,这些未配对的电子带有磁矩.如果这些磁矩之间没有相互作用,材料表现出顺磁性(paramagnetism).在一定条件下,磁矩间可以发生相互作用产生磁有序,材料会表现出反铁磁性（anti-ferromagnetism）、亚铁磁性(ferremagnetism)或铁磁性(ferromagnetism).过渡元素和稀土元素金属中含有离域的导带电子,但内层的 d 电子或 f 电子是局域的,也可以表现出磁相互作用.普通金属材料还会表现出微弱的 Pauli(泡利)顺磁性.抗磁性、顺磁性和反铁磁性属于弱磁性,铁磁性和亚铁磁性属于强磁性.另外,在电磁辐射、电场和压力场的作用下,一些材料可以表现出磁光、磁致伸缩和磁阻的效应.

　　从材料科学的角度看,磁性可以分成内禀磁性和外赋磁性两类:

　　(1) 内禀磁性(intrinsic magnetic property):与材料的组成和结构直接关联的性质,如反铁磁材料的 Néel 温度（T_N）以及铁磁材料和亚铁磁材料的饱和磁化强度和 Curie 温度（T_C）等都属于材料的内禀磁性.

（2）外赋磁性（extrinsic magnetic property）：这类性质不仅与材料的组成和结构有关,而且还取决于材料的制备过程和材料的磁化过程,属于过程敏感的物理量.永磁材料的矫顽力、剩磁等都属于外赋磁性能.

内禀磁性是材料的本征特性,外赋磁性是磁性材料在实际应用中的重要特性,它代表了材料应用性能的优劣.在研究和寻找新型磁性材料时,首先要根据磁性材料的组成、结构与内禀磁性能的关系,设计和合成出具有良好内禀磁性能的材料,这是得到性能优良磁性材料的基础.然后经过对材料的制备条件和加工工艺的研究和优化,力争得到外赋磁性优良的磁性材料.

我们都知道,除了自旋外,电子的另一个基本属性是电荷.集成电路技术及相应的计算机技术的发展标志着人们对电子电荷属性的控制达到了极高的水平.近年来,随着巨磁阻材料和拓扑绝缘体等材料的发现,为人们自如地控制和利用电子的自旋属性开辟了道路,并产生了自旋电子学（spintronics）这门新兴的学科,这一学科中有很多的未知需要我们去探索.然而作为基础课教学内容,本章主要介绍材料磁性的基本知识,并简要介绍一些磁性材料的实际应用,为进一步的学习和研究奠定一个基础.关于自旋电子学的内容,读者可以根据研究的需要查阅相关文献.

12.1 材料在磁场中的响应和磁学单位

在磁场中,体系的磁感应强度可以表示为

$$B = H + 4\pi M \tag{12.1}$$

式中：H 为外磁场强度,M 称作磁化强度.磁化强度表示单位体积内磁矩的矢量和,代表材料对磁场的响应.磁感应强度表示物质内的磁通量分布.式（12.1）表明,材料内部的磁通量是外磁场与材料感应强度的和.材料的磁化强度可以表示为

$$M = \chi_V H \tag{12.2}$$

式中：χ_V 为体积磁化率.因此,磁感应强度可以表示为

$$B = (1 + 4\pi\chi_V)H = \mu H \tag{12.3}$$

式中：μ 是材料的磁导率,也称作相对磁导率.磁化率我们常用摩尔磁化率（χ_m 或 χ）表示

$$\chi = \frac{\chi_V F}{d} \tag{12.4}$$

式中：F 是材料的相对分子质量,d 是材料密度.材料中各类磁性的磁化率的数值大小不同,随温度的变化特性也有别,见表 12.1.材料的亚铁磁性应该与铁磁性有类似的特性.

在物理学的其他领域,人们已普遍使用国际单位制（SI）,然而在磁学领域,SI 单位制和高斯（Gauss）单位制（也称为 CGSM 单位制）都在使用.可能是由于 CGSM 单位制非常适合于讨论与介质极化有关的问题,因而磁学工作者在从 CGSM 单位制到 SI 单位制的转变过程中,表现出明显的迟钝.在 SI 单位制中,磁感应强度 B 是基本物理量,而磁场强度 H 是导出物理量；而在 CGSM 单位制中,磁场强度 H 是基本物理量,而磁感应强度 B 是导出物理量.在两种单位制中,磁感应强度 B、磁场强度 H 和材料的磁化强度 M 之间的关系也不尽相同,在 SI 单位制中 $B = \mu_0(H + M)$,μ_0 是真空磁导率,其值为 $4\pi \times 10^{-7}$ H/m（亨利/米）,而在 CGSM 单位制中,其关系由式（12.1）给出,因而两种单位制的转换关系也较为复杂,表 12.2 给出了主要磁

学量在两种单位制中的转换关系.式(12.3)中磁化率 χ 和磁导率 μ 都是量纲为 1 的物理量.在两种单位制中,磁导率 μ 的数值相同,但在 SI 单位制中磁化率 χ 的数值为 CGSM 单位制中的 4π 倍.虽然磁化率 χ 是量纲为 1 的量,但在实际工作中,体积磁化率常表示为 emu/cm³,emu 为静磁单位.在这种表示中磁化率的 emu 相当于 cm³,这样摩尔磁化率则表示为 cm³/mol.这些表示方式都是在文献中常常用到的.

表 12.1　材料的磁性和磁化率

磁性行为	典型 χ 值	随温度上升 χ 的变化
抗磁性	$-10^{-6} \sim -10^{-5}$	无变化
Pauli 顺磁性	$10^{-5} \sim 10^{-4}$	无变化
顺磁性	$0 \sim 10^{-2}$	下降
反铁磁性	$0 \sim 10^{-2}$	上升
铁磁性	$10^{-2} \sim 10^{6}$	下降

表 12.2　主要磁学单位在两种单位制中的换算关系

磁学量	符号	SI 制 $B = \mu_0(H+M)$		CGSM 制 $B = H + 4\pi M$		转换因子*
磁场强度	H	安培/米	A/m	奥斯特	Oe	$4\pi \times 10^{-3}$
磁感应强度（磁力线密度）	B	特斯拉	T	高斯	Gs	10^{4}
磁化强度	M	安培/米	A/m	高斯	Gs	10^{-3}
体积磁化率	χ_V			静磁单位/厘米³	emu/cm³	$1/4\pi$
摩尔磁化率	χ_m, χ	立方米/摩尔	m³/mol	静磁单位/摩尔	emu/mol	$10^{6}/4\pi$
磁矩	μ					1
真空磁导率	μ_0	亨利/米	H/m			$10^{7}/4\pi$

* 1 国际制单位＝转换因子×高斯制单位.

12.2　磁性的本质

电子的自旋磁矩和轨道磁矩是原子磁矩的来源.我们知道电子具有自旋,单个电子自旋产生内禀角动量使电子带有磁矩,称作自旋磁矩

$$\mu_s = g\sqrt{s(s+1)}\,\mu_B \tag{12.5}$$

式中:$g = 2.0026 \approx 2$,称为电子自旋 g 因子,也称为 Landé(朗德)因子;s 是自旋量子数,对于单个电子 $s = 1/2$;μ_B 是 Bohr(玻尔)磁子,是原子磁矩的天然单位,其值可以由下式求得

$$\mu_B = \frac{eh}{4\pi m_e} = 9.27 \times 10^{-24}\ \text{A} \cdot \text{m}^2 \tag{12.6}$$

式中:e 为电子电量,h 为 Planck 常数,m_e 为电子质量.电子的自旋磁矩是空间量子化的,μ_s 沿外磁场 H 的分量为

$$(\mu_s)_H = g m_s \mu_B \tag{12.7}$$

m_s 是自旋磁量子数,对于单个电子,m_s 的取值为 $+1/2$ 和 $-1/2$,这样 $(\mu_s)_H$ 有两个值 $+\mu_B$ 和 $-\mu_B$.$(\mu_s)_H$ 与 μ_s 的关系如图 12.1(a) 所示.很多元素的原子核也具有磁矩,但由于原子核的质量比电子大得多,由 Bohr 磁子的表达式 (12.5) 可以知道,原子核磁矩的数值很小,在考虑和研究材料的磁性时完全可以忽略原子核的贡献.

原子中的电子除了自旋磁矩外,电子围绕原子核的运动还会产生轨道角动量,相应磁矩为轨道磁矩.轨道磁矩可以由角量子数 l 求得

$$\mu_l = \sqrt{l(l+1)}\,\mu_B \tag{12.8}$$

轨道磁矩也是空间量子化的,μ_l 在外磁场 H 方向的投影为

$$(\mu_l)_H = m_l \mu_B \tag{12.9}$$

式中:m_l 是磁量子数,取值为 $0, \pm 1, \pm 2, \cdots, \pm l$,共 $2l+1$ 个可能取值.$(\mu_l)_H$ 和 μ_l 的关系表示在图 12.1(b) 中(以 $l=2$ 为例).

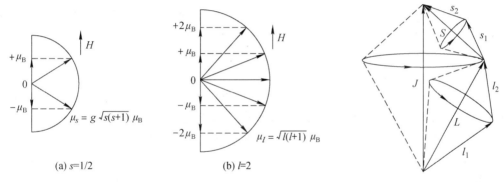

(a) $s = 1/2$ (b) $l = 2$

图 12.1 电子自旋磁矩的空间量子化 (a)   图 12.2 轨道-自旋耦合

和轨道磁矩量子化(以 $l=2$ 为例)(b)   (L-S 耦合)示意图

对于包含多个未成对电子的原子,其磁矩是这些未成对电子贡献的总和.这时我们要考虑原子的总自旋量子数 S 和总轨道角量子数 L,以及它们耦合产生的总角量子数 $J(=L \pm S)$.S 和 L 分别是 s 和 l 的组合,关于 S、L 和 J 的具体计算方法请参考量子力学的基础教科书,L-S 的耦合关系示意地表示在图 12.2 中.这样,我们可以得到原子的总磁矩为

$$\mu_J = g_J \sqrt{J(J+1)}\,\mu_B \tag{12.10}$$

Landé 因子 g_J 的表达式为

$$g_J = 1 + \frac{J(J+1) + S(S+1) - L(L+1)}{2J(J+1)} \tag{12.11}$$

同样,原子的总磁矩也是空间量子化的,其在磁场方向上的分量为

$$(\mu_J)_H = g_J m_J \mu_B \tag{12.12}$$

$m_J = -J, -J+1, \cdots, J$,共 $2J+1$ 个可能值.

根据 Pauli 原理,一个轨道最多充填 2 个自旋相反的电子,因此完全充满的轨道其电子自

旋磁矩为零.对于满壳层电子组态的原子或离子,不仅总自旋为零,由于电子云呈球对称分布,总轨道角动量也为零,所以这些原子或离子的磁矩为零.

12.3　抗磁性与顺磁性

12.3.1　抗磁性

不含有未成对电子的化合物通常只具有抗磁性.我们可以这样理解物质抗磁性的产生:当我们在一金属环附近逐渐增加磁场时,金属环中会出现感生电流,感生电流会产生一个与外磁场相反的附加磁场,附加磁场的大小与感生电流成比例.由于金属存在电阻,当磁场恒定时,金属环中的电流和感生磁场随即消失.原子核外电子在磁场作用下也有类似的效应,即会产生出一个与外磁场方向相反的感生磁场.原子核外电子的运动具有确定的波函数,恒定磁场也可以产生诱导磁矩.由于感生磁矩的方向与外磁场相反,称作物质的抗磁性.抗磁性是普遍存在的,但一般数值非常小(χ 在 $-10^{-6} \sim -10^{-5}$ 量级),只有当材料中不存在固有原子磁矩时,才能观测到它的存在.物质抗磁性的一个重要特点是具有加和性,化合物的抗磁性可以从组成化合物的原子或官能团的抗磁性加和得到,这对于计算有机化合物的磁性非常重要.另外,抗磁性与温度无关.超导体也具有抗磁性,根据 Meissner(迈斯纳)效应,超导体内的磁感应强度保持为零,因此,超导体在磁场中的抗磁化强度与外加磁场相当,称作完全抗磁性.

12.3.2　顺磁性

若材料中存在有原子磁矩,且原子磁矩间没有相互作用,材料可以表现出顺磁性.没有外磁场时,原子磁矩随机取向,材料不显示宏观磁矩.在外磁场作用下,原子磁矩沿外场方向发生一定程度的取向.随外磁场强度的增加,磁矩沿外磁场的分量增加,材料表现出顺磁性.在磁场中原子能级发生 Zeeman(塞曼)分裂,分裂的子能级是与磁矩在磁场中的取向相对应的.对于一个总角动量为 J 的原子或离子,在磁场中磁矩的 Zeeman 能级可以表示为

$$E = g_J m_J \mu_B H \tag{12.13}$$

式中:m_J 从 J 变到 $-J$ 对应于磁矩在磁场中的不同取向.氢原子在磁场中的行为是一个最简单的例子,氢原子的 1s 轨道的轨道角动量为零,原子的磁矩来源于电子的自旋,即 $J = S$.这时 m_J 可以取 $+1/2$ 和 $-1/2$,对应的能级为

$$E = \pm g_J \mu_B H / 2 \tag{12.14}$$

在通常磁场强度不是很大,温度也不是很低的实验条件下,Zeeman 能级分裂一般很小,其分裂能在数值上往往与 kT 相当.电子在 Zeeman 能级中遵从 Boltzmann 分布

$$\exp\left(-\frac{\Delta E}{kT}\right) = \exp\left(-\frac{g_J \mu_B \Delta m_J H}{kT}\right) \tag{12.15}$$

式中:ΔE 为不同 Zeeman 能级的能级差,k 为 Boltzmann 常数,T 为热力学温度。

我们可以对一般条件下电子在 Zeeman 分裂能级中的分布作一个估计,从而使我们对材料顺磁性的物理图景有个形象的理解.对于氢原子体系,m_J 取 $+1/2$ 和 $-1/2$,$\Delta m_J = 1$.设磁场强度 H 取 10 Gs(这是用一般的线圈很容易得到的磁场),温度为室温,用上述公式可以计算出两能级占有率的差别仅为 0.1%,表明在通常的条件下,顺磁性物质表现出的磁化率是很小的,热振动使磁矩无序化.当体系的温度降低和磁场强度增大时,Zeeman 能级间的能级差

$\Delta E > kT$,这时电子将按能量由低到高的顺序占据上述能级,电子在低能级(m_J 较大能级)上的占有率增大,材料表现出较大的磁化强度.原则上讲,当温度足够低,磁场足够强时,顺磁体系中的原子磁矩以最大限度沿磁场取向(即电子全部在 m_J 最大的能级上分布),这时顺磁达到饱和.然而在实验上,这么强的磁场在实际中是很难实现的.在远离饱和的弱磁场下,顺磁性材料的磁化强度与外磁场成正比,比值是材料的磁化率.

顺磁性材料的磁化率 χ 与温度的关系应服从 Curie 定律

$$\chi = \frac{M}{H} = \frac{C}{T} \tag{12.16}$$

式中:C 为 Curie 常数,T 为热力学温度.实际上对很多材料来说,原子磁矩之间存在一定的相互作用,使磁化率偏离 Curie 定律.这时磁化率与温度的关系可以用 Curie-Weiss(居里-外斯)定律表达

$$\chi = \frac{C}{T - \theta} \tag{12.17}$$

式中:θ 称为 Weiss 常数.在随后的章节我们可以知道,对于反铁磁材料和铁磁材料,在高温下它们的磁化率与温度的关系符合 Curie-Weiss 定律.对于反铁磁材料,在反铁磁-顺磁转变的Néel 温度之上,Curie-Weiss 定律有效,且 $\theta < 0$;对于铁磁材料,使磁化率-温度关系符合 Curie-Weiss 定律的临界温度是顺磁 Curie 温度(T_p),略高于铁磁-顺磁转变的居里温度(T_C),且有$T_p = \theta$.

我们可以利用含有 Zeeman 分裂体系的能级分布从理论上推出 Curie 定律.根据经典电磁理论,材料的磁化强度 M 可以表示成

$$M = -\frac{\partial E}{\partial H} \tag{12.18}$$

式中:E 为 Zeeman 能级.根据 Boltzmann 分布,一个有 n 个 Zeeman 能级 E_n($n = 1, 2, 3, \cdots$)体系的磁化强度可以表示为

$$M = \frac{N \sum\limits_n -\frac{\partial}{\partial H}\left[E \exp\left(-\frac{E_n}{kT}\right)\right]}{\sum\limits_n \exp\left(-\frac{E_n}{kT}\right)} \tag{12.19}$$

式中:N 是 Avogadro(阿伏加德罗)常数.上式是材料磁性的一般表达式,其中没有任何假设.对于具体的体系,我们需要了解 Zeeman 能级与磁场强度间的关系 $E = f(H)$.一般地说,了解$E = f(H)$ 的解析关系是比较困难的.van Vleck(范弗莱克)曾作了两点假设,一是体系的能级可以对磁场展开成下列级数

$$E_n = E_n^{(0)} + E_n^{(1)} H + E_n^{(2)} H^2 + \cdots \tag{12.20}$$

另外,假设外磁场不大,即 H/kT 的数值比较小.考虑上述假设,式(12.16)可以表示为

$$\chi = \frac{M}{H} = \frac{N \sum\limits_n -\left[\frac{(E_n^{(1)})^2}{kT} - 2E_n^{(2)}\right] \exp\left(-\frac{E_n^{(0)}}{kT}\right)}{\sum\limits_n \exp\left(-\frac{E_n^{(0)}}{kT}\right)} \tag{12.21}$$

在很多情形下,二级 Zeeman 分裂 $E_n^{(2)}$ 可以忽略不计,式(12.21)可以简化为

$$\chi = \frac{N \sum_n \left[\frac{(E_n^{(1)})^2}{kT} \right] \exp\left(-\frac{E_n^{(0)}}{kT}\right)}{\sum_n \exp\left(\frac{E_n^{(0)}}{kT}\right)} \tag{12.22}$$

考虑总量子数为 J,且体系中的原子磁矩间没有磁相互作用的情况.在未加磁场时,体系的 $2J+1$ 个能级是简并的,在外磁场作用下,体系发生 Zeeman 分裂,相应 Zeeman 能级的能量位置可以表示成

$$E_n = g_J m_J \mu_B H \tag{12.23}$$

式中: m_J 的数值可以从 $-J$ 到 J.从式(12.22)可以看到,体系的 Zeeman 能级分裂与磁场强度成正比,即式(12.20)中只有 $E_n^{(1)}$ 不等于零.将式 (12.23) 代入式(12.22)并简化,可以得到磁化率的表达式为

$$\chi = \frac{N g_J^2 \mu_B^2}{3kT} J(J+1) \tag{12.24}$$

式(12.24)与式(12.16)表示的 Curie 定律具有相同的形式,表明 Curie 定律不仅是一个实验定律,同时通过理论推导也可以获得.从上面的推导我们知道,顺磁性物质只有在磁场较小时才符合 Curie 定律.在磁场较大时,材料的磁行为将在下一节中讨论.

12.3.3　有效磁矩和饱和磁矩

将式(12.24)与式(12.16)对比发现,式(12.24)中含有 $g_J^2 J(J+1) \mu_B^2$ 的形式,这正是体系磁矩 μ_J 的平方.如果我们将 $g_J \sqrt{J(J+1)}$ 称为体系的有效磁矩 μ_{eff},则式 (12.24)可以表示为

$$\chi = \frac{N \mu_{eff}^2 \mu_B^2}{3kT} = \frac{N \mu_J^2}{3kT} \tag{12.25}$$

将式 (12.24)和式(12.25)对比可知,我们可以利用 Curie 定律通过实验方法计算体系的有效磁矩.

对于稀土离子,单电子占据内层的 f 轨道,受外部环境的影响弱,自旋-轨道耦合强,理论有效磁矩可以用 $g_J \sqrt{J(J+1)}$ 计算,其中 g_J 由式 (12.11)计算.表 12.3 列出了稀土离子的理论和实验有效磁矩.对于大多数稀土离子,其有效磁矩的理论值和实验值符合得较好.

表 12.3　稀土离子的理论和实验有效磁矩（单位: μ_B）

离子	f 电子数	$\mu_{eff}(J)$（理论）	μ_{eff}（实验）
Ce^{3+}	1	2.54	2.4
Pr^{3+}	2	3.58	3.5
Nd^{3+}	3	3.62	3.5
Sm^{3+}	5	0.84	1.5
Eu^{3+}	6	0	3.4
Gd^{3+}	7	7.94	8.0
Tb^{3+}	8	9.72	9.5
Dy^{3+}	9	10.63	10.6

续表

离子	f 电子数	$\mu_{\text{eff}}(J)$（理论）	μ_{eff}（实验）
Ho^{3+}	10	10.60	10.4
Er^{3+}	11	9.59	9.5
Tm^{3+}	12	7.57	7.3
Yb^{3+}	13	4.54	4.5

第一过渡周期离子的单电子处于 3d 轨道.3d 轨道与配位原子轨道有一定的相互作用,自旋-轨道耦合减弱,其有效磁矩可以用下式计算

$$\mu_{\text{eff}}(S+L) = \sqrt{g^2 S(S+1) + L(L+1)} \tag{12.26}$$

在很多情况下,由于晶体场的影响,3d 过渡金属离子的轨道角动量被全部猝灭,磁矩只来源于自旋角动量,这时有效磁矩可以由更简化的式子计算

$$\mu_{\text{eff}} = g\sqrt{S(S+1)} \tag{12.27}$$

表 12.4 列出了由式(12.26)和式(12.27)计算的有效磁矩以及相应的实验值.可以看出,对于前过渡周期离子,仅考虑自旋角动量对磁矩的贡献,其理论值与实验值就有很好的符合;而对于后过渡周期离子,有些情况下轨道角动量只是部分猝灭.

下面我们分析一个具体例子,说明顺磁性化合物的特点.$La_2Ca_2MnO_7$ 是一种具有层状钙钛矿结构的化合物,结构是由三方钙钛矿层(La_2MnO_6)和具有石墨结构的 Ca_2O 层交替构成.图 12.3 给出了 $La_2Ca_2MnO_7$ 的晶体结构,结构中锰离子处于八面体格位,锰氧八面体是分立的,离子之间的磁相互作用比较弱,在较高温度下应当表现为顺磁性.图 12.4 是 $La_2Ca_2MnO_7$ 的摩尔磁化率曲线.磁化率的变化符合 Curie-Weiss 定律（图 12.5）,其中 Curie 常数 $C = 2.48$,Weiss 常数 $\theta = -31.3$ K.Curie 常数是与化合物的有效磁矩相关的常数,Weiss 常数则表示磁性离子之间相互作用的性质和强弱.Weiss 常数为负值,表示磁性离子之间的相互作用是反铁磁性.

表 12.4　第一过渡周期离子理论和实验有效磁矩（单位：μ_B）

离子	单电子数	$\mu_{\text{eff}}(S+L)$（理论）	$\mu_{\text{eff}}(S)$（理论）	μ_{eff}（实验）
V^{4+}	1	3.00	1.73	≈ 1.8
V^{3+}	2	4.47	2.83	≈ 2.8
Cr^{3+}	3	5.20	3.87	≈ 3.8
Mn^{2+}	5（HS）	5.92	5.92	≈ 5.9
Fe^{3+}	5（HS）	5.92	5.92	≈ 5.9
Fe^{2+}	4（HS）	5.48	4.90	$5.1 \sim 5.5$
Co^{3+}	4（HS）	5.48	4.90	≈ 5.4
Co^{2+}	3（HS）	5.20	3.87	$4.1 \sim 5.2$
Ni^{2+}	2	4.47	2.83	$2.8 \sim 4.0$
Cu^{2+}	1	3.00	1.73	$1.7 \sim 2.2$

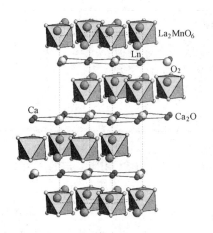

图 12.3 La₂Ca₂MnO₇ 的晶体结构

结构可以看成是由 La₂MnO₆ 的单层六方钙钛矿层和
石墨结构的 Ca₂O 层沿 c 轴交替排列构成的.钙钛矿单
层中的 MnO₆ 八面体并不连接,钙离子为三棱柱配位

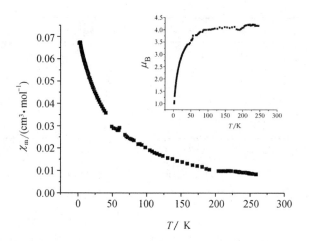

图 12.4 La₂Ca₂MnO₇ 的磁化率曲线

右上图中有效磁矩 $\mu_{\text{eff}}(\text{BM})=2.83(\chi T)^{\frac{1}{2}}$

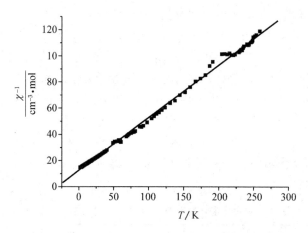

图 12.5 La₂Ca₂MnO₇ 的磁化率倒数与温度的关系

前面提到,我们可以利用磁化率通过 Curie 定律得到化合物的有效磁矩.我们先计算
La₂Ca₂MnO₇ 的理论磁矩.La₂Ca₂MnO₇ 中的锰离子为四价(d^3,$S=3/2$),只考虑自旋,可以得
到

$$\mu_{\text{eff}} = g\sqrt{S(S+1)} = 3.87(\mu_B) \tag{12.28}$$

我们可以用两种方式利用实验数据估算化合物的有效磁矩的大小.将式(12.24)变换,并将
Avogadro 常数 N、Boltzmann 常数 k 代入,从而可以得到

$$\mu_{\text{eff}} = 2.83\sqrt{\chi T}(\mu_B) \tag{12.29}$$

这个表达式在磁性离子之间相互作用很小时成立,因此,只能利用较高温度的磁化率数据计算
有效磁矩.从图 12.4 有效磁矩随温度变化曲线得到该体系在室温下的有效磁矩为 $4\mu_B$ 左右,

与计算结果（$3.87\mu_{B}$）吻合.有效磁矩也可以用 Curie 常数（C）表示

$$\mu_{\text{eff}} = 2.83\sqrt{C}\,(\mu_{B}) \tag{12.30}$$

利用实验得到的 Curie 常数,也可以得到化合物的有效磁矩.

从 12.3.2 节的分析中我们知道,在通常的磁场强度下,Zeeman 分裂引起的能级差不是很大.根据 Boltzmann 分布关系在室温附近电子在各能级上都有分布,顺磁场能级的分布略优于逆磁场能级的分布,式(12.24)表示的 Curie 定律实际上是对分布在不同 Zeeman 能级上的单电子进行统计平均得到的.符合 Curie 定律的顺磁性,其体系磁化率不是很大,小于 10^{-2}.磁场强度的变化引起 Zeeman 能级的变化,从而引起电子在不同 Zeeman 能级的分布,进而引起磁化率的变化;温度的变化也同样引起电子在不同 Zeeman 能级上的分布,也会导致磁化率的变化.这两个方面是一般场强和温度下体系顺磁特性的本质,其中温度对电子分布的影响是 Curie 定律的本质.

如果提高磁场强度,使 Zeeman 分裂增大,导致电子只在最低 Zeeman 能级分布,这时体系的磁矩达到饱和.如果只考虑电子的自旋,最低 Zeeman 能级既是自旋量子数 S 最大的能级,其饱和磁矩可以由下式表示

$$\mu_{\text{sat}} = gS\,(\mu_{B}) \tag{12.31}$$

然而要达到如此高的磁场强度,实验上有一定的困难.为了获得体系的饱和磁矩,我们可以在提高磁场强度的同时,降低体系的温度.图 12.6 表示了几种顺磁盐在低温下磁矩与磁场强度的关系.可以看出,在低于 5 K 的低温下,当磁场强度达到一定的强度时,材料的磁矩趋于饱和,且饱和磁矩与式 (12.31)的计算结果有很好的吻合.

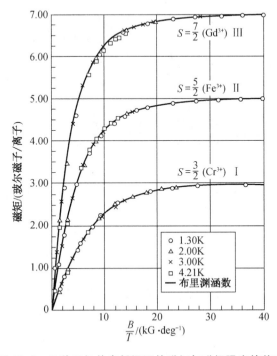

图 12.6 几种无机盐在低温下的磁矩与磁场强度的关系

（Ⅰ）铬钾矾 $KCr(SO_4)_2 \cdot 12H_2O$,（Ⅱ）铁铵矾 $NH_4Fe(SO_4)_2 \cdot 12H_2O$,（Ⅲ）八水合硫酸钆 $Gd_2(SO_4)_3 \cdot 8H_2O$

　　实验上提供一个高强度的磁场使体系的磁矩达到饱和并不是很容易,然而,在铁磁材料和反铁磁材料中磁矩之间的相互作用可以提供很强的内磁场使磁矩分布在最低的磁能级上,磁矩达到饱和.因而在估算铁磁材料和反铁磁材料的磁矩时,常使用饱和磁矩的叠加(对于铁磁材料)或相减(对反铁磁材料和亚铁磁材料).

12.4　反铁磁性和铁磁性

12.4.1　Weiss 的分子场理论

　　在没有外加磁场情况下,铁磁性材料内部的原子或离子磁矩仍可以沿一定方向自发平行排列.这种现象与在强外磁场和极低温度下顺磁物质磁矩沿磁场方向取向有本质不同,它是由材料内原子或离子之间强的相互作用造成的.在很长时间内,人们一直很难理解是什么力量使原子磁矩平行排列.1910 年 Weiss 曾提出分子场理论,试图说明铁磁性产生的原因.Weiss 认为,在铁磁性材料中相邻原子磁矩间存在一定的相互作用,这种相互作用相当于在材料内部存在一个附加磁场(分子场).附加磁场与外磁场平行,并与材料的磁化强度成比例.因此,材料内部的磁场强度应是外磁场和附加磁场之和,即 $H + \lambda M$,λ 为比例常数.假定体系在较高的温度下体系服从 Curie 定律,但体系磁场应该是包括外场和附加磁场的实际磁场,即

$$\frac{M}{H + \lambda M} = \frac{C}{T} \tag{12.32}$$

整理后,可以得到

$$\chi = \frac{M}{H} = \frac{C}{T - \lambda C} = \frac{C}{T - T_c} \tag{12.33}$$

这正是我们在前面介绍的 Curie-Weiss 定律 (12.17),其中引入的参数 T_c 称作 Curie 温度或 Curie 点.T_c 具有温度量纲,是材料铁磁性-顺磁性的转变温度.根据一般材料的 T_c 值可以大致估算出分子场的场强为 10^7 Gs,这是一个很高的磁场强度值,一般实验上不容易达到,也远大于铁磁材料的饱和磁场强度.从 Curie-Weiss 定律可以知道,当 $T > T_c$ 时,材料具有顺磁性;$T = T_c$ 时,磁化率存在一异常点,数值趋近于无穷;$T < T_c$ 时,M 不再正比于磁场 H,这意味着即使外磁场等于零,材料内部仍存在有磁化强度,即在分子场的作用下磁矩发生自发磁化现象,材料表现为铁磁性,这时 Curie-Weiss 定律没有意义.

　　在反铁磁性材料内部,原子或离子的磁矩沿一定方向自发反平行排列.只要我们假设 λ 为负值,同样可以得到如式(12.17)所示的 Curie-Weiss 定律,只是这时的 Weiss 常数 $\theta < 0$.利用分子场理论的观点可以解释铁磁性材料和反铁磁性材料的一些性质,但是并不能给出分子场的物理意义.按照量子力学的观点,实际上分子场起源于磁性原子或离子之间未配对电子的各种交换作用.

　　图 12.7 示意性地表示了反铁磁材料和铁磁材料磁化率与温度的关系.对于反铁磁材料,反铁磁-顺磁转变的温度称为 Néel 温度 T_N.在 $T < T_N$ 时,材料为反铁磁性,磁化率随温度的降低而下降;在 $T > T_N$ 时,材料为顺磁性,磁化率随温度的升高而下降;在 $T = T_N$ 时磁化率为最大,一般小于 10^{-2} 量级.对于铁磁材料,在 $T < T_c$ 时,材料表现出铁磁性,随着温度的降低,磁化率不断提高,可以高达 10^6 量级;在 $T > T_c$ 时,与反铁磁材料一样,材料成为顺磁性,磁化率随温度的升高而下降.图 12.8 表示了铁磁材料和反铁磁材料的"χ^{-1}-T"关系.作为对

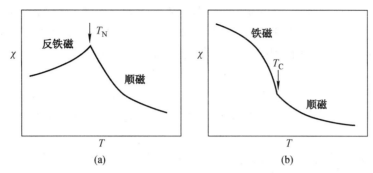

图 12.7 反铁磁性(a)和铁磁性(b)材料的磁化率与温度的关系

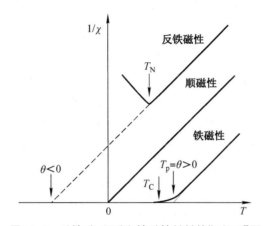

图 12.8 反铁磁、顺磁和铁磁性材料的"$1/\chi$-T"图

比,顺磁材料的"χ^{-1}-T"关系也表示在图中.在高温下反铁磁材料和铁磁材料均符合 Curie-Weiss 定律.然而反铁磁材料的 Weiss 常数 θ 为负值,与 Néel 温度 T_N 无关.对于铁磁材料,理论上 T_C 应该与 θ 一致,然而实际上 T_C 略小于 $\theta(T_p)$.Curie-Weiss 定律描述的是磁矩之间完全没有相互作用时材料的磁行为,而铁磁材料中磁矩之间有很强的相互作用,这样在较高的温度下材料才能更好地符合 Curie-Weiss 定律,因而在实际材料中 T_C 略小于 θ 是不难理解的.

12.4.2 交换作用

材料的反铁磁性和铁磁性都来自于未配对电子的相互作用.假设体系中有两个 Cu^{2+} 离子 A 和 B 被抗磁性的配体隔开,Cu^{2+} 离子中的未配对电子可以通过配体发生交换相互作用(exchange interaction).这时,Cu^{2+} 离子的自旋 $s_A = s_B = 1/2$ 不再是好的量子数,即每个 Cu^{2+} 离子的自旋量子数单独不能很好地表示体系的状态,而体系的状态要用总量子数表示:$S = s_A + s_B = 1$ 和 $S = s_A - s_B = 0$.

由于离子之间的磁相互作用,即使没有外磁场,能级也不再简并.用 Hamilton(哈密顿)量 H_{ex} 表示原子之间的磁相互作用

$$H_{ex} = -\sum_{ij} J(r_{ij}) S_i S_j \tag{12.34}$$

式中:S 表示原子或离子的自旋;J 称作交换作用参数,表示磁相互作用特性和大小.在铜的双原子体系中,自旋状态分裂成 $S=0$ 的单线态和 $S=1$ 的三线态,J 是两种自旋状态的能量差.

如果 $S=0$ 的单线态能量较低,J 为负值,相邻铜离子的自旋反平行排列,是反铁磁性相互作用.反之,如果 $S=1$ 的三线态能量较低,J 为正值,相邻铜离子的自旋平行排列,是铁磁性相互作用.J 的数值与原子间相互作用的大小有关,通常认为有下列关系

$$J_{AF} = 4\beta S \quad 或 \quad J_F = 2k \tag{12.35}$$

式中:J_{AF} 是反铁磁性相互作用参数,J_F 则是铁磁性相互作用参数.反铁磁性相互作用参数与轨道重叠积分(S)和电子迁移积分(β)的乘积成比例.轨道的重叠积分可以表示为

$$S = (a(1) \mid b(1)) \tag{12.36a}$$

与参与相互作用的原子轨道交叠有关.电子迁移积分可以表示为

$$\beta = \langle a(1) \mid h(1) \mid b(1) \rangle \tag{12.36b}$$

式中:h 表示电荷迁移的哈密顿量.铁磁性相互作用参数与轨道电子的交换积分 k 成正比,交换积分 k 可以表示为

$$k = \langle a(1)b(2) \left| \frac{1}{r_{12}} \right| a(2)b(1) \rangle \tag{12.36c}$$

式中:a 和 b 是参与磁相互作用的原子轨道,相互作用与原子间距离有关,随距离增加数值迅速减小.由此我们可以看出,反铁磁性相互作用则主要来源于轨道间的交叠和电荷迁移.铁磁性相互作用主要与体系的交换作用能(exchange energy)有关.在有外磁场时,三线态将发生分裂,而单线态的不受影响.图 12.9 定性地示出了在外磁场中能级分裂情况.将图中所示的能级代入式(12.21),可以得到在磁场较小时,磁化率应符合下式

$$\chi = \frac{2Ng^2\mu_B^2}{kT \left[3 + \exp\left(-\dfrac{J}{kT}\right) \right]} \tag{12.37}$$

我们利用式(12.37)定性讨论磁化率随温度的变化.当 $J < 0$,即原子磁矩间存在反铁磁性相互作用时,随温度降低,磁化率上升到一极大值,随温度进一步降低磁化率减小,并趋向于零,与图 12.7(a)表示的情形一致.当原子间的相互作用为铁磁性时,即 $J > 0$ 时,随温度降低磁化率一直上升,与图 12.7(b)表示的情形类似.简单的双原子体系磁行为反映了反铁磁和铁磁性相互作用的一般规律,但这并不能说明在什么情形下体系具有反铁磁性或铁磁性.

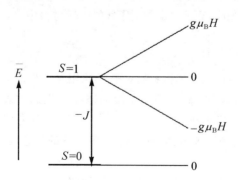

图 12.9 外磁场对 Cu^{2+}-O-Cu^{2+} 体系能级的影响

在过渡金属化合物中,磁性离子之间的反铁磁相互作用主要是通过超交换(superexchange)过程实现的.图 12.10 表示了 NiO 中个 Ni^{2+} 离子之间发生超交换相互作用的情况.Ni^{2+} 离子有 8 个 d 电子,在八面体配位环境中,6 个电子占满由 d_{xy}、d_{xz} 和 d_{yz} 构成的 t_{2g} 反键轨

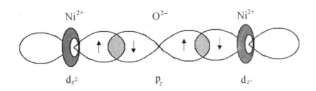

图 12.10 Ni^{2+} 中的 d 电子通过中间的氧离子的 p 轨道发生自旋耦合(超交换作用)

道,两个电子分别占据由 d$_{z^2}$ 和 d$_{x^2-y^2}$ 构成的 e$_g$ 反键轨道.金属离子未充满的 d 轨道通过氧的 p 轨道发生磁耦合,耦合涉及 p-d 电荷迁移激发态,使过渡金属离子的磁矩反平行排列.这种磁相互作用的距离大于直接交换作用(direct exchange,如电子在两个氢原子之间进行交换形成共价键的情形)的距离,被称为超交换作用.我们知道,反铁磁性交换作用参数(J)正比于轨道的重叠积分和电子迁移积分($J_{AF}=4\beta S$).重叠积分(S)表示轨道间直接相互作用的大小,即成键情况;电子迁移积分(β)表示阴离子与金属离子之间的电荷迁移,即电荷迁移激发态的情况.当 d 轨道与配体的 p 轨道形成 σ 键时,超交换相互作用比较强,形成 π 键时则比较弱. LaCrO$_3$ 中 Cr^{3+}(d^3)离子之间的超交换相互作用是通过 π 键实现的,相应的反铁磁性相互作用比较弱;而 LaFeO$_3$ 中 Fe^{3+}(d^5)之间的超交换相互作用是通过 σ 键实现的,相应的反铁磁性相互作用比较强.后者的 Néel 温度高于前者.同样我们可以得出,过渡金属氧化物的 Néel 温度按 MnO<FeO<CoO<NiO 的顺序增高.

超交换相互作用与体系中的 M—O—M 键角有关,Anderson(安德森)和 Goodenough(古登那夫)等人曾经总结了 M—O—M 超交换相互作用的规律.认为当 M—O—M 夹角为 180° 时,半充满状态的过渡金属离子之间的相互作用为反铁磁性;而当 M—O—M 夹角为 90° 时,过渡金属离子之间的相互作用为铁磁性.

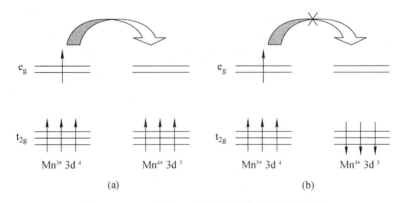

图 12.11 Mn^{3+} 和 Mn^{4+} 之间双交换过程示意图
(a) 交换过程可以发生,(b) 交换过程不能发生

一些含有混合价态的氧化物,其电子在两种价态离子之间发生双交换作用(double exchange),使材料显示铁磁性.La$_{1-x}$Sr$_x$MnO$_3$(0≤x≤1.0)材料体系具有钙钛矿结构,其中 La 为 +3 价,即 La^{3+},而 Sr 为 +2 价,即 Sr^{2+}.可以知道,Mn 的价态会随 x 值而变化,Mn^{4+} 的含量为 x,而 Mn^{3+} 的含量为 $1-x$.对于 $x=0$ 和 $x=1.0$ 的两个顶端物相,由于锰离子之间的超交换作用,它们都是反铁磁绝缘体.LaMnO$_3$ 只含有 Mn^{3+} 离子,它是一个 Jahn-Teller 离子.然

而,当 Sr 含量增加到 $x=0.175$ 时,Jahn-Teller 变形消失,体系成为铁磁性.该材料的 Curie 温度在室温附近,低于 Curie 温度时材料表现出金属性.

在 $La_{1-x}Sr_xMnO_3$ 中铁磁相互作用是通过双交换过程实现的.双交换作用可以认为是一种铁磁性的超交换作用,其过程可以从图 12.11 描述的过程来理解.Mn^{3+} 离子的 e_g 电子可以向近邻具有未充满轨道的锰离子跳跃.根据 Hund(洪特)规则,这种跳跃只能在两个具有相同自旋方向的离子之间进行,因为电子在跳跃过程中不会发生自旋方向的反转.如果近邻是 Mn^{4+} 离子,这种跳跃是可以发生的,并在跳跃过程中要求 Mn^{3+} 和 Mn^{4+} 离子的 3 个 t_{2g} 电子平行排列[如图 12.11(a)],从而使它们之间按铁磁性排列.同时,由于 e_g 电子在晶格中的跳跃,使材料表现出金属导电性.如果两个锰离子的 t_{2g} 电子反平行排列,则 e_g 电子的跳跃过程不能发生[如图 12.11(b)].

双交换过程对 Fe_3O_4 的磁性也起着作用.在 Fe_3O_4 中,有相等数量的 Fe^{2+}($3d^6$)和 Fe^{3+}($3d^5$)离子占据八面体格位,同样数量的 Fe^{3+} 离子占据四面体格位.处于八面体格位的 Fe^{2+} 和 Fe^{3+} 离子的磁矩通过双交换作用形成铁磁性排列,而处于四面体格位的 Fe^{3+} 离子与处于八面体格位的 Fe^{3+} 离子通过超交换作用形成反铁磁排列。这样两种 Fe^{3+} 离子的磁矩相互抵消,材料仅表现出 Fe^{2+} 离子的净磁矩.磁测量给出的每分子磁矩与理论预期的 $4\mu_B$ 十分接近.

需要说明的是,以上给出的对于材料反铁磁性和铁磁性的这种分子轨道理论的解释只对化合物类（如氧化物）的磁性材料适用,金属磁性材料的情况则要复杂得多,我们将在下面的章节中讨论.

12.4.3　反铁磁性和亚铁磁性

如前所述,反铁磁性材料在较高温度下具有顺磁性,当温度降低到临界温度以下时,表现出反铁磁性.由顺磁性转变为反铁磁性的临界温度称为 Néel 转变温度,用 T_N 表示.我们以 MnO 为例来进一步说明材料的反铁磁性.图 12.12 给出了 MnO 的磁化率随温度的变化.MnO 具有 NaCl 结构,在 122 K 以上,MnO 表现为顺磁性,其磁化率随温度降低而增加;当温度低于 122 K 时,MnO 的磁化率随温度降低而下降.可以利用高温磁化率估算磁相互作用参数.一般地说,反铁磁性材料在高温下符合 Curie-Weiss 定律,Weiss 常数通常小于零.其他的 3d 过渡金属氧化物 FeO($T_N=198$ K)、CoO($T_N=293$ K)和 NiO($T_N=523$ K)在低温下都表现出反铁磁性,而且,随过渡金属原子序数的增加,转变温度(T_N)上升,表明反铁磁性相互作用按上述顺序逐步增强.

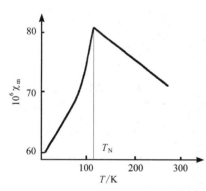

图 12.12　MnO 的磁化率随温度的变化

反铁磁性材料中的金属离子磁矩反平行排列,形成长程磁有序结构.考虑金属离子磁矩的方向,晶体结构中处于同一等效点系的离子可以不再等同,因此,材料磁结构的单胞和空间群都可能不同于晶体结构.晶体的 X 射线衍射是 X 射线与原子核外电子相互作用产生的散射效应,不受离子磁矩排列状况的影响,因此不能用于研究材料的磁结构.中子具有磁矩,中子衍射主要是中子与原子核相互作用产生的散射效应,如果材料中存在长程磁有序,会对中子产生磁散射,中子衍射图谱中出现磁衍射峰.因此,中子衍射技术是了解固体中原子磁矩取向和排列情况的有效方法.

图 12.13 是 MnO 在不同温度下的中子衍射和 X 射线衍射图谱.在室温下,MnO 为顺磁性,不存在长程磁有序,中子衍射与 X 射线衍射没有差别.MnO 的 Néel 温度为 122 K,在这个温度以下,MnO 具有反铁磁性,相邻格位 Mn^{2+} 离子的磁矩反向排列,因而在 80 K 的中子衍射图中出现了一些新的衍射峰,这些衍射峰是结构中金属离子反铁磁长程有序造成的.根据这些衍射峰的位置,可以确定磁结构的单胞.利用磁衍射峰的强度可以研究结构中磁矩的取向和大小.

图 12.14 是 MnO 在低温下的磁结构.由于磁矩方向不同,中子衍射得到的立方晶胞参数比 X 射线衍射得到的参数增加了一倍,从 $a = 4.43$ Å增加到 $a = 8.85$ Å.MnO 中 Mn^{2+} 离子磁矩沿着[111]方向排列.由于反铁磁有序,MnO 的立方单胞沿三重轴方向收缩,因此结构不再具有立方对称性,而是三方对称性.其他过渡金属的一氧化物都有类似的磁结构,NiO 的立方单胞沿三重轴方向收缩,FeO 则沿三重轴方向膨胀.

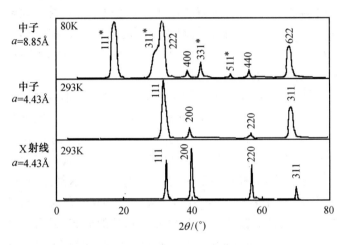

图 12.13　MnO 的 X 射线和中子衍射图谱

图中的衍射峰按立方单胞的 Miller(米勒)指数给出

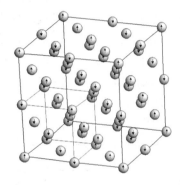

图 12.14　MnO、FeO 和 NiO 中的反铁磁超结构

图中只标出了金属离子的位置和磁矩取向(小单胞为晶体结构的面心立方单胞,大单胞系晶胞参数为 $2a$ 的假立方单胞;实际磁结构具有三方对称性)

从磁相互作用的角度看,亚铁磁性与反铁磁性的本质是相同的.相邻金属原子或离子之间的交换作用参数(J)为负值,磁矩反平行排列.我们可以将反铁磁性材料中的金属离子看成磁矩取向不同的两种亚晶格,在亚晶格内部,金属离子的磁矩方向相同,亚晶格之间磁矩相反,磁矩完全抵消.亚铁磁性材料的情况类似,但处于两种亚晶格上的磁性离子种类和磁矩大小不同,磁矩不能完全抵消.亚铁磁性材料的宏观性质与铁磁性相同,都表现为自发磁化,但饱和磁化强度是两种亚晶格上金属离子磁化强度的差值.亚铁磁性是常见的一类磁性质,很多实际应用的铁磁材料其磁性都来源于亚铁磁性相互作用.例如,磁铁矿 Fe_3O_4 具有反尖晶石结构,其中氧离子按立方最密堆积方式排列,晶体中的 Fe^{2+} 和一半的 Fe^{3+} 离子处于八面体格位,剩下的 Fe^{3+} 处于四面体的格位.处于四面体和八面体格位上的铁离子可以看成是两种亚晶格,亚晶格内部铁离子的磁矩平行排列,两者之间是反铁磁性相互作用,由于亚晶格上的铁离子数目和磁矩大小不同,宏观上看,Fe_3O_4 表现为铁磁性,具有较高的自发磁化和剩余的磁化强度. Fe_3O_4 是一种重要的永磁材料,在电子信息领域具有重要用途.另外,在很多稀土过渡金属永磁材料中都存在亚铁磁性相互作用.有关这方面的详细内容,在后面铁氧体和稀土永磁材料的章节中还会进一步介绍.

12.4.4　铁磁性

材料的铁磁性有两种含义,一是指材料中磁性离子之间磁矩的铁磁性相互作用(ferromagnetic interaction),还可以指材料表现出的宏观铁磁性现象(ferromagnetism).铁磁性相互作用是使原子或离子磁矩平行排列的物理效应,如 12.4.2 节中的双交换作用可以使化合物中不同价态磁性离子之间发生铁磁相互作用,后面 12.5.2 节中的直接交换作用和 RKKY 相互作用可以使一些金属原子之间发生铁磁相互作用.材料的宏观铁磁性主要表现为饱和磁化、磁滞和剩磁等现象.本节主要介绍铁磁材料的宏观性质.从前面的论述中已经知道,具有宏观铁磁性的材料中的磁相互作用不一定都是铁磁性的,亚铁磁性材料中存在反铁磁相互作用,但可以使材料表现出宏观铁磁性.由于通过双交换作用获得铁磁性的化合物材料实例较少,本节中涉及的材料实例主要是亚铁磁性化合物类材料和铁磁性金属材料.

铁磁性材料内部的自发磁化使原子磁矩平行排列.但在无外加磁场时,材料并不表现出宏观自发磁性质.Weiss 提出磁畴的概念说明宏观磁现象与微观磁矩间的联系.磁畴是指铁磁材料中的小区域,尺寸一般在微米量级,介于宏观材料和微观原子之间,是一种亚微观的结构.在磁畴的内部,原子磁矩平行排列.但未加外场时,各个磁畴的取向无序,相互抵消,宏观磁化强度为零.图 12.15 示意出了铁钇石榴石($Y_3Fe_5O_{12}$)材料中的磁畴.磁畴的观察是这样进行的,在抛光的材料表面涂一层含磁性颗粒的液体.由于磁畴取向不同,磁畴边界存在有较强的局域磁场,磁性颗粒聚集在磁畴的交界区域,利用光学显微镜可以观察磁性颗粒的分布,得到磁畴分布的情况.目前,人们也利用磁力显微镜(magnetic force probe microscopy,MFM)直接观察材料中磁畴的分布情况.相邻磁畴之间的相互作用使磁畴按一定方式排列.一般地说,相邻的磁畴倾向于反向排列(图 12.16),这种排列方式可以使磁通量形成闭合的回路,降低体系的能量.

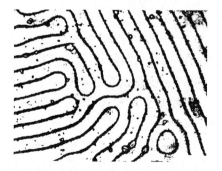

图 12.15　铁钇石榴石($Y_3Fe_5O_{12}$)的磁畴图

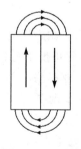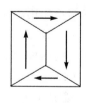

图 12.16　磁性材料中磁畴的可能排列

在外磁场作用下,磁畴可以沿磁场方向取向,当外磁场足够强时,铁磁性材料达到饱和,再继续加大磁场,材料磁化强度不再显著变化(图 12.17 中的曲线 a),饱和磁化强度用 M_s 表示.当磁场逐渐减小至零时,由于畴壁的钉扎效应,磁畴仍保持一致取向,材料保持一定剩余磁化强度 M_r.剩余磁化强度是永磁材料的一个重要参数.施加反向磁场可以使磁畴反转,材料的磁化强度随之下降.当反向磁场达到某一数值时,材料中正向和反向磁畴的数目相等,磁化强度为零,这时的反向磁场强度称作材料的矫顽力 H_c.材料的矫顽力也是一个重要的应用参数,它反映了磁性材料的磁畴抵抗反向磁场的能力.

继续增强反向磁场会使磁畴逐渐反向排列,并在相反方向上达到饱和.减小反向磁场和继续增加正向磁场,将重复上述过程,当材料回到正向饱和状态时,磁场正好完成一个周期,材料磁化曲线构成闭合曲线,称作磁滞回线 (hysteresis loop).图 12.17 是一典型的磁滞回线的示意图,其中的第二象限非常重要,磁化曲线与纵坐标的交点 M_r 为材料的剩余磁化强度,与横坐标的交点是材料的矫顽力 H_c.在第二象限中,磁场强度与磁感应强度乘积的最大值 $(BH)_{max}$ 称作材料的磁能积.这是一个评价永磁材料综合性能的参数.

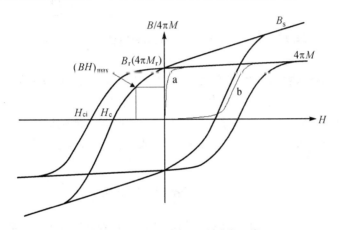

图 12.17 铁磁性材料的磁滞回线

B_s 为材料的饱和磁化强度,B_r 为材料的剩余磁化强度,H_{ci} 和 H_c 分别为材料的内禀
矫顽力和矫顽力,$(BH)_{max}$ 为材料的最大磁能积

图 12.18(a)表示了铁磁材料(金属 Fe 和 Ni)饱和磁矩与温度的关系.纵坐标表示 Fe 的饱和磁化强度(相对于 0 K 时的最大可能值),横坐标是实际温度与 Curie 温度的比值.利用这样的"对比坐标"有利于对具有不同 Curie 温度的材料进行对比.利用这种方法作图可以发现 Fe 和 Ni 具有十分相似的铁电行为:在 0 K 以上,而 T/T_c 较小时,随着温度的上升,饱和磁化强度几乎保持不变,然后在趋近于 T_c 时,饱和磁矩下降得越来越快.图 12.18(b)表示了铁磁材料(金属 Fe)的热容随温度的变化.在 Curie 温度附近热容呈现 λ 形状,表明铁磁-顺磁相变具有许多二级相变的特征,它是有序-无序相变的一个经典例证.这与 7.6.2 节中 $LiFeO_2$ 的有序-无序二级相变不尽相同:$LiFeO_2$ 中 Li 和 Fe 占据格位的有序-无序变化描述的是原子状态的变化;铁磁-顺磁变化对应的有序-无序相变是电子状态的变化.实际上,反铁磁-顺磁相变和亚铁磁-顺磁相变也都是二级相变,同样对应着电子状态的有序-无序转变.

不同铁磁性材料的磁滞回线形状可以有很大的差别.软磁性材料的磁滞回线非常窄,其主要特征是具有较高的磁导率($\mu = 1 + 4\pi\chi_v$),常用作线圈磁芯.纯铁是一种很好的软磁性材料,其磁导率可达 1000.硅铁合金的磁导率为 15000,还有一些合金的磁导率可以达到 10^4 或 10^5.
软磁性材料多用于发电机、电动机、变压器和其他一些电子器件中.硬磁性材料具有宽的磁滞
回线,具有较高的剩磁和矫顽力.硬磁性材料磁化后,可以保持较高的剩余磁化强度,主要用于
永磁体,提供稳定的磁场.

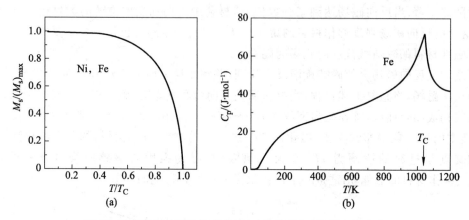

图 12.18　铁磁材料饱和磁化率(a)和热容(b)随温度的变化

　　实际应用中退磁场对材料的性能有很大影响.磁体内部的退磁场方向与磁化方向相反,使
磁体的磁化强度小于材料的剩磁,即磁体的工作点并非处于 $H=0$,而是位于退磁曲线(第二
象限中)的某一位置.因此,永磁体应当具有较高的矫顽力,以抵抗退磁场和外界磁场的干扰.
磁体所提供的磁场强度与工作点处的磁能积 BH 成比例,因此,最大磁能积是标志永磁材料
性能的最重要的参数.

12.5　金属材料的磁性

　　上一章节中介绍的磁相互作用以及材料的反铁磁性和铁磁性的来源主要适合于非金属材料
体系.金属材料的磁性和磁性的来源有很多特殊,这一章节中我们围绕金属材料的磁性进行讨论.

12.5.1　Pauli 顺磁性

　　金属的内层电子一般具有饱和电子构型,是抗磁的。外层的价电子在能带中排列,能带中
的每个子能级被自旋相反的两个电子占据,应该也表现抗磁性。然而由于能带是未满占的,这
些电子的自旋磁矩会在磁场中取向,使其能量状态发生变化,从而在子能级间重新分布,使得
材料表现出微弱的顺磁性,称为 Pauli 顺磁性.Pauli 顺磁性与抗磁性一样,与温度无关.表 12.5
列出了几种元素金属态和离子态的磁化率.从表中的数据可以看出,金属态的抗磁性明显小于
离子态,表明导电电子具有顺磁性,它们部分地抵消了内层电子的抗磁性。

　　金属能带中的每个子能级排列着两个自旋相反的电子,我们将态密度曲线 $N(E)$ 分成两
半,分属不同的自旋方向[如图 12.19(a)].在没有外磁场时,不同子能级上电子的自旋磁矩实
际是随机取向的.在外场 H 的作用下,电子自旋磁矩有与外场平行和反平行两种取向.外磁场
使这两半沿能量轴向相反的方向平移 $\mu_B H$ [如图 12.19(b)].这种平移,在图中表示得很明显,
实际上是很小的.若 H 为 1 T 时,$\mu_B H$ 约为 10^{-5} eV,远小于数量级通常为几个电子伏特的
Fermi(费米)能级 (E_F).对于磁矩方向与外场方向相反的电子,其能量高于 Fermi 能级的部分

将发生磁矩反转,填到磁矩与外场方向相同的空态上.体系平衡时,两种磁矩取向的电子具有相同的化学势[如图 12.19(c)].

表 12.5　几种元素金属态和离子态的磁化率(χ)

元素	离子	金属
Cu	-18.0×10^{-6}	-5.4×10^{-6}
Ag	-31.0×10^{-6}	-21.25×10^{-6}
Au	-45.8×10^{-6}	-29.51×10^{-6}

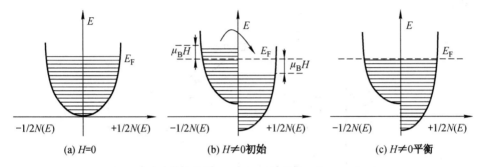

图 12.19　金属材料 Pauli 顺磁性的物理机理示意图

发生磁矩反转的电子数为

$$\frac{1}{2}\mu_B H N(E_F) \tag{12.38}$$

每反转一个电子,沿磁场方向磁矩改变 $2\mu_B$,产生的总磁矩(磁化强度)为

$$M=\mu_B^2 N(E_F)H \tag{12.39}$$

相应的磁化率为

$$\chi=\frac{\mu_0 M}{H}=\mu_0\mu_B^2 N(E_F) \tag{12.40}$$

该磁化率常称为泡利顺磁磁化率(Pauli paramagnetic susceptibility),其中 μ_0 是前面提到过的真空磁导率.

以上的分析告诉我们,从数值上看对金属材料 Pauli 顺磁性有贡献的电子仅是 Fermi 面附近的电子,这与第 10 章中介绍的金属材料的电导率和电子比热是一致的.远离 Pauli 面的电子起着使原子之间稳定结合的作用.由于 Pauli 顺磁性较弱,除了最轻的简单金属外,金属内层电子的抗磁性一般超过价电子的 Pauli 顺磁性,且同样与温度无关.另外,价电子作为运动着的带电粒子,也产生抗磁性.因而,我们很难将 Pauli 顺磁性的贡献从总的磁化率中准确干净地分离出来.

12.5.2　金属中的磁相互作用

相邻磁性原子或离子可以通过多种途径发生相互作用,而使材料显示反铁磁性或铁磁性.

前面介绍的超交换作用或双交换作用都是通过配位原子实现的.金属材料中如果磁性原子之间距离近,可以发生直接交换作用;如果磁性原子之间的距离远,它们之间可以通过导电电子传递磁相互作用（RKKY 模型）.只有当波函数有明显交叠时,直接铁磁性交换作用才可能发生.直接交换作用一般都很强,但随磁性原子之间的距离增加,相互作用急剧减小.3d 金属原子之间的交换积分的大小和方向与金属原子间的距离有关.图 12.20 示出 3d 金属原子的交换能与金属原子间距离的关系,图中同时给出了几种 3d 单质金属和稀土 Gd 所处的可能位置.Mn 金属的磁相互作用是反铁磁性的.铁与碳形成的合金 γ-Fe 中铁原子间的相互作用很小,也属于反铁磁性的.α-Fe、Co 和 Ni 金属中原子磁矩间的相互作用都是铁磁性的.金属 Gd 中的原子间距很大,4f 轨道之间的直接相互作用较小,但也是铁磁性的.这需要利用后面介绍的 RKKY 模型才能解释.实际上,目前人们对金属材料中磁矩之间的铁磁相互作用还不能给出一个简洁清晰的模型.

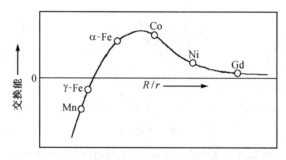

图 12.20 几种金属的交换积分与原子间距的关系

表 12.6 列出了一些单质金属和合金的磁性质.室温以上具有铁磁性的金属单质只有 Fe、Co 和 Ni.Dy 和 Gd 具有很大的原子磁矩,在 85 K 和 292 K 以下表现出铁磁性.锰的磁矩相当大,但在金属单质中磁矩并非平行排列,在一些锰的金属间化合物中,原子磁矩平行排列,形成铁磁性材料.

表 12.6 一些单质金属和合金的磁性质

材料	Curie 温度/K	原子磁矩/μ_B	磁化强度/$(10^6 A \cdot m^{-1})$
Fe	1043	2.2	1.7
Co	1400	1.7	1.4
Ni	631	0.6	0.51
Gd	292	7.1	2.0
Dy	85	10.1	2.9
Cu_2MnAl	710	3.5	0.50
MnBi	630	3.5	0.68

金属中的磁性离子实可以使导带电子极化,这种极化作用可以远距离传播,称作 RKKY 模型［4 位科学家名字的字头：Ruderman（鲁德曼）,Kittel（基特尔）,Kasuya（加须矢）和

Yosida（吉田）].RKKY 模型的典型例子是磁性玻璃.在磁性玻璃中,少量磁性原子分布在非磁性金属中,磁性离子实之间的距离很远,其磁相互作用是通过磁性离子实对导带电子的极化实现的.稀土金属中磁相互作用也属于这种情况.在 RKKY 体系中,局域原子磁矩与导带电子发生交换作用,使局域磁矩附近的导带电子发生自旋极化,可以表示为

$$H = -2Js \cdot S \tag{12.41}$$

式中:s 表示 Fermi 面附近电子的自旋,S 为磁性离子电子的自旋,J 为交换积分.导带电子的自旋极化的空间分布如图 12.21 所示.交换积分 J 是与距离相关的波动函数

$$F(x) = \frac{x\cos x - \sin x}{x^2} \tag{12.42}$$

导带电子的极化波可以传播相当远的距离,但振幅和方向随距离变化.极化的导带电子可以诱导磁性离子,使其平行或反平行排列.图中的箭头表示磁矩的取向,RKKY 引起的磁相互作用可以是铁磁性的,也可以是反铁磁性的.

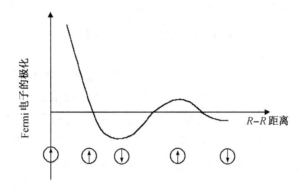

图 12.21　自旋极化在空间中的分布

12.5.3　磁性材料的能带结构

我们在讨论固体能带理论时,假设体系符合单电子近似,即每一个能量状态可以充填两个自旋相反的电子,这与过渡金属离子的低自旋状态相当.当体系中的电子之间存在较强的自旋交换作用时,电子自旋状态发生分裂,不同自旋的电子充填不同的能带.我们从金属的 Pauli 顺磁性出发,考虑磁性材料的能带结构.在外磁场作用下,不同自旋的能量状态会发生塞曼分裂,使能带中不同自旋的电子数目不同,产生出顺磁性.如果电子之间存在较强的自旋交换作用时,应当对 Pauli 顺磁性作校正

$$\chi' = \chi_{\mathrm{P}} \left[1 - \frac{KN(E_{\mathrm{F}})}{2} \right]^{-1} \tag{12.43}$$

式中:χ_{P} 是未校正的 Pauli 项,K 是电子的交换作用常数,矫正系数与 Fermi 面附近的能态密度有关.我们知道,过渡金属的 d 轨道构成的能带比较窄,在 Fermi 面附近的能态密度 $N(E_{\mathrm{F}})$ 较大,因此,修正项对于过渡金属化合物是非常重要的.当体系中电子的交换作用很强,即 $N(E_{\mathrm{F}})/2 > 1$ 时,Pauli 顺磁性不是稳定状态,在这种情况下,即使没有外磁场存在,不同自旋的能量状态也因交换作用而发生分裂,材料将表现出铁磁性或反铁磁性.

图 12.22 表示了 3d 能带充填的几种可能情况.图 12.22(a)表示了不同自旋的能带完全充

填,体系的磁矩为零.图 12.22(b)中的 3d 能带未充满,但 3d 轨道间的交换作用小,材料具有 Pauli 顺磁性.图 12.22(c)和(d)表示了铁磁性材料的能带,但两者的充填状况不同.如果我们改变 3d 能带中的电子数目,图 12.22(c)和(d)的两种充填情况表现出的磁性变化不同.在图 12.22(c)体系中,电子填到不同自旋能带,但由于不同自旋能带的能态密度 $N(E_F)$ 不同,材料有效磁矩增加;相反,在图 12.22(d)体系中加入电子,会使磁矩下降.

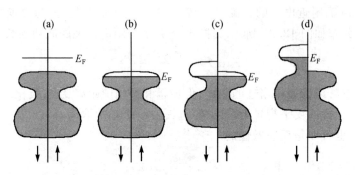

图 12.22 磁性材料能带示意图

3d 过渡金属可以形成多种二元合金,由于金属的 d 电子数目不同,3d 过渡金属二元合金体系反映了能带充填状况对磁性的影响.图 12.23 给出了过渡金属合金的磁矩随组成的变化.随 d 电子数目增加,3d 过渡金属合金的磁矩增大,在铁附近达到极大值,电子数目继续增加将导致体系的磁矩下降.过渡金属合金的磁矩变化反映了能带自旋分裂和充填状况的影响.

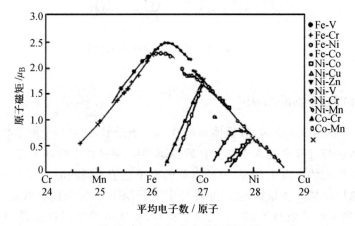

图 12.23 二元合金的原子磁矩

12.6 几种磁性材料介绍

12.6.1 铁氧体

铁氧体是一类在实际生产和生活中被广泛应用的重要磁性材料.铁氧体是铁的氧化物,最常见的是尖晶石和石榴石结构的铁氧体,它们均属于亚铁磁性材料.铁氧体中存在两种铁离子亚晶格,在亚晶格内,铁离子自旋平行排列,不同亚晶格自旋方向相反.由于不同亚晶格上的铁离子数目不同,材料显示出剩余磁化强度.铁氧体是绝缘体,因此在高频场中的损耗较小,常用于高频器件中.同时,铁氧体对一定波长的光是透明的,也被用作磁光材料.本节主要介绍和讨论尖晶石和石榴石铁氧体的组成、结构与磁性能的关系.

1. 尖晶石

尖晶石为立方晶系,氧离子构成立方最密堆积,二价和三价离子分别占据四面体和八面体格位.铁的尖晶石化合物可以表示为 MFe_2O_4,其中的 M 二价离子可以是 Zn、Cd、Fe、Ni、Cu、Co、Mg 等的离子.尖晶石分成正尖晶石和反尖晶石两种类型.正尖晶石中的二价离子处于四面体格位,三价的铁离子处于八面体格位,表示为 $(M^{2+})^{tet}(Fe^{3+})_2^{oct}O_4$.反尖晶石中的四面体格位被三价铁离子占据,八面体格位被二价金属离子和剩余的三价铁离子共同占据,表示为 $(Fe^{3+})^{tet}(M^{2+}Fe^{3+})^{oct}O_4$.$ZnFe_2O_4$ 具有正尖晶石结构,Fe_3O_4 和很多其他化合物具有反尖晶石结构.迄今已知的尖晶石结构化合物超过 200 种.

尖晶石铁氧体中的四面体和八面体共顶点连接,两种格位上的金属离子存在强的超交换相互作用,使离子自旋反平行排列.从宏观上看,亚晶格的内部的过渡金属离子是自旋平行排列的,但这并不意味着亚晶格内的铁离子间存在铁磁性相互作用.事实上,亚晶格内的相互作用也是反铁磁性的,这种反铁磁相互作用非常弱.亚晶格内原子磁矩的平行排列是亚晶格间的反铁磁性相互作用的必然结果.$ZnFe_2O_4$ 具有正尖晶石结构,Zn^{2+} 处于四面体格位上,Fe^{3+} 位于八面体格位.Zn^{2+} 的 d 轨道全充满,不带有原子磁矩,因此,$ZnFe_2O_4$ 体系中没有八面体亚晶格与四面体亚晶格间的反铁磁性相互作用,仅在八面体亚晶格内存在有磁相互作用,$ZnFe_2O_4$ 在常温下具有顺磁性,在很低的温度下($T_N = 9.5$ K)表现出反铁磁性.

$MgFe_2O_4$ 具有反尖晶石结构,结构中大部分 Mg^{2+} 离子处于八面体格位,少量占据了四面体格位,可以表示为 $(Mg_{0.14}Fe_{0.86})^{tet}(Mg_{0.86}Fe_{1.14})^{oct}O_4$.由于八面体与四面体格位上的磁矩是反平行的,$MgFe_2O_4$ 具有一定的亚铁磁性.在较高的温度下,$MgFe_2O_4$ 可以转变为正尖晶石.经过快速淬火得到的 $MgFe_2O_4$ 样品具有较小的反位程度,进而具有较大的磁矩.与 $MgFe_2O_4$ 相反,$MnFe_2O_4$ 中约有 80% 的 Mn^{2+} 处于四面体格位,20% 处于八面体格位,属于无规尖晶石($\gamma = 0.20$).Mn^{2+} 和 Fe^{3+} 都是 d^5 构型,因而 Mn^{2+} 的反位程度对材料的磁性影响不大,总磁矩应该约为 $5\mu_B$,实验结果确实是这样的.

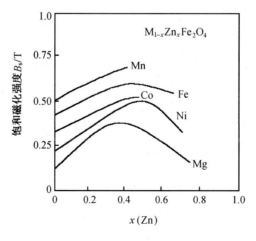

图 12.24 $M_{1-x}Zn_xFe_2O_4$ 体系的饱和磁化强度

ZnFe$_2$O$_4$ 具有正尖晶石结构,其他很多金属,如 Ni、Co、Fe、Mg 都是反尖晶石结构,因此,可以利用 Zn^{2+} 取代来研究尖晶石铁氧体格位效应.在 M$_{1-x}$Zn$_x$Fe$_2$O$_4$(M = Ni,Co,Fe,Mg)体系中,当 x 增加时,锌离子将占据四面体格位,使 Fe^{3+} 离子进入八面体格位,结构逐步从反尖晶石向正尖晶石转变,体系的饱和磁化强度逐渐增加.图 12.24 是部分 M$_{1-x}$Zn$_x$Fe$_2$O$_4$ 固溶体的饱和磁化强度随材料组成的变化.在开始阶段,饱和磁化强度随锌离子浓度线性增加.当 Zn^{2+} 的浓度增加到一定程度时,四面体与八面体格位间的反铁磁性相互作用减弱,饱和磁化强度下降.对大多数体系,在 $x=0.4$ 左右饱和磁化强度达到极大值.

2. 石榴石

石榴石是自然界中的矿物,一些天然硅酸盐矿物以石榴石结构存在,可以用通式 A$_3$B$_2$C$_3$O$_{12}$ 表示,其中 A、B 和 C 都是金属离子.石榴石属于立方晶系,空间群为 $Ia3d$,结构中的 A 金属离子占据 24c 格位,B 占据 16a 格位,C 占据 24d 格位,氧离子占据 96h 格位,图 12.25 是石榴石的晶体结构.很多过渡金属氧化物具有石榴石结构,钇铁石榴石 Y$_3$Fe$_5$O$_{12}$ 中的 Y^{3+} 占据 24c 格位,为十二面体配位;Fe^{3+} 离子分别占据 16a 和 24d 格位,16a 格位上的铁离子是八面体配位,24d 格位上的铁离子为四面体配位,两种铁格位可以看成是铁的两种亚晶格.钇铁石榴石具有优良的永磁性能,与尖晶石类似,同一亚晶格中的铁离子自旋平行,不同亚晶格的铁离子自旋反平行,由于两种格位上的铁离子数目不同,材料表现出亚铁磁性.

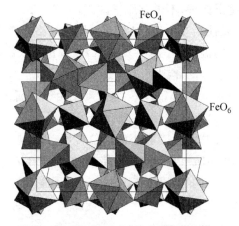

图 12.25　钇铁石榴石 Y$_3$Fe$_5$O$_{12}$ 的晶体结构(Y 处于骨架空隙中)

钇铁石榴石的密度比较小,每单位化学式 Y$_3$Fe$_5$O$_{12}$ 所占的体积为 236.9 Å^3.比较而言,YFeO$_3$ 对应的体积(Y$_4$Fe$_4$O$_{12}$)为 225.9 Å^3.较为疏松的结构使钇铁石榴石可以在很宽的范围内与其他金属离子形成固溶体,这对于改善磁性材料的性能是有利的.钇铁石榴石中的钇和铁离子都可以被其他离子取代形成固溶体.钇铁石榴石的十二面体格位可以被稀土离子、碱金属离子和一些过渡金属离子取代.离子半径小于 Sm^{3+} 的稀土离子都可以形成石榴石化合物 RE$_3$Fe$_5$O$_{12}$.轻稀土可以形成部分取代的固溶体.过渡金属离子、部分主族元素离子和稀土元素离子都可以占据八面体格位.硼、磷、硅、铝、镓以及一些过渡金属离子可以占据四面体格位.

钇铁石榴石结构中的铁氧四面体与铁氧八面体共用顶点连接,两种格位的 Fe^{3+} 离子间有较强的超交换作用,使铁离子的自旋反平行排列.相同的配位多面体之间的距离较远,其相互作用要弱得多.人们曾仔细地研究了 Al^{3+} 和 Ga^{3+} 等主族金属离子取代钇铁石榴石中的 Fe^{3+}

离子(图 12.26),当取代浓度较低时,Al^{3+} 和 Ga^{3+} 离子都进入四面体格位,随取代浓度增加,Al^{3+} 和 Ga^{3+} 离子占据四面体格位的比例稳定在 60％左右.非磁性离子占据四面体格位使材料的磁化强度下降.

下面进一步考查石榴石铁氧体中稀土离子与过渡金属离子之间的磁相互作用.先考查稀土离子和铁离子磁矩的取向.根据 Hund 规则,轻稀土离子基态总量子数为 $J = L - S$,即自旋磁矩与轨道磁矩方向相反.超交换相互作用只涉及电子的自旋,因此,稀土与铁离子之间的超交换相互作用使两者自旋反平行排列,从而使稀土离子总磁矩与铁离子取向相同.相反,重稀土的基态为 $J = L + S$,稀土离子总磁矩与铁离子磁矩方向相反.由于稀土离子带有磁矩,稀土铁石榴石中的磁相互作用有三种:稀土-稀土间相互作用(RE-RE)、稀土-过渡金属间相互作用(RE-TM)和过渡金属之间的相互作用(TM-TM).从磁相互作用的强度看,过渡金属之间的超交换作用最强,稀土离子与过渡金属离子间的相互作用次之,稀土离子间的相互作用最弱.因此,在较高温度下,稀土铁石榴石中磁相互作用以过渡金属之间的交换作用为主,稀土离子的贡献很小,其结果是使所有的稀土石榴石具有相近的 Curie 温度(图 12.27).在低温下,稀土与过渡金属之间的磁相互作用越来越重要,稀土-过渡金属石榴石的总磁化强度可以表示为

$$M(T) = M_d(T) - M_a(T) - M_c(T) \tag{12.44}$$

式中:下标 d、a 和 c 分别表示处在四面体、八面体和十二面体格位上的铁离子和稀土离子.在高温下体系的磁化强度主要来源于前两项的贡献.随温度降低,稀土离子的贡献 $M_c(T)$ 增大,在某一温度下,稀土离子与过渡金属的磁矩相互抵消,材料的自发磁化强度为零,这一温度称作补偿点(图 12.27).温度继续降低,磁化强度主要来源于稀土离子,体系的磁化强度迅速增大.

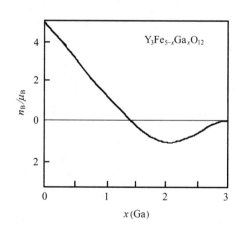

图 12.26　$Y_3Fe_{5-x}Ga_xO_{12}$ 的磁矩随材料组成的变化图

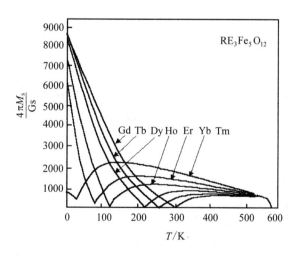

图 12.27　稀土-铁石榴石的磁化强度

12.6.2　稀土-过渡金属间化合物

稀土-过渡金属的金属间化合物是最重要的永磁材料,在很多领域有着广泛的用途.表 12.7 列出了部分重要永磁材料的基本磁性.目前,综合磁性能最好的材料是 $Nd_2Fe_{14}B$,它保持

了磁能积最高等多项纪录,且价格便宜,是主要应用的稀土永磁材料.$Nd_2Fe_{14}B$ 的 Curie 温度比较低 (585 K).钴部分取代铁可以使 Curie 温度提高到 770 K,但体系磁能积将受到影响.二元化合物 $SmCo_5$ 和 Sm_2Co_{17} 也是重要的永磁材料,具有高的 Curie 温度和较高的化学稳定性,适用于高温和条件苛刻的场合.但 $SmCo_5$ 和 Sm_2Co_{17} 用的原料比较贵重,材料的成本较高,限制了材料的广泛应用.$Sm_2Fe_{17}N_3$ 和 $NdFe_{10}Mo_2N$ 是近年来开发的新型稀土永磁材料,具有良好的内禀磁性,原料比较便宜,是很有前途的材料.

表 12.7 一些稀土永磁材料的基本磁性

磁性材料	M_s/T	T_C/K	H_A^*/(kA·m^{-1})	$(BH)_{max}$/(kJ·m^{-3})
$SmCo_5$	1.14	1000	35200	260
$NdCo_5$	1.20	893	13600	288
Sm_2Co_{17}	1.25	1193	5200	312
$Sm_2(Co_{0.7}Fe_{0.3})_{17}$	1.45	1113	4160	420
$Nd_2Fe_{14}B$	1.60	585	5840	512
$Nd_{15}Fe_{62.5}Co_{16}B_{5.5}Al$		770		328
$Sm_2Fe_{17}N_3$	1.50	740	20000	450
$NdFe_{11}TiN$	1.6	743		

* 各向异性场,是矫顽力的上限.

人们对稀土-过渡金属的二元体系的磁性质进行了系统的研究.稀土可以与 3d 过渡金属形成多种化合物,稀土-铁二元体系中有 $REFe_2$、$REFe_3$、RE_6Fe_{23} 和 RE_2Fe_{17},镍和钴体系的化合物更多.我们考查几个典型的稀土-过渡金属体系.图 12.28 是钇、钆与镍二元化合物的磁有序温度.稀土-镍体系的磁有序温度都比较低,Gd_2Ni_{17} 的 Curie 温度最高,为 200 K 左右;YNi_5 具有 Pauli 顺磁性,Y_2Ni_7 的磁有序温度很低,YNi_2 又转变为 Pauli 顺磁性.钆-镍二元化合物的变化规律类似,但由于钆具有磁矩,$GdNi_2$ 具有磁有序,但转变温度很低.我们知道,过渡金属的电负性比稀土金属大,在化合物中,稀土金属的电子向过渡金属 d 轨道迁移,因此,稀土含量的变化意味着能带的充填状况变化.从稀土-镍体系的磁性变化看,$REFe_5$ 体系 Fermi 能级附近的能态密度较小,随稀土含量增加,能带中的电子数目增加,Fermi 能级附近的能态密度随之变化,使 $REFe_5$、RE_2Fe_7 到 $REFe_3$ 体系的磁有序温度变化.

稀土与钴和铁的化合物 Curie 温度较高,但磁有序温度的变化规律不同.图 12.29 和图 12.30 分别给出了稀土-铁和稀土-钴的磁有序温度随组成的变化.可以看到,在稀土-钴体系中,稀土含量增加,Curie 温度下降;而在稀土-铁体系中,稀土含量增加,Curie 温度上升.稀土种类对稀土-钴体系的磁性能影响也很大(图 12.31),稀土含量比较高时,钴对材料的磁矩没有贡献,Curie 温度主要由稀土金属间的相互作用(RE-RE)决定,体系的 Curie 温度比较低(如 $RECo_2$ 等).稀土含量比较低时,体系的 Curie 温度主要取决于过渡金属之间磁相互作用,Curie 温度几乎不受稀土金属种类的影响(如 RE_2Co_{17}).稀土-铁体系的 Curie 温度都与稀土金属种类有关,说明稀土金属对化合物的磁性质有较大的贡献.

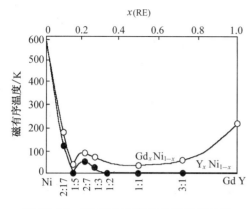

图 12.28 RE-Ni 二元体系的磁有序温度

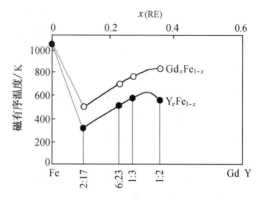

图 12.29 RE-Fe 体系的磁有序温度

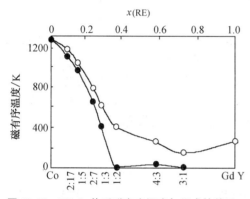

图 12.30 RE-Co 体系磁有序温度与组成的关系

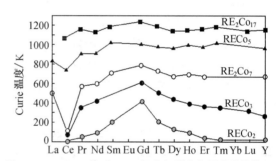

图 12.31 RE-Co 体系 Curie 温度与稀土金属种类的关系

12.6.3 稀土永磁材料和磁体的制备

稀土永磁合金一般是单相或多相体系,主要物相是具有较高 Curie 温度的铁磁相.目前常见的稀土永磁材料主要有二元和三元体系.二元体系 $SmCo_5$ 和 Sm_2Co_{17} 是发展较早的稀土永磁材料.三元体系主要有钕铁硼体系和稀土铁氮体系.钕铁硼的主要成分是 $Nd_2Fe_{14}B$,同时含有富钕相和富硼相($NdFe_4B_4$).稀土铁氮是 20 世纪 90 年代发现的新型稀土永磁材料,材料的内禀磁性和化学稳定性都很好.

永磁材料的制备工艺对材料的磁性能有很大的影响,对于内禀性能良好的材料,要努力改进材料的制备工艺,以得到外赋性能优良的永磁材料和永磁体.永磁材料的制备中很重要的是如何控制材料的显微结构,其中包括控制合金材料的晶粒度、结晶完整性等.目前稀土永磁合金的制备主要有几种方法:高温熔炼法、HRRD 法、机械合金化法和还原-扩散法.这些方法各有利弊,但都在稀土永磁材料的合成中发挥了重要作用.

(1) 高温熔炼法:高温熔炼法是以纯金属为原料,在真空感应炉中高温熔炼,再于 1100 ℃ 以上退火一定时间得到稀土合金.熔炼方法得到的稀土合金均为块体,需要经粉碎和机械球磨使合金的晶粒尺寸达到一定要求.在通常情况下,利用机械球磨方法可以将晶粒尺寸控制在几个微米至十几微米,进一步减小晶粒尺寸将会使晶粒完整性受到破坏,影响材料的永磁性能.高温熔炼方法是制备稀土永磁合金的常规方法,用这种方法得到的稀土永磁材料是各向异性的磁粉.

(2) 机械合金化法:机械合金化法也是以纯金属为原料,这种方法不经高温熔炼,而是将组分金属直接在球磨机中进行强力机械球磨.经一段时间球磨,组分金属充分混合并发生反应生成无定型合金,无定型合金在 600 ℃ 以下退火一段时间,可以得到结晶稀土永磁合金.机械合金化方法的一个显著特点是合金产物的晶粒尺寸非常小,通常只有几十到几百纳米.但由于合金晶粒是从无定型转化而来,均为多重孪晶,所以只能得到各向同性的稀土永磁材料.另外,这种方法的制备成本较高,不适用于大规模工业生产.

(3) HRRD 法:HRRD 法是利用稀土-过渡金属合金的吸氢-歧化-脱氢过程来制备具有一定晶粒尺寸的稀土永磁合金.先将高温熔炼得到的稀土合金与氢气反应生成金属氢化物、相应的过渡金属和过渡金属硼化物

$$Nd_2Fe_{14}B + 2.7H_2 \longrightarrow 2NdH_{2.7} + 12Fe + Fe_2B \tag{12.45a}$$

再将上述体系加热到 350 ℃ 以上,使氢化物分解,继续加热使组分金属重新生成一定晶粒尺寸的稀土永磁合金.

HRRD 方法得到的钕铁硼材料的晶粒尺寸可以达到 $0.3\ \mu m$,与单磁畴的尺寸相当,具有较高的矫顽力,但晶粒为多重孪晶,只能用于制备各向同性的稀土永磁材料.

(4) 还原-扩散法:还原-扩散法以稀土氧化物和过渡金属为原料,在一定温度下与 CaH_2 发生还原反应得到相应的稀土永磁合金.在反应过程中,稀土氧化物被 CaH_2 还原,生成的稀土金属扩散到过渡金属颗粒中形成金属间化合物.因此,过渡金属原料的晶粒度直接影响到产物合金的粒度.还原反应可以用下式表示

$$2Nd_2O_3 + 24Fe + 2Fe_2B + 3CaH_2 \xrightarrow{1200℃} 2Nd_2Fe_{14}B + 3CaO + 3H_2O \tag{12.45b}$$

这种方法是以稀土氧化物为原料,可以降低原料成本,同时用软化学方法可以控制过渡金属原料的晶粒尺寸,进而控制产物合金的晶粒尺寸.

最近人们利用还原-扩散法得到了晶粒尺寸可控、晶粒结构完整、具有各向异性的稀土-过渡金属氮化物永磁材料.

烧结磁体和黏结磁体是目前常用的两种制备稀土永磁体的方法.烧结磁体的密度大、磁能积高,是制备磁体的常用方法.将磁粉在磁场($>1.19\ MA\cdot m^{-1}$)中模压得到压结的坯体,然后在一定的温度下进行烧结,烧结温度和处理过程对磁体性能有很大的影响,烧结温度高,磁体的密度高,但晶粒易长大而影响磁体的矫顽力.烧结后的磁体经过磁化处理得到相应的稀土永磁体.黏结磁体是将磁粉与黏结剂混合,在磁场下模压成型.黏结磁体易加工成型,加工成本较低,近年来越来越受到重视.目前市场上黏结磁体占稀土永磁体的1/3左右,并仍有增加的趋势.

12.7　磁 阻 效 应

磁阻效应是指在外磁场作用下材料电阻率发生变化的物理现象.磁阻效应是一种很普遍的效应,当交换作用使不同自旋的能带发生分裂时,磁阻效应更加明显.材料磁阻效应可以表示为

$$MR = \left| \frac{\Delta\rho}{\rho(0)} \right| = \left| \frac{\rho(H) - \rho(0)}{\rho(0)} \right| \tag{12.46}$$

式中:$\rho(0)$ 和 $\rho(H)$ 分别是在零场和一定磁场下材料的电阻率,磁阻 MR 可以是正值或负值.很多金属都表现出磁阻效应,非磁性的单质金属 Au 的磁阻效应很小,铁磁性单质金属 Fe 和

Co 等的磁阻效应稍大一些,但也在 15% 以下.磁阻效应非常大的材料常称为巨磁阻(giant magnetoresistance,GMR)材料.1988 年法国科学家 Albert Fert(阿尔贝·费尔)在 Fe/Cr 双层超晶格薄膜中发现了巨磁阻现象.在外加磁场为 2 T 时,电阻值可以降低到原来的 50%.同年德国科学家 Peter Grünberg(彼得·格林贝格尔)在 Fe/Cr/Fe 三层膜中也发现了巨磁阻现象.巨磁阻材料的发现对磁存储技术的进步起到了巨大的推进作用,借此以上两位科学家获得了 2007 年 Nobel 物理学奖.后来,人们发现很多过渡金属氧化物体系具有非常大的磁阻效应,其中研究比较多的是具有钙钛矿结构的过渡金属氧化物.现以 $La_{1-x}M_xMnO_3$ 为例,简要介绍巨磁阻现象.

LaMnO$_3$ 具有钙钛矿结构,其中,锰离子为 Mn^{3+} (d^4)、Mn^{3+}-O-Mn^{3+} 之间的超交换作用使锰离子磁矩反平行排列,是反铁磁性半导体.用碱土离子部分取代 LaMnO$_3$ 中的稀土离子,可以得到 $La_{1-x}M_xMnO_3$ 体系.这是一种不等价取代,体系中的部分 Mn^{3+} 转变为 Mn^{4+} (d^3).从缺陷平衡的角度看,相当于发生以下反应

$$CaO + MnO + \frac{1}{2}O_2 == Ca'_{La} + Mn^{\cdot}_{Mn} + 3O^{\times}_O \tag{12.47}$$

相当于在 d 轨道能带中掺入空穴,成为未满占能带,使材料具有金属导电性.同时,Mn^{3+}-O-Mn^{4+} 间的交换常数 J 为正值(双交换作用),材料中锰离子磁矩平行排列,具有铁磁性.图 12.32 是 $La_{1-x}Ca_xMnO_3$ 体系的相图.可以看到,当空穴掺杂浓度在 20%~45% 之间时,材料具有铁磁和金属导电性(FMM),空穴掺杂浓度较低时材料为铁磁性绝缘体或半导体(FMI),浓度较高时为反铁磁性绝缘体或半导体(AFMI).在较高温度下,材料为顺磁性,根据掺杂浓度不同,可以是半导体(PMI)或金属(PMM).这是一个包含二级相变的相图,两个单相区之间不需要通过两相区连接(像一级相变相图那样).这里的相变主要涉及电子状态的有序-无序变化,而不是原子或离子状态的变化.

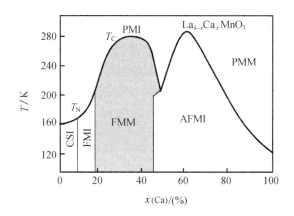

图 12.32 $La_{1-x}Ca_xMnO_3$ 体系的相图

CS:倾斜自旋;PM:顺磁性;FM:铁磁性;AFM:反铁磁性;I:绝缘体;M:金属

我们实际地看看 $La_{2/3}Sr_{1/3}MnO_3$ 的基本电学性质和磁学性质.图 12.33 给出了化学式为 $La_{2/3}Sr_{1/3}MnO_3$ 的单晶和多晶样品的磁化强度和电阻率.从磁化强度可以知道,此化合物具有铁磁性,Curie 温度约为 380 K 左右.单晶和多晶样品的磁化强度曲线基本一致,是典型的铁磁性材料的磁化曲线,随温度降低,磁化强度逐渐上升,在低温下达到饱和.需要特别指出,材料

的磁化强度随温度下降逐步增大,表明铁磁性材料内存在一定磁矩取向波动(magnetic fluctuation),这对于理解巨磁阻材料的性质是非常重要的.$La_{2/3}Sr_{1/3}MnO_3$样品饱和磁化所需的磁场非常小[图 12.33(b)],表明磁畴的转向是容易的.从电阻率曲线[图 12.33(a)]可以知道,在 Curie 温度附近,$La_{2/3}Sr_{1/3}MnO_3$ 发生半导体-金属相变,Curie 温度以上是半导体,Curie 温度以下是金属.单晶和高温烧结(1700 ℃)的多晶样品的电阻变化与低温烧结的多晶样品略有不同,但在 Curie 温度附近电阻曲线的斜率都发生明显变化.高温烧结可以降低多晶样品的电阻率,但与单晶样品相比,电阻率仍然高一个数量级.

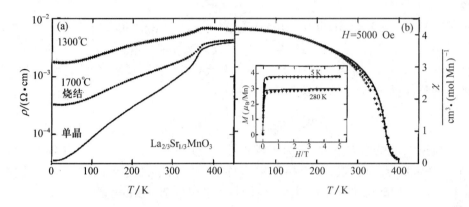

图 12.33 $La_{2/3}Sr_{1/3}MnO_3$ 单晶和多晶样品的电阻率(a)和磁化强度(b)随温度的变化

我们来了解材料能带结构的特点.由于自旋交换作用,磁性材料能带中的电子发生自旋极化,自旋极化 P 可以用在 Fermi 面附近的自旋极化能态密度表示

$$P = \frac{N_\uparrow - N_\downarrow}{N_\uparrow + N_\downarrow} \tag{12.48}$$

式中:N_σ(σ 取 $\uparrow$ 或 $\downarrow$)表示 Fermi 面附近自旋能带的能态密度.图 12.34 分别给出了单质金属和过渡金属氧化物自旋能带的示意图.一般地说,过渡金属单质和合金的能带比较宽(≈ 4.5 eV),自旋交换作用能比较小(≈ 0.6 eV).尽管能带中充填电子的自旋状态不同,材料具有铁磁性,但电子的自旋极化比较小,P 在 10% 左右.相反,过渡金属氧化物中的 d 能带比较窄(≈ 1.5 eV),自旋交换作用比较强(≈ 2.5 eV),电子完全充填在某种自旋能带中,电子可以完全自旋极化($P = 100\%$).

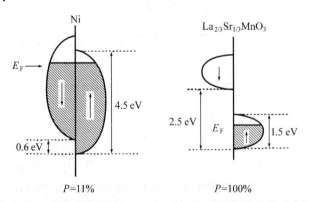

图 12.34 单质金属 Ni 和 $La_{2/3}Sr_{1/3}MnO_3$ 体系自旋极化示意图

　　过渡金属氧化物的导电性可以归结于电子在金属离子之间的迁移.值得注意的是,自旋极化电子的迁移要受到自旋选律制约,只有当两个能量状态的自旋相同时($\Delta S = 0$),电子迁移才是允许的,否则,是禁阻的,电子的迁移需要克服一定的势垒.在 Curie 温度以下,材料具有铁磁性,过渡金属离子的磁矩平行排列,电的迁移是允许的,材料表现出金属导电性.在 Curie 温度以上,过渡金属离子的磁矩无序分布,电子的迁移需要克服一定的势垒,表现为半导体性质.

　　我们再来考查磁场对材料导电性的影响.铁磁性材料内部存在磁畴,没有外磁场时,磁畴取向无序分布,电子在磁畴之间的迁移需要克服一定势垒.由于铁磁性材料内存在一定的磁矩取向无序和波动(magnetic fluctuation),随温度上升,磁矩取向的无序和波动逐渐增强,这种磁矩无序和波动是阻碍电子在铁磁性晶体内迁移的重要因素.现在我们来考查这些因素对巨磁阻材料导电性的影响.磁畴在单晶和多晶样品中都是存在的,两者的差别是多晶样品存在晶粒间界.图 12.35 和 12.36 分别给出了 $La_{2/3}Sr_{1/3}MnO_3$ 单晶和多晶样品的磁阻和相对磁化强度.单晶和多晶样品的磁化曲线非常相似,但磁阻却有很大差别.在低温下,单晶和多晶样品的磁化强度都很快达到饱和,随温度上升,达饱和所需的磁场增加.

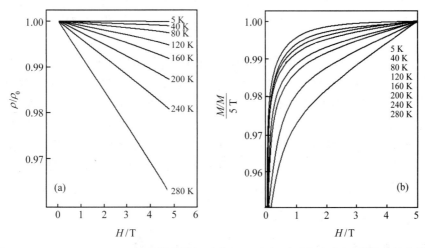

图 12.35　$La_{2/3}Sr_{1/3}MnO_3$ 单晶样品的相对电阻(a)和相对磁化强度(b)随温度的变化

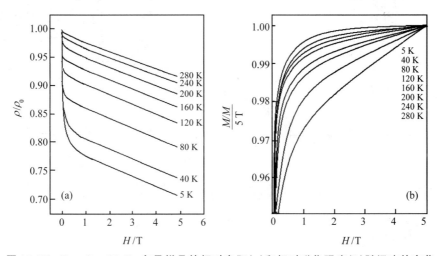

图 12.36　$La_{2/3}Sr_{1/3}MnO_3$ 多晶样品的相对电阻(a)和相对磁化强度(b)随温度的变化

单晶样品的低温磁阻效应比较小,随温度上升,磁阻效应逐渐增强,同时,磁阻与磁场强度呈线性关系.多晶样品的磁阻行为则完全不同.首先,多晶样品的磁阻效应比较大,在低磁场下磁阻发生突跃,在较高磁场下,磁阻与磁场呈线性关系.另外,与单晶情况相反,多晶样品的低温磁阻效应大、高温磁阻效应小.下面分析一下为什么会产生这些现象.

单晶样品的磁阻体现了材料的内禀性质.在低温下,铁磁性单晶内磁矩的无序和波动比较小,可以忽略,磁化强度的增加主要来源于磁畴的取向.单晶样品较小的低温磁阻效应表明,磁畴并非影响电子迁移的主要因素,阻碍电子迁移的主要因素是磁矩的无序和波动.高温下晶体中磁矩的无序和波动比较大,在外加磁场的作用下,磁无序和波动得到抑制,减小了电子迁移的阻力.多晶样品中存在晶粒间界,晶粒间界附近有较多缺陷,电阻也比较大.我们可以把多晶样品看成是如图 12.37 所示铁磁性导体-绝缘体-铁磁性导体复合体系,晶粒间界可以看作是绝缘的,电子的迁移需要克服晶界势垒.在未加外磁场时,颗粒的磁化方向不同,电子迁移受到的阻力很大.在外磁场作用下,颗粒的磁化方向沿磁场方向取向,电子可以隧穿通过晶界,使体系的电阻迅速减小.如图 12.36(a)和(b)所示,在低磁场下多晶样品的磁阻发生突跃,这与低磁场下体系磁化强度的变化是一致的,表明磁阻效应主要来源于晶粒磁化方向的变化.这种电子在铁磁性导体-绝缘体-铁磁性导体体系中的迁移称为自旋极化的隧穿效应(spin polarized tunnelling).

磁阻材料具有重要的潜在应用前景,是近年来材料科学研究的热点.1997 年 IBM 公司利用巨磁阻材料开发了高密度磁盘,存储量可以达到 20 Gb.目前,一些主要的 IT 企业正在研制计算机的巨磁阻存储器 (RAM).巨磁阻磁头的工作原理如图 12.38 所示.在磁介质存储器中,磁畴取向代表"0"和"1".磁畴的尺寸一般在 0.1～1 μm 左右,由于相邻磁畴的取向不同,在畴壁附近产生垂直于磁介质的剩余磁场.巨磁阻磁头的原理与图 12.37 所示的自旋极化隧穿结是一致的.畴壁附近的磁场可以使隧穿结一侧巨磁阻材料的磁取向发生变化,因此,隧穿结相当于一个磁控开关,可以利用畴壁剩余磁场的方向控制开关的闭合,使磁信号转变成了电信号.

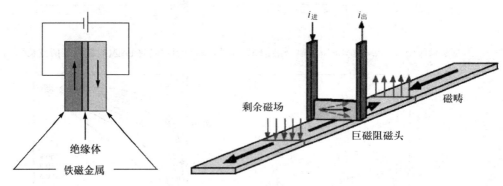

图 12.37　自旋极化隧穿结示意图　　　　图 12.38　巨磁阻磁头工作原理示意图

12.8　磁性材料的应用和其他性质

12.8.1　永磁材料

永磁体是磁性材料最重要的应用之一.永磁体的作用是在特定空间产生恒定磁场,维持磁场并不需要任何外部能源.标志永磁材料性能的重要参数是最大磁能积$(BH)_{max}$.在设计磁路最佳条件时,材料的$(BH)_{max}$越大,单位体积产生的外磁场能量就越大,所需的磁性材料就越少.稀土永磁合金是磁能积最高的永磁材料,最大磁能积已经达到$400\ kJ \cdot m^{-3}$的水平,是铁氧体的4倍、铝镍钴合金的5倍.下面简要介绍永磁材料在各领域的应用.

电机:使用稀土永磁材料可以大大减小电机的重量,目前石英钟表中的电机尺寸可以非常之小,汽车中很多部件都是用永磁电机进行控制的,稀土永磁材料在电机中的应用提供了体积小、功率大的电能-机械能转换装置.

医疗器械:永磁材料在医疗器械中一项重要的用途是核磁共振成像仪(MRI).过去的核磁共振成像仪的磁场有三种不同类型:超导磁体、电磁铁和铁氧体永磁体.超导磁体的磁场很高,但生产和应用成本高.电磁铁所需的电源功率大,一般为几十千瓦,还需要大型的冷却系统.铁氧体的磁场较小,成像质量不能满足需要.用稀土永磁材料作为磁体的核磁共振成像仪具有体积小、成像质量好的优点.例如,铁氧体核磁共振成像仪的磁体质量为21 t,设备总质量达71 t.在使用了 Nd-Fe-B 永磁材料后,磁体质量减小到2.6 t,设备质量减小到24 t.由于磁场强度较高,成像质量也有了很大的改善.正是因为使用了稀土永磁材料,使核磁共振成像系统得到了广泛应用.

另外,计算机磁盘驱动器中的磁盘驱动电机、打印机中的锤头系统等,以及磁悬浮列车、仪表、扬声器和微波器件等都需要大量地使用永磁材料.

12.8.2　磁光材料

在磁场的作用下,物质的磁导率、介电常数、磁化强度、磁畴结构或磁化方向会发生变化,当光波通过时,光的传输特性也会受到物质磁性变化的影响.例如,物质磁性质的变化可以影响光的偏振状态、光强、相位、频率和传输方向等,这些现象称为磁光效应.利用材料磁光效应可以制成具有特殊功能的光学器件,如开关、偏转器、存储器、磁强计和传感器等.一般材料的磁光效应比较小,贝尔实验室发现钇铁石榴石 $Y_3Fe_5O_{12}$ 具有强的磁光效应后,磁光材料的研究受到广泛关注,其应用也扩展到磁光光盘、光纤通信和微波等新兴技术领域.

磁光材料对一定波长的光透明,铁氧体和稀土合金薄膜都是重要的磁光材料.磁光材料的形态可以是单晶、单晶薄膜和非晶薄膜.图 12.39 是磁光调节器示意图.当一定波长的偏振光通过软铁磁性材料时,其偏振面发生变化,Faraday(法拉第)旋转角(φ_F)与外磁场(H)成正比,即

$$\varphi_F = VLH \tag{12.49}$$

式中:L 为材料的厚度,V 称为 Field(费尔德)常数.经过检偏器后的光强为

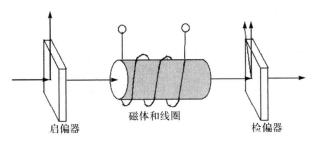

图 12.39　磁光调节器示意图

$$I = I_0\cos\beta \tag{12.50}$$

β 是起偏器与检偏器光轴间的夹角.利用 $2\sim3$ mm 钇铁石榴石单晶片作为磁光介质,可以制成 $1.1\sim5.5\ \mu\mathrm{m}$ 波长的磁光调节器,其调节频率可以达到 200 MHz.磁光调节器可以用作红外检测器的斩波器、高灵敏偏振计等,还被用于光源的调制.

12.8.3　磁致伸缩材料

当铁磁性或亚铁磁性材料的磁化状态改变时,其长度或体积会发生微小的变化,这种现象称为磁致伸缩现象.磁性材料长度发生变化的称为线性磁致伸缩,体积发生变化的称为体积磁致伸缩.磁致伸缩现象是 Joule(焦耳)在 1842 年发现的,当时所使用的磁致伸缩材料主要是镍、铁等金属或合金.这些材料的磁致伸缩数值都很小,不能实际应用.稀土-过渡金属合金材料具有较大的磁致伸缩系数,响应快、功率密度高,因而是具有广泛应用前景的磁功能材料.

磁致伸缩现象起源于在磁场作用下体系中的磁相互作用改变,例如交换能的变化、磁偶极矩的变化,以及原子轨道与晶场相互作用和自旋-轨道相互作用的变化等,其中自旋-轨道耦合引起的磁致伸缩效应最强.稀土金属间化合物中的 4f 电子受外层轨道电子的屏蔽,自旋-轨道耦合作用比较强,因而具有强的磁致伸缩效应.一般地说,晶格在易磁化方向上的畸变比较大,磁致伸缩系数可以表示为

$$\lambda = \frac{\Delta l}{l} = \sum_{ij}\varepsilon_{ji}\beta_i\beta_j \tag{12.51}$$

式中:β_j 是测量方向与晶轴的方向余弦,ε_{ij} 为磁应变分量.对于多晶体系,上式可以表示为

$$\frac{\Delta l}{l} = \frac{2}{3}\lambda_s\left(\cos^2\theta - \frac{1}{3}\right) \tag{12.52}$$

式中:θ 是测量方与外磁场的夹角;λ_s 与单晶磁致伸缩系数有如下关系,$\lambda_s = (2\lambda_{100} + 3\lambda_{111})/5$.

稀土离子具有很大的原子磁矩(可达 $9\sim10\ \mu_B$),因此,稀土含量较高的金属间化合物常常具有较大的磁致伸缩,磁致伸缩材料需要较高的 Curie 温度和较小的磁晶各向异性.已知最好的磁致伸缩材料是 $TbFe_2$.$TbFe_2$ 具有 $MgCu_2$ 立方结构,由于 $TbFe_2$ 的磁晶各向异性比较强,需要很高的外加磁场.人们利用加入各向异性常数相反的化合物,如 $DyFe_2$、$HoFe_2$ 等,以降低材料磁化所需的外磁场.部分 $REFe_2$ 多晶材料在室温下的磁致伸缩如图 12.40 所示.磁致伸缩材料在很多方面有着重要的应用,例如在源减震系统、精密定位声呐、机械制动器等.

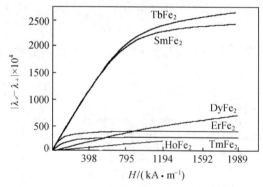

图 12.40　$REFe_2$ 多晶的磁致伸缩

参考书目和文献

1. E. P. Wolhforth,主编.刘增民,等译. 铁磁材料——磁有序物质特性手册.北京：电子工业出版社,1993

2. K. A. Gschneidner. Handbook on the Physics and Chemistry of Rare Earths,vol. 2. North Holland Publ. Co.,1979

3. D. W. Bruce and D. O'Hare. Inorganic Materials. 2nd edition. John Wiley and Sons,1997

4. C. N. R. Rao and J. Gopalakrishnam. New Directions in Solid State Chemistry. 2nd edition. Cambridge University Press,1997

5. 徐光宪,主编. 稀土.下册. 北京:冶金工业出版社,1995

6. K. A. Gschneidner. Handbook on the Physics and Chemistry of Rare Earths,vol. 12. North Holland Publ. Co.,1988

7. S. Blundell. Magnetism in Condensed Matter. 北京:科学出版社,2009

8. 严密,彭晓领.磁学基础与磁学材料.杭州:浙江大学出版社,2006

9. 姜寿亭,李卫.凝聚态磁性物理.北京:科学出版社,2003

10. C. N. R. Rao,A. K. Cheetham and R. Mahesh. Chem. Mater.,1996,8:2421

11. B. Raveau,A. Maignan,C. Martin and M. Hervieu. Chem. Mater.,1998,10:2641~2652

12. C. N. R. Rao,A. Arulraj,P. N. Santash and A. K. Cheethan. Chem. Mater.,1998,10:2714~2722

13. G. A. Prinz. Science,1998,282:1660~1663

14. H. Y. Hwang,S. W. Cheong,N. P. Ong and B. Batlogg. Phys. Rev. Lett.,1996,2041~2045

习 题

12.1 示意性地画出顺磁材料、反铁磁材料和铁磁材料"χ-T"曲线和"$1/\chi$-T"曲线,标出 Curie 温度(T_C)、Néel 温度(T_N)和 Weiss 常数(θ)的位置.

12.2 利用能带模型阐明图 12.23 中过渡金属磁矩的变化.

12.3 阐明尖晶石铁氧体中同种亚晶格中磁相互作用.

12.4 具有 NaCl 结构的 MnO 中相邻的锰离子间是反铁磁性相互作用,计算出 Mn—O—Mn 夹角,理解 Mn^{2+} 离子之间的超交换作用.

12.5 在 $La_{1-x}Sr_xMnO_3$($0 \leqslant x \leqslant 1.0$)体系中,当 Sr^{2+} 含量在一定范围内材料表现出铁磁性,请用双交换机理解释该材料的铁磁性.

12.6 说明下列尖晶石材料的磁性为:(1) $ZnFe_2O_4$ 是反铁磁性的;(2)$MgFe_2O_4$ 是亚铁磁性的,其磁矩随热处理温度的上升而增加;(3) $MnFe_2O_4$ 是亚铁磁性的,其磁矩与热处理温度无关.

12.7 验证下列磁化率数据符合 Curie-Weiss 定律,并计算 T_C 或 θ 和 C.

T/K	800	900	1000	1100	1200
$\chi \times 10^6$	3.3	2.1	1.55	1.2	1.0

第 13 章 光 学 材 料

13.1 材料的发光原理

13.1.1 发光材料的组成和发光中心；13.1.2 发光材料的发光过程和位形坐标模型；13.1.3 能量传递；13.1.4 无辐射过程；13.1.5 双光子过程；13.1.6 浓度猝灭

13.2 各类发光中心的发光特性

13.2.1 分立发光中心；13.2.2 复合发光中心；13.2.3 复合离子发光中心

13.3 发光材料的应用

13.3.1 光致发光材料；13.3.2 X 射线激发发光材料；13.3.3 阴极射线发光材料

13.4 激光材料

13.5 非线性光学材料

具有独特光学性能的材料种类很多,如透光材料、反光材料、光致变色材料以及发光材料、激光材料和非线性光学材料等.本章重点介绍发光材料方面的基本知识,并在 13.4 和 13.5 节对激光材料和非线性光学材料予以简单介绍.

当一种固体受到高能射线照射时,可以发生一些能量的吸收和转换过程,见图 13.1.这种高能射线可以是紫外光、X 射线、γ 射线和阴极射线（电子束）等.如果这种固体是一种发光材料（也称荧光材料）,则一部分能量在固体中转换为可见光（包括近紫外和近红外光）,这个过程称为发光.有些发光材料在电场或机械应力作用下,也可以产生发光现象.这里谈到的发光过程与物体的热辐射发光机理是不同的.热辐射发光是由固体的晶格在高温下剧烈振动产生的,而这里讨论的发光过程是电子在不同的电子能级之间跃迁引起的.与热辐射发光相比,该过程涉及低得多的热效应,故也称为冷发光.世界上有上千种无机化合物可以产生发光现象,其中有些是天然矿物,更多的是人工合成的化合物.人工合成的发光材料有百余种被大规模地生产成为商品,例如广泛使用的荧光照明灯用发光材料在全世界达年产数千吨的规模.

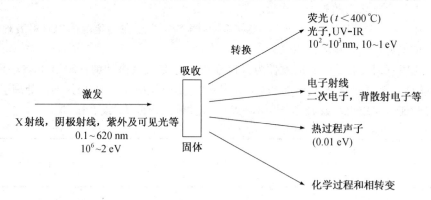

图 13.1 激发能在固体中的吸收和转换

按照激发能量的种类不同,发光过程可以被分为光致发光(紫外或可见光激发,photoluminescence,PL)、阴极射线发光(电子束激发,cathodoluminescence,CL)、X 射线发光(X 射线或 γ 射线激发,X-ray luminescence)、电致发光(直流或交流电场激发,electroluminescence,EL)、化学发光(由化学反应产生的发光,chemiluminescence)、放射发光(由放射性元素,如 ^{226}Ra、^{3}H、^{147}Pm 等激发,radioluminescence 或 scintillation)、生物发光(由生物能激发,bioluminescence)和摩擦发光(由摩擦等机械应力产生的发光,mechanoluminescence) 等.

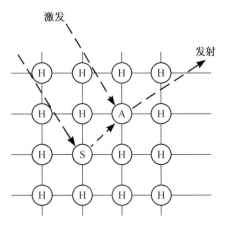

图 13.2   发光材料中的激发、发射和
能量传递过程示意图

H: 基质离子;S: 敏化剂离子;A: 激活剂离子

大多数发光材料是由作为材料主体化合物(基质,host,H)和指定掺入的少量甚至微量杂质离子(激活剂,activator,A)所组成.有时还掺入另一种杂质离子作为敏化剂(sensitizer,S).激活剂和敏化剂在材料中部分地取代晶体中原有格位上的离子,形成杂质缺陷.激活剂是发光中心,它受到外界能量的激发而产生特征的可见光辐射.敏化剂可以有效地吸收激发能量并把它传递给激活剂.图 13.2 示意出基质晶体中激活剂和敏化剂在发光过程中的作用.

发光材料已广泛地应用于科技、工业、农业以及人们的日常生活中.例如照明用的三基色荧光灯、阴极射线显像管、电离辐射探测晶体、X 射线荧光屏和增感屏,以及各种电致发光平板、数字、符号和图像显示器等.随着科学技术的发展,近些年来发光材料又在一些新型器件中得到应用,例如等离子体显示屏(plasma display panel,PDP)、场发射显示器(field emissive display,FED)、白色发光二极管(white light emitting diode,WLED)等.近来发现的以铝酸锶为基质的长时发光(long persistent photoluminescence)材料(发光时间可持续 10 h 以上)也引起了人们的广泛重视.

13.1   材料的发光原理

13.1.1   发光材料的组成和发光中心

很多发光材料都由基质和激活剂组成,常以通式——(基质分子式):(激活剂离子)表示,如彩色阴极射线显像管中红色荧光粉 Y_2O_2S:Eu^{3+}.这一表示的含义为:Eu^{3+} 以固溶形式进入 Y_2O_2S 晶格(占据 Y^{3+} 格位)并在其中发生光的吸收和发射过程.组成基质材料的离子主要是那些满壳层离子.常见的阳离子有 Mg^{2+}、Ca^{2+}、Sr^{2+}、Ba^{2+}、Zn^{2+} 和 Cd^{2+} 等;常见的阴离子有 F^-、Cl^-、Br^-、O^{2-}、S^{2-} 和 N^{3-} 等;形成含氧酸根的离子有 B^{3+}、Al^{3+}、Si^{4+}、P^{5+}、Ga^{3+}、Ge^{4+}、V^{5+}、W^{5+}、Nb^{5+} 和 Ta^{5+} 等;稀土离子 Sc^{3+}、Y^{3+}、La^{3+}、Gd^{3+} 和 Lu^{3+} 也是常见的基质阳离子.这些稀土离子中,除 Gd^{3+} 外,其他均是满壳层离子,Gd^{3+} 为 $4f^7$ 半充满壳层.这些离子由于具有稳定的电子结构,由它们组成的材料其基态(价带)和激发态(导带)能级差较大,吸收能量在紫外光以上,而对可见光完全透明.除了离子的电子构型特点外,基质材料应具备很好的化学稳定性,且不溶于水,这样碱金属离子不是发光材料中的常用离子.与基质相反,激活剂是那些不满壳层的离子,大致可分为三类:(i) 第一过渡周期 $3d^{1\sim9}$ 离子,实际上发光材料中常用的是

Mn^{2+} 和 Mn^{4+},而 Ti^{3+} 和 Cr^{3+} 是激光晶体蓝宝石和红宝石中的掺杂离子;(ii) 第 5 周期和第 6 周期 p 区($n-1$)$d^{10}ns^2$ 离子($18+2$ 离子),如 Tl^+、Sn^{2+}、Pb^{2+}、Sb^{3+} 和 Bi^{3+} 等;(iii) 除 La^{3+}、Po^{3+}(放射性元素)、Gd^{3+}、Lu^{3+} 外的镧系离子($4f^n$ 离子),特别是 Ce^{3+}、Eu^{2+}、Eu^{3+} 和 Tb^{3+} 在发光材料中有重要的作用.上述材料中激活剂对材料的发光起着核心的作用,因而被称为发光中心.由于激发和发射过程主要是在激活剂离子内部能级间进行的,这种发光中心被称为分立发光中心,其材料被称为分立中心发光材料.

在一些共价性较强的基质中,如 ZnS 和 CdS,常以 I B 族的 $d^{10}s^0$ 离子,Cu^+、Ag^+ 或 Au^+ 为激活剂.这些离子在晶格中取代二价格位,并以 Cl^- 或 Al^{3+} 共掺杂(称为共激活剂),进行电荷补偿,并形成施主-受主(donor-acceptor)对.这种离子的电子构型应该属于满壳层离子,其电子的激发和发光跃迁不是发生在这些离子的内部能级,而是发生在激活剂(受主能级,A)与共激活剂(施主能级,D)之间.由激活剂与共激活剂共同组成的双中心发光体系(施主-受主对)称为复合发光中心,这类材料称为复合发光材料.

由一些高价金属离子与氧形成的复合离子材料,如 YVO_4、$CaWO_4$、$MgWO_4$、$YNbO_4$ 和 $YTaO_4$ 等,不掺杂也可以产生发光现象.这类材料称为复合离子发光材料或自激活发光材料,其发光中心是高价金属复合离子 MO_4^{2-} 或 MO_4^{3-}.

常见基质离子和激活剂离子在元素周期表中的位置表示在表 13.1 中.

13.1.2　发光材料的发光过程和位形坐标模型

气态自由离子的吸收光谱和发射光谱的能量相同,都是锐线谱或窄带谱(带宽约为 $0.01\ cm^{-1}$).而处于晶体中离子的发光光谱能量常低于其吸收光谱的能量,并且多是宽带谱(带宽约为 $1000\ cm^{-1}$).这是由于晶格振动对发光中心离子有影响,即发光中心离子的电子跃迁可以和与其配位的基质离子发生能量交换.晶体势场对发光中心离子的能级高低、分裂程度、与周围离子间的相对位置等都发生影响.因此,应当把发光中心(激活剂离子)和其周围的晶格离子看作是一个整体来考虑.我们知道,原子核的质量要比外层电子大得多,因而其振动频率也慢得多,这样在电子的迅速跃迁过程中,晶体中原子间的相对位置和振动频率可以近似地看作恒定不变,即 Franck-Condon(弗兰克-康登)近似.这样发光材料对能量的吸收、弛豫和发射过程可以用位形坐标模型(configurational coordinate model)来表示(见图 13.3).图中的纵坐标表示包括发光中心离子及其周围离子在内的体系的能量,这个能量包含电子和离子的势能和相互作用能.横坐标表示中心离子和周围离子相互作用的坐标,它是包括离子之间相对位置等因素在内的一个笼统的空间概念.图 13.3(a)是一种最简单的表示中心离子与振动晶格相互作用的模型,它仅考虑周围晶格对中心离子作对称伸展简谐振动这种模式.横坐标 Q 表示简谐振动中发光中心离子和周围离子距离的变化.以红宝石 Al_2O_3:Cr^{3+} 为例,Q 就是 Cr^{3+}-O^{2-} 之间的距离.把能量 E 对 Q 作图,就得到体系的基态状态 g 为一抛物线.Q_0 表示基态的平衡距离.图中上面的抛物线表示体系的激发态的状态 e,Q_0' 是激发态的平衡距离,Q_0 和 Q_0' 通常不相等.在抛物线内存在着一些振动能级,以 $n = 0,1,2,\cdots$ 表示.当体系吸收电磁辐射能量,便发生从基态 g 向激发态 e 的跃迁;而当体系由激发态 e 跃迁到基态 g 时,产生荧光发射.由于电子跃迁的频率比晶格振动快得多,所以电子跃迁在位形坐标中可用垂直线表示.在低温下,材料吸收能量时,电子多半从基态的最低点 Q_0 开始跃迁,到达激发态抛物线上侧面一点,如图中 AB 线(实线)所示,其能量 ΔE_{AB} 与吸收光谱中谱带极大值处光子的能量相对应.

表 13.1 可用作基质和激活剂的离子在元素周期表中的位置

族\周期	I A	II A	III B	IV B	V B	VI B	VII B	VIII			I B	II B	III A	IV A	V A	VI A	VII A	0
1																		
2		⁴Be											⁵B			⁸O	⁹F	
3		¹²Mg											¹³Al	¹⁴Si	¹⁵P	¹⁶S	¹⁷Cl	
4		²⁰Ca	²¹Sc	**Ti**²²	²³V*	**Cr**²⁴	**Mn**²⁵				**Cu**²⁹	³⁰Zn	³¹Ga	³²Ge	³³As		³⁵Br	
5		³⁸Sr	³⁹Y		⁴¹Nb*	⁴²Mo*					**Ag**⁴⁷	⁴⁸Cd		**Sn**⁵⁰	**Sb**⁵¹			
6		⁵⁶Ba	⁵⁷La		⁷³Ta*	⁷⁴W*							**Tl**⁸¹	**Pb**⁸²	**Bi**⁸³			
7																		

镧系	⁵⁷La	**Ce**⁵⁸	**Pr**⁵⁹	**Nd**⁶⁰		**Sm**⁶²	**Eu**⁶³	Gd⁶⁴	**Tb**⁶⁵	**Dy**⁶⁶	**Ho**⁶⁷	**Er**⁶⁸	**Tm**⁶⁹	**Yb**⁷⁰	⁷¹Lu
锕系															

常规字体表示的元素是可作为基质离子的元素;黑体字表示的元素是可作为激活剂离子的元素;带 * 元素在复合离子子材料中是发光中心,也可作为基质,掺入其他元素作激活剂.

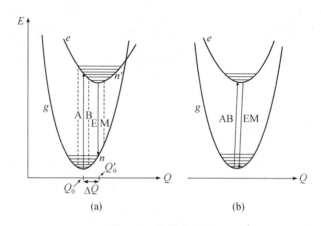

图 13.3 位形坐标图

(a) 由振动能级产生的带状吸收和发射；(b) 无振动能级的零声子跃迁的线状吸收和发射

(g—体系基态抛物线；e—体系激发态抛物线；n, n'—振动能级的水平线；

AB—表示吸收跃迁的垂直线；EM—表示发射跃迁的垂直线)

激发也可以从基态振动能级偏离 Q_0 的其他位置开始. 由于电子在振动能级上随 Q 的分布为 Gauss(高斯)分布，所以得到的吸收光谱是有一定宽度的 Gauss 形状的带谱. 在基态振动能级 $n=0$ 和激发态振动能级 $n=n'$ 之间的光学跃迁概率与下式成正比

$$\langle e(Q) \mid r \mid g(Q) \rangle \langle \Psi_{n'} \mid \Psi_0 \rangle \tag{13.1}$$

此处 r 为电偶极算符，Ψ 为振动波函数. 式中的第一项是电子矩阵元，决定跃迁的强度，与振动能级无关；第二项则表示振动波函数的重叠. 从 $n=0$ 到 $n'=0$ 的跃迁不涉及振动，称为无振动跃迁或零声子跃迁，如图 13.3(b) 所示.

当吸收能量跃迁到激发态后，体系会很快回到激发态的最低能级，即弛豫到体系激发态的平衡位置，将多余的能量传给周围离子，转化为晶格的热振动. 一般情况下，体系的弛豫时间在皮秒(10^{-12} s)范围. 之后体系从激发态跃迁回到基态，这时体系发射出能量为 $\Delta E_{EM}=h\nu$ 的光量子，最后体系回到基态的平衡位置，从而完成了一个从跃迁吸收到跃迁发射的周期. 对于不同的激活剂，体系荧光发射的时间，或称荧光寿命可在 $10^{-8} \sim 10^{-3}$ s 的范围内变化. 激发能 ΔE_{AB} 一般大于发射能 ΔE_{EM}，实验中我们可以发现吸收光谱(或激发光谱)的波长一般短于发射光谱的波长，这一规律称为 Stokes(斯托克斯)定律，激发光与发射光的能量差称为 Stokes 位移. $\Delta Q(=Q'_0-Q_0)$ 越大，Stokes 位移也越大. 如果两个抛物线具有相同的形状和振动频率，可以定义一个参数 S [Huang-Rhys(黄昆-里斯)参数]

$$\frac{1}{2} K (Q'_0-Q_0)^2 = Sh\omega \tag{13.2}$$

式中：$h\omega$ 是振动能级的能量差. 从而，Stokes 位移可以表示为

$$\Delta E_S = K(Q'_0-Q_0)^2 = 2Sh\omega \tag{13.3}$$

参数 S 量度了激活剂离子与晶格振动之间的相互作用(耦合作用). 式(13.3)表明：如果 S 值大，那么 Stokes 位移也大. 式(13.2)表示 S 直接与位形坐标图中的抛物线位移有关. 这个位移 $\Delta Q(=Q'_0-Q_0)$ 在很大程度上是随激活剂离子的不同以及振动晶格的不同而改变的. 零声子振动跃迁(即 $n_g=0 \rightarrow n_e=0$ 之间的跃迁)的强度与 S 有关，其强度是 $\exp(-S)$ 的函数. 随 S 值的不同，可以分 3 种情况：(ⅰ) $S<1$ 时，属于晶格与激活剂离子耦合较弱的情况，这时光谱

中主要出现零声子跃迁;(ii) 在 $1<S<5$ 范围内,晶格与激活剂离子耦合属中度情况,光谱中除了出现主要的窄带发射外,还可以观察到弱的零声子跃迁;(iii) 强耦合情况,即 $S>5$ 时,吸收和发射光谱均为宽带,看不到零声子跃迁,并且 Stokes 位移很宽.

根据发光材料的光谱性质,可以构造出它们的位形坐标图.把激活剂离子及其周围离子看作是一个体系,运用分子轨道理论,也可以计算得到其近似的位形坐标图.

13.1.3 能量传递

有些发光材料晶格中具有两种发光中心,其中一种除了自身发光外,还能将能量传递给另一个中心,使其发光.普通荧光灯中的发光材料——Sb^{3+}、Mn^{2+} 共激活的卤磷酸钙荧光粉就是这种发光材料.这种荧光粉当受到紫外光激发时,产生两个发射谱带,一个由 Sb^{3+} 产生的蓝色谱带和一个由 Mn^{2+} 产生的橘红色谱带.当材料中的 Mn^{2+} 含量增加时,Sb^{3+} 的蓝色发射带强度逐渐降低,而 Mn^{2+} 的橘红色发射带的强度逐渐增强,如图 13.4 所示.这种发射光谱的变化是由于 Sb^{3+} 中心的基态电子吸收了紫外光后跃迁到激发态.处于激发态的 Sb^{3+} 中心除自身发生辐射跃迁外,还将能量传递给 Mn^{2+},使其产生橘红色发射谱带.这里我们把 Sb^{3+} 离子称为敏化剂(或第一激活剂),Mn^{2+} 离子称为激活剂(或第二激活剂).

根据敏化剂和激活剂发光强度随其浓度的变化以及发光强度随时间的衰减,再配合以理

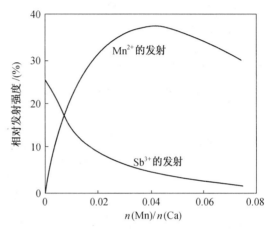

图 13.4 $Ca_5(PO_4)_3(Cl,F)$:Sb^{3+},Mn^{2+} 的两种发射带强度随 Mn^{2+} 含量的变化

论分析,可以判断晶体中这种能量传递过程的机理.两个中心之间的能量传递可以通过再吸收过程进行,也可以通过无辐射传递(或称共振传递)过程进行.Dexter(戴克斯特)针对后一种传递过程,运用量子力学方法,分析了固体中敏化剂 S 和激活剂 A 之间能量传递概率问题.如果两个中心之间具备以下两个条件,就可能发生高效的能量传递(图 13.5):

(1) S 和 A 的基态和激发态之间的能量差相当,即 S 和 A 之间具备相互共振的条件.实验上可以根据 S 的发射光谱和 A 的吸收光谱是否重叠来判断.

(2) S 和 A 之间存在适当的相互作用.这种相互作用可以是交换作用(当 S 和 A 相距很近,波函数可以发生重叠),也可以是电多极子之间或磁多极子之间的相互作用(当 S 和 A 相距稍远,彼此之间只能通

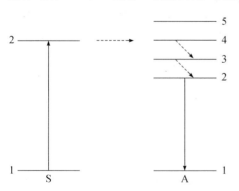

图 13.5 从 S 中心向 A 中心能量传递过程示意图

过 Coulomb 力相互作用).

Dexter 估计了各种相互作用的传递范围.它们分别为:交换作用 0.6 nm,偶极-四极作用 0.8 nm,偶极-偶极作用 2.5 nm.

　　能量传递也可以在同种发光中心之间进行.例如 YVO_4 是一种发光材料的基质,它本身在 254 nm 紫外线激发下发出不很强的黄光.复合离子 VO_4^{3-} 可以吸收激发能并使其在 VO_4^{3-} 的亚晶格中随机传递.如果在 YVO_4 中掺入 Eu^{3+} 离子,在 VO_4^{3-} 亚晶格中传递的能量最终可以有效地传递给 Eu^{3+},产生 f 电子跃迁(f-f 跃迁)的红色荧光.

13.1.4　无辐射过程

　　以上讨论的从激发态到基态的跃迁都是辐射跃迁,即材料的发光过程.该过程的效率可以用量子效率来描述.量子效率是材料发射的光量子数与吸收光量子数之比.作为实用的发光材料,人们希望它的量子效率越高越好.然而在实际材料中,总包含一些无辐射过程.这些无辐射过程有些是由材料本身性质决定的,有些是由材料中的缺陷和杂质决定的.

　　由材料本身性质决定的无辐射跃迁可以用位形坐标描述.图 13.6(a)中表示的位形坐标与图 13.3(a)基本相同.在该体系中,吸收跃迁和发射跃迁都可以发生.但当温度足够高时,电子占据的激发态振动能级可以达到两根抛物线交叉的地方,激发态的能量通过交叉处以无辐射过程转化为晶格的热振动,使体系回到基态.这一过程解释了发光的温度猝灭现象.

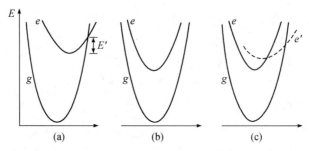

图 13.6　无辐射跃迁的位形坐标图

e—激发态,　　g—基态

　　在图 13.6(b)中,两条抛物线相互平行而不交叉.在这种情况下激发态不会发生像 13.6(a)中的无辐射过程使体系回到基态,激发态与基态之间也不大可能存在隧道效应,具有这种位形坐标的材料发光的量子效率高,猝灭温度也高.+3 价稀土离子的 f-f 跃迁就属于这种情况.但是,当激发态极小值处与基态极小值处能量差较小,相当于几个晶格振动能级时(少于 4~5 个),激发态向基态跃迁时,释放的能量被周围环境的振动能级吸收,而产生多声子跃迁.如果基质晶格振动的最高能量为 700 cm^{-1},而基态与激发态的能量差小于 3500 cm^{-1},这时激发态释放的能量就可能被晶格振动所吸收,成为无辐射多声子跃迁.如果激发态与基态的能量差较大,无辐射多声子过程将会变得较为困难,则辐射跃迁就可以胜过无辐射的多声子跃迁,产生高的发光效率.

　　有些材料体系的位形坐标图需要用 3 条如 13.6(c)的抛物线表示.在这种体系中,辐射过程和无辐射过程都可以发生.其中两条平行的抛物线属于同样的位形,理论上它们之间的跃迁是禁阻的.实际上由于基质晶格的影响,它们之间的跃迁在一定程度上是可以发生的.第 3 条抛物线来源于不同的位形,与基态之间可以发生允许跃迁.当体系受激发时,首先发生由基态向较高的激发态(抛物线 e')的跃迁或吸收,然后由 e' 态向较低激发态(抛物线 e)无辐射弛豫,最后从激发态 e 向基态 g 发生辐射跃迁,产生线状光谱.这种情况存在于红宝石——Al_2O_3：

Cr^{3+} 中 ($^4A_2 \rightarrow {}^4T_2$ 激发,$^4T_2 \rightarrow {}^2E$ 弛豫,$^2E \rightarrow {}^4A_2$ 发射),也存在于以 Eu^{3+} ($^7F \rightarrow CTS$ 激发,$CTS \rightarrow {}^5D$ 弛豫,$^5D \rightarrow {}^7F$ 发射,CTS 为电荷迁移态,charge transfer state)和 Tb^{3+} ($^7F \rightarrow 4f^75d^1$ 激发,$4f^75d^1 \rightarrow {}^5D$ 弛豫,$^5D \rightarrow {}^7F$ 发射)为激活剂的发光材料中.

如果发光材料中混有某些重金属或过渡金属杂质离子,特别是含有 Fe^{3+}、Co^{2+} 和 Ni^{2+} 等离子,当激发能量被这些离子吸收后,常常以无辐射形式被消耗掉.这是由于这些离子都具有很丰富的电子能级,且能级间隔较小,与晶格振动能级相当,当被高能量射线激发后容易发生无辐射多声子跃迁过程.这类离子被称为猝灭剂.

13.1.5 双光子过程

大部分发光材料的吸收处于 $160 \sim 360$ nm 的紫外光范围,发射出长于激发波长的荧光,理论量子效率为 1,实际在 $0.50 \sim 0.95$ 之间,即吸收一个激发光子产生少于一个光子的发射.这一过程为单光子过程.在荧光发射过程中还可以发生多光子过程,主要是双光子过程.存在两类双光子过程:上转换过程和下转换过程.

1. 上转换过程

上转换(up-conversion)过程中材料吸收两个能量较低的光子(如红色光或近红外光),这两个光子叠加发射出一个能量高于激发光子能量(波长短于激发波长)的荧光,其量子效率不会超过 0.5.这一过程的特点是吸收的光子能量低于发射光子的能量,违反 Stokes 定律,因而这一过程也被称为反 Stokes 过程.

要使材料能够发生上转换过程,就要求掺入材料的活性离子具有一个以上的亚稳态.稀土离子具有许多的亚稳态,可以被用作上转换材料的激活剂离子.在 $NaY(WO_4)_2$ 基质中 Yb^{3+} 对 Er^{3+} 的敏化发光是一个很好的例子.

当用红外光激发 $NaY(WO_4)_2$：Yb^{3+},Er^{3+} 时,该材料可以发射绿色荧光,也可以发射红色荧光.产生绿色发光的机理(图 13.7)为:一个红外光子被 Yb^{3+} 吸收,使 Yb^{3+} 从 $^2F_{7/2}$ 基态能级跃迁至 $^7F_{5/2}$ 能级,被激发的 Yb^{3+} 将其激发能通过共振传递转给 Er^{3+},将 Er^{3+} 从基态 $^4I_{15/2}$ 能级激发到 $^4I_{11/2}$ 亚稳态能级,并将能量暂时储存于该能级上.随后,另一个红外光子又被 Yb^{3+} 吸收,也把激发能传给 Er^{3+},使 Er^{3+} 再次被激发,从 $^4I_{11/2}$ 能级跃迁到 $^4F_{7/2}$ 能级,然后,无辐射弛

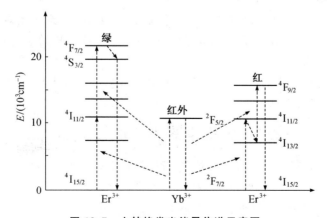

图 13.7 上转换发光能量传递示意图

豫到发光态${}^4S_{3/2}$,最后跃迁到基态${}^4I_{15/2}$能级时发出绿色荧光.

用红外光激发 $NaY(WO_4)_2$:Yb^{3+},Er^{3+}产生红色发光的过程可能是:第一步激发与发射绿光的过程相同.随后 Er^{3+} 离子通过无辐射跃迁弛豫到${}^4I_{13/2}$能级,接着,通过 Yb^{3+} 的吸收和传递,再将 Er^{3+} 从${}^4I_{13/2}$能级激发到${}^4F_{9/2}$能级,最后跃迁回基态${}^4I_{15/2}$能级时发射出红色荧光.

上转换发光过程涉及二次激发,电子处于亚稳态的数目对第二次激发的效率有重要的影响.因而在高密度激发下材料容易表现出高的发光亮度.事实上,上转换发光材料近年来再次引起人们的注意正是由于红外激光器的发展和普及.

2. 下转换过程

下转换(down-conversion)过程也称为量子裁剪(quantum cutting)过程.这一过程是指材料吸收一个能量较高的光子(如真空紫外光子)发射出两个能量远低于激发光子(如可见光子)的光子.在这种发射过程中,量子效率大于1.例如,在 Pr^{3+} 掺杂的 YF_3 中,在185 nm激发下可以观察到下转换现象(图 13.8).其激发和发射过程为:当185 nm 真空紫外光照射材料时,电子由基态激发到 4f5d 激发态.激发的 Pr^{3+} 离子先是无辐射弛豫到${}^1S_0$能级,随后跃迁到${}^1I_6$能级而发出蓝色荧光.接着电子再由${}^1I_6$能级弛豫到${}^3P_0$能级,并跃迁到${}^3F_J$和${}^3H_J$能级发射红色荧光.实验结果表明,在 YF_3:Pr^{3+} 中量子效率可以达到1.4.

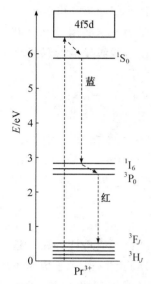

图 13.8 量子裁剪发光过程示意图

YF_3:Pr^{3+} 的发射光谱均为窄的线状光谱,这说明 Stokes 位移数值很小,这可能是产生量子裁剪效应的重要条件.对于具有正常 Stokes 位移的材料,量子裁剪效应几乎是不可能发生的.如果量子裁剪效应能在实际材料中得到应用,对提高材料的能量效率具有重要的意义.

13.1.6 浓度猝灭

为了获得高的发光效率,似乎应该在材料中加入尽可能多的激活剂.然而,在多数情况下,当激活剂的浓度达到并超过一定数值(临界浓度)以后,发光效率不再提高,反而开始下降,这种现象被称为浓度猝灭.这是因为激活剂浓度过高时,能量在激活剂离子之间的传递概率超过了发射概率,激发能量重复地在激活剂离子之间传递.由于晶体中总会存在某些缺陷,例如晶体表面、晶粒间界、位错、杂质(如 Fe^{3+}、Co^{2+} 和 Ni^{2+} 等具有小能级差的离子)等,当能量在激活剂离子之间传递过程中遇到这些缺陷,激发能就会以热的形式无辐射地损失掉.这样尽管激活剂的浓度增加,发光效率却会下降.

13.2 各类发光中心的发光特性

发光中心在发光材料中占有核心的位置.正是材料中存在着不同的发光中心,才使材料表现出各种诱人的发光性能.发光中心在晶体中并不是孤立的,它既受到周围离子及其化学键的作用,也对周围离子产生影响.这种作用和影响由于发光中心的种类不同而有所差别.这里我们就对 13.1.1 节中提到的 3 种发光中心进行较详细的介绍.

13.2.1 分立发光中心

在这类发光材料中,发光中心的能级受晶体势场的作用较小,激活剂离子的能级结构基本保留着自由离子的状态.电子的激发和跃迁是在离子内部的能级之间进行的,并不离开发光中心,也不和基质离子所共有,因此在激发和发光过程中没有光电导发生.在分立发光中心发光材料的光谱中,仍能找到和自由离子相对应的能级关系.周围的晶场只对发光中心离子中的电子运动起微扰作用.分立中心发光材料中的激活剂主要有第一过渡周期离子、18+2 离子和稀土离子.

第一过渡周期离子具有 $3d^{1\sim9}$ 电子构型,其激发和发射过程是电子在 d 轨道之间的跃迁 (d-d 跃迁).由于 d 电子在离子的外层,发光材料的固体晶格对其能级位置和能级分裂都有很大的影响,并且由于晶格的影响,能级都有相当的展宽.因而以这些离子作为激活剂的发光材料其激发光谱和发射光谱的谱带个数、波长和宽度都随基质的不同而不同.这些离子的电子能级在八面体中的分裂状况已由 Tanabe-Sugano(田部-菅野)图(T-S 图)给出,详细内容可参考相关专著.在实际材料中,激活剂的配位对称性不尽相同,能级分裂的情况也较为复杂.在气态离子中 d-d 是禁阻跃迁,但在晶格中由于晶体场的影响这种禁阻部分解禁,因而在发光材料中我们可以观察这种跃迁产生的激发和发射现象,然而它们的荧光寿命相对较长,一般在微秒到毫秒之间.实际上第一过渡周期离子中常用的激活剂离子是 Mn^{2+}($3d^5$)和 Mn^{4+}($3d^3$),Ti^{3+}($3d^1$)和 Cr^{3+}($3d^3$)分别是激光晶体蓝宝石和红宝石中的活性离子,而 Fe^{3+}($3d^5$)、Co^{2+}($3d^7$)和 Ni^{2+}($3d^7$)等离

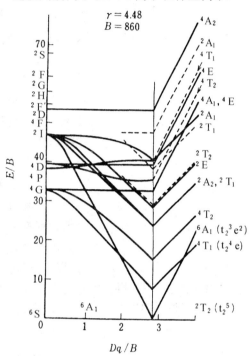

图 13.9 八面体场中 d^5 离子的 Tanabe-Sugano 图

子由于其能级丰富,能级间隔窄,在发光材料中起着猝灭剂的作用.图 13.9 和图 13.10 是 $3d^5$

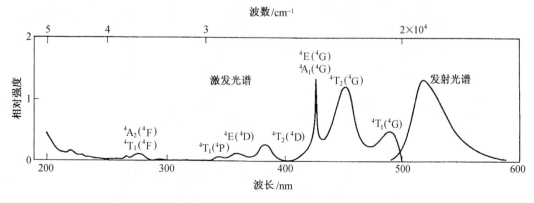

图 13.10 $LaAl_{11}O_{18}$:Mn^{2+} 的激发光谱和发射光谱

的 T-S 图和 $LaAl_{11}O_{18}$：Mn^{2+} 的激发和发射光谱.激发光谱包含丰富的谱带,这些谱带与 T-S 图有很好的符合.一般来说,发光过程都是电子从最低激发能级向基态能级的跃迁,这样发射光谱大多都为一个谱带,且与最低激发谱带有一定的交叠,这可以用位型坐标模型给予解释.

p 区 18＋2 离子的基态电子构型为 $(n-1)d^{10}ns^2$,光谱项为 $^1S_0$.激发态的电子构型为 $(n-1)d^{10}ns^1p^1$,若激发过程中电子自旋不变,其光谱项为 $^1P_1$;若激发过程中电子自旋发生改变,则光谱项为 $^3P_0$、$^3P_1$、$^3P_2$.电子在 $^1S_0$ 和 $^1P_1$ 能级之间的跃迁为允许跃迁,而在 $^0S_1$ 和 ^3P_J($J=0,1,2$)之间的跃迁为禁阻跃迁.最低激发态为 $^3P_0$,由该能级到基态能级 $^1S_0$ 的发射跃迁虽为自旋禁阻跃迁,但在晶体场作用下禁阻被部分解禁,在发光材料中可以观察到很强的 $^3P_0 \rightarrow {}^1S_0$ 跃迁发射,但该跃迁的荧光寿命也较长,大约在微秒(μs)量级.图 13.11 是 $(n-1)d^{10}ns^2$ 离子能级示意图.由于 s 和 p 轨道都是离子的外层轨道,受晶体场的影响较大,因而这类材料的激发光谱和发射光谱都为宽的带谱,并且谱带的波长及带宽等都随基质的变化而改变.图 13.12 是 $BaSi_2O_5$：Pb^{2+} 的激发光谱和发射光谱.

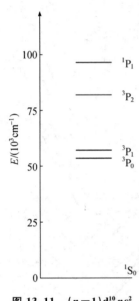

图 13.11 $(n-1)d^{10}ns^2$ 构型离子能级示意图
（以 Pb^{2+} 为例）

稀土离子无论是作为基质离子(如 Y^{3+}、La^{3+}、Gd^{3+} 或 Lu^{3+})还是作为激活剂离子(如 Ce^{3+}、Eu^{2+}、Eu^{3+} 或 Tb^{3+}),在发光材料中都具有重要意义,这是由稀土离子独特的 $4f^n$ 电子构型决定的.人们常把含有稀土离子的发光材料称为稀土发光材料,这类发光材料具有稳定性好、发光效率高和色纯度好等特点,是发光材料研究的重要内容.20 世纪 60 年代后期,由于把溶剂萃取技术用于稀土元素的分离和提纯获得成功,人们可以获得千克级数量的纯的单一稀土元素,这为稀土发光材料的广泛研究奠定了基础.稀土离子的引入使发光材料的性能有了很大的提高,进而促进了彩色阴极射线显像管和 X 射线成像屏性能的改进.随着稀土发光材料研究的深入,使具有高光效和高显色性的三基色荧光灯成为

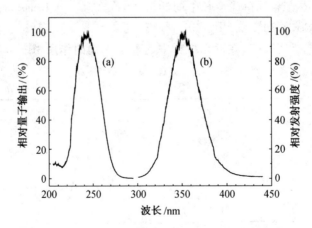

图 13.12 $BaSi_2O_5$：Pb^{2+} 的激发光谱(a)和发射光谱(b)
$\lambda_{EX}=240$ nm,$\lambda_{EM}=350$ nm

可能.近年来半导体照明技术发展也离不开稀土荧光粉的贡献.我国是稀土资源大国,经老一辈科学家几十年的不懈努力,我国的稀土研究和生产在国际上都有重要的地位.年轻一代应继承前辈的优良传统,为使我国成为稀土科技强国作出我们无愧于历史的贡献.

除 Y^{3+}、La^{3+}、Gd^{3+} 或 Lu^{3+} 离子外,其他稀土离子在晶格中都会产生可见光的发射,但在发光材料中常用的稀土激活剂离子为 Ce^{3+}、Eu^{2+}、Eu^{3+} 和 Tb^{3+}.图 13.13 是这几种离子的能级图.一般来说,以 Ce^{3+} 和 Eu^{2+} 为激活剂的发光材料发射光谱为带谱,且谱带波长和带宽随基质的不同可在很宽的范围内变化;以 Eu^{3+} 和 Tb^{3+} 为激活剂的发光材料发射光谱为线谱,且线谱的波长位置在不同的基质中没有明显的变化,这是与它们的能级结构直接相关的.

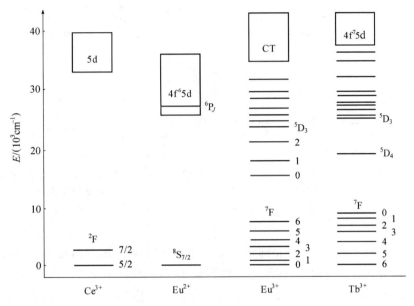

图 13.13　稀土激活剂离子能级图

基态 Ce^{3+} 离子的电子构型为 $4f^1$,其光谱项为 $^2F_{7/2}$ 和 $^2F_{5/2}$.由于外层 5s、5p 电子的屏蔽作用,f 电子能级 $^2F_{7/2}$ 和 $^2F_{5/2}$ 基本保持气态离子的状态,能级位置不随基质而变化,能级也不随基质而展宽.Ce^{3+} 离子的激发态能级为 5d 能级,晶格对该能级的影响较大,因而 Ce^{3+} 离子激活的发光材料激发和发射光谱都表现为带状光谱,并且在不同的基质中激发光谱和发射光谱的波长位置及带宽都有很大的变化.同时由于存在两个基态能级,发射光谱大多为双峰.Ce^{3+} 离子的激发和发射过程发生在 f 和 d 能级之间,我们称此过程为 d-f 跃迁.图 13.14 是发光材料 $Y_3Al_5O_{12}$:Ce^{3+} 的激发光谱和发射光谱.

Eu^{2+} 离子的基态是半充满的 $4f^7$ 电子构型,光谱项为 $^8S_{7/2}$,激发态既可以是由 $4f^7$ 电

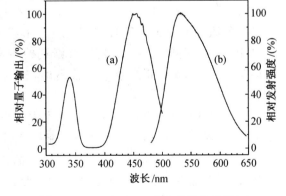

图 13.14　$Y_3Al_5O_{12}$:Ce^{3+} 的激发光谱(a)和发射光谱(b)

$\lambda_{EX}=450\ nm$,$\lambda_{EM}=530\ nm$

子构成的 $^6P_{7/2}$ 能级,也可以是 $4f^65d$ 能级.$^6P_{7/2}$ 能级基本不受晶格的影响,而晶体场对 $4f^65d^1$ 能级影响很大.当 $^6P_{7/2}$ 能级低于 $4f^65d^1$ 能级时,我们观察到 $^6P_J \rightarrow ^8S_{7/2}$ 的线谱发射(f-f 跃迁);反之,我们观察到 $4f^65d^1 \rightarrow ^8S_{7/2}$ 的带谱发射(d-f 跃迁).如果这两个能级的能量相当,我们可以观察到由线谱和带谱组成的混合光谱.f-f 跃迁的线谱发射波长位置不随基质而变化,波长约为 363 nm,而在不同的基质中 d-f 跃迁的带谱波长和带宽却有很大的改变.图 13.15 和图 13.16 分别是发光材料 $BaFCl:Eu^{2+}$ 和 $(BaMg)_3Al_{14}O_{24}:Eu^{2+}$ 的激发光谱和发射光谱.

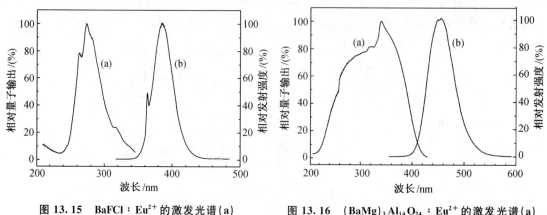

图 13.15　$BaFCl:Eu^{2+}$ 的激发光谱(a)
和发射光谱(b)
$\lambda_{EX}=275$ nm,$\lambda_{EM}=385$ nm

图 13.16　$(BaMg)_3Al_{14}O_{24}:Eu^{2+}$ 的激发光谱(a)
和发射光谱(b)
$\lambda_{EX}=254$ nm,$\lambda_{EM}=450$ nm

Ce^{3+} 和 Eu^{2+} 离子中的 d-f 是允许跃迁,因而以这两种稀土离子为激活剂的发光材料激发和发射效率高,而且荧光寿命短,在几十纳秒至微秒量级.

Eu^{3+} 离子电子组态为 $4f^6$,基态为一组 f 电子能级,$^7F_J(J=0\sim6)$,较低的激发态为 ^5D_J ($J=0\sim3$),它们也都是由 f 电子组合形成的能级.f-f 跃迁是禁阻跃迁,它们的激发效率较低,归属于 f-f 跃迁的激发线谱一般情况下较弱.以 Eu^{3+} 离子为激活剂的发光材料的激发过程是电子由基态跃迁到能量较高的 Eu^{3+} 电荷迁移态(CTS),然后弛豫到最低激发态 $^5D_0$.Eu^{3+} 电荷迁移态是 Eu^{3+} 周围阴离子(如 O^{2-})的一个电子被激发转移到 Eu^{3+} 离子的 f 轨道上,形成 $4f^72p^1$ 激发态.基质晶格对 Eu^{3+} 电荷迁移态能级有明显的影响,其激发带波长和带宽都随基质的不同而改变.Eu^{3+} 在硫化物和硫氧化物基质中电荷迁移态的能量低于氧化物,这是由于硫的电负性较低.虽然 f-f 跃迁的激发效率较低,但在晶格的影响下电子由 $^5D_0$ 能级向基态 ^7F_J 的发射跃迁效率是很高的,其发射光谱为一组特征的线谱,发光颜色为红色(图 13.17).

Tb^{3+} 离子的电子组态为 $4f^8$,基态也为一组 f 电子能级,$^7F_J(J=0\sim6)$,能级高低顺序与 Eu^{3+} 相反.较低的激发态为 $^5D_3$ 和 $^5D_4$ 能级.与 Eu^{3+} 类似,Tb^{3+} 离子的 f-f 跃迁的激发效率不高,其激发过程主要是电子由基态向能量较高的 $4f^75d^1$ 能级跃迁.同样电子由高能级弛豫到最低激发态 $^5D_4$ 能级.电子由 $^5D_4$ 能级向 ^7F_J 能级跃迁产生一组特征的发射谱线,发光颜色为黄绿色(图 13.18).

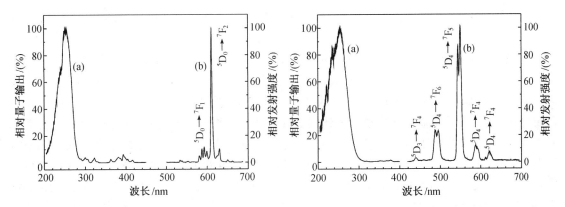

图 13.17　Y_2O_3：Eu^{3+} 的激发光谱(a)和发射光谱(b)
$\lambda_{EX} = 254\ nm, \lambda_{EM} = 611\ nm$

图 13.18　Y_2SiO_5：Tb^{3+} 的激发光谱(a)和发射光谱(b)
$\lambda_{EX} = 254\ nm, \lambda_{EM} = 546\ nm$

当 Eu^{3+} 和 Tb^{3+} 离子浓度较低时,不仅可以观察到最低激发态的发射,也可以观察到较高激发态的发射,如 Eu^{3+} 离子 $^5D_2$ 和 $^5D_1$ 的发射及 Tb^{3+} 离子 $^5D_3$ 的发射.由于 ^5D_J 能级之间的能量差可以与 ^7F_J 能级的能量差匹配,提高激活剂浓度可使不同的激活剂离子之间发生交叉弛豫(cross relaxation),结果使激发态电子全部弛豫到最低激发态后再向基态跃迁(图 13.19 和图 13.20):

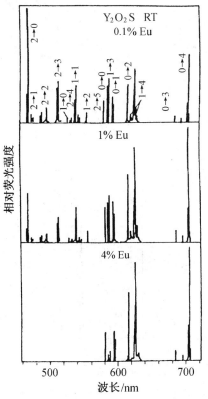

图 13.19　Y_2O_2S：Eu^{3+} 的发射光谱
随 Eu^{3+} 含量的变化

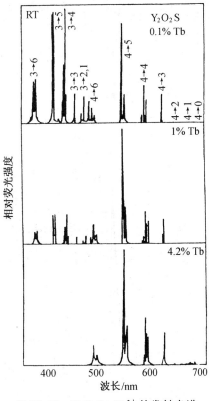

图 13.20　Y_2O_2S：Tb^{3+} 的发射光谱
随 Tb^{3+} 含量的变化

$$Eu^{3+}: {}^5D_J\,(J=1\sim3)+{}^7F_0 \longrightarrow {}^5D_0+{}^7F_J\,(J=1\sim6) \tag{13.4}$$

$$Tb^{3+}: {}^5D_3+{}^7F_6 \longrightarrow {}^5D_4+{}^7F_0 \tag{13.5}$$

如上所述,f-f 跃迁是禁阻跃迁,故 Eu^{3+} 和 Tb^{3+} 的荧光寿命较长,约在 ms(毫秒)量级.

虽然稀土离子的 f 能级处于离子的内层,晶体场对其影响没有对 d 能级的影响那样强烈,但晶体场以及晶体结构的对称性对 f 能级还是有作用的.它们可以引起 f 能级的分裂,也可以调制电子跃迁选律,从而影响发射光谱谱线的分裂数目和谱线的相对强度,使材料的发光颜色有所改变.例如将 Eu^{3+} 离子掺杂在 Ba_2GdNbO_6、$NaLuO_2$ 和 $NaGdO_2$ 三种晶体中,由于 Eu^{3+} 离子所处格位的对称性不同(图 13.21),它们的发射光谱就不同(图 13.22).在 Ba_2GdNbO_6 中,Eu^{3+} 离子占据立方对称格位,处在对称中心上[图 13.21(a)],它的基态能级 $^7F_1$ 不发生分裂,因此,磁偶极跃迁 $^5D_0 \rightarrow {}^7F_1$ 只有一条谱线[图 13.22(a)].在 $NaLuO_2$ 中,Eu^{3+} 离子处于三角低对称中心[图 13.21(b)],所以它的 $^7F_1$ 能级分裂为两个子能级,$^5D_0 \rightarrow {}^7F_1$ 跃迁产生两条谱线[图 13.22(b)].而在 $NaGdO_2$ 晶体中,Eu^{3+} 离子占据的格位为非对称中心[图 13.21(c)],

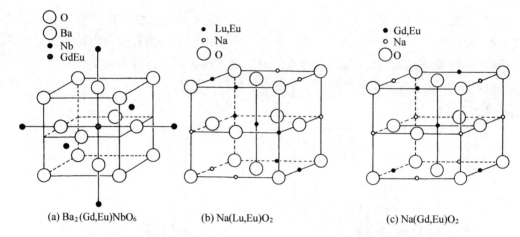

(a) $Ba_2(Gd,Eu)NbO_6$　　　　(b) $Na(Lu,Eu)O_2$　　　　(c) $Na(Gd,Eu)O_2$

图 13.21　$Ba_2(Gd,Eu)NbO_6$、$Na(Lu,Eu)O_2$ 和 $Na(Gd,Eu)O_2$ 的晶体结构

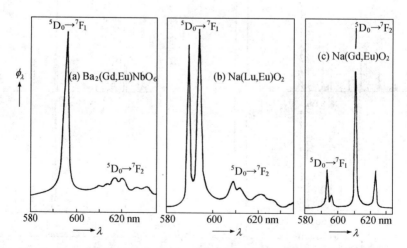

图 13.22　$Ba_2(Gd,Eu)NbO_6$、$Na(Lu,Eu)O_2$ 和 $Na(Gd,Eu)O_2$ 的发射光谱

在这种情况下不仅有磁偶极跃迁,而且还可能发生受迫电偶极跃迁,根据宇称选择定则,除了 $^5D_0 \to {}^7F_{1,3,5}$ 跃迁外,还可能发生 $^5D_0 \to {}^7F_{2,4,6}$ 跃迁发射.在图 13.22(c) 中,我们确实可以看到很强的 $^5D_0 \to {}^7F_2$ 的跃迁发射.Eu^{3+} 离子的 $^5D_0 \to {}^7F_1$ 跃迁发射是橘红色,而 $^5D_0 \to {}^7F_2$ 则是正红色.在制作彩色显示屏或三基色荧光灯时,我们总是要求红色发光材料所发出的荧光具有纯正的红色,因此,一般都是将 Eu^{3+} 离子作为发光中心掺入晶体中使其占据非中心对称格位,例如 $Y_2O_2S:Eu^{3+}$ 和 $Y_2O_3:Eu^{3+}$ 等.

13.2.2 复合发光中心

分立发光中心的发光一般是发生在离子性较强的晶体中.在共价性较强的半导体发光材料中存在着另一种发光中心,称为复合发光中心.作为这种发光中心的激活剂离子的外层电子受到周围晶体场的作用较强,以至于发光中心在受激发时发生电离,电离的电子进入晶体的导带,参与晶体的光电导作用.电子与空穴在发光中心上复合,释放出的能量以可见光的形式发射出来.由于激发和发射过程都有基质晶格参与,发光的光谱并不完全反映激活剂离子的能级结构,而更多的是取决于基质晶格的性质,因此复合发光中心应包括激活剂离子及其周围的晶格离子在内.

复合发光中心的发光机理可以用 Schön-Klasens(肖恩-克莱森)模型,以 Cu^+ 和 Cl^- 共激活的 ZnS 蓝绿色发光材料为例来说明.若把 ZnS 晶体看作是纯离子性晶体,它的能带结构可以用图 13.23 中的示意图表示.能带中的导带由 Zn^{2+} 离子轨道形成,而价带则相当于 S^{2-} 离子的外层电子能级.当激活剂 Cu^+ 离子置换晶格中的 Zn^{2+} 离子时,形成负电中心的 Cu'_{Zn},相当于发光中心.因为 Cu^+ 离子周围的 S^{2-} 离子受到微扰,使得它处于与 Zn^{2+} 离子周围的 S^{2-} 离子不同的状态,从而使其周围价带中电子的束缚减少,在价带顶上边的禁带中形成一个高于由正常 S^{2-} 离子轨道构成的价带的局域能级 A.这是一个定域受主能级,相当于发光中心的基态能级.共激活剂 Cl^- 离子占据晶体中的 S^{2-} 离子格位,形成正电中心的 $Cl_S^·$,在导带底的下边的禁带中形成定域的电子陷阱能级 D,即施主能级,当以短于 ZnS 晶体禁带吸收波长(335 nm, 3.70 eV)的光照射 $ZnS:Cu^+,Cl^-$ 材料时,就分别在价带和导带中产生自由空穴和自由电子,这些空穴和电子可以在价带和导带中自由运动而赋予晶体以光电导.由于热平衡,自由空

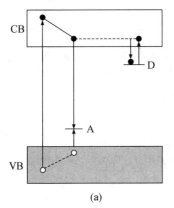
(a)

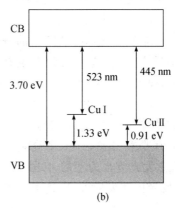
(b)

图 13.23　Schön-Klasens 模型(a)和发光材料 ZnS:Cu,Cl 中 Cu I 和 Cu II 发光中心能级图(b)

穴可以上升到价带顶并进入禁带,被激活剂离子 Cu^+ 形成的发光中心(负电中心 A)俘获.自由电子可以下降到导带底,并被共激活剂 Cl^- 所形成的陷阱能级(正电中心 D)所俘获.材料的发光过程是上述激发过程的逆过程,即电子由陷阱 D 中逸出,经过禁带而与发光中心 A 上的空穴复合而产生发光.在 $ZnS:Cu^+$,Cl^- 材料中,当掺入 Cu^+ 离子的浓度较低时,形成 Cu I 能级;掺入 Cu^+ 离子的浓度高于 0.1%(质量分数)时,形成 Cu II 能级.当电子从导带底分别向 Cu I 或 Cu II 跃迁,与空穴复合时可以产生两种颜色的发光,分别为绿光(峰值波长为 523 nm)和蓝光(峰值波长为 445 nm).图 13.24 是 $ZnS:Cu^+$ 的激发光谱和发射光谱.其他一些一价阳离子,如 Ag^+ 或 Au^+,也和 Cu^+ 一样能在 ZnS 中形成类似的定域受主能级成为发光中心,只是各种杂质离子所形成的受主能级距价带顶的距离(能量)不同,由此中心发生复合发光时的光谱的波长也不同.可以看出,在复合发光材料中激活剂所构成的定域能级不是激活剂离子本身的电子能级,而是激活剂离子与基质 ZnS 晶体中其周围的 S^{2-} 离子相互作用后在价带顶上的禁带中所形成的定域受主能级.同样,电子陷阱能级(施主能级)虽然也和共激活剂离子的种类(如 Cl^-,Al^{3+},Gd^{3+} 等)有关,但这个能级 D 也并非共激活剂离子本身的能级,而是受到共激活剂离子微扰的 ZnS 晶体导带所产生的定域能级.因此,这

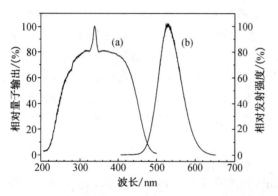

图 13.24　$ZnS:Cu^+$ 的激发光谱(a)和发射光谱(b)
$\lambda_{EX} = 340$ nm, $\lambda_{EM} = 530$ nm

类复合发光材料的发光光谱,固然与激活剂和共激活剂的种类有关,但是与基质晶体的性质关系更大.例如用在 ZnS 中掺入 CdS 所形成的连续互溶固溶体作为基质,可以得到发光光谱波长连续红移的发光材料.

13.2.3　复合离子发光中心

以高价金属离子组成的复合氧化物都含有 MO_4^{n-} 四面体或 MO_6^{m-} 八面体基团,这类化合物不必掺杂就可以发射明亮的荧光,故称为自激活发光,发光中心即是这些复合离子基团.常见的发光材料有 $CaWO_4$、$MgWO_4$、$CaMoO_4$、YVO_4、$YNbO_4$ 和 $YTaO_4$ 等.半经验的分子轨道理论计算结果表明,发光中心的激发是属于电荷迁移态型,即 O^{2-} 离子的一个 2p 电子进入 M^{z+} 离子空的 d 轨道.最低激发态是 M^{z+} 的 e 和 t_2 轨道,最高基态是 O^{2-} 的 2p 轨道.这类材料的发光光谱一般都是宽的发射带,半高宽一般大于 100 nm,且激发光谱也为宽的带.图 13.25 是 $CaWO_4$ 的激发光谱和发射光谱.这类材料激发光谱与发射光谱的 Stokes 位移较大,表明基态和激发态的位型差别较大,故材料发光的温度猝灭效应较为明显,一些材料在室温下不发光,

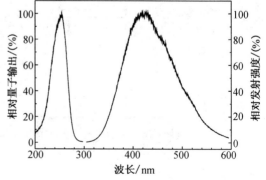

图 13.25　$CaWO_4$ 的激发光谱(a)和发射光谱(b)
$\lambda_{EX} = 250$ nm, $\lambda_{EM} = 420$ nm

但在 100 K 时呈现明亮的荧光.这种材料的荧光衰减曲线为单指数型,即发光过程为单中心过程.这类电荷迁移态跃迁是宇称允许而自旋禁阻跃迁,故荧光寿命较长,在几十微秒到毫秒量级.随中心高价金属离子相对原子质量的增加,轨道-自旋耦合的程度增加,选律部分解禁,因而 $CaWO_4$ 的荧光寿命仅有 $10~\mu s$,$CaMoO_4$ 的寿命为 0.25 ms,而 YVO_4 为 3 ms.

复合离子发光材料中也可以掺入其他激活剂而本身作为基质.在一定的条件下,基质的电荷迁移态可以有效地将吸收能量向激活剂传递,红色发光材料 YVO_4:Eu^{3+} 是一个很好的例子.在该材料中 VO_4^{3-} 基团可以通过交换机理向 Eu^{3+} 传递能量.能量传递的交换机理要求传递离子的波函数有尽可能多的重叠,V—O—Eu 之间的键角为 $180°$ 有利于这种传递.

13.3 发光材料的应用

13.3.1 光致发光材料

用于紫外和可见光激发场合的发光材料被称为光致发光材料.这类材料被广泛地用于各种荧光灯当中.近年发展起来的等离子平板显示器(plasma display panel,PDP)要求材料在真空紫外光激发下具有优良的性能.以铝酸锶为代表的长时发光材料也是目前光致发光材料的研究热点.用近红外激光束激发的上转换发光材料也应该属于光致发光材料,将这类材料制成纳米颗粒在生物检测方面具有很好的发展前景.

1. 荧光灯用发光材料

荧光灯是一种冷光源,它是利用灯管内的汞蒸气在放电时产生的紫外线来激发涂敷在灯管内壁上的无机发光材料,使其发射出可见光.荧光灯的应用开始于 1938 年.当时使用的发光材料是由发蓝光的钨酸钙、发绿光的硅酸锌锰以及发橙红光的硼酸镉镁混合而成.1942 年,人们合成出了 Sb^{3+}、Mn^{2+} 共激活的卤磷酸钙荧光粉,并于 1949 年公开报道,这对荧光灯的推广和普及起到了重要的推动作用.这种材料成本低、发光性能好,并且一种材料就可以获得白色荧光,用这种材料制成的荧光灯效率约 $70~lm \cdot W^{-1}$.这种材料的主要不足是用其制作的荧光灯显色指数还不太高,只有 $50 \sim 75$.1971 年 Thornton(桑顿)以及 Koedam(儿玉)和 Opstelten(欧普斯泰廷)通过理论计算并用实验证明:由发射光谱峰值分别为 450、540 和 610 nm 的窄带发射的三种稀土发光材料适量混合制成的荧光灯(即三基色荧光灯)同时具有高的发光效率和高的显色性能,使荧光照明进入了新的阶段.

(1) 卤磷酸钙发光材料

这种材料的组成为 $Ca_5(PO_4)_3(F,Cl)$:Sb,Mn,具有磷灰石结构.磷灰石(apatite)是一类无机物化合物的结构,其化学组成可以用通式 $M_5(PO_4)_3X$(M = 碱土离子,X = F,Cl,OH)表示.磷灰石在自然界中以矿物的形式存在,也是动物骨骼和牙齿的主要组成部分.一些人工合成的稀土硅酸盐,如 $CaGd_4(SiO_4)_3O$ 也采取磷灰石的结构.为了理解 $Ca_5(PO_4)_3(F,Cl)$:Sb,Mn 的发光性能,有必要了解磷灰石的结构.磷灰石[以 $Ca_5(PO_4)_3Cl$ 为例]具有六方结构,空间群为 $P6_3/m$(图 13.26).结构中 PO_4 四面体被钙离子隔开,以孤立的形式存在;两种钙离子占据两种格位:Ca(I)处于氧形成的六配位环境中,Ca(II)处于 5 个氧和两个氯形成的七配位环境中.共价性很强的 PO_4 四面体是磷灰石结构的基本单元,为了满足共价性的要求,磷灰石结构中原子不采取密堆积的形式.

Mn^{2+} 分别占据 Ca(I)和 Ca(II)格位,Sb^{3+} 则占据 Ca(II)格位,其邻近的一个卤离子被

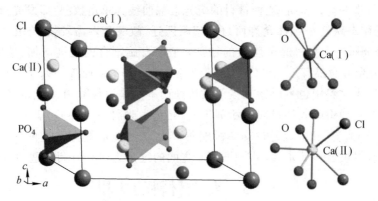

图 13.26 Ca₅(PO₄)₃Cl 晶体结构及两种 Ca 格位的配位环境

O^{2-}取代以补偿多余的$+1$电荷.在低压汞蒸气放电辐射(254 nm 紫外光)的激发下,Sb^{3+}离子可以有效地吸收激发能量,从^1S基态跃迁到 5s5p 的激发态^1P(单重态)和^3P(三重态),然后弛豫到最低激发态$^3P_0$,一部分能量由$^3P_0$态跃迁回到基态,产生 480 nm 的蓝色谱带发射,另一

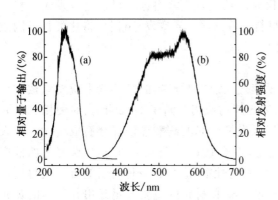

图 13.27 Ca₅(PO₄)₃(F,Cl):Sb,Mn 的激发光谱
(a)和发射光谱(b)
$\lambda_{EX}=254\ nm,\lambda_{EM}=580\ nm$

部分能量通过共振机理传递给Mn^{2+}离子,使它产生峰值为 580 nm 的橙色发光谱带,图 13.27 是典型的锑锰共激活的卤磷酸钙荧光粉的发射光谱.调整材料中的 F/Cl 浓度比和 Sb/Mn 浓度比,可以改变材料的发光颜色,从而制成不同色温的白色荧光灯.

卤磷酸钙发光材料的主要缺点是发光光谱中缺少 450 nm 以下的蓝光和 600 nm 以上的红光,因而制成的荧光灯显色性不够高.另一方面除了 254 nm 紫外光外,汞蒸气放电还产生 185 nm 的真空紫外光.卤磷酸钙发光材料在 185 nm 紫外光照射下,晶体中容易产生色心,造成辐射损伤,使材料的发光性能衰退.

如果用 1%的镉取代其中的钙,以吸收 185 nm 辐射,可以减轻材料的辐射损伤.

锑锰激活的卤磷酸钙发光材料原料来源丰富、生产工艺成熟、成本低,是目前大量生产和广泛应用的一种发光材料.用这种发光材料制作的荧光灯年产数十亿支,在照明光源中占约 20%的比例,为节约能源作出了很大的贡献.

(2)三基色稀土发光材料

1974 年荷兰 Philips 公司开发出了涂敷稀土三基色荧光粉的三基色荧光灯.这种荧光灯的发光效率可达 80～100 lm·W^{-1},显色指数可达 80～90.用于这种荧光灯的三基色稀土发光材料都具有良好的化学稳定性和发光稳定性,光衰很小,可用于制作细管型(灯管直径由普通荧光灯的 36 mm 缩小到 16 mm,甚至 10 mm)和紧缩型(H 形、U 形或双 U 形)的荧光灯.这种新型的荧光照明光源集中了节电、光效高、显色性好、装饰性好和使用方便等优点.由于三基色发光材料必须是发射线状或窄带光谱的单色性好的材料,而只有一些稀土离子,如Tb^{3+}、Dy^{3+}、

Eu^{3+}、Sm^{3+} 等可以产生线状发射,Eu^{2+} 离子可以产生蓝色窄带发射(与产生相同波长范围发射的 Sb^{3+} 离子相比,Eu^{2+} 的发射带半宽度要小得多),因此稀土离子激活剂在三基色发光材料中有独特的作用.

三基色蓝粉主要是一些以 Eu^{2+} 作激活剂的多铝酸盐.在这些基质中,Eu^{2+} 的 d-f 跃迁产生波长 440~460 nm 的窄带发射.这些多铝酸盐基质主要有 $BaMg_2Al_{16}O_{27}$、$(BaMg)_3Al_{14}O_{24}$、$BaMgAl_{10}O_{17}$ 和 $1.29BaO \cdot 6Al_2O_3$ 等,它们的结构都和六方 β-氧化铝 $NaAl_{11}O_{17}$ 相似.β-氧化铝是由尖晶石结构单元构成的层状结构,尖晶石层之间夹着由一个 O^{2-} 和一个 Na^+ 组成的疏松层.当所有的 Na^+ 被 Ba^{2+} 取代,尖晶石层中的部分 Al^{3+} 被 Mg^{2+} 取代时,就生成了 $BaMgAl_{10}O_{17}$.$1.29BaO \cdot 6Al_2O_3$ 的结构也类似,只是层与层之间夹着 1.125 个 Ba^{2+} 和0.815 个 O^{2-} 离子,夹层中过剩的正电荷是被随机分布的 Al^{3+} 离子空位所补偿的.图 13.16 为 $(BaMg)_3Al_{14}O_{24}$:Eu^{2+} 的发射和激发光谱.

被广泛应用的三基色绿粉也是多铝酸盐,主要是磁铅矿类材料.这类材料的组成可以用通式 $LnMgAl_{11}O_{19}$(Ln=La,Ce 或 Tb)表示.磁铅矿结构也是由一个个镁铝尖晶石($MgAl_2O_4$)结构单元所构成,在尖晶石单元之间夹着一些含有 3 个 O^{2-} 离子、1 个稀土离子和 1 个 Al^{3+} 离子组成的层.$(Ce,Tb)MgAl_{11}O_{19}$ 受 254 nm 紫外光激发时,在 330 nm 附近产生 Ce^{3+} 的发射.由于 Ce^{3+} 的激发和发射之间的 Stokes 位移大,Ce^{3+}-Ce^{3+} 之间几乎不发生能量传递.而 Ce^{3+} 的发射带与 Tb^{3+} 的 $^7F_6$ 到 $^5G_2$、$^5D_1$ 或 $^5H_7$ 的跃迁吸收重叠,造成 Ce^{3+}-Tb^{3+} 之间的高效能量传递,产生高亮度的绿色发光.铝酸盐体系的绿色发光材料生产工艺成熟,发光性能稳定,只是合成焙烧的温度高(>1400 ℃),烧成粉末的粒度也偏大.$(Ce,Tb)MgAl_{11}O_{19}$ 的激发和发射光谱见图 13.28.

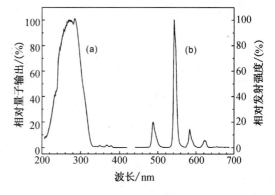

图 13.28 $(Ce,Tb)MgAl_{11}O_{19}$ 的激发光谱(a) 和发射光谱(b)
λ_{EX}=254 nm,λ_{EM}=542 nm

三基色发光材料的红粉要求其发射光谱必须是纯正的、单色性很好的红色.以 Eu^{3+} 为激活剂离子并让其占据基质晶体中的非中心对称格位,可以得到这种发射,Y_2O_3:Eu^{3+} 是一种非常优良的应用于荧光灯的红色发光材料.图13.17 表示了 Y_2O_3:Eu^{3+} 的激发光谱和发射光谱.在 254 nm 紫外光激发下,产生 Eu^{3+} 的电荷迁移态激发,随即弛豫到 ^5D_J 各激发态能级,然后发生 $^5D_J \rightarrow {}^7F_J$ 的跃迁辐射.其中最强的一条谱线是 Eu^{3+} 的 $^5D_0 \rightarrow {}^7F_2$ 跃迁发射,波长为 611 nm,它恰好符合三基色白色光谱中对红色成分波长的要求.为了保证 Eu^{3+} 的 $^5D_0 \rightarrow {}^7F_2$ 跃迁强度在发射光谱中的份额,Eu^{3+} 的掺入浓度必须大于 5%.因为在低浓度时,Eu^{3+} 可能产生 $^5D_3$ 和 $^5D_2$ 到基态的蓝光发射以及 $^5D_1$ 到基态的绿光发射.当 Eu^{3+} 的浓度较高时,通过交叉弛豫过程(cross-relaxation)使 ^5D_J(J=1,2,3)$\rightarrow {}^7F_J$ 的跃迁强度减弱,而使 $^5D_0 \rightarrow {}^7F_J$ 的跃迁强度增加.

2.白光发光二极管发光材料

20 世纪 60~70 年代,人们已研制出能够发射红光和绿光的发光二极管(light emitting diode,LED),到 80~90 年代,红色和绿色发光二极管的发光效率有了大幅度的提高.然而,由于缺少能够发出蓝光的发光二极管,发光二极管在显示和照明领域的应用受到了限制.20 世纪 90 年代,日本科学家 Isamu Akasaki(赤崎勇)、Hiroshi Amano(天野浩)和 Shuji Nakamura (中村修二)研制成功了 GaN 基的蓝色发光二极管,随后进一步把发光二极管的发光波长推向 近紫外波段.蓝色发光二极管的研制成功为发光二极管在显示和照明领域的应用开辟了广阔 的前景,三位日本科学家获得了 2014 年 Nobel 物理学奖.

在蓝色发光二极管芯片上涂覆 $Y_3Al_5O_{12}$：Ce^{3+}（YAG：Ce^{3+}）黄色发光材料,可以制成 白光发光二极管用于照明,这种半导体照明器件具有效率高、寿命长、环境友好等优势,有望取 代现有的白炽灯和荧光灯成为新一代电光源.

"蓝色芯片＋YAG：Ce^{3+}"的方案使发光二极管用于照明成为可能,然而由于发光光谱中 缺少红色成分,该发光器件色温偏高,显色指数偏低.为了提高白光发光二极管的性能,研制适 合蓝色芯片激发的红色发光材料成为无机发光材料领域的重要课题.实际上,在蓝色发光二极 管研制成功之前,人们已获得了多种性能优良的光致红色发光材料.然而,这些材料一般是围 绕 Hg 灯开发的,它们适合于 254 nm 或 365 nm Hg 发射紫外光的激发,而不适合于发光二极 管的蓝色光的激发.为此有必要研究新型的适合于发光二极管激发的红色发光材料.人们先后 尝试过 CaS：Eu^{2+},Y_2O_2S：Eu^{3+},$CaMoO_4$：Eu^{2+},$CaAl_{12}O_{19}$：Mn^{4+} 和 K_2TiF_6：Mn^{4+} 等 红色发光材料,然而,从材料的光谱特性、发光效率和稳定性等因素考虑,Eu^{2+} 激活的氮化物 或氮氧化物硅/铝酸盐发光材料是适合于白光发光二极管的一类性能优良的材料.

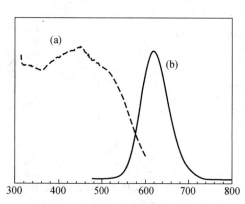

图 13.29 $Sr_2Si_5N_8$：Eu^{2+} 的激发光谱(a)
和发射光谱（b）

$\lambda_{EX} = 460$ nm,$\lambda_{EM} = 620$ nm

我们知道,N 的电负性小于 O,N^{3-} 离子的电荷 高于 O^{2-} 离子,因而 Eu—N 键的共价性更强,N^{3-} 形成的配位场也更强。与氧化物相比,Eu^{2+} 离子在 氮化物或氮氧化物基质中,其 5d 轨道的电子云扩 展效应（nephelauxetic effect）和配位场分裂能都 更大,导致 5d 轨道能级重心和能级下沿降低,激发 光谱和发射光谱红移,使其适合蓝色发光二极管的 激发.图 13.29 是一种典型的 Eu^{2+} 激活的氮化物发 光材料的激发光谱和发射光谱.与氧化物发光材料 相比,氮化物或氮氧化物发光材料的制备条件比较 苛刻,需要高温高压和无水无氧环境,这对该类发 光材料的普及使用是一个不利的因素.

除了用于普通照明外,白光发光二极管也被用 作液晶显示器的背光源.对于普通照明,发光材料的发射光谱可以宽一些,这有利于提高光源 的显色指数;而用于液晶背光源时,除了红色发光材料外,还希望有绿色发光材料,同时发光材 料的发射光谱可以窄一些,这有利于提高发光材料的色纯度,进而拓宽显示器的显示色域.有 理论认为,选择结构紧凑的基质材料有利于获得发光峰较窄的发光材料.

3. 等离子体显示屏用发光材料

大屏幕平板显示技术一直是人们追求的一个目标,等离子平板显示器是近年来发展起来 的并已商品化的大屏幕平板显示器.日本电气公司(NEC)研制的等离子体显示器(plasma dis- play panel,PDP)尺寸为 107 cm (42 in),器件厚度仅为 20 cm,重量不足 40 kg,约为同类阴极 射线显像管(cathode ray tube,CRT)的 20%.PDP 是一种气体放电平板显示器,该器件最早的 雏形发明于 1964 年,其结构原理如图 13.30 所示.这种显示器由上百万个微型发光管组成,每个发光管内充有惰性气体,管壁涂有蓝、绿或红三种发光材料.管内惰性气体在电压作用下发生气体放电,使惰性气体处于等离子状态,同时发出紫外线(主要是真空紫外线,vacuum ultraviolet,VUV)激发发光材料显示图像.

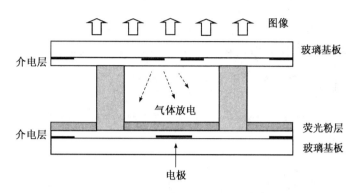

图 13.30　PDP 显示原理示意图

PDP 中使用的惰性气体主要是 Xe-He 混合气,其主要发射波长为 147 nm 的真空紫外光,这要求使用的发光材料应对这一波长有很好的吸收.同时由于真空紫外光的能量远高于普通 Hg 灯紫外光(254 nm),因而 PDP 器件对发光材料的稳定性有更高的要求.实际上,目前并没有开发发出较为理想的 PDP 专用发光材料,现有使用的发光材料主要还是荧光灯用发光材料,例如,红粉(YGd)BO_3:Eu^{3+},绿粉 Zn_2SiO_4:Mn 和蓝粉 $BaMgAl_{14}O_{23}$:Eu^{3+}.这些材料在色纯度、荧光寿命、光效和稳定性方面均不十分令人满意.因而开发出适合于真空紫外激发条件的新型发光材料对提高 PDP 器件的性能是至关重要的.在 PDP 器件中,发光材料的激发过程主要是通过基质吸收再向激活剂传递能量,这样在开发新型 PDP 发光材料中,应该深入研究基质-激活剂之间的能量传递机理.

4. 长时发光材料

长时发光(long persistent phosphorescence)材料也称为长余辉发光(long afterglow phosphorescence)材料,这种材料在激发停止后,发光仍会持续一段时间.这种材料在安全指示、夜间标志及工艺品装饰等方面有着广泛的用途.古时人们所说的发光壁和夜明珠等就是一些天然的长时发光材料.1866 年法国化学家 Theodore Sidot(泰欧多·希多特)就发明了 ZnS 系统长时发光材料.在 1992 年之前,这类材料一直是长时发光材料的主角,绿色发光材料 ZnS:Cu,Co 是这类材料的代表.然而 ZnS 材料的余辉时间仅有数分钟,其应用受到了很大的限制.1992 年以 $SrAl_2O_4$:Eu^{2+},Dy^{3+} 为代表的铝酸盐材料的发现对长余辉发光材料具有革命的意义,这种材料发射的绿色荧光其余辉可长达 2000 min,为长余辉材料的广泛应用奠定了基础.

$SrAl_2O_4$ 与尖晶石 $MgAl_2O_4$ 具有类似的分子式,然而由于锶离子的半径比镁大很多,其无法进入氧组成的四面体空隙或八面体空隙中,因而 $SrAl_2O_4$ 不能形成尖晶石结构.$SrAl_2O_4$ 具有填充的鳞石英(tridymite)型结构(图 13.31),是单斜晶系,空间群为 $P2_1$.在该结构中 AlO_4 四面体通过共顶点方式连接形成三维骨架结构,两种锶离子(均为七配位)处于 AlO_4 四面体围成的骨架空隙中.

$SrAl_2O_4$:Eu^{2+},Dy^{3+} 材料的激发光谱和发射光谱以及能级图和发光机理如图 13.32 所示.当用紫外或可见光激发材料,Eu^{2+} 吸收激发光,电子从基态激发到激发态,在 4f 基态产生

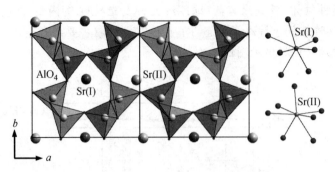

图 13.31 SrAl₂O₄ 晶体结构及两种 Sr 格位的配位环境

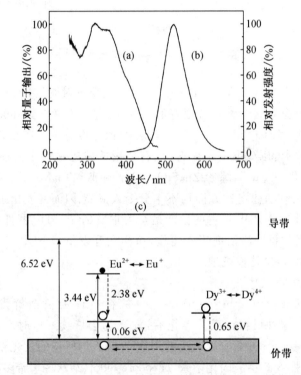

图 13.32 长时发光材料 SrAl₂O₄：Eu²⁺，Dy³⁺ 的激发光谱(a)、发射光谱(b) 及发光机理示意图(c)

$\lambda_{EX}=340\ nm$，$\lambda_{EM}=520\ nm$

空穴，并被释放到价带，此过程使 Eu^{2+} 转化成 Eu^{+}. 被释放的空穴沿价带迁移，被 Dy^{3+} 所俘获，Dy^{3+} 转化为 Dy^{4+}. 停止激发后，束缚在 Dy^{4+} 上的空穴在热扰动下返回价带，空穴在价带中迁移至激发态的 Eu^{+} 附近，被 Eu^{+} 俘获形成 Eu^{2+} 激发态. 最后，处于 Eu^{2+} 激发态上的电子跃迁回基态产生余辉发光. 支持这一模型的一个重要实验是该材料在发光过程中伴有 p 型光电导. 虽然对这一模型还有很多争论，特别是一价 Eu^{+} 离子和四价 Dy^{4+} 离子的形成是化学家不太容易接受的观点，但目前它是较为普遍接受的一种模型. 有人认为，掺杂缺陷 $Dy_{Sr}^{.}$ 是位于导带下的局域能级，可以成为电子陷阱存储激发能量. 这一模型与 p 型光电导的实验不符. 其实，在掺杂形成 $Dy_{Sr}^{.}$ 缺陷的同时必然形成金属空位 V_{Al}''' 或 V_{Sr}''，也可能形成间隙氧 O_i''，这些缺陷都是空穴陷阱，导致 p 型电导. 如果考虑这些缺陷的存在，即使不涉及一价 Eu^{+} 离子和四价 Dy^{4+}

离子的形成,仍然可以对长余辉发光过程给予合理的解释.当然,更合理发光模型的建立需要更深入的实验和理论研究工作.

目前绿色长时发光材料 $SrAl_2O_4$：Eu^{2+},Dy^{3+} 具有较为满意的发光性能,但其他颜色(如蓝色和红色)长时发光材料的性能还不十分令人满意.这方面的研究一直没有间断,然而重大的突破还需时日.

5. 纳米上转换发光材料

纳米(一般为十几纳米到几十纳米)无机上转换发光材料,由于其颗粒小,与生物组织相容,可以作为荧光标记物用于生物检测和生物成像.以 Yb^{3+}-Er^{3+} 共激活的 $NaYF_4$ 为例,该材料可以被 980 nm 的红外光激发,发射 540 nm 的绿色和 640 nm 的红色上转换荧光.由于生物体对红外和红色光吸收较弱,利用该材料进行生物检测,其检测深度较深.另外,红外光一般来说不能激发生物组织自身的荧光,因而,纳米上转换发光材料用于生物检测和成像背底噪音低.

利用纳米上转换发光材料进行生物检测,需要将材料表面进行功能化修饰,使其带上具有特定生物功能或特性的分子(称为探针分子).当纳米材料在生物体内传输时,探针分子与病灶组织(称为靶标)发生特异性结合并在病灶附近富集.这样,我们可以利用上转换荧光探测病灶的部位或对其成像.

制备纳米上转换发光材料的方法有很多,其中高温溶剂中前驱体热分解是一种普遍使用的方法.将 Na^+、Y^{3+}、Yb^{3+} 和 Er^{3+} 的三氟乙酸盐溶解于高沸点溶剂中,如油酸：油酸铵：十八烯的混合溶剂中,然后在 N_2 气氛或 Ar 气氛保护下加热.油酸和油酸铵的沸点很高,在 350 ℃ 左右,十八烯的沸点也有 314 ℃,因而,上述溶液可以加热到 300 ℃ 左右导致三氟乙酸盐的分解.金属三氟乙酸盐分解释放出的 F^- 离子与金属离子结合形成 $NaYF_4$：Yb^{3+},Er^{3+} 发光材料.发光材料是在均相体系中快速、大量、同时生成的,因而其颗粒度较小,在纳米量级,见图 13.33.由于发光材料产物的颗粒在纳米量级,产物形成后溶液是清亮的.在溶液中加入乙醇可以使产物聚集而与溶剂分离,产物可以重新分散于环己烷等非极性溶剂中.

图 13.33 纳米 $NaYF_4$：Yb^{3+},Er^{3+} 发光材料的 TEM 照片

纳米上转换发光材料在光动力治疗方面也呈现出很好的前景.如在 Yb^{3+}-Tm^{3+} 共激活的 $NaYF_4$ 纳米发光材料中,Yb^{3+}-Tm^{3+} 之间的多级上转换过程使 Tm^{3+} 发射 350 nm 的紫外光,该上转换紫外荧光可以激发光敏剂产生单线态氧,单线态氧具有杀伤病变组织细胞的能力.

13.3.2 X 射线激发发光材料

X 射线是短波长(≈ 0.1 nm)高能量电磁波,该射线对物质的穿透能力很强.当用 X 射线照射某种物体(如人体、包裹物品和工业产品等),由于物体各部分的化学组成不同,密度不同,对 X 射线的吸收率也不同,这样透过物体的 X 射线强度表现出一定的空间分布.因此 X 射线被用于探测物体内部的构造.可惜的是,人眼仅能观察到波长在 380～780 nm 的电磁波,而对波长在 ≈ 0.1 nm 的电磁波——X 射线没有反应,这样反映物体内部构造的 X 射线图像不能被人眼直接观察.X 射线激发的发光材料(简称 X 射线发光材料)能够将 X 射线转化为与人眼和胶片感光灵敏度相匹配的可见光,使得人们用 X 射线观测和记录物体内部构造的目的得以实现.这种发光材料被制成各种类型的荧光屏(增感屏)用于不同的 X 射线探测器中,如医用 X 射线透视仪、工业产品探伤仪及安全检查仪.

近年发展起来的 X 射线存储材料可以使 X 射线影像数字化,促进了 X 射线影像技术的发展.

X 射线的能量远远高于一般发光材料发光中心基态与激发态之间的能量差,因而 X 射线不能被发光中心直接吸收.X 射线激发发光材料的过程与 13.3.3 节中讨论的阴极射线激发过程类似.当高能的 X 射线轰击发光材料时,产生大量的二次电子,这些二次电子又通过俄歇效应产生更多的二次电子.这个过程称为二次电子倍增过程,该过程导致发光材料中价带顶的电子被激发到导带底,产生许多能量接近禁带宽度的自由电子和自由空穴.这些自由电子和空穴在复合时,将释放出的能量传递给发光中心,使其激发而发光,这个过程称为基质敏化过程.重原子对 X 射线有较强的吸收能力,有利于提高 X 射线发光材料的发光效率,因而,一般 X 射线荧光材料中都含有 W、Ba 或 Ta 等重原子.

1. X 射线增感屏发光材料

1906 年 Puppin(普平)发现 $CaWO_4$ 能将 X 射线转化为可见光荧光.$CaWO_4$ 具有白钨矿晶体结构,属于四方晶系,密度为 $6.06\ g \cdot cm^{-3}$,其中含有重原子 W,能有效地吸收能量为 20 ~100 keV 范围内的 X 射线,产生峰值为 430 nm 的宽带蓝色发光.该材料的发光中心是四面体复合离子 WO_4^{2-},为电荷迁移态类型发光.$CaWO_4$ 对 X 射线的转换效率并不高,仅为 5%,但迄今仍是制作 X 射线增感屏的重要发光材料之一,并且是评价其他 X 射线发光材料的标准,原因在于该材料性能稳定,容易获得近似圆球形的粉体形貌,涂屏效果好.

X 射线成像技术不仅要求图像质量好,还希望尽可能减少人体所受 X 射线辐射剂量.提高 X 射线发光材料的发光效率是实现这一目的的有效途径.20 世纪 70 年代以来,相继发现了一系列新型高效的稀土发光材料,如 $BaFCl:Eu^{2+}$、$LaOBr:Tm^{3+}$、$LaO_2S:Tb^{3+}$ 以及自激活发光的 $YTaO_4$,这为 X 射线成像技术的进步起到了重要的推进作用.这里我们选择 $BaFCl:Eu^{2+}$ 加以介绍.

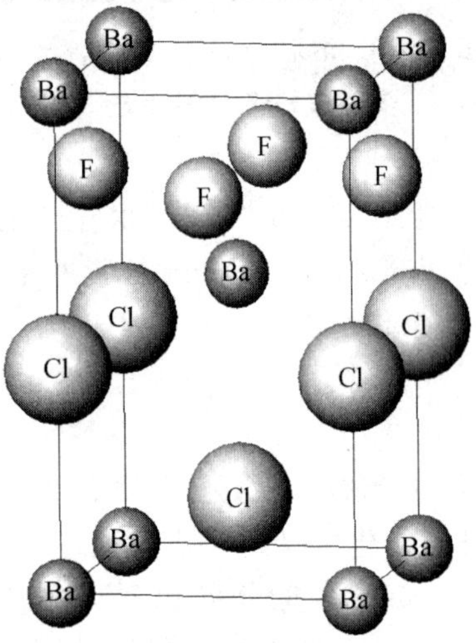

$BaFCl:Eu^{2+}$ 具有氟氯铅矿 PbFCl 的结构,属于四方晶系,空间群为 $P4/nmm$,晶胞参数为 $a=4.450\ \text{Å}$,$c=7.317\ \text{Å}$,密度为 $4.56\ g \cdot cm^{-3}$.BaFCl 的单胞如图 13.34 所示,在 Ba^{2+} 离子的上边是 4 个处于同一平面上等距离的氟离子,在其下边有 5 个氯离子,其中 4 个处于同一平面上,第 5 个则位于通过 Ba^{2+} 离子的晶轴上稍远一些的位置,形成—F—Ba—Cl—Cl—Ba—层状结构,因而 BaFCl 的形貌也是沿 c 轴形成薄片堆积层错的鳞片.$BaFCl:Eu^{2+}$ 的发光主要是 Eu^{2+} 的 d-f 带状谱发射,峰值波长为 390 nm,另外在 363 nm 处叠加了 f-f 的线状光谱.这种材料的发光强度比 $CaWO_4$ 有很大的提高,利用这一材料制作的 X 射线增感屏可使感蓝胶片的曝光速率比 $CaWO_4$ 提高 5~7 倍.

制备 Eu^{2+} 激活的发光材料一般要在还原气氛下焙烧,

图 13.34　BaFCl 结构图

使原料中的 Eu^{3+} 还原为 Eu^{2+}.研究表明,制备 $BaFCl：Eu^{2+}$ 的原料 $EuCl_3$ 在焙烧时发生还原性分解,部分 Eu^{3+} 转化为 Eu^{2+},而且 Eu^{3+} 和 Eu^{2+} 共存有助于提高 Eu^{2+} 的发光强度.因此,制备 $BaFCl：Eu^{2+}$ 可以直接在空气中焙烧,而不必在 N_2-H_2 还原气氛中进行..

2. X 射线存储屏发光材料

近年来发展起来的与 X 射线影像存储屏相匹配的计算机辅助数字 X 射线成像技术是 X 射线成像领域的重要成果.这种影像存储屏用 X 射线存储发光材料制成.涂敷在影像存储屏的这种材料在 X 射线的辐照作用下产生许多俘获态的电子和空穴,从而将带有影像信息的辐照能量存储起来.在室温下这种影像的潜影可以存储数十小时.当用聚焦至 0.1 mm 的 He-Ne 激光光束对存储屏作行帧扫描,这时电子和空穴又被从陷阱中释放出来,经过晶格转移至激活剂从而产生荧光发射.所发射荧光经光电倍增管接收转变为电流的时序信号,经过模数转换成为可以用计算机进行处理的数字图像,这使得图像存储和显示更为方便.由于引入了数字处理技术,这样的 X 射线成像系统所需的 X 射线剂量仅为传统增感屏——感光胶片系统的 1/20～1/10,而且图像质量也得到了提高.

在 X 射线存储成像系统中所用的存储发光材料是 $BaFBr：Eu^{2+}$.这种材料通过控制一定的制备条件可以生成 $V_{Br}^{\cdot}$,该缺陷起着电子陷阱的作用.该材料的能级和发光的简化机理在图 13.35 中示出.在 X 射线照射下产生的电子被 $V_{Br}^{\cdot}$ 俘获形成 $V_{Br}^{\times}$,这是一个 F 色心,空穴被 Eu^{2+} 离子俘获形成 Eu^{3+} 离子,从而将 X 射线辐照能量暂时储存起来.电子陷阱 $V_{Br}^{\times}$ 的能级在导带下约 2 eV,与 He-Ne 激光器发射波长 633 nm 的能量相当,当用 He-Ne 激光器照射(也称为激励)材料时,就把 F 色心中的电子电离出来,再与 Eu^{3+} 离子复合,转变为激发态的 Eu^{2+},随即产生 Eu^{2+} 的 d-f 跃迁发射,这一发光过程称为光激励发光(photostimulated luminescence,PSL).

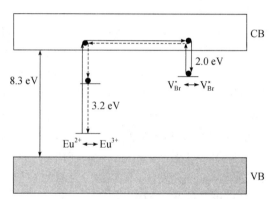

图 13.35　$BaFBr：Eu^{2+}$ 光激励发光的简化机理示意图

13.3.3 阴极射线发光材料

阴极射线发光就是电子束激发发光材料产生的发光现象.19 世纪末在低压气体放电时发现有一种射线从阴极射出,在玻管内壁上产生荧光.由于当时不了解这种射线的物理本质,故把这种射线称作阴极射线.后来知道这种射线是电子束,但人们一直沿用阴极射线这个古老的名称.

对真空中电子行为的研究产生的两个重要结果极大地影响到现代科学和生活:一个结果是产生了电子器件,可以将电信号放大十几个甚至几十个数量级;另一个结果是把电子束与发光结合起来,产生了阴极射线显像管(cathode ray tube,CRT).这一器件是 1897 年 K. F. Braun(布劳恩)发明的,故称为 Braun 管.该器件可以将电子信号转化成可视图像显示在荧光屏上,这样衍生了一系列重要的发明,如黑白及彩色电视、雷达监视器及计算机终端显示器等.这些技术极大地推动了人类文明的进程,在信息时代扮演着重要的角色.

用于激发阴极射线发光的电子束能量通常在 $1\sim100$ keV,而用于激发光致发光的紫外线能量仅有 $3\sim6$ eV,从而可知阴极射线的发光过程和光致发光过程有很大的不同.当用紫外光激发发光材料时,一般情况下一个入射光子只能产生一个发射光子(双光子过程除外).而高压电子束射入材料内几个微米的深度,使固体内原子发生电离,产生二次电子.只要二次电子的能量大于材料禁带宽度的 3 倍($>3E_g$),就可以持续产生二次电子,这样一个高能电子可以产生千百个二次电子.由此可见,阴极射线的激发密度很大.较高能量的二次电子可以电离晶格离子产生电子-空穴对,也可以激发发光中心,使其产生荧光发射.低能量的二次电子则把其能量转换为声子运动,以热的形式耗散.

1. 普通电视用发光材料

黑白电视显示屏所用发光材料是由发蓝光的 ZnS：Ag^+ 和发黄光的 $(ZnCd)S$：Ag^+ 混合而成的.ZnS 和 CdS 可以形成完全互溶的固溶体,而 $(Zn,Cd)S$：Ag^+ 的发光光谱的波长随 Cd 含量的增多而向长波连续移动.选择合适的 Cd 含量使得材料产生一定的黄色发光,将这样的材料与发蓝光的 ZnS：Ag^+ 以一定的比例混合,可以获得发白光的发光材料.

彩色电视显示屏利用三基色原理,将红、绿、蓝三种颜色的发光材料按一定的几何结构涂布在屏的内表面上,显像管中的 3 个电子枪分别扫描激发 3 种材料,从而显示出通过微波传送来的视频信号和图像.彩色电视的蓝色发光材料多年来一直使用 ZnS：Ag^+,Al^{3+},该材料的发射峰波长为 450 nm.绿色发光材料目前主要使用的是 $(Zn,Cd)S$：Cu^+,Al^{3+},该材料的发光波长随 Cd 含量的增加连续向长波移动,选择合适的 Cd 含量可以获得发光波长为 536 nm 的绿色荧光.彩色电视使用的红色荧光粉是 20 世纪 60 年代后期开发的稀土发光材料 Y_2O_2S：Eu^{3+},这一材料的应用是彩色电视技术发展史上的一个突破,也开启了稀土发光材料研究的新阶段.实际使用的 Y_2O_2S：Eu^{3+} 采用高浓度(摩尔分数 $6\%\sim7\%$)激活剂掺杂.由于 Eu^{3+} 离子之间的交叉弛豫,猝灭了较高能级 $^5D_2$ 跃迁的蓝色和绿色发射,而使 Eu^{3+} 的发射主要为 $^5D_0$ 跃迁的纯正红色发射,其主要发射峰的波长为 626 nm.这种发射虽然是在人眼视觉不灵敏区,仍具有很高的流明效率.

2. 投影电视用发光材料

投影电视显像管在高加速电压、大电子束流密度下工作,所用发光材料应能承受这种高能电子束的轰击.同时由于高能电子束的轰击,这种显像管荧光屏的温度也高达 100 ℃以上,这也要求发光材料具有良好的发光热稳定性.因而投影电视显像管用发光材料都是稳定性好的氧化物.蓝粉主要是 Y_2SiO_5：Ce^{3+},其发光光谱是 Ce^{3+} 的 d-f 带谱跃迁,峰值波长在410 nm;绿粉采用铽激活的钇铝镓石榴石 $Y_3(AlGa)_5O_{12}$：Tb^{3+},发光光谱由 Tb^{3+} 的 $^5D_4\rightarrow{}^7F_J$ 特征线谱发射组成,最强峰的波长为 544 nm;红粉是普遍使用的 Y_2O_3：Eu^{3+},最强峰是 Eu^{3+} 的 $^5D_0\rightarrow{}^7F_2$ 特征线谱发射,波长位置为 611 nm.

3. 场发射显示器发光材料

近年来,科学家发展了一种以阴极射线为激发源的平板显示器——场发射显示器(field emissive display,FED),在这种显示器中电子束由微型针尖发射,每一个像元由若干个微型针尖激发.图 13.36 是这种器件的构造示意图.以往的发射器件采用的是 Si 针尖或 Mo 针尖,最近发现由碳纳米管制成的针尖具有更好的发射性能,这可能对场发射显示器的实用化有重要的意义.这种显示器件由于其全新的工作原理,使得电子的加速电压与普通阴极射线显像管相比可以大为降低,在几百到几千伏范围,进而使器件的厚度也大为减小.场发射显示器具有体积小、重量轻、视角宽等优点,人们期望它能在不远的将来成为一种普及使用的平板显示器.

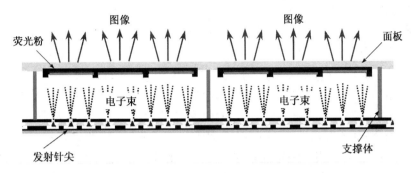

图 13.36　FED 显示原理示意图

场发射显示器要求发光材料在低能电子束轰击下产生高效率的荧光发射,ZnO:Zn 是目前唯一基本满足这一要求的发光材料.由该材料制作的器件可以在几百电子伏电子束的激发下发出高效的蓝绿色荧光,发射光谱为带谱,峰值波长为 505 nm.该材料可以通过在还原气氛下焙烧 ZnO 制得.它的发光机理还不十分清楚,有一种观点认为在还原气氛焙烧过程中,ZnO晶格中形成了氧空位 $V_O^{\cdot\cdot}$ 和锌空位 V_{Zn}'',发光过程是由于俘获在 $V_O^{\cdot\cdot}$(施主)中的电子和俘获在$V_{Zn}^{\times}$(受主)中的空穴发生复合而产生的.这种施主-受主复合的发光过程速率较快,发光寿命在微秒量级.

由于没有和 ZnO:Zn 相匹配的其他颜色的发光材料,要获得几百电子伏电子束激发的全彩色显示屏遇到了困难.目前克服这一困难的途径是把电子束的加速电压提高到数千伏,选用普通彩色显像管用的硫化物体系发光材料或投影电视显像管用的氧化物体系发光材料.这两种显示器的工作原理和工作条件与场发射显示器不尽相同,只有对这两类材料作一定的改性,方可较为满意地用在场发射显示器中.场发射显示器在相对低的激发电压下工作,为了获得高亮度的荧光发射,其电子束流密度要大幅度提高,这就使发光材料产生了热效应和电荷富集效应.硫化物材料有一定的导电性,可以减弱电荷富集效应,但这类材料的热稳定性较差,在场发射器件的工作条件下易分解,产生硫"毒化"阴极针尖.氧化物材料虽然稳定性好,可以经受大束流密度的轰击,但这类材料都是很好的绝缘体,电荷富集效应严重.对硫化物材料改善的途径之一是在荧光粉颗粒表面包覆保护膜,而对氧化物材料的改善途径可以是在荧光粉颗粒表面包覆导电膜.这些可能都是权宜之计,因为包膜都会降低材料的发光效率.开发在低电压下具有优良发光性能的新型发光材料可能才是克服困难的根本办法,但这需要经过长期艰苦努力才有可能取得实质性的进展.另外,改善材料的制备工艺,获得良好颗粒形貌(均匀的颗粒尺寸、近似球形的颗粒形状以及平整的颗粒表面)的发光材料粉体,可以提高涂屏质量,这也是提高显示器发光效率的可行途径.

13.4　激 光 材 料

激光的英文单词 laser 实际上是一个缩写词,即 light amplification by stimulated emission of radiation,这一术语的含义是通过辐射光的受激发射而产生的光的增强作用.最早的激光系统,即红宝石激光器,是 1960 年由 Mainman(梅曼)报道的.之后这一技术迅速发展,已开发出了许多类型的激光材料和激光器系统.这一技术目前广泛地应用于照相、医疗、通信和精密测量等方面.这里将通过介绍红宝石(Al_2O_3：Cr^{3+})和 Nd 掺杂的钇铝石榴石($Y_3Al_5O_{12}$：Nd^{3+})这两种材料的基本性能,使读者对激光材料有一个概括的了解.

要了解激光材料的性能,首先要了解受激辐射过程和激光器的工作原理.在某种基质晶体中掺入少量光学活性离子,这种活性离子可以在基质禁带中形成分立的能级——基态和激发态.在稳定状态下,电子在各能级的占据率符合 Fermi 分布,即占据基态的电子数远远大于激发态.如果这种掺杂材料被一束能量与基态和激发态能级差(ΔE)相当的高密度光照射,将有大量的电子被激发到激发态,这一过程是光的吸收过程[图 13.37(a)].如果激发态是亚稳态,寿命较长,就会出现电子在激发态的占据率大于基态的情况.这种状态我们称为"布局数反转",它是一种非稳定状态.当有一束能量与 ΔE 一致的光子通过晶体时,处于高占据率能级的电子会在入射光的诱导下进入低占据率的能级[图 13.37(b)],这即是受激辐射过程.在受激辐射过程中,电子由激发态跃迁到基态,辐射出与入射光子能量(波长)、相位、方向和偏振等均相同的光子,入射光得到放大.受激辐射是激光技术的基础.能够产生受激辐射的关键是材料具有亚稳激发态能级,能够产生"布局数反转"状态.

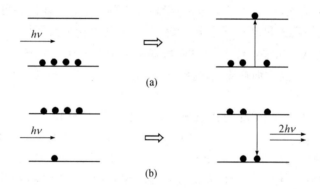

图 13.37 光的吸收过程(a) 和受激辐射过程(b) 示意图

一种激光器的示意图如图 13.38 所示,它包含一个激光晶体棒,长度为几厘米,直径为 1~2 cm.将一环形闪光灯包围在激光晶体棒周围,然后把两者一起放入一个反射管中,以便激光晶体能从各方面受到照射.这一闪光灯被称为泵浦光源,其作用是将晶体中的活性离子激发到激发态,造成"布局数反转"状态.在晶体的一端有一个反射镜,可以将光脉冲反射使之通过晶体.晶体的另一端有一个称为 Q 开关的装置,这个 Q 开关可以是一面定时旋转的镜面,也可以是半透反射镜,这样可以允许部分激光束从系统中导出,另一部分被反射回晶体而进行新一轮循环放大.当光脉冲在激光晶体中来回反射时,受激辐射不断发生,使我们可以获得高强度的与初始脉冲相干的辐射.

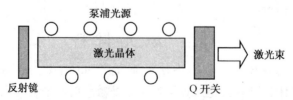

图 13.38 激光器的结构与工作原理示意图

红宝石虽然是最早使用的激光晶体,但至今仍然被广泛使用.所谓红宝石,就是在 Al_2O_3 单晶体(刚玉结构)中掺入少量 Cr^{3+} 离子(0.05%),掺入的 Cr^{3+} 离子取代刚玉中变形八面体空隙中的 Al^{3+} 离子.未掺杂的 Al_2O_3 单晶体是无色透明的晶体,Cr^{3+} 离子的少量掺杂使晶体成为红色,掺杂量高时晶体显示出绿色.

Cr^{3+} 在红宝石中的能级图在图 13.39 示出.Cr^{3+} 中的 d 电子可以从 $^4A_2$ 基态激发到 $^4F_2$ 和 $^4F_1$ 激发态.这些激发态随即通过一非辐射过程弛豫到亚稳态 ^2E 能级,这一能级的寿命很长,大约为 5 ms 左右,这样由于激发过程 $^4A_2 \rightarrow {}^4F_{1,2}$ 是允许跃迁,为一快过程,弛豫过程 $^4F_{1,2} \rightarrow {}^2E$ 也为快过程,而发射过程 $^2E \rightarrow {}^4A_2$ 是禁阻跃迁,为一慢过程,这样在能级 ^2E 和 $^4A_2$ 之间形成布局数反转,使受激辐射成为可能.Cr^{3+} 在红宝石中的能级结构被称为三能级体系(基态-激发态-亚稳态),能级 $^4F_2$ 和 $^4F_1$ 在激光发射过程中的作用一致,即通过弛豫过程不断向亚稳态提供电子,因此它们被认为是同一类能级.以红宝石为激光晶体的激光器给出的激光脉冲为红光,波长 693.4 nm.

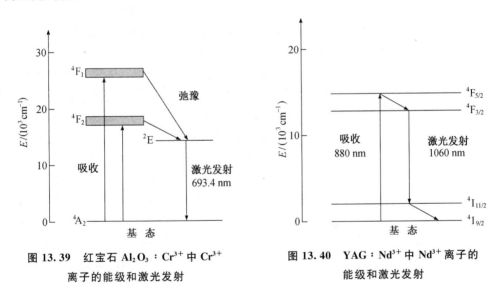

图 13.39 红宝石 Al_2O_3:Cr^{3+} 中 Cr^{3+} 离子的能级和激光发射

图 13.40 YAG:Nd^{3+} 中 Nd^{3+} 离子的能级和激光发射

作为激光活性的稀土离子 Nd^{3+} 以玻璃或钇铝石榴石($Y_3Al_5O_{12}$,YAG)为基质.Nd^{3+} 离子的能级图表示在图 13.40 中,这是一个四能级体系.当用高密度光源辐照以 Nd^{3+} 为活性中心的激光材料时,稀土离子的 f 电子被激发到高能级的激发态,然后通过无辐射跃迁弛豫到亚稳态 $^4F_{3/2}$ 能级,其能级寿命在 0.1 ms 量级.当发射过程完成后,电子跃迁到次基态 $^4I_{11/2}$.由于 $^4I_{11/2}$ 不是最低基态,电子很快通过非辐射跃迁回到基态 $^4I_{9/2}$,这样电子不会在 $^4I_{11/2}$ 能级积累,这有利于在 $^4F_{3/2}$ 和 $^4I_{11/2}$ 之间形成布局数反转,产生激光脉冲.Nd^{3+} 激光器的脉冲波长位于 1064 nm,在近红外光波段.

13.5 非线性光学材料

我们知道,光是一种电磁波,当一束光照射在某种材料上,光波电磁场可使这种材料产生极化.一般来说,材料的极化强度 P 与电场的强度 E 有如下的关系

$$P = \alpha_1 E + \alpha_2 E^2 + \alpha_3 E^3 + \cdots \tag{13.6}$$

$a_i(i=1,2,3,\cdots)$ 为极化系数,其值随着电场强度次方的升高迅速下降.在一般光强电场下,式 (13.6)中的高次项均可忽略,这样材料的极化强度与电场强度的关系简化为

$$P = \alpha_1 E \tag{13.7}$$

这即是人们常说的线性光学条件,我们通常遇到的光的反射、折射以及干涉等经典光传播现象,都是以此为前提的.

随着激光技术的发展,人们对光的认识突破了线性光学的范围.激光可以提供很强的光束,当这种强光束的电场强度大于 10^5 V·cm^{-1} 时,式(13.6)中的高次项则不能忽略.如果光的电场强度用正弦函数描述(ω 为光束电磁波的角频率,t 为时间),并且仅考虑二次项,这样就有

$$P = \alpha_1 E_0 \sin\omega t + \alpha_2 E_0^2 \sin^2\omega t = \alpha_1 E_0 \sin\omega t + \alpha_2 E_0^2 (1 - \cos2\omega t)/2 \tag{13.8}$$

不难看出,极化强度与电场强度关系式中出现了 $\cos2\omega t$ 项,说明在高强度光束激发下,通过材料的光束中除了包含与入射光具有相同频率的分量外,还包括频率为入射光 2 倍的分量,这即是人们所说的倍频现象.由于这是上式中二次项引起的结果,即被称为材料的非线性性质.材料的非线性性质除了倍频效应外,还有混频效应、差频效应以及光参量放大及振荡等.

以上仅从数学变换的角度说明了材料具有非线性光学性质的原因,那么产生非线性光学

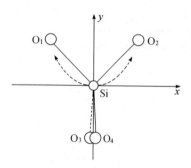

图 13.41　四面体基团 SiO$_4^{4-}$ 中倍频产生的示意图

现象的物理机理是怎样的呢? 从晶体对称性与晶体物理性质之间的关系我们知道,材料的二阶非线性系数是三阶张量描述的性质.要使二阶非线性系数不为零,要求晶体不具有对称中心.石英是无对称中心的晶体,SiO$_4^{4-}$ 四面体是非中心对称基元.我们以 SiO$_4^{4-}$ 四面体为例,试图说明材料具有倍频效应的原因,见图 13.41.当一束频率为 ω 的光由垂直于纸面的方向通过晶体,并且在 x 方向偏振.在光电场的作用下四面体中心的 Si 原子也会在 x 方向振动(假设 O 原子相对静止),且频率为 ω.然而,当 Si 原子在 x 方向振动时,由于 O 原子的吸引,Si 原子的运动轨迹不是在 x 轴上,而是向 O$_1$ 和 O$_2$ 的方向有少量偏移,如图中弧形箭头所示.这样,当 Si 原子在 x 方向振动 1 个周期时,沿 y 方向则振动了 2 个周期,即通过晶体的光就会在 y 方向产生一个频率为 2ω 的偏振.

研究表明,二次极化系数 α_2(也称为二次谐振系数)与 $(n^2-1)^3$ 成正比,n 为晶体的折射率.若折射率从 1.5 增加到2.5,二次极化系数 α_2 可以增加 2 个数量级.实际上,石英的折射率较小,不是最好的二次非线性光学材料.一些钛酸盐和铌酸盐具有较高的二次极化系数,如 LiNbO$_3$ 和 BaNaNb$_2$O$_{15}$ 等;硼酸盐和磷酸盐体系也是非线性光学材料的重要材料库,如 BaB$_2$O$_4$、CsLiB$_6$O$_{10}$ 和 KH$_2$PO$_4$ 等.另外,已经知道晶体的折射率 n 与材料的禁带宽度成反比,即 $n^2 \approx 1 + 1.5/E_g$,因而窄禁带半导体材料也具有较高的非线性光学系数,如 InSb 的折射率在波长为 1.06 μm 时是 3.6,该材料的二次谐波信号比石英大约 1000 倍.

参考书目和文献

1. 苏勉曾,吴世康.发光材料.化工百科全书,第 4 卷.北京:化学工业出版社,1993:p.1～39
2. 中国科学院吉林物理所,中国科学技术大学《固体发光》编写组.固体发光,长春,1976

3. Shigeo Shionoya, M. Yen William (Ed.). Phosphor Handbook. Boca Raton: CRC Press, 1998

4. H. Butler Keith. Fluorescent Lamp Phosphors Technology and Theory. The Pennsylvania State University Press, 1980

5. 肖志国, 主编. 蓄光型发光材料及其制品. 北京: 化学工业出版社, 2002

6. 浙江大学, 武汉工业大学, 上海化工学院, 华南工学院. 硅酸盐物理化学. 北京: 中国建筑工业出版社, 1980

7. A. R. West. Solid State Chemistry and Its Applications. John Wiley and Sons, 1984

8. W. W. Piper, J. A. DeLuca and F. S. Ham. Cascade Fluorescent Decay in Pr^{3+}-doped Fluorides: Achievement of a Quantum Yield Greater than Unity for Emission of Visible Light. Journal of Luminescence, 1974, 8: 344~348

9. H.-X. Mai, Y.-W. Zhang, L.-D. Sun, and C.-H. Yan. J. Phys. Chem. C, 2007, 111: 13721

10. 余泉茂, 刘中仕, 荆西平. 场发射显示器荧光粉的研究进展. 液晶与显示, 2005, 20(1): 7~16

11. 洪广言, 曾小青. 等离子体平板显示用发光材料. 功能材料, 1999, 30(3): 225~231

12. 苏勉曾, 董翊, 阮慎康, 姚光庆. 计算 X 射线摄影系统. 中国医疗器械杂志, 1996, 20(4): 235~238

习　题

13.1　下列哪些现象属于非平衡辐射发光?

(1) 在 254 nm 紫外激发下, Y_2O_3：Eu 发出红色的光;

(2) BaFCl：Eu 材料的热释发光;

(3) 白炽灯发光;

(4) X 射线荧光;

(5) 月光.

13.2　哪些光谱包含了材料的光吸收特性?

(1) 吸收光谱;　(2) 荧光发射光谱;　(3) 激发光谱;　(4) 反射光谱;　(5) 热释发光光谱.

13.3　在紫外光激发下, $LaPO_4$：Ce^{3+}, Tb^{3+} 发射 Tb^{3+} 的特征绿光, 指出材料的基质、激活剂和敏化剂.

13.4　以激发方式分类, 说出 5 类发光材料的名称.

13.5　在下面的图中给出了某种发光材料的 3 条谱图. 请指出哪一条是反射光谱、激发光谱和发射光谱, 并估计该材料的发光颜色.

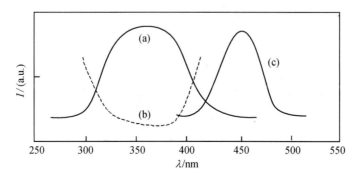

13.6　什么是 Stokes 位移, 什么是反 Stokes 位移?

13.7 根据发光机理,无机固体发光材料中发光过程可分为分立中心发光、复合发光和电荷迁移态发光. 请指出下列材料各属于哪种机理的发光:

(1) Y_2O_3:Eu
(2) ZnS:Ag,Cl
(3) $YNbO_4$

(4) $Ca_5(PO_4)_3(F,Cl)$:Sb,Mn
(5) (ZnCd)S:Cu,Al
(6) $CaWO_4$

(7) Y_2SiO_5:Ce
(8) Sr_2CeO_4

13.8 下面的离子哪些可以作为激活剂,哪些不可以?

Mn^{2+},Cr^{3+},Ca^{2+},Mg^{2+},K^+,Sc^{3+},La^{3+},Tl^+,Sn^{2+},Nd^{3+},Tb^{3+}.

13.9 在制备绿色荧光体 $MgAl_{11}O_{19}$:Tb^{3+} 时,若原料中混入约 1% 的下列离子(Na^+,Li^+,Ba^{2+},Eu^{3+},Ce^{3+},Fe^{3+},Co^{3+}),估计它们分别对该材料的发光性能会有何影响?

13.10 简述位形坐标模型的要点,并用该模型解释 Stokes 位移和温度猝灭现象.

13.11 产生激光的过程是怎样的? 什么样的材料可作为激光材料?

13.12 非线性光学材料对材料的对称性有什么要求? 产生二次谐波的微观机理是怎样的?

第14章 玻璃材料

　　玻璃是人类使用的最古老的合成材料之一.在古代,人们关于玻璃的知识是经过许多世纪的生产实践逐渐积累起来的.对玻璃进行系统的科学研究可以认为是从 19 世纪初 Faraday 和其他一些人开始的.在今天玻璃依然是材料科学中一个重要的研究领域.

　　关于玻璃的研究,可以分为两个方面:一是研究开发出各种具有独特性能的新型玻璃态材料;另一方面是利用现代科学技术加深我们对玻璃结构和性能的认识,从而促进新型玻璃材料的研究和开发.玻璃有两个主要定义,一个定义着重在传统的制备方法上.传统的玻璃制备方法是将单组分或多组分原料物质加热成为均匀的熔体,然后冷却.由于形成玻璃的物质当温度降低时黏度增加很快,使得体系内原子的运动很慢以至于不能排列成整齐的晶格.人们称通过这一过程制成的固体为玻璃.玻璃的另一个定义着重在玻璃的结构上,也就是说,玻璃是一种无定形固体,原子在其中的排列没有晶体那种长程有序的周期性.然而上述两个定义都不够理想.现在制备玻璃可以不用熔融液体冷却的传统方法,而用气相沉积法或溶胶-凝胶法.例如,将正硅酸四甲酯有控制地缓慢水解得到凝胶状产物,在 550 ℃加热脱水成为类似于石英玻璃的无定形固体材料.其实有些无定形材料并不是透明的玻璃状固体,例如无定形炭黑就是黑色粉末.因此,有人建议用"非晶态固体"这个术语概括所有的无定形固体,而玻璃只是其中一类.但在很多情况下这两个名称是混用的.

　　玻璃材料有很多种类,在日常生活、工业生产和科学技术等方面都有重要的应用.本章将介绍玻璃材料的形成、结构等基本知识以及一些玻璃材料的制备、特性和应用.

14.1　玻璃的形成

14.1.1　形成玻璃的物质

由传统工艺制备的玻璃材料主要是氧化物玻璃,人们对这类玻璃研究得也比较多.本章的前几部分主要以氧化物玻璃为主介绍玻璃材料的一些基本知识.其他类型的一些玻璃在本章的后几部分介绍.

表 14.1 列出了生成氧化物玻璃的元素在周期表中的位置.用黑体表示的元素可以形成单一氧化物玻璃,主要是 SiO_2、B_2O_3、GeO_2 和 P_2O_5 等.这几种元素的电负性居中,因而既不能生成离子型结构,如 MgO 和 Na_2O 等,也不能生成共价键的小分子结构,如 CO_2 和 NO_2 等.这几种元素形成离子键和共价键混合型的氧化物,具有三维网络结构.另外一些元素,如 As 和 Sb,也能生成单一氧化物玻璃(As_2O_3 和 Sb_2O_3),但它们生成玻璃的条件要困难一些,即要在极快速的冷却过程中才能形成.表 14.1 中列出的其他元素是有条件生成氧化物玻璃的元素,它们是 Al_2O_3、Bi_2O_3、SeO_2、Te_2O_3、V_2O_5 和 MoO_3 等.所谓有条件,就是这几种氧化物不能单独生成玻璃,但在某些不能生成玻璃的氧化物存在下它们可以生成玻璃.例如 CaO 和 Al_2O_3 都不能单独生成玻璃,但这两种氧化物按一定比例组成的混合液体可以生成玻璃.像 SiO_2 和 B_2O_3 这类能够单独生成玻璃的氧化物也能够与很多不能形成玻璃的氧化物混合生成玻璃.譬如,在 SiO_2 或 B_2O_3 中加入 $20\%\sim40\%$ 的碱金属氧化物时,它们很容易形成玻璃.

表 14.1　形成氧化物玻璃的元素在周期表中的分布

ⅣB	ⅤB	ⅥB	ⅢA	ⅣA	ⅤA	ⅥA
			B			
			Al	**Si**	**P**	
Ti	V			**Ge**	**As**	Se
		Mo			**Sb**	Te
					Bi	

14.1.2　玻璃形成的经典规则

1. Zachariasen(查哈里阿生)规则

Zachariasen 曾对简单氧化物生成玻璃的状况进行了研究.他认为,生成玻璃的理想条件是该材料应能生成没有长程有序、在三维伸展的网络结构.根据 Goldschmidt(哥尔什密特)的结晶化学原理,假设玻璃态物质与相应晶态物质有相似的键型和配位多面体,1932 年 Zachariasen 提出了一套玻璃形成规则.为了表述的方便,我们将玻璃中元素分为氧元素和成玻璃元素(如 Si 和 B 等).该规则主要有下列内容:

(1) 一个氧原子至多可与两个成玻璃元素的原子相连接;

(2) 成玻璃元素的配位数应较小;

(3) 成玻璃元素与氧形成的配位多面体采取共顶点的方式连接,而不采取共棱或共面连

接;

（4）这些多面体连接起来形成三维网络.

规则（1）和（3）是一个问题的两个方面.成玻璃元素的原子与氧原子形成的多面体要通过共顶点连接,则氧原子只可能与两个成玻璃元素的原子连接.这两条规则使玻璃材料可以形成具有长程无序的三维网络结构.例如,玻璃态 SiO_2 是由共用顶点的 SiO_4 四面体构成的,在其中每个氧原子仅与两个硅原子相连接,这样产生了一个颇为开放的结构.在这个结构中 Si—O—Si 的键角可能是变化的,但 SiO_4 四面体基本不变形,这样就可能生成没有周期性或没有长程有序的三维网络结构.与玻璃态氧化硅不同,在晶状氧化硅中,SiO_4 四面体之间也是共顶点连接,但 Si—O—Si 键角恒定不变,这就使得 SiO_4 四面体成周期性排列.如果违反规则（1）和（3）,使氧原子的配位数大于 2,同时多面体以共棱或共面连接,这样要形成无序网络结构,则多面体就不得不发生严重畸变.

规则（2）与规则（1）也是紧密相关的.对于给定的化学式来说,不同原子的配位数是相互关联的.在 SiO_2 中,氧的配位数是 2,则硅的配位数必然是 4.

规则（4）要求多面体连接成三维网络结构,这样在熔融状态下材料内部有大的基团,使得熔体有较大的黏度,这样在冷却过程中易形成玻璃态.

现在我们来讨论怎样用 Zachariasen 规则理解周期表中不同主族元素氧化物形成玻璃的能力.对于碱金属和碱土金属元素氧化物,如 Na_2O 和 MgO,氧在其中的配位数分别为 8 和 6,所形成的多面体 NaO_4 和 MgO_6 共棱连接,而不是共顶点连接,因而它们不能形成玻璃.

ⅢA 族元素的氧化物分子式通式为 M_2O_3.这里要使氧的配位数为 2,则 M 的配位数必为 3,这样即能符合上述规则,形成玻璃.B_2O_3 符合这个规则,B 对 O 是三配位的,因此 B_2O_3 是可以单独形成玻璃的氧化物.但在 Al_2O_3 中 Al 是八面体配位的,不符合上述规则,所以 Al_2O_3 不能单独形成玻璃.

对于ⅣA 族和ⅤA 族元素来说,只要它们与氧是四面体配位的,就能符合这些规则.这样ⅣA 族元素氧化物中氧的配位数为 2,而ⅤA 族元素氧化物中氧的配位数平均略小于 2,实际是一些氧的配位数为 2,而另一些则为 1.P_2O_5 符合这些规则,是可以单独形成玻璃的氧化物.在 P_2O_5 中有些氧的配位数是 2,而有些是 1.

近年来,随着玻璃制备技术的发展,人们制备的玻璃种类越来越多.这样有些玻璃并不符合 Zachariasen 规则,例如已制备出不具有三维网络结构的玻璃.但这些并不会降低该规则对玻璃材料的意义.这也说明为玻璃的生成找到一个普遍的结构理论是困难的.

2. Sun(孙氏)和 Rawson(劳森)准则

对于简单氧化物的结构特点与生成玻璃的倾向之间的关系也有人提出过其他的理论假设.Sun 提出用成玻璃元素与氧的键能作为氧化物是否能生成玻璃的判据:能够生成玻璃的氧化物其键能都在 330 $kJ \cdot mol^{-1}$ 以上;那些不能形成网络结构,仅能成为玻璃改性离子的元素,其氧化物键能都小于此值.

Rawson 用键能与熔点的比值来判断氧化物是否可以生成玻璃,这比 Sun 的准则有所改进.我们知道键能表示了多面体网络骨架的强度,而熔点与打断网络骨架的热能相关.键能越大,表明氧化物的网络骨架越稳定,不容易被破坏,因此在熔融态熔体的黏度大,易形成玻璃.氧化物的熔点低,说明在熔点附近能够提供的破坏骨架的能量少,这样骨架难于被打断,因此形成玻璃的倾向大.例如 B_2O_3 中 B—O 单键的键能为 497 $kJ \cdot mol^{-1}$,而熔点仅有 460 ℃,其键能与熔点的比值在所有氧化物中是最大的,这可以说明为什么 B_2O_3 析晶是十分困难的.对于有些不能单独生成玻璃的氧化物,若组成二元熔融体系,则可以生成玻璃,而且生成玻璃的组成往往在低共熔点附近.这一现象也很容易用 Rawson 准则说明.作为例子,CaO 和 Al_2O_3 本身都不能生成玻璃,但在 $CaAl_2O_4$ 和 $Ca_3Al_2O_6$ 之间的组成却容易生成玻璃.这些组成都位于低熔点的低共熔区,其液相线在 1400～1600 ℃ 之间,远远低于 CaO(2614 ℃)和 Al_2O_3(2015 ℃)的熔点.

二元及多元复杂体系之所以容易形成玻璃,另一个原因是熔融态的组成与相关的晶态物相有较大的区别.在冷却过程中要使离子排列整齐形成结晶,原子或离子就得进行长距离扩散.这样就导致了结晶过程困难,而增大了生成玻璃的倾向.

14.2　玻璃生成的热力学

熔体冷却过程可能以两类途径进行:一种情况是在熔点 T_m 或略低于熔点的温度发生结晶作用,另一种情况是不发生结晶作用而是充分过冷形成玻璃.图 14.1 示意地表示了一种液体在冷却过程中体积和温度的关系.对于大多数不形成玻璃的物质在冷却过程中其体积随温度的变化沿曲线 abcd 进行.在熔点 T_m 处发生结晶作用,体积产生突跃性减小(区域 bc).不过常常由于动力学的原因,熔体会有一定的过冷,真正产生结晶的温度会略低于 T_m.由于液体的热膨胀系数往往大于固体的热膨胀系数,故区域 ab 的斜率大于区域 cd.

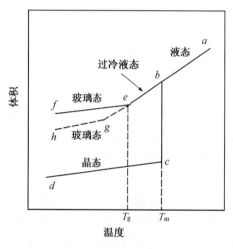

图 14.1　晶态、液态和玻璃态的体积-温度特征关系图

曲线 abef(或 abgh)表示了生成玻璃的物质在冷却过程中体积与温度的变化关系.当熔体的体积随温度沿曲线 ab 降低到熔点时,由于其黏度很大,不发生结晶作用,而是沿曲线 be 继续降低.在区域 be 的每一温度上,熔体都能很快达到热平衡,但此状态相对于晶体状态来说是热力学的亚稳态.随着温度的进一步降低,熔体的黏度继续增大.到达 e 点时熔体不能再维持其内部的热平衡,这时熔体内的原子被逐渐"冻结",再继续冷却时,此材料便获得了与晶状固体相似的坚实性和弹性,但却没有晶体材料的内部三维周期性.e 点所对应的温度或一个温度区间称为玻璃态转变温度 T_g.

玻璃态转变温度 T_g 对于给定的组成可能是不同的,它会随降温速率的不同而变化.在缓慢冷却时,只要不发生结晶作用,过冷熔体可能维持其内部热平衡到比快速冷却更低一些的温度,这样 T_g 就会更低一些(图 14.1 中的 e 和 g 点).缓慢冷却所得到的玻璃态材料比快速冷却所得到的材料从热力学上讲有更高的稳定性.在实际工作中,虚线 eg 不可能延长到很远,这是因为随着虚线 eg 的延长,熔体内要达到平衡需要的时间也越长,以致我们很难控制熔体的冷却速率慢到为熔体达到内部热平衡提供足够的时间.

Angell(安吉尔)曾指出,从热力学上讲发生玻璃转变有一理论上的极限温度,称为理想玻璃态转变温度 T_0.我们可以从熔体冷却过程中,熔体和晶态相对热容和熵的变化来理解 T_0 的含义.从热力学我们可知,物质的熵 S 与它的热容 C_p 的关系为

$$S = \int_0^T \frac{C_p}{T}\mathrm{d}T = \int_0^T C_p \, \mathrm{d} \ln T \tag{14.1a}$$

将 C_p 对 $\ln T$ 作图,则熵 S 可以认为是 $0\sim\ln T$ 区间内曲线下的面积,如图 14.2 的温度 T_1 所示.在低于所讨论的温度下若发生了相变,就需要将相变熵加到由热容曲线推出的熵值上去.

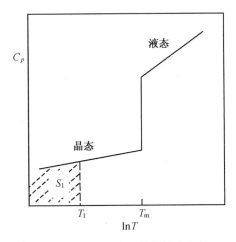

图 14.2 作为温度函数的热容和熵

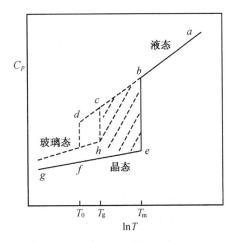

图 14.3 理想玻璃转变温度 T_0 的估测

举例来说,在图 14.3 中,当温度为 T_m 时

$$S(\text{晶体}) = \int_0^{T_m} C_p \, \mathrm{d} \ln T \tag{14.1b}$$

$$S(\text{熔体}) = \int_0^{T_m} C_p \, \mathrm{d} \ln T + \Delta S(\text{熔化}) \tag{14.1c}$$

现在我们可以通过比较过冷熔体和晶体的相对熵来说明 T_0 的意义.在温度 T_g 和 T_m 之间(图 14.3)过冷熔体(曲线 bc)具有比相应晶体(曲线 eg)较高的热容.因此,当冷却至低于 T_m 时,熔体会比同等冷却的晶相有更快的熵降低.在玻璃态转变温度 T_g 时,阴影面积相当于过冷熔体与晶体熵的降低相比所净减少的熵.这部分熵在数值上小于熔化熵,因为过冷熔体或玻璃体比晶态物质有较高的熵.如果我们采取缓慢的降温速率,T_g 将向低温移动,这样过冷熔体或玻璃熵的净减少会随着增加,在图上表现为由曲线 $bche$ 所围成的阴影面积增加.然而 T_g 不会无限制地向低温移动.当 T_g 下降到某一特定温度,曲线 $bdfe$ 所围成的阴影面积所表示的熵降低值与晶体的熔化熵相等,这时过冷熔体或玻璃已失去全部多余的熵并与晶体有相同的熵.此时的温度即为 T_0,它是玻璃态转变的理论低温极限.若假设玻璃态转变温度 T_g 可以低于 T_0,则会出现一种情况,即玻璃态物质的熵值小于晶态物质的熵,而这是不可能的.实际工作中 T_g 总是大于 T_0,这就是说玻璃态的转变总是在到达极限温度 T_0 之前发生的.如果想使玻璃态的转变在靠近 T_0 时发生,就需要以无限缓慢的速率对熔体进行冷却.

14.3 玻璃生成的动力学

实际上,讨论玻璃生成的动力学就是讨论结晶的动力学.我们知道在熔体冷却过程中既有发生结晶的可能性,又有使熔体过冷形成玻璃的可能性.只要我们了解了结晶过程的动力学规律,就可以尽量避免使熔体结晶,而达到使熔体转变为玻璃的目的.

过冷熔体的结晶过程是由两步组成的,它包括晶核的生成和随后的晶体生长.生成玻璃的动力学条件是晶核生成速率和晶体生长的速率都要很慢.晶核的生成可分为两种机理——多相成核和均相成核.一般情况下过冷熔体生成晶核是通过多相成核机理实现的,因为在体系中总会有一些杂质粒子,并且容器表面也是多相成核的场所.这样在过冷熔体中生成晶核是容易的,结晶速率主要由晶体的生长速率来决定.结晶速率是随温度而变化的,其变化关系表示在图 14.4 中.在熔点 T_m 时,结晶速率为零.温度下降,结晶速率增加,当温度下降到某一值时,结晶速率达到最大值.当温度继续降低,结晶速率下降直至为零.

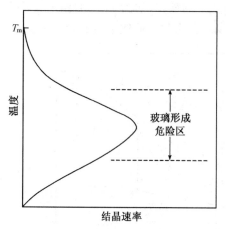

图 14.4　过冷液体结晶速率与温度的关系

在有些过冷熔体体系中,结晶速率很缓慢,图 14.4 中的形式可以通过实验观察到.但对大多数熔体来说,当温度刚好低于熔点 T_m 时很快就凝固了,它们的结晶速率是很难测量的.下面通过对一些热力学简单关系的讨论来理解图 14.4 中结晶速率与温度的关系.

在熔点温度 T_m 附近晶体相与熔体相的自由能差 ΔG 为零,即晶体和熔体有相同的自由能.这样没有发生任何变化的推动力,熔体结晶的净速率为零.我们有

$$\Delta G = \Delta H_m - T_m \Delta S_m = 0 \tag{14.2a}$$

即
$$\Delta H_m = T_m \Delta S_m \tag{14.2b}$$

式中:ΔH_m 和 ΔS_m 分别为熔化焓和熔化熵.当温度降低到熔点 T_m 以下 T 时,若假定 ΔH_m 和 ΔS_m 都不随温度变化(在大多数情况下这个假设是合理的),则熔体和晶体的自由能差为

$$\Delta G = \Delta H_m - T \Delta S_m = T_m \Delta S_m - T \Delta S_m = \Delta S_m (T_m - T) > 0 \tag{14.2c}$$

也就是说,熔体有自发成为晶体的趋势,而且 T 与 T_m 相差越大,ΔG 也越大,结晶作用的推动力也越大,晶体生长的速率也越快.

当温度降低时,特别是对于容易生成玻璃的熔体来说,另一个阻碍晶体生长的因素在增加,即过冷熔体的黏度在增大.黏度增大,原子或离子通过熔体扩散到晶体表面使其生长就变得越来越困难,因而结晶速率倾向于减慢.于是随着温度的降低,使晶体生长速率增加的 ΔG 因素与阻碍晶体生长的黏度因素相互竞争.当这两种因素竞争达到平衡,则结晶速率出现极大值.在峰的高温侧 ΔG 因素起主导作用,而在低温侧黏度因素起主导作用.结晶速率最大值附近的温度区域是生成玻璃的危险区.如果在熔体冷却过程中设法使熔体尽快通过危险区,这样有利于玻璃的生成.

如果我们尽量减少体系中的杂质粒子,增加容器表面的光洁度,就有利于减低多相成核的倾向,从而使熔体向着有利于玻璃生成的方向发展.然而即使多相成核过程可以减缓或避免,熔体仍会发生自发的均相成核作用.在条件具备的情况下,这种作用在熔体内部任何地方都会发生,不需要外来成核场所.

均相成核作用的速率与图 14.4 中晶体生长速率有类似的温度依赖关系,但整条曲线应往低温方向移动.其中有两个原因:(ⅰ)成核作用是一种三维过程,而晶体生长至多是一个二维过程(在已有的晶面上生长),因此成核作用的活化能比晶体生长的活化能大得多,需要更大的 ΔG 作为推动力;(ⅱ)小晶核在形成和最初生长时,其表面能的增加是引起体系自由能增加

的因素,而这部分自由能的增加需要由晶核体积自由能的降低来抵消.在过冷度较小的情况下,晶核的体积自由能下降很小,晶核不能稳定存在.只有存在相当的过冷度时,晶核的体积自由能的降低方能抵消表面能引起的自由能增加,使晶核能稳定存在和生长.

对于能够稳定存在的晶核,其尺寸大小称为临界尺寸.处于临界尺寸的晶核刚好是晶核的表面能的增加与体积自由能降低达到平衡.低于临界尺寸的晶核不能稳定存在,只有大于临界尺寸的晶核才可以稳定存在并生长.晶核的临界尺寸是随温度变化的.在 T_m 附近临界尺寸是无限大的,也就是说,在这个温度下晶核是不能形成的.随着过冷程度的增大,晶核的临界尺寸迅速减小.在一定的过冷程度下,由于熔体中的无序热运动和组成波动使临界尺寸变得相当小,这样过冷的熔体内可以容易地生成稳定的晶核,此时即自发地发生成核作用.对于较难生成玻璃的体系,如果在实际中设法使熔体的温度能尽快降低到成核速率最大温度之下,将有利于玻璃的生成.

14.4 玻璃的结构

14.4.1 无规网络学说和微晶学说

对于玻璃结构的系统探索和研究已有半个多世纪的时间.随着物质结构研究技术的进步,人们对玻璃结构的认识越来越详细和深入.然而与原子周期排列的晶体相比,玻璃材料的结构情况要复杂得多.到目前为止,已有不下十几种关于玻璃材料结构的学说被提出,它们从不同的角度揭示了玻璃态物质结构的某些特征.这些学说对于玻璃材料的研究和生产起到了推动作用.在研究过程中,各种学说相互借鉴,相互补充,有些分歧正在逐渐接近,但要得到一个完整严密的统一理论,还需要作很大的努力.这里简要地介绍较为重要的两个玻璃结构学说——无规网络学说和微晶学说.

无规网络学说的要点是:玻璃材料内原子的排列具有短程有序而长程无序的特点.所谓短程有序,是指对于特定的原子,其与周围原子配位的个数、键长和键角等基本恒定,且与同化学组成晶体的情况相似.而长程无序是指这些由中心原子与配位原子组成的基团相互连接时采取较为自由的方式,使原子的排列在大范围内不具有周期性.下面以 SiO_2 玻璃为例,对该学说进一步加以说明.在 SiO_2 玻璃材料中,Si 总是与 4 个 O 配位组成 SiO_4 四面体,并且在四面体内其 Si—O 键长和 O—Si—O 键角基本不变.这些四面体以共顶点的方式相连接,连接中的 Si—O—Si 键角却可以有较大的变化.这样就形成了无规的三维网络结构.实际上,前面介绍的 Zachariasen 规则就是无规网络学说的一种表述.1936 年 Warren(沃伦)的 X 射线衍射结果为这个学说提供了实验上的支持.

玻璃材料的 X 射线粉末衍射图是很宽的驼峰,而不是像晶体材料那样的锐峰.比较一下玻璃态石英和晶状方石英的 X 射线粉末衍射图 (图 14.5),可以发现玻璃态石英的驼峰最大值与晶状方石英的主谱线一致,说明在这两种物相中其原子间距有相似性.对于玻璃态物质,我们从 X 射线粉末衍射图中不能直接得到像晶体衍射图那样多的关于结构的知识,但是对玻璃态物质的衍射图进行 Fourier(傅里叶)变换,则可以得到原子的径向分布曲线.图 14.6 是 SiO_2 玻璃的原子径向分布曲线,其横坐标是原子间距,纵坐标是以成对分布函数表示的找到第二个原子的概率.直线代表对一种由无相互作用的点原子随机分布所组成的假想体系所预期的结果.图中 1.62 Å 处的最强峰和 2.65 Å 处的小峰分别相当于 SiO_4 四面体中 Si-O 间距和 O-O 间

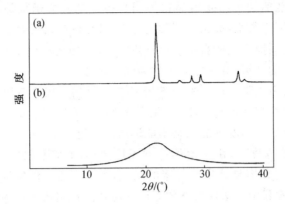

图 14.5　方石英(a)和玻璃态 SiO$_2$(b)的 X 射线衍射图,Cu K$_\alpha$ 射线

距.这些间距数值与晶体 SiO$_2$ 和其他硅酸盐中的数值是相同的.原子间距小的这两个峰比较尖锐,说明在玻璃态中 Si-O 间距和 O-O 间距分布很窄,也就是说,SiO$_4$ 四面体基本没有变形.不过随横坐标的增加,峰逐渐变宽,这表明在玻璃中相应原子间距越来越分散.在 3.12 Å附近处的第三个峰代表最近的 Si-Si 距离,也就是两个 SiO$_4$ 四面体中心的距离.由于两个 SiO$_4$ 四面体之间以共顶点连接时 Si—O—Si 键角可以有较大的变化,这样使得 Si-Si 间距的数值是分散的.其他的峰可以指认如下:4.15 Å附近的峰是 Si 与第二 O 原子间的距离;5.1 Å附近的峰是 O 与第二 O 原子和 Si 与第二 Si 原子距离的组合峰.超过 6～7 Å就很难观察到清晰的峰了,这与玻璃态 SiO$_2$ 结构的无序网络模型是一致的.

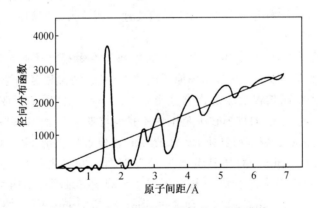

图 14.6　SiO$_2$ 玻璃的 X 射线径向分布曲线

关于玻璃结构的另一个重要学说是微晶学说.这一学说是 1930 年 Randell(兰迪尔)提出的.他认为,玻璃是由微晶和无定形物质两部分组成的,微晶具有规则的原子排列,与无定形物质之间有明显的界限,微晶尺寸约为 1 nm,含量为 80% 以下,微晶的取向是无序的.A.A. Лебедев(列别捷夫)在研究光学玻璃退火中发现,在玻璃折射率随温变化的曲线上,在 520～590 ℃附近折射率出现突跃.他用微晶模型来解释这一实验现象,即这一突跃是玻璃中的石英微晶发生晶型转变引起的,因为 β-石英和 α-石英之间的相转变温度为 573 ℃.A. A. Лебедев 的微晶模型与 Randell 的稍有不同.他认为,从微晶到无定形部分是逐渐过渡的,两者之间无明显界限.应该说 A. A. Лебедев 的模型更接近于实际,也和无规网络模型更靠近.在该学说中,微晶的尺寸仅有 1 nm 左右,这样小的原子集团是否可以称为"晶体"是很难说的.

在含有 $> 70\%$ SiO_2 的 Na_2O-SiO_2 和 K_2O-SiO_2 玻璃体系中,人们发现在低温区 $(50 \sim 300\,^{\circ}\mathrm{C})$ 的 $85 \sim 120\,^{\circ}\mathrm{C}$、$145 \sim 165\,^{\circ}\mathrm{C}$、$180 \sim 210\,^{\circ}\mathrm{C}$ 温度范围内玻璃的折射率有明显的突变,恰好与鳞石英和方石英的多相转变相对应.这一结果也是微晶学说的一个佐证.鳞石英和方石英的相转变温度为

$$\gamma\text{-鳞石英} \xrightleftharpoons{\ 117\,^{\circ}\mathrm{C}\ } \beta\text{-鳞石英} \xrightleftharpoons{\ 163\,^{\circ}\mathrm{C}\ } \alpha\text{-鳞石英} \tag{14.3a}$$

$$\beta\text{-方石英} \xrightleftharpoons{\ 180 \sim 230\,^{\circ}\mathrm{C}\ } \alpha\text{-方石英} \tag{14.3b}$$

对于 X 射线粉末衍射的宽化衍射峰,微晶学说也有自己的解释.如果把晶体样品研成细粉,当颗粒度小于 $0.1\,\mu\mathrm{m}$ 时,X 射线衍射峰发生展宽,并且颗粒越小,衍射峰宽度越大,与玻璃态 X 射线衍射峰类似.另一方面,玻璃态衍射峰的位置与晶态也基本相同.这些也都可以用微晶学说来理解.

无规网络学说和微晶学说都能解释一些有关玻璃的实验现象,都有一定的道理.但无规网络学说被更多的人接受.本章在讨论具体玻璃材料时,也都把它们看成无规网络结构.

14.4.2 玻璃态氧化硅和硅酸盐玻璃

实际上,玻璃态氧化硅的结构已在上面介绍玻璃结构的两种学说时,作为例子进行了讨论,这里主要讨论二元硅酸盐玻璃的结构.二元硅酸盐是指 SiO_2 与另一种氧化物组成的体系.另一种氧化物主要是碱金属和碱土金属氧化物,我们也称它们为网络改性氧化物.网络改性氧化物的加入对 SiO_2 玻璃的结构和性能都有很大的影响.我们以 Na_2O-SiO_2 体系为例来说明 Na_2O 对该体系结构和性能的影响.

图 14.7 是硅酸钠玻璃的结构示意图.由 Na_2O 和 SiO_2 组成的二元体系熔融时,其黏度比纯 SiO_2 明显降低,这可以解释为 Na_2O 的加入使 SiO_2 的网络结构部分被打断.在 SiO_2 玻璃中,O 原子都以 Si—O—Si 的方式与 Si 原子相连,这种连接被称为桥式连接,其 O 原子被称为桥氧原子.当体系中掺入 Na_2O 后,Na_2O 中的 O 原子与 Si 相连,打断桥式连接,形成非桥氧原子.当 Na_2O 与 SiO_2 的比值增大到 1:2 时(相当于化学式为 $Na_2Si_2O_5$),Si 对 O 的比例下降至 1:2.5,这就意味着,平均在每一个 SiO_4 四面体中,4 个 O 顶点中必有一个非桥氧原子.在具有这种化学式的晶状材料中,SiO_4 四面体往往连接成层状阴离子骨架,Na^+ 处在层与层之间;但在玻璃态材料中也可能存在小片的层状阴离子,而更大的可能是 SiO_4 四面体形成开口的三维网络结构,而 Na^+ 处在网络骨架里相对较大的空隙中.

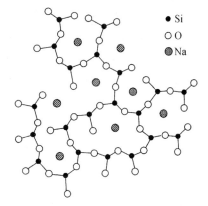

图 14.7 硅酸钠玻璃的结构示意图

从 X 射线衍射中观察到的一些迹象推测,在玻璃态材料中阳离子如 Na^+ 并不是完全无序的,而有可能是簇合在一起的.但导致阳离子簇合的原因还不十分清楚.有可能是玻璃网络结构中可供阳离子占据的空隙不是完全无序的;也可能是在玻璃结构中存在某种阳离子之间相吸引的相互作用.

当 Na_2O 含量进一步增加时,就会有更多的桥氧键被打断,熔体的黏度变得更小,更易流动.这样在冷却过程中失透(devitrification)的倾向增加.玻璃的失透是指玻璃体中部分物质由热力学亚稳态的玻璃相转变为热力学稳定态的晶相而使玻璃透明度降低的现象.当 Na_2O 与 SiO_2 的比值达到 $1:1$ 时体系就很难生成玻璃态了.

当氧化硅中加入其他玻璃生成氧化物或有条件的玻璃生成氧化物,所产生的效果与加入网络改性氧化物的效果有很大的不同.玻璃生成氧化物能有效地取代氧化硅,并能保持无序的三维网络结构.这样在冷却时很难发生失透现象,并且生成玻璃的范围是很宽的.例如当在 SiO_2 中掺入 PbO 可以制成铅玻璃,其 PbO 的含量可以达到约 80%(PbO 有时也被看成有条件的玻璃生成氧化物).B_2O_3 和 SiO_2 可以以任意比例混合制成硼硅玻璃.

14.4.3　玻璃态氧化硼和硼酸盐玻璃

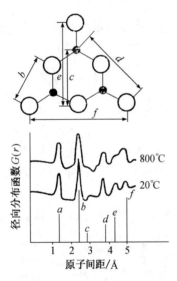

图 14.8　B_2O_3 玻璃 X 射线径向分布函数 $G(r)$ 与硼氧六元环中原子间距的对比

在 SiO_2 和硅酸盐玻璃中,其结构基本单元为 SiO_4.与此不同,在 B_2O_3 玻璃中,其基本结构单元为 BO_3 三角形;在硼酸盐玻璃中,随组成的不同,可含有 BO_3 三角形和 BO_4 四面体.在 B_2O_3 玻璃中 BO_3 三角形相互连接形成平面的硼氧六元环基团.B_2O_3 玻璃中存在 BO_3 三角形和硼氧六元环是通过对 X 射线衍射和 [11]B 核磁共振谱等研究结果分析出来的.图 14.8 表示了 B_2O_3 玻璃 X 射线径向分布曲线与硼氧六元环基团中原子间距的对应关系.图中字母所指位置表示径向分布曲线峰所对应的六元环中的相应原子间距.图中 a 峰和 b 峰,其原子间距数值分别为 1.37 Å 和 2.40 Å,它们对应于 BO_3 三角形中的 B-O 和 O-O 间距.这两个原子间距数值与晶态硼酸盐中的略有不同,晶态硼酸盐中含有 BO_4 四面体,硼氧距离稍大一些,为 1.48 Å.c 峰和 e 峰其原子间距数值分别为 2.9 Å 和 4.2 Å,说明硼玻璃结构中有硼氧三元环基团存在.将玻璃的温度提高到 800 ℃ 时,这些峰值将发生改变,说明硼氧三元环在高温下不稳定.根据这些数据可以推测 B_2O_3 玻璃在不同的温度下结构有所不同.

图 14.9 给出了 B_2O_3 玻璃在不同温度下的结构模型.在较低温度时,B_2O_3 玻璃结构是由桥氧连接的硼氧三角形和硼氧三元环形成的在二维空间发展的网络,具有层状结构.由于键角可以有比较大的改变,故层可能交叠、卷曲或分裂成复杂的形式,如图 14.9(a)所示.当温度提高时,一些硼氧键断裂,网络结构转变成链状结构,它是由两个三角体在两个顶点上相连接(即共边连接)而形成的结构单元,通过桥氧连接而成的,见图 14.9(b).图 14.9(c)是更高温度下 B_2O_3 玻璃的结构,其中包括蒸气状态.这时每一对三角体均共用 3 个氧,两个硼原子则处于 3 个氧原子平面之外的平衡位置,形成具有双锥体形状的 B—O_3—B 结构单元.这些双锥体通过氧的一对孤对电子与硼的一个空的 sp^3 杂化轨道成键而结合成短链.

单组分的 B_2O_3 玻璃软化点低(约 450 ℃),化学稳定性差(置于空气中会发生潮解),热膨胀系数高(约 $150\times10^{-7}℃^{-1}$),因而没有实用价值.事实上,硼氧键能很大(497 kJ·mol^{-1}),比

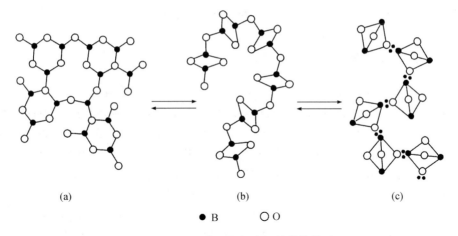

● B   ○ O

图 14.9 B_2O_3 在不同温度下的结构模型

硅氧键($443\,\mathrm{kJ\cdot mol^{-1}}$)还略大一些.但 B_2O_3 玻璃的一系列物化性质远比 SiO_2 玻璃差得多.其主要原因是由于 B_2O_3 玻璃是由二维网络结构或一维链状结构构成的,而不是像 SiO_2 玻璃那样由三维网状结构构成.在 B_2O_3 玻璃中,尽管在同一层或同一链中由很强的 B—O 键相连,但层与层或链与链之间却是由弱的分子间作用力,即 van der Waals 力相连.

前面已经讨论过,在碱金属硅酸盐玻璃中随着碱金属含量的增加,熔体黏度不断降低,变得越来越容易流动,它们的热膨胀系数亦随之稳步增长,不出现性质上的极大或极小现象.而向玻璃态 B_2O_3 中加入碱金属氧化物所产生的结果与相应的碱金属硅酸盐有很大的不同.例如,在 $Na_2O\text{-}B_2O_3$ 体系中,熔体的黏度随 Na_2O 含量的增大而增大,并在 Na_2O 摩尔分数达到约 16% 时黏度达极大.玻璃体的热膨胀系数随 Na_2O 含量的增大而变小,在约 16% 时达一极小值.其他性质在此组成附近也出现极大或极小.人们把硼酸盐玻璃这一现象称为"氧化硼反常现象".

有多种因素决定氧化硼的反常现象,但目前人们还不能完全弄清楚产生这一现象的微观机理.Bray(布雷)用[11]B NMR 谱证明,当向 B_2O_3 中加入碱金属氧化物时,硼的配位数逐渐由 3 变到 4,当加入约 30% 的碱金属氧化物时,大约有 40% 的硼变为四面体配位,这种变化与碱金属的性质无关.从硼的配位数观点来看,NMR 的结果不能说明组成中含 16% Na_2O 有什么特殊之处,当 Na_2O 含量在 0~30% 范围变化时,四面体配位的硼原子所占百分数是直线增长的.

对氧化硼反常现象的部分解释为:当加入少量碱金属氧化物时,一些硼原子由三角形的三配位变为四面体的四配位,四配位的 BO_4 四面体起着将硼玻璃的二维网络连接成三维网络的作用,从而使黏度增加.当加入碱金属氧化物时,可使 B_2O_3 中的硼氧比由原来的 1:1.5 增加到 1:2,这正是玻璃态 SiO_2 中的硅氧比.从理论上讲,当加入 50% 碱金属氧化物时(亦即组成为 $Na_2B_2O_4$),应达到完全的四面体三维网络结构.但实际上远在达到此状况之前黏度就开始下降了.或许这是由于含有大量 BO_4 四面体的网络结构不具有相应硅酸盐网络结构的那种强度或坚实性.我们知道,硼的式电荷为 +3,低于硅的式电荷 +4,四面体中 B—O 键要比四面体 Si—O 键弱得多.

14.5 常见玻璃材料

14.5.1 纯氧化硅玻璃(石英玻璃)

这是一种由 SiO_2 单一成分形成的玻璃.这种玻璃有很好的物理化学性质,如玻璃态转变温度高($\approx 1200\,℃$),不易晶化,抗化学侵蚀,除氢氟酸和磷酸外,对各种酸和中性盐都是稳定的.石英玻璃有两个最突出的特点:一是有很好的光学透明性,特别是 $200\sim400\,nm$ 范围的紫外光可以很好地透过;另外,石英玻璃的热膨胀系数很小,仅为普通玻璃的 $1/10\sim1/20$,约为 $5.0\times10^{-7}\,℃^{-1}$,在骤热和骤冷过程中不易破裂.基于以上两个特点,石英玻璃在科研和生产中有重要用途.

然而,正是由于石英玻璃具有很高的玻璃态转变温度,它的熔点也很高,达 $1713\,℃$.这样制备石英玻璃就要将熔体加热到更高的温度,使得石英玻璃的制备成本很高.因而该玻璃不适合制造普通玻璃制品.

14.5.2 Vycor 玻璃和 Pyrex 玻璃

当 SiO_2 中加入 Na_2O($\approx 25\%$),可以使体系的熔点降低到约 $800\,℃$,使制备玻璃变得较为容易.但这种玻璃是水溶性的,并且也容易失透.向这种玻璃中加入其他氧化物,如 CaO、MgO 和 Al_2O_3 等,既可以保持低的熔点,又能提高玻璃的稳定性,普通玻璃制品就是由这种多组分玻璃制成的.

这种多组分玻璃由于 SiO_2 含量较低,其物理和化学方面的性能与纯 SiO_2 玻璃相比会差一些.在科研和生产上,人们常用一些 SiO_2 含量较高的高硅玻璃,如 Vycor 玻璃.这种玻璃 SiO_2 的含量高达 96%,其热膨胀系数稍大于石英玻璃,为 $8\times10^{-7}\,℃^{-1}$.抗热冲击性能可达 $800\sim900\,℃$,其抗化学侵蚀性、机械强度等性能也与石英玻璃相似.

Vycor(维克)玻璃:是 1934 年美国康宁公司研究人员在研究硼硅玻璃分相时发明的一种高硅玻璃,并于 1939 年商品化,Vycor 是其商品名.用通常的方法制备高氧化硅玻璃成本是昂贵的.Vycor 玻璃是用一种巧妙的方法制备的.该方法避免了使用通常情况下制备此组成玻璃所需的高熔化温度.这种方法是先制备一种硼硅酸钠玻璃,其组成近似为 10% Na_2O、30% B_2O_3 和 60% SiO_2.然后在较低的温度下($\approx 600\,℃$)退火数小时使过冷玻璃体进入一亚稳互不混溶区并分离为两个玻璃相.所得玻璃相之一其组成接近于纯氧化硅,另一玻璃相则富于 Na_2O 和 B_2O_3.图 14.10 表示了 $Na_2B_8O_{13}$-SiO_2 体系的部分相图,在此相图上叠加了过冷液体中观察到的互不混溶区.图中表示了 Vycor 玻璃的起始组成.两种不混溶的玻璃相生成一种相互穿插的结构.而后用酸溶液处理,使富 Na_2O 和 B_2O_3 的相溶解,再用弱碱和清水沥洗,得到一种 SiO_2 含量很高的蜂窝状玻璃基块.最后在约 $1200\,℃$ 下烧结得到无孔清亮的 Vycor 高硅玻璃.

Pyrex(派热克司)玻璃:是另一种常用的高硅玻璃.这种玻璃的主要成分也是 Na_2O、B_2O_3 和 SiO_2,其质量分数分别约为 4%、16% 和 80%.该玻璃中起始的 SiO_2 含量高于 Vycor 玻璃,因而其熔炼温度高达 $1680\,℃$.图 14.10 中表示了 Pyrex 玻璃的组成.Pyrex 玻璃在使用中有分相的趋势,这使得玻璃的抗化学侵蚀性能大大下降.加入少量的 Al_2O_3 或 Li_2O,可以抑制玻璃的分相.Pyrex 玻璃的膨胀系数约为 $(30\sim40)\times10^{-7}\,℃^{-1}$,虽然大于石英玻璃和 Vycor 玻璃,

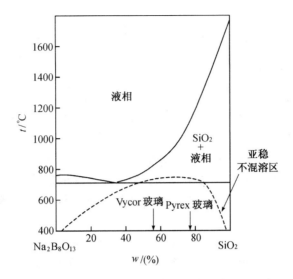

图 14.10　在 $Na_2B_8O_{13}$-SiO_2 体系中的亚稳互不混溶区

但在目前大量生产的玻璃中是最低的[有些玻璃的热膨胀系数为$(80\sim90)\times10^{-7}℃^{-1}$].Pyrex玻璃的硬度较高,接近于莫氏硬度 7 级,这是由于这种玻璃中离子半径小而电荷大的元素多的缘故.这种玻璃的抗磨耗性好,在相同荷重下,这种玻璃的磨耗只是钠钙玻璃的 1/4,因而用这种玻璃制作的器皿表面损伤小,使用寿命长.这种玻璃被广泛地用来制作各种耐热玻璃仪器.

在玻璃的生产过程中优化的退火工艺是十分重要的.退火就是将玻璃在玻璃态转变温度区内或稍低于玻璃态转变温度下加热一段时间使玻璃达到稳定化和均匀化,并使玻璃态转变温度降低到一近似的恒定值.高质量的光学玻璃要求有均匀恒定的折射率,因而对退火过程有严格的要求.退火还起着消除机械应力的作用.在极端情况下,由于存在着内应力,未退火的玻璃会爆碎.一般情况下,几个小时的退火时间就可以了,但对于特殊玻璃或特殊应用则需要较长的时间.美国 Paloma(帕洛玛)山天文台望远镜所用的反射镜毛坯重达 4000 kg,退火过程是从 500 ℃冷却至 300 ℃,共用了 9 个月之久! 这个反射镜是用 Pyrex 玻璃制造的,为了防止其退火时分相,用 2% Li_2O 代替 Na_2O.

14.6　彩色玻璃和光致变色玻璃

在多数情况下人们都是使用无色透明玻璃,然而有色玻璃在很多情况下有其特殊的用途.在彩色摄影中,有色玻璃用作滤光器可以用来改变景物的色调、明暗反差和制造某种气氛.例如采用红色滤光器可以创造出晨曦或黄昏的气氛;采用蓝色滤光器可以创造出夜景或暴风雨气氛;采用黄色滤光器可以增强反差和表现云彩.资源卫星和气象卫星使用的高级彩色摄影机,生物学中研究细胞内部结构用的荧光显微镜、激光全息摄影装置、各类光谱仪器以及仪器仪表显示装置等都需要各种有色玻璃.我们日常生活中用的各种玻璃器皿和玻璃工艺品也需要各种有色玻璃.

在玻璃中掺入显色离子可以使玻璃显色,同样在玻璃中掺入某些纳米金属颗粒也可以使玻璃显色,另外,人们还利用光化学过程使玻璃产生光致变色.以下我们对这几种使玻璃显色的方法作一简单介绍.

1. 掺入显色离子

在第 13 章中我们已经知道,过渡元素和稀土元素离子可以吸收紫外和可见光,基质材料中掺入这些离子可以产生荧光.同样,在无色玻璃中掺入这些离子可以得到有色玻璃,这些离子被称为着色剂.玻璃所显颜色是所掺离子吸收色的互补色.在制造普通无色透明玻璃时,要尽量除去原料中的过渡金属离子和稀土元素离子.然而,为了制造彩色玻璃,要在玻璃中有控制地专门掺入这些离子.这里简单介绍几种过渡元素和稀土元素离子对玻璃颜色的影响.

（1）钴离子

钴在玻璃中主要以 Co^{2+} 状态存在,它在玻璃结构中的配位状态主要是 CoO_4 四面体,使玻璃显蓝色.利用钴的蓝色可以制造透蓝紫光和部分紫外线的蓝紫色玻璃.在硼硅酸盐玻璃中引入卤化物时,钴离子与卤化物结合形成绿色的配阴离子结构,制成蓝绿色玻璃.

（2）镍离子

镍在玻璃中以 Ni^{2+} 离子状态存在,有四配位和六配位两种结构,前者使玻璃呈灰紫色,后者则使玻璃呈黄色.镍主要是用来制造透紫外而不透可见光的玻璃.

（3）铬离子

铬在玻璃中主要以 Cr^{3+} 和 Cr^{6+} 两种价态存在.Cr^{3+} 使玻璃呈绿色,而 Cr^{6+} 使玻璃显黄色.基质玻璃的组成对铬的价态有很大的影响,进而影响铬的颜色.在碱性较强的玻璃中,例如钠钙硅玻璃和铅玻璃中铬倾向于以 Cr^{6+} 形式存在,而在酸性较强的玻璃如磷酸盐玻璃中,铬倾向于以 Cr^{3+} 形式存在.B_2O_3 的加入使铬的颜色加深.W. A. Weyl(外尔)对这一现象的解释为:当加入 B_2O_3 时,由于 BO_4 和 BO_3 进入比较匀称的 SiO_4 四面体网络结构中,使铬离子周围电场的对称性降低,破坏了完整的网络结构,Cr^{6+} 的吸收峰向长波方向移动,颜色加深.采用氧化性强的原料,在充分氧化的条件下,尽可能低的熔制温度,可以得到以 Cr^{6+} 为主的黄色玻璃.

以上讨论的是过渡元素离子着色剂,着色的原理除 Cr^{6+} 外,都是这些离子中电子在 3d 轨道之间的跃迁产生的吸收,我们常称为 d-d 跃迁吸收.由于 3d 电子受玻璃中配位氧原子的影响比较大,因而吸收大都呈宽带.Cr^{6+} 的颜色产生于配位氧的 2p 轨道电子到 Cr^{6+} 3d 空轨道的电荷迁移吸收,也呈现宽的带谱.

（4）钕离子

钕是镧系稀土元素,常以 Nd^{3+} 状态存在于玻璃中.与其他稀土离子一样,Nd^{3+} 的颜色来源于电子在 4f 轨道之间的跃迁,常称为 f-f 跃迁.4f 轨道被外层 $5s^2 5p^6$ 轨道所屏蔽,因此它的光谱特性和着色都十分稳定,受玻璃成分和熔制工艺的影响很小.但玻璃的组成对 Nd^{3+} 着色也还是有些影响,如随碱金属或碱土金属离子半径的增大,Nd^{3+} 的吸收带变宽.在 BaO-Nd_2O_3-B_2O_3 体系中,在 Nd^{3+} 含量不变的条件下,Nd^{3+} 的吸收带强度随 B_2O_3/BaO 的比值减小而增强,这可能是由于玻璃中出现了钕的氧配离子的结果.

钕玻璃的光谱吸收比较丰富,从紫外、可见光区到红外光区出现一系列尖锐的吸收,而且吸收峰位置十分稳定.Nd^{3+} 的电子激发态寿命较长(即亚稳态),故可以作为激光物质,实际上钕玻璃就是重要的固体激光材料.钕玻璃在绿光(530 nm)和黄光(586 nm)部分有强烈的吸收峰,因此它具有特殊的双色性(即在不同光源下显示不同的颜色).钕玻璃的主调颜色为紫红色,常用作高级工艺玻璃.

2. 掺入纳米金属颗粒

玻璃的着色除了上面介绍的离子着色外,还有其他一些着色方法.利用金属胶体(纳米颗粒)着色是其中之一.在玻璃中添加超细分散状态的金属,这些金属微粒对光有选择性吸收而使玻璃着色,铜红、金红和银黄等玻璃即属于这一类.金属纳米颗粒使玻璃着色的原因一般认为是在光波作用下金属纳米颗粒中的"自由电子-离子实"发生的等离子共振吸收(图 14.11).纳米颗粒的等离子共振频率与其成分、尺寸和形状等因素有关,因而这些因素会影响玻璃的颜色.

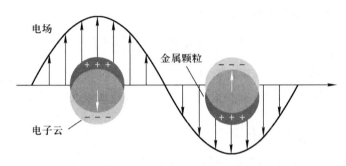

图 14.11 纳米金属等离子激元共振示意图

例如在金胶体玻璃中,金粒子小于 20 nm,玻璃呈弱黄色,20～50 nm 为红色,50～100 nm 为紫色,100～150 nm 为蓝色,大于 150 nm 发生金粒沉析.铜、银、金都是贵金属,它们的氧化物都易于分解成为金属,这是金属胶体着色物质的共同特点.实现金属胶体着色的方法是先将这些金属元素以离子方式溶解于玻璃熔体中,然后通过还原或热处理使这些金属离子以原子状态存在,随后再进一步使金属原子聚集长大,成为粒径适当的胶体粒子,使玻璃着色.

3. 光致变色

以上讨论的有色玻璃其颜色在使用过程中是稳定的或固定的.另有一种有色玻璃在光照或去光照下颜色是变化的,通常我们称其为光色转换玻璃,或光致变色玻璃.这种玻璃除常用来制造眼镜片外,还有一些更重要的用途,如用作车辆和建筑物风挡玻璃、全息存储介质、激光器 Q 开关和强光防护材料等.这种玻璃在光的照射下在可见光区产生光吸收使颜色或透光度发生变化,停止光照后又恢复到初始透明状态.卤化银和 Cu^+ 离子是常用的变色剂.

当光照射时,玻璃中的卤化银分解为 Ag 和 Cl (Br 或 I)原子,使玻璃着色.由于玻璃具有不渗透性,可防止卤素从晶体中逸出.在室温至 $150\ ℃$ 左右的低温下,光分解产生的银也不能在玻璃中进行扩散.因此,在停止照射后分解产生的银和卤素原子又重新结合恢复为无色的 $AgCl(Br^-$ 或 $I^-)$.着色和退色是可逆的,其反应如下

$$Ag^+ + Cl^- (Br^-, I^-) \underset{h\nu_2, \triangle}{\overset{h\nu_1}{\rightleftharpoons}} Ag^0 + Cl^0 (Br^0, I^0) \tag{14.4a}$$

式中:$h\nu_1$ 为波长较短的激活光能,$h\nu_2$ 为波长较长的漂白光能.卤素的种类和浓度都对最佳激活波长有影响.只含有 AgCl 的光致变色玻璃的最佳激活波长为 350 nm 左右,添加 AgBr 后最佳激活波长可延伸到 350～500 nm,如果有 AgI 加入,其最佳激活波长可红移至 600 nm.

一价铜离子(Cu^+)是一种增感剂,它在卤化银光致变色玻璃中作为空穴的俘获中心

$$Ag^+ + Cu^+ \rightleftharpoons Ag^0 + Cu^{2+} \tag{14.4b}$$

Cu^+ 的存在增加光解 Ag^0 的浓度,使玻璃的变色灵敏度大大提高.

卤化银的晶粒大小对光致变色玻璃性能的影响也是很大的.当卤化银的粒径小于 5 nm 时,玻璃不具有光色效应;粒径大于 5 nm 后,玻璃可呈现光色效应.当卤化银的浓度增加,卤化银粒径达 20 nm 时,由于光散射的作用使玻璃变为半透明;晶粒大于 30 nm 后玻璃变为不透明.对透明的光色转换玻璃来说,平均粒径为 10 nm,晶粒含量为 0.2%,卤化银晶粒数为 4×10^{15}(个)cm^{-3},晶粒平均间距为 60 nm 时,光色转换效应最好.

光致变色玻璃制成眼镜玻璃在激活(变暗)状态下可以滤掉 390 nm 以下的紫外光线,并且对可见光区有均匀的吸收,视感舒适,光色性能在长久使用后不疲劳,并且具有良好的化学稳定性和机械强度,对眼睛有很好的保护作用.

14.7 功能玻璃材料

具有独特光、电、磁等性能的材料常被人们称为功能材料.玻璃由于其制备工艺简单,具有宏观均匀性、各向同性等优点,在功能材料中有特殊的地位.这里介绍几类玻璃功能材料.

14.7.1 激光玻璃

很多激光工作物质都是无机单晶体,如红宝石 Al_2O_3:Cr^{3+} 等.生长大尺寸的激光单晶工艺比较复杂,因而成本较高.玻璃材料比较容易制成大尺寸的均匀块体,一直受到人们的重视.与单晶激光物质相比,激光玻璃有一些独特的优点:

(1) 玻璃的化学组成可以在很宽的范围内连续改变;

(2) 掺入玻璃中的激活离子的种类和数量限制较小.

硅酸盐、硼酸盐及磷酸盐等各种玻璃都可以作为激光基质玻璃.钕激活的硅酸盐玻璃使用得最为广泛,其组成大致为 SiO_2 摩尔分数 65%~80%,碱金属约 5%,碱土金属10%~20%,Nd_2O_3 1%~2%.与晶体激光材料相比,玻璃激光材料的缺点是效率较低,单色性稍差.

14.7.2 光纤和光纤放大器玻璃

光纤通信技术的出现是信息传输的一场革命.光纤通信的明显优点是容量大、质量轻、占用空间小、抗电磁干扰和串话少等.现在使用的光纤材料主要是以氧化硅为基的石英玻璃.20 世纪 70 年代当光纤通信刚刚实现商用时,其通信工作波长较短,为 0.8~0.85 μm,中继距离仅有十几千米.以后人们把工作波长移到石英玻璃的零散射波长 1.3 μm,中继距离增加到 30~40 km.近年来光纤通信的工作波长为 1.55 μm(石英玻璃光纤的最小损耗波长),其中继距离达到 50~100 km.

我们知道,光纤通信是通过信号光在玻璃光纤中的全反射实现的.目前商用的光纤大多以折射率较大的 GeO_2-P_2O_5-SiO_2 玻璃为芯料,而以折射率较小的 P_2O_5-B_2O_3-SiO_2 和 P_2O_5-F-SiO_2 玻璃为包层.制备光纤的重要的一点是得到高纯材料,主要是降低过渡金属离子和羟基(OH^-)的含量,这样有利于降低材料的损耗.为了达到这一目的,人们使用 $SiCl_4$、$GeCl_4$ 和 $POCl_3$ 等氯化物为前驱体通过气相沉积法(CVD)制成光纤预制棒,最后通过拉制得到光纤.在气相沉积过程中,使氯化物气体通过甲烷-氧或氢-氧焰进行火焰水解形成氧化物微粒,并同时使其部分烧结成为玻璃.

在光纤通信中,光信号在传播中会有一定的衰减.这就需要在长距离通信中,当信号传递一定距离后对其进行放大.以往采取的方法是先把光信号转换成电信号,对电信号进行放大,然后再把电信号转换成光信号继续传输.这使得系统极为复杂,运行成本高,稳定性不理想.近来人们发展了掺稀土离子(如 Pr^{3+}, Nd^{3+} 或 Er^{3+} 等)的玻璃光纤放大器,实现了光信号的直接放大,这对长距离光纤通信十分有利.图 14.12 示意地表示了不使用和使用光纤放大器的光纤通信系统.我们知道,稀土离子有丰富的 f 能级,理论上讲,电子在 f-f 能级之间的跃迁是禁阻的.然而由于配位原子的影响,在玻璃中其跃迁还是可以发生的,但激发态 f 能级的寿命相对较长(约为 ms 量级),成为亚稳激发态.光纤放大器的工作原理与激光器相似:首先用泵浦光将稀土离子激发至亚稳激发态,当信号光通过放大器光纤时,稀土离子发生受激辐射,使信号光得到放大.放大器光纤的制备方法与普通光纤相似:先用气相沉积法制成多孔未烧结体,然后将多孔未烧结体在含有稀土离子的溶液中浸泡,使多孔未烧结体充分吸附稀土离子,然后进一步在含氯和含氧的气氛中去水,进而在高温下烧结.最后用烧结好的预制棒拉制纤维.

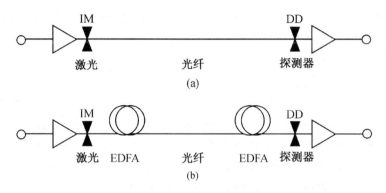

图 14.12　常规光纤通信示意图(IM:强度调制,DD:直接探测)
(a) 无光纤放大器系统,(b) 带掺铒石英光纤放大器系统(EDFA)

　　光纤通信的工作波长总是在红外光区域并且向更长波段的方向发展,这是因为材料的 Rayleigh(瑞利)散射损耗与波长的四次方成反比,较长的工作波长有利于降低光的损耗.由于受到石英玻璃本征吸收的限制,石英光纤的工作波长不能大于 $2\ \mu m$.20 世纪 80 年代人们研制了以 ZrF_4 为基的氟化物玻璃光纤.这种光纤材料可以用在工作波长为 $2\sim 5\ \mu m$ 的波长范围,使光损耗进一步降低.氟化物玻璃的有关知识见本章非氧化物玻璃部分.

14.7.3　离子导电玻璃

　　玻璃材料作为离子导体具有很多优点:(i)非晶态本身就是高缺陷结构,从而其中有充分的空位可供载流子占据,这对离子的迁移十分有利;(ii)非晶态材料的成分常可以在很宽的范围内连续改变,这可以使人们通过改变组成来调整和改进材料的离子导电性能;(iii)非晶态材料的宏观性质是各向同性的、均匀的,这对实际应用是非常有利的,它克服了陶瓷材料中晶界和杂相的影响以及单晶材料的各向异性;(iv)非晶态材料的制备和加工比晶态材料简单方便,这使得材料的成本大为降低.离子导电玻璃与普通玻璃材料一样是热力学不稳定体系,容易发生自发晶化.有些材料在空气中不稳定,容易吸潮.

　　离子导电玻璃除了传统的硅酸盐玻璃外,还有各种非硅酸盐玻璃.这主要是由于现在玻璃的制备已不局限于传统工艺.由于各种快速冷却法的发展使一些用传统方法不能形成玻璃的材料也可以制成玻璃相.如 Li^+ 导电玻璃 $LiAlSiO_4$ 在 450 ℃下,电导率为 10^{-2} S·cm^{-1};Ag^+ 导电玻璃 $Ag_5I_4BO_3$ 在玻璃态转变温度附近(≈200 ℃)的电导率为 $5×10^{-2}$ S·cm^{-1}.

很多实验表明,同组成的材料,玻璃态的电导率比晶态要高几个数量级.如晶态 $LiNbO_3$ 在 700 ℃下电导率为 10^{-5} S·cm^{-1};而经双辊轧机速冷制备成的玻璃材料,室温下电导率就达 $2×10^{-2}$ S·cm^{-1},提高了近 20 个数量级.玻璃离子导体的电导机理一般认为是金属离子在不同的非桥氧位置的迁移.

14.8　非氧化物玻璃

传统意义上的玻璃材料主要是以 SiO_2 为主和其他元素形成的玻璃.现在随着玻璃制备技术的发展,特别是快速降温技术的发展(降温速率可达 $10^6\sim10^8$ ℃·s^{-1}),使得很多过去不能形成玻璃的材料也可以形成玻璃相.这样玻璃材料的范围就由以 SiO_2 为主的玻璃体系扩展到其他氧化物体系,进而扩展到非氧化物体系.这些新型的玻璃材料都有一些独特性质.这里介绍几种重要的非氧化物玻璃的组成、制备和性能.

14.8.1　硫属化物玻璃

硫属化物材料是包含有元素周期表ⅥA族元素 S、Se 和 Te 的化合物.严格地说,氧化物也属于这个范畴内,但它们常被单独考虑.这有历史上的和科学上的两方面的原因.氧化物玻璃,尤其是以 SiO_2 为基的材料,是最早知道的玻璃形成体,从后来发现的硫属化物玻璃中分离出来单独考虑已成为惯例.另外,氧化物的物理性质与其他硫属化物也有较大的区别:氧化物材料键型有较大的离子键成分,禁带宽度较大,为绝缘体,如 SiO_2 的禁带宽度约为 10 eV;而硫属化物多为共价键,禁带宽度较窄,约为 1~3 eV,为半导体材料.

硫族元素可以和多种元素形成玻璃.一些常见的硫属化物玻璃体系列于表 14.2 中.

表 14.2　硫属化物玻璃体系

类　别	实　例
1. 纯硫属化物	S,Se,Te,S_xSe_{1-x}
2. V族：硫族（V-Ⅵ族）	As_2S_3,P_2Se
3. Ⅳ族：硫族（Ⅳ-Ⅵ族）	$SiSe_2,GeS_2$
4. Ⅲ族：硫族（Ⅲ-Ⅵ族）	B_2S_3,In_xSe_{1-x}
5. 金属硫属化物	$MoS_3,WS_3,Ag_2S\text{-}GeS_2$
6. 卤素硫属化物	As-Se-I,Ge-S-Br,TeCl

硫属化物玻璃可以用熔体淬冷法和气相沉积法制备.多数硫属化合物材料是较容易形成玻璃相的,但在制备过程中要隔离氧气防止氧化.制备过程是将这些材料封装在抽过真空的石英管中加热使其熔融,然后通过普通降温速率(1~100 ℃·s^{-1})就可以得到玻璃体.对于有些较难生成玻璃的体系,如 Sb_2S_3,可采用辊压淬冷法快速降温.在有些场合中需要用薄膜材料,硫属化物玻璃可以通过气相沉积法制成薄膜形态的玻璃材料.有些用一般方法不易制得的玻

璃材料,也可以用气相沉积法制备,如 As_2Te_3.

硫属化物玻璃大多都是半导体材料,一些材料得到了实际应用.光复印机中的硒鼓就是利用气相沉积法使得 Se 以玻璃态薄膜镀在鼓上.其工作原理就是利用玻璃态硒的半导体性和光电导性实现曝光和复印.光复印机的复印步骤见图 14.13.

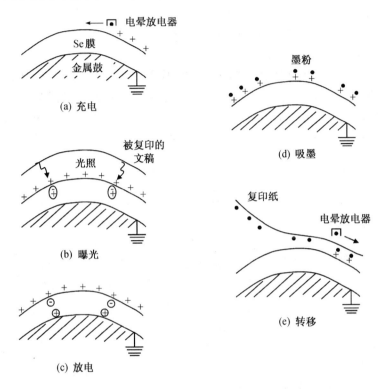

图 14.13 光复印的步骤

硒鼓的表面被电晕放电充上正电荷,此放电是通过一根与硒表面平行运动的保持高电势的金属丝引发的[图 14.13(a)].被复印的文稿经可见光照在屏上成像;文稿上照光的区域将光子反射到硒膜上并在硒膜上产生电子-空穴对[图 14.13(b)].在电场的作用下,这些电子-空穴对离解;空穴向金属鼓内部运动,而电子被排斥到硒的表面,在其表面上与正电荷中和[图 14.13(c)].这样在硒膜上以正电荷的形式留下一个像,它是被复印文稿的暗区像.这时再让硒膜以静电方式吸附带负电的黑色墨粉;这些墨粉被黏附在硒膜上带正电荷的区域[图 14.13(d)].通过第二次电晕放电将墨粉转移到白纸上[图 14.13(e)],然后将纸拿开并加热使印出的像固定下来.

14.8.2 卤化物玻璃

当卤化物熔盐从高温冷却到低温时,它们一般是以晶态的形式存在.当卤素与一些半径小、电价高的阳离子结合时,它们就会形成易于挥发的分子型物质,因而能形成玻璃态的卤化物较少.在卤化物玻璃中最重要的是氟化物玻璃,如 BeF_2、AlF_3 和 ZrF_4 等可以和其他氟化物混合熔融形成玻璃.

对于氟化物玻璃研究的主要原因是希望得到一种在中红外区有低损耗的光纤材料.氟化物玻璃 ZBLA(55% ZrF_4,35% BaF_2,6% LaF_3 和 4% AlF_3)是一种性能良好的新型光纤材料,用在无中继长距离通信网络中,最低损耗可达 0.01 dB·km^{-1},而常用的 SiO$_2$ 石英光纤损耗为 0.2 dB·km^{-1}.在氟化物玻璃中掺入 Nd^{3+} 离子,可以有 1.04 μm 和 1.35 μm 的发射;掺入 Er^{3+} 离子产生 0.98 μm 和 1.52 μm 的发射.这些掺杂的材料可以作为光纤放大材料.

制备氟化物玻璃可以利用传统的熔融法.在惰性气氛的保护下,用玻璃态石墨坩埚、金坩埚或铂坩埚熔融氟化物原料.用于制备光纤的玻璃材料要求有很高的纯度,可以利用卤化物气相沉积法提纯原料,再转化成氟化物.得到高纯原料后,在惰性气氛保护下把原料熔制成光纤预制棒,最后拉成光纤.

与硅酸盐玻璃相比,卤化物玻璃存在三方面的不足:(i) 由于 M—O 的键强大于 M—X 的键强,这样卤化物玻璃都易于被空气中的水汽腐蚀,严重影响材料的光学性质;(ii) 由于 M—X 的键强较弱,卤化物玻璃的玻璃态转变温度较低(<400 ℃),因而热膨胀系数较大,对热冲击敏感;(iii) 卤素的电负性强,特别是氟化物玻璃,易形成微晶,使光学性能下降.

14.8.3 金属玻璃

金属材料能被制成玻璃态物质是基于骤冷技术的发展.骤冷技术即是前面已提到的辊压淬冷技术,这种技术可使降温速率高达 $10^6 \sim 10^8$ ℃·s^{-1}.辊压淬冷技术的设备有各种形式,但原理都是让液态金属滴在快速转动的冷却滚筒上(图 14.14).一般来说纯金属较难形成玻璃,现已制成的金属玻璃都是合金材料.这些合金材料有金属-金属合金,如 Zr-Cu 和 Ta-Ni 等;也有金属-非金属合金,如 Au-Si 和 Fe-B 等.

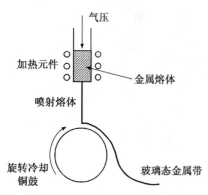

图 14.14 滚筒骤冷却法示意图

玻璃态金属有以下两个优点:

(1) 玻璃态金属往往比普通金属有较高的强度,有时它们的强度可以接近理想的极限.普通金属内部存在有位错,这些位错在晶体内容易移动,使得普通金属表现出柔韧性.在玻璃态金属中,原子是无规排列的,因而玻璃态金属可以被看成是由位错组成的.由于位错太多,以致不容易移动,使玻璃态金属表现出很高的强度.同时玻璃态金属的塑性也是很好的.

(2) 玻璃态金属比普通金属更能耐化学侵蚀.普通金属都有晶界和缺陷,这些都是化学上最活泼的地方.对金属的化学侵蚀往往都是从这些地方开始的.而玻璃态金属不含有晶界和缺陷(或者说一整块金属玻璃就是由缺陷组成的),这使得金属玻璃的化学反应活性大大降低.

对于金属玻璃的结构,人们是通过模型法研究的.1959 年 Bernal(伯纳尔)曾经用等径钢球堆积来模拟金属液体或分子液体的几何结构.这个模型将液体看作是由硬球均匀、连续和无规则地堆积而成的,在模型中没有可以容纳另一个硬球的空洞.与此同时,Scott(斯柯特)独立地完成了类似的工作.后来 Cohen 和 Turnbull(图布尔)指出,这种模型可以用来模拟玻璃态金属.Cargoll(卡格儿)具体比较了 Ni-P 合金与模型的分布函数及密度,认为两者符合得很好.

在实验室中建造硬球的无规密堆积模型是把钢球装入一定的容器中,然后用石蜡一类的物质固定钢球之间的相对位置,然后测出每一个球心的坐标,确定模型的分布函数与堆积密度,并与实验值比较,从而对玻璃态金属的微观结构加以理解.最初人们用于建造模型的容器是圆柱形玻璃量筒或球形玻璃烧瓶,后来逐步发展为使用气球等容易变形的容器或内壁压印成波纹状的柱形金属圆筒.对容器的要求是钢球在其中可以作无规堆积,如果器壁是平滑的,则硬球有规则排列的趋势.目前对于边界情况的考虑还是依靠经验,并在测量各球的球心坐标时,只取远离器壁的球以减少器壁的影响.为了使模型中硬球的堆积方式能较好地反映金属玻璃的微观结构,建造模型的硬球应有相当的数量.可以想象,要完成这样的分析,工作量是很大的.现在由于计算机的发展,这样的工作可以由计算机来完成.用计算机建立的模型不一定是一个模型实体,它可以只是大量的有关硬球的直径和位置的参数.实际的原子都是有一定的变形性的,因而随着模型法的发展,原子的变形性要加以考虑,从而发展起软球模型,这与实际情况更为接近.

参考书目和文献

1.〔法〕J. 扎齐斯基,主编;于福熹,侯立松,等译.玻璃与非晶态材料.材料科学与技术丛书(第9卷),R. W. 卡恩,P. 哈森,E. J. 克雷默,主编.北京:科学出版社,2001

2. Anthony R. West. Solid State Chemistry and Its Applications (Ch. 18). John Wiley and Sons Ltd.,1992

3. 西北轻工业学院,主编.玻璃工艺学.北京:中国轻工业出版社,1982

4. 郭贻诚,王震西.非晶态物理学.现代物理丛书.北京:科学出版社,1984

5. 干福熹.超长波长($2\sim5\ \mu m$)红外光纤通信.济南:山东科学技术出版社,1993

6. 史美伦.固体电解质.重庆:科学技术文献出版社重庆分社,1982

习　题

14.1　指出三种氧化物玻璃形成元素、三种有条件玻璃形成元素.

14.2　依据 Zachariasen 规则说明 B_2O_3 和 Al_2O_3 同为ⅢA族氧化物,为什么 B_2O_3 可以形成玻璃而 Al_2O_3 不能?

14.3　CaO 和 Al_2O_3 本身都不能形成玻璃,而由 CaO 和 Al_2O_3 组成的二元体系却可以生成玻璃,说明原因.(Rawson 准则)

14.4　试说明,为什么玻璃的实际转变温度 T_g 总是大于玻璃的极限转变温度 T_0?

14.5　由 X 射线衍射得到的玻璃径向分布函数与 EXAFS 得到的有何相同之处,有何不同之处?

14.6　我们描述玻璃的结构为:短程有序,长程无序.说明何谓短程有序,何谓长程有序?

14.7　举出一到两个支持玻璃结构微晶学说的实验事实.

14.8　什么是氧化硼的反常现象?为什么把氧化硼这一现象称为反常现象,而不把氧化硅的现象称为反常现象?

14.9　人们怎么知道硼玻璃中的结构单元是 B—O 六元环?

14.10　在玻璃中掺入什么样的离子可以使其产生各种颜色?

14.11　描述光致变色玻璃的变色机理.

14.12　本章涉及哪几类非氧化物玻璃?

14.13　什么是光纤材料,什么是光纤放大器材料?它们各自在光纤通信中的作用如何?

14.14　硫属化物玻璃在性质上有什么特点?

14.15　人们利用什么技术制备玻璃态金属?与普通金属相比,玻璃态金属性质上有什么特点?

第 15 章　分子筛与微孔材料

　　分子筛类材料具有独特的孔道结构和活性中心,在石油化学、精细化工过程、吸附、分离等领域发挥着非常重要的作用.有关分子筛结构的测定方法,卓有成效的"模板合成"及其结构与性能的关系,是材料化学关注的重要问题.

　　1756 年,瑞典矿物学家 A. F. Cronstedt(康斯坦德)在焙烧矿物辉沸石(stilbite,近期有说法认为矿物的主相是淡红沸石 stellerite)时,看到有气泡产生且颗粒舞动——类似于液体的沸腾现象,因此将其命名为"沸石",在希腊文中"zeo-"和"lithos"分别是"沸腾"和"石头"的意思,这也是英文"zeolite"——沸石名称的由来.自然界中存在多种天然的沸石,除上述提到的辉沸石外,还有方沸石(analcime)、钙霞石(cancrinite)、菱沸石(chabazite)、片沸石(heulandite)、八面沸石(faujasite)等,它们显示出一些独特的性质,如可逆吸附-脱附水、离子交换、选择性吸附有机分子,等等.天然沸石的生成对应于一定的地质条件——水热条件.尝试性的水热合成工作始于 1862 年.而真正意义上的沸石合成以 20 世纪 40 年代新西兰科学家 Barrer(巴伦尔)的工作为标志.Barrer 不仅开展了一系列的水热合成工作,并且通过对沸石吸附性能的研究,提出了按照沸石对不同尺寸分子的筛分能力而进行系统分类的方法.1930 年,Taylor(泰勒)和 Pauling(鲍林)利用 X 射线衍射技术开展天然沸石的结构测定工作,为进一步认识沸石的性质、结构及两者之间的关系奠定了基础.1932 年,McBain(麦克贝恩)提出"分子筛"(molecular sieve)这一名词,指具有在分子水平上筛分分子的多孔材料.分子筛的内涵更为广泛,它不仅包括沸石,也包括活性炭、无定形硅胶以及其他各种具有多孔性质的非晶或晶体材料.目前,"分子筛"依然沿用上述更宽泛的定义,而"沸石分子筛"则特指以四面体共顶点连接而形成三维骨架结构(简称"三维四联")的结晶型多孔物质.

分子筛孔道结构的表征涉及孔道与窗口的大小和形状、孔道的维数、孔道的走向、孔壁的组成与性质等,其中孔道的大小是多孔结构中最重要的特征.按照孔道尺寸的大小,将小于 2 nm 的孔称为微孔(micropore);尺寸介于 2~50 nm 的孔为介孔(mesopore);孔道尺寸大于 50 nm 的孔则属大孔(macropore).通常人们所说的分子筛(zeolite 或 molecular sieves)指的是孔径范围在 2 nm 以下、具有规则的微孔孔道结构的结晶化合物.

随着合成与结构研究工作的不断深入,具有特征孔道的分子筛种类也越来越丰富.近年来一些重要进展包括:(i)由四面体骨架连接形成特征孔道,但孔壁呈无序分布的分子筛,如 MCM-41、MCM-48,等等,这类材料的孔道大小一般在介孔范围;(ii)由其他类型的多面体按一定方式连接而形成的孔道结构,如四面体-八面体混合配位骨架、八面体骨架分子筛,等等;(iii)有机分子筛,是一类无机有机杂化材料,主要指由金属离子和有机多齿配体形成的具有微孔结构的配合物晶体.尽管如此,硅铝酸盐沸石分子筛以其悠久的历史、丰富的种类、良好的热稳定性和广泛的用途仍然占据着这一领域的主导地位.

15.1　二氧化硅与硅铝酸盐

氧和硅在地壳中的质量分数分别为 46.1% 和 28.2%,是含量最高的两种元素.含硅矿物的存在形式有硅石即各种形式的 SiO_2,典型的矿物有石英、方石英等,更多的则为硅酸盐或硅铝酸盐,如长石、云母等.硅酸盐成分复杂,除 O、Si、Al 三种常见元素之外,还含有 H、Li、Na、K、Be、Mg、Ca、Ti、Zr、Mn、Fe、Zn 等一种或多种元素,这些元素构成的硅酸盐种类繁多.如何对硅酸盐进行分类并阐述其结构化学原理,曾使化学家感到困惑.随着 X 射线衍射技术的发展及其在结构分析中的应用,人们得以精确测定许多硅酸盐矿物的晶体结构,从而理顺了硅酸盐的化学组成与结构间的关系.

15.1.1　结构化学基础

硅酸盐的基本结构单元是硅氧四面体.这种低配位的 Si^{4+} 电荷高,半径小,若采用共边或共面的连接方式,正离子之间将发生强烈的排斥作用而导致结构不稳定,所以硅氧四面体倾向于尽可能远离——分立存在或共顶点相连.每个硅氧四面体有 4 个顶点,被共用的顶点数 S 可以分别有 0、1、2、3、4 五种情形,从而形成分立、岛状、链状、层状及骨架结构.随着硅氧四面体共用顶点数目的增加,硅酸盐组成中的 O/Si 比降低,结构从零维向三维扩展.图 15.1 示出以不同方式连接的硅氧四面体.

S=0　硅氧四面体完全分立存在,即为"正硅酸根",O/Si = 4,见图 15.1(a).橄榄石 Mg_2SiO_4 是典型的正硅酸盐,见图 15.2.结构中,分立的 SiO_4 四面体与 MgO_6 八面体相互连接而形成三维骨架结构.

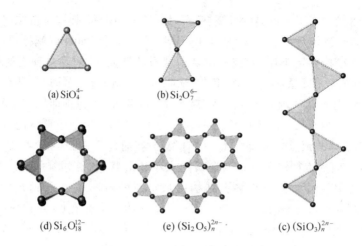

(a) SiO_4^{4-}　　　　(b) $Si_2O_7^{6-}$

(d) $Si_6O_{18}^{12-}$　　(e) $(Si_2O_5)_n^{2n-}$　　(c) $(SiO_3)_n^{2n-}$

图 15.1　硅氧四面体的不同连接方式

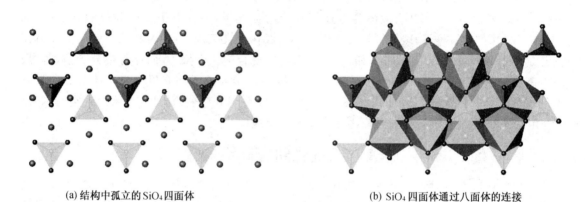

(a) 结构中孤立的 SiO_4 四面体　　　　(b) SiO_4 四面体通过八面体的连接

图 15.2　橄榄石 Mg_2SiO_4

$S=1$　形成焦硅酸根岛状基团,$O/Si=3.5$[图 15.1(b)],见于钙硅石 $Ca_3[Si_2O_7]$ 结构中.

$S=2$　可以形成环状岛型或一维单链结构,$O/Si=3$,分别见图 15.1(c) 和 15.1(d).在绿柱石($Be_3Al_2Si_6O_{18}$)结构中,存在 6 个 SiO_4 四面体连接而形成的环阴离子 $(Si_6O_{18})^{12-}$,见图 15.3(a);在正顽辉石 $Mg_2Si_2O_6$ 结构中,存在无限的一维链状偏硅酸根链 $(SiO_3)_n^{2n-}$,见图 15.3(b).

$S=3$　则形成二维层状结构,见图 15.1(e),$O/Si=2.5$,层的组成可以表示为 $(Si_2O_5)_n^{2n-}$.这种硅氧层广泛存在于各种黏土矿物中,但通常与由其他离子(如 Al^{3+})形成的八面体层混合出现.一层四面体与一层八面体连接形成的单元称为 1∶1 层;二层四面体与一层八面体连接形成的单元称为 2∶1 层;以此类推.图 15.4 和 15.5 分别示出滑石 $[Mg_3Si_4O_{10}(OH)_2]$ 和白云母 $[KAl_3Si_3O_{10}(OH)_2]$ 的结构.滑石结构中存在 2∶1 层,即两个四面体层间夹有一层水镁石 $Mg(OH)_2$ 八面体层,水镁石层结构中,两层氧原子按照密堆积方式排布,Mg^{2+} 占据氧形成的所有八面体空隙,氢与氧结合而平衡电荷.白云母的结构类型与滑石类似,区别在于八面体层为水铝矿 $Al(OH)_3$,水铝矿层中,Al^{3+} 有序占据 2/3 的八面体位置,同时四面体层中有 1/4 的 Si^{4+} 被 Al^{3+} 取代,导致层板带负电荷,需要在层间引入碱金属离子以保持电中性.

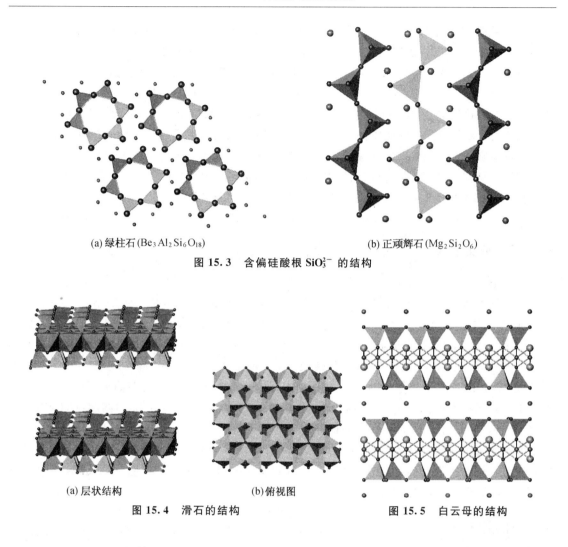

(a) 绿柱石(Be₃Al₂Si₆O₁₈)　　　　　　　　　(b) 正顽辉石(Mg₂Si₂O₆)

图 15.3　含偏硅酸根 SiO_3^{2-} 的结构

(a) 层状结构　　　(b)俯视图

图 15.4　滑石的结构　　　　　**图 15.5　白云母的结构**

$S=4$　SiO_4 四面体的 4 个顶点均被共用,形成三维骨架结构——这就是所谓的"三维四联"结构,其组成为 O/Si=2.各种形式的 SiO_2 均采用这样的连接方式.SiO_2 常见结构类型有石英(<1143 K)、鳞石英(1143~1743 K)和方石英(>1743 K),见图 15.6.

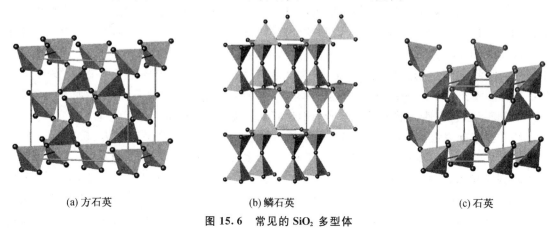

(a) 方石英　　　　　　(b) 鳞石英　　　　　　(c) 石英

图 15.6　常见的 SiO_2 多型体

方石英结构具有高度对称性,其中,Si 原子采取与金刚石中 C 原子完全相同的排布方式,而氧原子则插入到相邻接的 Si 原子中间.理想的方石英结构中,O 的二配位可以看成线性的,即 $\angle Si—O—Si = 180°$,可以认为氧原子位于相邻硅原子连线的中点,尽管这可能是一种统计平均结构.鳞石英为六方结构,如果将方石英的结构与立方 ZnS 类比,即将方石英结构中的四面体单元看作闪锌矿中交替的 Zn^{2+} 和 S^{2-},那么鳞石英的结构可以由六方 ZnS 来描述,其中硅氧四面体的排列可以等价为纤锌矿中的 Zn^{2+} 和 S^{2-} 的连接方式.石英具有旋光性,结构中 SiO_4 四面体沿六重螺旋轴方向依次连接,根据螺旋的方向不同,石英具有左旋或右旋的光学活性.

在同一结构中,硅氧四面体可以采取不同的共用顶点数目,如在硅酸盐双链结构中,被共用顶点数 S 分别为 2 和 3;在层状硅酸盐中,S 可以取 3 和 4,等等.硅酸盐结构中的 Si^{4+} 可以被其他阳离子,如 Al^{3+}、Ga^{3+}、Ti^{4+} 等部分取代.特别是铝对硅的取代非常普遍,从而形成硅铝酸盐.

15.1.2　成键特点

硅的电负性为 1.8,氧的电负性为 3.5,两者差值 $\Delta\chi = 1.7$,所以,Si—O 键的离子成分与共价成分基本相当,是典型的离子-共价混合键型.在离子键模型中,化合物的结构主要取决于其组成、离子电荷及正负离子的半径比.根据 Pauling 离子半径数据,Si^{4+} 半径 $r = 0.4$ Å,负离子 O^{2-} 半径 $r = 1.33$ Å,正负离子半径比 $r_+/r_- = 0.30$,介于四面体配位要求的半径比范围 $0.225 \sim 0.414$ 之间,因此,在硅酸盐中,硅处于 4 个氧形成的四面体空隙中.这也与已知的事实相符合.然而,随着离子键理论的发展,Shannon(谢农)等(1976)根据更多的离子化合物数据,推出了一套更有效的离子半径数据,其中,硅酸盐中 O^{2-} 半径 $r = 1.37$ Å,而四配位的 Si^{4+} 半径 $r = 0.26$ Å,二者之比为 0.19,低于四面体配位的低限值 0.225;另一方面,根据离子模型,负离子一般倾向于采取密堆积方式排列,正离子则填充在负离子堆积而产生的空隙之中,由此可以求算所得晶体的密度.然而,在硅酸盐中,晶体的实际密度远远低于理论预期.这两方面的偏离,都可以从 Si—O 键的共价性方面得到解释.

根据共价键理论,共价键具有方向性和饱和性.Si 原子核外价电子构型为 $3s^2 3p^2$,可以产生 4 个等价的 sp^3 杂化轨道,这 4 个轨道沿正四面体顶点方向伸展,分别与 4 个氧原子的 p 轨道重叠而形成 σ 键.这一模型可以很好地解释硅的四配位特点,并指出 $\angle O—Si—O$ 键角理论值为 $109°28'$.由共价键决定的骨架结构通常具有配位低、密度小的特点,可以很好地说明 SiO_2 及硅酸盐的低密度.进一步研究发现,若 Si—O 形成单键,键长应在 1.8 Å 左右,实际测得的键长在 1.62 Å 左右,远远低于预测的单键键长.共价键理论对此的解释是,硅的 3d 轨道可以和氧剩余的 2p 轨道发生重叠,形成 d-p π 键.对于典型的正硅酸根离子 SiO_4^{4-} 而言,处于四面体中心的硅原子的 $3d_{z^2}$ 轨道与处于顶点上的 4 个氧原子的 2p 轨道发生重叠,4 个 2p 轨道中的 8 个电子填入所形成的 π 轨道,形成一个 π_5^8 键.类似地,硅的 $3d_{x^2-y^2}$ 轨道与 4 个氧原子的另外 4 个 2p 轨道重叠形成又一个 π_5^8 键.3d-2p 的重叠使 Si—O 键具有一定的双键性质,也自然而然地说明了 Si—O 键键长的合理性.光谱数据及量子力学计算也证实 d 轨道确实参与了成键.

综合已准确测定的 SiO_2 和硅酸盐的结构数据,一些重要的键参数列入表 15.1.在 SiO_2 的多型体中,$\angle Si—O—Si$ 键角主要分布在 $135 \sim 160°$ 之间并在 $147°$ 有极大值,另外在接近或等于 $180°$ 处有相当大的分布.在硅酸盐中,受外来离子的影响,硅酸盐骨架有一定的可调变性,$\angle Si—O—Si$ 键角分布范围加大,可从 120 到 180°,最大分布值为 139°,另有两个较小的极值分别位于 157°和 180°.尽管许多结构数据给出键角 $\angle Si—O—Si = 180°$,但对线性 Si—O—Si 是否确实存在仍有争议.通常的看法是,其中的氧原子位置存在动态或静态的"无序"状况,而180°是其统计平均的结果.

表 15.1　SiO₂ 和硅酸盐的键参数

键参数	范　　围	平均值
Si—O 键键长	1.57～1.72 Å	1.62 Å
Si—O—Si 距离	—	3.06 Å
∠O—Si—O 键角	98°～122°	≈109°
∠Si—O—Si 键角	120°～180°	≈140°

在 SiO₂ 和硅酸盐结构中,还有一个非常重要的特点:Si⋯Si 距离的不变性,即相邻的非键硅原子相距约 3.06 Å.O'keeff(欧基夫)和 Hyde(海德)据此提出"非成键相互作用"的概念,即认为四面体连接的结构中的 Si—O—Si(或 T—O—T)角是由非键的 Si⋯Si(T⋯T)"接触"决定的.

15.2　沸石分子筛

15.2.1　定义与骨架类型

沸石分子筛指结构中存在分子大小数量级的微孔结晶化合物.要判定某一化合物是否属于沸石分子筛,应当结合结构和性能特征,从四方面来考查:(i) 三维四联网络(3-dimensionally 4-connected net):沸石的基本结构单元为四面体,表示为 TO₄,T 代表处于四面体中心的原子,如 Si、Al、P 等,四面体通过共顶点连接而形成三维结构,一般要求每个四面体都采用四连接的方式,即与周围的 4 个四面体共顶点相互连接;(ii) 分子尺寸的孔道或空穴:沸石属于微孔材料,其孔径范围为 2～20 Å,正好是在分子尺寸;(iii) 低骨架密度(low framework density):沸石的骨架密度每 nm³ 通常低于 20～21 个四面体(记为 20～21 T·nm⁻³);(iv) 吸附与交换性能:如果沸石孔道体系中存在水或阳离子,则水以吸附水的形式存在,阳离子可以进行交换.

随着沸石分子筛合成与结构测定工作的发展,20 世纪 70 年代,国际沸石分子筛协会(IZA)结构委员会开始对天然及合成沸石的结构进行分类和整理工作,按骨架中 TO₄ 四面体连接方式的拓扑学特点划分骨架类型,并赋予每种类型的骨架一个由 3 个粗体大写英文字母组成的编码,如 **LTA**、**FAU**、**MFI**、* **BEA**、**BEC**、**-CLO** 等等.编码字母通常从其对应的典型沸石材料的英文名称中抽取,编码前的星号(∗)表示所给出的骨架结构只是一种理想的多型体,编码前加短线(-)则表示相应骨架结构中的连接有中断.骨架类型是一种理想化的拓扑结构,用于表示和定义共顶点连接的四配位骨架 T 原子所形成的网络,与 T 原子的种类无关,也并不特指某一沸石.一种骨架类型可对相应一种、两种甚至多种沸石,如 X-、Y-沸石同为 **FAU** 骨架结构类型,具有 **MFI** 骨架类型的分子筛有 ZSM-5、硅石-1 和钛硅-1 等等.将这些骨架结构类型及其基本特征汇集在一起,1978 年出版了《沸石骨架类型图集》(*Atlas of Zeolite Framework Types*)第 1 版,之后分别在 1987、1992、1996、2001 和 2007 年出版了第 2 ～ 6 版,2007 年之后纸版未再更新,新结构、新骨架等信息在网络平台上发布.国际沸石结构委员会沸石结构数据(Database of Zeolite Structures)的网络版始建于 1996 年,借助于计算机技术和各种程序,网络版内容更为丰富翔实,结构的表达和显示也更加生动形象,可以实现即时更新,不断补充和完善.

沸石结构图集及网络数据中,所给出的理想晶胞参数是在相应骨架满足可能的最高对称性条件下,采用最小二乘法精修得到的,精修时取骨架的化学组成为 SiO_2,相应原子间距分别为:$d(Si—O)=1.61\,\mathring{A}$,$d(O—O)=2.629\,\mathring{A}$,$d(Si—Si)=3.07\,\mathring{A}$.与每种骨架类型相对应,给出一种真实的模型材料(type material),列出其组成、结晶学参数和骨架密度,并以此物质的结构数据为标准绘出沸石中孔道的走向和维度、计算其有效孔径的大小(氧原子半径取 $1.35\,\mathring{A}$).例如,给出与 **LTA** 骨架对应的模型材料为 $|Na_{12}^+(H_2O)_{27}|_8[Al_{12}Si_{12}O_{48}]_8$-**LTA**,结构为立方晶系,$Fm$-$3c$ 空间群,$a=24.61\,\mathring{A}$,骨架密度为 $12.9\,T\cdot nm^{-3}$,此沸石中存在沿〈100〉方向的三维八元环孔道,孔道有效孔径为 $4.1\,\mathring{A}\times4.1\,\mathring{A}$.至 2017 年 2 月,国际沸石分子筛协会认定的骨架结构类型已经达到了 232 种.新增的骨架类型主要源自人工合成沸石.

15.2.2　初级结构单元、次级结构单元(SBU)与周期性结构单元(PerBU 或 PBU)

TO₄ 四面体(如 SiO_4、AlO_4、PO_4 等)是构成沸石分子筛骨架的最基本结构单元,称为初级结构单元(primary building unit).沸石骨架结构的分类基础是 TO₄ 骨架的拓扑连接方式,它可以看成由有限或无限(如链状或层状)的结构组元构成,这些可以代表骨架基本连接特点的"有限结构组元",称为次级结构单元(secondary building unit,SBU),次级结构单元及其表示符号见图 15.7.

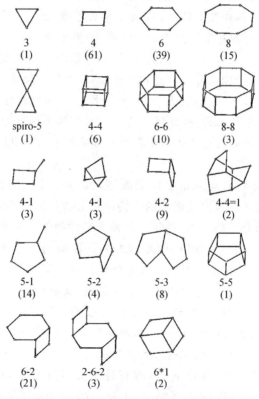

图 15.7　次级结构单元及其表示符号

(括号中的数字表示相应次级结构单元在沸石骨架中出现的频度)

次级结构单元的选取基于这样的原则:通常只由此一种 SBU 按一定的方式排布和连接便可形成无限的骨架.次级结构单元均是非手性的.同一种次级结构单元按照不同的方式连接,可以得到不同的骨架类型,例如,**HEU**、**STI**、**RRO** 三种不同骨架类型具有相同的次级结构单元 4-4=1;同一骨架结构中也可以划分出不同的次级结构单元,如 **LTA** 骨架中,有 4、8、4-2、6-2、4-4 五种次级结构单元,**FAU** 骨架中,有 4、6、6-2、6-6 四种次级结构单元,可以选用任意一种次级结构单元组成沸石骨架.某些情况下,次级结构单元也可以进行合理组合.

周期性结构单元(periodic building unit,PerBU,有时也简称 PBU)是沸石骨架结构的基本重复单位.通过三维空间的平移对称操作,可以由 PerBU 构筑出沸石的整个骨架.鉴于晶体结构的周期性,PerBU 的选择有一定人为性,可以给出多种方式,但通常选取与结构特征相关联的单位,如此可以快捷而准确地描述结构.PerBU 可以是某一种 SBU,也可以是多种 SBU 的组合,或者是某种反映结构特征的笼,等等.

15.2.3 沸石骨架中的笼、空穴与孔道

当沸石中的次级结构单元按一定方式连接,或者说周期性结构单元在三维空间排列而形成骨架结构时,可以自然产生一些特征的空间更为开放的笼(cage)、空穴(cavity)、孔道(channel).一些次级结构单元本身就是"笼",如 SBU 4-4 是立方笼,又称双四元环(D4R);SUB 6-6 称六方柱笼或双六元环(D6R);SBU 8-8 是八方柱笼.沸石中 TO_4 四面体共顶点连接而围成的封闭多边形称为环,根据连接参与成环的 T 原子的数目 n,该多边形被称为 n-元环,如四元环、六元环等.笼形结构是由各种环围成的多面体.可以根据围成"笼"的环的数目及几何特征来描述笼.例如,立方笼由 6 个四元环围成,表示符号为 4^6;六方柱笼有 6 个四元环和 2 个六元环,可表示为 $4^6 6^2$.β-笼,又称方钠石笼(sodalite cage),是一个十四面体,它可以看成"截角的八面体",由 6 个四元环和 8 个六元环围成,因此可用 $4^6 6^8$ 来描述.方钠石结构由 β-笼通过共用四元环相互连接而成,结构中所有特征的笼均为 β-笼,这也是 β-笼被称为方钠石笼的原因.从严格的意义上讲,方钠石不应属于沸石,但由于其结构的特殊性——特别是方钠石笼是构造多种重要沸石的基本单元,因此在沸石中占有一席之地.

空穴和笼没有本质的区别,根据 IZA 结构委员会的建议,如果形成笼的多边形中至少有一个较大的环(一般≥八元环),允许客体分子通过,则其可称为空穴,空穴可以理解为窗口较大、空间较大的笼.例如 **LTA** 型骨架中的 α-笼,符号 $4^{12} 6^8 8^6$,**FAU** 型骨架中的超笼,符号 $4^{18} 6^4 8^4$,都可以看作空穴.图 15.8 给出几种沸石中常见的笼和空穴.

从笼、空穴与孔道等微观结构的角度来考查,可以称为"沸石分子筛"的物质其结构至少满足以下两个条件之一:(i)至少在一维方向上存在八元环或者八元环以上的孔道;(ii)结构中存在可以容纳客体分子的空穴.

沸石中存在八、九、十、十二、十四、十八、二十元环.根据孔道环数的大小,又可以将分子筛的微孔分为小孔、中孔、大孔和超大孔.小孔分子筛,如骨架为 **LTA**、**GIS** 类型的沸石,它们的孔道窗口由 8 个 TO_4 四面体围成,直径约 4 Å;中孔沸石,如 **MFI** 骨架类型的 ZSM-5,孔道由 10 个 TO_4 四面体围成,孔径大约 5.5 Å;大孔沸石,如 X-沸石、Y-沸石、β-沸石,孔道由 12 个 TO_4 四面体围成,孔道直径约 7.4 Å;围成孔道窗口的 TO_4 四面体数目超过 12 的沸石,则被称为超大孔沸石,如-CLO 类型结构的沸石 cloverite 具有二十元环,孔道尺寸达 15.7 Å,目前,沸石的最大环数是三十元环,见于-ITV 类型结构的沸石 ITQ-37,因结构中三十元环呈现类似"双环"

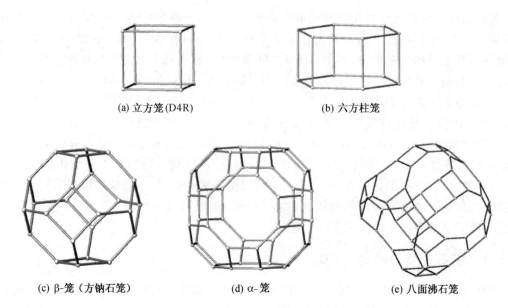

(a) 立方笼(D4R)　　　　　　　　　(b) 六方柱笼

(c) β-笼（方钠石笼）　　　　(d) α-笼　　　　(e) 八面沸石笼

图 15.8　沸石中几种常见的笼和空穴

的分布,孔道尺寸为 9.3 Å.

15.3　沸石分子筛的合成

　　模仿天然沸石生成的地质条件——水热条件,尝试性的水热合成工作始于 1862 年,法国人 Deville（帝威）宣称制备出插晶菱沸石（levynite）.真正意义上的沸石合成以 20 世纪 40 年代 Barrer 的工作为标志.受 McBain 关于固体吸附性能研究的影响,Barrer 开展了沸石吸附特性研究的工作,提出了按照沸石对不同尺寸分子的筛分能力而进行系统分类的方法.Barrer 认识到,为满足工业应用的要求,需要进行沸石的控制合成.模拟地质条件,Barrer 采用水热合成并将温度设定在 170～270 ℃之间,合成出自然界不存在的沸石 ZK-5,该沸石表现出与天然菱沸石类似的性质.1950 年,Milton(米尔顿)选择更温和的温度并采用高碱度条件合成出新结构的A、X 等低硅沸石(Si/Al=1～1.5).为提高沸石的稳定性,随后 Breck(布瑞克)等人陆续开发出超稳 Y-沸石(1954)、丝光沸石等中硅铝比(Si/Al＝2～5)的沸石.20 世纪 60 年代,美国 Mobil(美孚)公司将有机胺及季铵盐引入合成体系,得到了一批高硅(Si/Al＝10～100)沸石,由此提出了沸石分子筛合成中的"模板剂"概念.1967 年,Mobil 公司合成出 β-沸石;20 世纪 60 年代末至 70 年代得到"Pentasil"（五元环硅）家族,其中最重要的成员为 ZSM-5.这些沸石具有独特的结构、良好的性能以及重要的工业用途,由此又激发了新型沸石的探索.1982 年,Flanigen 制备出磷酸铝沸石,开启了骨架元素多样性的时代.

　　沸石分子筛属于热力学亚稳态,其合成在低温(25～200 ℃)下进行,最常见的条件为封闭的水热合成体系.水热合成通常是指在一定温度(100～200 ℃)和自生压强下,以水为溶剂反应物相互作用而进行的反应过程.水热条件下,水的物理性质发生变化,介电常数、黏度均减小,溶剂化能力增强,因而有效地改变了其中反应物的溶解度和反应活性,为亚稳态的多孔物质的形成提供了适宜的条件.沸石水热合成的机理较为复杂,反应原料、温度、时间、碱度和水量等等均产生影响,这些因素在合成中相互交错,协同作用,引导了沸石的形成.最引人关注的是"模板剂"（template）或称"结构导向剂"（structure directing agent，SDA）的作用.以下讨论其中三种代表性的因素:骨架组成、模板剂和矿化剂.

1. 骨架元素组成

以传统的硅铝酸盐沸石合成为例,可以选取硅溶胶、水玻璃、白炭黑等为硅源,选取偏铝酸钠、铝盐做铝源.在硅铝酸盐沸石中,三价 Al^{3+} 取代四面体中的硅离子 Si^{4+} 而使结构产生负电荷,从而需要引入 Na^+、Mg^{2+}、H^+、Ca^{2+} 等阳离子予以补偿.硅铝酸盐沸石组成通式可以写为

$$|M^{n+}_{x/n}(H_2O)_m|[Al_xSi_{1-x}O_2]$$

其中,$[Al_xSi_{1-x}O_2]^{x-}$ 代表骨架组成,x 是 Al 取代 Si 的量,M^{n+} 代表骨架外阳离子,n 是其电荷数,H_2O 为吸附水,数目 m 可变.

铝离子的引入使硅酸盐的结构骨架具有更大的可调变性.在骨架元素选取方面,其他原子如锗、镓、钛、磷、硼、锌等杂原子的引入,也大大增加了沸石骨架结构的复杂性和可调变性,近十多年来,新型沸石结构的形成多与锗酸盐体系密切相关.

2. 模板剂与有机模板剂

为补偿骨架负电荷而引入的骨架外正离子,如碱金属离子、季铵盐或质子化的有机胺等,在补偿电荷的同时,起到"模板作用"而"支撑"沸石微孔的形成,特别是季铵盐或质子化的有机胺,造孔效应更为显著——与无机阳离子相比,季铵盐或质子化有机胺体积大,通常带有 1 个或 2 个电荷,导致单位空间所带电荷要低于无机金属离子,具有有效的离子平衡和空间填充作用,可以稳定生成物的结构.骨架外阳离子特别是有机分子在分子筛合成中如何发挥"模板作用"? 这个问题一直是分子筛合成机理研究中的核心问题.

模板剂确实在分子筛及其前体形成过程中起到"诱导作用",但这种效应的表现却又非常微妙.模板作用是指有机物在沸石的生成过程中起着真正的结构模板作用,模板剂的大小和对称性与沸石骨架中的孔道、笼等正好匹配,导致某种特殊结构的生成;结构导向作用是指有机物容易诱导一些小的结构单元、笼或孔道的生成,从而影响整体骨架结构,这是有机季铵碱在沸石合成中最常见的作用.一方面,同一种模板剂可能诱导不同沸石的形成,另一方面,不同模板剂也可能导致同一沸石的产生.故其更通用的名称是"结构导向剂",SDA 与骨架的相互作用也可以看成是"Guest-Host"（主体-客体）协同作用.

适合作为模板剂的有机分子通常有以下特点：(i) 在水热条件下具有稳定的化学性质；(ii) 可以诱导特定笼的产生,并与笼的内表面产生较强的范德华作用；(iii) 不易与溶剂分子形成聚合物；(iv) 刚性的有机分子相对于柔性的有机分子更易形成空旷骨架；(v) 有机分子的碱性或极性越强,越易形成空旷骨架.

3. 矿化剂

矿化剂,顾名思义,就是反应过程中促使沸石形成的物种,其作用在于促使原料溶解,促进反应发生.在沸石分子筛合成中,通常选择碱金属的氢氧化物作为矿化剂,反应在碱性条件下进行,OH^- 可以促进含硅物种的溶解,促进其与铝酸根离子间的聚合成胶与胶溶速度.若引入氟离子,反应介质可调至近中性,利用 F^- 和硅及铝的配位作用,引导反应进行.在沸石合成中,F^- 处理作为矿化剂,常常也有类似"模板"的作用——可以诱导双四元环的形成.氟离子常位于双四元环中,可以稳定双四元环结构,以此双四元环为结构构筑单元,有利于新颖的空旷骨架结构的产生.

总之,在硅铝酸盐沸石的合成中,各种因素相互交错,协同作用.例如,以有机胺（铵）为模

板剂,相同体积内只需要在骨架中引入较少的 AlO_4 四面体来平衡模板剂的正电荷,从而提高了沸石骨架的硅铝比.铝或者其他低价离子曾经被看作合成沸石分子筛的必备条件,但随着高硅甚至纯硅分子筛的合成,这一限定早已被突破.借助双四元环中氟离子的引入,也可以引导骨架外阳离子的分布.当然,低价元素在沸石分子筛的合成中仍占有举足轻重的地位,特别是对于活性中心的形成有着不可替代的作用.三价 Al^{3+} 取代 Si^{4+} 而使结构产生负电荷,补偿电荷的平衡离子为 H^+ 时,即为质子酸中心,该中心具有良好酸催化活性,因此,在合成中引入适量的杂原子是实现沸石性能优化的重要方法.另外,需要指出的是,在硅铝酸盐骨架结构中,Al^{3+} 的分布遵循 Loewenstein(路维斯坦)回避规则:当骨架中引入 Al^{3+} 时,一般两个 Si—O—Al 基团比一个 Al—O—Al 基团和一个 Si—O—Si 基团的能量低,且 AlO_4 不能直接相连接,这一结构特点也决定了沸石分子筛骨架硅铝比 $Si/Al \geqslant 1$.

15.4　典型沸石的结构化学

15.4.1　LTA 骨架类型与 A 型沸石

最早合成的 A 沸石的骨架结构类型是 **LTA**,如图 15.9 所示.理想的 **LTA** 骨架属立方晶系,晶胞参数 $a=11.9$ Å,空间群为 $Pm\bar{3}m$.**LTA** 骨架的基本结构单元为 β-笼,利用 β-笼构建该骨架的方法如下:将 β-笼置于立方晶胞的顶点位置,彼此之间通过双四元环连接而形成三维结构.在此构建过程中,形成一个由 12 个四元环、8 个六元环及 6 个八元环围绕的空穴——α-笼,α-笼通过三维八元环孔道联通.

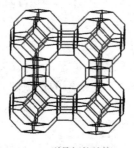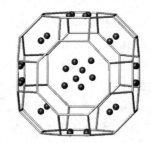

(a) LTA 型骨架的结构　　　　　(b) A 型沸石骨架外阳离子的分布

图 15.9　LTA 型骨架与 A 型沸石

实际的 A 型沸石晶胞是理想骨架的超格子,空间群为 $Fm\bar{3}c$,参数 $a'=2a=24.61$ Å,八元环通道的有效孔径为 4.1 Å × 4.1 Å.A 型沸石是一种富铝沸石,它的骨架组成为 $[Al_{12}Si_{12}O_{48}]^{12-}$,骨架外阳离子可以是 Na^+、K^+、Ca^{2+} 等.在脱去吸附水后,骨架外阳离子在 A 型沸石结构中的分布如图 15.9 (b) 所示,其中一种位于 α-笼中靠近六元环中心的位置,另一种则在八元环中作"无序"分布——受骨架上 3 个氧原子的作用,阳离子位置偏离八元环中心,通过对称操作,可以得到 4 个等效的阳离子位置.但是,每个八元环内只能容纳 1 个阳离子,因此每个位置的占有率只有 1/4,阳离子可以是"动态无序"——即在 4 个位置上跳跃,时间上的统计平均为各占 1/4;也可能是"静态无序"——即阳离子随机占据这 4 个位置中的某一个,占有率在空间上的统计平均仍然为 1/4.利用常规 X 射线衍射难以区分上述两种情况.(i) 当所有阳离子均为 Na^+ 时,有效孔道半径为 4 Å;(ii) 若 Na^+ 被半径较大的 K^+ 取代,有效孔道半径约为 3 Å;(iii) 若 Na^+ 被 Ca^{2+} 取代,每一个 Ca^{2+} 可取代 2 个 Na^+,孔道中的阳离子位置空出(占有率降低),有效孔径增大为 5 Å.这三类情形分别相应于 3A、4A 和 5A 分子筛.利用这一性质,可以调变 A 型沸石的孔径,用以吸附不同尺寸的分子,如以 Li^+ 交换而形成的 Li-A 沸石已经应用于 N_2 和 O_2 的分离;利用离子交换性质,A 型沸石可以结合水中的高价离子,如 Ca^{2+}、Mg^{2+}、Fe^{3+} 等,代替磷酸盐用作洗涤剂中的添加剂.

15.4.2　FAU 骨架类型与 X-、Y-及八面沸石·EMT 骨架结构

1. FAU 骨架类型

与 LTA 型骨架类似,FAU 骨架的结构单元也是 β-笼,只是 β-笼采取了不同的连接方式.FAU 骨架中,β-笼以金刚石型的扩展方式通过双六元环连接,即可以将 β-笼当作金刚石中的碳原子,以四联方式向三维空间伸展,如图 15.10(a)所示,连接形成 FAU 骨架结构,见图 15.10(c).

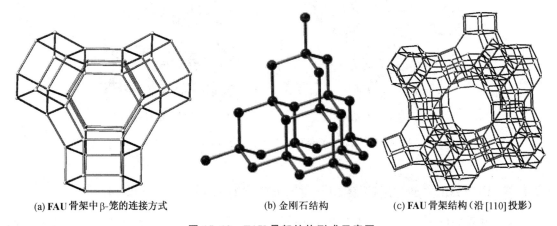

(a) FAU 骨架中 β-笼的连接方式　　　(b) 金刚石结构　　　(c) FAU 骨架结构(沿[110]投影)

图 15.10　FAU 骨架结构形成示意图

FAU 骨架结构中,β-笼彼此相连,又自然形成了"八面沸石"笼,见图 15.8(e).八面沸石笼由 18 个四元环(6 组三联四元环)、4 个六元环和 4 个十二元环围绕而成,空间相当空旷,又称超笼.理想的 FAU 骨架属立方晶系,空间群为 $Fd\bar{3}m$,晶胞参数 $a=24.85$ Å.矿物八面沸石具有 FAU 骨架结构,以组成为

$$|(Ca^{2+},Mg^{2+},Na_2^+)_{29}(H_2O)_{240}|[Al_{58}Si_{134}O_{384}]$$

的天然八面沸石($Fd\bar{3}m,a=24.74$ Å)为模型材料,可以看出,其结构中存在沿〈111〉方向的十二元环孔道,其有效孔径为 7.4 Å×7.4 Å,是一种三维的大孔分子筛.人工合成 X-沸石、Y-沸石也具有 FAU 骨架结构类型,骨架组成通式为 $[Al_nSi_{12-n}O_{48}]^{n-}$,硅铝比可以在一定范围内变化.二者的区别在于硅铝比不同.一般将硅铝比低于 2～3 的沸石称为 X 型,而高于此值的称 Y 型.随铝含量的降低,结构稳定性增加,晶胞参数变小,X-沸石的晶胞参数 $a=24.86\sim25.05$ Å,Y-沸石的晶胞参数 $a=24.6\sim24.85$ Å.作为流化催化裂化(fluid catalytic cracking,FCC)的主要催化剂,含稀土离子的 Y 型沸石(记为 REY)在石油化工过程中发挥着非常重要的作用.

2. EMT 骨架结构

与 **FAU** 存在关联,**EMT** 骨架结构单元也是 β-笼,且笼间通过双六元环连接.区别在于,**FAU** 骨架中,β-笼以金刚石型(立方)的方式连接成三维骨架,而在 **EMT** 骨架中,β-笼以六方金刚石型的方式相互连接,见图 15.11(a).图 15.11(b)中示出六方金刚石的连接方式,若将其中的 C 原子换成一个 β-笼,就得到 **EMT** 骨架.**EMT** 骨架理想单胞为六方,$a=17.2$ Å,$c=28.1$ Å,空间群为 $P6_3/mmc$.结构中,沿 [001] 及其垂直方向均存在十二元环孔道.沸石 EMC-2 采用这种骨架结构.不难理解,在 **EMT** 和 **FAU** 之间,可以存在一系列交替生长的中间体,如 CSZ-1、ECR-30、ZSM-20 及 ZSM-3 等.

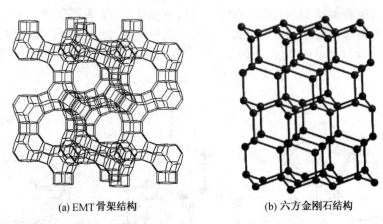

(a) EMT 骨架结构　　　　　　　　(b) 六方金刚石结构

图 15.11　EMT 骨架结构与六方金刚石结构的关系

15.4.3　Pentasil 家族:MFI 骨架与 ZSM-5·MEL 骨架与 ZSM-11

Pentasil 家族的突出特点是结构中 TO_4 四面体的五元环连接方式,这里主要讨论其中两种最重要且相互关联的骨架结构类型:**MFI** 与 **MEL**.

1. MFI 骨架

MFI 骨架的基本结构单元示于图15.12(a),它由 8 个五元环组成,记为 5^8.结构单元之间

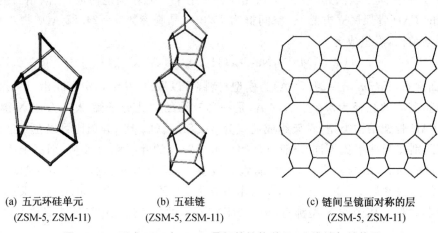

(a) 五元环硅单元　　　　　　(b) 五硅链　　　　　　(c) 链间呈镜面对称的层
(ZSM-5, ZSM-11)　　　　　(ZSM-5, ZSM-11)　　　　(ZSM-5, ZSM-11)

图 15.12　形成 MFI 与 MFL 骨架的结构单元、一维链与结构层

共边连接成平行于[001]方向的链,见图 15.12(b),相邻链间以镜面对称相关联,沿[010]方向排列,共顶点连接而形成 bc 层,并在层中自然形成十元环的孔,见图 15.12(c).层间以对称中心相关联,连接形成三维骨架结构.平行于[010]方向形成十元环直通道,并与层内的十元环通道相互贯通.理想的 **MFI** 型结构属正交晶系,空间群 $Pnma$,晶胞参数 $a=20.1\text{ Å}$,$b=19.7\text{ Å}$,$c=14.1\text{ Å}$.ZSM-5 沸石骨架结构为 **MFI** 型,ZSM-5 典型组成为

$$|\,Na_n^+(H_2O)_{16}\,|\,[Al_n Si_{96-n} O_{192}]\quad (n<27)$$

属高硅沸石,硅铝比可以在较大范围变化,单胞中铝原子数目最大为 27,晶胞参数 $a=20.07\text{ Å}$,$b=19.92\text{ Å}$,$c=14.42\text{ Å}$,骨架密度为 17.9 T·nm^{-3}.沿[010]方向直孔道的有效孔径为 5.3 Å×5.6 Å,沿[100]方向的十元环孔道呈弯折型,折角约为 $150°$,孔径为 5.5 Å×5.1 Å.具有 **MFI** 骨架类型的纯硅沸石即硅石-1(silicate-1).当钛原子取代部分硅原子位置时,则形成 TS-1 沸石.在 TS-1 及下面将要讨论的 TS-2 中,钛的可取代量以占所有 T 原子数的摩尔分数计,一般<5%.

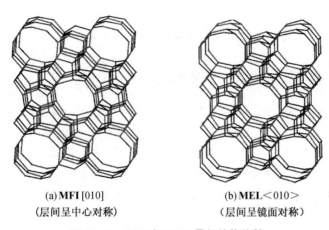

(a) **MFI** [010]　　　　　　　　(b) **MEL**<010>
(层间呈中心对称)　　　　　　(层间呈镜面对称)

图 15.13　MFI 与 MEL 骨架结构比较

2. MEL 骨架

　　构成 **MEL** 骨架结构的层与 **MFI** 的层完全相同,只是层的排列方式不同——相邻层间关系为镜面对称.由此而产生分别平行于 a 方向和 b 方向的十元环直孔道,且二者相互贯通.理想的 **MEL** 骨架结构属四方晶系,空间群 $I\bar{4}m2$,晶胞参数 $a=20.3\text{ Å}$,$c=13.5\text{ Å}$.具有 **MEL** 类型骨架的分子筛有 ZSM-11、硅石-2 及 TS-2.ZSM-11 的典型组成为

$$|\,Na_n^+(H_2O)_{16}\,|\,[Al_n Si_{96-n} O_{192}]\quad (n<16)$$

它的结构属四方晶系,空间群 $I\bar{4}m2$,晶胞参数 $a=20.12\text{ Å}$,$c=13.44\text{ Å}$,骨架密度为 17.6 T·nm^{-3}.沿<100>方向孔道有效孔径为 5.4 Å×5.3 Å.硅石-2 为纯硅分子筛,TS-2 中则有部分硅位置被钛原子取代.由于构成 **MEL** 与 **MFI** 两种骨架的层完全相同,合成过程中容易形成两者的混晶,也会产生交替生长的层错结构.图 15.14 示出从纯 **MFI** 至纯 **MEL** 及其交替生长结构的系列中间物的 X 射线衍射图.可以看出,两端纯物相的衍射峰数目多且峰形较锐,而交替生长的中间相有一些衍射峰较锐,也有一些衍射峰发生明显宽化,峰的数目减少,某些弱峰消失.这种现象在沸石分子筛中并不罕见,以下面将要讨论的 β-沸石最为典型.

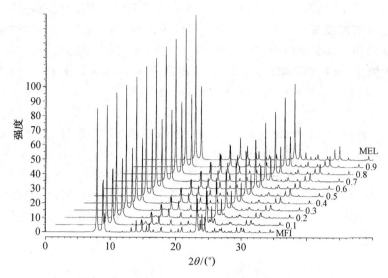

图 15. 14　MEI/MEL 系列样品粉末 X 射线衍射图

15. 4. 4　*BEA 与 β-沸石·BEC 骨架类型

　　β-沸石于 1967 年合成得到,其粉末 X 射线衍射图见图 15.15(a).此衍射图有如下特点:衍射峰数目少,背景高,衍射峰明显宽化,但仍有少数尖锐的衍射峰.因此,尽管从吸附数据来看,β-沸石具有类似于 Y-沸石的十二元环孔道,但结构测定工作难度很大.1988 年,英国科学家 Newsam(纽杉姆)等通过搭建结构模型并结合计算机模拟指出,β-沸石结构具有高度"缺陷",它是由结构不同却紧密关联的多型体(polytype)A 和 B 交替生长而成的层错结构,拟合得到的衍射图见图 15.15(b).可以看出,二者各占 50% 时拟合得到的图形和实际样品的衍射结果高度吻合.多型体 A 属四方晶系,晶胞参数 $a = 12.6$ Å,$c = 26.2$ Å,空间群为 $P4_122$ 或 $P4_322$,即多型体 A 存在一对对映体.多型体 B 属单斜晶系,空间群为 $C2/c$,晶胞参数 $a = 17.6$ Å,$b=17.8$ Å,$c=14.4$ Å,$\beta=114.5°$.

　　多型体 A 和 B 具有相同的结构单元 I 和结构单元 II,结构单元 I 由 2 个四元环、4 个五元环和 2 个六元环围成,记为 $4^25^46^2$,见图 15.16(a),结构单元 II 由 3 个四元环、2 个五元环和 1 个六元环围成,记为 $4^35^26^1$,它在结构中以双联形式出现.结构单元 I 之间共用五元环上的双边连接成平行于[001]方向的螺旋链,链间通过双结构单元 II 并与结构单元 I(用去一半)的四元环相接而连成片;与链间相互连接的方式类似,片间也通过双结构单元 II 与剩余的另一半结构单元 I 通过四元环连接,形成三维骨架结构.结构中,沿[100]与[010]方向的十二元环孔道相互交叉,并在[001]方向产生一个新的略微扭曲的十二元环孔道.

　　多型体 A 与多型体 B 之间的区别在于结构单元 I 共边相连成链时相互的位置关系存在差异.图 15.17(a)和(b)分别给出多型体 A 与 B 中结构单元 I 沿[001]方向链的走向及链间的连接关系.

　　分子筛骨架结构类型图集中所给出的是多型体 A 的结构.由于结构单元 I 以哪种方式连接没有明显的优先取向,因此合成得到的产物中,两种多型体总是以几乎相同的概率出现,可以形成交替生长的层错结构,也可以各自出现而产生复杂的混合晶体.目前尚未合成得到单一

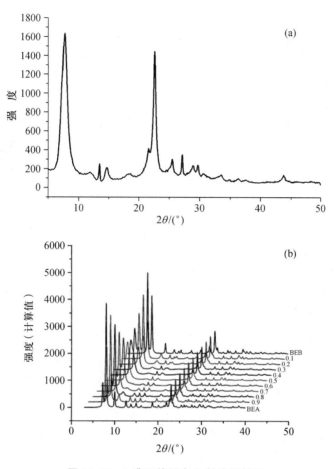

图 15.15　β-沸石的粉末 X 射线衍射图

（a）实际样品，（b）拟合结果（数字为 BEA 在结构所占比例）

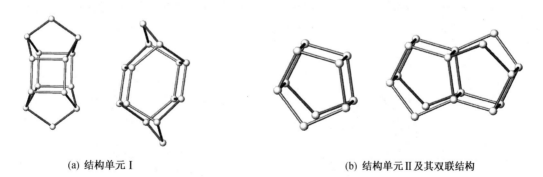

(a) 结构单元 I　　　　　　　　　　(b) 结构单元 II 及其双联结构

图 15.16　β-沸石的结构单元

的多型体，只是借助于高分辨电镜观察到多型体 A 的微晶.

值得一提的是，在解析 β-沸石结构时，Newsam 预测了一种与多型体 A 和 B 结构相关联的另一种多型体 C 的结构.多型体 A、B 和 C 结构中可以取出完全相同的 ab 层,层中可以划分

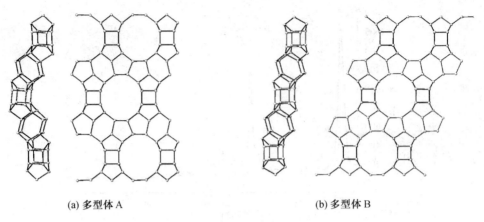

(a) 多型体 A　　　　　　　　　　　　(b) 多型体 B

图 15.17　β-沸石的两种结构原型

出周期性结构单元 T16,T16 由相互交织贯穿的 4 个六元环或 8 个五元环连接而成,这些周期性结构单元连接成所述结构层,见图 15.18(a),其中 T16 以框线标出.层间按镜面对称的关系沿 c 方向排列,得到图 15.18(b).若相邻层间以此镜面对称相联系,彼此直接共顶点连接则形成多型体 C 的骨架结构,这一连接方式在结构中形成"双四元环",见图 15.19.

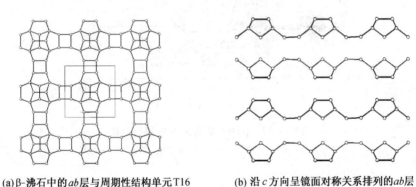

(a)β-沸石中的 ab 层与周期性结构单元 T16　　(b) 沿 c 方向呈镜面对称关系排列的 ab 层

图 15.18　多型体 A、B 和 C 中完全相同的 ab 层及其沿 c 方向的排列

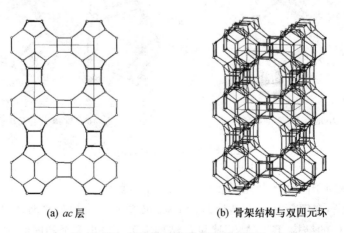

(a) ac 层　　　　　　　　　　(b) 骨架结构与双四元坏

图 15.19　多型体 C 的骨架结构(BEC)

若 15.18(b)中的层沿 a 或 b 方向滑移一定量,也可以共顶点连接成三维骨架.若层间滑移依次按$(-1/3a,-1/3b,1/3a,1/3b)$的变化关系而不断重复,则得到多型体 A,多型体 A 中不存在双四元环.$Si_8O_{20}^{8-}$ 双四元环张力较大,而 $Ge_8O_{20}^{8-}$ 则相对稳定一些,正是利用锗取代硅以稳定双四元环的原理,成功地合成了多型体 C 的纯相.多型体 C 的结构属四方晶系,$a=12.81\,\text{Å}$,$c=13.0\,\text{Å}$,空间群 $P4_2/mmc$.多型体 C 结构中存在三维十二元环的直孔道,骨架密度为 15 T·nm^{-3}.

多型体 C 结构的实现有重要意义,一方面,沸石结构中锗取代硅可以调整结构的柔变形,从而使沸石的结构类型更加丰富,另一方面则显示了理论预测对实验的重要指导作用.

15.5　非硅铝沸石分子筛

随着合成技术的发展,许多硅铝以外的其他元素也被引入沸石分子筛的骨架,得到了一大批具有结构新颖的无机微孔化合物,大大丰富了沸石分子筛的组成和结构化学.20 世纪 80 年代,美国 UCC(联合碳化物)公司开发出磷酸铝沸石分子筛系列——APO-n,磷酸铝分子筛的合成不仅丰富了沸石分子筛的骨架组成,也拓展了沸石分子筛的孔道大小.90 年代以来,含锗体系多孔材料的合成与结构引人关注.至今为止,沸石分子筛的人工合成从传统的硅铝酸盐发展到磷酸铝、其他金属磷酸盐、锗酸盐以及微孔氧化物等体系.

15.5.1　磷酸盐沸石分子筛

这一系列沸石分子筛家族中不仅包括具有大孔、中孔、小孔的磷酸铝 AlPO-n 分子筛,而且其他十几种元素 Ga、Li、Be、B、Mg、Ge、As、Ti、Mn、Fe、Co、Zn 等也可引入骨架中,所形成的具有开放骨架结构的微孔化合物分为 6 大类:AlPO-n、SAPO-n(S=Si)、MeAPO-n(Me=Fe,Mg,Mn,Zn,Co 等)、MeASPO-n(S=Si)、ElAPO-n(El=Ba,Ga,Ge,Li,As 等)与 ElASPO-n.

磷酸铝 AlPO-n 分子筛结构中的基本单元为 AlO_4 四面体和 PO_4 四面体,Al—O 平均键长为 1.75 Å,P—O 平均键长为 1.54 Å,二者的平均键长与 Si—O 平均键长(1.62 Å)相当.AlPO-5 是磷酸铝分子筛家族中最著名的一员,典型化学式为

$$|C_{12}H_{28}N^+OH^-(H_2O)_x|[Al_{12}P_{12}O_{48}]$$

AlPO-5 属六方晶系,空间群为 $P6cc$,晶胞参数 $a=13.73\,\text{Å}$,$c=8.48\,\text{Å}$,骨架密度为 17.3 T·nm^{-3}.在 AlPO-5 结构中,Al 与 P 的比是 1:1,磷氧四面体 PO_4 和铝氧四面体 AlO_4 在骨架上严格交替排列,整个骨架呈电中性,其骨架结构(**AFI** 类型)如图 15.20 所示.沿着 c 方向可以看到由四元环和六元环连接形成的层,这些呈皱褶状的层间以镜面对称关联在 c 方向上堆积,彼此相连接而形成 AlPO-5 的三维骨架结构.结构中 c 方向上存在着一维十二元环的直通道,孔道尺寸为 7.3 Å×7.3 Å,孔道的壁完全由六元环组成.

AlPO-5 中,PO_4 四面体显示出弱酸中心的性质.AlPO-5 骨架有适度的亲水性,对水的吸附很有特点,在 273 K,AlPO-5 的吸水等温线呈 V 字形,与其他的沸石或分子筛微孔材料大不相同.正是这一特性,AlPO-5 及相关结构化合物对甲烷、乙烷、乙烯、二氧化碳等小分子的吸附分离一直都是研究的热点.另外,通过取代的方法,可以合成出包括 Si、Co、Ni、V 等元素取代的同构化合物.

Cloverite 是一个含二十元孔道的沸石,最早得到的是磷酸镓盐,它的单胞组成为 $|(C_7H_{14}N^+)_{24}|_8[F_{24}Ga_{96}P_{96}O_{372}(OH)_{24}]_8$(式中 $C_7H_{13}N$ 为奎宁),结构属立方晶系,$a=26.333\,\text{Å}$,空间群 $Fm\bar{3}c$,骨架密度为 11.1 T·nm^{-3},是到目前为止已知沸石结构中,骨架密

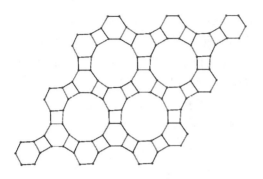

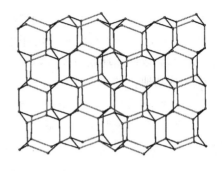

(a) AFI 骨架结构沿 [001] 投影　　　　　　　(b) ab 面沿 c 方向的连接

图 15.20　AlPO-n 的骨架结构

度最低的一个.Cloverite 骨架的拓扑结构可以这样描述：将 8 个 α-笼(ita)置于立方体的顶点,沿着立方体的边,2 个 α-笼之间通过 2 个 clo(t-rpa)笼连接起来,见图 15.21(a).主孔道是由 PO_4 和 GaO_4 通过共用顶点连接而成的二十元环.二十元环上匀称地分布着 4 个带有 OH 端基的 GaO_4 四面体.孔道的形状如图 15.21(b)所示,有效孔径为6.3 Å×6.3 Å×6.3 Å.

　　与通常的分子筛不同,Cloverite 的结构不是一个完整的四联结构.这种骨架类型的编码为 **-CLO**.值得一提的是,其磷酸铝、硅锗酸盐同构体也已得到.

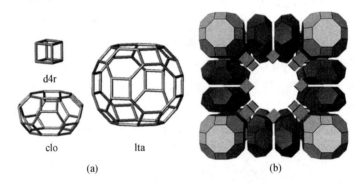

d4r

clo

lta

(a)　　　　　　　　　　(b)

图 15.21　Cloverite 结构示意

（a）组成 CLO 骨架的基本结构单元，（b）CLO 骨架的多面体表示

15.5.2　锗酸盐沸石与 ASV 骨架类型

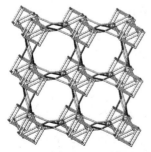

图 15.22　ASV 骨架结构

硅和锗同属ⅣA 族,二者的物理化学性质相似.与 SiO_2 类似,GeO_2 也可形成石英及方石英型结构,GeO_2 的常见结构为金红石型,SiO_2 在高压下也可以形成这一结构,因此,许多锗酸盐可以看作高压硅酸盐的同构体,在研究下地壳与上地幔的矿物结构时,锗酸盐体系常用来模拟硅酸盐在高压下的物相变化情况.然而,二者之间也存在显著的差异,例如,四配位的 Ge—O 键长通常介于 1.70～1.75 Å 之间,比四配位的 Si—O 键(约 1.60～1.63 Å)长,与之相对应,Ge—O—Ge 键角约为 120°～130°,小于 Si—O—Si 键角(约 140°～150°).因此,分子筛中锗取代硅会增加结构的柔变形,从而大大丰富分子筛的结构类型.在多

种已知的分子筛骨架中,锗可以完全取代硅而形成同晶物,如 **ABW**、**ANA**、**AST**、**GIS**、**SOD**、**RHO** 等;也可以部分取代硅形成固溶体,如 **MFI**、**ISV** 和 **BEC**.由纯锗形成的新型分子筛骨架类型有 **ASV**.

　　ASV 骨架结构见图 15.22,其中最突出的结构单元是双四元环,双四元环彼此独立,通过另外的 GeO_4 四面体连接而形成三维结构.对应于 **ASV** 的模型材料为沸石 ASU-7,组成为 $|(C_2H_7N)_2(H_2O)_2|[Ge_2O_4]$(式中 C_2H_7N 为二甲基胺).ASU-7 属四方晶系,$a = 8.780$ Å, $c = 14.470$ Å,空间群 $P4/mcc$,骨架密度为 17.9 T·nm^{-3}.结构中形成沿[001]方向的高度扭曲的十二元环孔道,孔道的有效孔径为 4.1 Å×4.1 Å.

　　近 20 年来,含锗沸石的合成发展迅速,新增的沸石骨架多为含锗的体系.新型硅锗沸石结构中,具有代表性的工作有:西班牙 Corma(柯玛)研究组合成的硅锗沸石 ITQ-n 系列,如 ITQ-15(UTL)、ITQ-22(IWW)、ITQ-24(IWR)、ITQ-26(IWS)、ITQ-34(ITR)、ITQ-37 (ITV)、ITQ-44(IRR)等;法国 Paillaud(派劳得)研究组合成的硅锗沸石 IM-12(UTL)、IM-16(UOS)、IM-20(UWY)及锗酸盐沸石 IM-10(UOZ);瑞典邹晓冬研究组合成的硅锗沸石 SU-15(SOF)、SU-32(STW)和锗硼沸石 SU-16(SOS)等;美国 Stucky(斯塔基)研究组合成的锗镓沸石 UCSB-7(BSV)、UCSB-9(SBN)和 UCSB-15(BOF)等;中国吉林大学于吉红研究组合成的锗镓沸石 GaGeO-CJ63(JST)以及北京大学林建华研究组合成的锗铝沸石 PKU-9 (PUN)等.

15.6　混合配位分子筛

　　在无机固体化合物中,除了四配位外,也可以有三配位、五配位、六配位及更高配位的多面体.由四配位以外的多面体连接形成的微孔物质不属于沸石分子筛的范畴,但如果其中的微孔大小在分子量级,也可以笼统称之为分子筛.这些多面体以八面体最常见.八面体具有良好的对称性,可以共顶点也可以共边连接,还可以形成一些团簇.它还可以与四面体相互配合形成微孔结构.

　　毒砷铁矿$[Fe_4As_3(OH)_4O_{12}·5H_2O]$的结构就是一个典型的例子.此化合物中,4 个 FeO_6 八面体共边连接成一个$[Fe_4O_{16}]$基团,见图 15.23(a),这种基团通过共用顶点与 AsO_4 四面体互相连接起来,形成 3 个方向上都具有八元环孔道的微孔化合物,如图 15.23(b)所示,其有效孔径为 3.5 Å×3.5 Å.

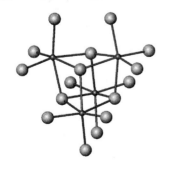

(a) $[Fe_4O_{16}]^{20-}$ 基团

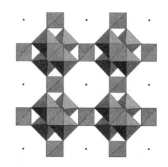

(b) 八面体簇与四面体的连接

图 15.23　毒砷铁矿结构

多种碱金属锗酸盐均采取这种结构.其典型的组成为 $M_4Ge_7O_{16} \cdot nH_2O(M=Na,K,Rb,$ $Cs,NH_4)$.M^+ 可以是一种、两种或多种离子,也可以部分被 H^+ 取代,如 $K_3HGe_7O_{16}$.其中的锗原子按 4:3 分为两组,4 个为六配位,3 个为四配位.4 个八面体 GeO_6 形成类似于毒砷铁矿中 $[Fe_4O_{16}]^{20-}$ 的 $[Ge_4O_{16}]^{16-}$ 基团,$[Ge_4O_{16}]^{16-}$ 基团通过 GeO_4 连接起来.

锗常见的配位方式有四、五、六配位,在含锗体系的合成工作中,也得到了许多由各种配位多面体连接而形成的微孔材料,目前围绕锗酸盐体系的研究工作非常活跃.

15.7　八面体骨架分子筛

15.7.1　OMS-1 和 OMS-2

传统的沸石分子筛以四面体单元为结构特征,其他具有新颖结构的微孔材料主要是由四面体、八面体及其他配位多面体混合构成骨架,仅仅由八面体作为结构单元形成骨架结构的微孔材料并不常见.在深海锰核矿物中,发现了由锰氧八面体骨架构成的孔道结构,相应矿物有 todorokite、hollandite、romanechite 等等结构示于图 15.24 中.

三种结构有一些共同特点:锰氧八面体共边连接形成立方最密堆积的 NaCl 层(111),互相垂直的八面体层之间共用顶点连接(即金红石型的连接)而形成一维孔道.孔道大小与构成孔壁的 NaCl 层的伸展度有关,todorokite 结构中,每一面的孔壁宽度均为 3 个八面体,记为 3×3,有效孔径为 $6.9\,\text{Å}\times6.9\,\text{Å}$;hollandite 结构中,每一面的孔壁宽度均为 2 个八面体,记为 2×2,有效孔径为 $4.6\,\text{Å}\times4.6\,\text{Å}$;在 romanechite 结构中,孔壁宽分别为 2 个和 3 个八面体,记为 2×3.水热模拟合成已经分别得到类似于 todorokite 及 hollandite 的物相,记为 OMS-1 和 OMS-2.

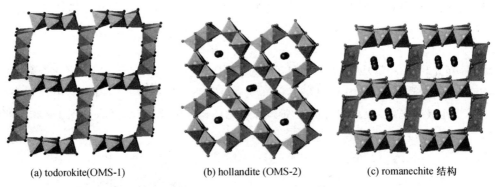

(a) todorokite(OMS-1)　　　　(b) hollandite (OMS-2)　　　　(c) romanechite 结构

图 15.24　锰氧八面体孔道结构

八面体分子筛提供了使只能以六配位方式存在的金属离子进入微孔材料骨架的途径,这些离子常常是过渡金属元素,可以有未成对电子、可变价态等等,因此相应的材料可能显示出独特的离子交换、催化、可逆氧化还原及光电磁等性质.例如,将醇氧化成醛酮的反应在工业中有非常重要的意义,OMS-2 对此反应表现出良好的活性和选择性,反应目标产物的产率以及纯度都比较高.

15.7.2　新型硼铝酸盐分子筛 PKU-*n* 系列

近几年来,一种新的合成方法——硼酸热法应用于无机固体化合物的合成过程,得到了多种新型的硼酸盐.特别是在铝硼酸盐体系中,得到了一系列以八面体为结构骨架特征的微孔化合物系列,编号分别为 PKU-1、PKU-2、PKU-5 等.利用多晶 X 射线衍射分析结合电子衍射、高分辨电镜等方法解出了此类化合物的结构,研究发现,这类化合物结构的形成和演变有一定的规律.图 15.25(a)、(b)、(c) 分别示出 PKU-1、PKU-2、PKU-5 的结构特征.

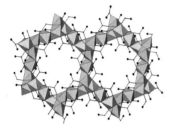 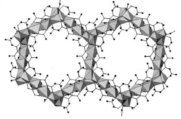 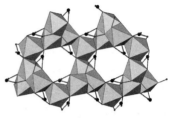

(a) PKU-1 结构中的十八元环孔道　(b) PKU-2 结构中的二十四元环孔道　(c) PKU-5 结构中顺式连接的八面体

图 15.25　铝硼酸盐八面体微孔

上述结构中的八面体均采用共边的方式连接,且存在两种不同的八面体连接方式:顺式-(*cis*-)和反式-(*trans*-),见图 15.26.顺式连接的八面体可以形成一个三角形的节点,通过这种方式使八面体的连接扩展而形成二维平面或三维骨架结构;反式连接中,八面体相对的两条边共 4 个顶点被共用,这种连接方式在构建结构时可以作为"桥梁"而扩展骨架中的孔道大小,由于有 2 个相对的顶点剩余,电荷不平衡加剧,因此孔道的扩大往往也伴随着结构稳定性的降低,需要引入适当的基团以平衡电荷.将这两种方式合理搭配进行连接,可以搭建出一系列不同孔径的微孔八面体骨架.

PKU-5 可以看作是这个系列中最基本的三维结构.在 PKU-5 的骨架结构中,所有的八面体均采取顺式方式相连接且每一个铝氧八面体都与另外 3 个铝氧八面体相接,即每一个八面体都是"节点".所得骨架具有立方对称性,结构中产生皱褶型的十元环通道.PKU-1 的骨架结构可以由此衍生,以顺式相连接的八面体链保持三重轴的对称性,链间插入以反式相接的八面

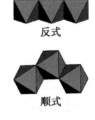

反式

顺式

三角节点

图 15.26　八面体的连接方式

体,从而形成沿(001) 方向的十八元环孔道;PKU-2 骨架为二十四元环通道,它在结构的搭建上与 PKU-1 密切相关——可以看作 PKU-1 结构的延伸,即在 PKU-1 的十八元环孔道六边形的每条边上再插入一个以反式方式连接的八面体.从这一结构原理出发,可以搭建更多的由八面体骨架构成的微孔化合物.

已知 PKU-5、PKU-1、PKU-2 的化学式分别为 $Al_4B_6O_{15}$、$HAl_3B_6O_{12}(OH)_4$ 和 $Al_2B_5O_9(OH)_3$,硼的存在起到平衡骨架负电荷以稳定骨架的作用.如前所述,PKU-5 的结构采取了一种最优化的八面体连接方式,如此连接得到的骨架负电荷最低,其无限骨架组成可记为 $[AlO_3]_n^{3n-}$,骨架仍表现出较强的负电性,需要补偿.在这些结构中,硼均采取三配位方式与铝氧八面体共顶点相连接,且硼氧基团与骨架的铝氧基团均形成三元环,连接方式也有两种:(a) 2Al+B 三元环;(b) Al+2B 三元环,如图 15.27 所示.

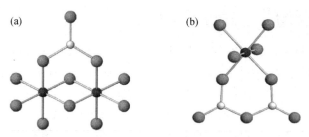

图 15.27　PKU-n 中的硼铝三元环

对于 $[BO_3]$ 基团,其有效平衡电荷为 $[BO]^+$,对于 $[B_2O_5]$ 基团,当其端基氧原子均与铝氧八面体共享时,有效平衡电荷可达 $[B_2O]^{4+}$.若骨架中存在反式连接的八面体,由于存在 2 个"自由"端基氧,骨架负电性增强,故随着反式连接的铝的数目增加,骨架孔道加大,相应所需的硼的含量也呈升高趋势,PKU-5、PKU-1、PKU-2 的组成变化恰好与此相符.结构中的端基氧原子也可以结合质子,既平衡电荷,也可能产生"酸性".综上所述,根据八面体连接方式和电荷补偿的规律,采用硼酸熔剂热及其改进方法,有可能得到更多的以八面体连接的微孔材料.系统地研究这一类化合物的合成、结构与性能,有可能得到一类有应用前景的新材料.八面体分子筛的设计和合成对分子筛的发展,以及进一步阐释分子筛的内涵和扩展分子筛的研究领域都具有重要的价值.

15.8　沸石分子筛应用简述

沸石分子筛有如此迅速的发展,得益于其已有的或潜在的工业应用价值.1949—1954 年间,Milton(米尔顿)和 Breck(布瑞克)将 Linda(林达)A、X 和 Y 沸石用于制冷剂和天然气的干燥过程,1959 年,UCC 推出以沸石分子筛为基础的分离异构烷烃的工艺,并将 Y 沸石用于异构化过程.革命性的变革发生在 20 世纪 60 年代,1963 年,Mobil(美孚)公司首先将 X 沸石用于石油加工的重要过程——流化催化裂化(fluid catalytic cracking,FCC)过程,大大提高了汽油的产率和质量;1969 年,美国 Grace(格雷斯)公司利用水蒸气处理得到了超稳 Y 沸石.至今,Y 沸石仍是 FCC 过程催化剂的最有效的组分.

基于沸石分子筛的结构特征,其主要用途为:

(1) 吸附与分离,例如用作干燥剂、分离剂、洗涤剂添加剂等.这方面的应用主要利用沸石分子筛的孔道结构特征实现对不同大小分子或离子的选择性吸附.

(2) 催化剂:除了催化裂化过程,沸石也广泛应用于加氢裂化、烯烃和烷烃的异构化及芳香烃的烷基化反应等过程.ZSM-5 作为助剂添加到 FCC 过程可以提高汽油的辛烷值.它既利用了分子筛的特征孔道结构,又有赖于分子筛中特征的活性中心.沸石的有效孔径最小为 2.6 Å,最大为 7.4 Å.沸石分子筛孔道的形状和大小限制了可以进入其中的分子大小和形状,也限制了生成物分子的大小和形状,从而可以选择性地催化某一反应并使其定向进行,因此,沸石分子筛催化又称为"择型催化".

沸石中铝对硅的取代导致沸石骨架电荷不平衡,需要正离子进行补偿,若正离子为质子,则形成所谓的质子酸(Brønsted 酸,简称 B 酸)中心.当在高温(>800 K)下加热时,B 酸失去水分子而转变成 Lewis(路易斯)酸中心,简称 L 酸.B 酸和 L 酸可以催化不同的反应.由于沸石的Si/Al 比可以在一定范围内改变,通过调节骨架 Al 的含量而控制沸石中活性中心的浓度,而且随骨架铝含量的不同,不仅活性中心的数量发生变化,活性中心的酸强度也会发生变化,从而满足不同反应对活性中心的要求.

沸石的择型催化要求反应物可以扩散到沸石孔道内的活性位置,受活性中心的有效作用而转化为产物,产物分子则应很快从孔道中扩散出来.因此,有三种不同的情形可以影响反应的选择性.如果沸石孔道的几何条件仅适合某些反应物分子进入,为反应物的选择性;如果受限制的是产物分子,只有可以快速从孔道中逸出的产物可以不断生成,这是产物选择性;如果活性中心只能满足某一反应的需要,或者其空间构型只允许某一类型的中间物形成,则为过渡态选择性.实际应用中,常常是几种因素同时起作用.以下是两个具体的催化应用实例.

【例1】邻二甲苯的异构化

邻二甲苯可以发生歧化反应(1),也可以发生异构化反应(2):

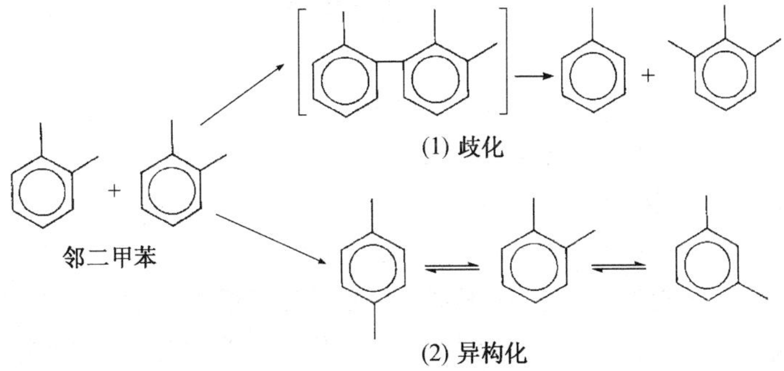

ZSM-5 的十元环孔道对反应(1)中联芳基中间物的形成不利,限制了反应(1)的发生,以 ZSM-5 作催化剂,邻二甲苯可以选择性地进行异构化,且异构化产物以对二甲苯产率最高.

【例2】苯的烷基化反应

这类反应通常经历正碳离子过程,需要质子酸(H^+)催化剂.异丙苯是非常重要的工业原料,以丙烯和苯为原料制取异丙苯过程的主要反应如下:

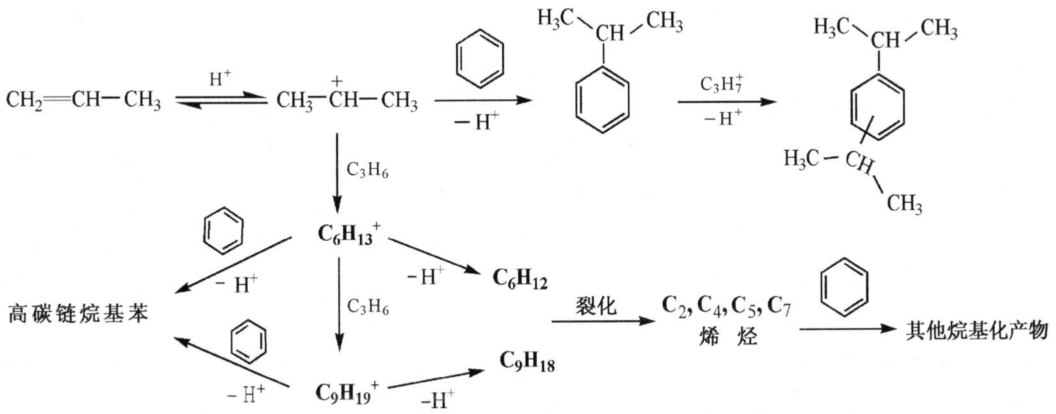

传统上采用 H_2SO_4、H_3PO_4 等无机酸作催化剂.利用沸石的质子酸中心性质,以沸石取代无机酸,不仅使反应更绿色友好,也可以有效控制反应的活性和选择性.Hβ-沸石已经用于上述反应的工业生产过程,它使得反应速率大大加快,产物中异丙苯的选择性高达 90% 以上.

另外,利用各种方法对已知沸石结构和活性中心进行修饰和改进也是沸石应用研究的一个重要的方向,如进行离子交换而调变分子筛的酸中心分布,利用盐类、氧化物调变孔道尺寸大小及酸中心强度等.一些过渡金属离子交换的沸石,可以发挥氧化还原的催化作用,例如 CuZSM-5 可以催化分解氮氧化物 NO_x,使其转化为 N_2 和 O_2.

15.9　新型沸石与多孔材料合成及结构分析

沸石分子筛研究中最具挑战性的工作之一是新型沸石的合成.调整骨架元素的组成,设计和合成新型的模板剂(结构诱导剂),构建由多面体簇(cluster)连接的微孔化合物,研究分子筛形成过程中的物理化学作用机理,揭示模板剂的作用模式等都是实现上述目的的重要途径.以下以我们的研究工作为代表,从不同角度讨论沸石、准沸石及大孔材料的合成与构筑途径.

15.9.1　拓扑缩合:由层状硅酸盐出发制备新型沸石

由层状硅酸盐经拓扑缩合形成沸石骨架的方法近年来引起了广泛的关注.水热合成中,常常可以得到层状硅酸盐.**MWW** 和 **FER** 是最先由层状硅酸盐 MCM-22(P)和 Pre-FER 经过高温煅烧得到的沸石骨架结构.**CAS**、**CDO**、**NSI**、**RRO**、**RWR**、**SOD** 等骨架类型的沸石可通过层状前驱体缩合得到.其中,**CDO**、**NSI**、**RRO** 和 **RWR** 四种骨架的沸石尚未由水热法直接合成出来,只能通过层状前驱体拓扑缩合的方法制备.

层状硅酸盐的层板由 SiO_4 四面体连接形成,层板表面存在大量的端羟基,如 $SiO_3(OH)$ 四面体.相邻层板之间通常嵌入有机模板剂和水分子,层板之间通过端羟基的氢键作用、有机模板剂和层板间的静电相互作用等结合而形成三维结构.当将层状硅酸盐前驱体在 $500\sim600$ ℃下煅烧,层板结构不变,即层内的 Si—O 键不发生断裂或重排,而层板之间有机分子去除并发生脱水缩合形成三维结构.

并非所有的层状硅酸盐都可以缩合为沸石骨架,有效缩合转化对层状结构有要求,一般需要满足以下几个条件:(i)前驱体层堆积形成规则有序的结构,若层间存在有机阳离子,大小应该合适;(ii)相邻层间距适宜且层间或层与有机模板剂间存在强氢键作用,特别是当层板的羟基相对排列直接由氢键连接,有利于发生缩合;(iii)层内相邻端羟基间距离须大于 4.0 Å,以避免层内缩合.

层状硅酸盐 RUB-39 变为三维沸石 RUB-41 是一个有代表性的例子.以二甲基二丙基铵离子为模板剂,活性 SiO_2 在 $150\sim175$ ℃ 的水热条件下反应生成层状硅酸盐 RUB-39,RUB-39 经灼烧处理得到 RUB-41. 粉末 X 射线衍射数据指标化结果给出,RUB-39 和 RUB-41 均属单斜晶系,$P2/c$ 空间群,晶胞参数分别为 $a=7.3264$ Å,$b=10.719$ Å,$c=17.5055$ Å,$\beta=115.673°$和 $a=7.3413$ Å,$b=8.7218$ Å,$c=17.1668$ Å,$\beta=114.155°$.比较两套参数可以发现,二者的显著区别是参数 b,相差约 2.0 Å,暗示 RUB-39 层间以氢键连接,受热发生脱水缩合而变成骨架结构;而参数 a、c、β 基本不变,表示缩合过程中层板结构不变.

根据沸石的结构特点,对照沸石骨架图谱,发现 RUB-41 与已知沸石——片沸石的骨架拓扑 HEU 的晶胞参数(单斜晶系,$C2/m$ 空间群,$a=17.767$ Å,$b=17.958$ Å,$c=7.431$ Å,$\beta=115.93°$)密切相关:层板参数相同(a 和 c 交换),b 参数 RUB-41 是 **HEU** 的一半.由此推断,二者可能具有相同的层结构.**HEU** 层由 $4-4=1$ 基本结构单元连接形成,如图 15.28(a)所示.进一步比较,发现在 **HEU** 骨架中,相邻层间以镜面关联,按照…ABAB…的模式堆积,而在 RUB-41 结构中,相邻层以对称中心关联,按照…AAAA…的方式堆积——这也正好说明了 b 参数的关系.从晶体化学原理出发,搭建出晶体结构模型,推出 5 个独立的 Si 原子位置并根据 SiO_4

四面体的连接特点导出 10 个独立的氧原子位置.通过 Rietveld 方法精修并确认了结构,见图 15.28(b);进一步,通过结构重组由粉末 X 射线衍射数据解析出 RUB-39 的结构.基于此,对层状硅酸盐 RUB-39 向沸石 RUB-41 转换的过程给出了一个完整、清晰的解释,见图 15.28(c). RUB-39 结构中,有机模板剂在层间排列完全有序.RUB-39 经煅烧处理,相邻两层的端羟基脱水缩合,在层间形成二维 10×8 元环孔道,转变为 RUB-41.沿[100]方向的十元环有效孔径为 4.0 Å×6.5 Å,沿[001]方向的八元环有效孔径为 2.7 Å×5.0 Å.

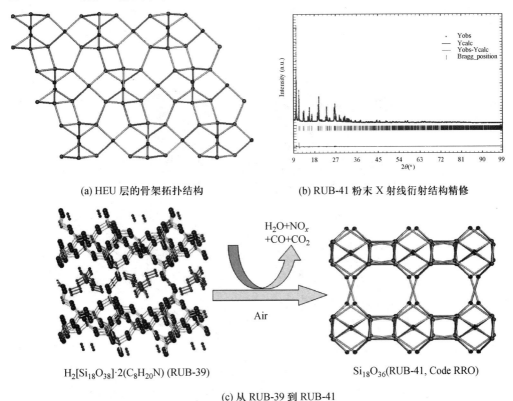

(a) HEU 层的骨架拓扑结构

(b) RUB-41 粉末 X 射线衍射结构精修

$H_2[Si_{18}O_{38}]\cdot 2(C_8H_{20}N)$ (RUB-39)

H_2O+NO_x
$+CO+CO_2$

Air

$Si_{18}O_{36}$(RUB-41, Code RRO)

(c) 从 RUB-39 到 RUB-41

图 15.28 层状硅酸盐 RUB-39 向三维结构的新沸石 RUB-41 的转化

RUB-41 既是一种新沸石,也具有新的骨架拓扑类型,被国际沸石协会结构专业委员会认可并给出骨架编码 **RRO**.基于其微孔结构特点,RUB-41 具有良好的分离性能,已被巴斯夫公司应用于小分子异构体,如正丁烷和异丁烷,1-丁二烯和反-2-丁烯等体系的分离.

15.9.2 骨架元素取代:新型锗铝酸盐沸石 PKU-9

在 15.5 节已讨论到骨架元素对沸石结构的影响.通过骨架元素的调整,可以实现键长、键角的调整,从而实现沸石骨架的多样性.以三甲基乙基铵为模板剂,在 150 ℃的水热体系,GeO_2 和 $Al(OH)_3$ 反应得到 PKU-9.PKU-9 的化学式为 $(C_5H_{14}N)_2Ge_7Al_2O_{18}$,属于正交晶系,空间群为 $Pbcn$(No. 60),晶胞参数为 $a=15.578(3)$ Å,$b=9.1704(18)$ Å,$c=19.993(4)$ Å.

PKU-9 的骨架结构可以看作是由一种褶皱的层通过次级结构单元螺环-5(spiro-5)连接而成的,如图 15.29(a).这种褶皱层是形成已知沸石骨架 **CGS** 的唯一的层,故将此褶皱层称为

CGS 层.CGS 层的基本结构单元是四元环,这些四元环采用顺式和反式相互交替的方式共边连接,形成了锯齿状的双链,见图 15.29(b).这些双链沿着[010]方向平行排列,分别与相邻的链通过四元环连接起来而形成褶皱的层,并在[101]和[10$\bar{1}$]方向上产生 2 个八元环的孔,如图 15.29(b)所示.八元环的孔开口尺寸约为 3.5 Å×3.5 Å.CGS 层中,T 原子可分为两类,一类是四节点的(4-node),另一类是三节点的(3-node).三节点的两种 T 原子处在相邻位置,它们与相邻层的三节点 T 原子直接连接便形成 CGS 骨架结构[图 15.29(c)].若在层间外加一个 T 原子,三节点的 T 原子可以与层间的 T 原子相连形成三元环,通过螺环-5 结构单元相连接,如此便形成 PKU-9 的骨架结构[图 15.29(d)],同时产生十元环孔道,新的十元环孔道与八元环孔道相互交叉.

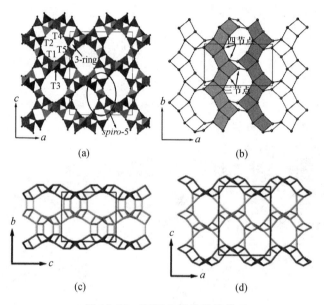

图 15.29　PKU-9 结构的构筑

(a) PKU-9 结构的多面体表达及 spiro-5 单元,(b) CGS 层结构与不同节点的 T 原子,
(c) CGS 骨架拓扑结构,(d) PKU-9 骨架拓扑结构

PKU-9 是第一例结构中含有螺环-5(spiro-5)单元的锗铝酸盐,由于结构中三元环的存在,骨架密度较低,仅为 12.6 T·nm^{-3}.结构中三元环的形成对阐释骨架密度与最小环的关系提供了又一基础支持.PKU-9 被国际沸石协会结构专业委员会确认为具有新型骨架结构的沸石,赋予骨架编码 **PUN**(Peking University-Nine).与锗酸盐体系类似,PKU-9 不稳定,受热过程中随模板剂的脱除,骨架结构坍塌,故应用受限.

15.9.3　团簇结构:新型准沸石 PKU-15

通过团簇构建多孔材料是锗酸盐多孔结构形成的一个特点.PKU-5 则提供了连接沸石和分子筛的一个很好的例子.以三甲基正丙铵为模板剂,GeO_2 和 SiO_2 在水热条件下得到硅锗酸盐 PKU-15.PKU-15 的化学式为[$C_6H_{16}N$]$_2$[$Ge_{13.75}Si_{1.25}O_{31}$],结构通过同步辐射单晶 X 射线衍射数据解析得到.PKU-15 属正交晶系,$Pnma$ 空间群,晶胞参数 $a = 16.8108(5)$ Å,$b = 19.7138(7)$ Å,$c = 23.9394(9)$ Å.结构中存在一种新型的簇结构单元——由 3 个 GeO_5 和 9

个 TO_4 四面体(T=Ge、Si)形成的 12 核簇,简称(Ge,Si)$_{12}$.(Ge,Si)$_{12}$簇彼此共顶点连接成含十元环、平行于 ab 面的层[图 15.30(a)],层间通过 Ge_3O_9 三元环共顶点连接,形成具有交叉 $12\times10\times7$ 元环三维孔道的结构,如图 15.30(b)和(c)所示.十二元环由 4 个 GeO_5 三角双锥和 8 个 TO_4 四面体围成,有效孔径为 9.85 Å ×3.6 Å,十元环由 2 个 GeO_5 三角双锥和 8 个 TO_4 四面体围成,有效孔径为 5.99 Å×3.42 Å,七元环由 1 个 GeO_5 三角双锥和 6 个 TO_4 四面体围成,有效孔径为 4.48 Å×2.91 Å.PKU-15 的十二元环和十元环交替排列,二者均与七元环孔道垂直连通.

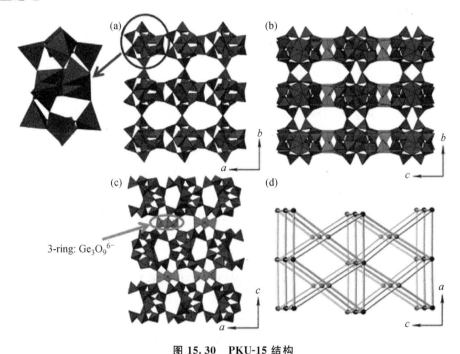

图 15.30 PKU-15 结构

(a) 12 核簇(Ge,Si)$_{12}$连接形成含十元环的 ab 层,(b) ab 层通过三元环连接形成沿 a 方向的十二元环孔道,(c) ab 层沿 c 方向的排列及 b 方向的七元环,(d) 12 核簇与三元环的拓扑连接关系

PKU-15 骨架中不含端羟基,热稳定性可达 400 ℃.样品在低温臭氧处理除去模板剂后比表面积为 428 m^2/g,对 CO_2 表现出良好的选择性吸附性.在 PKU-15 结构中,如果移去 12 核簇中心连接 3 个 GeO_5 的氧,则结构中所有锗原子均为四面体配位,因此,PKU-15 可以看成准沸石——PKU-15H,PKU-15H 的骨架密度为 15.1 T·nm^{-3}.量子化学计算表明,PKU-15 比 PKU-15H 能量低 2.2eV,这一结果表明,氧原子在稳定结构中起到重要的作用.PKU-15 的形成架起了多孔材料和沸石的桥梁.

沸石分子筛结构的形成很有规律,根据已知的结构单元及其连接情况,可以预测一些新的结构类型.研究表明,可能的沸石种类数量巨大,更有科学家风趣地指出:"问题不是(目前已知的分子筛)种类为何如此之多,恰恰相反,而是这一数目为何如此之少."因此,无论是理论预测,还是实验结果,都明确地告知我们,新型沸石分子筛的合成、结构与应用的研究有广阔的前景.

参考书目和文献

1. Ch. Baerlocher, W. M. Meier, D. H. Olson. Atlas of Zeolite Framework Types. 5th ed. Elsevier, 2001(Also see the home page: http://www.iza-structure.org)

2. M. M. J. Treacy, J. B. Higgins. Collection of Simulated XRD Powder Patterns for Zeolite. 4th ed. Elsevier, 2001(Also see the home page: http://www.iza-structure.org)

3. 徐如人, 庞文琴, 等. 分子筛与多孔材料化学. 北京: 科学出版社, 2004

4. C. N. R. Rao, J. Gopalakrishnan. New Directions in Solid State Chemistry. 2nd ed. Cambridge University Press, 1997

5. F. Masters, T. Maschmeyer. Zeolites—From curiosity to cornerstone. Microporous and Mesoporous Materials, 2011, 142: 423~438

6. M. M. J. Treacy, J. M. Newsam. Two New Three-dimensional Twelve-ring Zeolite Framework of Which Zeolite Beta is a Disordered Intergrowth. Nature, 1988, 332: 249~251

7. J. B. Higgins, R. B. Lapierre, J. L. Schlenker, A. C. Rohrman, J. D. Wood, G. T. Kerr, W. J. Rohrbaugh. The Framework Topology of Zeolite Beta. Zeolites, 1988, 8: 445~452

8. M. Estermann, L. B. McCusker, C. Baerlocher, A. Merrouche, H. Kessler. Nature, 1991, 352: 320~323

9. Y. Wei, Z. J. Tian, H. Gies, R. S. Xu, H. J. Ma, R. Y. Pei, W. P. Zhang, Y. P. Xu, L. Wang, K. D. Li, B. C. Wang, G. D. Wen, L. W. Lin. Angew. Chem. Int. Ed., 2010, 49: 5367~5370

10. Jie Su, Yingxia Wang, Jianhua Lin, Jie Liang, Junliang Sun, Xiaodong Zou. A Silicogermanate with 20-ring Channels Directed by a Simple Quaternary Ammonium Cation. Dalton Transactions, 2013, 42: 1360~1363

11. M. J. Buerger, W. A. Dollase, I. Garaycochea-Wittke. The Structure and Composition of the Mineral Pharmacosiderite. Zeitschrift für Kristallographie, Bd., 1967, 125: S92~108

12. S. Turner, P. R. Buseck. Todokites: A New Family of Naturally Occurring Manganese Oxides. Science, 1981, 212: 1024~1027

13. P. C. Lu, Y. X. Wang, L. P. You and J. H. Lin. A Novel Route to Rare Earth Polyborates. Chem. Comm., 2001, 1178

14. Jing Ju, Jianhua Lin, Guobao Li, Tao Yang, Hongmei Li, Fuhui Liao, Chun-K. Loong, and Liping You. Aluminoborate-based Molecular Sieves with 18-Octahedral-atom Tunnels. Angew. Chem. Int. Ed., 2003, 42: 5607~5610

15. Jing Ju, Tao Yang, Guobao Li, Fuhui Liao, Yingxia Wang, Liping You, and Jianhua Lin. PKU-5: An Aluminoborate with Novel Octahedral Framework Topology. Chem. Eur. J., 2004, 10: 3901~3906

16. 高滋, 主编; 何鸣远, 戴逸云, 副主编. 沸石催化与分离技术. 北京: 中国石化出版社, 1999

17. M. E. Davis. Synthesis of Porous Materials: Zeolites, Clays, and Nanostructures, edited by M. L. Occelli, H. Kessler. Dekker Marcel, Inc., 1997: p. 1

18. S. I. Zones, Y. Nakagawa, L. T. Yuen, Harris. J. Am. Chem. Soc., 1996, 118: 7558

19. A. Burton, S. Elomari, C.-Y. Chen, R. C. Medrud, I. Y. Chan, L. M. Bull, C. Kibby, T. V. Harris, S. I. Zones, and E. S. Vittoratos. Chem. Eur. J., 2003, 9: 5737

20. A. Corma, F. Rey, S. Valencia, J. L. Jorda and J. Rius. Nature Materials, 2003, 2: 493

21. A. Corma, M. T. Navarro, F. Rey, J. Rius, S. Valencia. Angew. Chem. Int. Ed., 2001, 40: 2277

22. X. Bu, P. Feng, G. D. Stucky. J. Am. Chem. Soc., 1998, 120: 11204

23. H. Li, O. M. Yaghi. J. Am. Chem. Soc., 1998, 120: 10569

24. H. Li, M. Eddaoudi, J. Plevert, M. O'Keeffe, O. M. Yaghi. J. Am. Chem. Soc., 2000, 122: 12409

25. Y. X. Wang, H. Gies, B. Marler, U. Müller. The Synthesis and Crystal Structure of Zeolite RUB-41 Obtained as Calcination Product of A Layered Precursor, A Systematic Approach to A New Synthesis Route. Chem. Mater., 2005, 17: 43~49

26. X. Wang, H. Gies, J. H. Lin. Crystal Structure of the New Layer Silicate RUB-39 and its Topotactic Condensation to a Microporous Zeolite with Framework Type RRO. Chem. Mater., 2007, 19: 4181~4188

27. Marler, H. Gies. Hydrous Layer Silicates as Precursors for Zeolites Obtained through Topotactic Condensation: A Review. Eur. J. Mineral., 2012, 24: 405~428

28. Su, Y. X. Wang, Z. M. Wang and J. H. Lin. PKU-9: An Aluminogermanate with A New Three-dimensional Zeolite Framework Constructed by CGS Layers and Spiro-5 Units. J. Am. Chem. Soc., 2009, 131: 6081~6082

29. Jie Liang, Wei Xia, Junliang Sun, Jie Su, Maofeng Dou, Ruqiang Zou, Fuhui Liao, Yingxia Wang and Jianhua Lin. A Multi-dimensional Quasi-zeolite with $12 \times 10 \times 7$-ring Channels Demonstrates High Thermal Stability and Good Gas Adsorption Selectivity. Chem. Sci., 2016, 7: 3025~3030

30. J. Klinowski. Curr. Opin. Solid St. M., 1998, 3: 79

习　题

15. 1　分析硅酸盐中硅氧四面体共用顶点数目与所形成的骨架结构的对应关系.

15. 2　如何将方石英结构与金刚石及立方 ZnS 关联？鳞石英与立方 ZnS 关系又如何？

15. 3　Si—O 键有什么特点？如何理解其中的"d-p π 键"？Si⋯Si 间距不变性指的是什么？

15. 4　分子筛与沸石的定义有何异同？如何确认某种微孔材料是否属于沸石分子筛？

15. 5　掌握分子筛骨架中的初级结构单元、次级结构单元、周期性结构单元、笼、空穴及孔道的内涵.

15. 6　如何区别大孔、介孔及微孔材料？通常说 Y-沸石是"大孔"沸石,怎么理解？

15. 7　什么是 Loewenstein"回避规则"？根据这一规则,分子筛骨架中可以存在的连接方式有 Si—O—Si, Si—O—Al 但没有 Al—O—Al. 据此判断,每个 Si 周围可能有多少个 Al？反过来,Al 的周围有多少个 Si？此规则是利用固体核磁共振谱所得^{29}Si 的信号及强度推出沸石测定骨架硅铝比的基础,分析说明.

15. 8　查阅文献,说明新型复合锗酸盐分子筛的成键与结构特点.

15. 9　查阅文献,说明 F$^-$ 在沸石分子筛合成中的作用.

15. 10　Higgins 认为 β-沸石分别由多型体 A、B、C 交替生长而成,从这种结构模型出发,也可以很好地拟合实验所得 β-沸石的 X 射线衍射图,其中,多型体 A、C 与 Newsam 所给的结构模型一致,参考文献[7],了解多型体 B 的结构数据,并根据你所掌握的有关 β-沸石结构的知识,对以上结果进行分析并进一步提出自己的观点.

15. 11　查阅资料,详述分子筛的某一种应用,指出它利用的是分子筛的哪种性质?

15. 12　八面体分子筛结构上的优势与不利因素是什么?

第16章 纳米材料简介

    纳米科技在信息、国防、能源、医药、环境、材料、工程等众多领域都存在重要的应用前景,它将会极大地影响着人类的生产和生活活动,因此各发达国家都将其作为关系国计民生的战略性技术而予以高度重视.纳米科技目前已成为发展最迅速、最活跃的研究领域之一.

    纳米(nanometer,nm)是一个长度单位,也就是 10^{-9} m.物质是由分子、原子组成的,原子的尺寸大多在 0.1 nm 量级,分子的尺寸一般也小于 1 nm.而对于我们肉眼所能看到的物体,它们的尺寸通常在微米级以上.传统的化学所研究的对象是尺寸在纳米以下的分子和原子,而传统的固体物理所研究的对象是由许多分子和(或)原子组成的微米(μm)或亚微米以上的物体.由一定数目的分子和(或)原子所组成的尺寸在 1~100 nm 范围内的物体正是新兴的纳米科学所研究的对象.

    一般认为,纳米科技作为一个新兴的学科和领域诞生于 20 世纪 80 年代末到 90 年代初,而纳米科技的最初发展和应用则可追溯到历史上很久远的年代.对我国出土的古代铜镜、宝剑等文物的研究表明,其表面覆盖有纳米尺度的氧化物构成的保护膜;而 Faraday 在 19 世纪中叶就制备出了红色的金纳米粒子溶液;诞生于 1861 年的胶体化学,其研究对象实际上就是纳米尺度的分散体系;1959 年 12 月著名物理学家 Richard Feynman(费曼)教授在加州理工学院的演讲"*There is Plenty Room at the Bottom*"更可被看成是纳米科技即将诞生的宣言;随后一些理论学家对纳米尺度体系物性的理论研究和实验科学家对纳米尺度材料的制备和表征技术的探索都为纳米科技的诞生奠定了基础;1982 年诞生的 STM 技术也被认为是纳米科技发展的里程碑式的事件.随着 1990 年第一次国际纳米科技会议的召开,纳米科学和技术的研究在全球如火如荼地开展了起来.

    纳米科技的一个突出的特点是与众多学术领域的交叉和融合,这样的交叉和融合已发展出纳米材料学、纳米物理、纳米化学、纳米电子学、纳米生物学、纳米机械学、纳米力学、纳米摩擦学、纳米工程等众多的学科分支.其中,纳米材料学研究作为纳米科技发展的基础,其地位尤为重要.同时,材料科学的发展与纳米科学与技术已经密不可分,纳米材料也已成为材料科学研究的重点之一.

本章将对纳米材料的特性、制备方法、表征手段及应用前景等方面进行简要的介绍.

16.1　纳米材料的分类

纳米材料的分类方法有很多种,可依据组成、结构、性质或应用领域等的不同对其进行各种分类.比如,根据组成可以将其分为无机纳米材料、有机和高分子纳米材料、复合纳米材料等等;无机纳米材料还可以进一步细分为金属纳米材料、半导体纳米材料等.目前相对比较方便的一种分类方法是根据材料在三维方向上的尺度将其分为零维(点)、一维(线)和二维(面)纳米材料(图 16.1).

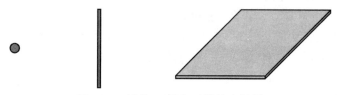

图 16.1　零维、一维和二维纳米材料

零维纳米材料在三维方向上均为纳米尺度,这样的材料一般被称为纳米粒子(nanoparticles),半导体纳米粒子又常被称作量子点(quantum dot);一维纳米材料在两个维度上是纳米尺度,而在另一个方向上是宏观尺度,通常所说的纳米线(nanowire)或量子线(quantum wire)、纳米带(nanobelt)和纳米管(nanotube)都可看作是一维或准一维纳米材料;二维纳米材料,顾名思义,就是两个方向上为宏观尺度而另一个方向上为纳米尺度的材料,石墨烯是典型的二维纳米材料.图 16.2 是一些典型的零维、一维和二维纳米材料的实例,其中(a)和(b)分别

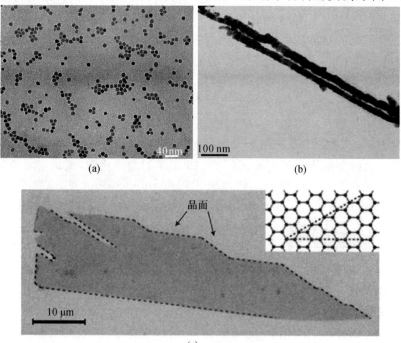

图 16.2　溶液方法制备的 Fe 纳米粒子(a)和 CdS 纳米线(b)的透射电镜照片及机械剥离石墨得到的石墨烯的扫描电镜照片(c)

是用液相方法制备出的铁纳米粒子及 CdS 纳米线的透射电镜照片,(c)是机械剥离法制备的石墨烯的扫描电镜照片.

　　除了简单的纳米材料,其有序组装体系从某种意义上说是大家所更感兴趣的,因为它们可能具有一些新颖、奇特的性质.结构规整的纳米材料有序地排列起来,可以形成超晶格(super-lattice)结构,不同半导体晶态薄膜有序地排列起来形成的具有超晶格结构的层状复合材料被称作量子阱(quantum well)(图 16.3),在信息技术等领域有重要的应用.

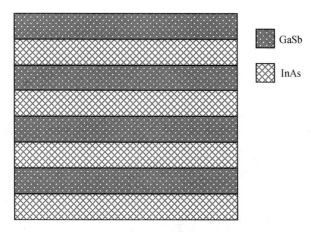

GaSb

InAs

图 16.3　GaSb 和 InAs 组成的超晶格量子阱材料的结构示意图

　　纳米复合材料近年来受到日益广泛的关注,因为其往往可以将不同材料的特性有效地结合到一起,赋予材料更丰富、更优良的性能.例如,将无机纳米粒子与高分子材料复合,就有可能使获得的复合材料同时兼具无机粒子的光、电、磁等功能性和高分子材料的易加工性,大大拓展了材料的应用范围.

16.2　纳米材料的特性

　　宏观材料的尺寸改变时一般不会带来其物理化学性质大的改变,但当材料的尺寸逐渐减小到纳米量级时,其性质的变化会从量变过渡到质变,显示出不同于原来宏观材料的物理化学特性.正是由于这些特殊性质,才使得纳米材料独具魅力,吸引着大家的研究兴趣,并使得纳米材料在众多领域存在重要的潜在应用前景.

16.2.1　表面效应

　　随着粒子尺寸的减小,其表面原子所占的比重逐渐增加,对宏观尺寸的粒子来说,这种增加是非常缓慢的,基本可以忽略不计;但是当粒子小到纳米尺度时,继续减小粒子的尺寸,表面原子的比例就会急剧增加.图 16.4 为表面原子所占的百分率随粒子半径变化的情况.对于一个小到 1 nm 的金属粒子来说,几乎所有的原子都将成为表面原子.

　　与体相原子相比,表面原子未达到饱和成键状态,或者说表面存在大量的悬键(dangling bond),所以更为活泼.比如,小到一定尺寸的裸露的铁纳米粒子在遇到空气时会迅速自燃,就是因为存在大量活泼的表面原子.纳米粒子在溶液或其他介质中表面容易吸附一些分子或离子,以满足表面原子的成键.未经保护的裸露纳米粒子特别容易团聚.此外,大多数小尺寸纳米

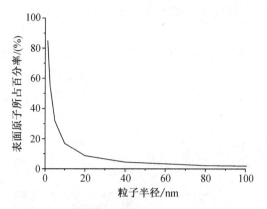

图 16.4　表面原子所占的百分率随粒子半径的变化

粒子的形状均为球形,因为这样的结构最有利于减少粒子表面的悬键数量,以降低体系的能量.所有这些都是纳米材料的表面效应造成的.

表面原子的这种活泼性也被广泛应用于催化过程中,例如在石油化工中大量使用到过渡金属催化剂,一般会将这些催化剂粒子做到纳米尺度,以提高其催化活性.

16.2.2　尺寸效应

物质的许多物理特性都有其赖以存在的特征尺寸,比如磁性材料的单磁畴尺寸、超导材料的超导态相干长度、半导体材料的 Bohr 半径、物质的 de Broglie(德布罗意)波长等,当物质的尺寸达到或者小于这些临界尺寸时,就会造成与其相对应的原有性质的剧烈改变.其中最典型的是金属材料的 Fermi 面附近能级由准连续到分立的转变和半导体材料能隙变宽,这个现象又称为量子尺寸效应.

金属纳米粒子的能级分立可以用能带理论定性解释如下:宏观金属材料的分子轨道是由无穷多个金属原子的轨道线性组合而成,因此,其能级是连续的.而对于尺寸很小的金属纳米粒子来说,其包含的原子个数有限,参与分子轨道线性组合的原子轨道数目也就很有限,所以最后得到的分子轨道能级就变得不连续.

当然,我们可以用量子力学的理论来推导出金属和半导体纳米材料分立能级的能隙大小.对半导体材料来说,其描述电子(e)-空穴(h)对的 Schrödinger 方程为

$$\left(-\frac{\hbar^2}{2m_e}\nabla_e^2 - \frac{\hbar^2}{2m_h}\nabla_h^2 + V_e \right)\Phi(r) = E\Phi(r) \tag{16.1}$$

求解后得到半导体纳米粒子的能带间隙为

$$E = E_e + E_h = E_g + \frac{\hbar^2}{2m_e}\left(\frac{\alpha_{n_c l_c}}{R}\right)^2 + \frac{\hbar^2}{2m_h}\left(\frac{\alpha_{n_h l_h}}{R}\right) \tag{16.2}$$

式中:R 为纳米粒子的半径,E_g 是块体材料的带隙.从这个式子看,显然纳米材料的带隙比块体材料有所增大.

图 16.5 是半导体块体材料和不同维度的纳米材料的态密度(状态的能量分布)示意图,从图中可以清楚地看到,随着材料各维度上尺寸的减小,其能级逐渐从连续变为分立,纳米粒子的能级是完全分立的.

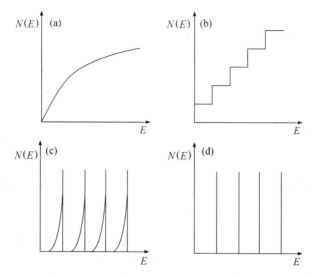

图 16.5　三维(a)、二维(b)、一维(c)、0 维(d)半导体材料的态密度

量子尺寸效应会使得金属材料在小到一定尺寸时变为半导体材料,甚至完全变成绝缘体.而半导体材料在小到一定尺度后其能级带隙变宽,从而使得其光吸收峰位明显蓝移.

材料尺寸的减小还会引起材料很多其他性质的改变.比如,与块体材料相比,纳米尺度的材料的熔点会显著降低,2～3 nm 的金粒子的熔点可低至 200～300 ℃.在陶瓷工业中,使用纳米尺度的前驱体可以大大降低陶瓷的烧结温度,节约能源.

总之,到了纳米尺度,物质的很多性质都变得具有尺寸依赖性,改变其尺度就会造成相应的特性的改变.

16.2.3　纳米材料的其他特性

纳米材料具有许多宏观材料所不具备的新颖特性.随着纳米科技的发展,一些新的物理现象逐渐被发现或获得实验证据,比如库仑堵塞(Coulomb blockage)、量子隧穿(quantum tunnelling)、巨磁阻效应(giant magnetoresistance effect)、弹道输运(ballistic transportation)等.

当体系小到一定临界尺寸(通常为几纳米或几十纳米)以下时,由于体系电容极其微小,造成冲入每个电子所需要的能量($e^2/2C$,C 为电容)增加,而使得充电和放电过程变得不再连续,如图16.6 所示,体系中冲入电子的数目与电压的关系不再是一条直线,而呈台阶状,体系的电量也不再是连续变化的,而是"量子化"的.这种现象就称为 Coulomb 堵塞,也叫 Coulomb 阻断.充入每个电子所需要的能量称为 Coulomb 堵塞能.Coulomb 堵塞效应早在 20 世纪 50 年代就已经发现了,但是直到 80 年代末随着纳米科技的兴起才得以在实验上较容易地实现.图 16.7 中一个纳米粒子被置于两个电极之间,当电极之间的电压大到足以克服 Coulomb 堵塞能时,就会发生电子隧穿,图中的结构是一个典型的隧道结.这个纳米粒子一般称为 Coulomb 岛.Coulomb 堵塞和电子隧穿效应已被应用于研究和开发单电子器件.

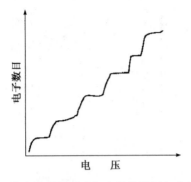

图 16.6　纳米粒子体系冲入电子的数目与电压的关系　　图 16.7　纳米粒子隧道结

　　Coulomb 堵塞和量子隧穿发生的条件是 Coulomb 堵塞能$(e^2/2C)$大于 k_BT,因此一般只能在低温下观察到.但是当 Coulomb 岛的电容很小时,就可以在稍高的温度下实现隧穿.图 16.8 为第一个基于自组装膜和纳米粒子的室温隧穿结,置于巯基结尾的自组装膜上的金纳米粒子为 Coulomb 岛,金基底和 STM 针尖作为两极.由于所采用的纳米粒子尺寸非常小,只有 3 nm,所以在这个体系中观察到了室温下的电压-隧穿电流的 Coulomb 台阶.

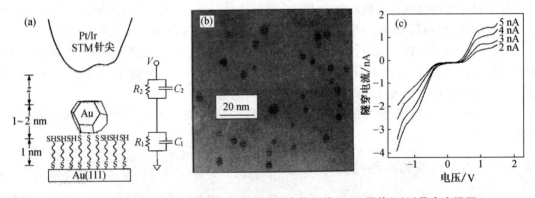

图 16.8　隧穿结的结构示意图(a)、所用金纳米粒子的 TEM 照片(b)以及在室温下
测量到的电压-隧穿电流 Coulomb 台阶(c)

(Andres 等,1996)

　　1988 年,Baibich(百毕克)等在(001)Fe/(001)Cr 组成的多层纳米级薄膜超晶格体系中发现,其电阻值随外加磁场的变化而变化,在外加磁场为 2 T(特[斯拉])时,电阻值最多可降为原来的 1/4,此现象即巨磁阻效应(图 16.9).

　　图 16.10 是巨磁阻效应的示意图.当相邻薄膜层的磁矩方向相反时,不同自旋方向的电子在穿过层间时均被散射,因此电阻较大[图 16.10(a)];而当外加磁场较大时,相邻薄膜层的磁矩方向相同,这样一种自旋方向的电子就可以顺利通过而受到较少的散射,因此电阻较小[图 16.10(b)],巨磁阻效应可应用于磁性存储的信息读写中.

　　纳米导体的输运性质与宏观 Ohm 导体也非常不同.在 Ohm 导体中载流子的输运是扩散输运,也就是说,载流子的迁移过程是一个扩散过程,在扩散过程中会不断发生散射.当纳米导体的尺度小于载流子的平均自由程(载流子初始动量改变前运动的距离)时,载流子在输运过程中就可能完全不发生散射,此时的输运过程就不是扩散输运,而是弹道输运.理论上来说,弹

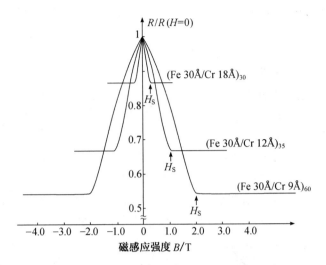

图 16.9 4.2 K 时 Fe/Cr 超晶格的巨磁阻效应

（White 等,1992）

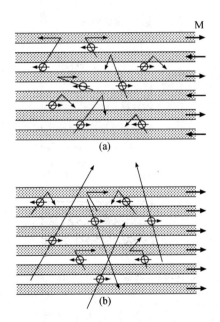

图 16.10 自旋散射对磁性多层膜电导率影响的示意图

道导体的电阻值应该为 0,而实际上由于材料界面、测量电极的接触等问题,弹道导体的电阻一般会趋近于一个极限值.

以上我们只是简单介绍了纳米材料的几种特性,而实际上已发现和被研究的纳米材料特性还有许多,而且,新的特性也在不断发现和研究中.

16.3 纳米材料的制备

纳米材料的制备方法多种多样,有从块体材料出发利用粉碎等技术来得到纳米材料的"自上而下"(top-down)的方法,也有由分子、原子材料出发来构筑纳米材料的"自下而上"(bottom-up)的方法;从制备过程物质的状态分,可以分为固相法、气相法、液相法、两相法等;从制备过程所发生的变化的性质分,可以分为物理方法和化学方法.其中,以"自下而上"为特点的化学方法,因其具有灵活、方便、控制性好和便于提供复杂形态纳米材料等特点而受到了更多的关注.本节中我们将选择性地概要介绍一些常用的纳米材料制备方法.

16.3.1 溶胶-凝胶法

溶胶-凝胶(sol-gel)法制备纳米材料的过程大致是这样的(图 16.11):将一定量的前驱体溶解于适当的溶剂中,通常是水-醇的混合溶液,前驱体物质水解后先形成分子或者离子状态的单体,这些单体很快就聚合形成溶胶,溶胶进一步聚合形成含有被溶剂分子充满的大量孔道结构的凝胶,凝胶经过干燥和其他处理后就可以得到所需要的纳米材料.

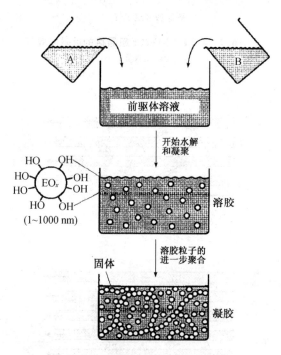

图 16.11 溶胶-凝胶法过程示意图

实际上早在 1844 年,Ebelmen(艾拜尔曼)就报道了他用烷氧基硅(或称硅酸烷基酯)水解制备硅胶的实验.近年来,溶胶-凝胶法被广泛地应用于各类纳米材料的制备过程中,尤其是在无机氧化物纳米材料的制备中,溶胶-凝胶法更是发挥了很大的作用.与传统的制备方法相比,溶胶-凝胶法避免了高温、高压等条件,具有其突出的优点.但是,由于溶胶-凝胶法所需要的前驱体通常是金属有机化合物等成本较高而且较不易获得的材料,从一定程度上限制了该方法在工业生产中的应用.然而,室温溶液体系的反应条件使得溶胶-凝胶法在纳米生物学和分子生物学研究中可以发挥非常重要的作用,如溶胶-凝胶法可被用来固定生物酶或其他生物分子而不破坏其生物活性,甚至可以利用凝胶的性质来调节酶的催化活性,这些优点是其他方法所不具备的.

16.3.2　化学气相沉积法

气相沉积法,顾名思义就是气态前驱物在气相或者气-固界面生成固态沉积物的材料制备方法.如果过程中只发生物理变化,称为物理气相沉积(physical vapor deposition,PVD);若过程中涉及化学变化,则称为化学气相沉积(chemical vapor deposition,CVD).图 16.12 给出了一个简单的化学气相沉积过程的示意图.前驱体分子进入反应器,在一定温度及其他条件(比如催化剂存在)下发生化学反应,得到产物.如果反应发生在气相中,一般会用一定的基片去接收这些产物.很多情况下反应实际上是在基片表面也就是气-固界面发生的,如果将适当的催化剂置于基片上,控制一定条件,则反应就只在基片表面发生.化学气相沉积可用来制备二维(薄膜)、一维(纳米线、管)和零维(纳米粒子)的纳米材料.

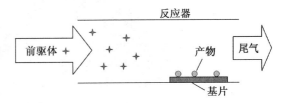

图 16.12　CVD 过程示意图

实际上化学气相沉积在古代就已经被人类所使用,比如古代的制墨工艺中收集的烟炱就是树木中的有机成分在高温下气相反应而成.近年来,随着半导体工业的发展,CVD 技术更是迅猛发展并得到了广泛的应用.工业上较高纯度的多晶硅一般用含硅的化合物作为起始材料利用 CVD 方法来制备;电子行业中用到的各种金属、半导体、绝缘体的薄膜也都可以用 CVD 方法来制备.而且一般来说,CVD 过程所需要的条件不是太苛刻,比较容易实现工业化生产.如果用 WF_6 作为前驱体材料,在 $250\sim500\,^{\circ}\mathrm{C}$ 的条件下就可以在硅基底上制备出 W 纳米薄膜.在此过程中,硅衬底作为还原剂将 W(VI)还原为 W(0).众所周知,金属 W 的熔点和沸点都极高,分别为 $3410\,^{\circ}\mathrm{C}$ 和 $5927\,^{\circ}\mathrm{C}$,但由于选择了适当的起始材料,才使得 CVD 过程在很低的温度下就可以进行.

CVD 及 PVD 方法也被广泛用来制备各种一维材料,在有催化剂存在时通常纳米线生长过程为气-液-固(vapor-liquid-solid,VLS)机制.即气相组分先溶解到液态的催化剂中,然后形成固体析出并继续生长.CVD 法制备碳纳米管的过程一般认为是 V-L-S 机制,即碳源气体分解成单质碳并溶解到催化剂纳米粒子中,达到饱和后碳析出并形成碳纳米管.图 16.13 是利用透射电镜原位观察 Au 催化 Ge 纳米线生长过程的照片,由(a)到(b)依次为反应开始并逐渐进行时的情况.(a)为催化剂金纳米粒子,从(b)开始 Ge 逐渐溶解到 Au 粒子中形成合金,(d)图中 Ge 开始析出和成核,(e)和(f)图中 Ge 纳米线逐渐生长.这些结果清楚地演示了纳米线的气-液-固生长过程.

根据锗-铁体系的相图,二者在很大的范围内都可以形成熔体,因此,铁可以作为制备锗纳米线的催化剂.环戊二烯锗在很低的温度下就可以发生以下的分解反应,形成金属锗:

$$[Ge(C_5H_5)_2] \longrightarrow Ge(0) + C_nH_m + H_2 \tag{16.3}$$

锗溶解到铁基底中,在铁的表面形成一些 Fe-Ge 合金纳米岛,随着反应的进行,锗的溶解量逐渐增加,待达到饱和浓度以上时锗从纳米岛上析出,并不断生长,形成一维的锗纳米线.

前驱体环戊二烯锗是一个有机金属化合物(metal-organic compound,MO),因此,这样的化学气相沉积又称为 MOCVD.MOCVD 被广泛用于各种金属薄膜、纳米线、纳米粒子等的制备.

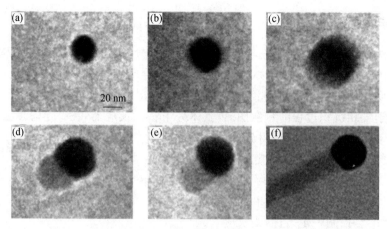

图 16.13 金纳米粒子催化锗纳米线生长过程的 TEM 原位观察

(Wu 等,2001)

从 20 世纪 90 年代以来,由于碳纳米材料研究的迅速发展,CVD 方法也广泛应用于碳纳米管和石墨烯等的制备中.在这些过程中,常用甲烷、一氧化碳、乙烯、乙醇等作为碳源气体,铁、钴、镍、铜等过渡金属作为催化剂.

大多数碳纳米管的 CVD 生长遵从 V-L-S 机制,如图 16.14 所示,碳源气体在催化剂作用下分解为碳,并溶解在催化剂粒子中,达到饱和后析出形成单壁碳纳米管.可以通过调控催化剂(组成、尺寸等)、碳源气体(种类和组成)、生长条件(温度、气流量、流程)等实现纳米管的控制生长.

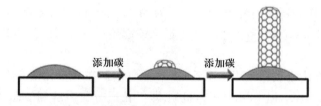

图 16.14 单壁碳纳米管生长的 V-L-S 过程示意图

碳纳米管的结构可以用一组手性指数(n,m)来进行描述,(n,m)决定了碳纳米管的能带结构.因此,碳纳米管的手性/结构可控合成一直是一个很大的挑战.2014 年,Li 等人提出了一种可行的方案(图 16.15).他们发展了 W_6Co_7 金属间化合物催化剂,由于其独特的结构和原子

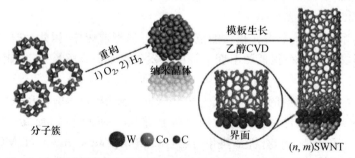

图 16.15 多酸团簇为前驱体制备金属间化合物催化剂纳米晶,利用纳米晶的结构模板作用生长确定手性的单壁碳纳米管的示意图

排布带来的与碳纳米管结构的"一一识别"作用,可以充当催化剂生长的"结构模板",从而实现单壁碳纳米管的结构可控生长.利用这种方法,他们得到了高纯度的(12,6)、(16,0)和(14,4)等碳纳米管.除了催化剂的结构模板作用外,CVD条件对实现高的选择性也至关重要.结构独特的催化剂的模板作用和优化的生长动力学条件的协同作用下,才能实现单一手性碳纳米管的高选择性生长(图16.16).

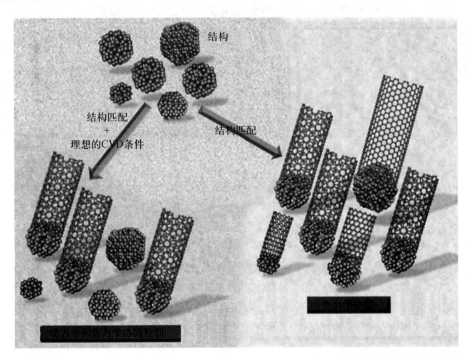

图16.16 催化剂结构模板作用和优化的生长条件协同作用实现单一手性单壁碳纳米管生长的示意图

16.3.3 水热和溶剂热合成

水热(hydrothermal)和溶剂热(solvothermal)合成是在一定温度(通常为100~300℃,一般低于1000℃)和压力下溶液体系中进行的物质合成和制备.水热合成最早是为了模拟地球内部地矿生成的反应条件而发展起来的合成方法,后逐渐被应用于晶体生长、分子筛合成等领域.1996年,我国科学家钱逸泰等首先明确提出了非水体系的溶剂热合成.目前,水热和溶剂热技术已被广泛应用于各种纳米材料的合成和制备中.

水热和溶剂热合成体系中的溶剂一般处于接近临界、临界或超临界状态,这种状态下的溶剂,其溶解性能、流动性能等都与常态的溶剂非常不同,整个反应体系一般也处于一种非理想、非平衡的状态.这些特性使得水热和溶剂热合成具有许多其他方法不具备的突出优点:(i)反应物的活性较高,所以不需要特别高的温度就可以得到目标产物;(ii)反应是在溶液条件下进行的,与固相反应相比传质更容易,因此反应更均匀,有可能使得到的产物的物相更纯、结晶更完美;(iii)反应的温度不是太高,有利于获得介稳态的物相;(iv)反应的气氛可调,可获得低氧化态和中间氧化态的产物.

在水热和溶剂热合成中可以通过改变溶剂、温度、起始物种类和浓度等条件来控制产物的组成、结构、尺寸和形貌等.例如,利用不同性质的溶剂对 CdS 晶体生长的影响可以得到结构和形貌不同的 CdS.以硫代乙酰胺为硫源、乙酸镉为镉源在溶剂热条件下制备硫化镉时,溶剂为乙二醇时得到的是立方相的 CdS 纳米粒子,而用乙二胺作为溶剂时得到的是六方相的 CdS 纳米线,在 1∶1 的乙二醇和乙二胺混合溶剂中则得到四足状的分叉形 CdS(图 16.17).

(a)　　　　　　　　　(b)　　　　　　　　　(c)

图 16.17　在乙二醇中得到的 CdS 纳米粒子(a),在乙二胺中得到的 CdS
纳米棒(b)以及在混合溶剂中得到的四足状 CdS(c)

[标尺:(a) 20 nm,(b) 100 nm,(c) 100 nm;Chu 等,2005]

16.3.4　反胶束或微乳状液法

在表面活性剂-油-水体系中存在各种有序组装体,如单分子层、胶束、棒状胶束、液晶、微乳状液(micro-emulsion)等,如图 16.18 所示.表面活性剂形成的极性头基朝向内侧,疏水基团

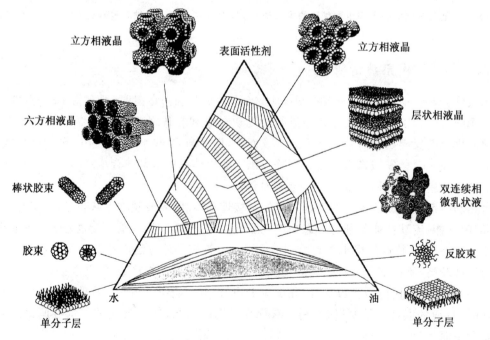

图 16.18　表面活性剂-油-水体系相图

朝向外侧的球状、类球状和棒状聚集体为反胶束(reverse micelle)或反胶团.反胶束的极性内核可以增溶一定的水形成一个被表面活性剂分子包围的小"水池",当反胶束的内水核体积较大时就成为反相微乳状液,胶束和微乳状液之间并没有一个明显的分界线.反胶束和微乳状液的小"水池"可以作为合成纳米材料的微反应器,来控制制备出的粒子的大小.

图 16.19 示意了用反胶束体系制备纳米材料的机理.通常先将两种反应物分别增溶到反胶束溶液中,然后将两份溶液充分混合,胶束在不停地作 Brown(布朗)运动时会发生彼此的碰撞,通过碰撞、融合、分离来实现胶束间物质的交换,反应在胶束内水核中发生并得到目标的纳米材料.反胶束的自身性质,如界面膜的弹性、流动性,以及油相分子特点、水相离子强度、助表面活性剂的使用等都会影响纳米颗粒的形成.在反胶束颗粒界面强度比较大时,反应产物的生长将受到一定的限制.此外,粒子的成核与生长还直接受到液滴大小、反应物浓度、反应时间和温度等条件的影响,这些也为粒度可控性的实现提供了有利条件.

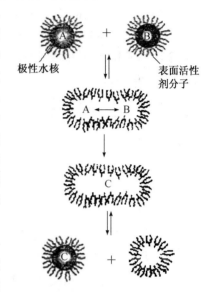

早在 20 世纪 80 年代初就有用反胶束微反应器法制备金属纳米粒子的报道,此后相关的研究非常活跃.随着研究的深入,人们逐渐发现反胶束体系对纳米材料形貌的影响并不只是作为微反应器来控制纳米粒子的大小,有时还存在更复杂的机制.如 L.Qi 等(2003)就发现,在正负离子表

图 16.19 反胶束作为合成纳米粒子微反应器的示意图

面活性剂形成的反胶束体系中可以制备出具有等级超结构的 $BaCrO_4$,其形貌和结构可以通过正负离子表面活性剂的摩尔比来调控.他们认为,该过程与表面活性剂在纳米晶晶面的吸附有关.

关于在反胶束或者微乳状液中制备一维纳米材料的报道也较常见.在此类体系中一维纳米结构的形成过程一般是这样的:首先,在反胶束的内水核内形成目标产物的小晶核,然后,这些小晶核或通过取向的聚集(aggregation)生长或通过 Ostwald(奥斯特瓦尔德)成熟(ripening)过程逐渐形成一维纳米材料.Ostwald 成熟是晶体生长过程中常见的一种现象,由于尺寸不同的晶粒的溶解度不同,随着陈化时间的延长,小晶粒逐渐溶解,而大晶粒逐渐生长到更大尺寸.在这个过程中晶体本身的生长习性和表面活性剂分子在不同晶面的选择性吸附是决定其能否形成一维纳米材料的关键因素.

16.3.5 模板法

模板法(template-directed synthesis)制备纳米材料的最突出的优点是能够实现对材料形貌和尺寸的高度可控.根据模板自身的组成、结构和限域能力的不同,可将其分为硬(hard)模板和软(soft)模板两种.硬模板具有稳定的固态架构,因此具有很强的物理限域能力.常用的硬模板主要包括阳极氧化铝、多孔硅、介孔和微控分子筛、胶体晶体、限域沉积位的量子阱等.软模板则主要包括两亲分子形成的各种有序聚集体,如液晶、胶束、囊泡、LB 膜等,以及高分子自组织结构、生物大分子及其聚集体等.软模板的物理限域作用一般较硬模板为弱,但是往往可以利用软模板体系的各种官能团与一些反应物种或者产物的特异性相互作用来实现"智能化"

的控制作用,因此这种方法具有更大的操控性和可设计性.

1. 硬模板法

硬模板具有良好的空间限域作用,能严格地控制纳米材料的大小和形貌,模板的稳定性较好,易于方便地进行各种性质测试.但是硬模板结构比较单调,通常很难得到复杂形态的模板,因此用硬模板制备出的纳米材料多为颗粒、棒、线和管等.

阳极氧化铝(anodic aluminum oxide,AAO)膜是人们最常用的硬模板.在一定条件下电解氧化金属铝薄膜,然后用酸处理,就可以得到氧化铝多孔膜.其纳米孔道呈六方排列,管道密度可达 $10^{11} cm^{-2}$,内径均一,在几纳米到几百纳米范围可调.以 AAO 为模板制备出的纳米材料可呈规则六方对称排列.如以硫代乙酰胺和乙酸镉为起始材料,可在 AAO 模板中制备多种硫化物半导体的纳米线,其过程如图 16.20 所示.如果用 $AgNO_3$ 为起始原料,则可以得到金属银的纳米线(图 16.21).

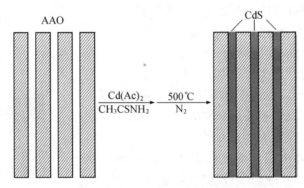

图 16.20　用 AAO 为模板制备 CdS 纳米线阵列的示意图

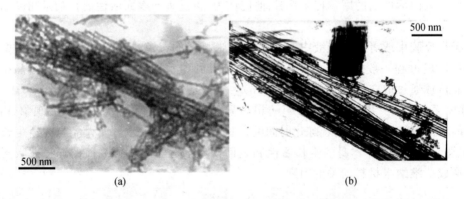

(a)　　　　　　　　　　　　(b)

图 16.21　在 AAO 模板中制备出的 CdS 纳米线(a)和金属银纳米线(b)

除 AAO 外,其他的有孔薄膜如高分子滤膜等也常被用作制备各种纳米材料的模板.近年来,各种介孔分子筛、碳纳米管等也成为制备纳米材料的模板.单分散的聚苯乙烯或氧化硅微球在合适的条件下可组装成具有密堆结构的蛋白石(opal)类晶体,它们可作为模板来制备具有反蛋白石结构的各种无机大孔材料.利用聚苯乙烯球的组装体为模板,相应的金属烷氧基化合物水解并填充到聚苯乙烯球的空隙中,再经过灼烧除去高分子微球,可得到各种金属氧化物大孔材料,见图 16.22.

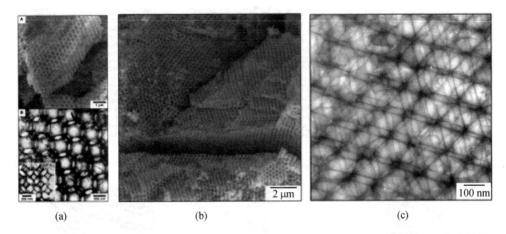

图 16.22 以聚苯乙烯球组装体为模板制备出的氧化锆(a)、氧化钛(b)和氧化铝(c)大孔材料

(Holland 等,1998)

2. 软模板法

最常用的软模板为两亲分子形成的有序聚集体,主要包括:液晶(层状、六方、立方),微乳液(w/o、双连续相、o/w),蛋白质,LB 膜,囊泡(单室、多室),酯类聚集体,单、双分子膜等.生物分子如 DNA、RNA、蛋白质、磷脂等以及病毒、生物酶等也被用作制备纳米材料的软模板.

软模板在制备纳米材料时有以下一些优点和缺点:

(1) 由于软模板大多是基于两亲分子形成的有序聚集体,它们的最大特点是在模拟生物矿化方面有优势;

(2) 软模板的形态具有多样性;

(3) 软模板一般都容易构筑,不需要复杂的设备和苛刻的制备条件;

(4) 反应过程有较高的可控性,并有智能化的特点;

(5) 软模板的稳定性差,不太容易进行各种物理性质的测试;

(6) 用软模板制备纳米材料效率有时比较低,可能会得不到预期的产物.

1992 年,Mobil 石油的科学家首次以季铵盐类阳离子表面活性剂为模板,在水热条件下合成出了具有介孔结构的 M41S 系列新型硅基分子筛.最具有代表性的 MCM-41 有着高度有序排列的六方介孔结构,其孔径可在 1.5～10 nm 范围内可调.这种新型中孔分子筛突破了传统分子筛的微孔孔径(<1.5 nm),在催化剂、催化剂载体、吸附剂、化学传感器等方面显现出新的应用前景.

一般认为,表面活性剂自组织或者和体系中的硅物种协同作用生成六方液晶结构,随着反应的进行硅物种在液晶表面沉积、缩合,并形成分子筛骨架,经过灼烧去除表面活性剂模板就可以得到介孔分子筛.若采用不同的条件,使得表面活性剂和硅物种形成立方相或者层状液晶,则可以得到与液晶结构对应的分子筛,如图 16.23 所示.

除了介孔分子筛,表面活性剂自组织体系还可用作制备其他纳米材料的模板.Li 等在聚氧乙烯类表面活性剂形成的六方液晶中分别制备出了 CdS 纳米线和介孔 CdS,得到的纳米线的直径在 1～3 nm,介孔材料的孔径在 7～8 nm,完全复制了液晶的结构(图 16.24).得到两种产物的反应条件不同之处仅仅是水相酸介质分别为盐酸和乙酸.在盐酸介质中,体系的酸度较大

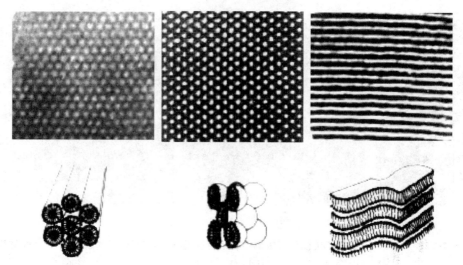

图 16.23 三种结构类型的中孔分子筛(上)和对应的液晶结构(下)

从左至右分别为六方、立方和层状结构(Maschmeyer 等,1995)

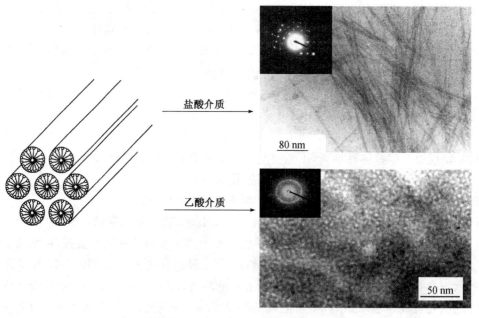

图 16.24 表面活性剂六方液晶的结构示意图及在其中制备出的 CdS

单晶纳米线和介孔 CdS 的 TEM 照片

而 S^{2-} 浓度较小,CdS 的生成速率较慢,而 CdS 的溶解较为活跃,这样的条件比较利于 CdS 纳米线的取向生长,因此,CdS 就在由表面活性剂棒状胶束包围的一维水相中生成,得到的是 CdS 单晶纳米线;而在乙酸介质中 S^{2-} 的浓度较高,导致 CdS 迅速生成,沉淀在液晶体系中的水相及表面活性剂的极性头基周围,就得到了介孔的 CdS.

16.3.6 利用保护剂控制纳米粒子的尺寸

利用适当的保护剂(capping agent)包覆在纳米粒子表面以阻止其继续长大的方法是很

多纳米粒子制备过程中都采用的,据此已经发展出一套制备单分散 II-VI 族和 III-V 族半导体纳米粒子的非常成熟的方法:选择合适的前驱体,在三辛基膦(TOP)溶液中利用三辛基氧磷(TOPO)作为保护剂进行回流反应,图 16.25(a)是反应装置的示意图.图 16.25(b)和(c)分别是保护剂包覆的纳米粒子示意图和制得的纳米粒子的高分辨电镜照片.用这种方法可以得到粒径分布很窄且大小可调的纳米粒子,这些尺寸不同的粒子的发光波长也不同[图16.25(d)].

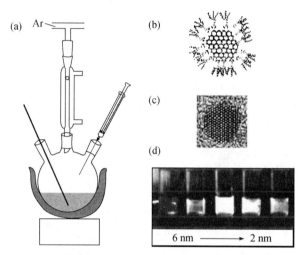

图 16.25 回流制备半导体纳米粒子的装置(a)、制备出的粒子的结构(b,c)及在紫外光激发下显示出的不同颜色的发光(d)

(Parak 等,2003)

除了半导体纳米粒子,此方法也可以用来制备金属纳米粒子.比如利用长链胺和长链羧酸作为保护剂,在二苯醚溶液中回流 $Fe(CO)_5$ 与其他金属的化合物就可以得到单分散的铁合金纳米粒子.

16.3.7 自上而下的纳米材料制备——石墨烯氧化物的生成

作为第一个由单原子层组成的二维材料,石墨烯的研究引起了广泛的兴趣,而石墨烯氧化物是石墨烯基材料中的重要一员.石墨烯氧化物结构中存在各种含氧官能团及五元环、七元环缺陷(图 16.26),有良好的水溶性.

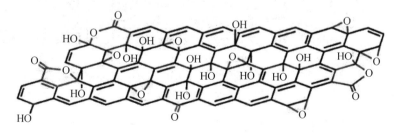

图 16.26 石墨烯氧化物的结构示意图

石墨烯氧化物一般通过石墨氧化剥离来制备.实际上石墨的氧化研究可追溯到 19 世纪.使用过的氧化剂包括氯酸钾、高锰酸钾、硝酸等.1958 年,Hummers(赫默斯)等报道了以高锰酸钾、硝酸钠和浓硫酸体系氧化石墨的方法,这就是著名的 Hummers 方法.21 世纪石墨烯走上舞台后,人们重新挖掘出 Hummers 的方法,并加以改进,成为最广泛使用的石墨烯氧化物制备方法.石墨烯氧化物的制备一般以鳞片状石墨为起始材料,在硫酸-磷酸混合介质中加入高锰酸钾进行氧化反应.经过氧化以后的石墨易于分散和剥离,形成单层或薄层石墨烯氧化物.

16.4　纳米材料的表征方法

在纳米科技发展的进程中,结构和性能的表征方法的建立和发展一直起着非常重要的作用.在第 3 章中我们就材料的一般表征技术进行了介绍,本节只讨论这些方法应用于纳米材料的结构表征的一些问题,对纳米材料的物性表征将较少涉及.

16.4.1　电子显微镜

常用的电子显微镜(electron microscopy,EM,简称电镜)分为透射电镜(transmission electron microscopy,TEM)和扫描电镜(scanning electron microscopy,SEM),关于它们的原理详见本书 3.2 和 3.3 节.电子显微镜是观察和研究纳米材料的形貌、尺寸、结构的最重要手段之一,配合 X 射线能量分散谱(X-ray energy dispersion spectroscopy,EDS)和电子能量损耗谱(electron energy loss spectroscopy),还可以分析纳米材料的化学组成.图 16.27 是超声法制备的 Se 纳米线的 TEM、HRTEM 和 SEM 照片.图 16.27(c)的 SEM 照片可以给出 Se 纳米线的立体形貌,而由图 16.27(b)的 HRTEM 晶格条纹及其 Fourier(傅里叶)变换(transform)结果,并配合图 16.27(a)的选区电子衍射(selected area electron diffraction,SAED)图样,可以得到纳米线的晶体结构、生长方向等信息.除传统的 TEM 和 SEM 外,现在也有将 TEM 和 SEM 功能结合到一起的电镜,如专用的扫描透射电子显微镜(STEM),也可在 TEM 上扩展 STEM 附件.

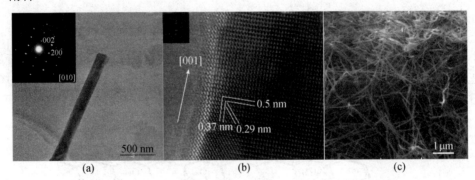

图 16.27　Se 纳米线的 TEM(a)、HRTEM(b)及 SEM 照片(c)

(Li 等,2005)

我们用下面一个例子来说明如何利用电镜来表征纳米材料的结构和形貌,并进一步分析纳米材料的生长机制.Li 等(2004)在 AOT 钠盐形成的微乳状液体系中制备出了厚度在纳米尺度的六角盘状和六角环状 ZnO,在较高的反应温度下环的产率明显增加.通过 SEM 的表征

(图 16.28),他们发现六角盘的两面的粗糙程度不同,而且粗糙的一面随反应的进行被腐蚀得更快一些,最后就形成了孔洞.图 16.29 为产物的 TEM 照片,从图 16.29(a)和(b)的暗场 TEM 照片可以清楚地看到六角盘上的缺陷;(c)为六角盘的明场 TEM 照片,对应的电子衍射表明,盘的上下表面为六方相 ZnO 的(0001)晶,内外表面则为$\{1\bar{1}00\}$晶面;同一个环的暗场 TEM 照片(d)显示出环上存在一些近似与$\{2\bar{1}\bar{1}0\}$晶面平行的缺陷;(e)为(c)中标记部分的高分辨电镜照片,从照片中可以看出清晰的晶面台阶,表明靠近环中心的部分厚度逐渐降低.根据 SEM 和 TEM 的结果,以及各种实验条件对产物形貌的影响,他们推论出六角盘和六角环的形成机制(图 16.30)如下:ZnO 晶体可以看作是四面体配位的 Zn^{2+} 与 O^{2-} 层沿 c 轴周期排列堆积而成,它们分别形成带正电荷的(0001)极性面和带负电荷的$(000\bar{1})$极性面,这样的晶面能量很高,一般不易大面积存在.在该体系中 AOT 在 ZnO 表面的吸附降低了晶面的能量.在油水界面形成的 AOT^- 自组装膜表面易吸附 Zn^{2+},因此成为 ZnO 晶核形成的位点,随后,沿$<2\bar{1}\bar{1}0>$方向的生长导致了六方盘状 ZnO 的生成.在这里 AOT^- 自组装膜充当了盘状 ZnO 形成的模板,由于自组装膜有一定的曲率,造成了 ZnO 晶体中的应力,因此形成了沿$\{2\bar{1}\bar{1}0\}$晶面的缺陷.Zn^{2+}组成的(0001)晶面因为吸附在 AOT^- 的自组装膜表面,所以很稳定,不易被侵蚀.而 O^{2-} 组成的$(000\bar{1})$裸露在外,易被溶液中的 NH_4^+ 等侵蚀.从图 16.29(b)可以看出,六角盘的中心位置缺陷密度较大,因此侵蚀首先从中心开始,并逐步扩大,形成孔洞.

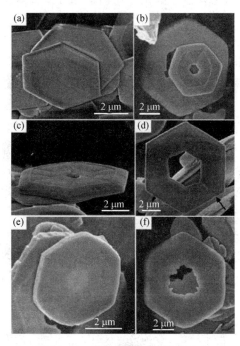

图 16.28 六角盘状和环状 ZnO 的
扫描电镜照片

(Li 等,2004)

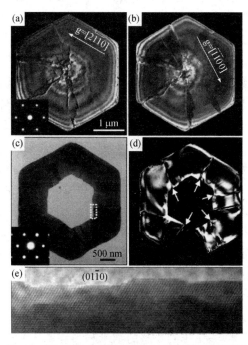

图 16.29 六角盘状和环状 ZnO 的明场、暗场及
高分辨透射电镜照片

(Li 等,2004)

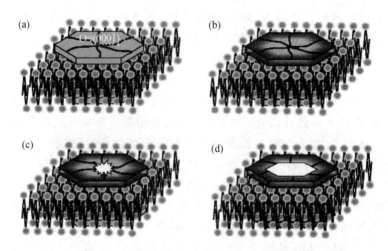

图 16.30　盘状和环状 ZnO 的形成过程示意图

16.4.2　X 射线衍射

3.1 节已就 X 射线衍射(X-ray diffraction,XRD)技术在无机材料的结构与物相研究中的应用进行了较为详细的介绍,因此这里只介绍 X 射线衍射技术在纳米材料的尺寸及介观结构的研究中的应用.

1. 大角度 X 射线衍射

大角度 X 射线衍射峰不仅能够给出晶体的结构信息,从衍射峰的宽度还可以估算晶粒的尺寸.处于纳米粒子表面的原子一般会存在键不饱和的情况,因此会造成纳米晶表面层的晶格畸变,从而导致衍射峰的宽化.晶粒大小与衍射峰半高宽的关系可用 Scherrer(谢乐)公式描述

$$d = k\lambda / B_{1/2}\cos\theta \tag{16.4}$$

式中:k 为一个常数,根据物质的不同一般取在 0.8~1.0 之间;$B_{1/2}$ 是单位为弧度的衍射峰半高宽数值;λ 为 X 射线的波长;θ 为 Bragg 衍射角度.当纳米粒子为单晶时,由 Scherrer 公式得到的晶粒尺寸即纳米粒子的大小.图 16.31 是在 320℃的高温有机溶剂中得到的 CdSe 纳米晶的 TEM 及 XRD 分析结果,由于粒子的尺寸很小,各衍射峰明显地宽化,从 TEM 中得到的粒子尺寸与由 XRD 衍射峰半峰宽计算出的晶粒尺寸符合得很好.

当晶粒很小时衍射峰的半高宽随粒径的变化明显,而当晶粒尺寸大至数十到百纳米的尺度时衍射峰的宽度通常变化就很小了.因此,Scherrer 公式一般只适合于计算尺寸特别小的单晶纳米粒子的粒径.

2. 小角度 X 射线衍射

尺寸均一、排列规整的纳米材料在 XRD 的小角度部分(一般为 0~10°)有衍射峰,衍射峰的 d 值对应于排列周期的尺寸或者纳米材料的某维度的尺寸.

小角 X 射线衍射可用于研究介孔分子筛的结构.不同种类的介孔分子筛都有自己特征的晶面间距 d 的比值,图 16.23 中三类介孔分子筛的 d 值比分别为:层状相 $1:1/2:1/3:1/4\cdots$,六方相 $1:1/\sqrt{3}:1/\sqrt{4}:1/\sqrt{7}:1/\sqrt{12}\cdots$,立方相 $1/\sqrt{4}:1/\sqrt{5}:1/\sqrt{6}:1/\sqrt{8}:1/\sqrt{10}\cdots$.因此,根据 Bragg 方程从 X 射线衍射结果计算出晶面间距的比值就可以判定介孔

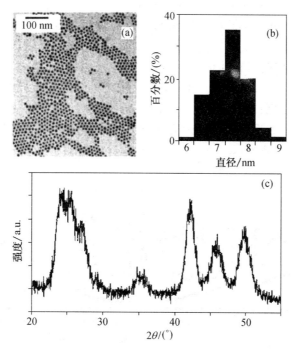

图 16.31　CdSe 纳米粒子的 TEM 照片(a)、粒径分布(b)和 XRD 结果(c)
(Qu 等,2002)

分子筛的类型,并可获得其结构参数.对于多层纳米薄膜,可以用小角 X 射线衍射来测定膜的厚度.

16.4.3 紫外-可见及光致发光光谱

　　金属纳米材料在小到一定尺寸后其能级会从连续变为分立的,随尺寸的进一步减小,能级间隙逐渐增大;对半导体纳米材料来说,当其尺寸小于一个临界值后,能级间隙也随尺寸的减小而增大.因此,在紫外-可见吸收光谱和光致发光光谱(UV-vis and photoluminescence spectroscopy)中,存在谱峰随粒径的减小而蓝移的现象.图16.32 为不同反应时间下制备出的 CdSe 纳米粒子的紫外-可见吸收光谱和光致发光光谱,从图中可以看出,随反应时间的延长,得到的纳米粒子尺寸逐渐增大,并导致谱峰逐渐向长波方向移动.根据金属和半导体纳米粒子的吸收峰位可以确定出其能级间隙,并进一步计算纳米晶粒的尺寸.

　　除了与尺寸有关外,金属和半导体纳米材料的吸收和发光性质还与材料的形状相关.Peng 等人(2000)就发现,与纳米粒子相比,CdSe 纳米棒的吸收和发光波长差别增大,沿纳米棒的长轴方向还可观测到偏振发光.

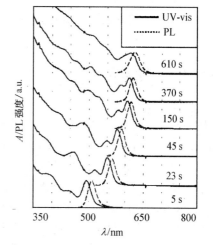

图 16.32　不同反应时间得到的 CdSe 纳米粒子的紫外-可见和荧光光谱
(Qu 等,2004)

此外，利用时间分辨荧光光谱（time-resolved fluorescence spectroscopy）可以进一步研究半导体纳米粒子的激子（exciton）复合、能量及电荷的转移等过程，对深入了解纳米粒子的发光机制等具有重要意义.

前节曾介绍了单壁碳纳米管具有由其结构决定的能带结构，当纳米管的电子被激发时就会产生不同的吸收和荧光光谱（图 16.33）.值得注意的一点是，单壁碳纳米管特别容易团聚形成管束，会造成纳米管之间能量的传递，因此无法得到其吸收和发射光谱.只有将它们充分分散以后才可以避免团聚，实验发现，用表面活性剂 SDS 作为分散剂，就可以将单壁碳纳米管以单分散的形式分散到水溶液中.

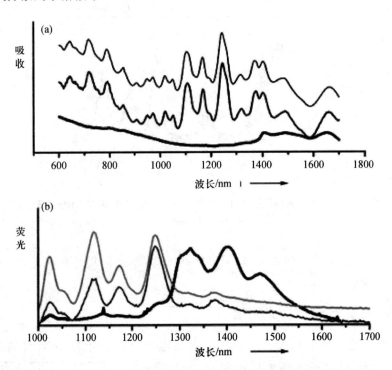

图 16.33　分散于 SDS 重水溶液中的 SWNT 的吸收光谱（a）和荧光光谱（b）

16.4.4　振动光谱

振动光谱（vibration spectroscopy），又称为分子光谱，谱峰对应于分子振动能级的跃迁.常用的振动光谱技术主要有红外（Infrared）光谱和 Raman（拉曼）光谱.纳米材料中的成键情况不同于块体材料，因此其振动光谱也会发生相应的变化.

Zhan 等（2002）就对照了纳米尺度的八面体分子筛与普通微米尺度分子筛红外光谱的不同.如图 16.34 所示，在纳米尺度的分子筛中，$750\,cm^{-1}$ 的对称伸缩振动移到了 $744\,cm^{-1}$，$566\,cm^{-1}$ 的双环振动分裂为 566 和 $608\,cm^{-1}$ 两个峰，还出现了 $860\,cm^{-1}$ 的 Si—OH 振动峰.这些都表明纳米尺度的分子筛与普通分子筛表面结构的不同.其实，这样的区别普遍存在于许多纳米材料中，在红外和 Raman 光谱中纳米材料往往表现出峰的裂分和峰位的移动.对于一些材料，可以根据红外或 Raman 光谱的峰位移动情况来大体估算纳米材料的尺寸.

Raman（拉曼）光谱是表征单壁碳纳米管结构的非常有效的手段.当入射激光与纳米管的

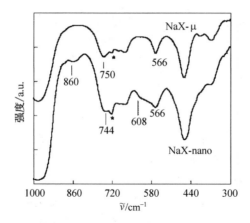

图 16.34　纳米尺度的八面体分子筛 NaX-nano 与微米尺度分子筛 NaCl-μ 的红外光谱
"∗"标记的峰来源于做分散介质的石蜡油(Zhan 等,2002)

能级匹配时,纳米管的 Raman 光谱就得到极大的增强,这种共振增强效应使得检测单根纳米管的 Raman 光谱成为可能.图 16.35 分别是一个金属型和一个半导体型单壁碳纳米管的 Raman 光谱.在 1590 cm^{-1} 左右的谱带为石墨烯的振动峰,一般称为 G 谱带(G-band);1350 cm^{-1} 左右的为无规结构的碳的振动峰,一般称为 D 谱带(D-band).由 G 谱带和 D 谱带的相对强度可以判断纳米管的石墨化程度.在 400 cm^{-1} 以下有环呼吸振动(radius breathing mode, RBM)峰,纳米管的直径不同,则 RBM 的位置不同,根据 RBM 的位置可以计算纳米管的直径.结合共振增强提示的纳米管带隙的信息,可以进一步指认纳米管的手性指数.

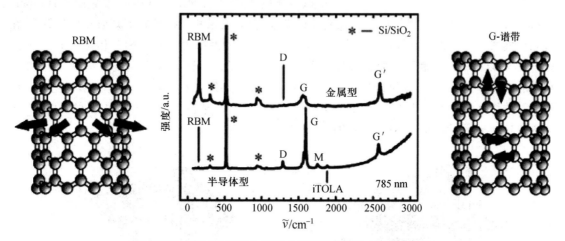

图 16.35　半导体型和金属型单壁碳纳米管的 Raman 光谱

当附着于金和银等纳米材料的表面上时,有机分子的某些振动模式的 Raman 峰强度往往表现出若干数量级的增大,将这种现象应用于实际测量中就是所谓的表面增强 Raman 光谱(surface enhanced Raman spectroscopy,SERS)技术.表面增强 Raman 现象是 Fleischmann(弗雷斯曼)等人(1974)首次发现的,目前已被广泛应用于微量样品的 Raman 光谱测定中.

16.4.5 扫描探针显微术

扫描探针显微术(scanning probe microscopy,SPM),顾名思义,就是利用极微小的探针(通常尖端曲率半径在纳米尺度)在样品表面的扫描来得到显微图像.常见的扫描探针显微镜(SPM)有三大类,分别是:扫描隧道显微镜(scanning tunnelling microscope,STM)、扫描力显微镜(scanning force microscope,SFM)和扫描近场光学显微镜(scanning near-field optical microscope,SNOM).

STM 依赖于针尖与样品间由于量子效应带来的隧穿电流来检测样品的形貌和性质,因此只能适用于导电的样品.SFM 则是通过感应探针和表面间的作用力来成像的,其基本工作原理如图 16.36 所示.针尖连接在微悬臂上,当针尖与表面接触或者靠近时,针尖与表面之间的相互作用会使得微悬臂发生形变,利用激光探测微悬臂所发生的形变,并进行一系列处理以后

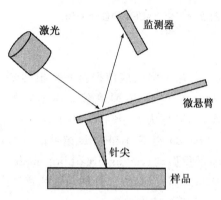

图 16.36 SFM 工作原理示意图

就可以得到样品表面的形貌等信息.根据针尖与表面作用力的形式不同,又可以将 SFM 分为很多种,例如原子力显微镜(atomic force microscope,AFM)、磁力显微镜(magnetic force microscope,MFM)、静电力显微镜(electrical force microscope,EFM)、切向力显微镜(lateral force microscope,LFM)、摩擦力显微镜(friction force microscope,FFM)、化学力显微镜(chemical force microscope,CFM)、剪切力显微镜(shear force microscope,SFM)等等,其中最常用的是 AFM.

AFM 成像的常规操作模式有接触式(contact mode)、非接触式(non-contact mode)和轻敲式(tapping mode).接触式成像时可用氮化硅针尖或硅针尖,而在非接触和轻敲模式下则通常用硅针尖.在这三种模式下都可以得到样品表面的高度像,也可以得到摩擦力(friction)和相位(phase)的图像.前者可以提供样品表面形貌的图像,而后两者则可以提供样品表面性质的信息.对于针尖和样品间的作用力情况,则可以通过力曲线的测定来进行分析.图 16.37 是电化学氧化十八烷基三氯硅烷(OTS)在硅表面形成的自组装膜以后的 AFM 摩擦力图像和形貌图像,摩擦力图像更清楚地显示了表面上不同区域的性质.

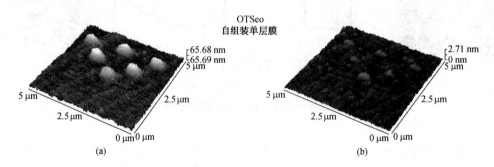

图 16.37 电化学氧化 OTS 在 Si 表面的自组装膜所得到的纳米结构的 AFM 摩擦力图像(a)和形貌图像(b)

SPM 除了作为研究纳米材料的形貌、表面性质的工具外,还可以直接用于各种纳米结构

的加工和制备,这种技术称为扫描探针刻蚀(scanning probe lithography,SPL).如 1999 年 Mirkin(墨肯)等人提出的蘸笔刻蚀(dip-pen nanolithography,DPN)就是 SPL 的一种.DPN 的原理如图 16.38 所示,利用 AFM 针尖与表面间由于毛细冷凝作用而形成的小水珠作为传输介质,将分子从针尖传到表面上,通过控制针尖在表面的移动方式,就可以得到各种纳米结构.这种方法的突出优点是对纳米结构的尺寸、位置等高度可控.

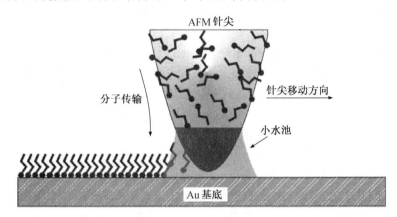

图 16.38　DPN 过程示意图

随后,Li 和 Liu 等(2001,2002)又将 DPN 技术进行了扩展,他们不仅将毛细冷凝水珠作为传输介质,还将其用作纳米尺度的化学反应器,通过设计适当的化学反应,在表面上制备出各种材料组成的纳米结构.目前,蘸笔刻蚀技术已被成功地应用于有机、无机、高分子和生物分子等纳米结构的制备中.

参考书目和文献

1. Y. Li, J. Liu, Y. Wang, Z. L. Wang. Preparation of Monodispersed Fe-Mo Nanoparticles as the Catalyst for CVD Synthesis of Carbon Nanotubes. Chemistry of Materials, 2001, 13(3): 1008~1014

2. Y. Li, D. Xu, Q. Zhang, D. Chen, F. Huang, Y. Xu, G. Guo, Z. Gu. Preparation of Cadmium Sulfide Nanowire Arrays in Anodic Aluminum Oxide Templates. Chemistry of Materials, 1999, 11(12): 3433~3435

3. R. P. Andres, T. Bein, M. Dorogi, S. Feng. "Coulomb Staircase" at Room Temperature in a Self-assembled Molecular Nanostructure. Science, 1996, 272(5266): 1323

4. M. N. Baibich, J. M. Broto, A. Fert, F. N. van Dau, F. Petroff, P. Etienne, G. Creuzet, A. Friederich, J. Chazelas. Giant Magnetoresistance of (001)Fe/(001)Cr Magnetic Superlattices. Physical Review Letters, 1988, 61(21): 2472~2475

5. R. L. White. Giant Magnetoresistance: A Primer. IEEE Transactions on Magnetics, 1992, 28(5): 2482~2487

6. K. Smith, N. J. Silvernail, K. R. Rodgers, T. E. Elgren, M. Castro, R. M. Parker. Sol-gel Encapsulated Horseradish Peroxidase:Λ Catalytic Material for Peroxidation. Journal of the American Chemical Society,2002, 124(16): 4247~4252

7. M. E. Gross, K. P. Cheung, C. G. Fleming, J. Kovalchick, L. A. Heimbrook. Metalorganic

Chemical Vapor Deposition of Aluminum from Trimethylamine Alane Using Cu and TiN Nucleation Activators. Journal of Vacuum Science & Technology A, 1991, 9(1): 57~64

8. Y. Wu, P. Yang. Direct Observation of Vapor-liquid-solid Nanowire Growth. Journal of the American Chemical Society, 2001, 123(13): 3165~3166

9. S. Mathur, H. Shen, V. Sivakov, U. Werner. Germanium Nanowires and Core-shell Nanostructures by Chemical Vapor Deposition of $[Ge(C_5H_5)_2]$. Chemistry of Materials, 2004, 16 (12): 2449~2456

10. M. Li, X. Liu, X. Zhao, F. Yang, X. Wang, Y. Li. Metallic Catalysts for Structure-controlled Growth of Single-walled Carbon Nanotubes. Top. Curr. Chem., 2017, 375(2):29~72

11. K. S. Kim, Y. Zhao, H. Jang, S. Y. Lee, J. M. Kim, K. S. Kim, J.-H. Ahn, P. Kim, J.-Y. Choi, B. H. Hong. Large-scale Pattern Growth of Graphene Films for Stretchable Transparent Electrodes. Nature, 2009, 457(7230): 706~710

12. X. Li, W. Cai, J. An, S. Kim, J. Nah, D. Yang, R. Piner, A. Velamakanni, I. Jung, E. Tutuc, S. K. Banerjee, L. Colombo, R. S. Ruoff. Large-area Synthesis of High-quality and Uniform Graphene Films on Copper Foils. Science, 2009, 324(5932):1312~1314

13. F. Yang, X. Wang, D. Zhang, J. Yang, D. Luo, Z. Xu, J. Wei, J.-Q. Wang, Z. Xu, F. Peng, X. Li, R. Li, Y. Li, M. Li, X. Bai, F. Ding, Y. Li. Chirality-specific Growth of Single-walled Carbon Nanotubes on Solid Alloy Catalysts. Nature, 2014, 510(7506): 522~524

14. F. Yang, X. Wang, D. Zhang, K. Qi, J. Yang, Z. Xu, M. Li, X. Zhao, X. Bai, Y. Li. Growing Zigzag (16,0) Carbon Nanotubes with Structure-defined Catalysts. J. Am. Chem. Soc., 2015, 137(27): 8688~8691

15. F. Yang, X. Wang, J. Si, X. Zhao, K. Qi, C. Jin, Z. Zhang, M. Li, D. Zhang, J. Yang, Z. Zhang, Z. Xu, L.-M. Peng, X. Bai, Y. Li. Water-assisted Preparation of High-purity Semiconducting (14,4) Carbon Nanotubes. ACS Nano., 2017, 11(1): 186~193

16. F. Yang, X. Wang, M. Li, X. Liu, X. Zhao, D. Zhang, Y. Zhang, J. Yang, Y. Li. Templated Synthesis of Single-walled Carbon Nanotubes with Specific Structure. Acc. Chem. Res., 2016, 49(4): 606~615

17. Y. Xie, Y. Qian, W. Wang, S. Zhang, Y. Zhang. A Benzene-thermal Synthetic Route to Nanocrystalline GaN. Science, 1996, 272(5270): 1926

18. H. Chu, X. Li, G. Chen, W. Zhou, Y. Zhang, Z. Jin, J. Xu, Y. Li. Shape-controlled Synthesis of CdS Nanocrystals in Mixed Solvents. Crystal Growth & Design, 2005, 5(5):1801~1806

19. M. Boutonnet, J. Kizling, P. Stenius, G. Maire. The Preparation of Monodisperse Colloidal Metal Particles from Microemulsions. Colloids and Surfaces, 1982, 5(3): 209~225

20. H. Shi, L. Qi, J. Ma, H. Cheng, B. Zhu. Synthesis of Hierarchical Superstructures Consisting of $BaCrO_4$ Nanobelts in Catanionic Reverse Micelles. Advanced Materials, 2003, 15(19):1647~1651

21. L. Qi, J. Ma, H. Cheng, Z. Zhao. Reverse Micelle Based Formation of $BaCO_3$ Nanowires. The Journal of Physical Chemistry B, 1997, 101(18): 3460~3463

22. Q. Zhang, F. Huang, Y. Li. Cadmium Sulfide Nanorods Formed in Microemulsions. Colloids and Surfaces A: Physicochemical and Engineering Aspects, 2005, 257~258: 497~501

23. Van Bommel, K. J. Friggeri, A. S. Shinkai. Organic Templates for the Generation of Inorganic Materials. Angewandte Chemie International Edition, 2003, 42(9): 980~999

24. C. N. R. Rao, F. L. Deepak, G. Gundiah, A. Govindaraj. Inorganic Nanowires. Progress in Solid State Chemistry, 2003, 31(1~2): 5~147

25. C. R. Martin. Nanomaterials: A Membrane-based Synthetic Approach. DTIC Document, 1994

26. Q. Zhang, Y. A. N. Li, D. Xu, Z. Gu. Preparation of Silver Nanowire Arrays in Anodic Aluminum Oxide Templates. Journal of Materials Science Letters, 2001, 20(10): 925~927

27. K. B. Jirage, J. C. Hulteen, C. R. Martin. Nanotubule-based Molecular-filtration Membranes. Science, 1997, 278(5338): 655~658

28. B. T. Holland, C. F. Blanford, A. Stein. Synthesis of Macroporous Minerals with Highly Ordered Three-dimensional Arrays of Spheroidal Voids. Science, 1998, 281(5376): 538~540

29. G. S. Attard, J. C. Glyde, C. G. Goltner. Liquid-crystalline Phases as Templates for the Synthesis of Mesoporous Silica. Nature, 1995, 378(6555): 366~368

30. C. Kresge, M. Leonowicz, W. Roth, J. Vartuli, J. Beck. Ordered Mesoporous Molecular Sieves Synthesized by a Liquid-crystal Template Mechanism. Nature, 1992, 359(6397): 710~712

31. J. Beck, J. Vartuli, W. J. Roth, M. Leonowicz, C. Kresge, K. Schmitt, C. Chu, D. H. Olson, E. Sheppard, S. McCullen. A New Family of Mesoporous Molecular Sieves Prepared with Liquid Crystal Templates. Journal of the American Chemical Society, 1992, 114(27): 10834~10843

32. Y. Li, J. Wan, Z. Gu. The Formation of Cadmium Sulfide Nanowires in Different Liquid Crystal Systems. Materials Science and Engineering, A, 2000, 286(1): 106~109

33. Q. Zhang, Y. Li, F. Huang, Z. Gu. Mesoporous Cadmium Sulfide Templated by Hexagonal Liquid Crystal. Journal of Materials Science Letters, 2001, 20(13): 1233~1235

34. A. P. Alivisatos. Semiconductor Clusters, Nanocrystals, and Quantum Dots. Science, 1996, 271(5251): 933

35. C. B. Murray, C. R. Kagan, M. G. Bawendi. Self-organization of CdSe Nanocrystallites into Three-dimensional Quantum Dot Superlattices. Science, 1995, 270(5240): 1335

36. X. Peng, L. Manna, W. Yang, J. Wickham, E. Scher, A. Kadavanich, A. P. Alivisatos. Shape Control of CdSe Nanocrystals. Nature, 2000, 404(6773): 59~61

37. J. P. Wolfgang, G. Daniele, P. Teresa, Z. Daniela, M. Christine, C. W. Shara, B. Rosanne, A. L. G. Mark, A. L. Carolyn, A. P. Alivisatos. Biological Applications of Colloidal Nanocrystals. Nanotechnology, 2003, 14(7): R15

38. S. Sun, C. B. Murray, D. Weller, L. Folks, A. Moser. Monodisperse FePt Nanoparticles and Ferromagnetic FePt Nanocrystal Superlattices. Science, 2000, 287(5460): 1989~1992

39. W. Gao, L. B. Alemany, L. Ci, P. M. Ajayan. New Insights into the Structure and Reduction of Graphite Oxide. Nature Chemistry, 2009, 1(5): 403~408

40. K. S. Novoselov, V. I. Fal'ko, L. Colombo, P. R. Gellert, M. G. Schwab, K. Kim. A Roadmap for Graphene. Nature, 2012, 490(7419): 192~200

41. D. R. Dreyer, S. Park, C. W. Bielawski, R. S. Ruoff. The Chemistry of Graphene Oxide. Chemical Society Reviews, 2010, 39(1): 228~240

42. W. S. Hummers, R. E. Offeman. Preparation of Graphitic Oxide. Journal of the American Chemical Society, 1958, 80(6): 1339

43. D. C. Marcano, D. V. Kosynkin, J. M. Berlin, A. Sinitskii, Z. Sun, A. Slesarev, L. B. Alemany, W. Lu, J. M. Tour. Improved Synthesis of Graphene Oxide. Acs Nano., 2010, 4(8): 4806~4814

44. X. Li, Y. Li, S. Li, W. Zhou, H. Chu, W. Chen, I. L. Li, Z. Tang. Single Crystalline Trigonal Selenium Nanotubes and Nanowires Synthesized by Sonochemical Process. Crystal Growth & Design, 2005, 5(3): 911~916

45. F. Li, Y. Ding, P. Gao, X. Xin, Z. L. Wang. Single-crystal Hexagonal Disks and Rings of ZnO: Low-temperature, Large-scale Synthesis and Growth Mechanism. Angewandte Chemie International Edition, 2004, 43(39): 5238~5242

46. L. Qu, X. Peng. Control of Photoluminescence Properties of CdSe Nanocrystals in Growth. Journal of the American Chemical Society, 2002, 124(9): 2049~2055

47. S. M. Bachilo, M. S. Strano, C. Kittrell, R. H. Hauge, R. E. Smalley, R. B. Weisman. Structure-assigned Optical Spectra of Single-walled Carbon Nanotubes. Science, 2002, 298(5602): 2361~2366

48. A. Hartschuh, H. N. Pedrosa, J. Peterson, L. Huang, P. Anger, H. Qian, A. J. Meixner, M. Steiner, L. Novotny, T. D. Krauss. Single Carbon Nanotube Optical Spectroscopy. ChemPhysChem, 2005, 6(4): 577~582

49. B.-Z. Zhan, M. A. White, M. Lumsden, J. Mueller-Neuhaus, K. N. Robertson, T. S. Cameron, M. Gharghouri. Control of Particle Size and Surface Properties of Crystals of NaX Zeolite. Chemistry of Materials, 2002, 14(9): 3636~3642

50. M. S. Dresselhaus, G. Dresselhaus, A. Jorio. Unusual Properties and Structure of Carbon Nanotubes. Annual Review of Materials Research, 2004, 34(1): 247~278

51. D. Q. Zhang, J. Yang, Y. Li. Spectroscopic Characterization of the Chiral Structure of Individual Single-walled Carbon Nanotubes and the Edge Structure of Isolated Graphene Nanoribbons. Small, 2013, 9(8): 1284~1304

52. M. Fleischmann, P. J. Hendra, A. J. McQuillan. Raman Spectra of Pyridine Adsorbed at a Silver Electrode. Chemical Physics Letters, 1974, 26(2): 163~166

53. S. Krämer, R. R. Fuierer, C. B. Gorman. Scanning Probe Lithography Using Self-assembled Monolayers. Chemical Reviews, 2003, 103(11): 4367~4418

54. D. Wouters, U. S. Schubert. Nanolithography and Nanochemistry: Probe-related Patterning Techniques and Chemical Modification for Nanometer-sized Devices. Angewandte Chemie International Edition, 2004, 43(19): 2480~2495

55. R. D. Piner, J. Zhu, F. Xu, S. Hong, C. A. Mirkin. "Dip-pen" Nanolithography. Science, 1999, 283(5402): 661~663

56. Y. Li, B. W. Maynor, J. Liu. Electrochemical AFM "Dip-pen" Nanolithography. Journal of the American Chemical Society, 2001, 123(9): 2105~2106

57. B. W. Maynor, Y. Li, J. Liu. Au "Ink" for AFM "Dip-pen" Nanolithography. Langmuir, 2001, 17(9): 2575~2578

58. B. W. Maynor, S. F. Filocamo, M. W. Grinstaff, J. Liu. Direct-writing of Polymer Nano-structures:Poly(thiophene) Nanowires on Semiconducting and Insulating Surfaces. Journal of the A-merican Chemical Society,2002,124(4):522~523

习　题

16.1　纳米材料有哪些特性？造成这些特性的原因是什么？

16.2　纳米材料在催化领域早已得到了广泛的应用,请简述纳米材料应用于催化的优势.

16.3　用电镜、紫外-可见光谱、XRD 等方法都可以测量纳米粒子的尺寸,请问这些方法所得到的结果有什么异同？

16.4　表面活性剂在纳米材料的制备过程中可以发挥哪些作用？

16.5　根据 SPM 针尖在表面移动的特点判断：如果用 AFM 来测定球形纳米粒子的尺寸,那么,在所得到的图像中的粒子的高度数值和宽度数值哪个更接近纳米粒子的真实尺寸呢？

16.6　请根据单壁碳纳米管的结构推测其物理性质.

附录 A　本书使用的物理量及其符号

A　吸收修正项，平板电容器面积

B　磁感应强度

C　电容，电容率

　　C_p　等压热容

　　C_e　电子热容

c　物质的量浓度

D　电位移矢量

d　晶面间距，电容器极板间隔，压电系数

E　能量

　　E_a　受主缺陷能级位置

　　E_{ea}　电子亲和势

　　E_c　导带底能级位置

　　E_d　施主缺陷能级位置

　　E_f　空位缺陷的生成能

　　E_F　Fermi 能级

　　E_m　空位缺陷的迁移能

　　E_v　价带顶能级位置

e　电子电量（绝对值）

EMF　电动势

F　力，二次荧光修正项

ΔG　Gibbs 自由能变化

g　磁旋比

H　磁场强度，Hamilton 算符，焓

I　特征 X 射线强度，电流强度，电离能

　　I_{ea}　电子亲和势

J　电流密度

K　比例系数

k　Boltzmann 常数

$\boldsymbol{k}$　波矢，

L　距离，总轨道量子数

M　磁化强度

　　M_r　相对分子质量

m　质量

N　晶格中正常格位原子数目

　　N_A　阿伏加德罗常数

　　N_c　导带底有效态数目

N_d　晶格中缺陷的数目

N_v　价带顶有效能态数目

n　载流子浓度，晶格振动能级量子数

P　极化强度，电子交换能，功率

　　P_e　电子位移极化强度

　　P_i　离子位移极化强度

　　P_d　电偶极取向极化强度

p　压力，热释电系数，动量

Q　热量，位形距离

q　离子电荷

R　正负离子间距

　　R_H　Hall 系数

r　半径，距离

S　熵，总自旋量子数，电场作用下晶体的应变，Huang-Rhys 参数

T　热力学温度

　　T_C　Curie 温度

　　T_{cs}　超导转变温度

　　T_g　玻璃转变温度

　　T_m　熔点

　　T_N　Néel 温度

　　T_0　玻璃转变极限温度

t　摄氏温度，时间

U　晶格能，能量差，电势差

u　正负离子相互作用能

V　离子格位势能，电势差

v　电子运动速率

W　Warburg 阻抗，体系微观状态数，电功率

Z　阻抗，阻抗率

z　离子所带电荷数

α　极化率

　　α_e　电子极化率

　　α_i　离子极化率

　　α_d　电偶极取向极化率

γ　表面能，表面张力

δ　极化强度与电场的相位差

ε　介电常数

ε_r　相对介电常数

ε_0　真空介电常数

θ　衍射角度

λ　波长,热导率

μ　载流子迁移率,化学势,磁矩

μ_B　Bohr 磁子

μ_0　真空磁导率

ν　频率

π　Peltier 电势

ρ　密度

σ　电导率,Thomson 系数,应力

τ　弛豫时间

Φ　功函数

φ　原子轨道波函数

χ　电负性,电极化率

Ψ　分子轨道波函数

ψ　原子轨道波函数

ω　电磁波角频率

附录 B　一些常用的物理化学常数

名　称	符　号	数值或单位
电子电量(绝对值)	e	1.602×10^{-19} C
Bohr 磁子	μ_B	9.2740×10^{-24} J $\cdot$ T^{-1}
Bohr 半径	a_0	$5.29177249(24)\times10^{-11}$ m
Boltzmann 常数	k	1.380658×10^{-23} J $\cdot$ K^{-1}
真空介电常数	ε_0	8.854×10^{-12} F $\cdot$ m^{-1}
摩尔气体常数	R	8.314 J $\cdot$ mol^{-1} $\cdot$ K^{-1}
Planck 常数	h	6.626×10^{-34} J $\cdot$ s
Avogadro 常数	N_A	6.0221367×10^{-23} mol^{-1}
Faraday 常数	F	$9.6485309(29)\times10^{4}$ C $\cdot$ mol^{-1}
真空光速	c	2.99792458×10^{8} m $\cdot$ s^{-1}
电子质量	m_e	$9.1093897(54)\times10^{-31}$ kg

附录 C　外国人名姓氏英汉对照

（数字为正文中人名首次出现的页码）

附录 D　矿物名称索引